GRUNDRISS DER KLIMAKUNDE

VON

PROF. DR. W. KÖPPEN
METEOROLOGE DER SEEWARTE A. D.

ZWEITE, VERBESSERTE AUFLAGE DER
KLIMATE DER ERDE

MIT 9 TAFELN UND 28 TEXTFIGUREN

BERLIN UND LEIPZIG 1931
WALTER DE GRUYTER & CO.
VORMALS G. J. GÖSCHEN'SCHE VERLAGSHANDLUNG · J. GUTTENTAG, VERLAGSBUCHHANDLUNG · GEORG REIMER · KARL J. TRÜBNER · VEIT & COMP.

vormals G. J. Göschen'sche Verlagshandlung — J. Guttentag. Verlagsbuchhandlung — Georg Reimer — Karl J. Trübner — Veit & Comp.
Berlin W 10, Genthiner Straße 38

Archiv-Nr. 52 07 31
Druck von Julius Beltz in Langensalza

Vorwort zur ersten Auflage

Der erste Teil dieses Buches ist eine Umarbeitung des unter dem Titel Klimakunde I, Allgemeine Klimalehre, erschienenen 114. Bändchens der Sammlung Göschen, das nicht wieder aufgelegt wird.

Der Versuch, auch die spezielle Klimakunde in ähnlich kleinem Rahmen mit wertseiendem Inhalt darzustellen, bot große Schwierigkeiten und führte nach langen Bemühungen dazu, daß der Verlag sich in entgegenkommender Weise zur Befreiung von den Beschränkungen der genannten Sammlung und zur Herausgabe eine gesonderten Buches bereit erklärte.

Immerhin ist auch dieses Buch in allem auf größtmögliche Kürze eingestellt. Um sie zu erreichen, habe ich einige vom Gewohnten abweichende Methoden der Darstellung angewendet. Zunächst ist fast alles Zahlenmaterial in zwei große Tabellen am Schluß des Buches verwiesen, wodurch sehr viel Raum an Tabellenköpfen usw. gespart ist. Da die Anordnung dieser Tabellen genau der des Textes im dritten Teile entspricht, so dürfte der Zusammenhang beider dennoch leicht hergestellt sein. Ich hoffe. daß diese Tabellen, in deren jeder je eine Zeile die wichtigsten Grundwerte von einer großen Zahl von Orten angibt, vielen, besonders Geographen, als bequeme Nachschlagequelle willkommen sein werden, um so mehr, als ich auch ein vollständiges Ortsverzeichnis beigefügt habe. Weitaus die meisten Zahlen sind der 3. Auflage des unschätzbaren Handbuchs der Klimatologie von Hann entnommen. Doch mußten, um diese Tabellen so gleichmäßig aufzufüllen, auch manche andere Werke benutzt werden. Den Wind aufzunehmen fehlte der Raum; seine geographischen Hauptzüge haben durch Hinzufügung des Kapitels 16 und der zweiten Weltkarte Berücksichtigung gefunden.

In derselben Richtung der Raumersparnis lag es, die übereinstimmenden Züge der Trockenklimate usw., die sich auf jedem der Kontinente wiederholen, nicht bei jedem von diesen ausführlich darzulegen, sondern sie gemeinsam zu besprechen, d. h. der Darstellung das geographische System der Klimate zugrunde zu legen und diesem den ganzen zweiten Teil des Buches zu widmen. Der dritte Teil gibt dann kurz dessen Ausbildung auf den einzelnen Erdteilen. Ich habe dabei diejenige Klassifikation der Klimate verwendet, die ich 1918 in Petermanns Geographischen Mitteilungen veröffentlicht habe. Die dort in Farbendruck beigegebene Karte findet man in verkleinerter schwarzer Wiedergabe als Tafel 1 in diesem Buche. Das System ist eine Verbesserung der von mir 1901 in Hettners Geographischer Zeitschrift, ebenfalls mit Weltkarte, veröffentlichten Klassifikation der Klimate.

Die ähnlichen Klassifikationen von Hult, Supan, Hettner, Martonne, Penck u. a. zu besprechen, hätte übermäßigen Raum in Anspruch genommen.

Die Klassifikation hat, hier wie anderswo, den Zweck eine übergroße, schwer zu bewältigende Menge von Tatsachen übersichtlich zu ordnen und sie vielfach erst dadurch klar hervortreten zu lassen. Je kürzer die Darstellung ist, um so wertvoller ist dieses Hilfsmittel. Wo dabei die Klassifikation nicht, wie in der organischen Welt, wahrscheinlichen Blutsverwandtschaften nachgeht, da kann freilich die Auswahl der Merkmale, die man dabei verfolgt, sehr verschieden sein.

Die Bedeutung der Klimatologie liegt zum großen Teil in dem Einfluß des Klimas auf die übrige Natur, einschließlich des Menschen; und da wir es in ihrem Material fast nur mit stetigen Übergängen und quantitativen Unterschieden zu tun haben, müssen wir uns zur Gewinnung natürlicher Schwellen nach Wirkungen des Klimas auf die übrige Natur umsehen, und dazu bietet sich besonders das Pflanzenleben dar, daneben aber auch der Boden und anderes.

Der Zweck der in diesem Buche befolgten Klassifikation ist weder ein botanischer, noch ein geologischer, sondern sie soll der richtigen Auffassung der Klimakunde selbst und ihrer Anwendung auf Natur und Menschenleben im allgemeinen dienen. Die Auswahl der Merkmale wird natürlich individuell sein, es genügt aber, wenn sie lehrreich ist. Hat die Klassifikation dem Leser zur Beherrschung der Tatsachen verholfen, so hat sie ihre Schuldigkeit getan und verliert sie an Bedeutung für ihn.

Durch die Aufstellung dieses Systems der Klimate, dessen wesentliche Züge sich überall wiederholen, wird es möglich, die spezielle Klimatographie der einzelnen Länder, die den dritten Teil füllt, kurz zu halten. Besprochen werden die einzelnen Kontinente in der Reihenfolge ihrer Anfangsbuchstaben — Afrika,

Amerika, Asien, Australien, Europa — und bei jedem die klimatischen Hauptzonen A bis D nacheinander. Ferner die Polargegenden und die Ozeane. Bei den letzteren kommt der Wind zu seinem Recht, der leider bei den Festländern und in den Tabellen seiner Kompliziertheit wegen übergangen werden mußte

Im vierten Teile sind die nötigen Zahlen fast sämtlich in zwei großen Tabellen am Schluß des Werkes gegeben. Deren Einrichtung ist dieselbe wie die des 3. Teils. Die Numerierung der Teiltabellen ist die gleiche in beiden Tabellen. Den Schluß bildet ein alphabetisches Ortsverzeichnis für die vorangehenden Tabellen, mit Angabe des geographischen Orts und des Tabellenteils. Die Seehöhe ist bereits, zur besseren Beurteilung des Sinns der Angaben, in beiden Tabellen beim Stationsnamen, in Dekametern, angegeben.

Das meteorologische Beobachtungsnetz, das zwar höchst ungleichmäßig, aber stellenweise schon sehr dicht die Erde bedeckt, reicht selbst in seinen Anfängen nur wenig über hundert Jahre zurück. Auf seinen Aufzeichnungen beruht die Klimakunde fast gänzlich, und zwar konnte sie sich erst entwickeln, als durch das Wachstum dieses Netzes der Vergleich verschiedener Klimate möglich wurde. Die Klimakunde ist daher eine sehr junge Wissenschaft und zurzeit noch weit mehr mit dem Zusammentragen des Materials als mit dem Aufstellen allgemeiner Gesetze beschäftigt. Ihre Literatur besteht deshalb überwiegend einerseits aus den vielbändigen Jahrbüchern der meteorologischen Zentralstellen, in denen die täglichen Beobachtungen und die Mittel usw. derselben veröffentlicht sind, aber auch manchmal klimatologische Abhandlungen beigegeben sind, andererseits aus einer großen Menge von Skizzen und Aufsätzen, die teils in den meteorologischen Zeitschriften gesammelt, teils in anderen Zeitschriften und Werken, namentlich geographischen Inhalts, verstreut sind. Als die weitaus reichste Quelle sind die 20 Jahrgänge (1866—85) der Zeitschrift der Österreichischen Gesellschaft für Meteorologie und die 40 der sich daran anschließenden Meteorologischen Zeitschrift zu nennen, die gemeinsam von der Österreichischen und der, seit 1884 bestehenden, Deutschen Meteorologischen Gesellschaft herausgegeben wird. Ergänzung finden sie in den von der Deutschen Seewarte herausgegebenen Annalen der Hydrographie und Maritimen Meteorologie, ferner im Quarterly Journal der Londoner meteorologischen Gesellschaft und der vom Washingtoner Weather Bureau veröffentlichten

Monthly Weather Review, sowie in den geographischen Zeitschriften. Zusammenfassende Darstellungen der Klimatologie gibt es nur sehr wenige: weitaus die wichtigste ist das Handbuch der Klimatologie von Jul. Hann (Stuttgart, Engelhorn, dritte Auflage in 3 Bänden, 1908—1911). Eine kürzlich erschienene Schrift: Grundzüge einer Physioklimatologie der Festländer von W. R. Eckardt (Berlin 1922, Gebr. Borntraeger, 123 Seiten) versucht vor allem den Ursachen nachzugehen.

Neben dem Wort und der Tabelle haben viele Tatsachen der Klimakunde ihre Darstellung in Karten gefunden. Die wichtigsten derselben sind gegenwärtig in guter Ausführung auch in den geographischen Hand- und selbst Schulatlanten zu finden. Reichhaltigere Sammlungen von klimatologischen Karten findet man in Hanns Atlas der Meteorologie (Gotha, Perthes, 1887) und in Bartholomews Physical Atlas, III. Meteorology (London 1899), für die Ozeane in den Atlanten der Seewarte (Hamburg, Friedrichsen, 1891, 1896 und 1902). Ferner die großen Klimaatlanten von Rußland (1900), Indien (1906) und Deutschland (Berlin, D. Reimer, 1921). Kleinere Sammlungen liegen für viele andere Länder vor, besonders in den Monographien über das Klima der Schweiz, der Skandinavischen Länder und der Britischen Inseln. Eine Klimatographie des alten Österreichs nach Ländern ist nicht ganz fertig geworden. Über die Vereinigten Staaten von Nordamerika findet sich sehr viel, jedoch wenig gesichtetes Material in den Veröffentlichungen des Weather Bureau zu Washington.

Vorausgesetzt wird im folgenden eine gewisse Bekanntschaft mit Meteorologie. Kurze Darstellungen derselben findet man u. a. im Bändchen 54 der Sammlung Göschen, bearbeitet von Trabert und neuere Auflagen von Defant, sowie in der soeben erschienenen Schrift „Lufthülle und Klima" von Defant und Obst (Wien, Deuticke, 1923). Eingehende Belehrung findet man in Hann-Süring, Lehrbuch der Meteorologie (4. Auflage im Erscheinen).

Hamburg, im August 1923

W. Köppen

Vorwort zur zweiten Auflage

Für diese Neuauflage habe ich das Buch sorgfältig durchgesehen, an vielen Stellen Verbesserungen angebracht und eine neue Tafel (Tafel VIII) sowie drei neue Paragraphen (10a, 25a und 65) hinzugefügt, wodurch der Wert des Buches erhöht sein dürfte. Die Erdkarte der Klimate ist durch eine klarere farbige ersetzt worden.

Weil das Buch in seiner systematischen, aufs knappste zugeschnittenen Form nun in alle wesentlichen Teile der Klimatologie einführt, so glaube ich, daß es recht wohl als kurzes Lehrbuch derselben dienen kann. Ich habe deshalb den Nebentitel der ersten Auflage — ,,Grundriß der Klimakunde" — nun zum Haupttitel gemacht. Vielleicht werden einige die medizinische Klimatologie darin vermissen. Diese verweise ich auf deren gedrängte Darstellung durch Dr. W. Borchardt im Teil E des sogleich zu nennenden Handbuchs der Klimatologie, da ich mich für diesen Zweig nicht kompetent fühle.

Seit der ersten Auflage haben sich einige von den weitesten Lücken im meteorologischen Beobachtungsnetze der Erde etwas verengert. Neben die Veröffentlichungen der einzelstaatlichen Netze treten auch einige Werke internationalen Charakters, so der ,,World Weather Record" (Washington 1927, 1200 S.) und das vom Londoner meteorologischen Amt herausgegebene ,,Réseau mondial"; bis jetzt sind von diesem die Jahrgänge 1910 bis 1923 erschienen. Die ,,Deutschen überseeischen Beobachtungen" haben mit dem 23. Bande 1922 aufgehört zu erscheinen.

Im Erscheinen begriffen ist jetzt ein großes Handbuch der Klimatologie, das von 35 Gelehrten in vielen Ländern verfaßt und von Dr. R. Geiger und mir herausgegeben wird, im Verlag von Gebr. Borntraeger in Berlin. Einige Lieferungen davon konnten bereits bei Bearbeitung dieser Auflage benutzt werden. Da in diesem Werk alle gegenwärtig bis zu einer gewissen Entwickelung gediehenen Teile der Klimakunde eingehende Behandlung durch Fachmänner finden und da dessen Lieferungen, wenn auch zu erhöhtem Preis, einzeln käuflich sind, so ist eine Übersicht derselben hier am Platz (ein + bedeutet, daß diese Teile voraussichtlich zu einer Lieferung verbunden werden):

Band 1. A. Mathematische Klimalehre. B + C. Die klimatischen Elemente. — System der Klimate. D. Mikroklima. E. Einfluß des Klimas auf den Menschen. F. Klimatologie der freien Atmosphäre.

Band 2. G. Südamerika. H + I. Mittelamerika. — Nordamerika.

Band 3. K. Grönland. L. Nordwesteuropa. M. Mittel- und Südeuropa. N. Rußland, Nord- und Mittelasien.

Band 4. O. Vorderasien. P. Britisch-Indien. Q. Japan und China. R + S. Hinterindien und Insulinde. — Australien und Neuseeland. T + U. Polynesien. — Antarktis.

Band 5. V + W + X + Y. Afrika. Z. Ozeane.

Vom Lehrbuch der Meteorologie von Hann-Süring ist die vierte Auflage erschienen und außerdem von Süring zu einem, immerhin noch 426 Seiten starken, „Leitfaden der Meteorologie" gekürzt worden, der auch dessen schöne Abbildungen und Karten enthält (Leipzig, Herm. Tauchnitz, 1927). Die Nachbarwissenschaften der Klimakunde findet man neuerdings auch behandelt in den großen Lehr- oder Handbüchern der Bodenlehre, herausg. von E. Blanck (Berlin, J. Springer, im Erscheinen), der Geophysik, herausg. von B. Gutenberg (Berlin, Borntraeger, 1929) und der Physik (Müller-Pouillet, Bd. V 1, Braunschweig, Vieweg, 1928), herausg. von A. Wegener.

Für die Klassifikation der Klimate sind neuerdings mehrfache Vorschläge erschienen. Die Abweichungen von der hier dargestellten gehen dahin, daß A. Hettner (Die Klimate der Erde, Leipzig, Teubner, 1930) stärkere Berücksichtigung der wirkenden Ursachen, B. Stepanoff (Versuch zur Darstellung einer parallelen Klassifikation der Klimate und der Vegetationstypen, Sofia 1930) größere Schematisierung verlangt, S. Passarge (Vergleichende Landschaftskunde, Berlin, D. Reimer, 1921—30) sie mit der Landschaftskunde und Lundegårdh (Klima und Boden in ihrer Wirkung auf das Pflanzenleben. Jena, G. Fischer, 1925) sie mit der Pflanzenbiologie verschmilzt. Sie sind in vielem einander ähnlich, die meinige unterscheidet sich von den übrigen darin, daß sie bestimmte feste Merkmale für die Grenzen nimmt, um bei der Parallelisierung räumlich entfernter Klimate frei von gefühlsmäßiger Willkür zu verfahren.

Dieser neuen Auflage ist auch ein alphabetisches Register angehängt, das besonders die darin vorkommenden technischen Ausdrücke berücksichtigt. Es ist in freundschaftlicher Weise von Herrn Dr. R. Geiger, Privatdozenten in München, hergestellt worden, der dessen Fehlen in der ersten Auflage als Mangel empfand.

Graz, im August 1931

W. Köppen

Inhalt

I. Teil

Allgemeine Klimalehre

II. Teil

Das geographische System der Klimate

III. Teil

Klimakunde der einzelnen Erdteile

IV. Teil

Tabellen

I. TEIL
Allgemeine Klimalehre

Kapitel 1
Der Inhalt der Klimakunde und die klimatischen Elemente und Faktoren

§ 1. Begriff der Klimakunde

Unter Klima verstehen wir den mittleren Zustand und gewöhnlichen Verlauf der Witterung an einem gegebenen Orte. Die Witterung ändert sich, während das Klima bleibt. Eine doppelte Abstraktion ist es, die uns zum Begriff des Klimas führt, nämlich eine Zusammenfassung einerseits der einzelnen wechselnden Witterungen, andererseits der einzelnen meteorologischen Elemente zu einem Gesamtbilde. Beide Zusammenfassungen, auch die letztere, haben ihren Wert besonders darin, daß die einzelnen physikalischen Vorgänge und Zustände in der Atmosphäre weniger isoliert, als eben in solchem Zusammenhange auf die belebte und unbelebte Natur an der Erdoberfläche einwirken.

Die Klimakunde oder Klimatologie ist ein Zweig der Meteorologie im weiteren Sinne, der zwar ebenso, wie diese überhaupt, sich auf der Experimentalphysik und der Geographie aufbaut, in dem aber das geographische Moment über das physikalische überwiegt. Das Gegenstück zur Klimakunde ist die synoptische Witterungskunde; wie für die erstere die Einheit des Ortes, so ist für die letztere die Einheit der Zeit maßgebend; jene faßt die Gesamtheit der in vielen Jahren an einem Orte sich vollziehenden Erscheinungen nach ihrer gesetzmäßigen Wiederholung in ein Bild zusammen, diese faßt den momentanen Zustand über einem größeren Raume ins Auge und verfolgt die einzelnen Erscheinungen in ihrer Fortpflanzung über die Erde durch Stunden, Tage oder Monate eines gegebenen Jahres hindurch. Beide Zweige trachten dabei, angesichts der so vielseitigen Abhängigkeit des Menschen von den meteorologischen

Bedingungen, nach praktischer Anwendung; und wie die Witterungskunde in die tägliche Wetterprognose und die Sturmwarnung ausläuft, so liefert die Klimakunde dem Landwirt, dem Industriellen, dem Arzte die Unterlage zur Beurteilung des Einflusses des gewöhnlichen Verlaufs dieser Erscheinungen am gegebenen Orte auf das Gedeihen der Pflanzen, auf industrielle Prozesse, auf Krankheiten usw. Diese Bezugnahme auf den Menschen spielt sogar in der Abgrenzung der Klimatologie seit jeher eine Rolle, indem nur diejenigen meteorologischen Bedingungen, die das organische Leben in der Natur, insbesondere unsere eigenen Organe, direkt beeinflussen, als Bestandteile des Klimas anerkannt werden; so wird der Lehre vom Luftdruck, trotz ihrer außerordentlichen Wichtigkeit für die Meteorologie als Ganzes, aus diesem Grunde nur eine geringe klimatologische Bedeutung zuerkannt. Auch ist es wenig üblich, von „Klima" dort zu sprechen, wo nicht Menschen dauernd oder zeitweise ansässig sind oder sein können. Man spricht kaum jemals vom Klima der Meere oder von jenem der freien Atmosphäre, wohl aber von jenem der Inseln, Küsten und Berggipfel. Dem entspricht denn auch eine zweite Definition des Klimas als der „Gesamtheit der atmosphärischen Bedingungen, die einen Ort der Erdoberfläche mehr oder weniger für Menschen Tiere und Pflanzen bewohnbar machen".

§ 2. Bestandteile oder Elemente des Klimas

Die Vorstellungen, mit denen die Klimalehre arbeitet, lassen sich in dieselben Gruppen ordnen nach denen die Meteorologie überhaupt ihren Stoff gliedert, also in die Hauptgruppen Strahlung, Wärme, Luftdruck, Wind und Wassergehalt der Atmosphäre (Hydrometeore), nebst den für den Zusammenhang minder wichtigen chemischen, optischen, akustischen und elektrischen Erscheinungen in derselben. Innerhalb jeder dieser Gruppen ergibt sich sodann eine Anzahl von mehr oder weniger belangreichen Vorstellungen, deren Anwendung auf die einzelnen Klimate diese charakterisiert. Dies sind die klimatischen Elemente, z. B. die mittlere Lufttemperatur, die jährliche und tägliche periodische, sowie die mittlere unperiodische Schwankung derselben, das absolute Maximum und Minimum der Lufttemperatur usw. Unklare Fassung, unzweckmäßige Auswahl und falsche Ableitung dieser Größen in den Mitteilungen über die einzelnen Klimate hat den Fortschritt der Klimakunde sehr oft beeinträchtigt. Es ist deshalb eine scharfe Definition und eine Heraushebung der wichtigsten unter diesen Bestandteilen, aus denen sich der Begriff „Klima" zusammensetzt, notwendig.

Mit dem Fortschritt des Wissens werden neue Gegenstände in die Zahl der klimatischen Elemente aufgenommen, wenn deren geographische Züge entschleiert werden. So ist z. B. wohl zu erwarten, daß Luftelektrizität und Ionen dereinst Aufnahme in die Klimatologie finden werden, nachdem ihre Beziehungen zur Erdoberfläche und zu den übrigen klimatischen Elementen klargestellt sein werden; allein gegenwärtig sind wir noch nicht so weit.

Sodann hat die Klimatologie die Wirkungen darzulegen, welche die astronomischen, geographischen und meteorologischen Bedingungen auf diese klimatischen Elemente ausüben. Diese äußeren Bedingungen oder *klimatischen Faktoren* sind vor allem: die geographische Breite, die Höhe und die Natur der Unterlage der Atmosphäre, ob sie fest oder flüssig sei, und in ersterem Falle, welches ihre Neigung zum Horizonte ist und ob und welche Pflanzendecke oder Schnee-, bzw. Eisdecke sie trägt; ebenso wichtig ist die Abhängigkeit der klimatischen Elemente von meteorologischen Bedingungen, die also auch ihrerseits wieder als klimatische Faktoren auftreten: so die Abhängigkeit des Windes von der Druckverteilung, die der Strahlung und Lufttemperatur von der Bewölkung usw. Bei diesen aber wirkt das Bedingte stets mehr oder weniger auf das Bedingende zurück, so daß sich uns ein kompliziertes Ineinandergreifen von Ursache und Wirkung darbietet, das zu überblicken nicht leicht und das der exakten Rechnung zu unterwerfen gewöhnlich unmöglich ist. Dennoch ist es hier, wie in der ganzen Meteorologie, sehr wichtig, daß bei jedem Erklärungsversuch die Quantitäten. um die es sich handelt, wenigstens annähernd geschätzt werden, da sonst der Aufstellung grundloser, nur scheinbar plausibler Erklärungen für die verwickelten Vorgänge Tür und Tor geöffnet sind.

Unter den klimatischen Faktoren lassen sich zwei — der Einfluß der geographischen Breite und jener der Neigung des Bodens — zum Teil auf einen und denselben Faktor zurückführen: auf den Winkel, unter dem die Sonnenstrahlen die Erdoberfläche treffen. Der Wechsel dieses Winkels im Laufe des Tages und des Jahres, oder beim Übergang aus einer Breite in eine andere, oder vom Nord- zum Südabhang eines Berges oder Gebirges ist die Ursache für eine Menge der auffallendsten klimatischen Erscheinungen. Es ist daher nicht zu verwundern, daß das Wort „Klima“ vom griechischen *κλίνειν*, neigen sich herleitet, wobei unbestimmt bleibt, ob es eine gelehrte, von der Neigung der Sonnenstrahlen oder gar der Erdachse ausgehende Wortbildung oder die Verallgemeinerung eines volkstümlichen, im gebirgigen Griechenland naheliegenden Begriffes für den Unterschied zwischen den nach verschiedenen Himmelsrichtungen schauenden Abhängen ist.

Einen zweiten mächtigen Einfluß der Neigung einerseits des Horizonts zur Erdachse, andererseits der Bodenoberfläche zum Horizont hat man erst in den letzten 100 Jahren mehr und mehr erkannt: es ist ihr mechanischer Einfluß auf die Bewegungen der Luft. Einerseits unterliegen durch die Erdrotation alle horizontalen Bewegungen in der Atmosphäre einer je nach der geographischen Breite verschiedenen Ablenkung, durch die sie, statt ihr Ziel auf kürzestem Wege zu erreichen, in den gemäßigten und höheren Breiten zur Bildung von Wirbeln genötigt werden, deren buntem Durcheinander wir die Launenhaftigkeit unseres Wetters im Gegensatz zu dessen Regelmäßigkeit unter dem Äquator verdanken. Andererseits bedingt die mechanische Empordrängung horizontaler Luftströme an den Lehnen der Gebirge einen großen Teil der Eigentümlichkeiten des Höhenklimas, die wir weiter unten kennen lernen werden.

Für die Darstellung in diesem Buche ziehen wir es vor, die klimatischen Faktoren der Breite, Höhe usw. bei den einzelnen Elementen des Klimas zu behandeln und nur zum Schluß ihren Einfluß auf alle diese übersichtlich zusammenzufassen, um so von der Betrachtung der einzelnen Züge zu jener des Gesamtbildes des Klimas einer Gegend überzugehen.

§ 3. Höchste und niedrigste Werte der klimatischen Elemente, Veränderlichkeit und Häufigkeit ihrer Werte

Der Spielraum, in dem sich die klimatischen Elemente bewegen, stellt sich für die wichtigsten wie folgt:

Die niedrigste Temperatur, die in der untersten Luftschicht bis jetzt beobachtet wurde, ist —70° C in Ostsibirien.

In der freien Atmosphäre sind bereits, mit Hilfe unbemannter Luftballons mit Registrierapparaten, in 8—15 km Höhe noch niedrigere Temperaturen festgestellt worden, nämlich —70° bis —92° C; höher hinauf in der sogenannten Stratosphäre, hört die Temperaturabnahme auf und es ist z. T. wieder etwas wärmer als in dieser Schicht.

Die höchsten in der Sahara, der indischen und der Coloradowüste beobachteten Lufttemperaturen haben 52 und 57° C erreicht; doch ist die Bestimmung etwas unsicher, weil der Einfluß der direkten und zurückgeworfenen Sonnenstrahlung schwer auszuschließen ist. Der Boden und also auch der vom Boden aufgewirbelte Sand kann noch viel heißer werden.

Die höchste relative Feuchtigkeit der Luft ist 100% und wird oft erreicht, wenn auch nicht so oft, wie man gewöhnlich glaubt. Die niedrigsten bisher beobachteten Luftfeuchtigkeiten an der Erdoberfläche sind bisher gewesen: in Europa in einigen Alpentälern bei Föhn bis zu 6% herab, und in Ungarn und Südrußland bis zu 12%, im Death Valley in Nordamerika 5%. Dagegen sind in der freien Atmosphäre oberhalb 500 m über dem Boden solche und noch größere Trockenheiten in der kälteren Jahreszeit nicht selten, auch zu Hamburg, wo am Erdboden nie eine relative Feuchtigkeit unter 21% beobachtet worden ist und in der Hälfte der Beobachtungsjahre keine Werte unter 33% notiert worden sind.

Der höchste Barometerstand, reduziert auf Gefrierpunkt, Normalschwere und Meeresniveau, ist in Westsibirien mit 809 mm zur Beobachtung gekommen; sogar ohne Reduktion aufs Meeresniveau ist in Tomsk ein Stand von 793 mm verzeichnet worden. Die niedrigsten bisher beobachteten Stände waren, im Meeresspiegel und mit denselben Reduktionen, 686 und 688 mm in tropischen Zyklonen — Bai von Bengalen 1885 und China-See 1891 —, 692 mm in Island 1824 und 694 mm in Schottland am 26. Januar 1884; an demselben Orte stieg der Luftdruck am 20. Januar 1896 auf 790 mm, also 96 mm höher. An der oberen Grenze der Atmosphäre ist der Luftdruck Null. Registrierballone erreichen zuweilen Höhen von 20—25 km, wo der Luftdruck kaum $^1/_{20}$ des Wertes hat, den er am Meeresspiegel besitzt.

Die Windgeschwindigkeit schwankt zwischen 0 und 50 m in der Sekunde, doch schon Geschwindigkeiten über 30 m per Sekunde sind am Erdboden sehr selten und werden als Orkan bezeichnet. Nach den zerstörenden Wirkungen zu schließen, kommen bei manchen Orkanen, insbesondere bei den in wenigen Minuten vorüberziehenden Windhosen (besonders den nordamerikanischen „Tornados"), noch größere Windgeschwindigkeiten als 50 m per Sekunde vor, doch haben solche noch kaum gemessen werden können. Ein „mäßiger Wind" hat 6—8 m per Sekunde Geschwindigkeit.

Die klimatischen Elemente zeigen an jedem Orte sowohl periodische, als unperiodische Schwankungen. Von periodischen sind die beiden einzigen sicher ermittelten die tägliche und die jährliche Periode. Beide sind auf den Festländern größer als auf den Meeren; mit wachsender geographischer Breite nimmt im allgemeinen die tägliche Schwankung ab, die jährliche bei Temperatur und Luftdruck zu, bei Regen, Bewölkung und Wind ab. Die unperiodischen Schwankungen nehmen mit der Breite, wenigstens bis gegen 60°, zu. Als Maß der Veränderlichkeit werden verschiedene Größen aus den Beobachtungen abgeleitet, insbesondere: 1. die mittlere Größe der höchsten und niedrigsten Werte und ihrer Differenz während eines Monats jedes Jahrs; 2. die mittlere Abweichung der Einzelbeobachtungen oder des Tages-, Monats- und Jahresmittels vom vieljährigen Durchschnitt, ohne Rücksicht auf das Zeichen gemittelt; 3. die mittlere Differenz zweier um 24 Stunden abstehender Beobachtungen oder zweier aufeinanderfolgender Tagesmittel (interdiurne Änderungen). Alle diese Größen sind ihrerseits selbst wichtige klimatische Elemente, die zur Charakteristik der Klimate dienen können.

Die verschiedenen klimatischen Elemente, wie Bewölkung und Temperatur, Windrichtung und Temperatur, Windrichtung und Regen, beeinflussen einander in mehr oder weniger entschiedener Weise. Ihr Zusammenhang ist ein Gegenstand der Meteorologie und muß hier als in den Hauptzügen bekannt vorausgesetzt werden, wird jedoch wegen seiner entscheidenden Wichtigkeit für das Verständnis der Klimate auch in der Klimakunde an vielen Punkten berührt.

Innerhalb des Spielraums, in dem sich ein klimatisches Element an einem gegebenen Orte bewegt, ist die Häufigkeit seiner verschiedenen Werte sehr ungleich. Je näher den extremen Grenzen, um so seltener treten diese Werte auf; es sind aber keineswegs etwa diejenigen Werte, die dem arithmetischen Mittelwert aller Beobachtungen am nächsten kommen, immer auch die häufigsten, und das arithmetische Mittel selbst liegt keineswegs immer in der Mitte zwischen den Extremen, vielmehr kann die Lage aller dieser Punkte nur durch besondere Untersuchungen aus der Erfahrung bestimmt werden. Daß dieses so sein muß, wird klar, wenn wir z. B. ein Element nehmen, das wie die Regenmenge und die Windgeschwindigkeit nach einer Seite (durch Null) begrenzt, nach der anderen unbegrenzt ist. Dann sind die Werte, die kleiner als das arithmetische Mittel sind, viel häufiger als die, welche größer als dasselbe sind, und von den beiden Extremen liegt das kleinere dem Mittel viel näher als das größere. Bei der Temperatur liegt zwar der (absolute) Nullpunkt so tief und ist die Temperatur der Wärmequelle — der Sonne — so hoch, daß ihre Änderungen nach beiden Richtungen gleich wenig beschränkt sind; hier kommt aber der Einfluß der Bewölkung zur Geltung, durch den diejenigen Temperaturen, die dem an diesem Ort und zu dieser Jahreszeit häufigeren Bewölkungsgrad entsprechen, häufiger sind. Die seltneren sind in unserem trüben Klima im Winter die negativen, im Sommer die positiven Abweichungen vom Mittel, also die großen Kältegrade und Hitzegrade. In heiteren Klimaten, wie z. B. in Astrachan im Sommer und in Nertschinsk im Winter, sind im Gegenteil die bei trübem Wetter eintretenden Temperaturen, also in ersterem die Abweichungen unter, in letzterem die über dem Mittel, die selteneren und entsprechend extremeren.

§ 4. Die Veränderlichkeit als klimatisches Element

Die Veränderlichkeit oder Unbeständigkeit der einzelnen Bestandteile der Witterung ist in verschiedenen Gegenden der Erde so verschieden und für deren Klima so bezeichnend, daß sie eine besondere Besprechung verdient. Die verschiedenen Maße der Veränderlichkeit findet man auf S. 6 besprochen. Ihre Ergebnisse stimmen insofern überein als alle drei eine am Äquator sehr geringe und mit wachsender Breite mehr oder weniger zunehmende Veränderlichkeit aller Elemente zeigen. Daneben weisen sie aber viele eigenartige Züge auf, die durch ihr verschiedenes Verhalten zu Land und Wasser usw. bedingt sind.

Der vielfache Wechsel kalter und warmer, trockener und nasser Tage in den gemäßigten und höheren Breiten wird durch das Auftreten und die Wanderung von Gebieten hohen und niedrigen Luftdrucks beherrscht, einerseits wegen deren verschiedenen Strahlungsverhältnissen, andererseits wegen der damit (im barischen Windgesetz) verbundenen Änderungen der Windrichtung und Windstärke. Die Winde bringen uns je nach ihrem Ursprung und Weg verschiedene Temperatur und Feuchtigkeit. Ferner bringen uns barometrische Depressionen Wolken und Niederschläge, mit im Winter vergleichsweise mildem, im Sommer kühlem Wetter; die Hochdruckgebiete klaren Himmel, Winterkälte und Sommerhitze.

Unter den verschiedenen Zügen der Veränderlichkeit der Witterung sind daher die unperiodischen Luftdruckschwankungen der bedeutsamste. Der einfachste Ausdruck dafür ist die aus Punkt 1 (S. 6) sich ergebende mittlere Monatsschwankung des Barometers. Fig. 1 stellt diese im Mittel der drei Wintermonate dar, d. h. Dezember, Januar, Februar auf der nördlichen, und Juni, Juli, August auf der südlichen Halbkugel. In der Tropenzone ist der Betrag der täglichen Schwankung — $1\frac{1}{2}$—$2\frac{1}{2}$ mm — abgezogen. Im Sommer ist die geographische Verteilung der Schwankungen ungefähr dieselbe, ihre Größe wächst aber mit der Breite viel weniger, statt von < 5 auf > 45 mm, wie im Winter, nur von < 5 auf wenig über 25 mm im Norden und auf 33—35 mm im Süden.

Die Zunahme der unregelmäßigen Barometerschwankungen mit der Breite erstreckt sich nur etwa bis 60°, darüber hinaus nehmen sie zu den Polen wieder ab, im Winter auf 30—35 mm, im Sommer nach dem Nordpol zu sogar unter 20 mm. Ferner sind sie auf den Ozeanen und an den Ostküsten der Festländer in gleicher Breite größer, als im Innern und auch (bis zu 50°) als an den Westküsten der letzteren.

Neben der ablenkenden Kraft der Erdumdrehung und der Reibung an der Unterlage ist für diese Unterschiede besonders die Größe der Temperaturabnahme mit wachsender Breite maßgebend. Annähernd läßt sich die mittlere monatliche Barometerschwankung S (in Millimetern) für Winter und Sommer durch die Formel ausdrücken:

$$S = 2150\,(\Delta_t + 10)\left(\frac{4\,\omega^2 \sin^2 \varphi}{k} + k\right),$$

worin Δ_t den Temperaturunterschied zwischen 20° und 60° Br., ω die Winkelgeschwindigkeit der Erdumdrehung, φ die geographische Breite und k den Reibungskoeffizienten bedeutet.[1]

[1]) Vgl. Meteorol. Zeitschr. 1912, S. 506—509.

Die Jahreszeit der größten Druckschwankungen ist nicht überall der Winter. Wo tropische Orkane auftreten, ist es z. T.

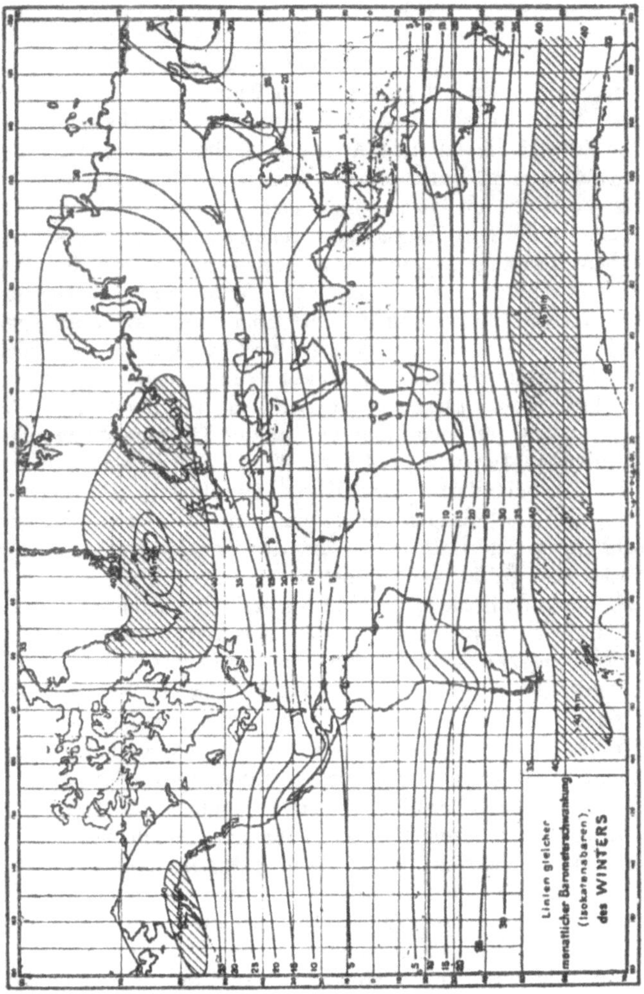

Fig. 1

der Sommer und Herbst, dagegen an manchen Orten Ost- und Südasiens, Nordamerikas, Australiens u. a. der Frühling.

Die mittlere Abweichung der Einzelbeobachtung vom Normalwert (S. 6, Punkt 2) verhält sich auf dem Raume von Nordamerika bis Europa, wo allein sie bis jetzt untersucht worden ist, der mittleren Monatsschwankung ähnlich. Dagegen weicht die Verteilung der interdiurnen Änderungen (S. 6, Punkt 3) etwas mehr hiervon ab, weil bei ihr die Geschwindigkeit der Fortpflanzung der Druckgebiete mitspielt. Diese ist im östlichen Nordamerika bedeutend größer als in Europa.

Die Veränderlichkeit der Temperatur ist hauptsächlich in Hinsicht auf die mittlere Abweichung der Monatsmittel vom Normalwert (zuerst durch Dove) und die Änderungen von Tag zu Tag (zuerst durch Hann) untersucht; deren Verteilung über die Erde ist in den Hauptzügen bekannt, wenigstens auf der nördlichen Halbkugel. Auch diese Größen haben, wie die Barometerschwankungen, ihren geringsten Wert am Äquator und in der wärmeren Jahreszeit, ihr Spielraum ist aber etwas kleiner: der kleinste und größte Wert verhalten sich nicht wie bei den Barometerschwankungen = 1:10, sondern räumlich etwa = 1:8, und jahreszeitlich vielfach nur wie 1 : 2 oder 1 : $1^1/_2$; sie bewegen sich nämlich bei der Temperatur zwischen $< {}^1/_2{}^0$ am Äquator und $> 4^0$ im Winter in Westsibirien und den Hudsonsbailändern. Das Klima Ostsibiriens ist erheblich beständiger. Im übrigen aber sind, im Gegensatz zu den Schwankungen des Luftdrucks, die der Temperatur im Innern der Festländer größer als auf den Ozeanen.

Die Veränderlichkeit des Regenfalls ist bis jetzt nur für wenige Gebiete untersucht, so daß ein allgemeiner Überblick noch nicht gegeben werden kann. Die wichtigste Tatsache aber ist festgestellt, daß im Gegensatz zu der ungemeinen Beständigkeit der Temperatur der Regenfall in vielen Gegenden der Tropen und Subtropen sehr große und verhängnisvolle Unterschiede zwischen verschiedenen Jahrgängen zeigt, größere, als sie aus höheren Breiten irgend bekannt sind. Das hängt offenbar damit zusammen, daß auch im räumlichen Nebeneinander die Tropenzone für die Temperatur (in gleicher Meereshöhe) außerordentliche Gleichförmigkeit, für den Regenfall aber viel größere Mannigfaltigkeit zeigt, als die höheren Breiten. Ist dies eine Folge der Beständigkeit der Windrichtungen in den Tropen, wodurch jedes Gebirge seine Wind- und seine Leeseite hat, so ist wiederum die gelegentliche Verschiebung der Regen- und Trockenzeiten eine Wirkung gelegentlicher Verschiebungen des Windsystems und der zugehörigen Regen- und Trockengebiete. So kommen die Monsunregen in Indien oder die Winterregen an seiner Nordgrenze in manchen Jahren so spät und so spärlich, daß Mißwachs und Hungersnot eintritt. Einige Inseln am Äquator im Stillen Ozean zeigen diese Veränderlichkeit in äußerstem Maße; die Regenmenge betrug auf Nauru 1896 2929, 1898 nur 439 mm, auf Malden-Eiland 1905 1609, 1908 nur 100 mm. Für die ganze Erde stellt sich das Verhältnis Max.:Min. der Jahresmengen bei 30—50jährigen Beobachtungen ungefähr so:

Mittl. Regenmenge, cm	20—40	40—60	60—80	100—130	> 160
Max. : Min.	4,4	3,3	2,9	2,4	2,1

Die extreme Schwankungsweite der jährlichen Regenmengen beträgt in Europa durchschnittlich in 5 Jahren 40%, in 10 Jahren 50%, in 20 Jahren 60%, in 40 Jahren 70% der Durchschnittsmenge, wächst also bei Verdoppelung der Zeit um je 10%.

Die Bewölkung weist einen großen geographischen Gegensatz darin auf, daß in höheren Breiten die extremen, in niederen Breiten die mittleren Bewölkungsgrade vorwalten. In Mitteleuropa stimmt darin der Winter mit den höheren, der Sommer mit den niedrigeren Breiten überein. Letzteres hängt eben mit der Herrschaft höherer Wolken und besonders der Kumulusform, ersteres mit derjenigen niedriger Wolkendecken von Stratus- und Strato-Kumulusnatur zusammen.

In Nord- und Mitteleuropa überwiegt gebrochener Himmel (mittlere Bewölkungsgrade), in der wärmeren Jahres- und Tageszeit, in der kälteren bedeckter; wolkenloser Himmel ist der seltenste Zustand, am häufigsten tritt er noch abends ein. Am Mittelmeer ist dagegen abends, und im Sommer auch um Mittag, Wolkenlosigkeit der häufigste Fall; zu den übrigen Tages- und Jahreszeiten ist es gebrochener Himmel. In Ostasien herrscht umgekehrt im Januar und Februar Wolkenlosigkeit vor, bedeckter Himmel ist dort im Winter sehr selten, im Sommer überwiegt gebrochener Himmel, namentlich um Mittag, durchaus. Von den Tropen gilt im allgemeinen außerhalb der Wüsten das Wort: „Es gibt immer Wolken am Himmel, aber nie bedecken sie den Himmel ganz, selbst nicht in der Zeit der großen Regen.“ Auf den Ozeanen ist, auch in den gemäßigten Zonen, die teilweise Bewölkung des Himmels auch im Winter häufiger als auf dem Festlande, was auf stärkeren vertikalen Luftaustausch (mehr Turbulenz) über dem Meere hinweist.

Die warmen und kalten, trockenen und nassen Tage sind nicht so miteinander gemischt, wie es der Zufall ergeben würde. Vielmehr besteht durch die längere Andauer gleicher Ursachen eine mehr oder weniger ausgesprochene Erhaltungstendenz im Wetter. Die Wechsel sind viel seltener, die Erhaltungen viel häufiger, als dem Zufall entsprechen würde, und zwar wächst die Wahrscheinlichkeit der Erhaltung, je länger die gleiche Witterung andauert. Die Mischung z. B. von Regen- und Trockentagen würde eine viel innigere sein, wenn sie eine zufällige wäre; ihre Erhaltungstendenz, also ihre Häufung zu langen Perioden regnerischen und trockenen Wetters ist eine den Pflanzenbau sehr beeinträchtigende Eigentümlichkeit. Über die Unterschiede dieser Tendenz in verschiedenen Klimaten weiß man noch sehr wenig. Sie nimmt in Europa vom Nordwesten nach Osten und Süden ab, und scheint am Mittelmeer noch nicht halb so groß zu sein wie an der Nordsee.

Kapitel 2

Meteorologische Beobachtungen und deren Bearbeitung

§ 5. Meteorologische Beobachtungen

Das Material für die Klimakunde wird in der Hauptsache durch meteorologische Beobachtungen geliefert. Diese erfordern zwar zum größten Teile weder viele Mühe, noch auch schwer zu erwerbende Kenntnisse oder kostspielige Instrumente; allein sie verlangen, um Wert zu haben, ein bedeutendes Maß von Pünktlichkeit und Sorgfalt und die Betrachtung einer Reihe von Regeln, durch deren Vernachlässigung ein großer Teil der Arbeit wertlos werden kann. Eine Menge viele Jahre fortgesetzter Beobachtungsreihen erwiesen sich bei dem Versuche ihrer Verwendung als unbrauchbar, weil die Korrektionen der Instrumente und deren Aufstellung nicht bekannt, die Beobachtungsstunden fraglich oder schlecht gewählt und nicht fest eingehalten sind und der Sinn vieler Notierungen nicht genau feststellbar ist. Wer deshalb den Wunsch hat, durch meteorologische Aufzeichnungen die Wissenschaft zu fördern, möge die folgenden Hinweise beachten. Ausführlichere Anweisungen findet man in den Instruktionen der verschiedenen Beobachtungsnetze, z. B. des Preußischen meteorologischen Instituts und der Deutschen Seewarte; durch reichhaltige Hilfstafeln zeichnet sich unter diesen besonders „Jelineks Anleitung" aus, in vielen Auflagen neu bearbeitet.

1. Nur Beobachtungen, die mit Sorgfalt und Pünktlichkeit angestellt sind, können wissenschaftlich verwendet werden. Man halte die einmal gewählten Stunden möglichst präzise ein, vermerke allfällige Verspätungen genau, sorge, wenn möglich, für einen zuverlässigen Stellvertreter und lasse, wenn dennoch eine Beobachtung ausfällt, die Rubrik leer, statt sie mit gemutmaßten Werten auszufüllen.

2. Man sorge dafür, daß alle Überschriften im Journal verständlich seien, daß über den Sinn jeder Zahl durchaus kein Zweifel bestehen könne, weder über Instrument und Skala (z. B. ob Grade Celsius oder Grade Reaumur), noch über die Zeit, auf welche sie sich bezieht, und schiebe diese Erklärungen nicht etwa in dem Glauben auf, daß man sie ja jederzeit im Bedarfsfalle machen könne. Wird dann, wie so oft geschehen ist, das Tagebuch erst nach dem Tode des Urhebers einem Fachmanne übergeben, so ist es gewöhnlich zu spät dafür. Beobachtet man Instrumente, so suche man deren Fehler gegen die sogen. Normalinstrumente eines meteorologischen Instituts festzustellen. Schon beim Ankauf derselben suche man Korrektionstabellen dafür mit zu bekommen; da jedoch kein Instrument völlig unveränderlich ist, so suche man später von Zeit zu Zeit die Korrektionen zu ermitteln. Die früher recht lästige allmähliche Verschiebung des Nullpunkts ist heute für Quecksilberthermometer aus Jenenser Glas so gut wie ausgeschlossen. Für Barometer ist öftere, etwa alljährliche Vergleichung mit einem geprüften Instrumente wichtig. In Ländern ohne staatliches Beobachtungsnetz bieten sich Gelegenheiten dafür in den Hafenplätzen durch die Besuche solcher deutschen und englischen Schiffe, die für die Deutsche Seewarte oder das „Meteorological Office" Journal führen. Man beginne das Journal mit einigen Angaben über den Ort der Beobachtung, die benutzten Instrumente und deren Aufstellung, und notiere jede Änderung in diesen Dingen.

3. Die Lage des Beobachtungsortes sei eine möglichst freie, luftige und von der näheren Umgebung wenig beeinflußte. Beobachtungen, die in engen Straßen volkreicher Städte an-

gestellt werden, sind wohl interessant zum Vergleich mit jenen des offenen Landes oder zu speziellen Zwecken, können aber über das Klima der Gegend keinen richtigen Aufschluß geben. Die Lufttemperatur z. B. ist in einer großen Stadt in unseren Breiten durchschnittlich um 0,5—1° höher als in der Umgebung; der Unterschied ist am größten in windstillen Sommernächten, wo er 2° übersteigt, bei windigem Wetter wird er gering; wohl aus diesem Grunde ist er im Winter, trotz der Heizung und Beleuchtung, kleiner als im Sommer, und in den Tropen größer als bei uns. Sehr lehrreich sind vergleichbare Beobachtungen in benachbarten, aber verschiedenen Lagen, wie in und außerhalb der Stadt oder des Waldes, auf dem Gipfel eines Hügels oder Berges, an dessen Abhang und im Tale am Fuße desselben usw., die je nach der Tageszeit, der Bewölkung und dem Winde merklich verschiedene Ergebnisse liefern (vgl. § 25a).

4. Als Beobachtungsstunden wähle man in Gebieten, die ein organisiertes Beobachtungsnetz besitzen, womöglich die Stunden, die in diesem oder doch in einem nah benachbarten Netze gebräuchlich sind, um Material zu lehrreichen Vergleichen zu bekommen. Gewöhnlich wird dreimal am Tage beobachtet, und am meisten werden gegenwärtig, wenigstens von Deutschen, für klimatologische Zwecke die Stunden 7^h a. m., 2^h p. m. und 9^h p. m., für Zwecke der Wettertelegraphie die Stunden 8^h a. m., 2^h p. m. und 7^h p. m. bevorzugt.

5. Wer vollständige meteorologische Beobachtungen an Instrumenten machen will, wie sie einer regulären Station 1. oder 2. Ordnung entsprechen, tut am besten, sich einem bestehenden Stationsnetze anzuschließen, sich Instrumente und Instruktionen von einem meteorologischen Institut geben zu lassen und diesem seine Beobachtungen, wenn möglich allmonatlich, einzusenden. Wir können uns daher hier mit wenigen Winken für Beobachtungen über Lufttemperatur, Regenfall und solche ohne Instrumente begnügen, weil für derartige der Kreis der Teilnehmer viel weiter gezogen werden kann.

Das Thermometer muß, um die Luftwärme anzugeben, vor Regen, Sonne und auch der Strahlung solcher Gegenstände geschützt sein, die wesentlich wärmer oder kälter als die Luft sind, zugleich aber dem Luftwege möglichst frei ausgesetzt sein und in Luft sich befinden, die als eine maßgebende Probe derjenigen angesehen werden kann, deren Wärmeverhältnisse wir studieren wollen. Es ist nicht leicht, besonders in sonnigen und windstillen Klimaten, diese Forderungen gleichzeitig ausreichend zu erfüllen. Zweierlei Aufstellungen sind gebräuchlich: 1. vor einem Fenster auf der Schattenseite des Hauses, womöglich vor einem im Winter nicht geheizten Raum und 20 bis 30 cm von der Wand entfernt; und 2. in einem besonderen Gehäuse im Garten oder auf einer Wiese; als solches hat die Stevensonsche oder englische Hütte die größte Verbreitung, die im Sonnenschein bei Windstille allerdings etwas zu hohe Temperatur ergibt. Die gewöhnlichen Beschirmungen aus Zinkblech sind wohl gut, um die Thermometer vor Regen und Beschädigung zu schützen, verringern aber die Wirkungen von Strahlung nicht. Die günstigsten Ergebnisse liefert das Aßmannsche Aspirationspsychrometer, das aber für gewöhnliche Stationen etwas zu teuer und zeitraubend ist. Für gelegentliche Bestimmungen der Lufttemperatur tut ein Thermometer mit kleinem Gefäß, rasch im Kreise herumgeschwungen, gute Dienste, da es sehr wenig von Strahlung beeinflußt wird (Schleuderthermometer).

Der Regenmesser mißt den in Tropfen oder Flocken fallenden Niederschlag; Niederschläge, die sich wie Tau und Reif an den festen Oberflächen selbst bilden oder, wie die Nebelteilchen, schweben, können damit nicht in brauchbarer Weise gemessen werden. Seine Angaben bedeuten, wie hoch das Wasser den Boden bedecken würde, wenn es weder abflösse, noch einsickerte, noch verdunstete. Schnee wird vor der Messung geschmolzen; zu diesem Behufe führt jede Station in unseren Breiten 2 Regenmesser. Die Form und Einrichtung des Regenmessers kann verschieden sein; wesentlich ist nur, daß seine obere Öffnung, die ein Fünfzigstel bis ein Zwanzigstel eines Quadratmeters betragen kann, genau bekannt, durch Verstärkung vor Verbiegen geschützt und horizontal aufgestellt sei, sowie daß ein doppelter Boden das Wasser durch enge Löcher aufnehme und vor Verdunstung schütze. Aus diesem wird das Wasser durch Hahn, Ausgußrohr oder anders in ein Meßglas gegossen. Läßt man sich den Regenmesser vom Klempner am Ort machen, so mache man die Öffnung rund mit einem Durchmesser von 178 mm, dann ist diese ein vierzigstel Quadratmeter und bedeuten 25 Gramm oder Kubikzentimeter gesammelten Niederschlags eine Regenhöhe von 1 mm. Der Regenmesser ist so aufzustellen, daß er von höheren Gegenständen nicht mehr als um 30° überragt wird, aber doch dem Winde nicht voll ausgesetzt ist, da anderenfalls bei starkem Winde von feinem Regen und besonders Schnee zu wenig gemessen wird.

Beobachtungen ohne Instrumente können, wenn sie mit Aufmerksamkeit, Ausdauer und Sachkenntnis angestellt werden, der Wissenschaft ebensoviel Nutzen bringen, wie solche an Instrumenten. Es muß dabei streng unterschieden werden zwischen Wahrnehmungen, die zur Zeit der einmal gewählten Beobachtungstermine selbst, und solchen, die in der Zwischenzeit zwischen diesen Terminen gemacht werden; die Vermengung beider macht heute noch viele Aufzeichnungen mehr oder weniger unbrauchbar.

Die erste Forderung muß sein, daß wir von der Witterung zur Zeit der Terminbeobachtung eine möglichst vollständige Darlegung bekommen; an zweiter Stelle müssen wir wünschen, auch über das, was zwischen den Beobachtungsterminen vorging, unterrichtet zu werden. Für die Instrumentalbeobachtungen ergibt sich diese Unterscheidung von selbst. Die Beobachtungen ohne Instrumente aber, die sich dem aufmerksamen Menschen in jedem Moment von selbst aufdrängen, werden leicht in einer Weise angeschrieben, die die Feststellung, ob es zur Zeit des Beobachtungstermines selbst regnete, schneite, nebelte oder die Sonne schien, unmöglich macht. Und doch ist sicherlich das Bild vom Wetter ohne diese Angabe ganz unvollkommen und bedeutet z. B. der Stand des Psychrometers etwas anderes, wenn es regnet, als wenn die Sonne scheint.

a) Beobachtungen ohne Instrumente zu festen Terminen. Als Bewölkung wird notiert, wieviel Bruchteile des sichtbaren Himmelsgewölbes von Wolken eingenommen werden, sei es nach Zehnteln oder nach Vierteln, so zwar, daß 0 wolkenlosen, 10 oder 4 ganz bedeckten, 5 oder 2 halb bedeckten Himmel bedeutet. Die Dicke der Wolke kann durch Exponenten 0 und 2 beigefügt werden, z. B. 10^2 dick bedeckt, 10^0 leicht bedeckt. Beobachtungen über die Bewölkung der Nacht sind schwieriger und spärlich vorhanden; sie sind aber sehr interessant zum Vergleich mit dem Temperaturminimum (vgl. § 8).

Die Notierung von Hydrometeoren, die zur Zeit der Termine stattfinden, geschieht am besten in der Rubrik der Bewölkung, die dafür breiter zu nehmen ist; die internationalen Zeichen sind ● Regen, ✱ Schnee, △ Graupeln, ▲ Hagel, ≡ Nebel, ⌒ Tau, ⊔ Reif, hierzu sollte noch ⊙ als Zeichen für Sonnenschein kommen. An diesen einfachen Notizen kann die Untersuchung der Dauer und täglichen Periode der Niederschläge, über die bis jetzt wenig bekannt ist, mit Erfolg stattfinden, auf Grund derselben Voraussetzung, die der Verwendung aller Terminbeobachtungen zugrunde liegt, nämlich: daß die so herausgegriffenen Augenblicke im mehrjährigen Mittel als richtige Proben für den Durchschnitt der benachbarten Stunden gelten können. Hatten z. B. in einer längeren Beobachtungsreihe 30% der um 2^h p. m. angestellten Beobachtungen Sonnenschein, so darf man annehmen, daß im Laufe von je 100 Stunden um diese Tageszeit im ganzen 30 Stunden lang die Sonne schien, 70 Stunden lang sie verdeckt war. Die Zahl der Stunden, in denen Sonnenschein vorkam, war natürlich viel größer, weil hier jeder Bruchteil einer Stunde für eine ganze Stunde gezählt wird. Schreibt nun jemand in der Absicht, recht vollständig zu sein, „Sonnenschein“ oder „Regen“ in die Terminbeobachtung, auch wenn diese vor der Beobachtung, aber nicht bei derselben stattfanden, so wird das obige Verhältnis zu groß und die ganze Berechnung falsch. Sonnenschein-Autographen kommen erst in neuester Zeit auf und sind ziemlich teuer. Notiert man jede Stunde oder jede zweite, ob die Sonne scheint oder nicht, so kann dieser wichtige Klima-Faktor auch ohne Autograph, wenn auch minder vollständig, festgelegt werden.

Auf diese Weise kann jede Person mit regelmäßigen Lebensgewohnheiten, z. B. jeder, der täglich seinen Weg zu bestimmten Stunden zwischen Wohnung und Arbeitsstätte macht, ohne alle Instrumente der Klimatologie einen wichtigen Dienst leisten, wenn er stets notiert, ob in einem gewissen Moment, z. B. am Anfang oder Ende dieses Weges, ●, ✱, ⊙, ≡ oder keins von diesen Phänomenen statthatte.

Die Beobachtung des Windes können wir insofern zu den Beobachtungen ohne Instrumente rechnen, als eine Windfahne, eine Flagge oder rauchende Schornsteine fast überall auch ohnedies zu finden sind. Man ist international übereingekommen, da O im Deutschen Ost, im Französischen West bedeutet, die englischen Zeichen für die Winde zu benutzen, und begnügt sich auf dem Festlande meist mit 8 Richtungen: N, NE (Nordost), E, SE, S, SW, W, NW. Die Stärke des Windes wird jetzt gewöhnlich nach der auf See gebräuchlichen Skala des Admirals Beaufort 0—12 geschätzt. 0 völlig windstill,

1 leiser Zug, 2 leichter, 3 schwacher, 4 mäßiger, 5 frischer, 6 starker, 7 steifer, 8 stürmischer Wind, 9 Sturm, 10 starker, 11 schwerer Sturm, 12 Orkan.

b) Beobachtungen, die nicht immer im Termin gemacht werden können und für die man die günstigen Momente mehr als bisher ausnutzen sollte, sind die über den Wolkenzug; denn sie sind sehr wichtig für das Verständnis der atmosphärischen Zirkulation. Die Beobachtung geschieht: entweder indem man einen hohen Gegenstand — Dachecke usw. — in der Nähe der Wolke ins Auge faßt, oder indem man sich eines schwarzen, durch Linien geteilten Spiegels bedient, wozu jede Glasscheibe, unterwärts mit schwarzem Lack bezogen, dienen kann. In beiden Fällen muß man den Kopf durch Anlehnen oder sonstwie unbeweglich halten. Wolken am Horizont geben unsichere Beobachtung. Die Notierung geschieht, wie beim Winde, nach der Richtung, von wo der Zug kommt.

c) Ohne Rücksicht auf feste Termine können Angaben über Regen, Schneefälle, den Witterungscharakter des Tages, mit Beschreibung hervorragender Erscheinungen — z. B. Gewitterstürme u. dgl. — unter Umständen wertvoll werden. Gewitter notiere man etwa in der Form: Gewitter aus SSW nach ENE ziehend $4^3/_4$—$5^1/_2{}^h$ p. m., um 5^h Windstoß W 8, Regen von 5—8^h p. m.

Auch durch Notizen über das Zufrieren und Aufgehen von Flüssen und Seen, Hochwasser, Nachtfrost, die periodischen Erscheinungen in der Pflanzen- und Tierwelt, Saat und Ernte usw. kann ein aufmerksamer Beobachter viele, auch für die Klimatologie hoch erwünschte Beiträge liefern, auf welche näher einzugehen hier indessen nicht am Ort wäre.

§ 6. Klimatologische Untersuchungen

Nicht selten werden Beobachtungs-Journale, sei es gedruckte, sei es, was noch wichtiger, handschriftliche, von Nicht-Meteorologen bearbeitet. Die Wissenschaft hat von solcher Mitarbeit auch erheblichen Nutzen, weil das vorliegende Material durch die kleine Anzahl von Spezialisten unmöglich nach allen Richtungen bewältigt werden kann. Es sind aber auch dabei gewisse Regeln und Gesichtspunkte im Auge zu behalten, über die wir freilich hier nur einige Andeutungen zur Ergänzung des bisher Gesagten machen können.

Da in der Klimakunde die Zahlen im Grunde nur so weit Wert haben, als sie mit anderen verglichen und in Zusammenhang gebracht werden können, und zwar in der Regel mit solchen, die an anderen Orten von anderen Personen gewonnen wurden, so ist die Vergleichbarkeit der Zahlen die große Forderung, die alle klimatologischen Methoden beherrscht und deren Außerachtlassung sich in zahllosen Fällen durch Trugschlüsse oder mindestens verlorene Arbeit gerächt hat.

Ist das Journal, das man bearbeiten will, von einem meteorologischen Institut veröffentlicht, so darf man im allgemeinen voraussetzen, daß bereits die nötige Kritik auf seine Angaben angewandt sei. Ist es dagegen noch unpubliziert, so suche man nicht nur sich selbst ein Urteil über den Sinn und den Wert der Ergebnisse zu bilden, die man aus ihm zieht, sondern teile auch die nötigsten Angaben zur Bildung dieses Urteils in bezug auf Lage, Instrumente, Beobachtungsstunden, Verläßlichkeit usw. bei Veröffentlichung der Ergebnisse mit.

Unter den Methoden, die unendliche Fülle der Witterungserscheinungen in einfache Ausdrücke zusammenzufassen, wird die Bildung des arithmetischen Mittels wohl stets obenan stehen, wenn man auch allmählich die Grenzen hat erkennen müssen, wo es seine Dienste versagt. Ist an n Tagen zu einer gewissen Tagesstunde h die Lufttemperatur abgelesen worden und ist S die Summe ihrer Werte, so ist S/n deren arithmetisches Mittel, das in diesem Falle die Mitteltemperatur der Stunde h in diesen n Tagen heißt. Ist während eines Tages eine genügende Zahl von Malen in gleichen Abständen, z. B. jede Stunde, die Lufttemperatur gemessen worden, und ist die Summe dieser Werte S', so ist ein Vierundzwanzigstel davon die Mitteltemperatur des Tages. Sind solche Messungen z. B. während des ganzen Juni wiederholt worden, also 30mal 24 gleich 720mal, und ist die Summe der Ablesungen S'', so ist $S''/720$ die Mitteltemperatur des Monats. Will man mit weniger Beobachtungen täglich auskommen, so müssen diese passend verteilt werden, auf Grund der Erfahrungen passender Vergleichsstationen. Da ferner die Jahrgänge untereinander große Unterschiede zeigen, so gehört eine große Zahl derselben dazu, um das Mittel so festzulegen, daß die Hinzufügung weiterer Jahre es nicht mehr merklich ändert und daß man es als sog. Normalwert ansehen darf. Da nun die Erfahrung zeigt, daß die Abweichungen der einzelnen Jahrgänge vom Normalwert sich über größere Strecken ziemlich gleichmäßig ausdehnen oder, was dasselbe ist, daß die Differenzen zweier benachbarter Orte viel konstanter sind als ihre meteorologischen Werte selbst, so kann man aus Beobachtungsreihen von wenigen Jahren die Normalwerte sehr annähernd durch den Vergleich mit langjährigen Beobachtungen an anderen, nicht zu weit entfernten Orten ableiten. Man nennt dies die kurze Reihe auf die lange reduzieren. Es führt zu demselben Resultat, ob man zu diesem Behufe die mittlere Differenz, die beide Orte während der gleichzeitigen Beobachtungen zeigten, an die Normalwerte der Vergleichsstation anbringt, oder die Abweichung vom Normalwert, den dieser Zeitraum auf der letzteren Station aufwies, mit umgekehrtem Zeichen an das Mittel der kurzen Beobachtungsreihe anbringt. — Temperaturmittel werden in ganzen und zehntel Graden des 100teiligen Thermometers angegeben.

Bei der Regenmenge pflegt man die Division durch die Zahl der Tage nicht vorzunehmen, sondern deren Summe für die Monate und das Jahr zu veröffentlichen; das hat allerdings den Übelstand, daß die Zahlen auch von der Länge des Monats beeinflußt sind (Februar!). Ganze Millimeter genügen für diese Summen, bei den einzelnen Messungen müssen aber, wegen der vielen schwachen Regen, auch Zehntel berücksichtigt werden.

Da gleiche Mittel und Summen auf sehr verschiedene Weise zustande kommen können, so ist zu ihrer Ergänzung mindestens die Angabe der Extreme, d. h. des größten und kleinsten Wertes, wünschenswert.

Neben der Berechnung der Mittel bzw. Summen und der Heraussuchung der Extreme ist das Auszählen gewisser Kategorien von Werten das wichtigste Hilfsmittel der Klimakunde: die Bestimmung der Häufigkeit einer Erscheinung oder ihrer verschiedenen Stufen, sei es nach den einzelnen Terminen; sei es nach Tagen, wie z. B. die Zahl der Tage ohne und mit Regen von verschiedener Stärke, die Häufigkeit der einzelnen Bewölkungsgrade oder größerer Gruppen derselben, der Temperatur nach Gruppen von je zwei oder fünf Graden, der Winde nach Richtungen und nach Stärkestufen, oder des Eintritts des Maximums bzw. Minimums eines Elements zu einer gewissen Tagesstunde usw. usw. Teilt man diese Zahlen durch die ganze Anzahl der Beobachtungen bzw. Beobachtungstage des Zeitraums, so erhält man die „Wahrscheinlichkeit" der Erscheinung, die zwischen 0,00 und 1,00 liegen muß.

Bei der Publikation meteorologischer Beobachtungen gebe man in bezug auf die Lufttemperatur sowohl für die einzelnen Jahrgänge, als für das allgemeine Mittel derselben die mittlere Temperatur der Beobachtungstermine (z. B. 7^h, 2^h, 9^h) einzeln sowie deren Durchschnitt an, nach Monatsmitteln in Zehnteln eines Grades C; in den Augen eines Fachmannes hat man hiermit die Hauptsache getan, weil die Ableitung weiterer Resultate ihm damit ermöglicht ist; will man solche selbst erzielen, so suche man aus diesen Mitteln Normalwerte für den Ort abzuleiten, indem man sie einerseits, soweit nötig, durch Verbesserung nach einer passend gelegenen Vergleichsstation, deren täglicher Temperaturgang bekannt ist, auf 24stündige Mittel reduziert, andererseits in der oben angegebenen Weise bestimmt, wie das Mittel unseres Orts sich stellen würde, wenn er eine genügned lange Beobachtungsreihe hätte. Die Extreme sind besonders dann von Interesse, wenn vertrauenswerte Angaben von Maximum- und Minimum-Thermometern vorliegen. Aus dem mittleren täglichen Maximum und Minimum ergibt sich die tägliche „unperiodische Schwankung". Die Extreme jedes Monats geben die „monatliche Schwankung" die des Jahres die jährliche. Die absolut höchsten und niedrigsten Stände während einer längeren Jahresreihe geben das „absolute Maximum und Minimum", deren Differenz die „absolute Schwankung". Diese wächst stoßweise, wenn neue Jahrgänge hinzukommen, in denen noch extremere Werte vorgekommen sind. Die mittlere Schwankung dagegen wird durch neue Jahrgänge nur genauer, durch Verringerung der Zufälligkeiten. Endlich ist auch die Größe der Temperatur-Änderung von Tag zu Tag von wesentlichem klimatologischen Interesse, sei es, daß man sie, wie Hann es getan hat, als Differenz der Tagesmittel berechnet, sei es, daß man sie, wie neuerdings geschieht, einzeln für die verschiedenen Termine bestimmt.

Ähnliches gilt auch von den übrigen klimatischen Elementen. Auch für sie ist die getrennte Bearbeitung der einzelnen Beobachtungstermine sehr zu empfehlen; denn der tägliche Gang der Erscheinungen ist nicht nur an sich von großem Interesse, sondern er wirft Licht auf die Natur der Lokaleinflüsse und läßt in vielen Fällen den Sinn der allgemeinen Monats- und Jahresmittel erst erkennen. Bei vielen Elementen ist es längst üblich, die Mittel für die gewöhnlich eingehaltenen drei Termine getrennt zu geben; bei der Windrichtung geschieht dies, einfach wegen des großen Raumes den die Aufzählung der einzelnen Richtungen verlangt, bei weitem nicht so oft, ist aber lehrreich; bei der Regenmenge geschieht leider auch die Messung selbst heute noch gewöhnlich nur einmal am Tage.

Ferner zähle man die Tage mit Niederschlag überhaupt (zweimal, solcher mit mindestens 0,2 mm und mit mehr als 1 mm am Tage), und außerdem die Zahl der Tage mit Schnee, mit Hagel, mit Graupeln gesondert; ferner für jeden Termin einzeln die Zahl der Beobachtungsmomente mit Regen oder Schnee, und die größte in 24 Stunden gefallene Niederschlagsmenge. Sehr wichtig sind auch Angaben über Schneedecke, deren Dicke und Dauer. Auch das Datum des ersten und letzten Schnees und Frostes ist ein klimatologisch interessantes Moment; ebenso die Zeit des ersten und letzten Gewitters und die Zahl der Tage mit Gewitter.

Die mittlere Bewölkung sowohl, als die Häufigkeit des ganz bedeckten, des gebrochenen und des wolkenlosen Himmels sind weitere bezeichnende Züge für das Klima eines Ortes. Ist das Journal gut geführt worden, so daß man den Zustand des Wetters bei jeder Terminbeobachtung zuverlässig erkennen kann, so lassen sich, wenn es mehrere Jahrgänge umfaßt, auch die Wahrscheinlichkeit des Regens und des Sonnenscheins für jeden Termin daraus ableiten (wie oben bemerkt), woraus weiter sich die Dauer dieser Erscheinungen ergibt.

Je tiefer man in die Meteorologie eindringt, um so mehr wird man auch aus den Beobachtungen machen können; in jeder Richtung wird man aber bei der Bearbeitung einmal an eine Grenze kommen, über die hinaus diese Beobachtungen keine genügende Antwort mehr geben können, und wo genauere oder reichhaltigere bzw. anders gerichtete Beobachtungen nötig werden, die entweder nur anderswo oder überhaupt zurzeit nicht zu haben sind.

Kapitel 3

Strahlung und Wärme

§ 7. Die Sonnenstrahlung, deren Bedeutung und mathematische Bedingungen

Der Begriff der Strahlung wird in den Leitfäden der Physik auseinandergesetzt. Man versteht darunter den nach den Gesetzen des Lichtes erfolgenden Übergang der Wärme von wärmeren zu kälteren Körpern ohne die Vermittlung zwischenliegender, wägbarer Materie als Trägers dieser Wärmemengen.

Trotz vielfacher Bemühungen ist es noch nicht gelungen, irgendeinen erheblichen meteorologischen Vorgang mit Sicherheit nachzuweisen, dessen Kraftquelle nicht in der Bestrahlung unseres Weltkörpers durch die Sonne läge. Es fehlt zwar nicht an Andeutungen dafür, daß auch die Stellung des Mondes zur Erde und Sonne einigen Einfluß auf meteorologische Vorgänge habe; allein die davon abhängenden Veränderungen sind entweder so unbedeutend, oder so unerklärlichen Schwankungen ausgesetzt, daß sie bis jetzt für die Meteorologie nichts mehr als eine Kuriosität sind. Auch ist es nicht ausgeschlossen, daß einige von ihnen in Schwankungen der Sonnenstrahlung ihren Grund haben.

Leider sind auch von den letzteren selbst bis jetzt nur die der täglichen und jährlichen Periode der Sonnenhöhe folgenden zuverlässig bekannt, obwohl es recht wahrscheinlich ist, daß auch ohne Rücksicht auf diese Höhe die Sonnenstrahlung selbst Schwankungen unterliegt, namentlich solchen im Laufe einer Sonnenrotation und einer Sonnenflecken-Periode. In der Tat sind in den atmosphärischen Erscheinungen ziemlich deutliche Anzeichen für eine etwa 26tägige, eine 11jährige und je eine 34- und 45jährige Periode vorhanden, die jedoch in der Regel von den unperiodischen Änderungen der Witterung bis zur völligen Unkenntlichkeit verdeckt sind.

Dauernde Änderungen des Klimas in einer und derselben Richtung haben aus historischen Zeiten noch nicht nachgewiesen werden können. Da aber nicht nur die einzelnen Jahrgänge sondern selbst Jahrzehnte sich durch ihre Wärme, ihren Regenreichtum usw. unterscheiden, so spricht man mit Recht von Schwankungen des mittleren Zustandes, von Klimaschwankungen, und bezeichnet so sowohl den Wechsel innerhalb desselben Jahrhunderts, z. B. zwischen der Wärme der Jahre um 1834 und der Kälte um 1830 und 1838, als auch die großen Klimawechsel in geologischen Perioden.

Die Witterungserscheinungen bestehen also ebenso, wie alles Leben der organischen Natur und der größte Teil der Bewegungen und Vorgänge auf der Erde überhaupt, in Umwandlungen des in unbegreiflicher Fülle von unserer Sonne immerfort und allseitig hinausgeschleuderten Kraftvorrats, von dem nur ein winziger Bruchteil (etwa $^1/_2$ Millionstel) von der Erde aufgefangen wird. Diese Kraftquelle ist es ja, die vor Millionen von Jahren den Kohlenstoff seiner Verbindung mit dem Sauerstoff entrissen und in der Steinkohle niedergelegt hat, wie sie durch ihre chemische Arbeit in der grünen Pflanze auch heute die Quelle aller Tier- und Menschenkraft ist; sie ist es auch, die das Wasser, das unsere Wassermühlen treibt, von der Meeresoberfläche zu den Wolken und auf die Höhe der Berge gehoben hat und die den Wind in Bewegung setzt, der unsere Windmühlen treibt. Verschwindend gering ist die Zahl der Fälle, wo die Triebkraft, wie z. B. in durch Ebbe und Flut getriebenen Mühlen, einen anderen Ursprung hat.

Die geschichtlich nachweisbare annähernde Unveränderlichkeit der Klimate innerhalb der letzten Jahrtausende beweist, daß die Sonnenstrahlung in dieser Zeit keinen großen und dauernden Änderungen ausgesetzt gewesen ist. Daß sie vollständig konstant sei, ist eine willkürliche Annahme, die angesichts der Veränderlichkeit aller anderen Erscheinungen der Natur sehr unwahrscheinlich ist.

Bei der fundamentalen Bedeutung der Sonnenstrahlung für die Klimatologie müßte eine genaue Kenntnis ihrer Gesetze von hohem Werte für uns sein. Leider fehlt zu einer solchen noch sehr viel. Denn wenn auch die mathematischen Grundlagen, die auf einfache trigonometrische Beziehungen hinauskommen, schon 1779 von Lambert entwickelt und seitdem wiederholt näher ausgeführt worden sind, so ist unsere Kenntnis der physikalischen Größen, die hier in Betracht kommen, und ihres Zusammenwirkens noch recht mangelhaft. Das liegt besonders daran, daß ein einfaches Instrument fehlt, welches über die Sonnenstrahlung ähnlich unzweideutige und unter sich vergleichbare Angaben lieferte, wie das Barometer und Thermometer es für Luftdruck und Lufttemperatur tun. Die vorhandenen Instrumente liefern entweder Angaben, die so vielen Fehlerquellen unterworfen sind, daß sie fast gar nicht verwertet werden können: so daß einfache Schwarzkugel-Thermometer, sei es offen oder in eine luftleere Hülse eingeschlossen; oder aber ihre Behandlung ist so zeitraubend und verlangt so viel Übung im Experimentieren, daß sie selbst von meteorologischen Observatorien nur ausnahmsweise in den Kreis ihrer regelmäßigen Beobachtungen gezogen wird.

Die Strahlungs-Intensität, d. h. die Licht- und Wärmemenge, welche irgendeine von der Sonne beschienene Fläche in der Zeiteinheit erhält, hängt zuvörderst ab von dem Winkel, unter welchem die Fläche von den Strahlen getroffen wird.

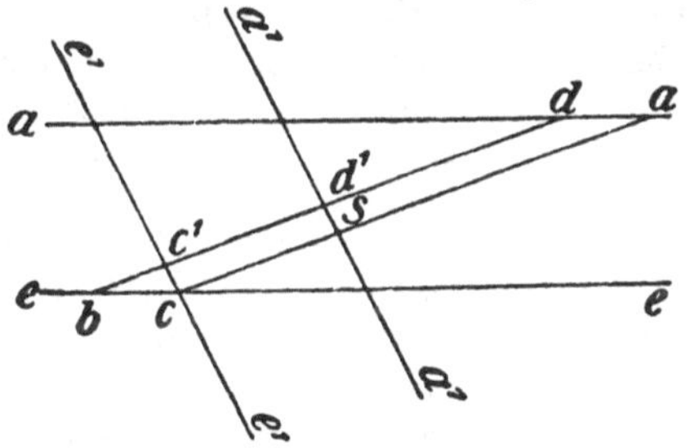

Fig. 2.

e—e Erdoberfläche bei schräg einfallenden Strahlen
e'—e' „ „ senkrecht „ „
a—a Obere Grenze der Atmosphäre bei schräg einfallenden Strahlen
a'—a' „ „ „ „ „ senkrecht „ „

Denn auf die Strecke *b c* Fig. 2 fallen ebensoviele Strahlen, wie auf die zu den letzteren rechtwinklige Strecke *c c'* fallen würden; *b c* ist aber größer als *c c'*; auf ein gleiches Flächenstück von *b c* fallen also weniger Strahlen und zwar, wie einfache Überlegung zeigt, im Verhältnis des Sinus des Winkels, den die Richtung der Strahlen mit der beschienenen Fläche bildet. Für eine horizontale Fläche ist dieser Winkel die Sonnenhöhe.

Die Änderung der Sonnenhöhe im Laufe des Tages bewirkt eine tägliche Periode der Wärmeerscheinungen an der Erdoberfläche und mehr oder weniger aller übrigen meteorologischen Phänomene. Unter dem Äquator ist neben dieser täglichen Schwankung der Sonnenstrahlung keine nennenswerte andere Periode in derselben vorhanden; die bedeutenden jahreszeitlichen Änderungen in den Wind- und Regenverhältnissen dieser Gegenden werden in der Hauptsache erst mittelbar durch den Einfluß der Zustände in den angrenzenden gemäßigten Zonen hervorgebracht. Die Unterschiede in der Temperatur der einzelnen Monate sind unbedeutend und großenteils durch den Wechsel der Regen- und Trockenzeiten und des Ursprungs der jeweiligen Winde bedingt.

Je mehr wir uns den Wendekreisen nähern, desto mehr tritt dem Einfluß der Tageszeit jener der Jahreszeit auch in der Temperatur zur Seite, und wenn wir über die Wendekreise hinaus den Polen zuwandern, sehen wir ihn das Übergewicht über den abnehmenden Einfluß der Tageszeit erhalten, bis endlich am Pole der letztere insofern verschwindet, als die Sonne ein halbes Jahr über und ein halbes Jahr unter dem Horizont bleibt. Bei der Jahresschwankung ist aber nicht mehr die Sonnenhöhe allein, sondern auch die Dauer der Strahlung, die Tageslänge, maßgebend. Die Berechnung derselben ist eine Aufgabe der mathematischen Geographie, die schon im Altertume eine befriedigende Lösung gefunden hat. Das Zusammenwirken der wechselnden Intensität und Dauer der Sonnenstrahlung gibt aber für die Zeit, wo die Sonne nicht im Äquator steht, bereits eine ziemlich komplizierte Verteilung der Licht- und Wärmemengen, welche in die Erdatmosphäre unter den einzelnen Breitenkreisen im Laufe eines Tages zu verschiedenen Jahreszeiten eintreten. Denn die gegen den Pol, der eben Sommer hat, rasch zunehmende Tageslänge bietet, von einer gewissen Breite an, mehr als vollständigen Ersatz für die geringere Mittagshöhe der Sonne, so daß bei der Sommersonnenwende sogar eine größere Wärmemenge der oberen Grenze der Atmosphäre am Pol in 24 Stunden zugeführt wird, als in irgendeiner anderen Breite. Die Fig. 3 (S. 30) zeigt an den Kurven $p = 1$ dieses eigentümliche Verhältnis.

§ 8. Physikalische Bedingungen, denen die Sonnenstrahlung in der Atmosphäre unterliegt

Das Obige bezieht sich aber nur auf die Strahlung vor dem Eintritt derselben in die Erdatmosphäre; in dieser werden die Strahlen in mannigfaltigster Weise gespiegelt, zerstreut, gebeugt und verschluckt. Das direkte Sonnenlicht wird dadurch geschwächt, aber gleichzeitig das diffuse Tageslicht erzeugt, ohne welches überall, wo nicht Sonne hinscheint, finstere

Nacht sein würde. Es ist also zu unterscheiden zwischen dem Verlust, den die direkten Sonnenstrahlen beim Durchgang durch die Atmosphäre erleiden, und dem erheblich kleineren absoluten Betrage von zugestrahlter Energie, welche der Erdoberfläche dabei dauernd verloren geht, indem er in den Weltenraum zurückgeworfen wird, bevor er die feste oder flüssige Unterlage der Atmosphäre erreicht hat. An diesem dauernden Verlust haben besonders die Wolken einen großen Anteil, da deren Albedo, d. i. die Fähigkeit zur zerstreuten Reflexion, meist sehr groß, 0,6—0,9 ist; weniger, aber doch noch sehr viel, geht durch diejenige an Schneeflächen verloren. Die Albedo der übrigen Erdoberfläche ist im Durchschnitt kaum 0,1.

Das große Gesetz von der Erhaltung der Kraft gilt natürlich im Gebiete der Meteorologie ebenso, wie in jedem anderen Zweige des Naturgeschehens. Strahlung, Wärme, Elektrizität, mechanische, molekulare oder chemische Arbeit lassen sich in ganz bestimmten festen Größenverhältnissen ineinander umwandeln; das, was bei allen diesen Formänderungen unverändert bleibt, nennt man in der heutigen Physik, um den mehrsinnig gebrauchten Ausdruck Kraft zu vermeiden, die Energie. Energie kann weder entstehen, noch verloren gehen. Bei Untersuchung eines Vorganges ist also ein Teil der Aufgabe gelöst, wenn es uns gelingt, den Verbleib und die Wandlungen der in ihn eintretenden Energiemengen nachzuweisen; der zweite, freilich meist viel wichtigere und schwierigere Teil der Aufgabe besteht in dem Nachweis, wie diese Änderungen erfolgen und warum sie so erfolgen müssen.

Die Energiemenge, welche in Form von Strahlung von der Sonne an die Grenze der Erdatmosphäre in jeder Minute gelangt, wird gegenwärtig nach den Untersuchungen von Abbot und Fowle zu sehr nahe 2 Kalorien pro Quadratzentimeter und Minute angenommen, mit schnellen Schwankungen von $4^0/_0$ und mehr. Eine (kleine) Kalorie ist die Wärmemenge, welche 1 Kubikzentimeter Wasser um 1 Grad erwärmt.

Von diesen Energiemengen behalten unter den günstigsten Umständen, nämlich wenn die Sonne im Zenit steht, die Sonnenstrahlen bis zur Erdoberfläche nahe drei Viertel. Je niedriger die Sonne steht, um so länger ist der Weg, den die Strahlen durch die Atmosphäre zu machen haben, und um so größer der Energieverlust, vgl. in Fig. 2 Strecke *db* gegen *d′ c′*.

Das mannigfaltige Spiel der Ein- und Ausstrahlungen in unserer Atmosphäre ist in Fig. 2a (nach Dines und Alt) in seinen Hauptzügen dargestellt. Die Zahlen bedeuten Energie-Einheiten, wobei die von der Sonne in derselben Zeit der obern Grenze der Atmosphäre zugeführte Energiemenge = 100 gesetzt ist. Das Bild gilt nur für die Erde als Ganzes im Durchschnitt eines Jahres und aller Tageszeiten, und soll nur über die Existenz, die allgemeine Richtung und die Größenordnung der auftretenden Strahlungsströme, also über den großen Wärmehaushalt der Erde, eine richtige Vorstellung geben. Die Klimakunde muß freilich viel mehr fordern: sie braucht die Darstellung der Ver-

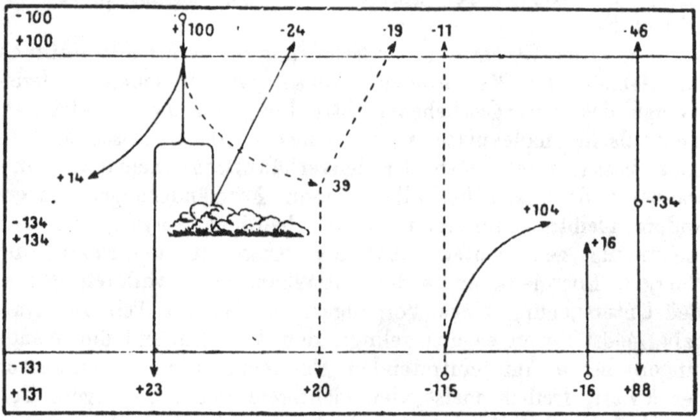

Fig. 2a

teilung der Stärke der einzelnen Strahlungsströme über die Erdoberfläche nach Zeit und Raum. Aber wir befinden uns hierin eben in den ersten Anfängen der Erkenntnis.

Auf dem Wege durch die Atmosphäre werden die Sonnenstrahlen geschwächt und abgelenkt durch die Vorgänge der selektiven (auswählenden) Absorption, der diffusen (zerstreuenden) Reflexion an den Molekülen und kleinen Teilchen, so wie der diffusen und geordneten Reflexion an Wolken und gröberen Teilchen. Bezeichnen wir den zugestrahlten Betrag mit 100, so entfallen auf die Absorption 14, auf die diffuse Reflexion 39, auf die Reflexion an Wolken 24 Einheiten. Es gelangen demnach im Durchschnitt nur 23 Einheiten der direkten Insolation zur Erdoberfläche. Von der diffus zerstreuten Strahlung geht die Hälfte, also nahezu 20%, in den Weltraum zurück, die andere Hälfte kommt der Erdoberfläche als diffuse Sonnenstrahlung zugute. Diffuse Reflexion in der Atmosphäre und Reflexion an Wolken geben zusammen 43% in den Raum zurück, weshalb man von einer Energiealbedo der Erde von 0,43 spricht.[1]) Derselbe Betrag von 43% gelangt in Form direkter und diffuser Sonnenstrahlung zur Erdoberfläche, während 14% in der Atmosphäre stecken bleiben, umgewandelt zum geringen Teil in chemische, zum größten Teil in kalorische Energie ($23 + 24 + 39 + 14 = 100$; Trabert fand die entsprechenden Größen gleich $22 + 22 + 36 + 20 = 100$). Von der Erdoberfläche, deren mittlere absolute Temperatur auf $273 + 15 = 288^0$ angesetzt werden kann, geht nun eine dunkle Wärmestrahlung durch die Atmosphäre nach dem Weltraum, dessen absolute Temperatur zu 0^0 angenommen wird. Nach dem Stefanschen Gesetz emittiert die Erdoberfläche, als schwarzer Strahler angesehen, in derselben Zeit, in der die Insolation 100 Kalorien beträgt, den Betrag von 115 Kalorien. Da aber die Atmosphäre, insbesondere der Wasserdampf in ihr, diese dunkle Wärmestrahlung sehr kräftig absorbiert, so gelangt nur ein geringer Betrag der Erdstrahlung von etwa 11 in den Weltraum, der Hauptteil der Erdstrahlung, 104 Einheiten, wird in der Atmosphäre verschluckt und in Wärme usw. umgewandelt. Außerdem aber erhält die Atmosphäre durch Verdichtung des Wasserdampfs den Wärmebetrag zum größten Teil zugeführt, der durch Verdampfung des Wassers von der Erdoberfläche abgegeben wird. Dieser Betrag ist auf 16 unserer Einheiten anzusetzen. Insgesamt erhält also die Atmosphäre durch Absorption der Sonnenstrahlung 14, durch Absorption der Erdstrahlung 104, durch Freiwerden der latenten Verdampfungswärme 16, zusammen also 134 Einheiten. Sie gibt nun wieder dunkle Wärmestrahlung ab, und zwar muß die von ihr abwärts gegen die Erde gesandte Strahlung mit 88, die nach oben gerichtete mit 46 Einheiten angesetzt werden, zusammen wieder 134.

Die Erdoberfläche erhält an direkter Sonnenstrahlung 23, an diffuser 20, an Gegenstrahlung der Atmosphäre 88, also zusammen 131 Einheiten, sie verliert durch Ausstrahlung 115, durch Verdampfungsarbeit 16, also insgesamt wieder 131 Einheiten,

[1]) Abbot und Fowle kamen zu etwas anderen Zahlen: Reflexion von den Wolken 29%, von der Atmosphäre 6%, von der Erdoberfläche 2%, zusammen 37%.

alles nur im großen Durchschnitt und fortwährend nach Zeit und Raum schwankend.

Die Durchlässigkeit der Atmosphäre für senkrechte Sonnenstrahlen schwankt nach Bewölkung, Feuchtigkeit und Freiheit der Luft von Dunst zwischen weiten Grenzen, Das Verhältnis p der zum Boden durchgelassenen zur Gesamtheit der Strahlen ist im Durchschnitt zu Washington 0,70, auf dem Mount Wilson in 1790 m Höhe etwas mehr als 0,80 und auf dem Mr. Whitney in Kalifornien in 4420 m Höhe 0,90. In niedrigen Gegenden und feuchten Klimaten hat dies Verhältnis sehr geringe Werte; Trabert schätzt selbst den Durchschnitt für die Erdoberfläche auf nur 0,6. In Fig. 3 sind die für die Werte $p = 0,8$ und 0,6 von Angot berechneten täglichen Mengen der Sonnenstrahlung nach der geographischen Breite für den längsten und kürzesten Tag graphisch dargestellt (p in der Figur), bei mittlerem Sonnenabstand, und die Strahlung am Äquator für $p = 1,0$ und die Tag- und Nachtgleiche $= 1000$ gesetzt. Man sieht, daß die vorzugsweise Begünstigung der Pole in der Sommersonnwende, die ohne Atmosphäre sich zeigte, durch die Wirkung der letzteren bei dem schiefen Strahleneinfall schon bei $p = 0,8$ nur im Vergleich zu etwa 73⁰ Breite besteht, und bei $p = 0,6$ ganz verschwindet. Die gestrichelte Kurve gibt für $p = 0,8$ die durchgelassene Strahlenmenge, wenn die Sonne im Äquator steht.

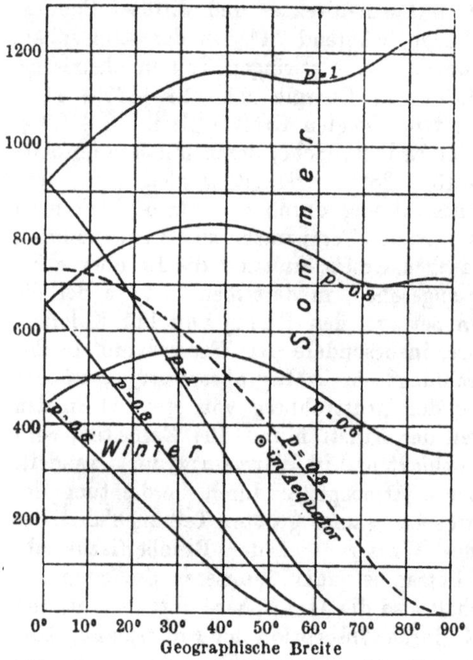

Fig. 3

Strahlungsmengen bei der Sommer- und Wintersonnwende und bei Tag- und Nachtgleiche

Der diffusen Reflexion unterliegen an Wolken die Strahlen aller Art, in wolkenlosem Himmel aber hauptsächlich die Strahlen kleinster Wellenlängen, worin die blaue Farbe des Himmels und die rote der Sonne am Horizont ihre Erklärung finden. Die so zerstreuten Strahlen gehen der Erdoberfläche nur zum Teil verloren (allgemeine Tageshelle); die Strahlung des Himmels ist in bezug auf Ultraviolett in unseren Breiten in Summa sogar nicht kleiner als die direkte Sonnenstrahlung. Allein gerade die wärmespendenden roten und ultraroten Strahlen unterliegen der Zerstreuung nur wenig; dafür aber zeigen sich in diesem Teile des Spektrums breite „kalte" Bänder, die wirklicher Absorption zu danken sind.

Soviel Licht uns auch der blaue Himmel gibt, so scheint doch, wenigstens in höheren Breiten, seine Strahlung stets, auch am Tage, abkühlend zu wirken, während bei bewölktem Himmel an Sommertagen eine Wärmestrahlung vom Himmel gegen die Erde stattfindet. Bei Nacht dagegen ist nicht nur bei klarem, sondern auch bei bewölktem Himmel die Wärmestrahlung von der Erde gegen den Himmel gerichtet (nach Homén). Doch wird von dieser dunklen Strahlung der größte Teil von Wasserdampf und Wolken absorbiert und erst von diesen teils zurück zur Erde, teils in den Weltraum ausgestrahlt. Im ganzen gehen etwa $^2/_5$ der Sonnenstrahlung in den Weltraum zurück, ohne zur Erwärmung gedient zu haben.

§ 9. Der Wärmeumsatz auf Festland und Meer

In den vorigen Paragraphen haben wir gesehen, daß der Erde von der Sonne fortdauernd große Mengen Energie zugestrahlt werden. Da nun dennoch der Zustand nach Ablauf von 12 Monaten bzw. von 24 Stunden durchschnittlich wieder derselbe ist, so ist es klar, daß durchschnittlich ebenso große Energiemengen von der Erde wieder ausgegeben werden. In letzter Instanz geschieht dies jedenfalls durchweg mittels Ausstrahlung in den Weltenraum; im einzelnen sind aber der Weg, der dabei eingeschlagen wird, und die verschiedenen Zwischenstufen, die dabei durchlaufen werden, sehr mannigfaltig. Ein Teil der Strahlung wird, wie wir gesehen haben, noch vor oder bei Erreichung der festen oder flüssigen Erdoberfläche zurückgeworfen, ohne absorbiert zu werden; ein anderer Teil wird in der Atmosphäre, Hydrosphäre oder Lithosphäre

— wie man die gasförmige, flüssige und feste Hülle des Erdkörpers bezeichnet — verschluckt, steigert deren Energieinhalt und wird erst dann, über kurz oder lang, ausgestrahlt; von dieser absorbierten Energie wird ferner ein Teil durch Leitung oder durch Ortsveränderung der damit beladenen Massen von dem Punkte der Aufnahme und Absorption der Sonnenstrahlen nach anderen Punkten der Erdhülle transportiert.

Wir haben es also mit einem beweglichen Gleichgewicht zwischen Einnahme und Ausgabe zu tun. Soweit man von anderen Vorgängen, als der Strahlung, absehen kann, wird dieses Gleichgewicht bei derjenigen Temperatur erreicht, bei der die Ausstrahlung der Einstrahlung gleich geworden ist. Diesen Zustand nennt man das Strahlungsgleichgewicht. Nach dem Stefan-Boltzmannschen Gesetz ist die Ausstrahlung eines völlig schwarzen Körpers der vierten Potenz seiner absoluten Temperatur proportional. Bei Körpern mit schwächerer Emission und Absorption ist der Einfluß der Temperatur noch etwas größer. Die auf dieser Grundlage errechneten Temperaturen weichen aber noch stark voneinander ab.

Die Wärmemengen, die mit den Sonnenstrahlen bis an den Grund des Luftmeers gelangen, haben ein ganz verschiedenes Schicksal, je nachdem die Strahlen auf festen Boden oder auf eine Wasserfläche fallen. Im ersteren Falle werden sie von der alleroberstcn Bodenschicht absorbiert, erhitzen diese schnell und stark und werden von ihr durch Leitung an die nächsten Schichten des Bodens und der Luft weitergegeben. Zugleich findet fortdauernd dunkle Strahlung von Boden nach dem Weltraum und höheren Atmosphärenschichten statt, die dadurch erwärmt werden. Vom Nachmittage an überwiegt der Wärmeverlust über die Zufuhr von Wärme und die Temperatur der Bodenoberfläche und der untersten Luftschicht sinkt immer tiefer, bis mit Sonnenaufgang die Wärmezufuhr wieder einsetzt. Im Frühling überwiegt die Einstrahlung am Tage und wächst die Temperatur, im Herbst der Wärmeverlust bei Nacht. Sowohl die tägliche als die jährliche Wärmeschwankung sind dort am größten, wo die Aus- und Einstrahlung am wenigsten behindert ist und der Einfluß des Meeres am meisten ausgeschlossen ist, also in den Wüsten. Zugleich nimmt die tägliche Schwankung nach dem Äquator, die jährliche nach den Polen zu. Eine Aufspeicherung von Wärme findet, da der

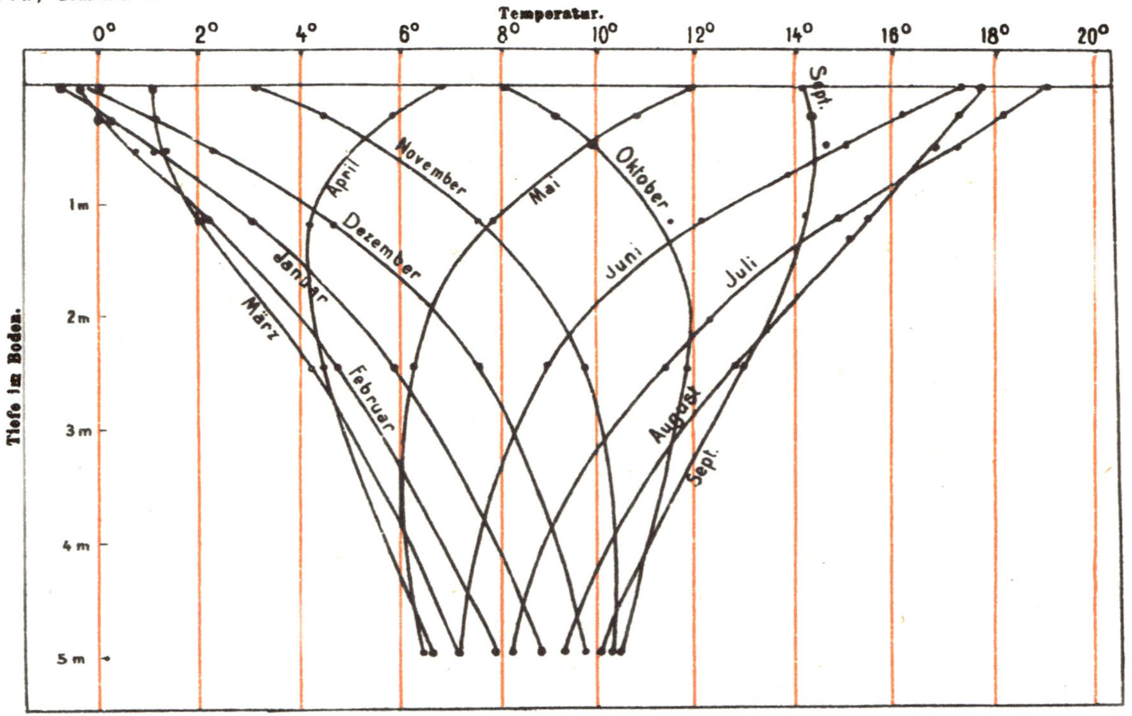

Bodentemperatur in Königsberg.

Sitz der Ein- und Ausstrahlung die oberste Bodenschicht ist, nur in geringstem Maße statt, dafür aber ist der Temperaturwechsel sehr groß. Seine Größe hängt im übrigen von der Bodenform ab. Eine konkave Oberfläche (Tal, Mulde) vergrößert die tägliche und jährliche Amplitude der Temperatur, eine konvexe (Hügel, Berg, auch Abhang) verkleinern sie, und zwar um so mehr, je steiler die Erhebung ist.

Die Fortpflanzung der sommerlichen Erwärmung und winterlichen Abkühlung ins Innere des Bodens hinein geschieht in der Weise, daß die jährliche Schwankung nach der Tiefe zu rasch kleiner wird und zugleich sich verspätet. Ganz dasselbe finden wir auch bei der täglichen Schwankung. Die besondere Verteilung der Wärme dabei ist je nach der geographischen Breite und der Natur des Bodens, insbesondere seinem Wassergehalt, verschieden. Um die charakteristischen Hauptzüge für Mitteleuropa erkennen zu lassen, mögen in Fig. 4 (siehe Tafel II) die monatlichen Mittelwerte aus den 14jährigen Beobachtungen zu Königsberg graphische Darstellung finden. Die Beobachtungen wurden in der Tiefe von $2^1/_2$, 31, 63, 126, 251 und 502 cm angestellt. Die Kurven geben die vertikale Verteilung der Temperatur in dem beigeschriebenen Monat. In 5 m Tiefe ist der Mai der kälteste, der Oktober der wärmste Monat, aber ihr Unterschied beträgt nur 4^0. Ähnlich verhält sich auch die Tagesschwankung der Temperatur, nur sind bei ihr (in unseren Breiten) alle Tiefen etwa 20mal geringer.

Das Strahlungsvermögen der Stoffe, aus denen die Erdoberfläche besteht, ist sehr verschieden groß; das Resultat, die Temperaturänderung, hängt dabei in hohem Maße von deren Leitungsvermögen ab. Bei festen Körpern ist die Strahlung um so größer und die Leitung (auch die Durchstrahlung) um so geringer, je lockerer ihr Gefüge ist, am extremsten also, wenn der Körper die Form von Pulver, Staub, Flocken, Schwamm, Filz, Pelz oder Flaum hat. In solcher Form sind selbst die Metalle schlechte Leiter und gute Strahler. Bei Körpern dieser Form kommt die zugestrahlte Wärme oder der Wärmeverlust durch Ausstrahlung nur einer dünnen Oberflächenschicht zu, deren Temperatur sich infolgedessen stark ändert, während diejenige der tiefen Schichten unverändert bleibt.

Durch sehr starke Strahlung und zugleich sehr schlechte Leitung zeichnet sich frischgefallener, lockerer Schnee aus, ein

Umstand, dessen große Bedeutung besonders Woeikof nachgewiesen hat. Dieser Einfluß äußert sich auffallend in den täglichen Wetterkarten von Europa im Winter, auf denen morgens sich oft ganz lokale Kältegebiete an Orten zeigen, wo am Abend Schnee gefallen und in der Nacht klarer Himmel eingetreten ist. Eine starke Schneedecke erreicht bei ungehinderter Ausstrahlung an ihrer Oberfläche rasch außerordentlich niedrige Temperatur und kühlt so auch die unterste Luftschicht ab, erhält aber den Erdboden warm, weil sie im lockeren Zustande ein sehr schlechter Wärmeleiter ist. Ihre Wirksamkeit nimmt mit ihrem Dichterwerden ab. Der typische Vorgang beim Entstehen starker Kälte in unseren Gegenden ist der folgende: die erste Abkühlung wird durch Winde bewirkt, die kalte Luft aus dem Norden bringen; dieser folgt eine stärkere, wenn der Himmel klar wird, und zwar ist sie weit stärker, wenn vorher frischer Schnee gefallen ist, als wenn die Erde schneefrei oder nur von altem Schnee bedeckt ist. Wird die Druckverteilung dabei eine solche, daß jede Zufuhr von Luft vom Ozean oder von erheblich südlicheren Breiten verhindert wird, so nimmt die Kälte von Tag zu Tag zu. Ein hervorragendes Beispiel dafür bot der Dezember 1879 in Mitteleuropa. Dagegen war bei ganz ähnlichen Luftdruck-, Wind- und Bewölkungsverhältnissen der Januar 1882 dort etwa 7° wärmer, weil keine Schneedecke den winterlichen Wärmestrom aus den tieferen Bodenschichten in die Atmosphäre absperrte.

Fig. 5 zeigt die Verteilung der Temperatur über festem Boden an einem Frühlingstag mit großer Tagesschwankung als Beispiel (5. April 1906 in Lindenberg). Die Abszissen sind die Stunden, die Ordinaten die Seehöhen, die Kurven Linien gleicher Temperatur. Man sieht, daß um 5 Uhr morgens, als am Boden die Temperatur auf Null sank, die gleiche in der Höhe erst in 1700 m sich fand und in 400 m Höhe noch 6° Wärme herrschte. Zwischen 6^h und 8^h a. m. sehen wir am Boden äußerst schnelle Erwärmung, die nach oben zu verspätet; die gestrichelte Kurve zeigt dieselbe Verspätung auch für den Höhepunkt der Wärme am Nachmittag.

Die Wärmemengen, die auf dem Lande bei der Ein- und Ausstrahlung in kleinen Massen große Temperaturänderungen erzeugen, verteilen sich auf dem Wasser infolge seiner Beweglichkeit und Durchstrahlbarkeit auf weit größere Massen, deren Temperaturänderungen darum ungleich kleiner sind. Den grundlegenden Gegensatz zwischen Landklima und Seeklima hat man oft auf die größere Wärmekapazität des Wassers geschoben, und diese wirkt auch unzweifelhaft etwas mit. Allein bei weitem wichtiger ist die Beteiligung größerer Massen im Wasser.

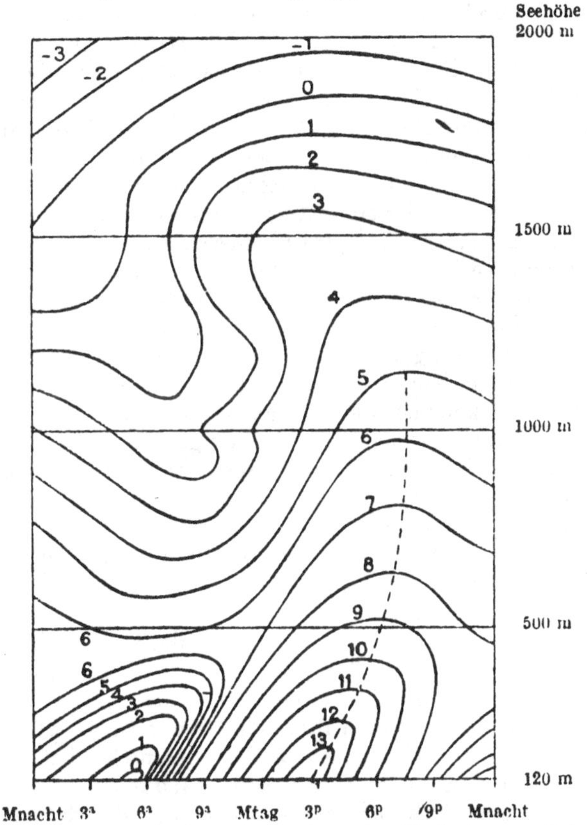

Fig. 5. Temperatur in der freien Atmosphäre über Lindenberg am 5. April 1906

Die jährliche Temperaturschwankung z. B., die in festem Boden zu Königsberg (siehe Taf. II) in 0 m 20°, in 5 m Tiefe nur 4° beträgt, ist im Genfersee in 0 m 15°, in 10 m Tiefe noch 12°. Auch fällt im Wasser die Verspätung nach der Tiefe beinahe fort.

Das entscheidende Moment hierfür kann weder in der Durchstrahlbarkeit, noch in thermischer Konvektion liegen, obwohl beide mitwirken. Denn die langwelligen Teile der Sonnenstrahlung werden schon in den obersten 10 cm Wasser fast ganz verschluckt, und das an der Oberfläche erwärmte Wasser bleibt, weil es leichter geworden ist, oben; nur bei der Abkühlung durch Ausstrahlung findet eine Mischung durch Sinken der erkaltenden Massen in die Tiefe statt. Weitaus die vorwaltende Ursache für diese Mischung liegt aber, wie W. Schmidt (Ann. d. Hydr. 1920) gezeigt hat, in der Turbulenz, die jede horizontale Bewegung des Wassers, je nach der Stärke des darüber wehenden Windes, begleitet. Gegenüber diesem mechanischen Austausch der Wassermassen zwischen den verschiedenen Schichten, der einen Ausgleich ihrer Temperaturen mit sich führt und starke Temperaturänderungen in der obersten Wasserschicht verhindert, treten die übrigen Ursachen für die Wärmegegensätze zwischen Land- und Seeklima in den Hintergrund; nur die größere Bewölkung im letzteren wirkt stark in der gleichen Richtung mit. Etwaige größere Verdunstung und die Spiegelung auf dem Meere, sowie die größere diffuse Reflexion auf dem Lande kommen dabei wenig in Betracht.

Aus dem Angegebenen folgt eine weit größere Aufspeicherung von Wärme im Jahreslaufe im Wasser. Der jährliche Wärmeumsatz unter einem Quadratzentimeter beträgt z. B. in Sandboden nur $1^1/_2$ kg-Kalorien, in der Ostsee aber deren 52. Die Folge ist, daß die Ostsee große Mengen Wärme im Herbst und Winter an die Luft ihrer Umgebung abgibt und deren jährliche Wärmeschwankung mildert.

Der Wärmeaustausch der Bodenoberfläche mit der Luft geschieht in mehrfacher Art: nur mit der unmittelbar berührenden Schicht durch Leitung, mit den etwas höheren durch Konvektion und durch Strahlung. Während die Strahlung einen Ausgleich der Temperaturen der austauschenden Körper — eventuell durch anders temperierte hindurch — anstrebt, gleicht vertikaler Lufttransport nicht sowohl die Temperatur selbst, als die potentielle Temperatur der Luft aus, d. i. diejenige, welche sie bei adiabatischer Rückführung auf gleichen Druck erhalten würde. Ihre vollständige Ausgleichung würde eine Temperaturabnahme mit wachsender Höhe in trockener Luft um 1°, in feuchter um $^1/_2$—1° bedingen; merklich mehr, als im Durchschnitt beobachtet wird. Es muß also in der Wirklichkeit eine Mischung von Konvektion und Strahlung herrschen. Die Konvektion durch vertikalen Luftaustausch ist nur zum Teil eine Folge der Erwärmung der untersten Luftschicht, zum größeren Teil durch den Wind (mit Turbulenz der Luft) bedingt und daher im ganzen auf dem Meere nicht schwächer, als auf dem Lande.

Die unperiodischen Änderungen der Temperatur sind in der untersten Luftschicht selbstverständlich wegen ihrer Beweglichkeit größer, als in der Unterlage; die periodischen sind es auf dem Meere zum Teil auch, teils wegen Nachbarschaft des Landes, teils wohl auch wegen direkter Absorption der Sonnenstrahlen in der Luft; auf dem Lande dagegen wiederholt die Luft sehr gedämpft diese Temperaturschwankungen der Bodenoberfläche. Ein paar Zahlen mögen dieses belegen. Die tägliche Temperaturschwankung beträgt:

	in der obersten Schicht der Unterlage	in der untersten Luftschicht
Auf tropischen Meeren . . .	0,5° C	1,5° C
Zu Melbourne	15,6° C	8,0° C
Zu Nukus (bei Khiva) . . .	27,1° C	11,8° C

Durch die gegenwärtige Art der Messungen ist wahrscheinlich noch die Schwankung auf dem Meere in der untersten Luftschicht zu groß, in der Wasseroberfläche etwas zu gering angegeben, so daß der Unterschied zwischen beiden kleiner, aber doch wohl desselben Sinnes ist.

§ 10. Temperatur fester und flüssiger Körper auf der Erdoberfläche

Wie der Erdboden, so werden auch alle größeren Gegenstände mit rauhen Oberflächen von der Strahlung weit stärker beeinflußt als die kleine und metallglänzende Kugel des Quecksilberthermometers. Die Ursache davon, daß die Temperatur solcher großen, rauhen Körper sich viel mehr von jener der sie umspülenden Luft entfernen kann, ist erstens darin zu suchen, daß sie den größten Teil der Strahlen verschlucken, statt sie zu spiegeln oder durchzulassen, und zweitens, daß die vorbeistreichenden Luftteilchen Zeit haben, ihre Temperatur mit jener der Oberfläche bis zu einem gewissen Grade auszugleichen, und daher nur an der Stelle, wo sie den Körper zuerst treffen, ihre volle abkühlende Wirkung ausüben. Kräftiger Sonnenschein bei ruhiger Luft bedingt es, daß einige geschützte Hochtäler in den Alpen, wie Davos, trotz strenger Winterkälte mit südlichen Winterzufluchtstätten konkurrieren; die Patienten können sich dort bei Frösten von 10—20° behaglich im Freien aufhalten. Auch die Spiegelung der Sonnenstrahlen von den umgebenden Schneehängen wirkt dazu mit, ebenso wie am Rhein und am Genfer See die Spiegelung vom Wasser ein erheblicher Faktor bei der Traubenreife ist.

Eine große Rolle für den Wärmezustand der Oberfläche eines Körpers spielt die gute oder schlechte Wärmeleitung in ihm. So ist nach einer Reifnacht ein lose auf dem Boden liegender Stein viel stärker bereift, als eine in den Boden eingesenkte Platte, die die Wärme des Erdbodens zur Oberfläche leitet; noch mehr sind es die hölzernen Bohlen einer Brücke usw. Umgekehrt bleibt die Oberfläche eines großen Steins im Sonnenbrand kühl, wenn diejenige kleinerer Steine, besonders solcher von dunkler Farbe, so heiß ist, daß es die nakte Sohle schmerzt. Durch die rasche und ungleichmäßige Erwärmung werden in Steinen und Felsen in Wüstengegenden Spannungen erzeugt, die sie zum Zerspringen bringen; die Oberflächenschicht sondert sich am Tage, durch die Sonnenglut ausgedehnt, schalenförmig vom kälteren Innern ab, oder berstet beim Erkalten in der Nacht krachend, weil das Innere dieser Zusammenziehung nicht folgt. Kalte Regenschauer nach Sonnenglut mögen dieses Bersten noch mehr hervorbringen.

Kommt zu Strahlung und Leitung der Wärme auch noch deren Erzeugung oder Bindung im Körper hinzu, wie bei feuchten Gegenständen durch die Verdunstung oder bei warmblütigen Tieren durch die Atmung, so ist natürlich der Zusammenhang zwischen der Temperatur der Oberfläche und jener der Luft noch komplizierter. Schon vielfach hat man versucht, für den Komplex von Wärmeeinwirkungen, unter denen die Organismen stehen, einen einfachen Ausdruck, sei es durch ein Instrument, sei es durch Berechnung, zu finden. Dahin gehören auch die bei Laien beliebten Angaben über „die Temperatur in der Sonne“, die aber nach dem Gesagten so lange einen ganz unbestimmten Begriff bezeichnen, als nicht festgestellt wird, um einen wie großen, wie gearteten und wie ausgesetzten Körper es sich handelt. In den Polstern der Zwergsträucher jenseits der Baumgrenze im Polargebiet und Hochgebirge nimmt auch die Luft bei Sonnenschein viel höhere Temperatur an, als im freien Winde darüber, so daß diese noch wachsen, wo hochstämmige Bäume längst nicht mehr gedeihen.

Die Temperatur der menschlichen Haut und der Kleideroberfläche stellt sich nach Rubner bei Winterkleidern ohne Mantel so:

bei Lufttemperatur	unbekleidete Stellen	unter den Kleidern wärmer um	über den Kleidern kälter um
10°	29,0°	3,2°	9,7°
15°	29,2°	2,4°	8,2°
17,5°	30,0°	1,4°	7,1°
25,6°	31,2°	1,0°	4,6°

Die Feuchtigkeit der Luft wirkt in wärmeren Klimaten offenbar stark auf die Schweißabscheidung und auch wohl auf die Wärmeabgabe durch die Haut ein, da der Mensch trockene Hitze weit leichter ertragen kann als feuchte. Im Juli ist der Stand des feuchten Thermometers in der Arizonawüste bei einer Luftwärme von 30—34° nur 15—21, an der Ostküste der Vereinigten Staaten bei 20—27° Luftwärme dagegen 18—25°. Hitzschlag ist hier viel häufiger als dort.

Die Temperaturverteilung in den Wasserbecken der Erde wird in eigenartiger Weise durch die zeitlichen Schwankungen und räumlichen Unterschiede der Temperatur regiert, indem das dichtere Wasser die tieferen Lagen einzunehmen strebt. In tiefen Seen der gemäßigten Zonen ist deshalb die Temperatur am Boden nahe an der Wintertemperatur der Oberfläche oder, wo diese unter dem Dichtigkeitsmaximum liegt, nahe an 4°, während das Jahresmittel der Oberfläche etwas über dem der Lufttemperatur liegt. In ausgedehnten Becken, die sich, wie die Ozeane, durch verschiedene Klimate erstrecken, bestimmt das Wasser der kalten Gebiete die Temperatur der Tiefe, so daß diese auch unter dem Äquator nahe von Null ist, während die Temperatur der Oberfläche hier beständig etwa $^1/_2$° über der Lufttemperatur liegt.

Ähnlich haben Eishöhlen in Gegenden, deren Jahrestemperatur über 0° ist, ihren Grund im allgemeinen in einem einseitigen Luftaustausch, indem von ihrem hochgelegenen Eingang die kalte Winterluft in die Höhle hinabsackt, während die warme Sommerluft keinen Eingang darein findet.

Diesen großen Kältespeichern stehen nur unbedeutende Wärmespeicher an der Erdoberfläche gegenüber. Die auffallendsten sind einige Siebenbürgische Salzseen, deren Wasser, durch eine dünne Süßwasserhaut von der Berührung der Luft abgeschnitten, im Sonnenschein Temperaturen über 50° annimmt.

§ 10a. Langdauernde Änderungen in der von der Erde empfangenen Sonnenstrahlung

Ob die Menge der von der Sonne ausgegebenen Strahlung Änderungen unterworfen ist, wissen wir noch nicht. Ob die innerhalb von wenigen Tagen zu beobachtenden Schwankungen wirklich in der Sonne und nicht in unserer Atmosphäre oder gar den Instrumenten ihre Quelle haben, ist noch strittig. Sie sind nicht groß. Aber die von der Erde in verschiedenen Breiten empfangene Menge von Sonnenstrahlung unterliegt durch die Schwankungen in der Form und Lage der Erdbahn und in der Neigung der Ekliptik Änderungen, die sich jetzt, da die Entfernungen und Massen der Körper im Sonnensystem genügend bekannt sind, aus dem Newtonschen Gesetz genau berechnen lassen. Ferner sprechen viele Umstände dafür, daß dieselbe Gegend auf der Erdoberfläche im Laufe der Erdgeschichte nicht immer dieselbe geographische Breite gehabt hat, daß hierin große Änderungen vorgegangen sind, die teils für die ganze Oberfläche allgemein waren — Polwanderungen — teils für einzelne Teile derselben vor sich gingen — Kontinentenverschiebungen. Diese Annahmen ziehen viele Konsequenzen nach sich, die mehr oder weniger genau prüfbar sind und sich bei der Prüfung als richtig erwiesen haben. Erst nach diesen hat man die schwieriger zu prüfenden Einflüsse der Änderungen in der Verteilung von Land und Wasser auf das Klima heranzuziehen, und erst, wo alle diese Umstände keine Erklärung geben, ist man berechtigt, zu an sich möglichen aber anderweitig nicht beweisbaren Annahmen, wie einer Änderung der Sonnentemperatur u. a., zu greifen.

Aus den geologischen Befunden weiß man, daß in Zeiträumen zwischen Zehntausenden und Millionen von Jahren in vielen Teilen der Erde große Änderungen des Klimas stattgefunden haben. Noch in der verhältnismäßig späten Zeit, aus der unsere Braunkohlen stammen, im Tertiär, rauschten in Grönland Wälder, die artenreicher waren, als die jetzigen von Mitteleuropa, und in einer noch späteren Zeit waren Skandinavien und Norddeutschland zeitweise so tief unter Eis begraben, wie jetzt Grönland ist. Durch mühsame Untersuchung der Spuren und Ablagerungen, die die früheren Gletscher zurückgelassen haben, vor allem in den Alpen, ist es gelungen nachzuweisen, daß in deren Eiszeitalter kältere Eiszeiten mit wärmeren Interglazialzeiten abgewechselt haben, und deren Zeitabstände, wie sich jetzt erweist, überraschend richtig zu schätzen. Die Bestätigung liegt jetzt vor in den Rechnungen über die Schwankungen der in den letzten 5—600000 Jahren von verschiedenen Breitenkreisen der Erde empfangenen Sonnenstrahlung. Die astronomischen Formeln dazu sind von Stockwell und Leverrier abgeleitet und von Pilgrim und Mischkovitch rechnerisch ausgewertet worden, worauf Milankovitch die von den verschiedenen Breitenkreisen empfangene Strahlungsmenge bestimmt hat. Für die Bildung von Inlandeis und Gletschern ist die Temperatur der wärmeren Jahreshälfte (nicht die des Winters) entscheidend. Wie Fig. 5a zeigt, hatte diese in den letzten 600000 Jahren neun kräftige Minima, die in Gruppen stehen: drei Paare und zuletzt eine Dreiergruppe, und zwischen dem zweiten und dritten Paar einen langen Zwischenraum; das dritte Paar war das stärkste. Nun waren zwar die Geologen beim Erkennen der Unterbrechungen im Eiszeitalter für Jahrzehnte auf 4 Eiszeiten in den Alpen — anderswo noch weniger — stehen geblieben, aber auch ihnen war bereits zum Teil die Aufspaltung der beiden letzten in je 2 und 3 Vorstöße gelungen, und zuletzt auch die der beiden früheren. Es erweist sich, daß die näher benachbarten unter den neun großen Gruppen kalter Sommer der Figur in ihren Wirkungen zu je zwei und zuletzt drei mehr oder weniger zu einer Eiszeit verschmolzen erscheinen, weil die Gletscher des zweiten Vorstoßes die Moränen des vorhergehenden fast einholten oder überrannten. Das Zeitverhältnis der europäischen Eiszeiten zu denen Nordamerikas ist noch nicht gesichert, weil die „große" Interglazialzeit, die fast dreimal so lang war wie die beiden andern und sich durch tiefreichende Verwitterung äußert, dort noch nicht sicher erkannt ist.

Die Figur 5a zeigt die beiden unabhängigen Berechnungen zum Vergleich miteinander. Wie man sieht, stimmen sie weitgehend überein. Wichtig ist die größere Stärke des letzten Eisvorstoßes in der neuen Kurve.

Da das Verhältnis zwischen der Sonnenstrahlung und ihrer Temperaturwirkung von sehr vielen Umständen abhängt, sind ihre Schwankungen nicht durch diese, sondern durch äquivalente Breitenunterschiede in der Figur ausgedrückt, welche die Schwankungen der auf dem 65. Breitengrade an der oberen Grenze der Atmosphäre anlangenden Sonnenstrahlung darstellt. Die Kurve endigt dementsprechend am rechten Rande, der

Amplituden der säkularen Änderungen der sommerlichen Bestrahlung des 65° nördl. Breite, dargestellt durch Breitenschwankungen.

Altes Diagramm, berechnet mit Stockwellschen Elementen.

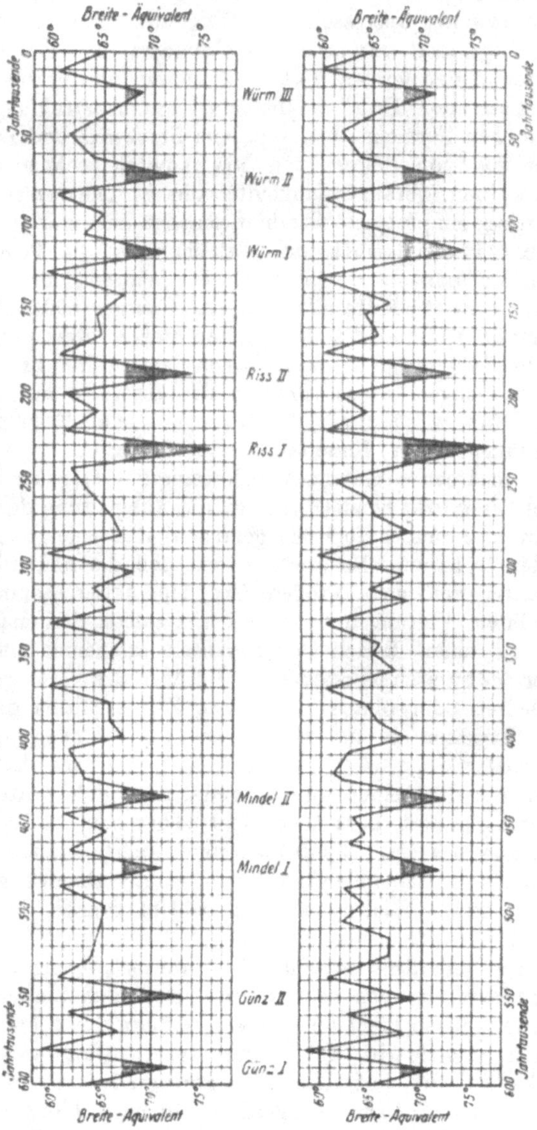

Neues Diagramm, berechnet mit Leverrierschen Elementen.

Fig. 5a

die Jetztzeit darstellt, bei 65°. Vor 72000 Jahren aber hatte z. B. die sommerliche Strahlung auf diesen Breiten nur den Wert, den sie jetzt bei 72° Breite, also 7° nördlicher, hat. Für Punkte Nordeuropas, die jetzt auf 65° liegen, war aber wahrscheinlich dieser Unterschied gegen jetzt noch größer, nämlich etwa $10^1/_2$ Breitengraden entsprechend, weil sie selbst damals, wegen andrer Pollage, um $2^1/_2$° näher zum Pol gelegen haben dürften als jetzt. Um die ganze Größe der Änderung abzuschätzen, müßte man von einer schrägen Linie aus messen, die rechts bei 65° endigt und die der wahrscheinlichen Größe dieser Polverschiebung entspricht.

Die damit angenommene Polwanderung ist freilich weit unsicherer, als die astronomisch berechneten Schwankungen der Strahlung auf 65° Breite, ist auch für Europa im Eiszeitalter nicht von großem Belang, weil in dieser Zeit die Bahn des Pols ungefähr tangential zu Europa verlief. Aber in anderen Räumen und Zeiten ist sie entscheidend für das Resultat und erklärt sie ungezwungen die Reihenfolge von feuchtheißen, dürren und kalten Klimaten im Laufe der Erdgeschichte. So lag Mitteldeutschland in der Steinkohlenzeit unter dem Äquator, während gleichzeitig Südafrika dem Südpol nahe und vereist war; als danach die Staßfurter Salzlager sich bildeten, lag es in der nördlichen Wüstenzone, in der es blieb, bis es im Tertiär zunächst in die warmgemäßigte Zone gelangte und eine reiche Waldvegetation erhielt, deren Reste in den Braunkohlen aufbewahrt sind, während am Alpen- und Karpathenrande noch Salzlager entstanden; mit der Annäherung des Pols und fortschreitender Abkühlung trat sodann Deutschland in die Reihenfolge von Eis- und Interglazialzeiten ein. Ähnliche kürzere Temperaturschwankungen wie die letzteren werden zwar aus denselben astronomischen Ursachen auch in den früheren Zeiten der Erdgeschichte regelmäßig einander gefolgt sein, sie haben aber eben nur unter diesen besonderen Umständen erkennbare Spuren hinterlassen. Diese astronomischen Ursachen erklären aber nur die beschriebene Gliederung des Eiszeitalters von Europa und Nordamerika, nicht den Eintritt des Eiszeitalters selbst, der ohne Polwanderung rätselhaft bleibt.

Für die nächsten 20000 Jahre und noch weit darüber hinaus ist für die Nordhalbkugel der Wiedereintritt einer Eiszeit nach den astronomischen Daten ausgeschlossen.

§ 11. Gestalt der täglichen und jährlichen Temperaturkurve der untersten Luftschicht

Im täglichen Temperaturgang fällt das Minimum auf das Ende der Nacht — im Sommer nach Sonnenaufgang —, das Maximum im Innern des Festlandes auf 2—3 Uhr nachmittags, an der Küste meist früher; der Aufstieg ist also viel schneller als der Abstieg; der Mittelwert wird um 8 oder 9 Uhr vormittags und um 7 oder 8 Uhr nachmittags erreicht. Die Änderung der Temperatur ist also am raschesten nach Sonnenaufgang, am langsamsten in der Nacht. Eine schnelle Abkühlung bei Sonnenuntergang, wie sie oft angenommen wird, ist am Thermometer nicht nachweisbar.

Die Jahreszeiten fallen im allgemeinen am Wasser später als im benachbarten Binnenlande, was sich besonders im nördlichen Teile des Atlantischen und Stillen Ozeans und an Binnenmeeren, z. B. der Ostsee, bemerkbar macht. Der Grund davon liegt in der Aufspeicherung der Wärme durch das Wasser (S. 36). Ein zweiter wichtiger Einfluß auf den jährlichen Temperaturgang ist in dem jährlichen Wechsel der Winde gegeben.

In bezug auf die jährliche Temperaturkurve lassen sich fünf Haupttypen unterscheiden: der äquatoriale mit fast ganz gleichförmiger Temperatur während des ganzen Jahres; der den höheren Breiten gemeinsame normale oder europäische Typus, in dem die größte Wärme 1—2 Monate nach der Sommersonnwende folgt; der indische, in welchem sie in das Frühjahr, und der Kapverdentypus, in welchem sie in den Herbst fällt; in allen diesen fällt die kälteste Zeit in den Winter der betreffenden Halbkugel, aber im letzten, sudanesischen Typus in denjenigen der anderen Halbkugel, die wärmste Zeit wie im indischen, auf das Frühjahr.

a) Wenden wir uns zunächst dem uns vertrauten normalen oder europäischen Typus des jährlichen Temperaturganges zu, der nicht nur für den größten Teil der außerhalb der Wendekreise gelegenen Erdoberfläche kennzeichnend ist, sondern auch zwischen diesen auf beträchtlichen Strecken vertreten ist. In ihm erreicht die Wärme im allgemeinen ihren Höhepunkt etwa 1 Monat nach der sommerlichen, ihren Tiefpunkt etwa 1 Monat nach der winterlichen Sonnwende der betreffenden Halbkugel — an den Küsten verspäten Frühling und Frühsommer, weit seltener der Herbst (vgl. Meteor. Zeitschr. 1926, S. 166, u. 1927, S. 13).

Bezeichnen wir als normal das Eintreten der Extreme 25—35 Tage nach den Sonnwenden[1]), so finden wir im einzelnen folgendes Verhalten: In Schweden, Mittelrußland und den nördlichen Vereinigten Staaten ist die Jahreskurve symmetrisch und normal; Deutschland und die mittleren Vereinigten Staaten weichen davon nur durch etwas verfrühten Winter ab: in Südwesteuropa und in den Golfstaaten ist der Winter früh, der Sommer spät. In manchen Polarländern verschiebt sich umgekehrt das Minimum in den März, während der Juli der wärmste Monat bleibt. In schneereichen Gebieten bedingt die Schneeschmelze Verzögerung des Frühlings.

b) Weiter nach dem Äquator zu, zwischen etwa 15° und 30° Breite, tritt auf großen Strecken der Ozeane — am wenigsten auf dem Indischen — der Kapverdentypus des jährlichen Temperaturgangs auf, mit Verspätung des Wärmemaximums bis in den Herbst — in den September oder selbst Oktober auf der nördlichen, in den März oder April auf der südlichen Halbkugel. Das Minimum zeigt stellenweise — wie auf den Kapverden und Ascension — ebensoviel Verspätung, in der Regel jedoch weniger.

In Kalifornien tritt dieser Typus auf kleinem Raume, in höherer Breite als sonst, sehr ausgeprägt bei San Francisco auf. Hier, wie auch am Senegal usw., ist es die kräftige Ansaugung kühler ozeanischer Luft nach dem erhitzten Innern, die in den vorhergehenden Monaten die Sommerwärme niederhält und erst beim Nachlassen der Seewinde die Luftwärme ihren höchsten Wert erreichen läßt.

c) Dagegen ist in den Binnenländern etwa zwischen den Wendekreisen und 10° Breite — in Indien vom Himalaja bis nach Malabar — ein ganz anderer Wärmegang herrschend, den wir den indischen nennen können, mit Maximum der Wärme vor der Sommersonnwende der betr. Halbkugel, d. h. im April, Mai oder Juni auf der nördlichen, im Oktober, November oder Dezember auf der südlichen Halbkugel, und mit Minimum bei oder bald nach der Wintersonnwende. Im normalen indischen Typus zerfällt das Jahr in drei Jahres-

[1]) Nach Milankovitch müßten sich in einer ruhenden Atmosphäre am Boden 23 Tage, in 10 km Höhe 28 Tage Verspätung der Temperatur gegen die Solstitien ergeben (vgl. Köppen-Geiger, Handb. d. Klimatol. Band 1, S. A 109).

zeiten: die kalte, die heiße und die Regenzeit. Daß dabei das frühe Ende der heißen Zeit beim Ausbruch des Monsuns weniger durch die direkte Wirkung des Regens, als durch die kühlere Luftströmung vom südlichen Indischen Ozean bedingt wird, zeigt sich in Süd-Dekan und Ceylon, wo der Wärmegang auch an den Orten diesem Typus folgt, an denen im Juli die Regen schwächer sind als im Mai, oder wo sie überhaupt erst im Herbst einsetzen.

d) Der sudanesische Typus, der nur in der Alten Welt nördlich von der Linie vertreten ist und sich hier an den indischen anschließt, unterscheidet sich von diesem dadurch, daß die kühlste Zeit nicht auf die Winter-, sondern auf die Sommersonnwende der nördlichen Halbkugel folgt und in den Juli und August fällt, sei es, daß sie dabei in die Mitte der hochsommerlichen Regenzeit, wie in Abessinien, trifft, oder in die kleine Trockenzeit, wie in Togo. Auch in Indien ist dieser Typus auf kleinem Gebiete, im südlichen Teile der Malabarküste (Cochin) und der West-Ghats, vertreten.

e) Der äquatoriale Typus endlich zeichnet sich durch gleichförmige Wärme während des ganzen Jahres aus: der Unterschied zwischen dem wärmsten und kältesten Monat beträgt weniger als 3° C. Welcher Kalendermonat der heißeste oder der feuchteste ist, hat unter diesen Umständen praktisch wenig zu bedeuten und scheint in der Tat auf die Pflanzenwelt keinen Einfluß zu haben; nur die Dauer der feuchten Zeit und das Maß der Feuchtigkeit ist für diese entscheidend. Theoretisch interessant aber ist es, daß diese kleine Schwankung teilweise eine Doppelwelle zeigt, entsprechend dem doppelten Durchgange der Sonne durch den Zenit; z. B. Batavia in 6° südlicher Breite, wärmste Monate Mai und Oktober je 26,4°, kühlste Januar 25,3°, Juli 25,7°.

§ 12. Hauptsätze über die horizontale Temperaturverteilung auf der Erdoberfläche

Die Vorstellungen, die wir in den vorhergehenden Paragraphen erworben haben, finden ihre weitgehende Anwendung bei der Betrachtung der räumlichen Verbreitung der Wärme über die Oberfläche der Erdkugel, welche in den Isothermenkarten Fig. 6 (siehe Taf. III) und 7 (siehe Taf. IV) dargestellt ist. Neun große Prinzipien sind es hauptsächlich, welche diese Verteilung im horizontalen Sinne bestimmen.

A. Wirkungen der Unterschiede in der Ein- und Ausstrahlung

1. Das Jahresmittel der Temperatur nimmt vom Äquator nach den beiden Polen ab, wegen der abnehmenden Summe der auf der Flächeneinheit empfangenen Sonnenstrahlung.

2. Die jahreszeitlichen Unterschiede in der Temperatur nehmen vom Äquator nach den Polen zu, weil die jahreszeitlichen Unterschiede in den zugestrahlten Wärmemengen in derselben Richtung wachsen.

Ihren einfachsten numerischen Ausdruck erhalten diese zwei Sätze durch die folgenden mittleren Temperaturen der Breitengrade (Mittel aus den beiden Berechnungen von Spitaler und Batchelder, südlich von 60° südlicher Breite nach Hann):

Geogr. Breite:		0°	10°	20°	30°	40°	50°	60°	70°	80°
Nördl. Halb-Kugel	Jahr	26,2	26,7	25,3	20,3	14,0	5,7	- 1,0	- 10,0	- 16,7
	Januar	26,4	25,8	21,9	14,6	4,9	- 7,0	- 15,8	- 26,0	- 33,5
	Juli	25,6	26,9	28,3	27,3	24,0	18,1	14,0	7,0	1,8
	Differenz	0,8	1,1	6,4	12,7	19,1	25,1	29,8	33,0	35,3
Südl. Halb-Kugel	Jahr	26,2	25,3	23,0	18,4	12,0	5,6	- 2,0	- 11,5	- 19,8
	Januar	26,4	26,3	25,4	21,8	15,6	8,3	3,2	- 0,8	- 6,5
	Juli	25,6	23,9	20,0	14,6	9,0	2,9	- 7,6	- 22,2	- 31,5
	Differenz	0,8	2,4	5,4	7,2	6,6	5,4	10,8	21,4	25,0

In diesen Zahlen sind aber auch die Wirkungen des verschiedenen Raumanteils von Land und Wasser mit enthalten, entsprechend den Sätzen 4 und 5.

3. Die Beeinträchtigung der Strahlung durch Bewölkung wirkt am Tage, im Sommer und in niedriger Breite abkühlend, in der Nacht, im Winter und in hohen Breiten erwärmend. An ganz trüben Tagen weicht die Lufttemperatur durchschnittlich um folgende Größen vom Mittel derselben Stunden an ganz heiteren Tagen ab:

	um 3 Uhr nachmittags im Sommer	um 6 Uhr morgens im Winter
in St. Petersburg	- 7°	+ 16°
in Tiflis	- 8°	+ 6°

B. Wirkungen der thermischen Verschiedenheit von Wasser und Land

4. Die Abnahme des Jahresmittels der Temperatur vom Äquator zum Pol ist größer über dem Lande als über dem Wasser wegen der Beweglichkeit des Wassers und seiner größeren Be-

fähigung zur Aufspeicherung der Wärme. Die Oberfläche des Wassers ist durchschnittlich in niedrigen Breiten ein wenig (0,5°), in höheren bedeutend wärmer als die unterste Luftschicht, besonders bei Lufttemperaturen unter Null über offenem Wasser.

Nach einer Berechnung, die Zenker auf theoretischer Grundlage mit Hilfe von Erfahrungskonstanten durchgeführt hat und die sich den beobachteten Werten befriedigend anschließt, ist die Normaltemperatur der untersten Luftschicht im Landklima und Seeklima:

Breite	0°	10°	20°	30°	40°	50°	60°	70°	80°	Pol
Landklima	34,6	33,5	30,0	24,1	15,7	5,0	– 7,7	– 19,0	– 24,9	– 26,1
Seeklima	26,1	25,3	22,7	18,8	13,4	7,1	0,3	– 5,2	– 8,2	– 8,7

5. Aus denselben Ursachen ist der Temperaturunterschied der Jahres- und Tageszeiten auf dem Lande größer als auf dem Meere und verspäten sich die Wendepunkte der Jahresperiode auf dem letzteren. In derselben Breite von etwa 60° N ergeben sich im Durchschnitt von 9 Stationen in Sibirien die mittleren Monatstemperaturen der Reihe L., in jenem von 5 Inselstationen auf dem Atlantik die der Reihe S, beide in ganzen Graden (nach Hann):

	J.	F.	M.	A.	M.	J.	J.	A.	S.	O.	N.	D.
L.	– 29°	– 24°	– 15°	– 4°	6°	16°	19°	15°	8°	– 4°	– 19°	– 27°
S.	4°	4°	4°	6°	8°	11°	12°	12°	11°	8°	6°	5°

Stellt man die Mitteltemperaturen des wärmsten und kältesten Monats einiger Orte Europas und Asiens zusammen, die ungefähr auf 52° nördlicher Breite liegen, so erkennt man die stetige Zunahme der Winterkälte und der Sommerwärme von der Westküste nach dem Innern des Festlandes deutlich. Die Küste hat ein „limitiertes", das Binnenland ein „exzessives" Klima. Der Unterschied dieser Monate nimmt auf dieser Strecke von 8° auf 52° zu.

	Valentia, Irl.	Münster, Westf.	Warschau	Orenburg	Irkutsk (490 m)	Nertschinsk (600 m)
Januar	7,3	1,3	– 4,3	– 15,3	– 20,8	– 33,6
Juli	15,1	17,3	18,7	21,6	18,4	18,2

6. Gegen abkühlende Einflüsse verhält sich mit hinreichend dickem Eis bedecktes Wasser wie Land, und zeigt mit Schnee bedecktes Land die Eigenschaften des Landes in erhöhtem Maße. Gegen Erwärmungen aber, die über den Gefrierpunkt hinausführen, verhalten sich beide noch stumpfer als Wasser.

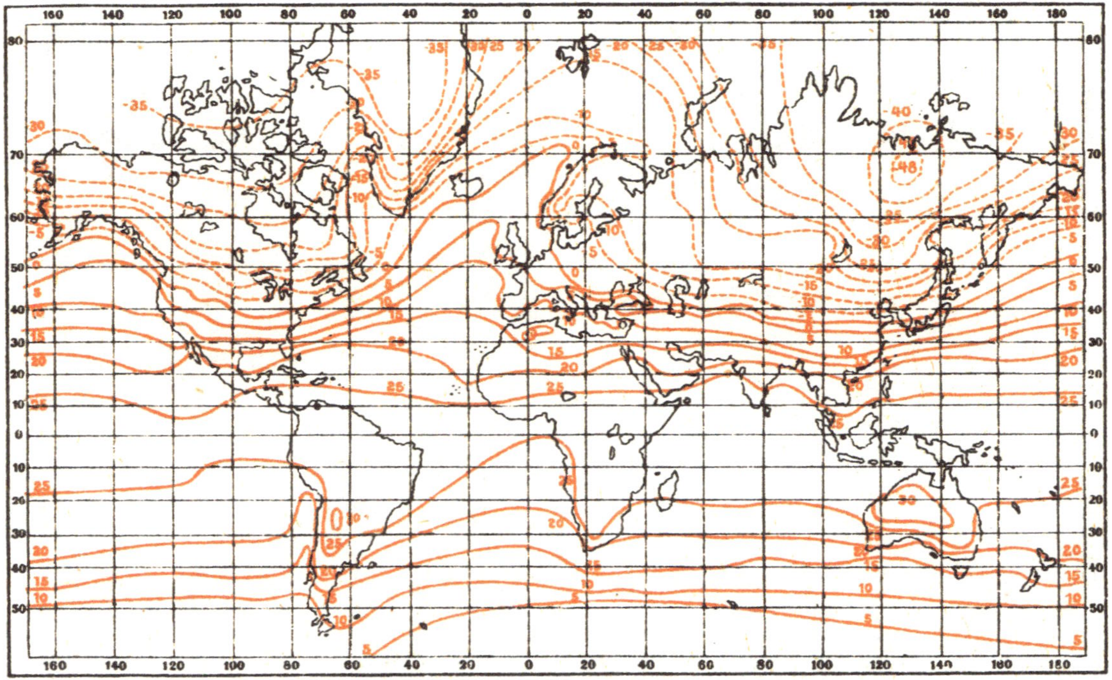

Isothermen im Januar. —— Temperaturen über Null. ------ Temperaturen unter Null.

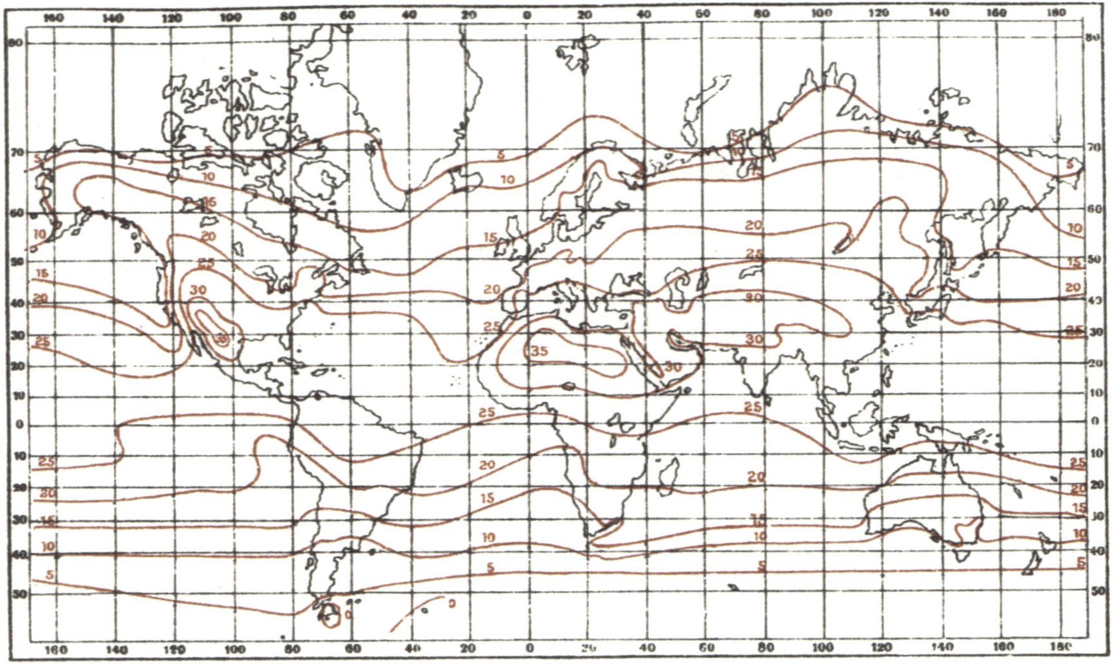

Isothermen im Juli. —— Temperaturen über Null. ---- Temperaturen unter Null.

C. Wirkungen der Winde und Meeresströmungen.

7. Die Bewegung der Luft wirkt, auch wo sie nicht überwiegend nach einer Richtung geschieht, auf die durch Unterschiede in der Ein- oder Ausstrahlung erzeugten Temperaturunterschiede mäßigend ein. Durch die vorherrschenden Winde werden diese Temperaturverhältnisse in deren Richtung verschoben: Winde von der Polarseite des Horizonts bringen die Kälte, solche von der Äquatorialseite die Wärme in andere Breiten, landeinwärts wehende Winde bringen das Seeklima auf das Land, seewärts wehende das Landklima auf die See. Auch über den Äquator hinweg bringt der südliche Monsun im Juli in Afrika und Indien etwas Abkühlung.

Die Richtung, aus der die durchschnittlich wärmsten und kältesten Winde kommen, stellt sich deshalb verschieden, und zwar nach Hann so:

	Richtung	NW-Europa	Deutschland	Mittelrußland	Westsibirien	Ost-Asien	Östl. Union
Winter	kältester	ENE	NE	NNE	N	NW	NNW
	wärmster	SW	SW	SSW	SSW	SSE	SSE
Sommer	kältester	NNW	NNW	NW	NNW	—	NE
	wärmster	SE	SE	SE	SSE	—	SSW

Der Unterschied beträgt im Winter in Westsibirien 11°, in Deutschland 7°, in Nordwesteuropa nur $5^1/_2$°; im Sommer allgemein 3—$4^1/_2$°. Sehr gemildert wird er dort, wo nach der Seite der kältesten Winde ein Gebirge liegt oder ein Wasserbecken, das sie vorwärmt; so ist z. B. der erwärmende Einfluß der Ostsee auf den Nordostwind oft in Hamburg bemerkbar.

Wegen des Vorherrschens der westlichen Winde in den gemäßigten Zonen haben die Orte gleicher Breite in Westsibirien ein weniger kontinentales Klima, insbesondere geringere Jahresschwankung der Wärme als Nikolajewsk, obwohl erstere recht im Zentrum des alten Kontinents, letzteres an der Ostküste Asiens liegen.

8. Ebenso verschieben die Meeresströmungen die Temperaturverhältnisse in der Richtung ihrer Bewegung: polwärts fließende sind relativ warm, äquatorwärts fließende oder aus der Tiefe aufgestiegene Wassermassen sind kalt und beeinflussen auch die auf ihnen liegende Luft in gleichem Sinne.

Die Luft über den warmen Meeresströmungen — dem Golfstrom, Kuro Siwo, Brasilien- und Agulhas-Strom — ist relativ zur Breite warm, die über den kalten Strömen und dem emporquellenden Küstenwasser an den Küsten von Peru und Südwestafrika relativ kalt. Aber die Wirkung dieser Ströme pflanzt sich, besonders im Gebiet der starken westlichen Winde, ganz ungleichseitig fort, die des Golfstroms z. B. nach Europa, nicht nach dem so viel näheren Nordamerika.

9. Die Behinderung der Winde durch Gebirge erteilt dem Klima lokale Wärmeeigenschaften: ist die Behinderung allseitig, so kann die Strahlung, besonders die Ausstrahlung, unbehindert ihre Wirkung entfalten (Talklima); ist sie nur von der kälteren, polaren und Landseite gegeben, so kann die mittägliche Exposition oder das warme Meer oder beides seine wärmende Wirkung ausüben (Winterkurorte). Kommt ein bedeutender Luftdruckunterschied zwischen beiden Seiten des Gebirges zustande, so wirkt derselbe dahin, daß die Luft auf der Seite des niedrigen Drucks stürmisch herabgezogen wird und hier als trockener und, je nach ihrem Ursprung, heißer oder kalter Wind (Föhn, Bora) empfunden wird (§ 18).

Die Sätze 1—5 sind an den Isothermenkarten Fig. 6 (siehe Taf. III) und 7 (siehe Taf. IV) trotz ihres kleinen Maßstabes leicht zu belegen.

§ 13. Verteilung der Temperatur nach der Höhe

In den bisher betrachteten Fällen entsprach im großen und ganzen überall der stärkeren Sonnenstrahlung höhere Lufttemperatur, zwar mit manchen Verschiebungen, Skalenänderungen usw., aber doch ohne Umkehrung. Ganz anders bei der vertikalen Verteilung beider; hier ist der Gegensatz Regel. Je höher wir uns in die Atmosphäre erheben, desto intensiver wird die Kraft der Sonnenstrahlen, weil sie um so weniger von den Schirmwirkungen der Atmosphäre beeinträchtigt ist; und dennoch desto niedriger wird in der Regel die Lufttemperatur. Und zwar ist ihre Änderung in vertikaler Richtung weit schneller als in horizontaler. Eine Erhebung um 1 km bringt durchschnittlich eine Temperaturerniedrigung von 4 bis 8° C hervor, also ebensoviel wie eine Annäherung an den Pol um etwa 10 Breitengrade oder mehr als 1000 km.

Die Temperaturabnahme mit der Höhe in den Gebirgen ist in außertropischen Breiten im Sommer erheblich größer, als im Winter. Die mittlere Wärmeabnahme für je 100 m beträgt:

	N-Br.	Winter	Frühling	Sommer	Herbst	Jahr
Harz	52°	0,43	0,67	0,69	0,51	0,58
Erzgebirge	$50^1/_2$	0,43	0,67	0,68	0,58	0,59
Schweiz	47	0,45	0,67	0,73	0,52	0,58

In den europäischen Gebirgen ist die vertikale Temperaturabnahme durchschnittlich am langsamsten im Dezember und Januar, wo sie vielfach $< 4^0$ (in Kärnten nur 2^0) für den Kilometer beträgt, am schnellsten im Mai und Juni, wo sie 7^0 erreicht. In der Höhe ist also der jährliche Temperaturgang geringer als unten und verspätet — Eigenschaften, in denen das Höhenklima mit dem Seeklima übereinstimmt. Hierbei sind indessen naturgemäß meist Tallagen unten mit Gipfellagen oben verglichen, und diese Lagen bewirken an sich, nach dem oben in § 9 über konvexe und konkave Bodenformen Gesagten, eine Verschiedenheit in dieser Richtung. Vergleicht man nur Stationen auf Berggipfeln oder Steilhängen mit einander, so findet man die Abnahme im allgemeinen etwas größer, $6^1/_2{}^0$ im Jahr, 5—6^0 (in Europa) im Januar, 7—8^0 im Mai oder Juni. Nur im Innern von Hochdruckgebieten wird sie auch in solchen Lagen viel geringer. Sie wächst im Gebirge im allgemeinen mit der Steilheit der Abhänge. Auf Hochebenen und schwach geneigten Bodenschwellen verschwindet sie oft ganz.

Das Verhältnis zu den Jahreszeiten ist ganz anders, wo eine Küste oder ein Tiefland mit sehr limitiertem Klima an ein trockenes Hochland grenzt; in solchen Fällen ist die Temperaturabnahme im Sommer kleiner als im Winter; so im NW-Himalaja, in Chile und in SW-Afrika, wo das hochgelegene Innere im Sommer wärmer als die Küste ist. Auf der Eisenbahn von San Francisco nach Osten findet man (S. = Sommer, W. = Winter): San Francisco 45 m S. 14,8, W. 10,5; Sacramento 9 m S. 22,2, W. 8,4; Colfax 739 m S. 25,2, W. 8,1; Summit 2139 m S. 14,6, W. 1,9. Also auf dem höchsten Punkt im Sommer die gleiche Temperatur wie 2100 darunter an der Küste. Auf dem Mt. Tamalpais (724 m) bei San Francisco ist die Julitemperatur $7^1/_2{}^0$ höher als in der Stadt. Die Folge ist, wie wir in § 20 sehen werden, Regenlosigkeit und häufiger Nebel unten.

In den Tropen ist die mittlere Temperaturabnahme auf der Regenseite der Gebirge nur ungefähr dieselbe, wie bei uns im Jahresmittel; auf der trockenen Leeseite aber, wo eine absteigende Bewegung der Luft vorwaltet, ist sie größer, z. B. nach Hann (für 100 m):

	Ceylon	Nilgiris
Regenseite des Gebirges (Luvseite)	0,55	0,56
Trockene Seite (Leeseite)	0,80	0,71

Zu den sich fortdauernd, namentlich durch Gründung von Gipfelstationen, anhäufenden Tatsachen über die Meteorologie der Gebirge trat seit den 90er Jahren des letzten Jahrhunderts ein neuer Zweig der Meteorologie, die Kunde von der freien Atmosphäre, die „Aerologie". Denn während bis dahin aus ihr nur durch vereinzelte Ballonfahrten und durch Wolkenbeobachtungen einige Tatsachen gewonnen werden konnten, wurde nun durch die neuen Hilfsmittel der Registrierdrachen und der unbemannten Ballone eine Fülle von überraschenden Tatsachen aus vorher unzugänglichen Höhen gesammelt, zunächst nur aus der nördlichen gemäßigten Zone, später aber auch aus der Nähe des Äquators.

Die zahlreichen Ballonfahrten Glaishers in den Jahren 1862—1865 in Höhen von 5—8000 m hatten eine Verlangsamung der Temperaturabnahme in den oberen Schichten ergeben; allein bei diesen Fahrten waren die Thermometer nicht ausreichend gegen den Einfluß der in diesen Höhen und bei der relativen Windstille im Ballon sehr starken Sonnenstrahlung geschützt; dagegen haben die von Berlin aus 1888—1899 unternommenen 75 Fahrten in Höhen bis zu 9150 m, bei denen dieser Schutz genügend war, in den Schichten von 5—8000 m eine noch etwas stärkere Temperaturabnahme ergeben, als in den unteren, und die seitdem ausgeführten zahlreichen Aufstiege unbemannter Registrierballone haben dies bestätigt; diese haben aber auch ergeben, daß in noch größeren Höhen die Temperaturabnahme wieder abnimmt und in einer gewissen Höhe aufhört.

Da dieses stets, wenn auch in wechselnder Höhe, geschieht, so hat Teisserenc de Bort, der 1902 zugleich mit Aßmann diese merkwürdige Tatsache entdeckte, jene hohen Schichten ohne vertikales Temperaturgefälle als S t r a t o s p h ä r e unterschieden von der T r o p o s p h ä r e darunter, die der Sitz der wechselnden Wettervorgänge ist. In dieser herrscht die Temperaturabnahme mit der Höhe, wenngleich in den unteren 3000 m sie nicht selten durch schroffe „Temperaturumkehrungen" unterbrochen wird, in denen die Temperatur innerhalb weniger 100 m um mehrere Grade — manchmal über 10° — nach oben zunimmt.

Eine weitere Überraschung zeigte sich darin, daß die jährliche Temperaturschwankung von 3000 m an wieder zunimmt und in 6000 m Höhe ebenso groß ist, wie am Erdboden. Das Mittel aus einer großen Zahl bemannter und unbemannter Aufstiege in Mitteleuropa gibt folgende Werte einerseits für die durchschnittliche Temperaturabnahme im Kilometer Höhe, andererseits für den Unterschied zwischen Winter und Sommer.

Höhen	0	1	2	3	4	5	6	7 km
Temperaturabnahme	6°	5°	5°	5°	6°	7°	7°	
Jährl. Schwankung	13°	12°	11°	11°	11½°	12°	13°	13°
Höhen	7	8	9	10	11	12	13	14 km
Temperaturabnahme	7°	7°	6°	4°	1°	– 1°	0°	
Jährl. Schwankung	13°	12°	10°	6°	4°	2½°	3°	4°

Das Aufhören der Temperaturabnahme geschieht meist recht plötzlich, oft mit einer Zunahme, aber da es in wechselnder Höhe stattfindet, wird dies in den Mittelwerten verwischt. Im Winter liegt die Grenze durchschnittlich niedriger als im Sommer. Auch verhalten sich die temporären Gebiete hohen und niedrigen Luftdruckes (die Barometermaxima und -minima) in dieser Hinsicht wesentlich verschieden. Die Temperaturabnahme ist bis zu 2000 m Höhe in den Maxima weit schwächer als in den Minima, im Winter macht sie hier vielfach einer Temperaturzunahme Platz, so daß die in den untersten Schichten durch die ungehinderte Ausstrahlung nach dem Weltraum tief erkaltenden Maxima in der Höhe gewöhnlich wärmer sind, als die durch den Wolkenschirm unten wärmer gehaltenen Minima. Aber in den letzteren erreicht die Abnahme durchschnittlich schon in 9000 bis 10000 m ihr Ende, während sie in den Maxima bis 12 oder 13000 m fortdauert, so daß in diesen hohen Schichten wieder, wie am Erdboden, die Maxima durchschnittlich die größten Kältegrade beherbergen.

Eine weitere große Überraschung war die Entdeckung, daß in großen Höhen die Kälte über dem Äquator noch viel größer ist, als über Europa, weil die Temperaturabnahme sich dort weit höher hinauf fortsetzt, als hier, die Troposphäre also dort höher ist. In der Tat reicht die Stratosphäre bei uns im Mittel bis etwa 10 km Höhe herab und hat eine Temperatur von — 50° bis — 60°, am Äquator aber kaum bis 16 km herab, mit einer Temperatur zwischen — 70° und — 80°. Die unregelmäßigen Schwankungen der Temperatur sind auch in großen Höhen nicht geringer als an der Erdoberfläche und gehen dabei oben, wegen der größeren Verschiebbarkeit der Luftmassen (größeren Windstärke) und geringen Wärmekapazität der Luft schneller vor sich als unten. (Vgl. Kap. 17.)

Bei der eigentümlichen vertikalen Verteilung der Temperatur in der Atmosphäre wirken jedenfalls mehrere Ursachen zusammen, deren wichtigste die Ein- und Ausstrahlung und die dynamischen Temperaturänderungen in auf- und absteigender Luft sind. Absteigende Luft muß eine adiabatische Temperaturzunahme von 1^0 für je 100 m erfahren, aufsteigende eine ebensolche Abkühlung, wenn in ihr keine Wolkenbildung stattfindet, andernfalls etwa halb so viel. Das ist mehr, als das mittlere Temperaturgefälle auch in den unteren Schichten; es wirken also andere Ursachen entscheidend mit. Eine solche ist die fortdauernde Ausstrahlung der Erde, die, weil sie aus langwelligen Strahlen besteht, in der Atmosphäre verschluckt wird und dahin wirken muß, den Temperaturunterschied, zwischen ihrem Ausgangs- und Endpunkt zu verringern. Dazu kommt, daß das Gleichgewicht um so labiler ist, je rascher die Temperatur nach oben abnimmt, dagegen stabil wird, wenn potentiell wärmere Luft auf kälterer lagert. Letztere Zustände haben daher die Neigung, länger anzudauern als erstere, und haben also in den Mittelwerten das Übergewicht.

Die tägliche Temperaturschwankung verschwindet mit der Erhebung in die Luft sehr schnell. In klaren Nächten, wo der Boden stark ausstrahlt, ist in der Tat Zunahme der Wärme nach oben für die unteren 30 m vor Sonnenaufgang selbst im Sommer die Regel. An Abhängen fließt dabei die erkaltete, schwerere Luft herab, in Talkesseln sammelt sie sich an. Daher sind letztere Früh- und Spätfrösten viel mehr ausgesetzt als Kuppen und Hänge mit guter „Luftdrainage". Im großen findet dasselbe in Hochdruckgebieten mit heiterem Himmel im Winter statt.

Während in der Atmosphäre gewöhnlich die Temperatur (ebenso wie im festen Erdboden, nur langsamer) mit der Entfernung vom Erdmittelpunkt abnimmt, ist in den Meeren und Seen, wie wir gesehen haben, die umgekehrte Verteilung die Regel.

Kapitel 4

Wind

§ 14. Ursachen des Windes und dessen Beziehungen zum Luftdruck

Wirken auf eine Luftmasse in entgegengesetzter Richtung ungleiche Kräfte ein, so setzt sie sich in der Richtung des resultierenden Antriebes in Bewegung.

In vertikaler Richtung besteht Gleichgewicht, wenn die Luftdruckabnahme für einen beliebigen Höhenzuwachs gleich ist dem Gewicht der zwischenliegenden Luftsäule — beide auf gleiche Einheiten reduziert. Nun nimmt aber der Druck in warmer Luft langsamer mit der Höhe ab als in kalter, nach einem Ausdruck, den man als die barometrische Höhenformel bezeichnet. Wenn in zwei benachbarten Luftsäulen von verschiedener Temperatur der Druck in irgendeinem Niveau gleich ist, so muß in allen höheren Niveaus ein Überdruck auf seiten der wärmeren, in allen tieferen ein solcher auf seiten der kälteren Säule bestehen.

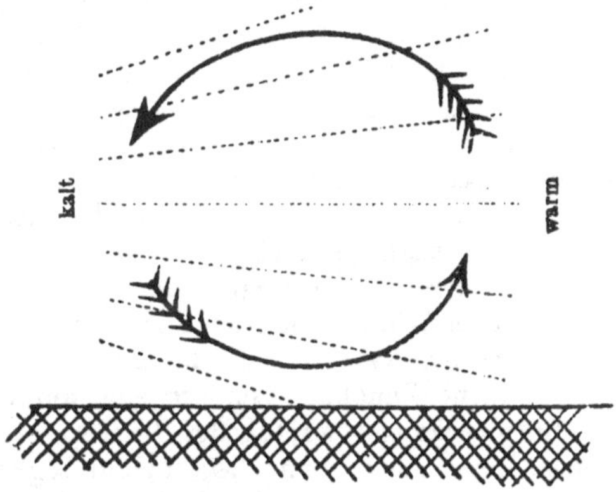

Fig. 8. Vertikalschnitt durch einen Teil der Atmosphäre mit von links nach rechts zunehmender Temperatur
.... Flächen gleichen Luftdrucks

Unten wird daher eine Strömung von der kalten zur warmen, oben eine entgegengesetzte sich einstellen, wie dieses sich leicht mit der Lichtflamme zeigen läßt, wenn man eine Tür aus warmem nach kaltem Raume öffnet (vgl. Fig. 8).

Dieses einfache Schema finden wir aber in der freien Atmosphäre nur in beschränktem Maße vertreten; vor allem in den Land- und Seebrisen. Da, wie wir gesehen haben (§ 12), am Tage das Land, in der Nacht das Meer wärmer ist, so strömt die unterste Luftschicht am Tage vom Meere zum Lande hin (Seebrise). in der Nacht umgekehrt (Landbrise). Das ist an vielen Küsten, namentlich der Tropenzone, ein täglich sich abspielender Vorgang zu den Zeiten, wo nicht allgemeinere Strömungen diese lokalen verdecken, also sei es in einem ausgedehnten

Kalmengebiet oder im Schutz von Gebirgen, nicht nur an der Meeresküste, sondern auch an größeren Seen. In manchen Fällen ist es auch gelungen, den entgegengesetzten Rückstrom in der Höhe nachzuweisen. Auch die treibende Druckdifferenz, der etwas höhere Barometerstand auf dem Wasser am Tage, auf dem Lande in der Nacht, läßt sich vielfach in der Verschiedenheit des täglichen Barometerganges nachweisen. Der Seewind pflegt bedeutend stärker zu sein als der nächtliche Landwind.

Würde die Erde ruhen und die Sonne sie umkreisen, so würde voraussichtlich der Temperaturunterschied der Breitengrade nach demselben einfachen Schema eine untere Luftströmung von den Polen zum Äquator und eine obere von da zu den Polen zurück hervorrufen. Die Erfahrung zeigt uns jedoch ein ganz anderes Bild: zwischen 30° N und S allerdings unten eine vorwiegend zum Äquator, aber auch nach Westen gerichtete Luftbewegung — die Passate —, zwischen 30° und 60° Breite aber auf beiden Halbkugeln sogar eine nicht nur überwiegend nach Osten, sondern meist zugleich auch polwärts gerichtete Luftbewegung am Erdboden — die Region der vorwaltend westlichen und äquatorialen Winde. Zugleich finden wir, auch unten, in den Breiten zwischen 30° und 60°, besonders auf der südlichen Halbkugel, keine Zunahme, sondern eine ausgesprochene Abnahme des Luftdrucks mit wachsender Breite.

Die Ursache dieser Abweichung liegt in der täglichen Umdrehung der Erde. Auf eine ausreichende Darlegung ihrer Wirkungen auf den Kreislauf der Atmosphäre müssen wir hier verzichten. Nur erinnert möge hier an das höchst wichtige Gesetz sein, das die Richtung und Stärke des Windes mit der horizontalen Verteilung des Luftdrucks verknüpft. Dieses Gesetz hat schon vor einem halben Jahrhundert seinen Ausdruck in einer Formel gefunden, in welche auch die Reibung und die Änderungen („Beschleunigungen") der Bewegung eingehen; sein praktisch wichtigster Teil läßt sich, für den Erdboden, in folgenden Sätzen ausdrücken: Ein Beobachter, der mit dem Winde geht, hat den niedrigeren Luftdruck auf der nördlichen Halbkugel zu seiner Linken, auf der südlichen zu seiner Rechten, zugleich auf beiden etwas vor sich; den höheren Druck auf der entgegengesetzten Seite. Die ablenkende Wirkung der Erdrotation ist unabhängig von der Richtung des Windes.[1]) Der Wind ist um so stärker,

[1]) Die ältere Auffassung, wonach nur die nordsüdliche Komponente der Bewegung diese Ablenkung erfährt, beruhte auf Irrtum.

je stärker das Gefälle des Luftdrucks (der „Gradient" bzw. die Druckdifferenz auf die Einheit der Entfernung) ist. Die Hindernisse, die die Erdoberfläche der Luftbewegung entgegensetzt, verkleinern den Winkel zwischen dem Gefälle und dem Wind und verringern die Stärke des Windes; sie sind in unebener, von Bergen umgebener Landschaft am größten, kleiner in der Ebene, noch kleiner auf dem Meere, am geringsten in den höheren Schichten der freien Atmosphäre.

Wie in jedem Augenblick, so zeigen auch in den Mittelwerten Windrichtung und Druckverteilung einen innigen Zusammenhang, der aus den Fig. 9 (siehe Tafel V) und 10 (siehe Tafel VI) deutlich hervortritt. Die Kurven stellen Linien gleichen Luftdrucks — Isobaren — dar, in Millimetern Stand eines Quecksilberbarometers, reduziert auf den Gefrierpunkt, das Meeresniveau und die Schwere auf dem 45. Breitengrad.

Gelegentlich, aber selten und lokal, kommen auch Winde vor, deren Energie nicht, wie die der bisher betrachteten, in der Sonnenstrahlung ihre Quelle hat, so z. B. die Stoßwinde von Lawinen und Bergrutschen, die in den Alpen sehr gefürchtet sind.

Der Wind wirkt sowohl unmittelbar durch seine mechanische Kraft, als mittelbar durch seinen bestimmenden Einfluß auf Temperatur und Feuchtigkeit, mächtig auf das Leben des Menschen und der übrigen Organismen ein. Seine enge Verknüpfung mit der Verteilung des Luftdrucks gibt auch der letzteren große Wichtigkeit für die Klimatologie, während der direkte Einfluß des Luftdrucks auf die organische Natur geringfügig ist; erst in Höhen von mehreren tausend Metern wird die Druckverminderung für den Menschen fühlbar (Bergkrankheit, § 25).

Der Wind wird mehr als irgendein anderes klimatisches Element von der Rauhigkeit und den Hervorragungen der Erdoberfläche beeinflußt. Die Windgeschwindigkeit nimmt deshalb von der Erdoberfläche aufwärts zuerst sehr schnell, nachher langsamer und von 200 m ab bei östlichen Winden oft nicht mehr, bei westlichen gewöhnlich weiter zu. Bei Berlin stellt sich die mittlere Windgeschwindigkeit nach Anemometermessungen, in fester Aufstellung bis zu 258 m Höhe und höher hinauf an Registrierdrachen und Ballonflügen, etwa wie folgt:

Höhe m	2	16	32	200	500	1000	2000	3000	4000
m per Sek.	3,3	4,7	5,4	7,8	9,8	10,0	10,5	11,5	12,5

Die Zunahme der Windgeschwindigkeit ist am Boden sehr rasch; in 500 m Höhe ist diese etwa doppelt so groß wie in Haushöhe; weiter hinauf wächst sie langsam, erst über 2000 m Höhe wieder schneller.

Auf dem Blue Hill (Massachusetts) nimmt die Windgeschwindigkeit durchschnittlich für 100 m im Sommer um 0,3, im Winter um 0,9 m per Sekunde zu.

Wegen des starken Einflusses der Gebäude, Bäume und Bodenwellen auf den Wind, ist es sehr schwer, zwei Anemometer so aufzustellen, daß sie genau vergleichbare Angaben bei allen Windrichtungen geben. Erst neuerdings geben die Funktürme ausgezeichnete Gelegenheit hierzu, und das bis zu Höhen von mehr als 250 m über dem Boden.

§ 15. Kreislauf der Atmosphäre; planetarische Winde

Auf den Ozeanen der Erde, besonders auf dem Atlantischen, finden wir eine zonenweise Anordnung des Luftdrucks und der Winde, die wahrscheinlich, wenn die Erdoberfläche gleichmäßig von Wasser oder von ebenem Land gebildet sein würde, sich überall finden würde und auch in der Atmosphäre anderer Planeten angenommen werden darf, da sie durch die Verteilung der Sonnenstrahlung nach der geographischen Breite und die Wirkungen der täglichen Umdrehung bedingt ist. In der Nähe des Äquators liegt ein Gürtel mit Stillen und veränderlichen Winden, der äquatoriale Kalmengürtel, die Mallungen der deutschen, Doldrums der englischen Seeleute. Nördlich daran grenzt der Gürtel des Nordostpassats, südlich jener des Südostpassats. Die Passate sind Winde, die Tag für Tag aus derselben Richtung und mit annähernd derselben Stärke wehen. In der Nähe von 30° Breite folgt je ein zweiter Gürtel mit Mallungen, aber nicht, wie der äquatoriale, mit niedrigem, sondern mit hohem Luftdruck. Man bezeichnet von alters her jenen im Norden als die Roßbreiten (horse latitudes), und da eine kurze Bezeichnung erwünscht ist, können wir auch den im Süden so bezeichnen. Weiter nach den Polen zu findet man bis in die Nähe von 60° ein ausgesprochenes Übergewicht westlicher Winde. Fand aber schon in den vorhergehenden Gürteln jedes Schiff etwas andere Verhältnisse: die Kalmengürtel bald breit, bald schmal, den Passat bald mehr, bald weniger stetig und frisch, so sind in den Roßbreiten und zunehmend nach 60° hin Wind und Luftdruck äußerst veränderlich. Nach den Polen zu sind diese Gürtel der westlichen Winde begrenzt durch je einen Gürtel veränderlicher, oft stürmischer Winde aus allen Richtungen, niedrigsten mittleren Luftdrucks und stärkster Luftdruckschwankungen, wo der Beobachter sich fast ebenso oft auf der Nord- wie auf der Südseite eines barometrischen Minimums befindet (vgl. Fig. 1, S. 9). Auf beiden Halbkugeln ist noch weiter polwärts ein Gebiet erkennbar, wo im Winter polare oder östliche Winde bereits ein entschiedenes Übergewicht haben, während im Sommer teils diese, teils Windstillen überwiegen. Auf der südlichen Halbkugel sind nur Polarexpeditionen über das Gebiet der vorwaltenden Westwinde hinausgekommen.

Die Erklärung dieser Luftdruck- und Windgürtel ist ein schwieriges Problem. Selbstverständlich ist sie nur möglich unter Hinzuziehung der Luftbewegungen in den übrigen Schichten der Atmosphäre, durch die die Bewegungen der untersten Luftschicht ihre Ergänzung und teilweise auch Kompensation finden. Ja sogar, da in dem untersten Zehntel der Atmosphärenmasse die Windänderung mit der Höhe durchschnittlich am schnellsten vor sich geht, so ist das, was wir am Erdboden beobachten, für die Mechanik der Atmosphäre am wenigsten maßgebend. Das Problem schien durch die von Ferrel 1858 gegebene Theorie der atmosphärischen Zirkulation (vgl. das Schema auf S. 72 von Bd. 54 der Sammlung Göschen) eine mechanisch mögliche Lösung gefunden zu haben, mit der auch die von Oberbeck 1888 ausgearbeitete Theorie übereinstimmte, wenn man unter der „unteren Strömung" von Oberbeck nicht die Winde an der Erdoberfläche, sondern diejenigen in 2—10 km Höhe verstand. Die Abweichung der darunter liegenden Luftschicht ist nach Ferrel durch die Reibung am Erdboden bedingt. Sie folgt passiv dem durch den Kreislauf der freien Atmosphäre erzeugten Luftdruckgefälle.

Soweit es sich um die in die Richtung der Breitenkreise fallende Komponente der Bewegung handelt, stimmen diese Theorien miteinander und mit der Erfahrung in den meisten Stücken überein; insbesondere in bezug auf das Vorwalten von West nach Ost gerichteter Luftbewegungen in den Zonen zwischen 35° und 60° Breite durch die ganze Atmosphäre hindurch. Eine Kompensation durch entgegengesetzte, also östliche Winde ist nicht nötig, weil es sich um in sich geschlossene Luftringe handelt. Über dem Äquator ergibt besonders Oberbecks Theorie im Einklang mit der Erfahrung über dem Stillengürtel der untersten Luftschicht eine östliche Luftströmung bis in die größten Höhen; der Übergang in die westliche Strömung der gemäßigten Zonen soll sich, je höher hinauf, in um so geringerer Breite vollziehen, über den äußeren Teilen der Passate also westliche Antipassate wehen, wofür auch manche Erfahrungstatsachen sprechen. Auch die allgemeine Luftdruckverteilung in verschiedenen Höhen stimmt mit diesem Bilde überein. Die beiden Ringe hohen Luftdrucks, die an der Meeresoberfläche bei etwa 30° N und S liegen, sowie die große westliche Strömung zwischen 35° und 60° Breite sind nach diesen Theorien Produkte des Zusammenwirkens der Erdumdrehung mit dem Temperaturunterschied zwischen Pol und Äquator.

Die Hauptschwierigkeit bietet indessen die zweite, die in den Meridian fallende Komponente der Luftbewegung, also der Luftaustausch zwischen höheren und niedrigeren Breiten. Hier muß, soweit es sich um das Mittel der ganzen Halbkugel handelt, im Jahreslaufe ebensoviel Luft in der Richtung zum Pol wie zum Äquator fließen, da sie sonst an einer dieser Stellen sich anhäufen müßte. Entsprechend dem auf S. 55 dargelegten Satze, wonach stets oben die Bewegung vom Warmen zum Kalten, unten vom Kalten zum Warmen geht, verlangen Ferrel und Oberbeck für die freie Atmosphäre über einer von den Polen zum Äquator gerichteten Bewegung eine solche, die zu den Polen zurückkehrt — beide natürlich nur als Komponenten neben der vorwiegenden westlichen oder östlichen Bewegung. Die Beobachtung hat bis jetzt für diese oberste Polwärtsbewegung keine Beweise gegeben. Auch haben sich die Verhältnisse in den hohen Schichten viel komplizierter gezeigt, als Ferrel und Oberbeck vermuten konnten. Oberhalb 12000 m ist die Luft am Äquator durchschnittlich kälter als in Europa (vgl. S. 53), und das barometrische Gefälle für Westwinde muß dort mit wachsender Höhe abnehmen.

Die neuesten Vorstellungen über den Kreislauf der Atmosphäre sind von V. Bjerknes entwickelt und in Fig. 11 dargestellt. Der Vertikalschnitt links soll die mittlere Vertikal- und Meridionalkomponente der Luftbewegung, der rechts ein Beispiel einer Störung zeigen, bei der die Tendenz zu einem einfachen Kreislauf zwischen warm und kalt über den Einfluß der Erdumdrehung siegt. Dieses intermittierende Eingreifen der kalten Polarluft unter die warme von den Roßbreiten kommende Luft, das zur Bildung der wandernden Zyklonen und Antizyklonen führt, ist im mittleren Teile der Figur in Aufansicht an einigen

Beispielen angedeutet, in einem Falle auch der Durchbruch der Polarluft durch den Gürtel der Westwinde bis in den Passat. Im übrigen hat die, durch punktierte Kurven angedeutete, Grenze derselben die Form von Einbrüchen an der „Böenlinie“ in die einzelnen Wirbel, wobei die kalte Luft sich unter die wärmere schiebt, während in der östlich davon liegenden „Kurslinie“ sich die warme auf die kalte hinaufschiebt. Beides führt zu Regen (im Diagramm schraffiert angegeben), im ersteren Falle zu stürmischen Schlagregen mit schneller Abkühlung, im letzteren zu Dauerregen mit Erwärmung. Die Gleitflächen, auf denen der Aufstieg der warmen Luftmassen sich vollzieht, sind in den Vertikalschnitten ebenfalls durch punktierte Linien angegeben.

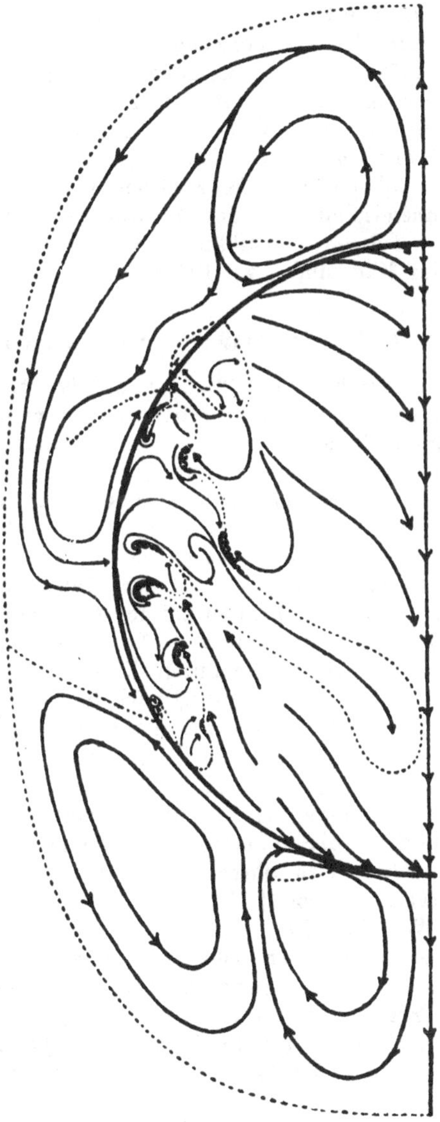

Fig. 11. Schematisches Bild der allgemeinen atmosphärischen Zirkulation

Bei Betrachtung solcher Diagramme

darf man freilich die kolossale Überhöhung ihrer Schnitte nicht vergessen. Die Höhe der Troposphäre ist nur etwa ein Tausendstel von dem Abstand zwischen Pol und Äquator.

Infolge der wechselnden Stellung der Sonne müssen im Jahreslaufe die planetarischen Windgürtel eine Schwankung ausführen; an den Zonen hohen Druckes kann man dieselbe auch auf Fig. 9 (siehe Tafel V) und 10 (siehe Tafel VI) erkennen. Der südhemisphärische Kreislauf ist stärker entwickelt als der nordhemisphärische, der äquatoriale Kalmengürtel tritt daher kaum auf die Südhalbkugel über, sondern bewegt sich zwischen 0^0 im März und etwa 10^0 N im September.

§ 16. Einfluß der Festländer auf den Kreislauf der Atmosphäre

Dadurch, daß $27^0/_0$ der Erdoberfläche von festem, zum Teil gebirgigem Lande eingenommen wird, erleidet das planetarische Windsystem tiefgreifende Änderungen. Die in § 12 dargestellten Temperaturunterschiede zwischen Land und Meer erzeugen jahreszeitlich wechselnde Winde, die eine den täglichen Land- und Seebrisen analoge, aber ungleich großartigere Erscheinung sind; denn sie reichen stellenweise bis nahe zur Mitte der Ozeane und der Festländer. Im Winter ist der Luftdruck in den unteren Schichten auf den Festländern größer als auf den Ozeanen und fließt die kalte Luft aus den ersteren an der Erdoberfläche (unter dem durch die ablenkende Wirkung der Erdrotation bedingten Winkel) nach den letzteren ab; im Sommer ist umgekehrt der Druck in den unteren Schichten auf den Festländern geringer als in der Umgebung und es wird Seeluft, wieder mit der entsprechenden Ablenkung, dorthin angesaugt. Die Druckverteilung und die Luftbewegung in den höheren Schichten ist übrigens dieser unteren nicht direkt entgegengesetzt, sondern sie schließt sich oberhalb 1000 m Seehöhe näher dem planetarischen System (§ 15) an.

Vor allem ist die Süd- und Ostseite des größten der Kontinente, Asiens, der Schauplatz einer großartigen Entwicklung solcher, als Monsune bezeichneten, jahreszeitlichen Winde. Die Wirkung Asiens und seiner ausgedehnten Hochländer wird hier noch unterstützt durch die entgegengesetzte jährliche Schwankung in den Wüsten Australiens und Südafrikas. Von 10 bis 23^0 nördlicher Breite und von Afrika bis zu den Philippinen herrscht im Sommer der SW-Monsun, auf dem Arabischen Meere mit stürmischer Kraft, auf dem Chinesischen nur schwach; im Winter aber der NE-Monsun, der umgekehrt auf dem Chinesischen Meere frisch, auf dem Arabischen nur mäßig bis schwach weht. An der chinesischen Küste reicht der NE bis 30° nördlicher Breite; im übrigen wechseln an der Ostküste Asiens bis hinauf zur Behringsstraße schwache südliche Winde des Sommers mit stärkeren nordwestlichen Winden der kälteren Jahreszeit ab.

Ähnlich, wenn auch minder ausgeprägt, ist der Wechsel an der Ostküste Nordamerikas in 30—47° nördlicher Breite zwischen dem Vorwiegen starker WNW-Winde im Winter und mäßiger SW-Winde im Sommer.

§ 17. Periodische und unperiodische Änderungen des Windes

Wir haben somit zweierlei jahreszeitliche Windwechsel kennen gelernt; einerseits Pulsationen der beiden Hälften des großen planetarischen Windsystems, deren jede dann größer ist, wenn die betreffende Halbkugel Winter hat; andererseits die Wirkungen der Luftanhäufung im Winter und der Luftabfuhr im Sommer, die auf den Festländern stattfindet. Bei den Monsunen Asiens überwiegt der letztere Einfluß; auf anderen Gebieten, besonders auf offenem Meere, ist der erstere vorherrschend. So kann der SW-Monsun an den Südwestküsten bei Sierra Leone und Costa Rica im Nordsommer als der über den Äquator übergetretene und dem Ablenkungsgesetz der Nordhemisphäre verfallene SE-Passat angesehen werden; ebenso steht der NW-Monsun auf dem Indischen Ozean zwischen 0° und 10° südlicher Breite im Südsommer zum NE-Passat bzw. -Monsun; die Erhitzung der Sahara und Australiens wirkt nur verstärkend auf gewisse Teile dieser Monsune.

Den Monsunen analog, jedoch nur auf die Nähe der Küste beschränkt sind die täglichen Land- und Seebrisen (S. 55). Der letzteren Eintritt erfolgt meist erst gegen Mittag, und zwar zuerst auf dem offenen Meere, worauf die oft sehr scharfe Grenzlinie der Brise allmählich an die Küste und bis 30 und mehr Kilometer landeinwärts vorrückt. Wo eine ausgesprochene allgemeine Luftströmung vorhanden ist, wechselt deren Richtung im Tageslauf um einen gewissen Winkel, indem sie sich mit dem Druckgefälle vom Meere am Tage, vom Lande in der Nacht kombiniert.

Im Gebirge pflegt am Tage der Wind talaufwärts, in der Nacht talabwärts zu wehen (vgl. § 25).

Im Flach- und Hügellande besteht die tägliche Schwankung des Windes hauptsächlich in einer Zunahme der Windstärke vom Morgen zum Mittag, worauf sie von 2 Uhr bis nach Sonnenuntergang wieder abnimmt. In einiger Höhe über dem Boden (schon auf dem 300 m hohen Eiffelturm) und auf freigelegenen Bergspitzen findet umgekehrt eine Abschwächung des Windes bei Tage statt. Die Erklärung für beide Erscheinungen liegt in dem Austausch von Luftmassen zwischen den unteren, zurückgehaltenen, und den oberen, schneller fließenden Luftmassen. Dieser Austausch ist am frühen Nachmittag am stärksten, in der Nacht am geringsten: Dort, wo er schneller bewegte Massen herbeiführt, bewirkt er Zunahme; dort, wo er überwiegend schwächer bewegte bringt, Abnahme der Windstärke, also am Boden gegen Mittag Zunahme, in der Höhe gegen Mittag Abnahme. Da aber der Luftaustausch an sonnigen Tagen am Boden einsetzt und dann nach oben wandert, so hat eine Zwischenschicht zwischen etwa 40—100 m Höhe über dem Boden am Morgen Austausch mit tieferen, gegen Abend mit höheren Schichten, und infolgedessen das Minimum der Windgeschwindigkeit am Morgen, deren Maximum am Abend.

Auf dem offenen Ozean ist fast gar keine tägliche Stärkeperiode vorhanden. Bei gebirgigen Inseln im Passat hat die mittägliche Erwärmung an der Leeseite je nach deren Größe verschiedene Wirkung. Bei kleinen Inseln, wie Ascension, Mauritius und Oahu (Honolulu) wirkt sie nur dahin, die nächtliche Schirmwirkung des Gebirges aufzuheben und den Passat am Tage herunter zu holen, trotzdem er hier als Landwind weht. Hawaii aber ist bereits groß genug und sein Gebirge hoch genug, um an seiner Leeseite einen mittäglichen Seewind gegen den Passat hervorzurufen.

Die allgemeine Zunahme der mittleren Windgeschwindigkeit mit der Annäherung an das offene Meer und nach den höheren Breiten hin unterliegt einer jährlichen Periode: sie ist viel größer in der kalten, als in der warmen Jahreszeit. Infolgedessen fällt in der gemäßigten Zone das Maximum der Geschwindigkeit in Küstengebieten an der Windseite der Festländer und in höheren Breiten auf den Winter, im Binnenlande dagegen auf den Frühling, das Minimum dort auf den Sommer, hier zum Teil (wegen der vielen Windstillen in den winterlichen Hochdruckgebieten) auf den Winter. In der heißen Zone ist dort, wo Monsune herrschen, der vom Meere kommende in der Regel (z. B. sehr ausgeprägt in Indien) der stärkere.

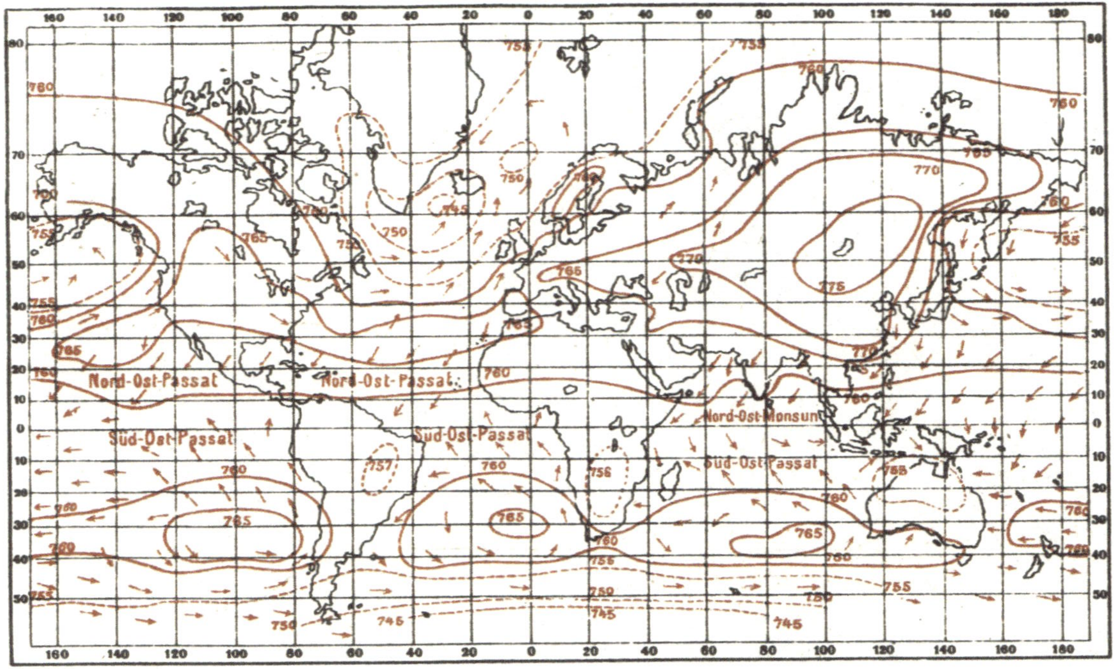

Isobaren und Winde im Januar. —— Hoher Luftdruck. ------ Niedriger Luftdruck.
Die Pfeile geben die herrschende Windrichtung an.

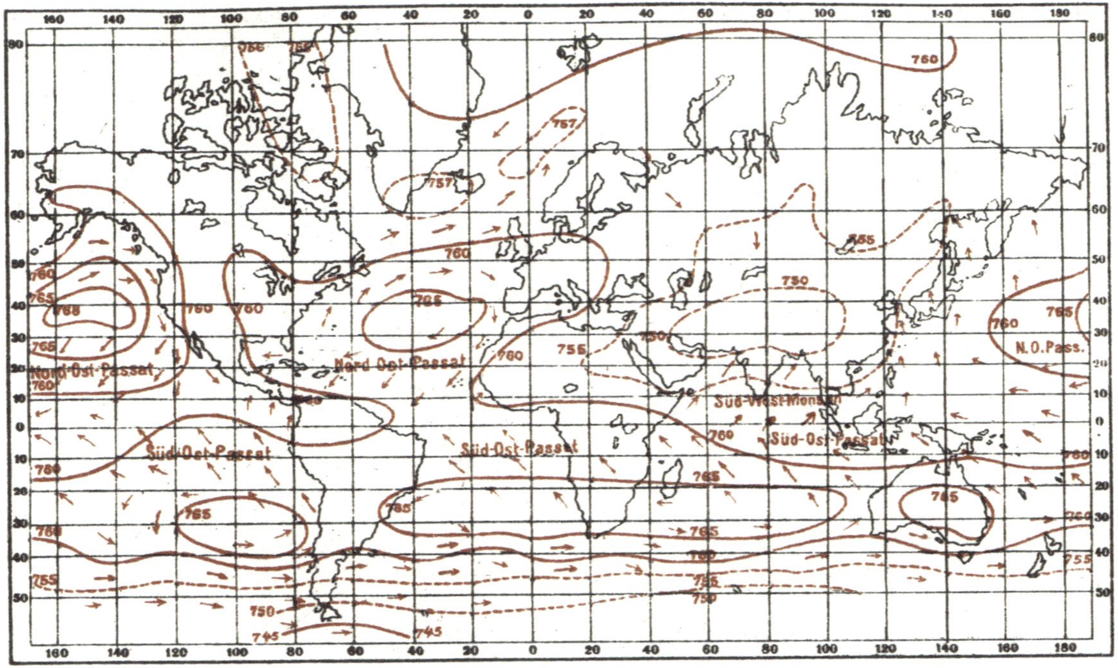

Isobaren und Winde im Juli. —— Hoher Luftdruck. - - - - - - Tiefer Luftdruck.
Die Pfeile geben die herrschende Windrichtung an.

Der Glaube an zweimal im Jahre auftretende „Äquinoktialstürme“ ist für die meisten Gegenden der Erde grundlos, wenn auch (auf der nördlichen Halbkugel) der September das Maximum der tropischen Orkane, der März dagegen das der Windgeschwindigkeit in vielen Binnenländern der gemäßigten Zone bringt.

In niederen Breiten überwiegen die periodischen Schwankungen des Windes, in höheren die unperiodischen. Diese werden großenteils durch die Bewegung großer zeitlich bestehender Wirbel bedingt, deren Drehungssinn entweder der scheinbaren Bewegung der Sonne in der betreffenden Halbkugel entgegen ist — das sind Zyklonen mit niedrigem Luftdruck in der Mitte — oder mit dieser geht; diese nennt man Antizyklonen, in ihrer Mitte steht das Barometer hoch. Da diese Wirbel in beständigem Wandern, Wachsen und Vergehen begriffen sind, so wechselt an jedem Orte der höheren Breiten die Windrichtung in sehr launenhafter, aber immerhin nicht gesetzloser Weise. Weil nämlich diese Wirbel, besonders die zyklonischen, sich vorwiegend von West (NW, SW) nach Ost (SE, NE) bewegen, und zwar vorzugsweise in den polaren Teilen der gemäßigten Zonen, so kommen Orte dieser Zonen auf der nördlichen Halbkugel meist auf die rechte, auf der südlichen meist auf die linke Seite des Wirbels zu liegen, und das bedingt bei Wirbeln beider Art, wie man sich leicht durch eine Zeichnung veranschaulichen kann, ein Übergewicht der Winddrehungen im Sinne N—E—S—W auf der nördlichen, N—W—S—E auf der südlichen Halbkugel. Das ist das sogenannte Dovesche Drehungsgesetz. Die Seeleute nennen eine Drehung dieser Art auf der nördlichen Halbkugel „Ausschießen des Windes“, eine entgegengesetzte „Krimpen“.

§ 18. Stürme und besondere Winde. Wirkungen des Windes

Weitaus am eingehendsten untersucht, besonders ihrer praktischen Wichtigkeit wegen, sind die stärksten Winde, die Stürme und Orkane. Die meisten Stürme gehören zyklonalen Luftwirbeln an, doch ist nicht oft der ganze Umkreis der Zyklone stürmisch. Die Unterscheidung in Wirbelstürme und andere Stürme ist daher nicht strenge durchführbar. In mittleren und höheren Breiten, wo die Richtung und Stärke des Windes fortwährend wechselt, erreicht die letztere oft hohe Werte und sind die Stürme nicht so scharf von dem übrigen Verlaufe des Wetters abgesetzt, wie in den Tropen, wo sie sich von der Regelmäßigkeit und Ruhe der übrigen Witterung abheben. Gerade diese isolierten tropischen Orkane erreichen aber die regelmäßigste Ausbildung und zuweilen die größte Gewalt. Die Mehrzahl dieser Orkanwirbel entsteht in der Nähe von 10° Breite, bewegt sich in einer westwärts und zugleich vom Äquator weg gerichteten Bahn bis etwa zum Wendekreise und biegt darauf erst polwärts, dann in die allgemeine Bahn der Wirbel der gemäßigten Zone einschwenkend ostwärts ab; zugleich verbreitet sich ihr Durchmesser rasch, während ihre Intensität gewöhnlich abnimmt. Nicht alle Teile der Tropenzone werden jedoch von ihnen heimgesucht. Nicht nur die nächste Nachbarschaft des Äquators — etwa 5° N bis 3° S — ist frei davon, sondern auch große Meeresteile unh die angrenzenden Festländer sind entweder ganz frei — so der ganze Südatlantische und der Osten des Großen Ozeans südlich der Linie — oder erhalten sie sehr selten: so der Osten des Nordatlantischen, des Nordpazifischen und des südlichen Indischen Ozeans. Die Jahreszeit ihres Auftretens ist — von vereinzelten Fällen abgesehen — in Westindien und dem Nordatlantik August bis Oktober; im Chinesischen Meer September und Oktober; in der Bai von Bengalen Mai und Oktober; im Arabischen Meer Mai und Juni; im südlichen Indischen Ozean Januar bis März. Der Ausdruck „Orkan" stammt aus Westindien; die Orkanwirbel des Chinesischen Meeres werden Taifune genannt.

Es sind hauptsächlich einige Inselgruppen: die großen und kleinen Antillen, die Maskarenen (Mauritius), die Samoa-, Tonga- und Fidji-Inseln nebst Neukaledonen und die Philippinen nebst Formosa, auf denen diese furchtbaren Erscheinungen, trotz ihrer Seltenheit, in der Charakteristik des Klimas zu beachten sind, und wo ihre Verwüstungen den Wohlstand der Bevölkerung manchmal auf viele Jahre beeinträchtigen.

Winde, die für einzelne Landschaften wichtig sind, haben vielfach besondere Namen erhalten. Bei den alten Griechen und Römern trugen alle Richtungen eigene Namen; das zweckmäßigere System der Bezeichnung nach vier Hauptrichtungen und deren Verbindungen hat sich erst seit Karl dem Großen ausgebildet, vor allem natürlich bei den Seefahrern. Bei den Italienern waltet auch jetzt das ältere System vor. Über Föhn, Bora und Gebirgswinde vgl. § 25.

Für das westliche Mittelmeer sind hauptsächlich der drückend warme „Scirocco" (in Spanien Leveche) aus SE, S oder SW und der bei heiterem Wetter vorwaltende „Maestro" aus NW charakteristisch. Im südöstlichen Frankreich, bzw. vom Ebro bis Genua wird der NW als „Mistral“ wegen seiner Heftigkeit und Dauer der bestimmende Zug des Klimas, wohl am schlimmsten bei Avignon.

Feindlich in das Leben des Menschen eingreifende Mächte sind die mit Staub und Sand beladenen, austrocknenden Wüstenwinde, die als Samum, Chamsin (Ägypten), Harmattan (Oberguinea) usw. bekannt sind, und die Schneestürme, die in Sibirien als Burán und Púrga, in Nordamerika als Blizzard bezeichnet werden. Bei der Púrga ist die Luft ein Chaos von beweglichem, hartem Schneestaube, der die Augen verschließt, das Atmen beklemmt, in die feinsten Ritzen der Kleidung eindringt und Menschen und Tiere umstößt; nur der Wald bietet Schutz; wo er fehlt, müssen Mensch und Tier entweder sich hinlegen und, vom Schnee bedeckt, das Ende des Sturmes abwarten, oder sie treiben willenlos ins Verderben. Jede Orientierung geht in diesen Schneestürmen verloren, und selbst in Südrußland erfrieren Menschen dabei in nächster Nähe ihrer Wohnungen und gehen ganze Herden Vieh im Burán zugrunde.

Vielfach wirkt der Wind schädigend auf die Vegetation, teils durch Abpeitschen der Knospen, teils durch übermäßig gesteigerte Verdunstung, der die Wurzeltätigkeit nicht zu genügen vermag, weil der Boden entweder zu wasserarm oder zu kalt ist. Am sichtbarsten sind diese Wirkungen bei heißen trockenen Winden. Außer den erwähnten Wüstenwinden ist z. B. der „Norther“ im südlichen Australien und der „Suchowéj“ in den Steppen Südrußlands zu erwähnen; an dem furchtbaren Mißwachs, der einige Teile Rußlands 1891 heimsuchte, hatten wenige Tage dieses Windes wesentlichen Anteil.

Um den durchschnittlichen Charakter der verschiedenen Windrichtungen für einen Ort zu ermitteln, berechnet man sog. thermische, atmische, Bewölkungs-, Regen- und Stärke-W i n d r o s e n, die die mittlere Temperatur, Dampfspannung usw. bei den einzelnen Richtungen angeben. Da der Wind die Luft selbst ist, in der wir leben, und er seine Eigenschaften während dieser Ortsveränderung teils weiter trägt, teils in gesetzmäßiger Weise ändert, so gestaltet sich der Zusammenhang dieser Erscheinungen mit der Windrichtung sehr charakteristisch (vgl. S. 49).

Außer den schon erwähnten Wirkungen des Windes müssen wir diejenigen, die er durch seinen mechanischen Stoß ausübt, erwähnen. Er wirft Wellen auf, sowohl auf dem Meere, als auf einer Sandfläche (Dünen, Wellenfurchen), die in seiner Richtung fortschreiten. Er entführt in trockenen Gegenden alles leicht bewegliche Bodenmaterial, erhöht die Unfruchtbarkeit der Wüsten und zugleich die Fruchtbarkeit derjenigen Nachbargebiete, wo er den Staub fallen läßt. Er ist auch der Haupttreiber der Meeresströmungen; ihm ist auch wahrscheinlich ein großer Teil der verschieden steilen Ränder der Flußtäler zuzuschreiben, indem zur Zeit hohen Wasserstandes die Wellen an demjenigen Ufer branden und nagen, nach dem die vorherrschende Richtung der gleichzeitigen starken Winde gerichtet ist.

Kapitel 5

Das Wasser in der Atmosphäre

§ 19. Kreislauf des Wassers in der Atmosphäre

Neben ihren fast unveränderlichen Bestandteilen Stickstoff, Sauerstoff und Kohlensäure, zu denen in neuerer Zeit noch Argon, Krypton, Helium usw. getreten sind, enthält die Atmosphäre auch mehr oder minder große Mengen Wasser in gasförmiger, flüssiger und fester Form. Seine Wandlungen bilden einen großen Teil dessen, was wir „Wetter" nennen. Sie werden unter dem Ausdruck „Hydrometeore" zusammengefaßt. Ihre außerordentliche Mannigfaltigkeit bedingt es, daß die Klimatologie ihnen unzählige verschiedene Seiten abgewinnen kann, deren jede mehr oder weniger zur Charakteristik eines Klimas beitragen kann.

Als Niederschläge bezeichnet die Klimatologie, abweichend von der Chemie, die flüssigen oder festen Stoffe, die sich aus der Luft auf den Boden oder auf feste Gegenstände absetzen — also mit geringen Ausnahmen die Kondensationsprodukte des Wasserdampfs der Atmosphäre; sei es, daß sie in der untersten Luftschicht sich bilden, wie Tau und Reif, sei es, daß sie aus der Höhe herabfallen, wie Regen, Schnee, Graupeln und Hagel. Manchmal, z. B. beim „Glatteisen", dürfte beides abwechselnd oder zugleich vorkommen, nämlich neben dem Herabfallen unterkalteter Regentropfen die Verdichtung des Wasserdampfes an der Oberfläche der festen Gegenstände selbst.

Die relative Feuchtigkeit der Luft und die Nebelbildung hängen in erster Linie von den Zuständen in der Luftschicht ab, in der wir leben; Regen, Schnee, Hagel dagegen in erster Linie von denjenigen einer höheren Schicht, die von jenen der untersten sehr abweichen können; und je großtropfiger er ist, aus einer um so größeren Höhe pflegt der Regen zu kommen. So stehen die Gewitterregen an dem einen, der Nebel am anderen Ende der Reihe der Hydrometeore; die Bedingungen für ihre Bildung und darum auch für ihre Verteilung nach Raum und Zeit pflegen entgegengesetzt zu sein.

Ein Kubikmeter Raum kann nur begrenzte, je nach der Temperatur verschiedene Mengen Wassers in Gasform enthalten, z. B. bei 0° höchstens 4,9 g, bei 30° höchstens 30,1 g. Wird feuchte Luft unter die „Sättigungstemperatur" oder, was dasselbe ist, unter ihrem „Taupunkt" abgekühlt, so verdichtet sich der überschüssige Wasserdampf in tropfbar flüssige oder in feste Form, wenn auch nicht immer sofort (s. unten S. 71).

Die Feuchtigkeitsverhältnisse der Luft werden daher einerseits durch ihren absoluten Wasserdampfgehalt — sei es in Grammen sei es in Millimetern Dampfspannung — ausgedrückt, andererseits durch das Verhältnis der letzteren Größe zu ihrem höchsten bei der bestehenden Temperatur möglichen Werte — die sog. relative Feuchtigkeit. Neben dem Gehalt der Luft an Wassertropfen oder an Eis (Schnee) ist die relative Feuchtigkeit erfahrungsgemäß dasjenige Moment, das sich am meisten der Wahrnehmung aufdrängt, vor allem dadurch, daß mit ihr die Leichtigkeit, mit der sich der atmosphärische Wasserdampf kondensiert, und die Schwierigkeit der Verdunstung von feuchten Oberflächen annähernd parallel geht. Die Versuche, andere Funktionen des Dampfgehaltes der Luft, namentlich Sättigungsdefizit, Taupunkt oder psychometrische Differenz, an die Stelle der relativen Feuchtigkeit zu setzen, erwiesen sich als nicht glücklich, obwohl diese Größen für bestimmte Zwecke Bedeutung haben. Schon der Umstand, daß man die Formänderungen gewisser organischer Körper benutzt, um direkte Messungen der relativen Feuchtigkeit zu machen (z. B. am Haarhygrometer), zeigt die unmittelbare Einwirkung der letzteren auf die organische Welt. Auf den Menschen hat (nach Thomas) trockene Luft folgende Wirkungen: nervöse Aufregung, Schlaflosigkeit, Pulsbeschleunigung, größere Hauttrockenheit, Wärmeverminderung; Desor schreibt speziell neben der Bartlosigkeit auch den geringeren Fettansatz der Bewohner der Vereinigten Staaten im Vergleich zu den Europäern der großeren Lufttrockenheit zu. Verringerter Luftdruck, der die Verdunstung fördert, hat dieselben Wirkungen wie eine Verringerung der relativen Feuchtigkeit. Feuchte Luft (und erhöhter Luftdruck) haben die entgegengesetzten Wirkungen.

Daß sich feuchte Kälte sowohl als feuchte Hitze uns viel unangenehmer bemerkbar machen, als dieselben Temperaturen bei trockener Luft, weiß jeder; denn bei naßkaltem Wetter ist es die Wärmeentziehung durch die große Wärmekapazität des in der Luft befindlichen flüssigen oder festen Wassers, bei feuchter Schwüle umgekehrt der Fortfall der wärmeentziehenden Verdunstung, was so ungünstig ist. Daher sind auch Temperaturschwankungen bei feuchter Luft empfindlicher und gefährlicher als bei trockener.

Die Atmosphäre ist ein gewaltiger Destillierapparat. Die Verdampfung, d. h. der Übergang des Wassers aus dem flüssigen oder festen in den gasförmigen Zustand, geht auf allen Wasserflächen, feuchten Landflächen, der Pflanzendecke und endlich auch auf Schnee und Eis vor sich; sie ist um so größer, je höher die Temperatur, je weiter die Luft von der Sättigung entfernt und je größer die Windgeschwindigkeit ist. Die Wiederverdichtung des Wassers in tropfbare oder feste Form geschieht entweder in der freien Atmosphäre — Nebel bzw. Wolken — oder an festen Oberflächen — Tau, Beschlag, Reif (z. T. auch Rauhfrost und Glatteis). Wie sich aus den mikroskopischen Tröpfchen einer Wolke Regen, Schnee und Hagel bilden, ist noch ungenügend geklärt. Der Regen entsteht durch Zusammenfließen der Tropfen, in einem dem Buttern ähnlichen Vorgang, der nach Defant hauptsächlich zwischen Tröpfchen gleicher Größe stattfindet. Die größeren Tropfen sind wahrscheinlich stets ein Produkt des Zusammenfließens kleinerer. Welche Bedingungen aber in einem Falle dieses Zusammenfließen befördern, in anderen Fällen es bei anhaltend bedecktem Himmel doch zu keiner Regenbildung kommen lassen, ist noch unbekannt. Das Wachsen der Schneesterne findet nach der Art der Kristallskelette statt, wie es auch in manchen Lösungen und auch an den Eisblumen an Fenstern beobachtet wird. Das Wachsen der Graupel- und Hagelkörner scheint jenem des Rauhreifs und Glatteises (s. unten) ähnlich zu sein, die Unterseite des fallenden Korns verhält sich wie die Windseite des Rauhreifbüschels.

Nebel und Wolken bestehen ebenfalls aus Tropfen — die Annahme von hohlen Bläschen war ein Irrtum —, aber diese haben wegen ihrer Kleinheit keine merkbare Fallgewindigkeit. Da nämlich bei einem n-mal kleineren Tropfen das Gewicht n^3-mal, der Luftwiderstand aber nur n^2-mal geringer ist, so fallen die Tropfen um so langsamer, je kleiner sie sind, und schon eine geringe Turbulenz der Luft erhält die kleinsten schwebend.

Die Verwandlung des Wassers aus Dampf in Flüssigkeit und in Eis geschieht in der Atmosphäre nicht immer beim Taupunkt und Gefrierpunkt, vielmehr sind „Übersättigung" mit Dampf und „Unterkaltung" unter 0° ohne Gefrieren häufige Erscheinungen. Die Erfüllung der Luft mit hygroskopischen Kernen einerseits, und die Berührung mit den Objekten an der Erdoberfläche andererseits, ist deshalb eine wichtige Bedingung zur Kondensation. Daher die dichten Nebel in großen Fabrikstädten, und der starke Beschlag und Rauhreif an Bäumen usw. Nebel und Wolken bestehen auch bei starkem Frost überwiegend aus flüssigem Wasser, das erst beim Berühren von rauhen Flächen als „Rauhreif" gefriert; ist die Temperatur ungefähr 0°, so kann der unterkaltete Tropfen vorher sich ausbreiten, es entsteht durchsichtiges „Glatteis".

Sinkt bei kalter Nacht die Temperatur der Bodenoberfläche und der untersten Luftschicht unter den Sättigungspunkt der letzteren (den Taupunkt), während die Pflanzen und tieferen Bodenschichten fortfahren, Wasser abzugeben, so bedecken sich Gegenstände an der Oberfläche mit Tau oder Reif, um so stärker je stärker sie ausstrahlen und je schwerer sie Wärme aus der Tiefe zugeführt erhalten. Durch die „Kondensationswärme" wird die weitere Abkühlung sehr verlangsamt. Deshalb ist Nachfrost nicht zu fürchten, wenn der Taupunkt abends erheblich über dem Gefrierpunkt liegt. Erstreckt sich die Abkühlung auf eine größere Luftschicht, so bilden sich Nacht- und Morgennebel; das ist hauptsächlich in Vertiefungen der Fall, wo kalte Luft aus der Umgebung zusammenfließt. So gefährlich für den Gartenbau diese Abkühlungen selbst sind, so sind die Kondensationen dabei sowohl als Dämpfer der Frostgefahr, wie auch als Wasserspeicher in trockener Zeit von Vorteil.

Da die Luft beim Aufsteigen erkaltet, beim Absteigen sich erwärmt (§ 13), wenn sie nicht Zeit hat, unterwegs größere Mengen Wärme aufzunehmen oder abzugeben, so begünstigen vertikale Luftbewegungen die Bildung von Wolken (in der Höhe), während

Nebel (am Boden) sich nur bei Abwesenheit derselben bilden kann. Nebel ist daher am häufigsten in solchen Gegenden und Zeiträumen, wo Umkehrung der normalen Temperaturabnahme mit der Höhe stattfindet: in winterlichen Hochdruckgebieten und über kalten Meeresströmungen. Über warmen Wasserflächen, deren Ausdehnung zu gering ist, um die Temperatur der darüberliegenden Luft zu beeinflussen, tritt übrigens bei Kälte auch Nebel — sog. Frostrauch — auf, so über Waken im Eise, aber ganz niedrig und lokal.

Umgekehrt bewirken aufsteigende Luftbewegungen, wenn die Luft in ihnen nicht gar zu trocken ist (Sahara), leicht Wolkenbildung und, wenn diese mächtiger wird, auch Regen. Man kann, wenn auch in jedem Regen Tropfen von verschiedener Größe vorkommen, zwischen großtropfigem Schlagregen und kleintropfigem Rieselregen unterscheiden. Nach Dauer und Ergiebigkeit lassen sich die Regen in vier charakteristische Gruppen teilen: 1. kurz und ergiebig: Platzregen, 2. kurz und spärlich: Schauer in trockenen Binnenländern und im Passat auf den Ozeanen, 3. lang und ergiebig: Monsunregen der heißen, Landregen der gemäßigten Zonen, 4. lang und spärlich: Nebelregen (im Extrem: Nebelreißen, garúa). 1. und 2. gehören den niedrigeren Breiten, dem Festlande, dem Sommer und den Nachmittagsstunden an; 3. und 4. mehr den höheren Breiten, den Meeren, dem Winter und der Nacht bzw. dem Vormittage. Die Größe der Tropfen nimmt von 1. bis zu 4. ab, ebenso wie die Höhe ihrer Entstehung über dem Ort der Beobachtung, bei 2. tritt jedoch nicht selten Verkleinerung während des Falls durch Verdunstung auf.

Unsere stärksten Gewitterregen geben nur einen schwachen Begriff von den Güssen und den elektrischen Entladungen, die in vielen Gegenden der Tropenzone die Regenzeit kennzeichnen. So stehen die Nebel an dem einen, die Gewitter am anderen Ende der Reihe in einem gewissen Gegensatz (§ 20).

Die gesamte Wassermenge, die die Flüsse ins Meer bringen (etwa 37 km^3 im Jahr), = 1 gesetzt, ist der Wasserhaushalt der Erde nach Brückner und Wüst etwa so: Verdunstung von den Festländern = 2, von den Meeren = 8, Niederschlag auf dem Lande = 3, auf dem Meere = 7. Von 10—30° Breite überwiegt die Verdunstung, von 0—10° N und jenseits 40° der Niederschlag.

§ 20. Horizontale Verteilung der Hydrometeore

In der Verteilung der Hydrometeore über die Erde zeigt sich eine ähnliche, nur viel weniger durchgreifende Tendenz zur zonenweisen Anordnung, wie bei der Temperatur.

Die Verteilung der Dampfspannung über die Erde ist im Winter in den Hauptzügen übereinstimmend mit der Verteilung der Temperatur. Im Sommer sind die Abweichungen bedeutender, weil das Innere der Festländer sich durch geringere Dampfspannung trotz höherer Temperatur ausgezeichnet.

Umgekehrt ist die relative Feuchtigkeit im allgemeinen dann und dort hoch, wo die Temperatur niedrig ist, doch zeigt sie viel mehr selbständige Züge als die Dampfspannung, so daß sie feuchte und trockene Klimate in den Tropen wie in der Polarzone erkennen läßt.

Mit der relativen Feuchtigkeit der untersten Luftschicht parallel geht die Neigung zur Nebelbildung, während die Bildung von Wolken große relative Feuchtigkeit in höheren Schichten der Atmosphäre zur Voraussetzung hat. Der im vorigen Paragraphen besprochene Gegensatz zwischen der Nebelbildung an der Erdoberfläche und der Ausbildung der bis in 5 und selbst 10 km über dem Meere reichenden Haufenwolken und großtropfigen Kondensationen, die den aufsteigenden Luftbewegungen ihren Ursprung verdanken, spricht sich in der horizontalen Verteilung der Hydrometeore deutlich aus. Über warmen Meeresströmungen sind Gewitter und Schlagregen, über kalten sind Nebel häufig; unter 15—40° Breite sind darum die Westhälften der Ozeane — mit Golfstrom, Kuro Siwo, Brasil- und Agulhasstrom — weit gewitterreicher, als deren Osthälften mit Kanarien-, Kalifornien-, Peru- und Benguelaströmung, dagegen letztere reich an Nebeln. Am interessantesten ist dieser Gegensatz zwischen Ost- und Westküsten der Festländer bei Südafrika, wo er sich südwärts über das Festland hinaus weit ins freie Weltmeer fortsetzt. Überall, wo man auf der Karte kalte Strömungen angegeben findet, darf man Neigung zu Nebeln und Regenarmut, über warmen aber Neigung zu Regen, eventuell auch Gewitter und Hagel erwarten. Sehr ausgesprochen ist dieser Gegensatz auch in etwas höheren Breiten, wo die Nebel auf dem kalten Wasser der Neufundland-Bank und des Ochotskischen Meeres in scharfem Gegensatz stehen zu den Gewitterregen und Stürmen des Golfstroms und des warmen Japanischen Stromes.

Da auch für die Verteilung der Hydrometeore nach Tages- und Jahreszeiten dasselbe gilt, so können wir ein wichtiges klimatologisches Gesetz dahin fassen: genügenden Dampfgehalt in der Luft vorausgesetzt, finden wir, wo und wann die Unterlage kälter ist als die untersten Luftschichten — Neigung zur Nebelbildung; wo und wann sie wärmer ist, — Neigung zu Regen, Gewitter und Sturm. Da zugleich wegen der leichten Verschiebbarkeit der Luft die Unterschiede in ihrer Temperatur geringer sind als in der der Unterlage, so ist die unterste Luftschicht im ersteren Falle kälter, im letzteren wärmer, als der Durchschnitt der weiteren Umgebung. Beispiele in der Gestalt der Isothermen in Fig. 6 (siehe Tafel III): Peru- und Loangostrom für Nebel, Golfstrom für Regen und Gewitter.

Es ist zwar klar, daß die von den Flüssen aus den Festländern den Meeren zugeführten Wassermengen in der Höhe, als Wasserdampf und Wolken, wieder zu den Festländern zurückkehren; man darf aber darum nicht annehmen, daß aller Wasserdampf im Innern der Kontinente direkt vom Meere stamme. Auf dem langen Wege findet im Gegenteil vielfach Niederschlag und Wiederverdampfung statt, so daß das Wasser der Regen im Innern der großen Festländer überwiegend in. der Nachbarschaft verdampft ist. Da nun im Winter in den gemäßigten und höheren Breiten wegen der niedrigen Temperatur im Binnenlande wenig Wasser verdunstet, so beschränken sich in diesen Jahreszeiten die Niederschläge großenteils auf die Nachbarschaft der größeren Wasserbecken, insbesondere der Ozeane; zum Sommer dagegen, wenn die Festländer wärmer als die angrenzenden Meere sind, nimmt die Stärke und in freilich viel geringerem Grade auch die Häufigkeit der Regen im Innern der Festländer so zu, daß die Regenmenge in ihnen oft diejenige an den benachbarten Küsten übertrifft. Aufsteigende Luftbewegungen, welche die Hauptursache des Regens bilden, sind dann eben auf dem Festlande häufiger. Auch die Bewölkung nimmt im Sommer an vielen Stellen von den Küsten nach dem Binnenlande zu, entsprechend ist die Dauer des Sonnenscheins an den Küsten etwas größer, was Manchem unerwartet sein mag.

§ 21. Der jährliche und tägliche Gang der Hydrometeore

A. Die jährliche Periode der Hydrometeore wird in den gemäßigten und kalten Zonen, wo die jährliche Temperaturschwankung groß ist, von dieser beherrscht, während sie in der ewig heißen Zone durch die dort sehr viel strengere Periodizität der Luftbewegungen, der horizontalen sowohl wie der vertikalen, bestimmt wird.

Dabei ist der jährliche Gang der verschiedenen Hydrometeore entweder gleichläufig — indem diejenigen der untersten Luftschicht (insbesondere Nebel und relative Feuchtigkeit) ihre höchsten und niedrigsten Werte gleichzeitig mit denen der oberen Schichten (insbesondere der Bewölkung, dem Regen und Gewitter) erreichen; oder die beiden Gruppen haben mehr oder weniger entgegengesetzten Gang; oder endlich ihre Perioden sind gegeneinander in mannigfaltiger Weise verschoben. Diese Verschiedenartigkeit macht es schwierig, aus dem Gewirre der Erscheinungen die großen Züge herauszulösen.

a) In den gemäßigten und kalten Zonen besteht ein Gegensatz zwischen dem jährlichen Gange auf dem Festlande und dem Meere, der durch mannigfache Übergänge vermittelt wird. Der Dampfdruck zwar ist fast überall in den wärmsten Monaten am größten, in den kältesten am geringsten; aber während im Binnenlande die Regenmenge in der warmen, die relative Feuchtigkeit und Häufigkeit des Nebels in der kalten Jahreszeit am größten sind, ist es auf dem Ozean umgekehrt.

		Winter[1])	Frühling	Sommer	Herbst
A. Binnenland:					
Breite:					
Prag 50° N	R.-Menge mm	66	115	**183**	95
	rel. Feucht. %	**84**	70	66	78
Kimberley 29° S	R.-Menge, mm	32	89	**216**	119
	rel. Feucht. %	61	52	55	**63**
B. Ozean					
Faröer 62° N	R.-Menge, mm	**567**	407	317	518
	rel. Feucht. %	84	81	**85**	85
Kap Juby 28° N	R.-Menge, mm	**53**	17	0	35
(W.-Küste v. Afr.)	rel. Feucht. %	85	86	**93**	91
Pt. Nolloth 29° S	R.-Menge, mm	**23**	10	5	22
(W.-Küste v. Afr.)	rel. Feucht. %	80	84	**89**	84

Während in Mitteleuropa Nebel bekanntlich bedeutend häufiger in der kalten als in der warmen Jahreszeit auftreten, sind die berühmten Nebel der Neufundlandbank auf die Monate April bis September beschränkt und im Juni am häufigsten. In der Zahl der Tage mit Nebel und mit Gewitter zeigt sich dieser

[1]) Als Winter durchweg Dezember bis Februar auf der nördlichen, Juni bis August auf der südlichen Halbkugel verstanden, als Sommer die entgegengesetzten Monate. — Über die Verteilung von Verdunstung und Niederschlag auf die Breitenkreise s. Kap. 16.

Gegensatz zwischen Ozean und Kontinent noch ausgeprägter als in der relativen Feuchtigkeit und der Regenmenge; diese Zahl beträgt z. B.:

	Winter	Frühling	Sommer	Herbst
1. Nebeltage:				
in Island (4 Stat.)	14	20	31	17
„ Thorshavn, Faröer	2	7	24	10
„ Royalbai, Südgeorgien	13	19	27	15
„ Prag	23	16	13	27
„ Moskau	10	6	5	10
2. Gewittertage:				
auf Island	0,6	0,1	0,1	0,3
„ den Faröern	0,6	0,3	0,1	0,1
zu Prag	0	4	11	1
„ Moskau	0	3	9	0

Der Gegensatz zwischen Meer und Land zeigt sich auf kleinem Raume sehr anschaulich auf den Britischen Inseln. Von der Gesamtzahl der Tage mit Nebel entfallen hier nach Scott auf den

	Winter	Sommer
Küste	15%	44%
Binnenland	47%	11%

Am schärfsten zeigt sich der Gegensatz in den Einschnitten der schottischen Küste, z. B. auf nur 14 km Abstand im Moray Firth (mittl. Zahl der Nebelstunden):

	Winter	Frühling	Sommer	Herbst
Außen: Leuchtturm Nairn	9	18	31	19
Innen: „ Chanonry	30	19	25	39

In der Nachbarschaft kalter Meeresströmungen dringt der Gegensatz zwischen Regenmenge und Nebelhäufigkeit näher zum Äquator vor: in Loango heißt die kühle trockene Jahreszeit das Nebeljahr, die heiße das Regenjahr; die Nebel der Trockenzeit werden hier allerdings durch Grasbrände verstärkt.

Die Mehrzahl der meteorologischen Stationen zeigt indessen nicht so typische Verhältnisse, sondern komplizierte Zwischenformen. So ist z. B. an der deutschen Küste der jährliche Gang der Nebel und der Gewitter wohl entgegengesetzt, und zwar mit kontinentalem Charakter; aber relative Feuchtigkeit und Regenmenge zeigen diese Züge nur in bezug auf das Maximum, das Minimum erreichen beide im Frühjahr, und zwar infolge des häufigen Auftretens östlicher Winde in dieser Jahreszeit; die ganze Schwankung ist übrigens hier gering.

b) In den meisten Gegenden der heißen und der wärmeren gemäßigten Zone ist, soweit eine scharfe Periodizität der Hydrometeore überhaupt vorhanden ist, diese für alle annähernd gleich: in der Regenzeit sind zugleich die relative Feuchtigkeit größer und die Gewitter häufiger als in der Trockenzeit, und zwar ohne wesentlichen Unterschied zwischen Ozean und Kontinent. Und dieses gilt sowohl für die sogenannten subtropischen Winterregen, als für die tropischen Regen bei höchstem Sonnenstande.

Subtropische Winterregen.			Winter	Frühling	Sommer	Herbst
Palermo	38° N	R.-Menge, mm	223	127	31	208
		rel. Feucht. %	70	66	64	67
Kapstadt	34° S	R.-Menge, mm	285	124	53	170
		rel. Feucht. %	80	73	67	75
Tropische Sommerregen.						
Puebla (Mexiko)		R.-Menge, mm	23	124	522	266
		rel. Feucht. %	58	53	71	69
Pieter-Maritzburg (Natal)		R.-Menge, mm	19	233	346	147
		rel. Feucht. %	64	72	75	72

Wo, wie in Indien, unter dem Zusammenwirken periodischen Windwechsels und jährlicher Temperaturschwankung die Dreiteilung des Jahres in eine kühle, eine heiße und eine Regenzeit sich herausbildet, erstreckt sich diese Asymmetrie auf beide hier betrachtete Elemente, jedoch in etwas verschiedener Weise; z. B. in

		Dez.—Febr.	März—Mai	Juli—Sept.
Allahabad	R.-Menge, mm	39	30	797
	rel. Feucht. %	65	42	81

Die übrigen auf die Hydrometeore bezüglichen klimatischen Elemente, insbesondere Bewölkung und Zahl der Tage mit Regen, vermitteln zwischen diesen Extremen: sie schließen sich diesen an, wo diese, wie in den letztgenannten Gegenden, zusammengehen, und sie zeigen, eigenartigen verwickelteren jährlichen Gang dort, wo Regenmenge und relative Feuchtigkeit diskordant verlaufen, also in den kälteren Teilen der Erde. Ein näheres Eingehen darauf muß in die spezielle Klimakunde verwiesen werden; dagegen sollen die wichtigsten Arten des jährlichen Wechsels von Regen- und Trockenzeiten aus niederen Breiten, wo nicht die Wärme, um so mehr aber die Regen die Jahreszeiten machen, schon hier etwas genauer betrachtet werden.

Zwischen 30° N und 30° S treffen wir in vielfacher Wiederholung folgende vier Haupttypen der Regenverteilung über das Jahr, die wir durch je eine Station aus nördlicher und südlicher Breite veranschaulichen wollen:

1. Doppelte Regenzeit, große Trockenzeit im Winter, kleine Trockenzeit („veranito" der Spanier) im Sommer.[1])
2. Einfaches Sommermaximum.
3. Herbstmaximum, Trockenzeit Winter und Frühling.
4. Wintermaximum, Trockenzeit im Sommer.

Beispiele, Regenmenge in Millimetern.

	Nordhalbkugel					Südhalbkugel			
	1	2	3	4		1	2	3	4
	Colombo	Bombay	Madras	Teneriffa		Sansibar	Tananarivo	Kilwa, D.-O.-A.	St. Helena, 2. Sta.
Januar	82	3	21	53	Juli	58	**5**	17	51
Februar	**48**	**0**	**7**	73	August	**42**	7	24	44
März	121	**0**	**9**	93	September	**44**	17	8	30
April	290	1	16	38	Oktober	102	89	8	15
Mai	**307**	14	50	19	November	152	133	20	10
Juni	212	522	52	8	Dezember	**162**	280	116	**8**
Juli	113	**624**	96	5	Januar	**76**	**294**	122	20
August	**97**	378	118	2	Februar	107	236	103	27
September	127	278	123	12	März	153	187	171	44
Oktober	**365**	45	278	63	April	**373**	51	**320**	26
November	319	12	**338**	74	Mai	291	18	101	42
Dezember	161	1	133	**114**	Juni	62	8	**1**	**55**

Typus 1 ist namentlich in der Nähe des Äquators vertreten — Afrika von etwa 8° N bis 15° S, Ecuador, Venezuela, SW-Küsten Mittelamerikas und der großen Antillen —, kehrt jedoch auch in Südjapan wieder; Typus 2 reicht in den Osthälften der Festländer über 30° Breite hinaus; Typus 4 ist unter 30—45° Breite in deren Westhälften (Mittelmeergebiet, Kalifornien, Chile, Kapland, SW-Australien) sehr bekannt unter dem Namen der „subtropischen Winterregen". In niederen Breiten tritt er, jedoch ohne eigentliche Trockenzeit, ausnahmsweise an einigen vom Passat bestrichenen Gebirgsküsten auf (Pernambuco, Finschhafen, Amboina).

In den außertropischen Breiten zeigen zwischen den überwiegenden Sommerregen der Binnenländer und Winterregen der

[1]) „Sommer" und „Winter" wie in den außertropischen Breiten der betreffenden Halbkugel verstanden.

Weltmeere die Küstengebiete[1]) Neigung zu überwiegenden Herbstregen mit relativ regenarmen Frühjahren.

B. Die tägliche Periode der Hydrometeore folgt großenteils denselben Gesetzen, die wir an der jährlichen wahrgenommen haben, jedoch mit charakteristischen Abweichungen, die durch die Kürze des Zeitraums bedingt sind, welcher gegenüber der Geschwindigkeit der Luftbewegungen nicht mehr als unendlich groß gelten kann.

Was die Eigenschaften der untersten Luftschicht selbst anbelangt, so gehen Dampfgehalt und Dampfspannung in der täglichen Periode nur auf dem Wasser stets und im Winter meistens auch auf dem Lande der Temperatur parallel; im Sommer haben sie dagegen im Binnenlande zwei Minima — zur wärmsten und zur kältesten Zeit — und zwei Maxima — morgens und abends. Das nachmittägliche Minimum ist eine Wirkung des um diese Zeit bestehenden vertikalen Luftaustauschs, durch den dampfärmere Luftmassen aus der Höhe zum Erdboden gelangen. Auf Bergen dagegen ist aus demselben Grunde die Dampfspannung am Nachmittag am größten.

Die relative Feuchtigkeit ändert sich im allgemeinen umgekehrt wie die Temperatur; nur durch periodische Winde werden Abweichungen darin hervorgebracht, namentlich bewirkt an Küsten der Seewind häufig eine Zunahme der relativen Feuchtigkeit und der Nebelhäufigkeit um die Mittagsstunden, die an manchen Osten plötzlich eintritt und aufhört, jedoch an trüben Tagen meist ausbleibt. Auf Berggipfeln sind ebenfalls die Nebel am häufigsten um die Mittagszeit, weil sie hier eine Folge der Wolkenbildung in aufsteigenden Luftströmungen sind. Dagegen bilden sich in den Tiefländern bekanntlich lokale Nebel in der wärmeren Jahreszeit fast nur nach Sonnenuntergang, besonders auf feuchten Wiesen und Mooren, in Tälern und Mulden; die steigende Sonne bringt sie bald wieder zur Auflösung.

Bei dem Regen kann man drei Elemente unterscheiden: seine Dauer, seine Intensität und seine Menge. Das Produkt der ersten beiden ergibt die letztere. Der tägliche Gang der drei Elemente an einem Orte der Ozeanküste mit vorwiegend von See kommendem Winde, ferner an zwei Binnenlandorten hoher und niedriger geographischer Breite ist im folgenden Täfelchen dar-

[1]) Auch die von Binnengewässern wie der Ostsee und der großen Seen Nordamerikas.

gestellt. Es sind typische Gegensätze ausgewählt; in den meisten Gegenden aber ist der Gang, namentlich der Regenmenge, recht verwickelt mit mehreren Maxima, und diejenige Verteilung der Mengen, die für den Ozean charakteristisch ist — Hauptmaximum in der Nacht —, tritt stellenweise auch weit im Binnenlande — Bern, Irkutsk — auf.

Reihe 1. Regenmenge in Tausendsteln der Gesamtmenge;
„ 2. Regendauer in Tausendsteln der Gesamtzeit;
„ 3. Intensität in Millimetern pro Regenstunde.

		Vormittag			Nachmittag		
		0—4h	4—8h	8—12h	0—4h	4—8h	8—12h
A. Ozean-Küste:							
Valentia W-Irland, 52° Br.	1.	181	**183**	160	149	162	165
	2.	186	**213**	154	128	145	164
	3.	0,97	0,84	1,04	**1,16**	1,12	1,01
B. Binnenland:							
Pawlowsk 60° Br.	1.	148	156	144	**201**	185	157
	2.	174	**220**	152	146	149	156
	3.	0,42	0,35	0,48	**0,69**	0,62	0,50
San José de Costa-rica, 10° Br.	1.	13	6	44	342	**485**	84
	3.	126	56	54	224	**343**	191
	3.	0,88	0,80	0,58	2,74	**3,32**	1,02

Der tägliche Gang der Intensität stimmt mit demjenigen der Platzregen und Gewitter, soweit bekannt, überein. Bei der Zahl der Gewitter zeigt sich der Gegensatz zwischen Festland und Meer, den wir in der jährlichen Periode fanden, auch in der täglichen ausgeprägt (Prozentsätze):

	Vormittag			Nachmittag		
Gewitter	0—4h	4—8h	8—12h	0—4h	4—8h	8—12h
Deutschland	5	4	10	**37**	32	12
NW-Schottland	**22**	15	13	12	17	21
Atlant. Ozean, 0—10° N. . .	**27**	17	10	10	16	20

Im übrigen ist das Beobachtungsmaterial über die tägliche Periode der Regen auf dem Meere und auf exponierten Inseln so spärlich, daß wir uns mit den Erscheinungen auf den Festländern begnügen müssen.

Die durchschnittliche Intensität der Regen ist hier in der Regel zur kältesten Tageszeit am geringsten, zur wärmsten Tageszeit oder etwas später am größten: am Nachmittag überwiegen die Schlagregen, nachts und am Morgen die Rieselregeln. Minimum und Maximum verhalten sich in Europa etwa wie $1 : 1^1/_2$. Geringer und in unseren Gegenden in der kälteren Jahreszeit ungefähr

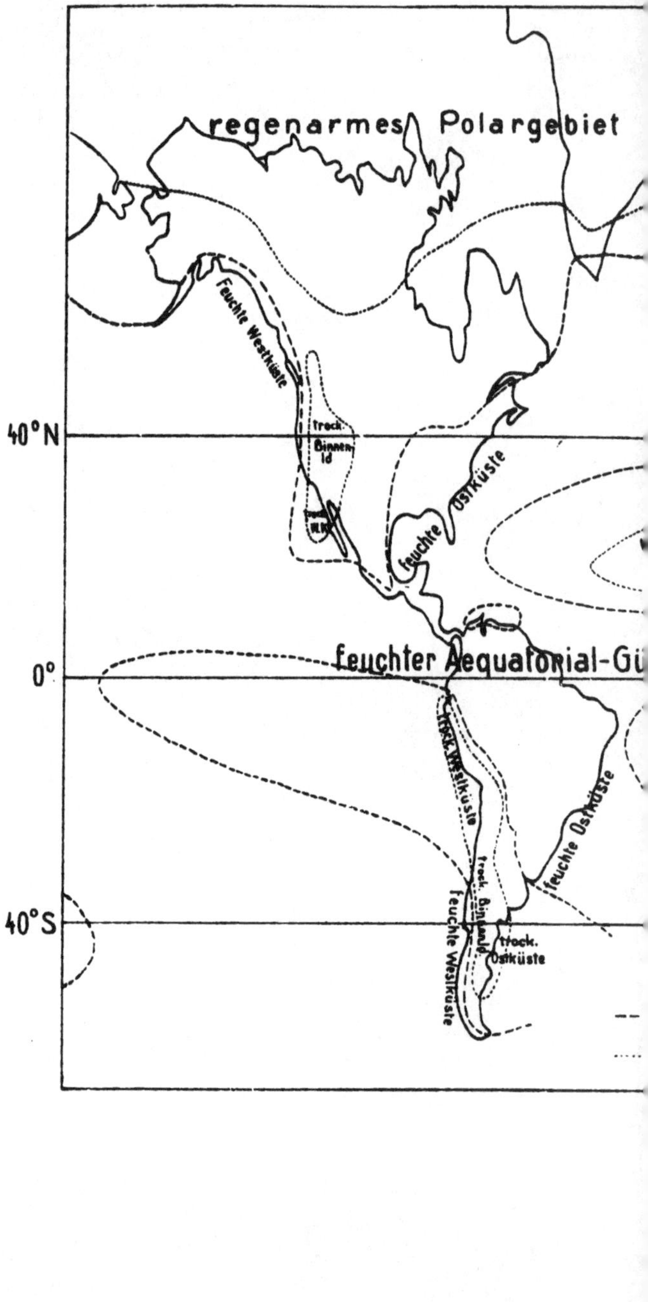
regenarmes Polargebiet
Feuchte Westküste
trock. Binnenld
feuchte Ostküste
40°N
feuchter Aequatorial-Gü
0°
trock. Westküste
feuchte Ostküste
trock. Binnenld.
feuchte Westküste
trock. Ostküste
40°S

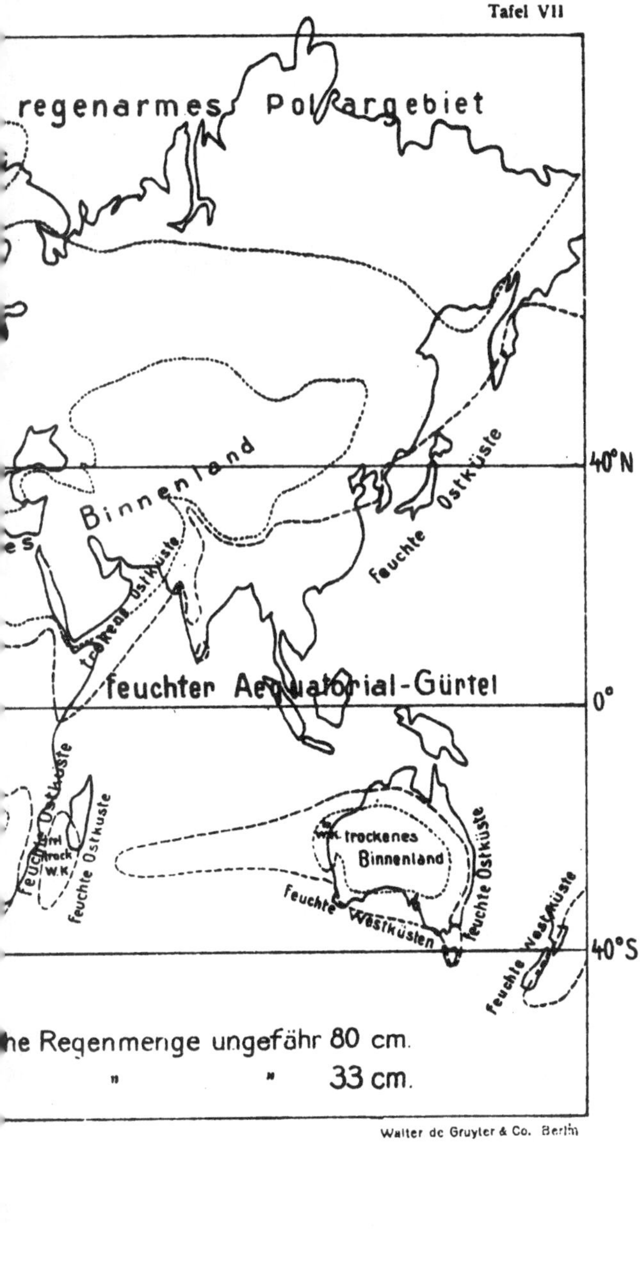

Walter de Gruyter & Co. Berlin

entgegengesetzt, in der wärmeren sowie in niederen Breiten häufiger gleichlaufend ist die tägliche Periode der Regenhäufigkeit und die der Regendauer. Minimum und Maximum stellen sich meist nur etwa wie 1 : 1,2. Das Produkt beider Größen, die Regenmenge, hat, wie leicht zu begreifen, einen komplizierten täglichen Gang, in welchem sich vielfach mindestens zwei Maxima zeigen: eines vor Sonnenaufgang zur Zeit der häufigsten, ein zweites am Nachmittag zur Zeit der stärksten Regen. In mittleren Breiten überwiegt im Binnenlande das letztere, an den Küsten das erstere Maximum, wie die folgenden Zahlenreihen zeigen (Prozente der Tagesmenge):

	Vormittag			Nachmittag		
	0—4h	4—8h	8—12h	0—4h	4—8h	8—12h
6 Küstenstationen:	18	**19**	17	15	15	16
6 Binnenlandstationen: . .	14	15	15	**19**	**20**	17

Die Jahreszeiten verhalten sich verschieden, wahrscheinlich je nachdem, wieviel ozeanische Luft dem Orte zuteil wird: in Mitteleuropa ist im Binnenlande (Paris, Berlin, London) im Sommer der kontinentale Tagesgang verstärkt, im Winter wird er durch jenen der Küste ersetzt; die in beiden Jahreszeiten vorherrschenden Winde vom Ozean sind im Winter stärker als im Sommer. An den Küstenorten selbst dagegen (Valentia, Triest) ist, wahrscheinlich sowohl wegen der sommerlichen Seewinde, als wegen der allerwärts im Sommer verstärkten Tagesperiodizität, der Küstentypus im Sommer noch ausgeprägter als im Winter.

In der heißen Zone ist der binnenländische Typus der Nachmittagsregen sehr vorherrschend und ausgeprägt; an Küstenorten aber findet man im ganzen Jahr (z. B. Kamerun) oder zu gewissen Zeiten, speziell in der Regenzeit bei entwickeltem Monsun (z. B. Batavia), Nachtregen stark überwiegend. Der letztere Ort gibt folgendes Ergebnis in Prozenten:

	Vormittag			Nachmittag		
Batavia	0—4h	4—8h	8—12h	0—4h	4—8h	8—12h
Januar und Februar . . .	**22**	20	13	13	15	17
Oktober und November . .	7	5	11	30	**36**	11

Im Januar oder Februar fällt, mit WNW-Monsun, dreimal so viel Regen, wie im Oktober und November.

Zahlreiche Gegenden, namentlich solche, die an der Leeseite von Gebirgen gelegen sind, zeigen ein durchschnittliches Verspäten der starken Regen und Gewitter von den frühen Nachmittags- auf die Abendstunden. Dies ist vermutlich dem zuzuschreiben, daß die Gewitter und Platzregen dieser Gegenden in der Regel nicht in ihnen entstehen, sondern ihnen fertig aus anderen Gegenden zuziehen, die die Gewitterherde abgeben und von denen die Wolken der betrachteten Gegend vorwiegend kommen.

Wie der tägliche Gang des Dampfdrucks, so wird auch der der Bewölkung vom täglichen Gange der vertikalen (Auf- oder Ab-) Bewegungen der Luft beeinflußt. Wo der Luftaustausch zwischen oben und unten einen starken täglichen Gang hat, also besonders im Sommer im Binnenlande, gelangen um die heißeste Tageszeit dampfreichere Luftmassen in die Höhe, so daß in der Höhe nicht nur der Dampfdruck, sondern auch die relative Feuchtigkeit und die Wolkenbildung in den aufsteigenden Luftströmen (Kumulus- und Kumulo-Nimbusformen) am frühen Nachmittag ihr Maximum erreichen.

Die tägliche und jährliche Periode der Bewölkung wird dadurch verwickelt, daß sie für die kompakten, durch aufsteigende Bewegung gebildeten Wolken mit traubigen oder zu Schirmen ausblühenden Gipfeln dieser letzten Art ganz anders ist, als für die unbestimmten Stratus- und Strato- kumulusartigen Formen. Erstere erreichen das Maximum ihrer Entwickelung um die wärmste Tages- und Jahreszeit oder bald danach, letztere gegen Morgen und in der kälteren Jahreszeit. Da deren Entwickelung erst in der Nacht erfolgt, pflegt der Abend die heiterste Tageszeit zu sein; die Kumuluswolken dagegen beginnen bei ruhigem Wetter erst gegen 10^h a. m. sich zu bilden und sind gewöhnlich um 5^h p. m. wieder in Auflösung begriffen. Ähnlich, wie aus diesem Grunde $10—12^h$ a. m. und $10—12^h$ p. m. die geringste Bewölkung zu zeigen pflegen, sind in vielen Gegenden der nördlichen gemäßigten Zone Mai und September die heitersten Monate, während im Sommer Kumuluswolken, Regenschauer und Gewitter, im Winter stürmisches Wetter mit langdauernden Regen- und Schneefällen das Wetter beherrschen.

§ 22. Die Regengürtel und ihre Störung durch die Festländer

Die drei Größen, nach denen man den Prozeß des Flüssig- oder Festwerdens des Wassers in der freien Atmosphäre gewöhnlich untersucht: Größe der Bewölkung, Zahl der Tage mit Niederschlag und Niederschlagungsmenge[1]) gehen in der Tropenzone

[1]) Der Kürze wegen werden für diese Größen gewöhnlich die Ausdrücke „Regentage" und „Regenmenge" gebraucht, auch wo ein Teil der Niederschläge als Schnee niederfällt.

einander auch in der jährlichen Periode ziemlich parallel; in höheren Breiten laufen sie infolge der Zunahme der jährlichen Temperaturschwankung stellenweise weit auseinander.

In den Grundzügen der Verteilung ihrer Jahreswerte über die Erde stimmen sie indessen überein. Auch bei ihnen ist eine Anordnung nach Zonen ausgeprägt, die aber viel mehr, als bei der Temperatur, durch einen zweiten Faktor, die Lage des Ortes zum Meere und zu den vorherrschenden Winden, durchkreuzt wird.

Wie bei Wind und Luftdruck, so kann uns auch hier als Ausgangspunkt der Atlantische Ozean dienen. Ein schmaler Wolken- und Regengürtel liegt nahe dem Äquator, zwischen den beiden Passaten, am Ende des Nordsommers bis nach 10° nördlicher Breite sich verschiebend, im Ausgang des Südsommers aber nicht weiter als bis an den Äquator zurückweichend, da die Grenze zwischen dem süd- und nordhemisphärischen Windsystem vorwiegend nördlich von 0° liegt (§ 15). Von diesem äquatorialen Regengürtel aus nehmen beiderseits bis nach den Wendekreisen Wolken und Regen immer mehr ab, besonders an der Ostseite des Ozeans. Einzelne kleine Haufenwolken, viel Sonnenschein und vereinzelte kurze und wenig ergiebige Regenschauer sind das charakteristische Wetter der äußeren Teile der beiden Passate und des Hochdruckgebietes der Roßbreiten. Regenlos sind die Passatzonen freilich auf dem Meere keineswegs. Entfernt man sich vom Äquator weiter in das Gebiet der westlichen Winde, so nehmen Wolken und Regen mit dem Sinken des Luftdrucks wieder rasch zu. Im Gebiete niedrigsten Drucks südlich von Island erreichen die Regen, wenn auch nicht die Stärke, so doch die Häufigkeit wie am Äquator und ist die Trübung des Himmels im Winter noch viel größer als dort; noch stärker ist die Zunahme der Regen polwärts vom südlichen Wendekreis. Dagegen ist jenseits der Gürtel der Westwinde, in den Polarzonen (wahrscheinlich in beiden Hemisphären), die Häufigkeit der dort ganz überwiegend als Schnee fallenden Niederschläge wieder geringer und besonders die Menge derselben ist, entsprechend dem durch die niedrige Temperatur bedingten geringen Dampfgehalt der Atmosphäre, vergleichsweise unbedeutend.

Zwischen dem Ostrande und Westrande des Atlantischen Ozeans zeigt sich indessen, durch die Windverhältnisse bedingt, ein beträchtlicher Unterschied. Soweit die jährliche Wanderung des äquatorialen Regengürtels reicht, in diesem Falle etwa von 5°

südlicher Breite bis 15° nördlicher Breite, sind die Regenmengen an beiden Küsten ungefähr gleich. Darüber hinaus aber ist die amerikanische Küste, wo der Passat als Seewind weht und, namentlich im Sommer, mit wachsender Breite eine vom Äquator abgewandte Richtung annimmt, weit regenreicher, als die afrikanische, wo der Wind beständig aus mehr polarer Richtung weht. Im Gebiete der westlichen Winde sind wiederum die Westküsten von Irland, Großbritannien und Norwegen erheblich reicher an Niederschlägen als Labrador.

Dieselbe Anordnung der Regengebiete wie im und am Atlantischen Ozean finden wir nun, mit lokalen Abänderungen, auch anderswo. Dazu tritt die Regenarmut solcher Gebiete, die vom Meere, in der Richtung gegen den herrschenden Wind, durch Gebirge oder durch übergroße Entfernung getrennt sind. Das Ergebnis ist, daß sich in den westlichen und inneren Teilen der Festländer in den Breiten zwischen 5° und 50° ausgedehnte regenarme Gebiete mit mehr oder weniger Wüstencharakter finden, und zwar innerhalb folgender ungefährer Breitengrenzen:

	Westküste	Inneres
Alte Welt, nördl. Hbkg.	18—30° N	16—50° N
Nordamerika	25—33° N	30—44° N
Südamerika	5—32° S	17—50° S
Südafrika	17—32° S	18—34° S
Australien	20—27° S	20—32° S

Das nebenstehende schematische Kärtchen Taf. VII zeigt die Hauptzüge der Regenverteilung über die Erde. Der feuchte Äquatorialgürtel schließt sich an den Ostküsten der Kontinente und auf dem westlichen Teil der Ozeane an die Regengürtel der mittleren Breiten an, und diese letzteren sind durch regenarme Gebiete im Innern der Festländer auf der N-Halbkugel in Stücke zerspalten, auf der südlichen nur eingeengt.

Der erwähnten Verschiebung des ganzen Systems der Luftdruck-, Wind- und Regengürtel gegen den nördlichen Pol entspricht das Hinabreichen der Trockengebiete der südlichen tropischen Westküsten bis in die Nähe des Äquators, das namentlich in Peru hervortritt. Als eine wesentliche Störung in der Anordnung der Regengürtel tritt aber die Regenarmut der Südostküste von Arabien und Afrika nördlich vom Wendekreise uns entgegen. Die Ursache derselben dürfen wir zum großen Teile in der Lage des asiatischen Festlandes im Nordosten sehen, infolge deren die östlichen Winde im Sommer, der normalen Regenzeit dieser Breiten, durch SW-Winde ersetzt werden, die dieser Küste entlang wehen, ebenso wie die NE-Winde des Winters. Daß die Frage damit nicht erschöpft ist, zeigt allerdings die ebenso verlaufende Südostküste von Vorderindien, die weit mehr Regen hat, sowie das erst kürzlich erkannte Trockengebiet an der Nordküste von Südamerika, das von jenem auf dem Ozean durch stärkere Regen bei den Antillen getrennt ist.

Gebiete, wo ein mit Dampf beladener Wind durch ein quer sich ihm entgegenstellendes Gebirge zum Aufsteigen genötigt wird, liefern in der ganzen Welt die größten Regenmengen. Dieser Fall liegt z. B. vor: an der Küste von Guyana und an der von Brasilien von Kap Roque bis Kap Frio sowie an der Ostküste von Madagaskar das ganze Jahr hindurch für den Passat, an den SW-Küsten von Liberia und Sierra Leone, wie von Malabar, Aracan, Tenasserim im Sommer für den SW-Monsun, ebenso in der wärmeren Jahreszeit an der Ostküste von Australien für den Passat, an den Südostküsten von China, Japan und Kamtschatka für den S-Monsun, umgekehrt in der kälteren an der NW-Küste von Japan für den NW-Monsun, an den Ostküsten von Formosa, den Philippinen und Hinterindien für den NE-Monsun, an der NE-Küste von Neuguinea im allgemeinen im Südsommer für den N-Monsun, aber bei Finschhafen, das nach SE exponiert ist, ebenso wie bei Amboina, im Südwinter für den Passat; in höheren Breiten für die Westwinde, besonders im Winter und Herbst, an den Westküsten von Norwegen, Großbritannien, Galizien, von Nordamerika zwischen 40° und 60° N, von Südamerika südlich von 37° S, von Neuseeland usw.

Aber auch ohne starkes Ansteigen des Terrains bewirkt das Festland bei starken von der See kommenden Winden ein Empordrängen der Luftmassen in der Weise, daß es sie durch Reibung zurückhält und nötigt, was sie an Geschwindigkeit verlieren, durch vergrößerten Querschnitt — in diesem Falle vergrößerte Höhe — des Stroms zu ersetzen, um eine kontinuierliche Strömung zu ermöglichen. Der große Regenreichtum der Ebenen am Amazonas und unteren Brahmaputra, der landeinwärts in noch größere Regenmengen an den die Ebene abschließenden Gebirgen übergeht, dürfte so zu erklären sein. Auch auf dem Ozean haben die Räume, wo die Luftströmung von Gebieten mit starken nach solchen mit schwachen Winden weht, also die Luftmassen durchschnittlich in Verzögerung begriffen sind, mehr Regen, also solche, wo ihre Geschwindigkeit zunimmt.

Zu beachten ist auch, daß für die Regenerzeugung nicht so sehr die Windrichtung am Erdboden, als jene in Wolkenhöhe maßgebend ist, die von ersterer um mehrere Strich, auf der Nordhemisphäre meist nach rechts, abweicht. So z. B. ist am unteren Indus die Regenmenge sehr gering, trotzdem der Unterwind in der Regenzeit direkt vom Meere kommt; wahrscheinlich kommt der Wolkenzug überwiegend vom trockenen iranischen Plateau. Auch der große Unterschied im Regenreichtum zwischen Mai und Juli an der Westküste vom Dekan ist leichter erklärlich, wenn man die Isobaren und den wahrscheinlichen Oberwind, als wenn man den Unterwind zugrunde legt, der in beiden Monaten vom offenen Meere kommt und frisch weht.

In der Nähe des Äquators fallen Regengüsse vielfach bei Windstille, und der Gürtel der äquatorialen Mallungen (d. h. Windstillen und veränderlichen Winde) ist auf seiner jährlichen Wanderung von großen Regen begleitet.

Durch das Zusammenwirken dieser wichtigen Ursachen mit anderen, zurzeit noch nicht erkannten, setzt sich das komplizierte Bild der Regenverhältnisse der Erde zusammen. Der regelmäßige Wechsel von Trockenzeiten und Regenzeiten ist dabei nur in niederen Breiten scharf ausgeprägt, jenseits etwa 45^0 Breite wird die Veränderlichkeit der Jahrgänge so groß, daß dieser periodische Wechsel mehr oder weniger sich verwischt, und sorgt andererseits die Kälte des Winters dafür, daß am Ausgange der kalten Jahreszeit bedeutende Wasservorräte selbst dort vorhanden sind, wo Winter und Frühling nur wenig Niederschlag bringen.

Die Regen der tropischen Zone „folgen der Sonne" in ihrem Jahreslaufe vom Norden nach dem Süden und zurück; die Regenzeiten setzen in den meisten Gegenden dann ein, wenn die Sonne am höchsten steht; dem zweimaligen Durchgange der Sonne durch das Zenit entspricht vielfach eine zweimalige Regenzeit mit einer großen und einer kleinen Trockenzeit dazwischen. In der Nähe des Äquators sind diese Trockenzeiten am wenigstens ausgeprägt und bringen alle Monate mehr oder weniger Regen. In der Regel liegt, wie die Theorie auch erwarten läßt, der Gürtel mit doppelter Regenzeit dem Äquator näher, als derjenige mit einfacher Sommerregenzeit; allein diese Aufeinanderfolge ist, selbst auf den Ozeanen, keineswegs überall vorhanden. Namentlich treten an vielen Stellen, auch in sehr niedrigen Breiten, Herbstregen an Stelle beider Typen; die große Trockenzeit rückt dabei in den Frühling vor. Lokal findet auch eine vollständige Umkehrung statt:

Regenzeit im Winter der betreffenden Halbkugel, relative Trockenzeit im Sommer; so ist es außer in den oben bei der Wirkung der Winde schon erwähnten Gegenden auch an der Küste von Pernambuco und auf dem Ozean westlich von Peru zwischen 5° und 15° südlicher Breite der Fall.

Typisch aber sind Winterregen und regenarme Sommer für die dem 35. Parallel benachbarten Breiten beider Hemisphären im westlichen Teile der großen Festlandsmassen und im östlichen der benachbarten Ozeane. Das klassische Beispiel dafür sind die Umgebungen des Mittelmeers nebst den Atlantischen Inseln im Westen und den gebirgigen Teilen Persiens und West-Turkestans im Osten. Dasselbe aber finden wir in Kalifornien, Chile, Kapland und SW-Australien. Alle diese Gegenden nehmen im Sommer an der Regenlosigkeit der auf ihrer Äquatorialseite liegenden Wüsten teil, im Winter an dem Regenreichtum der angrenzenden höheren Breiten. Die beiden regenarmen Gürtel nehmen also an der Bewegung des äquatorialen Regengürtels teil, sie liegen jeweils im Sommer ihrem Pole näher als im Winter.

In den Breiten über 50° hinaus fallen die Niederschläge in allen Jahreszeiten, besonders im Seeklima, häufig, aber nur selten stark; im Innern der Festländer fällt dabei die größte Regenmenge im Sommer, auf den Ozeanen im Winter, an den Westküsten meist im Herbst.

Die Äquatorialgrenze des Schneefalls liegt in der Ebene größtenteils zwischen 25° und 35° Breite. Den Wendekreis überschreitet sie nur in China und Südamerika. In der tropischen Zone kommt Niederschlag in fester Form in der Ebene wohl als Hagel, aber nicht mehr als Schnee vor. Über schwere Hagelfälle liegen, allerdings als über höchst seltene Ereignisse Berichte aus vielen Gegenden der heißen Zone, besonders aus dem Binnenlande, vor; da kleine Hagelkörner beim Durchfallen der heißen unteren Luftschichten schmelzen, so sind es nur besonders große Schloßen, die bis zur Erdoberfläche gelangen. Daher kennt man in Indien keine Graupeln, wohl aber Fälle des Erschlagens von Menschen und Tieren durch Hagelschloßen.

Gewitter sind auch in ihrer geographischen Verbreitung und in ihrer Verteilung auf die Jahreszeiten enge an das Auftreten großtropfiger Niederschläge gebunden, also wie diese an hohe Dampfspannung bzw. an das Vorhandensein warmer, feuchter Luft, und an aufsteigende Bewegungen der Atmosphäre. Damit hängt ihre Zugehörigkeit zum Sommer in unseren Gegenden zusammen.

In der Polarzone sind Gewitter äußerst seltene Erscheinungen, doch sind solche selbst auf Spitzbergen und Nòwaja-Semljá schon beobachtet worden. Im kurzen, aber warmen Sommer Sibiriens sind Gewitter nicht selten, in einem Streifen vom Weißen bis zum Ochotskischen Meere beträgt die mittlere jährliche Anzahl der Tage mit Gewitter 5—10; an den Küsten senkt sich dieser Streifen südlicher, im Westen über Schweden nach England, im Osten nach Japan. Im folgenden Streifen, der von Dänemark über Südsibirien nach Korea sich zieht, beträgt die Gewitterzahl 10—15; Norddeutschland, Böhmen, Ungarn, die Ukraine haben 15—20, die Nordufer des Schwarzen und Kaspischen Meeres wieder weniger Gewitter; die Alpenländer 20—30; in Italien und Dalmatien steigt die Zahl der Gewittertage teilweise über 30, dagegen ist sie in Portugal, wohl angesichts der kühlen Meeresströmung, geringer; dieselbe Meeresströmung bedingt in Marokko Gewitterarmut; in viel großartigerer Weise haben diese Wirkung der Perú- und der Benguelastrom. Mit dem Eintritt in den äquatorialen Regengürtel steigt dann die Gewitterfrequenz außerordentlich: sie beträgt 80—160 Tage jährlich in Westafrika, auf den Sundainseln und in einem großen Teile von Hinterindien, von Mittelamerika und dem Nordwesten von Südamerika.

In den Wüsten Nordafrikas und Asiens sinkt die Gewitterfrequenz wieder auf den Wert herab, den sie in Island und dem nördlichen Norwegen hat, nämlich unter 5 jährlich; auf der ganzen Osthälfte des Nordatlantischen Ozeans sind Gewitter, mit Ausnahme des Stillengürtels in 0—10° N, selten. Dagegen sind sie auf dem Golfstrom nebst Umgebung, sowie in den östlichen Vereinigten Staaten, vom Juni bis August oder September häufig, ebenso in Japan, während sie in Kalifornien wieder sehr selten sind.

§ 23. Verteilung der Hydrometeore nach der Höhe

Der Dampfdruck nimmt in der Regel mit wachsender Höhe viel rascher ab, als es in einer selbständigen Atmosphäre von Wasserdampf möglich wäre. Das Daltonsche Gesetz vom Partialdruck der Gase ist also hier in der freien Atmosphäre nicht anwendbar, und zwar weil der Ruhezustand, den es voraussetzt, nicht erreicht wird. Die Ursache davon liegt darin, daß „in den oberen Regionen der Atmosphäre vermöge der Temperaturabnahme nicht so viel Dampf in elastischer Gestalt vorhanden sein kann, als dieser Ausdruck angibt" (Kämtz, Lehrbuch, 1831 I, 343). Würde der Dampfdruck an der Erdoberfläche nicht höher steigen können, als dem Daltonschen Gesetz und dem Sättigungsdruck in den obersten Luftschichten entspricht, so würden wir unten stets eine so geringe relative Feuchtigkeit haben, wie in der Sahara. Die Abnahme des Drucks mit der Höhe in jeder selbständigen Atmosphäre folgt dem Gesetz $\log p_h = \log p_0 - \frac{h}{c}$; die Konstante c, die für Luftdruck 18400 ist, müßte für den spezifisch leichteren Wasserdampf im Verhältnis 1:0,623 größer, also 29539 sein, wenn auch er eine selbständige Atmosphäre bildete; die wirkliche Abnahme des Dampfdrucks ergibt aber durchschnittlich, nach Hanns Bestimmungen, nur $c = 6500$.

Überall, wo vertikale Luftbewegungen mit genügender Schnelligkeit vor sich gehen, um eine Annäherung an die adiabatische Temperaturänderung beim Druckwechsel zu gestatten, muß die relative Feuchtigkeit mit der Höhe zunehmen. Ist die Bewegung groß genug, bzw. der Wasserdampfgehalt der Luft genügend, so führt dies zur Wolkenbildung in der Höhe. Nebel in der Tiefe dagegen sind ein Zeichen von völliger Abwesenheit von schnellen vertikalen Bewegungen in der Luft und sind in der Regel mit einer Zunahme der Lufttemperatur nach oben verbunden. Die Änderung der relativen Feuchtigkeit mit der Höhe hat sich nach den bisherigen Beobachtungen auf Berggipfeln und in der freien Atmosphäre als äußerst veränderlich erwiesen, ohne daß das Material bis jetzt zur Ableitung von Gesetzen ausgereicht hätte, abgesehen von dem Satze, daß im allgemeinen, je größer die Temperaturabnahme, um so bedeutender die Feuchtigkeitszunahme ist, und umgekehrt. Am Tage und im Sommer nimmt die Feuchtigkeit daher nach oben zu, in der Nacht und im Winter häufiger ab. Große Lufttrockenheit ist in der Höhe im ganzen selbst im Gebirge nicht viel seltener als in der Tiefe und die Verdunstung dabei oben weit stärker; in der freien Atmosphäre sinkt in den sogen. Inversionen oder Temperaturumkehrungen selbst in Norddeutschland die Feuchtigkeit oft unter 5%, wo sie am Boden kaum je unter 30% fällt.

Die Bewölkung und die Dauer des Sonnenscheins zeigen interessante Beziehungen zur Höhe. Die mittlere Bewölkung beträgt nach Hann:

	Höhe, m	Winter	Frühling	Sommer	Herbst
ebene Schweiz	420	**7,3**	5,8	5,2*	6,2
Säntis	2467	5,1*	6,1	**6,5**	6,2

Auch der tägliche Gang der Bewölkung ist oben anders als unten, wenigstens im Sommer. Die sonnigste Tageszeit, die im Winter auf Obir und Sonnblick ebenso bei Mittag liegt, wie in Wien und Klagenfurt, verschiebt sich zum Sommer auf 9^h morgens und ebenso stetig zum Winter auf Mittag zurück. Die Wahrscheinlichkeit, um Mittag Sonnenschein auf jenen Gipfeln zu treffen, ist im Dezember fast doppelt so groß als im Juni.

Die Wirkung der Gebirge auf die Niederschläge ist für die dem Winde zugekehrte (Luv-)Seite und die von diesem abgekehrte (Lee-)Seite verschieden. Auf der ersteren wird durch die aufsteigende Bewegung, zu der die Abhänge die Luft nötigen, die Wahrscheinlichkeit einer Regenbildung stets vergrößert, und zwar bis auf einige Entfernung vom Gebirge; auf der letzteren werden die gebildeten Wolken beim Herabsteigen der Luft wieder rasch aufgelöst und hat die ihres Wasserdampfs teilweise beraubte Luft weniger Neigung zu Kondensationen, als vor ihrer Annäherung an das Gebirge. Die Ebene an der Leeseite des Berges ist daher trocken. Ist die Windrichtung veränderlich, sind die verschiedenen Winde annähernd gleich feucht oder streicht das Gebirge in der Richtung des vorherrschenden Windes, so ist der Gegensatz von Luv- und Leeseite wenig auffällig; wo sich aber einem anhaltend wehenden Winde — Passat oder Monsum — ein Gebirge quer entgegenstellt oder die vorherrschenden Winde vom Meere, die gelegentlichen entgegengesetzten Winde vom Festlande kommen, dort ist er höchst ausgeprägt. Immerhin ist er auch in Deutschland deutlich nachweisbar. So hat Auggen in der oberen Rheinebene in 290 m Höhe nur 108 cm jährlichen Regenfall, Badenweiler am Abhang des Schwarzwaldes in 420 m 132 cm, Höchenschwand auf der Höhe von 1010 m 188 cm, Donaueschingen aber auf der Leeseite trotz einer Seehöhe von 690 m wieder nur 108 cm. In manchen Ländern, wie in Patagonien, findet sich die regenärmste Gegend erst in größerem Abstande vom Gebirge und greifen die Regen der Luvseite über das Gebirge hinaus.

Der Regenfall nimmt im Gebirge mit der Höhe zu, aber nur bis zu einer gewissen Seehöhe, von welcher ab die Niederschlagsmenge sich wieder verringert. Das Maß der Zunahme und die Höhe der Maximalzone ist je nach Umständen sehr verschieden, in den Bayerischen Alpen liegt die letztere im Winter zwischen 600 und 1000 m, im Sommer höher; im Himalaja bei 1200 m Seehöhe.

Kapitel 6.

Klimatische Typen

§ 24. Landklima und Seeklima. Wüstenklima, Waldklima. Küstenklima und Monsunklima

Die oben geschilderten klimatischen Elemente verbinden sich je nach den verschiedenen geographischen Bedingungen zu verschiedenen Klimatypen, deren einzelne Züge wir schon kennen gelernt haben; da diese Züge in bestimmter Verbindung auftreten, so gibt ihre Zusammenfassung die Möglichkeit, die Hauptzüge der Klimate der einzelnen Länder durch deren Einreihung in diese Typen viel klarer und schneller zu erfassen, als dies ohne solchen Schlüssel möglich wäre.

Das Seeklima zeichnet sich vor dem Landklima durch größere Gleichmäßigkeit der Temperatur, größere Feuchtigkeit der Luft, stärkere Bewölkung, regenreiche Winter, größere Windgeschwindigkeit und größere Reinheit der Luft von Staub aus. Im Landklima[1]) ist die tägliche und jährliche Schwankung aller Elemente, mit teilweiser Ausnahme des Luftdrucks und der Windrichtung, größer, auch die unregelmäßigen Änderungen der Temperatur von Tag zu Tag und von Jahr zu Jahr sind bedeutender, die mittlere Windstärke ist geringer, Windstillen sind viel häufiger, der Regenfall (in der Ebene) besonders im Winter seltener, die Luft trockener, oft stauberfüllt. Sowohl Sonnenstrahlung, als Ausstrahlung sind hier kräftiger. Kalte, windstille, sternklare Nächte, heiße Tage, um Mittag mit starkem Wind und zunehmenden Haufenwolken, in der warmen Jahreszeit zuweilen zum Gewittersturm und Regenguß sich steigernd;

---

[1]) In der Ebene; Gebirgsklima vgl. den folgenden Paragraphen. — Das Seeklima wird auch als maritimes, das Landklima als kontinentales, das Küstenklima als Litoralklima bezeichnet.

dagegen in der kalten Jahreszeit überwiegend ganz klare oder durch niedrige Wolken ganz bedeckte Tage, selten gebrochene Bewölkung; das sind Charakterzüge des Landklimas. Die stärkeren Gegensätze der Temperatur im Landklima werden durch die Trockenheit der Luft, die Windstille bei Kälte und die mittäglichen Winde, zum Teil auch durch die stärkere Ein- und Ausstrahlung erträglicher gemacht.

Die ausgeprägteste Form des Landklimas ist das Wüstenklima. Einen Zug hat es mit dem Seeklima gemeinsam: die gesunde, von Krankheitskeimen freie Luft, die den Wüsten aller Breiten (auch der Polarzone) eigen ist und die sie, ebenso wie das Meer, dem Mangel eines geeigneten Nährbodens für diese Keime verdanken. Die Abwesenheit von Bäumen und Büschen und der starke mittägliche Luftaustausch zwischen den erhitzten untersten Schichten und der freien Atmosphäre bewirkt auch in den Wüsten, wenigstens periodisch, bedeutende Windstärke. In allen anderen Hinsichten ist das Wüstenklima dem Seeklima ganz entgegengesetzt. Die Luft der binnenländischen Wüsten ist so wasserarm, daß trotz dieser aufsteigenden Luftbewegungen Wolken kaum, Regen fast nie sich bilden. Die Erwärmung und Abkühlung der Oberfläche der Felsen im Laufe des Tages ist so schnell, daß sie zu ihrer Zerstörung führt (§ 11). Die kleineren Trümmer werden, da sie durch keine Feuchtigkeit verklebt sind, vom Wind erfaßt; durch diese „Deflation" wird der Boden der Wüste aller lockeren feinen Teile beraubt, so daß Kies und harter, wegen der mangelnden Auslaugung meist salzhaltiger Ton zurückbleibt.

Während der nächtlichen Ruhe der unteren Luftschichten klären diese sich vom Staube, der niedersinkende Staub wird am Tage wieder aufgewirbelt, bis er in Gewässern oder in besser bewachsenen Landstrichen am Rande der Wüsten festgehalten wird (Lößbildung). Da die Erosion durch fließendes Wasser fehlt, sind die abflußlosen Becken für die Wüste charakteristisch, deren Mitte meist durch brackische, bittere oder salzige Seen eingenommen wird. Ausnahmsweise vorkommende Regengüsse bewirken daher zeitweise Überschwemmungen (besonders in Australien), zugleich wecken sie zahlreiche schlummernde Pflanzenkeime. Gegen die übermäßige Verdunstung schützen sich die Pflanzen durch Behaarung, Verkleinerung der Oberfläche, Verschluß der Spaltöffnungen oder eine Epidermis ohne solche, der Mensch durch Einfetten der Haut und Verhüllen.

Wasserbecken von beschränkter Ausdehnung oder ein von polarer Strömung kühl gehaltener Teil des Ozeans lassen die Wüste bis an ihre Ufer heranreichen (Kaspisches und Rotes Meer, Persischer und Kalifornischer Meerbusen, Westküste der Sahara, Deutsch-Südwestafrika, Westaustralien, Peru und Nordchile). Sie erzeugen, wo nicht der vorwaltende Wind von ihnen und gegen ein Gebirge weht (wie im östlichen Kaukasus), keine Regenbildung, sondern nur eine Sättigung der untersten Luftschicht mit Wasserdampf und als Folge Nebel oder Taubildung die aber nicht für Baumwuchs genügt. Da sie kühler als die umgebende Wüste sind, steigt diese feuchte Luft nicht auf und fehlen Wolken und Regen (Küstenwüsten).

Wie die Waldlosigkeit und Pflanzenarmut der Wüsten dort, wo die Wärme für den Baumwuchs ausreicht, ein Anzeichen des Mangels an Bodenfeuchtigkeit und an Regen ist, so zeigt umgekehrt W a l d r e i c h t u m einer Gegend uns an, daß der Boden wenigstens in der Tiefe der Baumwurzeln genügende Feuchtigkeit enthalte, und also — wenn die Wälder nicht nur in den Niederungen der Flüsse usw. vorkommen — daß wenigstens in einem mehr oder weniger großen Teil des Jahres reichliche Regen den Boden netzen. Das Klima von Ländern, die waldreich sind oder im Naturzustand waldreich waren, unterscheidet sich von dem der Steppen und Wüsten durch mehr Regen, meist auch durch größere Luftfeuchtigkeit und Bewölkung und Milderung der Temperaturextreme. Unzweifelhaft ist dabei zum weitaus größten Teile das Klima das Bedingende, der Wald oder die Waldlosigkeit das Ergebnis; es bleibt aber eine interessante Frage, ob nicht der Wald auch seinerseits auf das Klima zurückwirkt. Damit hängt auch die wichtige Frage zusammen, ob der Mensch durch künstliche Bewaldung oder Entwaldung das Klima beeinflussen kann.

Man muß bei diesen Fragen unterscheiden zwischen 1. dem Raume im Walde unter den Baumkronen, 2. der Umgebung des Waldes und 3. den Luftschichten über dem Walde.

Unzweifelhaft beeinflußt der Wald, selbst in kleinen Streifen, 1. und 2. kräftig dadurch, daß er den Wind bricht und damit auch das Wegwehen des Schnees (zum Teil auch der Erdkrume) und das Austrocknen des Erdreichs und der Pflanzen verringert. Auf seine nächste Umgebung wirkt der Wald nur wie eine gleichgroße Bodenerhebung: auf Lichtungen ist es ebenso, wie in kesselförmigen Bodenvertiefungen, in der Nacht kälter, am Tage wärmer als auf freiem Lande. Man könnte erwarten, daß durch die Existenz einer oberen ein- und ausstrahlenden, vom Boden durch das Laubdach getrennten Oberfläche die klimatischen Verhältnisse unter diesem sich, wenn auch nur wenig, in derselben Richtung von denen des freien Feldes unterscheiden müßten, wie die des Bodens oder der Bodenluft. Allein die Beobachtungen zeigen eher das Gegenteil: nach solchen bei Landsberg a. d. W. ist es z. B. im Walde allgemein, besonders aber im Herbst, etwas kühler als im Freien, im Frühjahr aber (vor der Belaubung) um Mittag etwas wärmer, wahrscheinlich ebenfalls nur durch die verringerte Windgeschwindigkeit. Die relative Feuchtigkeit ist dort, wo es jeweils kühler ist, um einige Prozent größer.

Wenn schon die Wirkung des Waldes auf Temperatur und Wassergehalt der Luft in seiner nächsten Nachbarschaft so gering ist, so dürfte diejenige auf die über ihm befindlichen Luftschichten, also auch auf Wolken und Regen noch geringer sein. Sorgfältige Untersuchungen zeigen zwar einen kleinen Überschuß von Regen im und am Walde im Vergleich zum freien Felde und einige Zunahme des Regens bei Aufforstungen; es handelt sich um Größen von etwa 2—10% der Jahresmenge. Allein ein beträchtlicher Teil dieses Unterschieds scheint der stärkeren Beeinflussung der Regenmesser im freien Felde durch den Wind, also einem bloßen Fehler unserer Instrumente zugeschrieben werden zu müssen.

Eine Veränderung der klimatischen Elemente durch den Menschen ist überall dort möglich, wo es sich um Beeinflussung eines beschränkten Raumes und relativ kleiner Luftmassen handelt, also bei den Erscheinungen der untersten Luftschicht; nicht aber wo, wie bei der Mehrzahl der meteorologischen Vorgänge, viele Kubikkilometer der Atmosphäre beeinflußt werden müßten. So sind Windschutz, Frostschutz, in beschränktem Umfange Blitzschutz, vielleicht auch Zerstreuung von Nebel in einem Hafen möglich, dagegen ist Zerstreuung von Hagelwettern und Gewittern ebenso, wie Regenmachen und Sturmbrauen, zu den Unmöglichkeiten zu zählen.

Wichtiger als die Wirkung des Waldes auf die Luft ist seine Wirkung auf den Boden. Der Wald trocknet die tiefen Schichten des Bodens und hält die oberen feuchter, als sie ohne ihn sein würden. Besonders aber bewirkt er ein langsameres Abfließen des Regenwassers und verringert er die Abspülung des Bodens auf Abhängen; in dieser Hinsicht kann die Vernichtung des Waldes und vielleicht in gleichem Grade auch die des Graswuchses verhängnisvolle Folgen haben (Verkarstung der Gebirge, Schluchten- und Flugsandbildung, Überschwemmungen und Versandung der Flüsse).

Nicht der klimatische und vielleicht überhaupt nicht der Nutzwert des Waldes würde sein Verschwinden zu einem unermeßlichen Verlust machen, wohl aber sein Gemüts- und Schönheitswert, und dieser sollte für ein Volk nicht niedriger veranschlagt werden, als jene anderen.

Im allgemeinen zeigen Küsten- oder Litoralklimate alle Übergänge zwischen dem Klima des Innern und der hohen See, je nachdem von wo sie ihre Luft vorwiegend zugeführt erhalten. Daneben ist ihnen, besonders in niederen Breiten, der tägliche Wechsel der Land- und Seebrisen eigen. Viele Küsten sind, besonders in den Tropen, durch stagnierende Wasser als Krankheitsherde gefährlich, soweit die Luft nicht durch die Seebrise oder einen vom Meere kommenden beständigen Wind (Passat oder Monsun) rein gehalten wird. In der gemäßigten Zone genießen die nach Westen exponierten Küsten die meiste Seeluft.

Da die Monsune bis in die Mitte der großen Festländer hineinreichen, so nimmt das Monsunklima weite Gebiete der Küsten und des Binnenlandes ein. Im regelmäßigen Monsunklima wehen im Sommer Seewinde, im Winter Landwinde und herrscht im Sommer Seeklima, im Winter Landklima. Gestörtes Monsunklima haben diejenigen Küsten großer Inseln und Halbinseln, die dem Festland zugekehrt sind oder auf der nördlichen Halbkugel nach rechts, auf der südlichen nach links von dieser Richtung gewendet sind, wie die NW-Küsten von Japan, die NO-Küsten von Formosa und den Philippinen, die Ostküsten von Süd-Dekan und Ceylon. Hier tritt der allgemeine Wintermonsun lokal als Seewind, der Sommermonsun als Landwind auf, und zwar, wenn das vorliegende Meer und Land breit genug ist, mit den dazu gehörigen Eigenschaften.

In niederen Breiten ist zwar die Beständigkeit der Monsune am größten; allein das regelmäßige Monsunklima zeigt hier keine so tiefgreifende Abweichung vom Klima monsunfreier Gebiete, wie in mittleren Breiten. Denn seine Regenzeit im Sommer und Haupttrockenzeit im Winter ist auch im stetigen Passat die Regel, und die Wirkungen des Ursprungs des Windes auf die Temperatur sind hier bei den geringen räumlichen Wärmeunterschieden nicht sehr bedeutend. Die größte Hitze wird zur

Zeit des Frühlings-Monsunwechsels, im Mai, erreicht; der Herbst-Monsunwechsel bringt weniger hohe Temperaturen, ist aber wegen der windstillen, feuchtschwülen Luft die drückendste Jahreszeit (vgl. Indien, Sierra Leone).

In höheren Breiten wirken die Monsune erniedrigend auf die Temperatur sowohl im Winter wie im Sommer; sie bringen in Breiten, wo Regen und Bewölkung ihr normales Maximum im Winter haben, trockene heitere Winter und nasse trübe Sommer sowohl an den Küsten als im Binnenland hervor. Dies gilt namentlich für Ostasien, das in allem das Gegenteil von Europa ist.

§ 25. Gebirgsklima, Höhenklima

Die Unebenheiten der festen Erdoberfläche beeinflussen das Klima in zweierlei Weise: durch ihre absolute Höhe und durch ihre Böschung. Die konstanteste Wirkung der ersteren ist die Abnahme des Luftdrucks. Ist die Temperatur der Luft bekannt, so ergibt die barometrische Höhenformel[1]) das Verhältnis der Drucke in je zwei Niveaus. Einer Druckabnahme um 1 mm entspricht eine Erhebung (bei 0° C) am Meeresniveau um 10,5 m, in 1000 m Seehöhe um 11,8 m, in 2000 m um 13,4 m.[2]) Den Luftdruck im Meeresniveau zu 762 mm und die Temperaturabnahme zu 5° für 1000 m angenommen, ergibt sich der Druck in verschiedenen Höhen wie folgt, wenn die Temperatur im Meeresspiegel gleich t ist:

Höhe m:	0	500	1000	2000	3000	4000
$t = 0^0$	762	716	671	590	517	452
$t = 25^0$	762	720	679	604	536	475

Die höchsten ständig bewohnten Punkte haben fast nur die Hälfte des Luftdrucks, der am Meeresspiegel herrscht; es sind

[1]) Ist h der Höhenunterschied in Metern, B und b der (wegen Schwere red.) Druck in Millimetern für das untere und obere Niveau, t die mittlere Temperatur der zwischenliegenden Luftsäule, so ist mit genügender Annäherung

$$\log \frac{B}{b} = \frac{h}{18432\,(1 + 0{,}004\,t)} .$$

[2]) Nennen wir die Höhendifferenz in Metern, die einer Luftdruckänderung von 1 mm entspricht, h', den Barometerstand b, die Temperatur der Luft t, so ist

$$h' = \frac{7992}{b}\,(1 + 0{,}004\,t) .$$

dies in Europa die meteorologische Station auf dem Sonnblickgipfel (Tauern): Höhe 3106 m, mittlerer Barometerstand 520 mm, in Amerika das Dorf S. Vincente in Bolivia: Höhe 4580 m, Barometerstand 436 mm, in Asien das Kloster Hanle in Tibet: Höhe 4610 m, Barometerstand 433 mm. In Höhen oberhalb 4000 m beginnen für die meisten Menschen die Erscheinungen der Bergkrankheit: Schwindel, Atemnot, Schlaffheit, Herzklopfen, Übelkeit; doch hängt dies sehr von Disposition und Umständen (Anstrengung!) ab. Die größten Seehöhen sind im Ballon durch Einatmen von Sauerstoff überwunden worden: Berson erreichte am 4. Dezember 1894 9100 m, mit Süring zusammen am 31. Juli 1901 sogar 10800 m. Im April 1875 sind zwei Luftschiffer schon unterhalb 8500 m erstickt, weil damals die Sauerstoffatmung noch nicht durchgeführt war.

Die größten seitdem von Menschen erreichten Höhen sind 12950 m von Gray, 1927 im Flugzeug, und 16000 m von Piccard und Kipfer am 27. Mai 1931 im Freiballon mit geschlossener Kugelgondel.

Kleinere Schwankungen des Luftdrucks haben auf den Menschen keine erkennbare Wirkung. Der Kondor ist auch gegen so große offenbar unempfindlich.

Man hat vorgeschlagen, das dem Menschen feindliche Klima der Regionen oberhalb 3000—4000 m als Höhenklima von dem Gebirgsklima der unteren Stufen zu unterscheiden, das durch die Reinheit und Kühle der Luft und die kräftige Übung, die es für Herz und Lunge bietet, dem Menschen heilsam ist.

Die Intensität der Sonnenstrahlung sowohl als der Ausstrahlung nimmt mit der Höhe zu, die Lufttemperatur dagegen ab (§ 13). Es ist nicht nur die Luftschicht, die die Strahlen zu durchdringen haben, in der Höhe geringer, sondern auch ihre Durchlässigkeit ist dort größer. Auf den Hochebenen von Tibet stellen sich ferne Gegenstände ebenso scharf dar, wie nahe, der Luftton fehlt fast ganz, jede Schätzung der Entfernung wird unmöglich. Die Ursache dafür liegt in der Armut der Luft in diesen Höhen an Staub und an Wasserdampf und dessen Kondensationsprodukten.

Schattenseite und Sonnenseite schaffen im Gebirge große klimatische Gegensätze auf geringe Entfernungen hin, die sich auch sowohl im Pflanzenwuchs als in den Siedelungen äußern.

Der Gehalt an Wasserdampf nimmt nach oben weit schneller ab als der Luftdruck. Bei 5500 m Höhe ist der letztere etwa auf die Hälfte, der Druck des Wasserdampfs aber bereits auf ein Siebentel seiner Größe im Meeresspiegel gesunken.

Die relative Feuchtigkeit zeigt dagegen keine regelmäßige Änderung mit der Höhe. In der Höhe der Wolken erreicht sie natürlich ihre größten Werte. An der Windseite tropischer Gebirge fängt der Wolkengürtel gewöhnlich in 1300—1600 m Höhe an. Bei uns liegt er im Sommer höher als im Winter und es ist daher in großen Höhen die Feuchtigkeit im Sommer bedeutend größer als im Winter.

Der Niederschlag nimmt im Gebirge bis zu gewissen Grenzen mit der Höhe und mit der Steilheit der Abhänge zu, ist aber an den verschiedenen Seiten des Gebirges verschieden; er ist am größten auf der Seite, gegen welche am häufigsten feuchte Winde anwehen. Dieser Gegensatz der Hänge des Gebirges wird sehr groß, wenn ein beständiger Wind quer zum Kamme weht, oder wenn der eine Hang zum Meere, der andere zu trockenen Hochebenen abfällt. So nimmt die jährliche Regenmenge in Kalifornien am Westabhang der Sierra Nevada für jede 100 m Erhebung um 8 cm zu, erreicht auf dem Kamme 230 cm, um am Ostabhange äußerst rasch abzunehmen bis zu 8—10 cm am Humboldtflusse. Wo die Unterschiede der Häufigkeit und Feuchtigkeit der verschiedenen Windrichtungen nicht sehr groß sind, hat die Regenkarte eines gebirgigen Landes viel Ähnlichkeit mit einer Höhenschichtenkarte. In Steppen und Wüsten stellen Gebirge Oasen größerer Feuchtigkeit dar, die besonders durch ihre Waldbedeckung und die aus ihnen hervorbrechenden Bäche die menschliche Kultur in ihrer Umgebung beeinflussen.

In vielen Gebirgen der heißen Zone geht der Regenwald nach oben, auf der mittleren Höhe der Wolken, in den fast ständig von Nässe triefenden, an Epiphyten, Moosen, Flechten und Unterholz reichen Nebelwald über, der die Abhänge in etwa 1600—3000 m Seehöhe einnimmt. In der unteren Hälfte dieser Region, bei Mitteltemperaturen von 14—18° C, wachsen die Chinarindenbäume am Osthang der Anden.

Infolge der im Sommer und um Mittag raschen vertikalen Temperaturabnahme (§ 13) ist das Klima der Höhen besonders durch die Abwesenheit von Hitze ausgezeichnet. Im Winter und in der Nacht sind dagegen nicht selten die Hänge und Gipfel gleich warm oder wärmer als die Täler. Die Gipfel haben also kleinere tägliche und jährliche Temperaturschwankung; hierin und in der größeren Windgeschwindigkeit ähnelt das Klima der

Höhen dem Seeklima. Doch ist dabei nicht die absolute Seehöhe, sondern die relative gegen die Nachbarschaft entscheidend; Hochtäler zeigen zum Teil die kontinentalen Eigenschaften des Talklimas in besonders hervorragendem Grade. So hat der Rigigipfel eine Januartemperatur von — 5,1°, im oberen Engadin ist sie in gleicher Seehöhe — 10,4°.

Dort, wo die Wärme des Sommers nicht ausreicht, um die in der kälteren Jahreszeit sich ansammelnde Schneemenge zu schmelzen, gelangen wir in das Gebiet des ewigen Schnees. Seine untere Grenze, die „Schneelinie", hängt also einerseits von der Temperatur des Sommers, andererseits von der Menge des bei Temperaturen unter 0° fallenden Niederschlags ab. In vielen Gebirgen liegt sie auf der wärmeren Südseite dennoch niedriger als auf der kälteren Nordseite, wenn die letztere zugleich schneeärmer ist; so in Island (600—900 m gegen 1100—1300 m), im westlichen Kaukasus (2920 m gegen 3400 m), im Himalaja (4900 m gegen 5600 m). In hohen, antarktischen Breiten sinkt sie bis an das Meeresufer herab, was man in der arktischen Zone noch nicht angetroffen hat. Auf Franz-Josefs-Land liegt sie bei etwa 200 m, auf Spitzbergen bei 460 m, im mittleren Norwegen an der Küste bei 1200 m, im trockenen und sommerwärmeren Innern bei 1500 m, in den Alpen bei 2600—2900 m, am Äquator bei 4—5000 m, in den trockenen subtropischen Gegenden beider Halbkugeln steigt sie am höchsten, auf 5—6000 m, z. B. im südlichen Peru und im Karakorum. Die starken Niederschläge an der Westküste von Südamerika südlich von 40° bewirken, daß dort die Schneelinie fast mit der oberen Baumgrenze zusammenfällt, die in den Alpen etwa 800 m unter ihr liegt. Weit unter die Schneelinie herab reichen die unteren Enden der Gletscher, in Neuseeland bis in die Regionen, wo Fuchsien wachsen.

Einen bedeutenden Einfluß üben die Gebirge auf die Winde aus; sie behindern und modifizieren die allgemeinen Luftströmungen und erzeugen selbst örtliche Winde.

Bei ruhigem Wetter pflegt in den Tälern und Schluchten am Tage der Wind bergaufwärts, in der Nacht (meist von 9^h p. m. bis 9^h a. m.) talabwärts zu wehen; der Nachtwind ist wegen seiner Kälte bemerkbarer und darum bekannter. Vielfach werden jedoch beide Winde durch besondere Namen bezeichnet, z. B. am Comosee der Tagwind als la Breva, der Nachtwind als Tivano.

Dadurch, daß die Gebirge die horizontale Bewegung der Luft in den unteren Schichten behindern oder unmöglich machen, bewirken sie, daß Druck, Temperatur und Feuchtigkeit der Luft zu ihren beiden Seiten sehr verschieden werden können; sie wirken als Klimascheiden, namentlich wenn sie sich in der Richtung des Breitenkreises erstrecken, wie Alpen, Kaukasus und Himalaja, oder ein Küstenland vom Binnenland scheiden, wie das skandinavische, die kalifornische Coastrange oder das Stanowoigebirge in Ostsibirien. Sie machen auch, gelegentlich oder anhaltend, größere Druckunterschiede auf kleine Entfernungen möglich, als in der Ebene irgendwo, außer in Orkanen, vorkommen. Über Pässe, die bis zur Region dieser Druckunterschiede hinabreichen, stürzt sich die dichtere Luft in die Täler der anderen Seite, oft mir verheerender Gewalt. Dabei nimmt ihre Temperatur auf 100 m Abstieg um 1° C zu (§ 13); da die Luft keine Zeit hat, neuen Wasserdampf aufzunehmen, so kommt sie unten sehr trocken an. Ob sie aber als auffallend warm oder kalt erscheint, hängt von ihrem Ursprung ab. Weht sie aus einem sehr kalten Hinterlande nach einer sehr warmen Küste, so tritt sie trotz dieser Temperaturzunahme unten als kalter Wind auf; so die Bora an den Nordostküsten des Adriatischen und des Schwarzen Meeres, die im Winter durch ihre wütenden Stöße zeitweise allen Verkehr in Triest und Novorossijsk verhindert, und der ganz ähnliche eisige Landwind im nördlichen Norwegen. Ist dagegen kein solcher Temperaturunterschied zwischen den beiden Seiten des Gebirges vorhanden, und beträgt die Abnahme der Temperatur mit der Höhe, wie dies im Winter die Regel ist, weit unter 1° pro 100 m, so wird die herabstürzende Luft wärmer als ihre ganze Umgebung und als in der Jahreszeit normal ist, mag sie nun auf der Rückseite des Gebirges unter Regenfall aufgestiegen sein (wobei ja die vertikale Temperaturabnahme nur etwa $^1/_2{}^0$ pro 100 m beträgt) oder bis dahin in der Höhe geflossen sein.

Solche warmen, sehr trockenen, talabwärts wehenden Winde werden gelegentlich in vielen Gegenden der Erde beobachtet. Die bekanntesten sind der Föhn an der Nordseite der Alpen, der Chinook an der Ostseite der Rocky Mountains und der warme Wind an der Küste von Grönland. Ihre Erklärung verdankt man Hann (1866—68, 1882). Ihre Wärme und Trockenheit sind lokale Produkte, auf dem Kamm trifft man gleichzeitig scharfen kalten Wind und Wolken oder Schneegestöber, an der anderen Seite des Gebirges starken Regen, kühles Wetter und wenig Wind. So herrschte am 1. Februar 1869 in Altdorf (454 m)

Föhn mit 14° Wärme und nur 28% Feuchtigkeit, auf dem Gotthard (2100 m) Südwind mit — 4°, in Bellinzona (229 m) Nordwind mit Regen bei + 3°. Die Temperaturänderung für je 100 m betrug also auf der Südseite nur 0,37°, auf der Nordseite dagegen über 1°.

§ 25a. Mikroklimate

Bei den Klimaunterschieden, die in den letzten beiden Paragraphen besprochen wurden, handelte es sich um Abstände, die in horizontaler Richtung in Kilometern, in vertikaler in Zehnern und Hunderten von Metern zu messen sind. Aber Lufttemperatur, Luftfeuchtigkeit, Windgeschwindigkeit zeigen auch auf Entfernungen von Metern und selbst Zentimetern häufig gesetzmäßige Unterschiede, auf deren Untersuchung um so weniger verzichtet werden kann, als unsere Pflanzenkulturen von ihnen in hohem Grade beeinflußt werden. Je näher dem Boden, um so stärker sind diese örtlichen Einflüsse; um zunächst die großen Züge des Klimabildes der Erde festzustellen, mußten wir diese möglichst ausschließen, indem wir Aufstellungen für unsere Instrumente wählten, die nach Möglichkeit das Klima eines größeren Umkreises vertreten können, die Thermometer in 1½ oder 2 m Höhe aufstellen usw. Aber nachdem wir so das Groß-Klima kennen gelernt haben, müssen wir nun feststellen, welche Unterschiede davon die Klein-Klimate von Wald und Flur, Hang und Senke zeigen. Der gewöhnlichen, großräumigen oder Makroklimatologie tritt so eine Mikroklimatologie zur Seite. Diese kann nicht durch eine Verdichtung des Stationsnetzes im ganzen Lande studiert werden; sondern auf zahlreichen kleinen typischen Versuchsfeldern, welche lehren, in welchem Sinne und um wieviel das Mikroklima einer Landschaft dieser Art von dem durch die meteorologischen Stationen angegebenen abweicht. Diese Ergebnisse sind dann auf ähnliche Lagen anzuwenden und praktisch bei der Anlage von Kulturen usw. zu verwenden.

Systematische Beobachtungen solcher Art sind bis jetzt nur sehr wenig und nur aus der nördlichen gemäßigten Zone vorhanden, aus Tropen und Subtropen nur ganz gelegentliche Bemerkungen. Da die örtlichen Unterschiede zum größten Teil eine Folge von Ein- und Ausstrahlung sind, wären zunächst eingehende Studien solcher Art aus Ländern mit vorwiegend heiterem Himmel sehr erwünscht.

Wie in der Klimatologie überhaupt, so kann man auch beim Mikroklima sowohl am Ort entstehende, als durch den Lufttransport herbeigebrachte Züge erkennen. Man kann so mehr oder weniger selbständige und unselbständige Mikroklimate unterscheiden.

Das Gebiet der Mikroklimatologie ist unbegrenzt: jede Luftschicht eines Kornfelds, eines Waldes, eines Stadtinnern hat ein etwas anderes Mikroklima. Die Instrumente und Methoden zu dessen Studium sind in Ausbildung begriffen. Hier können nur drei schon etwas mehr behandelte Beispiele betrachtet werden: die Abhängigkeit der Tagestemperatur von der Richtung des Hanges, die Wirkung der Pflanzendecke auf die Temperatur von Luft und Boden und das nächtliche Zu-Tal-Sinken der erkaltenden Luft.

Zunächst zeigt Fig. 11a ein extremes Beispiel vom letzteren, das Wilh. Schmidt an einer tiefen Doline in Österreich am Morgen

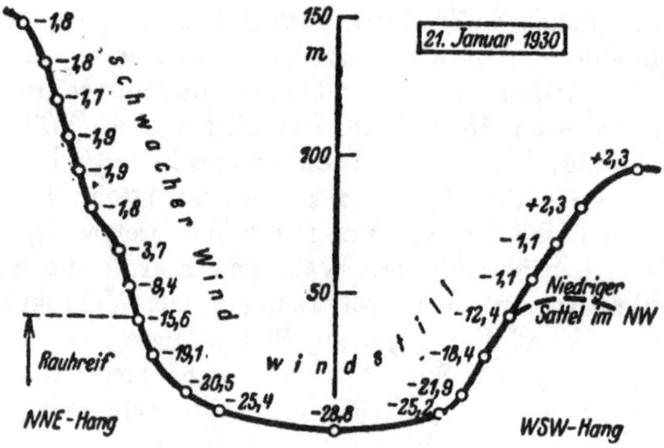

Fig. 11a

des 21. Januar 1930 mit einem Assmannschen Aspirationsthermometer beobachtet hat.

Die tägliche und die jährliche Temperaturschwankung werden durch konkave Bodenoberflächen verstärkt, durch konvexe verringert.

Über den Einfluß der Hangrichtung ist eine sehr sorgfältige Untersuchung im Sommer 1926 an einem runden Berge in Süddeutschland, dem Hohenkarpfen, ausgeführt worden[1]). Nimmt man die Mittel aus einem inneren und äußeren Ringe von Thermo-

[1]) Vgl. R. Geiger, Forstwiss. Centralblatt 1927 bis 1929 und Bd. 78 der Sammlung „Die Wissenschaft". (Verlag Vieweg.)

meteraufstellungen, so ergab sich das tägliche Maximum an 24 heiteren Tagen so, wie der linke, an 27 ganz bedeckten so, wie der rechte Zahlenkreis angibt, beides in Abweichungen vom Mittel aller Richtungen. Statt bei N- und S-Lage lagen also die Extreme an heitern Tagen bei NNO und WSW, an trüben bei N und gleichmäßig WSW und OSO. Dies erklärt R. Geiger für die ausgeprägteren Verhältnisse der heitern Tage so: „Von der am Morgen zugestrahlten Sonnenwärme wird ein Teil dazu verbraucht, das Wasser an der nachtfeuchten Bodenoberfläche zu verdunsten, geht also für die Temperaturerhöhung verloren. Am Nachmittag dagegen ist die Temperatur der Atmosphäre im ganzen höher geworden und der Boden hatte Zeit abzutrocknen. Die Sonnenstrahlung am Nachmittage wird auf diesem abgetrockneten Boden der Südwesthänge fast ausschließlich zur Erhöhung der Oberflächentemperatur verwendet." Hinzu kommt aber ein unerwartet großer Einfluß der Pflanzendecke. Der

		Norden					Norden	
		− 1,6					− 0,4	
	− 0,0		− 1,6			− 0,1		− 0,1
+ 1,3		heiter		− 0,3	+ 0,7		bedeckt		+ 0,5
	+ 1,0		+ 0,5			+ 0,5		+ 0,6
		+ 0,3					+ 0,2	

Abhang des 50 m hohen Hügels nach S und SW war kahl, in geringerem Grade auch der nach NNW, dagegen waren der Ost- und Westhang zu beträchtlichem Teil bebuscht. Wo die Luft zwischen Büschen stagniert, kann örtlich ihre Temperatur höher steigen, als dort, wo sie frei abfließen kann und eine Vermischung der angewärmten bodennahen Luft mit der kühleren des freien Luftraumes stattfindet.

Anders war das sehr ausgeprägte Ergebnis einer dreijährigen Beobachtungsreihe, welche vor 50 Jahren Prof. Anton Kerner an einem gleichmäßig begrasten Hügel bei Innsbruck anstellte (Ö. Meteor. Zeitschr. 1871, S. 65 und 151). Freilich bezieht es sich nicht auf die Temperatur der Luft, sondern auf die des Bodens in 80 cm Tiefe, aber in dieser Hinsicht ist ja die Bestrahlung des Bodens auch für die Luft das Wirksame. Es wäre erwünscht, wenn diese einfachen Versuche Wiederholung fänden. Die untenstehenden Zahlenkreise zeigen die Extreme im ganzen bei O und SW, im Juli bei NNW und SSO, die zwischenliegenden Monate weisen allmählichen Übergang dazwischen auf (° R).

Norden		Norden
- 0,5		- 2,5
- 0,3 - 0,1		- 1,8 - 0,9
+ 0,3 Januar - 1,0		+ 0,7 Juli + 0,8
+ 1,4 - 0,1		+ 0,5 + 1,9
+ 0,1		+ 1,5

Die Erklärung für das sommerliche Temperaturmaximum auf dem SO-Hang sieht Kerner in dessen größeren Trockenheit, Fritsch in der geringeren Bewölkung am Vormittag. Wie man sieht, ist die Erscheinung verwickelt und bedarf noch weiteren Studiums.

Als Beispiel für die Temperaturwirkung der Pflanzendecke seien Beobachtungen von W. Obolenskij bei Petersburg im Jahre 1922 angeführt. Die Temperaturmittel waren an heiteren Tagen um 1^h nachmittags in einem Eichenjungwald von $1^1/_2$ m Höhe wie folgt (Lufttemperaturen mit Assmanns Aspirationsthermometer):

	Luft-temp. 2 m Höhe	20 cm über d. Kronen	Kronen-oberfläche	In den Kronen	Boden im Wald		Freies Sandfeld	
					Oberfläche	5 cm tief	Oberfläche	5 cm tief
Juli	20,8	21,6	22,1	20,1	19,2	15,2	33,9	25,8
August . .	19,8	20,4	21,0	18,3	18,1	14,2	28,3	23,7
September .	17,0	17,9	18,7	16,1	15,0	11,3	23,9	18,6

Schließlich möge als Beispiel dafür, daß im Mikroklima die Verhältnisse manchmal ganz anders liegen, als im Makroklima, die Verteilung der Niederschläge am Hohenkarpfen erwähnt werden. Entgegen dem, was auf S. 98 von Gebirgen gesagt ist, fiel an diesem Hügel die größere Regenmenge nicht auf der Wind-, sondern auf der Leeseite nieder. Durch das Zusammendrängen der Stromlinien an den vorderen Flanken des Hügels wurde dort die größte Windstärke und geringste Regenmenge gemessen. In unserem Westwindklima dürfte es nach Geiger als Regel gelten, daß die Ostseite kleinerer Hügel mehr Regen erhält, als die Westseite.

II. TEIL

Das geographische System der Klimate

Kapitel 7

Die klimatischen Zonen

§ 26. Die acht klimatischen Hauptzonen

Wegen der verschiedenen Verteilung der Sonnenstrahlung und der Rotationsmomente der Erdumdrehung auf die geographischen Breiten beherrschen die letzteren nicht nur die Temperatur der Atmosphäre und ihrer Unterlage, sondern auch Luftdruck, Wind und Niederschlag, und damit auch den ganzen Charakter der Witterung, des organischen Lebens und der Kultur. Schon die alte Einteilung der Erde auf astronomischer Grundlage in eine heiße, zwei gemäßigte und zwei Polarzonen liefert viele der bezeichnendsten klimatischen Züge der Erde. Für die Klimakunde bedarf sie aber einer Ergänzung und einer Befreiung von den strengen Breitengrenzen, da die klimatischen Zonengrenzen unter verschiedenen Längengraden in verschiedenem Abstand vom Äquator verlaufen.

In der „heißen Zone“ zwischen den Wendekreisen (23° 28′ N und S) erreicht die Mittagshöhe der Sonne zweimal im Jahre das Zenit und sinkt sie nie unter 43°, die Tageslänge nie unter $10^1/_2$ Stunden. Infolgedessen ist die jahreszeitliche Schwankung in der Temperatur dort sehr gering und mehr mittelbar durch den daselbst meist ausgeprägten Wechsel zwischen Regen- und Trockenzeiten, als durch den Wechsel in der Sonnenstellung bedingt. Es ist die Sommerzone der Erde, gewöhnlich, durch Übertragung der Bezeichnung ihrer Grenzen auf sie selbst, die Tropenzone genannt.

Außerhalb der Tropen nimmt der Gegensatz der Jahreszeiten polwärts rasch zu. Eine zweite bezeichnende astronomische Grenze liegt dort, wo die Mittagshöhe der Sonne am kürzesten Tage auf 0 herabsinkt (66° 32′ Br., Polarkreise). Auch in klimatischer Hinsicht bieten diese Breiten bemerkenswerte Schwellen.

Indem der Sommer dort so kurz und so kühl wird, daß sein Wärmevorrat für weitaus die meisten Pflanzenarten, insbesondere alle Bäume, nicht mehr ausreicht, können die darüber hinausliegenden Polarzonen in klimatischer Hinsicht als die Winterzonen bezeichnet werden.

Die hohe Bedeutung schon dieser Dreiteilung jeder Halbkugel der Erde für das organische Leben und für die menschliche Kultur beruht nicht auf der Höhe der mittleren Jahrestemperatur, sondern auf dem Vorhandensein oder Fehlen einer genügend kühlen und einer genügend warmen Jahreszeit. Auf derselben Jahresisotherme von 0° liegen die reichen Wälder am mittleren Amur, wo wilde Reben um Eichen sich schlingen und wohin der Tiger hinüberstreift, und die eisstarrenden Küsten Ostgrönlands. Aber die Mitteltemperatur des Juli ist dort 22°, hier nur 6° C. Auf dem nur oberflächlich auftauenden Eisboden von Jakutsk, wo die normale Januartemperatur —41° ist, wachsen Wälder und ist einiger Ackerbau möglich.

Umgekehrt ist in niederen Breiten die Unterbrechung der Hitze durch eine kühlere Jahreszeit für die Europäer und deren Abkömmlinge eine Bedingung zur vollen Betätigung der körperlichen und geistigen Kräfte, sie setzt daher, wenigstens gegenwärtig, auch der Verbreitung einer höheren Kultur gewisse Grenzen.

Für die beiden Zwischenzonen, die eigentlichen Kulturzonen des Menschengeschlechtes, ist also die Abgrenzung gegen den Äquator zu nach der Temperatur der kältesten, gegen die Pole zu nach jener der wärmsten Jahreszeit festzulegen; und zwar zeigt sich als Äquatorialgrenze eine Mitteltemperatur des kältesten Monats gleich 18° und als Polargrenze eine solche des wärmsten gleich 10° als besonders kennzeichnend.

In dieses System der fünf Hauptgürtel schieben sich nun drei zwar unvollständige, aber klimatisch höchst charakteristische Gürtel ein: der nördliche und südliche Trockengürtel an den Grenzen der Tropenzone und der winterkalte boreale Baumgürtel in höheren Breiten auf den Festländern der nördlichen Halbkugel. Auf der ozeanischen Südhalbkugel fehlt ein solcher. Da er durch das gleichzeitige Vorhandensein einer regelmäßigen winterlichen Schneedecke und hochstämmiger Wälder gekennzeichnet ist, kann man dieses Klima auch als das Schnee-Wald-Klima bezeichnen. Die Trockenzonen sind auf beiden Halbkugeln vorhanden, aber (mit Ausnahme von Patagonien) auf der Ostseite der Kontinente und im angrenzenden Westteil der Ozeane unterbrochen. Im Innern der Festländer reichen sie am weitesten polwärts, von da ziehen sie sich nach dem Ostteil der Ozeane in niedrigere Breiten zurück. In jedem der Passate nehmen Feuchtigkeit, Regen und Gewitter von Osten nach Westen zu, außer ihrer Zunahme mit der Annäherung an den Äquator.

Die wichtigsten Unterschiede der verschiedenen Breitenzonen sind — neben den Folgen der verschieden großen, mehr oder weniger veränderlichen Mittagshöhe der Sonne und Tageslänge — folgende:

1. Die in den „gemäßigten Zonen" großen, in der heißen und den kalten viel geringeren räumlichen Unterschiede der Temperatur — eine Folge der in den ersteren schnellen, in den letzteren langsamen Änderung der Strahlungsmenge mit der Breite. Die weitere Folge ist, daß in den gemäßigten Zonen die Winde je nach ihrem Ursprung scharfe Gegensätze aufweisen (thermische usw. Windrosen § 18), die in den Tropen und Polargegenden fehlen.

2. Die mechanischen Wirkungen der Erdrotation: und zwar

2a. mit der Breite zunehmende Wirbelbildung und Behinderung einer Ausgleichung von Druckdifferenzen, und infolge davon zunehmende Unruhe der Atmosphäre, und

2b. die zonenweise Anordnung des Luftdrucks und der vorherrschenden Winde, wobei die westlichen Winde der mittleren Breiten sich zwischen die Passate der Tropenzone und die veränderlichen Winde, Stürme und Stillen der Polarzonen einschieben. Die Mitte der Passatzone wird von einem schmalen Gürtel mit Regen, Stillen und veränderlichen Winden („Mallungen") eingenommen.

Die zonenweise Verteilung des Luftdrucks ist hauptsächlich auf den Ozeanen deutlich; durch das barische Windgesetz (§ 14) und die Beziehung der Hydrometeore zu Luftdruck und Wind spiegeln sich diese Zonen naturgemäß auch in diesen.

§ 27. Verhältnis der Kultur zu den Klimazonen

Alle Kultur ruht auf eigener oder fremder Arbeit. Sehen wir von unmittelbar erzwungener Arbeit ab, so wird die Gewöhnung an Arbeit dort gewonnen, wo diese nötig ist und lohnt. Lohnende Arbeit reizt, auch weit über das unmittelbare Bedürfnis hinaus; Arbeitsgewohnheit und Steigerung der Bedürfnisse gehen Hand in Hand. Ein Wechsel der Jahreszeiten, die Notwendigkeit, für einen Teil des Jahres sich mit Nahrung, Wohnung und Kleidung zu versehen, ist eine mächtige Anregung zur Tätigkeit.

Der Tropenbewohner gleicht dem im Reichtum Geborenen, der nicht arbeiten lernt, weil er es nicht braucht; der Polarmensch dem Proletarier, der keine lohnende Arbeit finden kann, da kein Acker, seinen Schweiß zu lohnen, da ist. Der Bewohner der Mittelzone aber ist der arbeitgewohnte und unternehmungslustige Mittelstand, der ohne Arbeit Not leidet, mit der Arbeit aber immer neue, steigende Bedürfnisse befriedigt. Dieser Mangel an Anreiz zur Arbeit ist es freilich nicht allein, der die Schlaffheit des Tropenbewohners verursacht; dauernde Hitze wirkt lähmend, teils direkt, teils durch (von Parasiten erzeugte) Krankheiten. Ein heißer, sogar sehr heißer Sommer verhindert das atemlose „going ahead“ in Nordamerika nicht; wo sich aber die Hitze, wenn auch gemildert, über das ganze Jahr erstreckt, wohin der stimulierende Winter nicht mehr reicht, da kann wohl gelegentlich der Nordländer die mitgebrachten idealen Ziele oder groß angelegten Spekulationen Jahre hindurch mit Energie verfolgen, aber Schlaffheit und Sorglosigkeit ist sicherlich der allgemeine Charakterzug des Menschengeschlechts in diesen Gegenden, der auch die eingewanderten Europäer bei längerem Aufenthalt, je länger je mehr, ergreift. Dazu kommt die für den Europäer notorische Unmöglichkeit, in dieser Zone auf dem Festlande ohne Lebensgefahr harte körperliche Arbeit zu leisten und sich der Sonne auszusetzen — eine Schranke, deren Ursachen noch nicht genügend aufgeklärt sind und welche auf dem Ozean, an Bord wie auf ozeanischen Inseln, nicht entfernt in demselben Maße besteht.

Wo immer ein mehr oder weniger langer Zeitraum im Jahre normale Tagesmittel zwischen 10 und 18^0 liefert, ist das Klima für europäische Arbeiter geeignet, und auch die spontanen Kulturregungen anderer Rassen haben meist in solchen Gebieten ihren Ursprung.

In diese, von der Temperatur erzeugte Zonengliederung der Kultur bringen die Trockengebiete einen sehr wesentlichen neuen Zug. Sie waren im Laufe der Geschichte die größten Erzieher des Menschengeschlechts. Erst viel später treten die Binnenmeere und endlich die Weltmeere zum Teil an ihre Stelle. Aber auch die größten Zerstörer der Menschheit entstammen den Trockengebieten. Die ältesten Zivilisationen sehen wir in den Trockenklimaten und an ihren Rändern auf der Grundlage künstlicher Bewässerung entstehen: Ägypten, Syrien, Mesopotamien, Teile von Indien und Nordwestchina in der alten, Mexiko und Peru in der neuen Welt. Und zerstört wurden sie in der alten Welt nach langer Blüte wiederum von Nomadenvölkern der benachbarten Wüste.

Die Bedingungen für die Entstehung dieser Zivilisationen waren: die künstliche Bewässerung verlangt und ermöglicht ein friedliches, geordnetes, dichtes Zusammenleben vieler Menschen, denen sie, wo wie in Trockengebieten Sonne und Bodensalze im Überfluß vorhanden sind, gesicherte reiche Ernten bietet, so lange sie sich einer festen Organisation unterwerfen und in der Arbeit nicht nachlassen.

Um aber auf die Höhe einer ägyptischen oder babylonischen Kultur zu führen, mußte dieser geordnete Arbeitsfrieden Jahrtausende dauern. Wie war dies möglich in der Nachbarschaft der Wüstenvölker, die diese Kulturen später zerstörten?

Die wahrscheinliche Erklärung liegt darin, daß diese Wüstenvölker damals noch auf so niedriger Stufe standen, daß sie ungefährlich waren. So lange der Mensch, sei es in der Wüste, sei es im Walde, nur als Jäger sein Leben fristet, ist er wohl dem Einzelnen, aber nicht einer Gemeinschaft gefährlich: so der afrikanische und australische Buschmann. Erst wenn er auf die Stufe des organisierten Nomaden mit Reittieren und Bildung großer Horden gelangt ist, wird er dem ackerbauenden Nachbar durch Raub im großen und Herrschgelüste gefährlich und bringt Tschingiskhane und Tamerlane hervor: es scheint eben, daß die Energie, die sowohl zur geregelten Arbeit, als zum Raubzuge gehört, ein Produkt der Trockengebiete ist; vielleicht durch ihre Weiträumigkeit, denn auch das Meer erzieht zunächst zum Seeräuber — Karier, Normannen, Engländer — Hand in Hand mit dem Handel; besonders den Menschenraub haben Meer und Wüste gemeinsam (Kirgisen, Algerier, Portugiesen). Auch die Küstenbevölkerung hat vor der Räuber- und Erobererstufe den harmlosen Zustand verdrängter schwacher Randvölker, wie Feuerländer, Ainos, Kamtschadalen.

Die Geschichte zeigt uns, daß die Gunst des Klimas für die Kultur auch von der Höhe der letzteren abhängt. Denn die Brennpunkte der Kultur sind deutlich polwärts gewandert. Aus dem subtropischen Gürtel, wo sie bis ins 6. Jahrhundert v. Chr.

lagen, haben sie sich in den Gürtel mit zwar heißen Sommern, aber kühlen (0—10°) Wintern und weiter in jene mit gemäßigten (10—22°) Sommern und die mit kalten (unter 0°) Wintern verlegt. Im ganzen ist die Wanderung von den produktenreichen nach den für den großen Verkehr begünstigten und an geistiger und materieller Energie (Unternehmungssinn und Kohle) reichen Ländern gegangen. Denn die Produkte der heißen Länder kann der unternehmende Nordländer sich holen, seine Energie kann er aber nicht dorthin auf die Dauer verpflanzen. Von Natur arme Randgebiete der Festländer, die auf früheren Entwicklungsstufen der Menschheit weit im Rückstande bleiben, gewinnen im Zeitalter des Weltverkehrs dominierende Stellung — man vergleiche Nordwesteuropa, Japan und andererseits Feuerland, dessen Häfen vielleicht auch einst von stolzen Schiffen wimmeln und dessen Wasserfälle eine reiche Industrie mit Kraft versehen werden. Für eine auf Despotie und Sklaverei gegründete Kultur, wie die des alten Orients, liegen auch die Bedingungen wohl anders, als für die eines freien Volkes; dort kommt es hauptsächlich auf die Energie der Herren an, und diese scheint manchmal aus kühleren Nachbarländern importiert gewesen zu sein (Indien, Yukatan usw.). Die Kulturen von Peru und Mexiko gehörten kühlen Hochländern an.

Die Art der Kultur wird neben der Temperatur besonders durch die Niederschläge bedingt. Feuchte Waldgebiete bringen Jägervölker hervor, die viel Raum brauchen, um ein ärmliches, unsicheres Dasein zu fristen. Auf derselben Stufe stehen die Polarvölker, die auf die Jagd im Meere angewiesen sind. Trockene Steppengebiete erzeugen Nomaden, bei denen Arbeit Aufgabe des Weibes ist, die des Mannes aber Krieg und Raub. In Mischgebieten entstand der Ackerbauer, der, von Natur friedlich, nur durch die Kultur zum Großstaat geführt wird; ohne Bewässerung ist er Hungersnöten ausgesetzt, mit solcher aber führt er ein gesichertes arbeitsreiches Dasein — und hier ist wohl die Quelle der menschlichen Kultur zu suchen.

Von großartigen Ruinen inmitten tropischen Waldes kennt man nur wenige, noch näher aufzuklärende Beispiele in Yukatan, Kolumbien, Ceylon, Java, Hinterindien.

Kapitel 8

Das System der Klimate

§ 28. Pflanzendecke, Bodengestalt und Wasserbewegung als leitende Merkmale des Systems der Klimate

Zur Klassifikation der Klimate wollen wir uns nach festen Merkmalen in der Wirkung der schnell vergänglichen meteorologischen Erscheinungen auf die beständigere Oberfläche des festen Landes und auf deren Organismenwelt umsehen.

Diese Wirkungen sind in erster Linie danach verschieden, in welchen von seinen drei Aggregatzuständen das Wasser in der Atmosphäre auftritt und auf die Oberfläche des Bodens gelangt.

Die mechanische und chemische Arbeit des flüssigen Wassers an der Bodengestaltung ist eine wesentlich andere, als diejenige von Eis und Schnee und unterscheidet sich sehr von der, die durch Wind und Strahlung dort vollzogen wird, wo das Wasser fehlt oder nur in Dampfform vorhanden ist. Vor allem aber ist die Anwesenheit flüssigen Wassers in allen Abstufungen von geringen Spuren bis zum Überfluß Vorbedingung für alles Leben, da der Körper der Lebewesen zum großen Teil aus ihm besteht und es während des Lebensprozesses fortwährend aufgenommen und ausgegeben wird.

Fast alles Wasser auf den Landoberflächen stammt aus der Atmosphäre und ist in Form von Regen oder Schnee nieder gefallen. Aber das in Flüssen und Seen enthaltene Wasser gibt uns keinen Aufschluß über das Klima am Ort, da es aus anderen Klimaten stammen kann; nur in abflußlosen Gebieten ist es ein Zeuge für die Verdunstung am Ort. Der Schnee unterhält nur dort das Leben, wo er, durch genügende Sonnen- und Luftwärme geschmolzen, den Erdboden frei gibt und tränkt.

Das große Lebensgebiet der Erde fällt also mit deren Regengebiet zusammen und wird begrenzt durch das Gebiet des Kältetodes auf der einen und des Dursttodes auf der anderen Seite. In seinem Innern aber gliedert sich das Lebensgebiet in mannigfacher Weise nach dem Maße und der jahreszeitlichen Verteilung der Wärme und des Regens oder Schnees. Während die Spuren des Lebens fast nirgends auf der Erde ganz fehlen, bilden die Grenzen des Vorkommens hochstämmiger Bäume gute Schwellen, so daß sich das Baumgebiet der Erde von den Steppen und

Wüsten auf der einen und den Tundren und Schneegefilden auf der anderen Seite deutlich absetzt, wenn es auch an Übergängen hier wie überall in der Natur nicht fehlt.

Da der Mensch und die menschliche Kultur, die uns natürlich vor allem interessieren, teils unmittelbar, teils durch die Tierwelt vom Pflanzenwuchs abhängen, so ergibt sich auch für sie eine deutlich ausgeprägte Abhängigkeit von denselben klimatischen Zügen, welche den Pflanzenwuchs, vor allem die Pflanzengesellschaften und die Kulturpflanzen, beherrschen. Was z. B. in den Eiswüsten der Polarregionen die Ansiedelung des Menschen einschränkt oder ausschließt, ist nicht die Ungunst der Witterung — ebenso hohe Kältegrade kommen in Gegenden mit ziemlich dichter Bevölkerung vor —, sondern die Schwierigkeit der Beschaffung geeigneter organischer Nahrung, namentlich der Ausschluß der Nährpflanzen.

Sowohl durch die Pflanzenwelt, als auch unmittelbar, wenn auch letzteres in geringerem Maße, hängen der Mensch und seine Kultur auch von den Wirkungen ab, die das Klima auf die Bodengestaltung ausübt. Es erleichtert unsere Aufgabe, daß die großen Züge der Wirkungen des Klimas auf den Boden zum überwiegenden Teil mit jenen seiner Wirkungen auf den Pflanzenwuchs übereinstimmen und sie einander unterstützen. Nur spielt bei der Bodengestaltung die Temperatur eine viel geringere Rolle, als im Pflanzenleben, soweit sie nicht den Kreislauf des Wassers bestimmt. Wo sie aber dieses tut, wie beim Schmelzpunkt des Eises und bei der Größe der Verdunstung, ist sie auch hier entscheidend.

Da der größte Teil der Pflanzenwelt und ein Teil der Tierwelt ungünstige Zeiten in Ruheständen zu überdauern vermag, sind entscheidend a) das Vorhandensein solcher Zeiten und b) die Verhältnisse der günstigen Zeit; was während der Kälteruhe oder der Trockenruhe vor sich geht, hat geringere Bedeutung.

Die dürren Gebiete fallen in die Nähe der Wendekreise und bilden so auf jeder Halbkugel je einen unvollständigen Gürtel, der auf der Westseite und im Innern der Kontinente entwickelt, auf deren Ostseiten und in den westlichen Teilen der Ozeane aber unterbrochen ist. Auf der Äquatorseite dieser Trockengebiete liegt das Regengebiet der heißen Zone, wo es für das organische Leben keine periodische Kälteruhe gibt; auf ihren Polseiten finden wir die Regengebiete der beiden gemäßigten Zonen mit dem Wechsel von kalten und warmen Jahreszeiten. Darüber hinaus, auf der nördlichen Halbkugel etwa vom Polarkreis an, auf der südlichen schon von 43—54° Breite an, erstrecken sich die kalten Zonen, wo die Sommerwärme nicht mehr hinreicht, den Baumwuchs zu unterhalten, und weiterhin auch nicht mehr, um die Schneemassen, die in den übrigen Jahreszeiten fallen, wegzuschmelzen.

In bezug auf die Rolle, die der Schnee im Klima spielt, sind besonders zwei Grenzen kenntlich: dort, wo zuerst eine Schneedecke im Winter als regelmäßige Erscheinung auftritt, und dort, wo sie auch im wärmsten Sommermonat nicht wegschmilzt, weil auch seine Mitteltemperatur nicht 0° übersteigt. Auf der nördlichen Halbkugel, wo die jährliche Schwankung der Temperatur groß ist, finden wir auf den Festländern ein großes Gebiet mit winterlicher Schneedecke noch innerhalb der Baumgrenze, während auf der südlichen Halbkugel diese Zone fehlt, weil auf ihr dort, wo die winterliche Schneedecke beginnt, die Sommerwärme nicht mehr zur Erhaltung des Baumwuchses ausreicht.

Wir erhalten so auf der nördlichen Halbkugel 6, auf der südlichen 5 große Hauptgürtel, nach denen wir die Klimabesprechungen dieses Buches anordnen wollen.[1]) Für die genauere Darstellung wollen wir ferner nach denselben Gesichtspunkten eine weitere möglichst charakteristische und lehrreiche Einteilung dieser 5 Hauptklassen von Klimaten in eine größere Anzahl von Stufen und Typen vornehmen. Wir werden gleichzeitig sehen, daß diesen Klimagrenzen bestimmte Zahlenwerte der bekanntesten klimatischen Größen annähernd parallel laufen. Freilich ist die Wirkung der meteorologischen Elemente auf Pflanzenwuchs und Bodengestalt eine viel zu komplizierte, als daß wir erwarten könnten, sie mit irgendeiner dieser Größen erschöpfend ausdrücken zu können; wir müssen uns begnügen, wenn es uns gelingt, solche zu finden, die den Wirkungen jener ganzen Komplexe von Einflüssen annähernd parallel gehen und uns so gestatten, die großen Züge in der Wirkung des Klimas auf den Wohnplatz der Menschheit einfach und hinreichend zutreffend nachzuzeichnen, das Warum und Wie für den einzelnen Fall der Detailforschung überlassend.

---

[1]) Die alten Griechen haben von diesen Gürteln die äquatoriale Regenzone nicht erkannt — trotz Indien — und Parmenides nahm daher auf jeder Seite des Äquators nur eine bewohnte Zone zwischen einer verbrannten und einer erfrorenen an.

Die Formen, unter denen das Klima sich in der Physiognomie der Landschaft ausdrückt, sind hauptsächlich folgende:

Im Pflanzenwuchs äußert sich die Wärme großenteils nur durch das Vorhandensein oder Fehlen bestimmter Pflanzenarten oder -gruppen, im Reichtum der Formen und der Üppigkeit der Entwicklung; viel weniger im allgemeinen Charakter der Vegetation. Nur dort, wo durch den Mangel an Wärme der Baumwuchs, und bei noch größerem Mangel der Pflanzenwuchs überhaupt ausgeschlossen wird, ist hierdurch das ganze Aussehen des Landes geändert. Im übrigen sind die äußeren Anpassungen der Pflanzenorgane an die verschiedenen Temperaturen wenig auffällig. Der Ausschluß bestimmter Pflanzen aus einer gegebenen Gegend geschieht dabei bald durch zu große Winterkälte, bald durch zu geringe Wärme oder zu kurze Dauer des Sommers. Zu große Sommerwärme verhindert wohl nur selten direkt, in vielen Fällen aber durch Vermittelung der Verdunstung das Gedeihen bestimmter Pflanzen.

Anders ist es mit der Trockenheit. Hier drängen sich auch dem flüchtigen Blick, wenn auch oft nicht richtig erkannt, eine Reihe von äußerlich auffallenden Zügen in den Pflanzengestalten auf, die als Anpassungen an den zu geringen oder auch (seltener) zu großen Wasservorrat erklärt werden können. Auch hier ist die augenfälligste Erscheinung das Verschwinden der Bäume, insbesondere der hochstämmigen Wälder. Von einer gewissen Stufe der Trockenheit an findet man sie nur dort, wo der Boden durch Fluß- oder Grundwasser in Wurzeltiefe befeuchtet wird (Galeriewälder, Oasen). Daß dabei auch der Boden mit entscheidet, und in weiten Übergangsgebieten Wald und Steppe auf verschiedenen Boden- und Hangverhältnissen nebeneinander vorkommen, sowie daß Bäume, ja Wälder weit über ihre natürliche Grenze hinaus im Trockengebiet angepflanzt gedeihen können, ändert nicht die Tatsache, daß die Waldgebiete von den Steppengebieten in der Hauptsache durch das Klima geschieden sind, so zwar, daß der größere Regenreichtum den Wald und nicht der Wald den Regen bedingt. Steht es doch auch mit der Wirkung der Wärme ähnlich: die meisten Pflanzen können über die Grenzen ihres wilden Vorkommens hinaus kultiviert werden; teils weil sie ohne den Menschen keine Gelegenheit gehabt haben, in die betreffende Gegend zu gelangen, teils weil andere Ursachen, als Wärme oder Regen bei ihrem Ausschluß mitwirken, die namentlich dort, wo einer von diesen

Faktoren ungenügend zu werden beginnt, sie so beeinträchtigen, daß sie im Kampfe ums Dasein gegen besser angepaßte Konkurrenten unterliegen.

Allein auch abgesehen vom Gegensatz von Wald und Steppe äußert sich die Trockenheit eines Gebiets augenfällig, teils unmittelbar, teils bei mikroskopischer Untersuchung, durch eine Reihe von Einrichtungen an vielen Pflanzenarten desselben, welche die Verdunstung einschränken und die Erhaltung von Wasser in den Geweben fördern. Die mannigfaltigen dahinzielenden Einrichtungen sind nur verständlich, wenn man beachtet, daß die Verdunstung eine notwendige Triebkraft im Leben der meisten Pflanzen ist und daher nicht unterdrückt, sondern geregelt werden muß. Sie gehen meistens darauf hinaus, die verdunstende Oberfläche zeitweise oder dauernd zu verkleinern: durch Abwerfen der Blätter in der trockenen Jahreszeit oder durch dauernde Blattlosigkeit, durch Kleinheit oder lederige Natur (Wachs- usw. -Überzug) der Blätter, durch Haarfilz usw., sowie auf Anlegung eines Wasservorrats im Gewebe (Fettpflanzen, tonnenförmige Stämme). Daneben sind an vielen Pflanzen trockener Gebiete sehr auffällig der Reichtum an Stacheln und Dornen sowie an stark riechenden Stoffen (ätherischen Ölen und Balsamen), und ihre harte, saftlose Struktur; diese Eigenschaften sind zwar nicht Schutzmittel gegen die Trockenheit, aber Waffen gegen die in diesen waldlosen Gegenden heimischen Weidetiere, ein Schutz, der in Waldgegenden nicht nötig ist.

Diese Züge drücken dem Landschaftsbild vieler Gegenden der Erde ihren auffälligen Stempel auf. Ein Teil derselben zeigt sich aber bei nicht wenigen Pflanzenarten auch unter Umständen, wo nicht die Trockenheit, sondern die Kälte des Bodens den Schutz vor übermäßiger Verdunstung nötig macht. Bei starkem Wind treten leicht Fälle ein, wo die oberirdischen Teile mehr verdunsten, als die Wurzeln aus dem kalten Boden liefern können. So erklärt sich wohl die seltsame Tatsache, daß Heidekraut, Heidelbeere, Gagel, Porst usw. im regenreichen Norddeutschland oder selbst im Eissumpfe der Tundra dieselben pfriemförmigen oder lederigen Blätter zeigen, wie sie für die sommerdürren Mittelmeerländer charakteristisch sind. Auch der Winterschutz in unseren Gärten richtet sich mehr gegen das Austrocknen, als gegen das Erfrieren[1]), und so wird auch das Abwerfen der Blätter

[1]) Hiermit soll nicht gesagt sein, daß nicht viele Pflanzen tatsächlich gegen die Erniedrigung der Temperatur unter 0° empfindlich sind.

unserer Laubbäume zum Winter von den neueren Pflanzenphysiologen in demselben Sinne gedeutet: die „sommergrünen" Wälder sollen ihre Periodizität zu demselben Zweck innehalten, wie die „regengrünen" der Tropen: Herabsetzung der Verdunstung in der Jahreszeit, in der die Wurzeln nicht genügend Wasser in die Wipfel schaffen können. Diejenigen Bäume, die den Laubfall nicht mitmachen, wie die Nadelhölzer, sind überhaupt auf geringe Verdunstung und auf langsamen Saftstrom auch im Sommer eingerichtet.

Eine Einteilung der Pflanzen nach ihrem Verhalten gegen Wärme und Feuchtigkeit in wenige große Gruppen hat 1874 A. De Candolle gegeben. Da sie einen guten Ausgangspunkt für die Einteilung der Klimate bildet und im folgenden gelegentlich herangezogen werden wird, so sei sie hier kurz mitgeteilt. Er unterscheidet 5 Hauptgruppen:

A. Megathermen, Tropenpflanzen, die andauernd hohe Temperatur bei genügender Feuchtigkeit verlangen.

B. Xerophilen oder Xerophyten, die hohe Temperatur wenigstens auf kurze Zeit beanspruchen, aber zugleich Trockenheit und stärkeren Temperaturausschlägen angepaßt sind: Steppen- und Wüstenpflanzen der heißen und gemäßigten Zone.

C. Mesothermen, die zu ihrem Wachstum gemäßigte Wärme und genügende Feuchtigkeit verlangen und etwa die Breiten 22—45° N und 22—40° S bewohnen, soweit die Feuchtigkeit ausreicht. Ein Teil von ihnen verlangt hohe Sommertemperaturen, ein anderer Teil meidet niedere Wintertemperaturen, ein dritter meidet die mit hohen Sommertemperaturen oft verbundene Trockenheit.

D. Mikrothermen, mit geringeren Ansprüchen an Wärme — kühlere und kürzere Sommer, kältere Winter.

E. Hekistothermen, die Pflanzen der arktischen und antarktischen Zonen jenseits der Baumgrenze, mit dem geringsten Wärmebedürfnis.

Eine entsprechende Einteilung in fünf Hauptgruppen erscheint auch für die Klimate am zweckmäßigsten, nebst weiterer Gliederung in Unterabteilungen; doch wollen wir die Grenzen etwas anders legen, als De Candolle, indem wir von den vier Stufen der Feuchtigkeit, die sich durch Urwald, Baumsavanne, Steppe und Wüste kennzeichnen, die zweite, die zwar ausgeprägte Trockenzeiten, aber auch reichliche Regenzeiten aufweist, nicht zu B., sondern (als Xeromegathermen den Hygromegathermen gegenübergesetzt) zu A. rechnen, und die Gruppe D klimatisch durch das Vorhandensein echten Sommers und echten Winters (mit Schneedecke) kennzeichnen, sie also gegen C. durch den Winter und gegen E. durch den Sommer abscheiden.

Wie in der Pflanzendecke, so prägt sich das Klima auch in der Bodengestalt aus. Auch hier sind Wasser und Wärme das Entscheidende; die Wärme bestimmt, ob die Arbeit des Wassers in flüssiger oder fester Form geschieht und ob die Verdunstung kleiner oder größer als der Niederschlag ist. Auch hier zeigt sich eine Dreiteilung der Klimate, die der von der Vegetation hergenommenen ähnlich ist, wenn sie auch nicht mit ihr zusammenfällt: den Regenklimaten stehen die trockenen und die Schneeklimate gegenüber. In den Regenklimaten fällt der Niederschlag großenteils in flüssiger Form und in größerer Menge, als von der Verdunstung entfernt werden kann; der Überfluß fließt teils oberflächlich, teils nach Eindringen in den Boden in Form von Flüssen ab. In den trockenen Klimaten zehrt die Verdunstung allen gefallenen Niederschlag auf; dauernde Flüsse entstehen in diesen Gebieten nicht, sondern nur gelegentliche oder periodische Torrente; wohl aber fließen häufig Flüsse aus den benachbarten Regenklimaten in die trockenen hinein, um in diesen abzunehmen, oft bis zum Verschwinden. In den Schneeklimaten endlich fällt mehr Schnee als durch Schmelzung und Verdunstung an Ort und Stelle entfernt werden kann. Daher bildet sich ewiger Schnee und von ihm gehen Gletscher aus.

Die Wirkung des Klimas auf den Boden ist in diesen drei Klimagruppen wesentlich verschieden, reicht aber teilweise über sie hinaus, nämlich aus den Schneeklimaten durch die Gletscher in die Regenklimate, und aus diesen durch die Flüsse in die trockenen hinein.

In den Regenklimaten ist die Rolle des auf den Boden fallenden Wassers je nach der Temperatur verschieden. In dem größten Teil dieser Gebiete (Pencks „phreatische Klimate") sickert ein mehr oder weniger großer Teil des gefallenen Niederschlages, je nach der Durchlässigkeit, in den Boden ein, bildet Grundwasser und gesellt sich erst nach Durchlaufung eines unterirdischen Weges zu den Flüssen. Das einsickernde Wasser löst längs seines Weges die löslichen Gesteine und zersetzt durch seinen Kohlensäuregehalt die zersetzbaren; es laugt die Oberflächenschicht der Erdkruste, die es durchzieht, aus und schafft hier die charakteristischen alkaliarmen Auslaugungs- oder Eluvialböden. An der Bildung der Ackerkrume beteiligen sich hier besonders die Regenwürmer. In heißen Gegenden, wo die Verwesung der organischen Reste schnell geschieht und die Regen mit intensiven Trockenzeiten abwechseln, bilden sich stark eisenhaltige rote Erden — Laterite. In kalten Klimaten, wo die Humusbildung allmählich geschieht, liefert die Auslaugung ebenso nährstoffarme Bleicherden, aus denen durch Mitwirkung des Humus auch die Eisenverbindungen ausgewaschen sind, wogegen die Kieselsäure erhalten bleibt. Die Unterbrechung dieses Vorganges im Winter durch Gefrieren der Oberfläche und Bildung einer Schneedecke erzeugt fruchtbarere gelbe Lehme. Die Ströme dieser Zone zeigen Eisbedeckung und Schneeschmelzhochwasser. Sinkt die Temperatur des Bodens auch in Tiefen, wohin die jährliche Wärmeschwankung nicht mehr reicht, unter Null, so ist die Bildung einer mehr oder weniger dicken Schicht ewigen Eisbodens die Folge; auf diesem treten keine echten Quellen auf, aber der oberflächlich auftauende Boden ist meist von Wasser durchtränkt.

Der Schutz des Erdbodens vor der Verwitterung durch eine Schneedecke erstreckt sich in den Schneeklimaten auf den größten Teil des Jahres und der Erdoberfläche; es findet aber eine kräftige Erosion durch Gletscher und Ablagerung der erodierten Materialien dort statt, wo diese abschmelzen — also teils in diesen Klimaten selbst, teils in den benachbarten Regenklimaten. Die Zersprengung der Gesteine durch in ihren Spalten gefrierendes Wasser und die Fortschaffung der Blöcke und des Schuttes durch Gletscher spielt in diesen Klimaten eine große Rolle bei der Bodenbildung.

In den trockenen Klimaten richtet sich die Wirkung des Klimas auf die Bodengestaltung nach dem Maß der Trockenheit. In den halbtrockenen Steppenklimaten, wo zeitweise starke Regengüsse fallen, sickert deren Wasser teilweise in den Boden ein, wird aber in der trockenen Zeit durch kapillare Wirkungen wieder an die Oberfläche gesogen und verdunstet. Statt einer Auslaugung findet daher in den obersten Bodenschichten in diesen Klimaten vielfach eine Anreicherung mit löslichen Salzen und Kalk statt; die Kalkkrusten sind für diese Gebiete sehr bezeichnend. In den völlig regenlosen Wüstenklimaten fehlt diese Wanderung der Bodenwässer und damit auch die Bildung harter Krusten. Statt den Wirkungen des Wassers unterliegt hier die Bodenoberfläche denen der starken täglichen Temperaturschwankungen und des Windes, gegen die sie weder durch Pflanzendecke und Befeuchtung, wie in den Regenklimaten, noch durch feste Krusten wie in den halbtrockenen geschützt ist. Die Arbeit des Windes kommt daher voll zur Geltung, hier ausräumend, dort anhäufend.

§ 29. Boden und Klima

Der Boden ist „die obere Verwitterungsschicht der festen Erdrinde". Die physikalischen und chemischen Vorgänge im Boden hängen, wie dies das Wort Verwitterung schon andeutet, in so hohem Maße von Temperatur und Feuchtigkeit ab, daß der Boden zu einem guten Teil Produkt des Klimas ist; und dies um so mehr, als auch die Fortführung und Ablagerung der Bodenteilchen in feuchtem Zustand durch das Wasser, in trockenem durch den Wind ebenfalls klimatisch bedingt ist. Den Gegensatz bilden die dürren (ariden) und die nassen (perhumiden) Böden dar; dazwischen liegen die mäßig feuchten, dem Pflanzenwuchs und der Pflanzenkultur zumeist günstigsten. Messungen über den Wassergehalt des Bodens liegen noch sehr wenig vor, er spricht sich aber sowohl in der Pflanzendecke als im Wasserhaushalt des Landes, in Quellen und Flüssen deutlich genug aus. Die Regenmenge allein kann hierfür freilich keinen Maßstab geben, da es darauf ankommt, wie schnell das gefallene Wasser wieder verdunstet. Verdunstungsmessungen liegen aus einigen Ländern ziemlich viele vor, aber zu einer klimatischen Übersicht reichen sie um so weniger aus, als die Apparate sowohl, als um so mehr die Böden, je nach Beschirmung gegen Wind und Sonne usw. ganz verschiedene Verdunstungsgrößen zeigen. An Stelle der Verdunstung können wir aber die Lufttemperatur verwenden, um in Verknüpfung mit der Regenmenge einen ungefähren Ausdruck für die gesuchte Größe — den Feuchtigkeitszustand des Landes — zu gewinnen.

In feuchten Ländern, wie in Deutschland, wird ein Überschuß des Regens über die Verdunstung, teils oberflächlich abfließend, teils den Boden durchsickernd und Quellen bildend, in die Flüsse und ins Meer abgeführt. Dabei zieht, wo die Temperatur, das Gefälle und der Gehalt des Bodens an Salzen nicht zu gering sind, der bei der Verwesung der Pflanzenreste entstehende Humus die Salze „adsorptiv" an sich und verhindert er deren Ausspülung, wodurch er die Fruchtbarkeit steigert. Wo aber wegen niedriger Temperatur oder größerer Feuchtigkeit, bzw. Mangel an Bakterien, die Verwesung nicht ausreicht, eine Anhäufung von Humus zu verhindern und der Gehalt des Bodens an Salzen zu gering ist, um diesen zu sättigen, da „versauert" der Boden, es entsteht „Rohhumus", die Humuskolloide werden löslich und vermögen nun alle löslichen Stoffe dem Boden zu entziehen und im Sickerwasser mit sich zu führen. Äußerlich auffällig wird dies durch den Entzug der färbenden Eisenverbindungen: es entstehen die nährstoffarmen „Bleicherden" des Nordens, und auf ihnen, wo das Gefälle dem günstig ist, die Sümpfe und Torfmoore. Unter dem Bleichsand findet sich oft die oben ausgelaugte Substanz als „Ortstein" wieder zum Teil ausgeschieden.

Ganz anders in ariden Klimaten. Humus bildet sich überhaupt nicht, nur in den Übergangsgebieten entstehen Schwarzerden mit gesättigtem, unbeweglichem Humus. Die Salze bleiben im Lande, denn aus den abflußlosen Gebieten wird höchstens durch den Wind, nicht aber durch Wasser Material entführt. Die seltenen Regen spülen einen Teil der Bodensalze in die nächste abflußlose Senke, wo, oft nur vorübergehend, ein Salzsee besteht; im durchfeuchteten Boden steigen nach dem Regen die entstandenen Lösungen kapillar wieder an die Oberfläche, um hier zu verdunsten und bald Kalk- bald Natriumsalze als Krusten und Ausblühungen auszuscheiden.

Während also in den feuchtkalten Klimaten den Pflanzen die Nährsalze erst durch Düngung zugeführt werden müssen, um Ernten zu erzielen, ist in trockenen Klimaten der Boden meist mehr als genügend reich an Salzen und ist eine sachgemäße Wasserzufuhr die Hauptfrage. Doch nur in den innersten Teilen der Trockengebiete greift der Mensch für alle Kulturen zur künstlichen Bewässerung, in den ausgedehnten Übergangsgebieten überläßt er sich für die Mehrzahl den Zufälligkeiten des Regens und Winterschnees.

In mäßig feuchten Klimaten, wo kein Rohhumus entsteht, wird die Auslaugung des Bodens dadurch gehindert, daß die mineralischen Salze durch kolloide Adsorption an Ton oder Humus gebunden werden. Je nach der Temperatur gehen die Lösungsvorgänge dabei ganz verschieden vor sich, was sich wiederum in sehr charakteristischer Weise durch die Farben der Eisenverbindungen verrät. In heißen Klimaten geht die Kieselsäure in Lösung und es entsteht der Laterit, der von wasserarmem Eisenoxyd hochrot bis blauviolett gefärbt ist und Aluminiumhydroxyd, z. T. mit zelligem Gerüst aus Eisenoxyden, als Grundsubstanz enthält. Zwischen ungefähr 12° und 20° Jahrestemperatur nimmt mit wachsender Breite der Kieselsäuregehalt zu und es entstehen die im Mittelmeergebiet häufigen Roterden. In kühleren Klimaten endlich geht die Rotfärbung durch weitere Wasseraufnahme des Eisenoxydes in Orange bis Fahlgelb über und steigt der Gehalt an Kiesel-

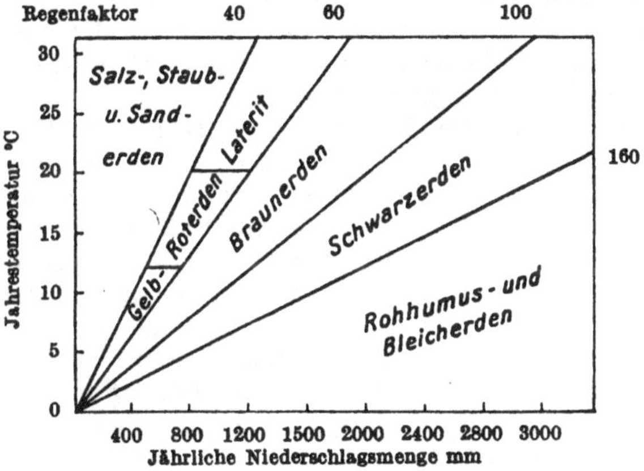

Fig. 12. Abhängigkeit der Bodenbildung von Temperatur und Regenmenge. Nach R. Lang

säure auf 60% und mehr. Es entstehen die Gelberden. Alle diese Erden sind humusfrei; durch Aufnahme von Humus werden sie zu Braunerden und Schwarzerden.

Für das Zusammenwirken der Temperatur mit der Feuchtigkeit bei der Humusbildung hat R. Lange[1]) als ungefähren Maßstab den Quotienten jährliche Regenmenge in mm, divitiert durch die Jahrestemperatur (Regenfaktor) aufgestellt und durch Beispiele aus hohen und niederen Breiten begründet (Fig. 12).

Da die Klimate sich im Laufe der geologischen Zeiten ändern, ist es oft zweifelhaft, ob eine Bodenbildung gegenwärtigem oder vergangenem Klima entspricht.

---

[1]) Prof. Richard Lang: Verwitterung und Bodenbildung als Einführung in die Bodenkunde. Stuttgart 1920.

Unterhalb 0° hört die chemische Verwitterung auf, während die mechanische bei öfterem Auftauen und Gefrieren sehr intensiv wird, wovon die Blockfelder auf Berggipfeln Zeugnis ablegen. Gletscher und Inlandeis bilden durch ihre Moränen Aufschüttungsböden aus Kies, Ton und Mergel, mit denen der größte Teil von Nordeuropa, einschließlich Norddeutschlands, seit dem Diluvium überdeckt ist.

Während in diesen glazialen Aufschüttungsböden Material von allen Größen vom feinsten Gletschermehl bis zu mächtigen Blöcken durcheinander gemengt ist, sind in den von Flüssen und vom Wind transportierten Massen die verschiedenen Korngrößen weit voneinander getrennt abgelagert worden, da die feinsten am weitesten getragen werden.

Vom Winde aufgeschüttet sind die Dünen an Küsten und in Wüsten, und der Löß, ein sehr feinkörniger und, wo er nicht durch spätere Verwitterung verändert ist, poröser und kalkreicher sandiger Lehm. Er ist von Staubstürmen herbeigetragen und auf bewachsenen Flächen und Abhängen abgelagert worden, wie seine Röhrchenstruktur zeigt. Sein Material stammt in China, wo er am mächtigsten auftritt, wohl aus den Wüsten Zentralasiens, in Europa und Nordamerika aber aus dem feinen Gletschermehl der diluvialen Moränen. Abgelagert wurde er in den Eiszeiten, in den Interglazialzeiten dazwischen verwitterte er mehr oder weniger tief.

§ 30. Die Gliederung der Klimate nach Temperatur, Niederschlag und Jahreslauf. — Die Klimaformel

Die alte astronomische Einteilung der Erdoberfläche nach ihrer Stellung zur Sonne in eine tropische, zwei gemäßigte und zwei Polarzonen wird, wie wir gesehen haben, in klimatischer Beziehung vor allem durch die Einschiebung zweier unvollständiger Trockenzonen in der Gegend der Wendekreise durchkreuzt, durch die die Waldklimate in den Westhälften der Kontinente in eine tropische und eine Jahreszeitenzone geschieden werden, die sich in deren Osthälften berühren.

Die jahreszeitliche Schwankung der Temperatur, die das Hauptkennzeichen dieser letzteren Zonen ist, wächst nun von den Grenzen der tropischen, winterlosen Zone in sehr verschiedener Weise mit den wachsenden Breiten an. Sie ist (s. S. 48) viel größer auf dem Lande, als auf dem Meere, und um so größer, je größer die Landmassen sind und je mehr der Luftaustausch zwischen Meer und Land behindert ist. Die Folge ist, daß der Unterschied zwischen dem wärmsten und kältesten Monat auf der südlichen Halbkugel nur am Wendekreise im Innern der drei Festländer bis auf 20° anwächst; in deren höheren Breiten sinkt er wegen der ausschließlichen Wasserbedeckung unter 10° und erst auf dem antarktischen Festland steigt er wieder über 20°.

Dagegen beträgt diese Differenz auf den Festländern der nördlichen Halbkugel von etwa 33° Br. an im allgemeinen > 20° C und steigt sie in deren Innerem bis zum Polarkreis, wo sie 65° in Asien und 50° in Amerika erreicht, während sie auf gleicher Breite auf dem Atlantischen Ozean nur 12° und an der Behringstraße 30° beträgt. Die Westküsten der Festländer sind ozeanisch, die Ostküsten kontinental.

Wir treffen also, vom Äquator polwärts schreitend, an der äußeren Grenze der gemäßigten Zone einen — auf den Ozeanen unterbrochenen — Gürtel starker Jahresschwankung, wo die Sommer noch warm genug sind, um hochstämmige Wälder zu unterhalten, die Winter aber bereits Schnee und Eis bringen. Jedoch nur auf der nördlichen Halbkugel werden die Winter innerhalb der Waldzone kalt genug, um eine mehrwöchentliche Schneedecke zu einer alljährlich wiederkehrenden Erscheinung zu machen, was etwa bei einer Mitteltemperatur des kältesten Monats von — 3° der Fall ist. Auf der südlichen Halbkugel fehlt ein solcher Schnee-Wald-Gürtel, weil auf ihr wegen der vorwiegenden Meeresbedeckung in der Nähe der Baumgrenze die Jahresschwankung unter 10° beträgt und die Winter zu milde sind. Nur erheblich nördlich und südlich von da finden wir, wie erwähnt, beträchtlichere jährliche Wärmeschwankung.

An Stelle der drei astronomischen erhalten wir so fünf klimatologische Hauptgürtel, die zu den Polen fortschreitend sich so anordnen, nicht ohne daneben (außer A.) durch die Gebirge bedingte inselförmige Gebiete einzunehmen:

A einen winterlosen tropischen Regengürtel,
B zwei unvollständige Trockengürtel,
C zwei warm gemäßigte Gürtel ohne regelmäßige Schneedecke,
D einen borealen Schnee- und Wald- oder Sommer- und Wintergürtel, wo beide Jahreszeiten ausgeprägt vorhanden sind (fehlt auf der Südhalbkugel) und
E zwei Polkappen der Schneeklimate jenseits der Baumgrenze.

Wie in den Trockenklimaten zwischen den Steppengebieten *BS* und den Wüstengebieten *BW*, ebenso müssen wir in den kalten Klimaten jenseits der Baumgrenze zwischen den Tundrengebieten (*ET*) und den leblosen Gebieten ewigen Frostes (*EF*) unterscheiden. In den ersteren reicht das Pflanzenleben des kurzen Sommers und das Leben im Meere aus, um in hohen Breiten ein ziemlich reiches Tierleben, auch von höheren Tieren, wie Renntieren, Lemmingen und besonders Zugvögeln, zu unterhalten. Die Grenze zwischen ihnen dürfen wir dahin setzen, wo die Mitteltemperatur des wärmsten Monats unter 0° sinkt.

Im südlichen Atlantischen Ozean beginnt das Gebiet des ewigen Frostes *EF* schon bei 60° Breite, also in der Breite von Kristiana; auf der nördlichen dagegen ist es auf das hohe Binneneis von Grönland und vielleicht daneben ein kleines Gebiet am Pol beschränkt.

Für die weitere Gliederung der übrigen Klimagürtel ist vor allem das Auftreten einer trockenen oder nassen Zeit und deren Verhalten zur warmen und kalten Jahreszeit wichtig. Wir haben folgendes zu unterscheiden:

1. In den Trockenklimaten *B* zwei Hauptstufen der Regenarmut, nämlich die fast ganz regenlosen Wüstenklimate (*BW*) und die durch eine wenn auch kurze feuchte Zeit zur Erzeugung eines Pflanzenwuchses befähigten Steppenklimaten (*BS*); eines Pflanzenwuchses, dessen Produktion an organischer Substanz im Naturzustande zur Ernährung gewaltiger Herden großer Grasfresser ausreichte.

2. Im tropischen Gürtel *A* finden wir entweder, namentlich am Äquator und an Gebirgshängen, die den vom Meere kommenden Passat zum Aufsteigen zwingen (S. 85, 98) alle Monate regenreich, oder es treten mehr oder weniger scharf ausgesprochene Trockenzeiten auf. Da aber in dieser Zone alle Monate ungefähr dieselbe Temperatur haben, ist fürs Pflanzenleben nur entscheidend, wie stark diese Trockenzeiten ausgebildet sind, nicht aber, in welchen Monaten sie auftreten.

3. Dagegen ist es für die Gürtel *C* und *D* mit stärkerer jährlicher Temperaturschwankung von entscheidender Bedeutung, ob die Trockenzeiten in die heiße oder in die kalte Jahreszeit fällt. Im ersteren Falle wird das Pflanzenwachstum zwischen eine Kälteruhe im Winter und eine Trockenruhe im Sommer eingeengt; im letzteren entwickelt es sich hauptsächlich im Hochsommer, ohne Trockenruhe.

Der zweite Buchstabe in der folgenden Zeichenreihe bedeutet bei *B* den Grad der Trockenheit — *S* = Steppenklima, *W* = Wüstenklima —, bei *E* den der Sommerwärme: *T* = Tundrenklima, *F* = Frostklima, bei *A*, *C* und *D* das Vorhandensein und die Lage der Trockenzeit (*s* = Haupttrockenzeit im Sommer, *w* = im Winter, *f* = beständig feucht, d. h. Regen in allen Monaten).

Zone	Zeichen	Erklärung
Tropische Regenklimate . . .	1. *Af*	Tropische Regenwaldklimate
	2. *Aw*	Savannenklimate
Trockene Klimate	3. *BS*	Steppenklimate
	4. *BW*	Wüstenklimate
Warm gemäßigte Regenklimate	5. *Cw*	Warme wintertrockene Klimate
	6. *Cs*	Warme sommertrockene Klimate
	7. *Cf*	Feuchttemperierte Klimate
Boreale oder Schnee-Wald-Klimate	8. *Dw*	Wintertrockenkalte Klimate
	9. *Df*	Winterfeuchtkalte Klimate
Schneeklimate	10. *ET*	Tundrenklimate
	11. *EF*	Klimate ewigen Frostes

Die ständig feuchte (*f*) und die im Winter trockene (*w*) Klimaform sind also in den Gürteln *A*, *C* und *D* vertreten, die sommertrockene (*s*) dagegen nur im warmgemäßigten mesothermen Gürtel *C* beider Halbkugeln.[1])

Die Verbreitung dieser 11 Haupttypen der Klimate findet man auf der Weltkarte Tafel 1 angegeben.

Die vier ersten Klimagruppen (*Af* bis *BW*) stellen vier Stufen zunehmender Trockenheit dar, die bei gleicher Wärme die Pflanzenformationen des Regenwaldes, der Savanne, der Steppe und der Wüste zur Folge haben. Im einzelnen sind freilich die Gründe für den Wechsel von Gräsern, Stauden und Gesträuch noch recht ungenügend bekannt. Sehr viel hat daran auch der Mensch, selbst auf niedersten Kulturstufen, Anteil. *BS* tritt bald als Grassteppe, bald mit Gestrüpp (Scrub, Espinal) auf.

Für *Cw* und *Cs* ist immergrünes Gebüsch (Maqui) charakteristisch, für *Cf* und *Df* aber, wie für *Af*, hochstämmiger Wald. Auch in *Dw* vermag die Niederschlagsarmut eines Teils des Jahres wegen der Kälte dieser Zeit nicht die Wirkungen von Dürre hervorzubringen, mit Ausnahme des südlichsten Teiles

[1]) Dies gilt für das Innere der Festländer allgemein, an einigen wenigen Inseln und Küsten findet sich auch die Kombination *As*.

vom Gebiet, und den Wald so wenig auszuschließen, wie der Eisboden im Norden desselben Gebietes.

Die Klimate *ET* sind baumlos, *EF* überhaupt pflanzenlos.

Man kann die Steppen als solchen Übergang von den Baumklimaten *ACD* zu den Trockenwüsten ansehen, wie die Tundren *ET* von jenen zu den Eiswüsten *EF*. Nur umgeben die Steppen die Wüsten und bilden keinen besonderen Erdgürtel, wie die Tundren den Gürtel *ET*, und ist die Trockenwüste lange nicht so lebensfeindlich, wie die Eiswüste, da in ihr ein ausnahmsweiser Regenguß Keime zu wecken und künstliche Bewässerung sogar reiches Erzeugnis zu liefern vermag. Dagegen ist in *EF* nicht nur der Ersatz der fehlenden Wärme weit schwieriger, sondern gesellt sich zu dieser in hohen Breiten während des Winter halbjahres auch der Lichtmangel.

Die Flächenausdehnung dieser Klimagebiete hat Hermann Wagner planimetrisch bestimmt (Peterm. Mitteil. 1921, S. 216). In Millionen qkm stellt sie sich so:

	Land-fläche	Meeres-fläche	Erd-oberfläche	Desgl. %
1. *Af*	14,0	103,3	117,3	23,0
2. *Aw*	15,7	51,1	66,8	13,1
3. *BS*	21,2	12,9	34,1	6,7
4. *BW*	17,9	2,2	20,1	3,9
5. *Cw*	11,3	1,4	12,7	2,5
6. *Cs*	2,5	10,7	13,2	2,6
7. *Cf*	9,3	103,2	112,5	22,1
8. *Df*	24,5	5,3	29,8	5,8
9. *Dw*	7,2	0,7	7,9	1,5
10. *ET*	10,3	57,8	68,1	13,4
11. *EF*	15,0	12,5	27,5	5,4
Summe	148,9	361,1	510	100

Das Mittelmeerklima *Cs*, das vielleicht am meisten von allen Interesse gefunden hat, nimmt die kleinste Landfläche ein; es ist überwiegend maritim. Die größten Flächen auf dem Weltmeer und auf der ganzen Erde weisen die Klimate *Af* und *Cf* auf: das feucht-tropische und das feucht-temperierte. Fast ganz kontinental ist das Gebiet des transbaikalischen Klimas *Dw*. Savannen- und Tundrenklima — *Aw* und *ET* — nehmen von der gesamten Erdoberfläche gleich viel ein; im letzteren ist das Hochland von Tibet mit 1,9 Mill. qkm eingeschlossen. Das Gebiet ewigen Frostes *EF* nimmt wegen seiner weiten Ausdehnung am Südpol insgesamt kaum weniger Raum ein, als das russisch-kanadische Klima *Df*, das zu den wichtigsten für die jetzige Menschheit gehört.

Um in der Unterscheidung der Klimate weiterzugehen, bilden wir am besten die so begonnene Buchstabenschrift weiter aus. Wir bekommen dann einen äußerst kurzen Ausdruck für die wesentlichsten Züge im Klima jedes Ortes und dessen Unterscheidung von anderen Klimaten, den man die Klimaformel nennen kann. Die Erklärung der anzuwendenden Zeichen möge hier in alphabetischer Reihenfolge Platz finden; die Angaben über Regenmengen schließen wir dem an, die über Wind aber folgen erst im letzten Kapitel, bei der Besprechung der Weltmeere.

A	= kältester Monat (d. i. dessen vieljährige Mitteltemperatur) über 18°.
B	= Regenmenge unter der Trockenheitsgrenze, vgl. unten.
C	= kältester Monat zwischen 18° und — 3°.
D	= kältester Monat unter — 3°, wärmster über 10°.
E	= wärmster Monat unter 10°.
F	= wärmster Monat unter 0°.
(*G*)	= Gebirgsklima } nur bei Bedarf angewendet.
(*H*)	= Höhenklima, oberhalb 3000 m } nur bei Bedarf angewendet.
S	= Steppenklima } Grenzen vgl. unten.
W	= Wüstenklima } Grenzen vgl. unten.
T	= Tundrenklima, wärmster Monat zwischen 0 und 10°.
a	= Temperatur des wärmsten Monats über 22°.
b	= Temperatur des wärmsten Monats unter 22°, mindestens 4 Monate über 10°.
c	= nur 1—4 Monate über 10°, kältester Monat über — 38°.
d	= Temperatur des kältesten Monats unter — 38°.
f	= beständig feucht (genügender Regen oder Schnee in allen Monaten).
g	= Ganges-Typus des jährlichen Temperaturganges, mit Maximum vor der Sonnwende und der sommerlichen Regenzeit (s. S. 45).
h	= heiß, Jahrestemperatur über 18°.
i	= isotherm, Differenz der extremen Monate unter 5°.

k = (winter-) kalt, Jahrestemperatur unter 18°, wärmster Monat über 18°.
k' = desgl. aber wärmster Monat unter 18°.
l = lau, alle Monate 10—22°.
m = Mittelform, Urwaldklima trotz einer Trockenzeit.
n = häufiger Nebel.
n' = Nebel selten, aber große Luftfeuchtigkeit und Regenlosigkeit bei relativer Kühle (Sommer unter 24°).
n'' = desgl. bei Sommertemperatur 24—28°.
n''' = desgl. bei sehr hoher Temperatur (Sommer über 28°).
s = Trockenste Zeit im Sommer der betr. Halbkugel.
w = Trockenste Zeit im Winter der betr. Halbkugel.
s', w' = desgl., Regenzeit zum Herbst hin verschoben.
s'', w'' = desgl., Regenzeit gegabelt, mit kleiner Trockenzeit dazwischen.
t' = Kap-Verdescher Wärmegang (s. S. 45), mit in den Herbst verschobener wärmster Zeit
t'' = sudanesischer Wärmegang (ebenda) mit kühlstem Monat nach der Sommersonnwende.
x = Regenmaximum im Frühsommer, heiterer Spätsommer.
x' = Seltene, aber heftige Regen zu allen Jahreszeiten.

Über die **Regenmenge** sagen die Zeichen folgendes aus:

Wegen der verschiedenen Stärke der Verdunstung ist der Wert einer Regenmenge je nach der Temperatur sehr verschieden. Da aber dieses Verhältnis von vielen Umständen abhängt, muß man sich mit einfachster Annäherung begnügen. Die Erfahrung ergibt, daß dort, wo der Unterschied zwischen den Jahreszeiten in Temperatur und Niederschlag bedeutend ist, die Grenze zwischen Steppen- und Baumländern bei vorwaltenden Winterregen dort liegt, wo die jährliche Niederschlagsmenge r in cm ungefähr $= 2\,t$ ist, wenn t die mittlere Jahrestemperatur in °C bedeutet; fällt aber der meiste Niederschlag im heißen Sommer, so zeigt sich an dieser Grenze r ungefähr $= 2\ (t + 14)$. Für die Grenze zwischen Steppen- und Wüstenklimaten können wir die Hälfte dieser Mengen ansetzen, also $r = t$ und $r = t + 14$. Fehlt aber der Unterschied der Jahreszeiten, sei es in der Temperatur, sei es in der Regenmenge, so dürfen wir ein mittleres Verhältnis annehmen. Am bequemsten bedient man sich des Diagramms Fig. 12a. Ein Beispiel möge es erläutern.

Zu Tafel VIII

In Tafel VIII sind die nach ihrer räumlichen Ausdehnung und für den Menschen wichtigsten Klimate durch die Monatsmittel der Temperatur und der Niederschlagsmenge an Vertretern dargestellt. Weil die Hydrometeore durch die letztere jedoch nur sehr einseitig ausgedrückt werden und weil bei den *x*-Klimaten auch die Bewölkung zur Charakteristik herangezogen wurde, ist auch deren jährlicher Gang hinzugefügt. Wie man sieht, ist er zwar in den meisten Klimaten mit jenem der Niederschläge gleichläufig, aber bei den Vertretern der Klimate *Cfb* und *Df* fast entgegengesetzt und auch bei *Aw'*, *Aw''*, *BSkw* und *Dwd* von diesem recht verschieden.

In allen Diagrammen haben Niederschlag und Bewölkung am Unterrand den Wert 0 und bei der obersten Horizontale den von 50 cm und 100%. Für die Temperatur ist in den ersten 22 Diagrammen (bis Peking) $10^0 = 10$ cm $= 20\%$ und 0^0 auf der Höhe von 20 cm bzw. 40% angesetzt worden. Aber bei den extrem kalten Wintern der *Dw*- und *E*-Klimate gestattete dies der Rahmen der Tafel nicht mehr, hier mußte die 0^0-Temperatur bei 30 cm bzw. 60% gesetzt und für die *Dw*-Klimate z. T. sogar der Maßstab der Temperatur verkleinert werden (von 10 auf 15), um deren gewaltige jährliche Schwankung unterzubringen.

Dem von Passarge betonten Unterschied zwischen dem ozeanischen Klima mit milden Wintern der „subarktischen Wiesenländer" und dem eigentlichen Tundrenklima (vgl. S. 170) ist hier Rechnung getragen durch Aufnahme je einer Station auf Island und Westgrönland.

In den vier von der Südhalbkugel in die Tafel aufgenommenen Diagrammen (*Cw*, *Cfx'*, *Csb* und *EF*) beginnt der bequemen Vergleichung halber das Jahr mit Juli. Das Zeichen bei Mac Murdo-Sund ist als *EF*, nicht als *ET* zu lesen.

Das Klima *Csax* am Gebirgssaum in Turkestan (Samarkand) ist auf der Klimakarte (Taf. I, Titelbild) nicht von *BS* unterschieden. Die Klimate *Af* und *Am* sind in ihr unter „1. Urwaldklima" vereinigt. Im übrigen gibt die Karte ein so getreues Bild der Verteilung der Klimate auf der Erde, als man es bei deren kleinem Maßstab irgend verlangen kann.

Zu Köppen, Grundriß der Klimakunde

Lufttemperatur, Niederschlagsmen

A- u. B-Klimate

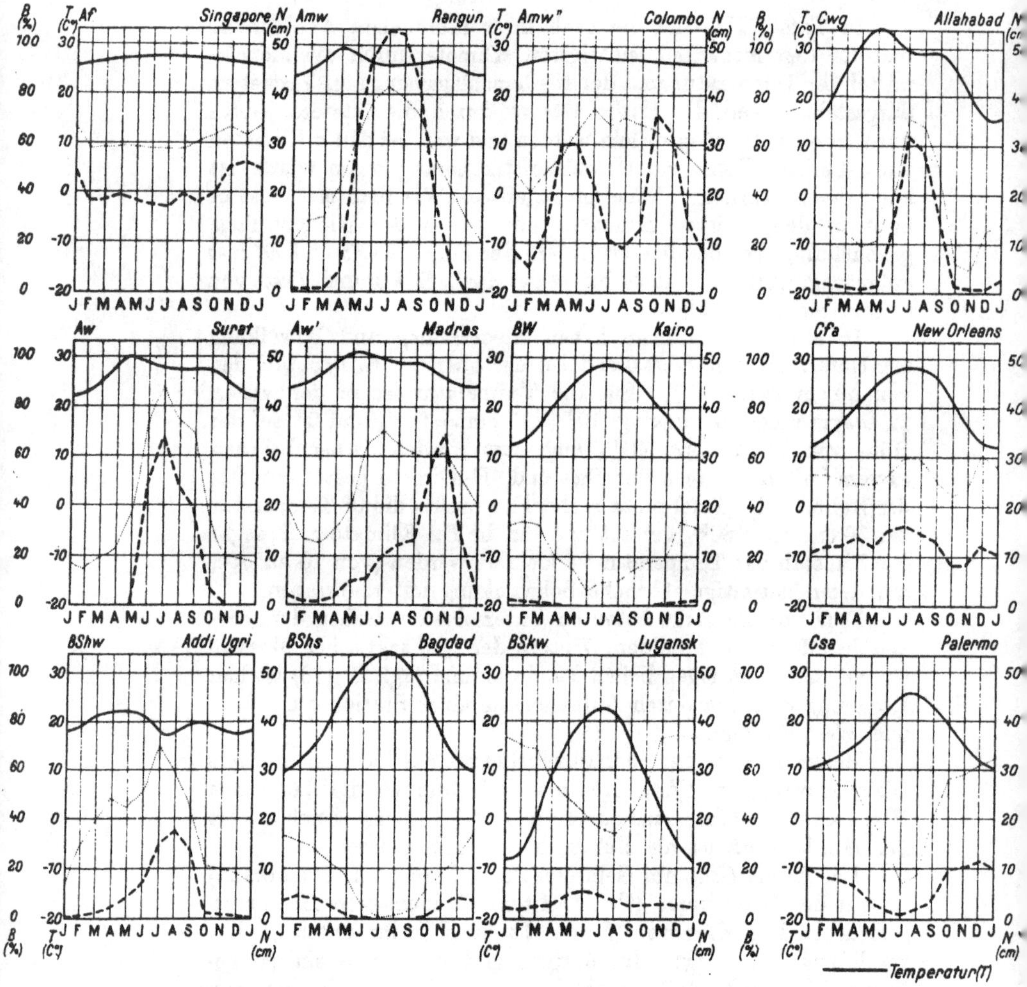

ung in 27 der wichtigsten Klimate

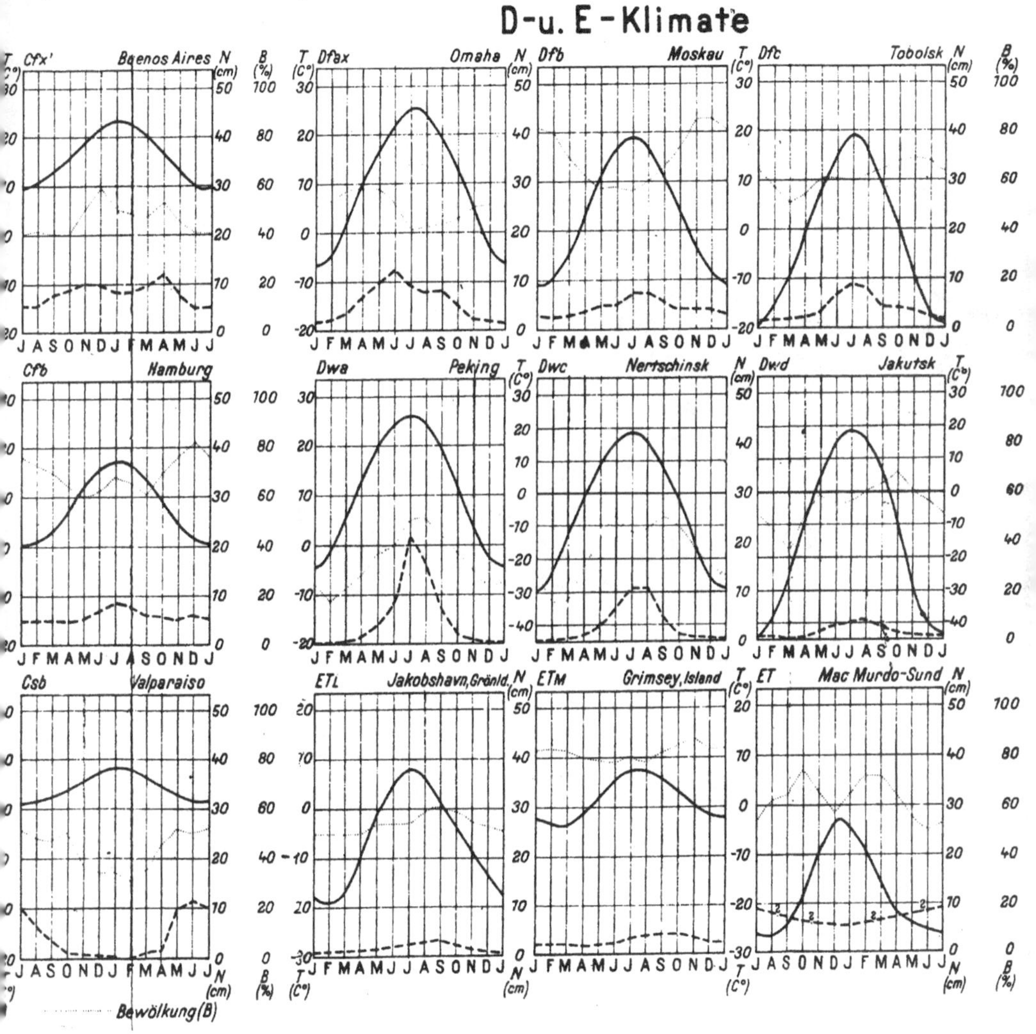

Odessa hat $r = 41$, $t = 11$, Athen $r = 39$, $t = 18$. Aber Odessa hat Sommerregen und daher nach dem Diagramm Steppenklima, Athen Winterregen und daher Baumklima (*Cs*), wenn auch (in der Ebene!) nahe der *BS*-Grenze. Dagegen fällt Bagdad, das ebenso ausgeprägte Winterregen, aber $r = 23$ und $t = 22$ hat, damit schon entschieden ins Trockenklima *BS*, nahe der Grenze von *BW*. Die Vegetation dieser Orte stimmt damit überein.

Für die Unterscheidung zwischen *s*, *w* und *f* bei *C* und *D* gilt, wegen der verschiedenen Verdunstung, erfahrungsmäßig:

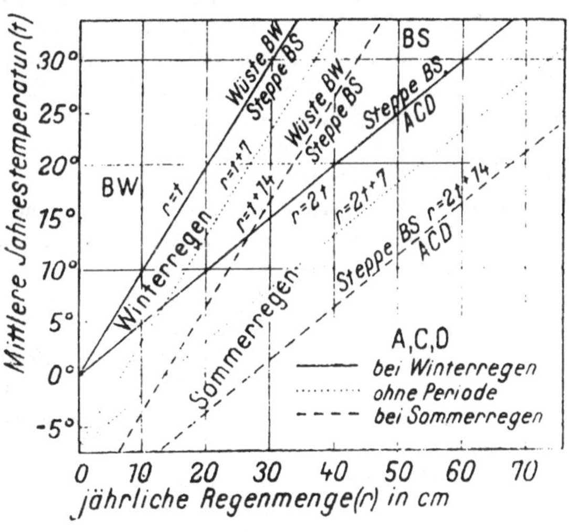

Fig. 12a

Cs = regenreichster Monat der kälteren Jahreszeit bringt mindestens dreimal so viel Niederschlag wie regenärmster der wärmeren (oder *Cfs*, falls dieser mehr als 3 cm bringt).

Cw und *Dw* = regenreichster Monat der wärmeren Jahreszeit bringt mehr als zehnmal so viel Niederschlag wie regenärmster der kälteren.

Cf und *Df* = Unterschied der Monate geringer als dies.

Die Verteilung dieser Klimate über die Erdoberfläche findet man auf der Weltkarte Tafel I für die 11 Hauptklimate mit Nummern angegeben, wie auf S. 126; die ausgezogenen Grenzen umfassen auch die nächstverwandten Nebenformen mit.

Wir müssen zunächst auch diese Nebenformen kennen lernen, die auf kleineren Räumen die klimatischen Elemente der Temperaturhöhe, der Temperaturschwankung und der Feuchtigkeit in einer von diesen großen Typen etwas abweichenden Verbindung aufweisen und dadurch teils vermittelnde, teils eigenartige klimatische Züge darbieten.

Die wichtigsten Nebenformen sind:

1. Isotherme Höhenklimate. Die Temperaturabnahme mit wachsender Höhe ist nicht wie diejenige mit der Breite überwiegend auf den Winter beschränkt, sondern erstreckt sich auf das ganze Jahr. Wir haben daher in der Höhe selbst am Äquator kühle und kalte Klimate, die weder Sommer noch Winter kennen. Supans Isotalantosen (Linien gleicher Jahresschwankung) gelten annähernd für alle Höhen. Welche wir als Grenze nehmen, ist willkürlich. Eine Differenz von $< 5^0$ zwischen den Mitteln der extremen Monate finden wir auf dem Lande außerhalb der Wendekreise kaum mehr, sie kann als kennzeichnend für die tropischen Bergklimate dienen. Als Bezeichnung können wir Namen und Zeichen der Gruppe nehmen, die nach ihrer Definition dazu stimmt, aber ein „isotherm" bzw. „*i*" hinzusetzen. Wir erhalten so die Nebenformen *Cwi* (Beispiele Quito, Addis Abeba, Dodabetta), *Cfi* (z. B. Bogota, Cinchona Plantation, Jam.), *ETi*, (z. B. Antisana, Kamerunpik), *EFi* (z. B. Gipfel des Kilimandscharo, Chimborazo und Misti). Bei Klima *Af* ist die Beifügung von *i* überflüssig.

2. In gewissen Gebieten der heißen Zone finden wir auf beschränktem Raume hochstämmigen Urwald trotz einer scharf ausgeprägten Trockenzeit; sichtlich dort, wo die Regenmenge der übrigen Zeit dem Boden einen genügenden Wasservorrat auch für die regenlose Zeit zuführt. Dort, wo die Jahresmenge über 200 cm beträgt, wie an der Malabarküste, kann die Trockenzeit sogar 4 Monate dauern, ohne der Vegetation ihren Stempel aufzudrücken; bei einer Regenmenge von 150 bis 200 cm, wie in Lagos, 1 bis 2 Monate. Diese Zwischenform der Klimate *Af* und *Aw* wollen wir mit *Am* bezeichnen. Fig. 12b läßt ihre Grenzen graphisch bestimmen.

3. Zu den natürlichen Eigenschaften der kontinentalen Wüsten gehört die Trockenheit der Luft. Sie bewirkt, daß selbst starke aufsteigende Luftströmungen in ihnen kaum Wolken bilden (vgl. S. 92). Anders aber ist es an den Meeresküsten. Hier ist die unterste Luftschicht feucht und starker Taufall die

Regel, während die Regenlosigkeit wegen Mangel an aufsteigenden Luftbewegungen meist noch größer ist als im benachbarten Innern. Dieses luftfeuchte Wüstenklima tritt in dreierlei Formen auf. An Binnenmeeren, die in heiße Wüsten eingebettet sind, wie das Rote Meer, der Persische und der Kalifornische Meerbusen, bringt die Verbindung von hoher Temperatur und Luftfeuchtigkeit noch viel lästigere Bedingungen für den Menschen hervor, als die noch größere, aber trockene Gluthitze des benachbarten Binnenlandes; zur Nebelbildung kommt es aber dabei

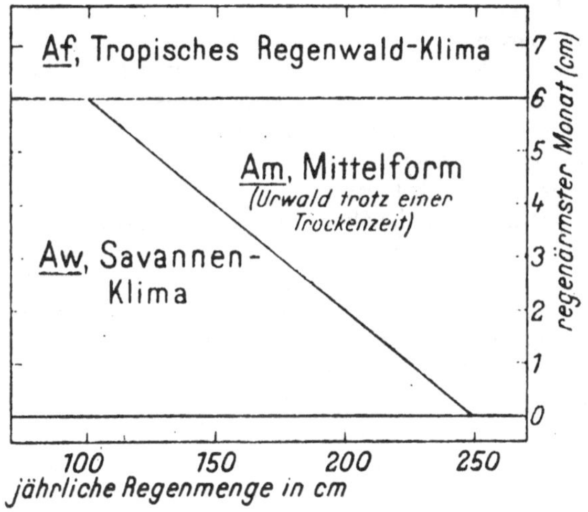

Fig. 12b

selten. An Küsten dagegen, wo durch kalte Strömung oder aufquellendes Tiefenwasser das Meer am Ufer viel kühler ist, als sowohl das Binnenland wie die hohe See, und zwar Temperaturen zwischen 12° und 20° aufweist, da führt, zumeist in der kühleren Jahreszeit, die hohe Luftfeuchtigkeit so häufig zur Nebelbildung, daß diese zum Hauptcharakterzug wird (Klima *Bn*). Das ist vor allem so an den Küsten von Peru und Nordchile in 5—22°, sowie von Deutsch-Südwestafrika in 15—33° s. Br.; auch von weiter nördlich, von Loango, ist der „Cacimbo" fast ebenso bekannt, wie die „Garua" von Peru. Ganz ähnlich liegen die Verhältnisse, jedoch mit weniger starker Nebelbildung, an den

Küsten von Südkalifornien und Marokko, sowie an der Südostseite der Somali-Halbinsel (*Bn'*).

Für das Klima der Wüstennebel *Bn* kann Swakopmund und für dessen schwächere, seltener zu Nebeln führende Ausbildung *Bn'* Mogador als Vertreter gelten. Nach dem Binnenlande hin nehmen bei diesen die Hitze und die Sonnenstrahlung sehr schnell zu. Das noch wärmere, ebenfalls durch Regenlosigkeit bei feuchter Luft ausgezeichnete Klima *Bn''* mit Sommertemperaturen zwischen 24° und 28° finden wir von Gabes bis Alexandrien; für das schwüle Dampfwüstenklima *Bn'''* endlich sind Massaua und Buschir typische Vertreter.

4. In der Nähe des 40. Breitengrades (etwa unter 45° in Europa, 39° in Nordamerika, 37° in Australien und 34° in Südafrika), dort, wo sich das Steppenklima mit dem feuchttemperierten *Cf* oder mit dem sommerdürren Klima *Cs* berührt, finden wir auf kleineren Räumen Klimate, die sich nicht recht in eine der großen Abteilungen einreihen lassen und die trotz ihrer Unbestimmtheit deutliche Verwandtschaftszüge zueinander aufweisen. In allerlei Variationen zeigen sie Regenmaxima im Frühsommer und heiteren Nachsommer. Sie zeigen Anschluß einerseits an die Sommerregen der benachbarten polaren Teile der Steppengebiete, andererseits an das Klima *Cs*, dessen Winterregenzeit sich nach den Rändern zum Teil in Herbst- und Frühlingsregen spaltet, und durch die Abwesenheit einer ausgesprochen trockenen Zeit auch an das Klima *Cf*. Wir wollen diesen Klimatypus mit *Cx*, eventuell, wo die betreffenden Schwellen der Temperatur oder Regenmenge überschritten werden, mit *Dx* und *BSx* bezeichnen. Hierher gehören die Klimate von Kastilien und Mittelfrankreich, die der Poebene, Kroatiens, der ungarischen und rumänischen Tiefebene, sowie Grusiens, im Kapland das der Südküste und Südkarroo, in Australien das von Victoria, ferner in einer oder der anderen Form dasjenige eines großen Teils des Innern der Vereinigten Staaten. Die jährliche Regenverteilung in den Prärien hat Ähnlichkeit mit derjenigen in den südrussischen Steppen und den Donau-Tiefebenen. Den „Missouri-Typus" des Regenfalls, mit Maximum der Regenmenge im Ausgang des Frühlings und im Frühsommer erklären amerikanische Meteorologen für den wichtigsten in den Vereinigten Staaten wegen seiner Bedeutung für den Ackerbau. Er hebt sich scharf ab vom benachbarten mexikanischen, der sich durch starke Regen erst nach der Sommersonnwende und große Trockenheit im Spätfrühling auszeichnet.

Auch in der Temperatur bieten diese Gebiete Übergangsverhältnisse, insofern als diese in den nordischen unter ihnen im Januar nahe an — 3° liegt und im wärmsten Monat sowohl im Norden als im Süden nahe an 22° beträgt, welche Isotherme wir bei der Unterscheidung von *a* und *b* unseres Schemas zugrunde gelegt haben. Die Wintertemperatur freilich ist am Kap und in Victoria 12° bis 16° höher als im Norden.

Nur geringe Anklänge an diesen Klimatypus weist Südamerika auf, hauptsächlich in dem doppelten Regenmaximum in Uruguay. Aber auch das ganze La Plata-Gebiet stellt der Einordnung in das große Klimaschema ähnliche Schwierigkeiten entgegen; denn als „feuchttemperiert" muß es zwar nach seinen Regenmengen gelten, diese fallen aber in Güssen auf so wenige Tage verteilt, daß an der Baumlosigkeit der Pampas doch wohl Wassermangel stark beteiligt ist; nach der Regenhäufigkeit müßte man ihnen Steppenklima zuschreiben; zumal ihnen eine eigentliche Regenzeit fehlt, bei deren Vorhandensein der Baumwuchs mit viel geringeren Jahresmengen auskommt, besonders wenn sie in der kühleren Jahreszeit fallen. In der Tat fallen in den Pampas durchschnittlich 15—20 mm an einem Regentag, während in den südrussischen Steppen, für deren Trockenheit gleichfalls dieser Fall des Regens in Güssen öfters verantwortlich gemacht wird, auf einen sommerlichen Regentag nur 7 mm kommen. Eine Ähnlichkeit bietet sich in derselben Breite in Nordamerika, wo in Arkansas und Umgebung 12—15 mm pro Regentag fallen, bei mäßigem Gesamtregenfall und bei nur etwa 10 Regentagen im Monat. Im deutschen Flachland beträgt die mittlere Regenmenge für einen Tag mit Regen nur 4 mm.

Führen wir nun, um zu einer genaueren Kennzeichnung der Klimate zu gelangen, außer diesen Nebenformen auch Unterabteilungen in den großen 11 Hauptgruppen ein, die wir ebenfalls mit Zeichen aus der oben gegebenen Liste S. 127 belegen, so kommen wir zu **Klimaformeln,** welche die Natur und Verwandtschaft der Klimate in ähnlicher Weise kurz ausdrücken, wie die chemischen Formeln diejenige der Stoffe. Wie weit man darin gehen will, hängt natürlich in der Klimatologie, wo man überall Mannigfaltigkeit und Übergänge findet, vom Gutdünken und vom Zweck ab, den man verfolgt. Die Klimaformel ist aber wohl der einfachste Weg, um sich in dieser verwirrenden Mannigfaltigkeit zurechtzufinden und Verwandtes zu verknüpfen.

Wenn man sich beim Gebrauch der Klimaformel die Regel setzt, die Buchstaben in der Reihenfolge der Wichtigkeit der damit bezeichneten Züge zu stellen, so kann man deren Zahl nach Bedarf durch Hinzufügung weiterer Züge vergrößern und den Ausdruck mehr oder weniger vollständig wählen. So kann man z. B., wenn man andeuten will, daß die ausnahmsweise in der Sahara fallenden Regen in ihrem nördlichen Teil im Winter, in ihrem südlichen im Sommer fallen, dem Zeichen *BWh* für jenen ein *s*, für diesen ein *w* hinzufügen (*BWhs* und *BWhw*), ohne damit eine bestimmte Unterabteilung des heißen Wüstenklimas *BWh* aufstellen zu wollen. Im folgenden Schema ist dies durch Klammern angedeutet. Für die Hauptklimate setzen wir, um die Verständigung zu erleichtern, auch Namen hinzu.

	Hauptklimate	Nebenformen	Unterabteilungen
Af	Tropisches Regenwaldklima . .	*Am*	*s, s′, s″*
Aw	Savannenklima	*As*	*w, w′, w″*
BS	Steppenklima.	*Bn, Bn′*	*h, k, k′*
BW	Wüstenklima	*Bn″, Bn‴*	(*s, w*)
Cs	Etesienklima	*Cx, Cx′*	
Cw	Sinisches Klima	*Cwi*	*a, b*
Cf	Feuchttemperiertes Klima . . .	*Cfi*	(*g*)
Dw	Transbaikalisches Klima. . . .	—	*a, b, c, d*
Df	Feuchtwinterkaltes Klima . . .	*Dx*	*a, b, c*
ET	Tundrenklima	*ETH, ETHi*	—
EF	Schneeklima	*EFH, EFHi*	—

Da das Klima *Dw* nur in Nordostasien vorkommt, so können wir es nach seinem Bezirk nennen; ebenso können wir seine Unterformen *Dwa* als mandschurisches, *Dwb* als Amur-, *Dwc* als nertschinskisches und *Dwd* als jakutisches Klima bezeichnen. Auch *Dfa* kommt nur einmal vor, nämlich in einem Gebiet, in dessen Mittelpunkt etwa Sioux-City liegt und darf als Siouxklima bezeichnet werden. Ferner können wir, um das Bild der betreffenden Klimate in unserer Vorstellung zu befestigen, passend *Dfc* Birkenklima, *Dfb* Eichenklima, *Cfb* Buchenklima nennen und *Cfa* als virginisches Klima bezeichnen; die Europäer lernten es zuerst in Virginia kennen. Der Ausdruck „feuchtwinterkalt“ für die *Df*-Gruppe ist eine Parallele zu „*Cf* = feuchttemperiert“; da er aber so schleppend ist, kann man *Df* als „Fichtenklimate“ bezeichnen. Vielleicht werden aber die mehr definierenden Ausdrücke „ozeanisch-boreal“ für *Df* und „kontinental-boreal“ für *Dw* mehr Anklang finden. Für die *x*-Klimate kann der Name

Maisklima dienen. Für *Bn* ist Garúaklima ein treffender Name, für *ETH* Almenklima.

Doch ist diese Namengebung nicht als ein Gegenstand von sehr wesentlicher Bedeutung, sondern nur als ein solcher des eventuellen Bedarfs und der Zweckmäßigkeit anzusehen, der die Verständigung erleichtern kann.

Steht in der Klimaformel ein *w* oder *s* hinter einem *f*, so bedeutet dies, daß das Minimum der Regenmenge im Winter bzw. Sommer eintritt, ohne daß deren jährliche Schwankung den oben für ein Klima mit periodischen Regen (z. B. *Cw* oder *Cs*) verlangten Betrag erreicht.

Die Verwendung der Klimaformel möge durch einige Beispiele näher veranschaulicht sein. Sie lautet für Greytown (Nicaragua) *Afw''i*, für San José (Cost.) *Aw''i*. Dies besagt, daß an beiden Orten die mittlere Temperatur aller Monate über 18° liegt und der Temperaturunterschied der extremen Monate kleiner als 5° ist; beide Orte müssen ferner eine doppelte Regenzeit im Frühsommer und Spätherbst haben, mit einem zweimaligen Nachlassen der Regen, einem größeren im Winter oder Frühling der Halbkugel, und einem geringeren („veranito") in deren Sommer oder Herbst. Aber nur in San José ist, wie die Formel sagt, mindestens die größere dieser Regenpausen eine wirkliche Trockenzeit, Greytown dagegen hat heißfeuchtes Regenwaldklima zu allen Jahreszeiten (d. i. in keinem Monat < 6 cm Regen).

Nehmen wir ein anderes Doppelbeispiel. Die Formel für Agra (Indien) lautet *Cwag*, die für Neapel *Cs'a*. An beiden Orten liegt also das Temperaturmittel des kältesten Monats zwischen 18° und — 3° und die des wärmsten über 22°. Agra hat eine Trockenzeit im Winter, Neapel eine im Sommer und beide haben ein einfaches Regenmaximum, das in Agra in den Sommer fällt, in Neapel aus dem Winter gegen den Herbst verschoben ist; endlich zeigt der Buchstabe *g* bei Agra, daß der wärmste Monat noch vor die Sommersonnwende fällt, während das Fehlen eines solchen Buchstabens bei Neapel schließen läßt, daß er hier normal, d. h. etwa 1 Monat nach dem höchsten Sonnenstande eintritt.

Ein drittes Doppelbeispiel sei Haparanda — *Dfc* und Jakutsk — *Dwd*. Die Formeln sagen, daß an beiden Orten die Temperatur des kältesten Monats unter — 3° und die des wärmsten zwischen 10° und 22° liegt, sowie daß an beiden weniger als 4 Monate eine Temperatur über 10° haben; in Jakutsk ist der Winter arm an Niederschlägen und vorwiegend heiter, die Temperatur des kältesten Monats ist deshalb äußerst niedrig, unter — 36°; in Haparanda bringen dagegen alle Jahreszeiten häufige Niederschläge und ist der Winter nicht so kalt.

Als letztes Beispiel betrachten wir Swakopmund *BWkn* und Windhuk *BShw*. Danach hat ersteres kühles Wüstenklima ohne Regen, aber mit häufigem feuchtem Nebel, letzteres heißes Steppenklima mit Trockenzeit im Winter. Das Jahresmittel der Temperatur liegt bei ersterem unter, bei letzterem über 18°.

Man sieht aus diesen Beispielen, daß die kurzen, nur aus 3 oder 4 Buchstaben bestehenden Formeln eine Menge wichtiger Tatsachen mitzuteilen vermögen.

§ 31. Die ideale geographische Verteilung der Klimate und deren Begründung in Luftdruck, Wind und Meeresströmung

Betrachten wir genau die nach diesen Grundsätzen entworfene Weltkarte der Klimate (Tafel I), so finden wir, daß das große System der Klimate sowohl nach der geographischen Breite, als nach der Lage zu den Festländern und Meeren gesetzmäßig orientiert ist. Freilich findet wegen deren verschiedener Größe und Form nur eine teilweise Wiederholung statt. Manche Züge sind nur der nördlichen Halbkugel, gewisse auch nur dem größten aller Kontinente, Asien, eigentümlich.

Um uns das Gesetzmäßige in der Anordnung der Klimate zu veranschaulichen, denken wir uns einen idealen, von Pol zu Pol reichenden Kontinent inmitten zweier Weltmeere, ein Mittelding zwischen der alten Welt und Amerika. Um die größere Ozeanität der Südhalbkugel zu berücksichtigen, lassen wir den Kontinent sich von 30° N, wo er 90° Längengrade bedeckt, bis zu 60° S zuspitzen und dort eine Antarktis sich anschließen.

Fig. 13 veranschaulicht den aus der Erfahrung an den fünf Weltteilen gewonnenen schematischen Verlauf der entscheidenden Isothermen und Trockenheitslinien. Bei den letzteren bedeutet α das Auftreten ausgesprochener periodischer Trockenzeiten, β die Grenze des Steppenklimas, γ die des Wüstenklimas. Als Grenze periodischer Trockenheit mußte freilich für die Gürtel mit Winterkälte *C* und *D* eine andere Definition gewählt werden (vgl. S. 129), als für den Gürtel *A*, wo die jährliche Temperaturschwankung dafür nicht in Betracht kam.

Greifen wir nun aus den Linien der Fig. 13, unter Hinzuziehung des Jahreslaufes als drittes Moment, die Stücke heraus, die für die Klassifikation der Klimate in erster Linie brauchbar erscheinen, so erhalten wir die auf Fig. 14 dargestellte Verteilung der im vorhergehenden unterschiedenen 11 Hauptklimate auf unserem idealen Kontinent und den angrenzenden Meeren. In Fig. 14 ist das Baumgebiet (Pencks humides Klimareich) weiß

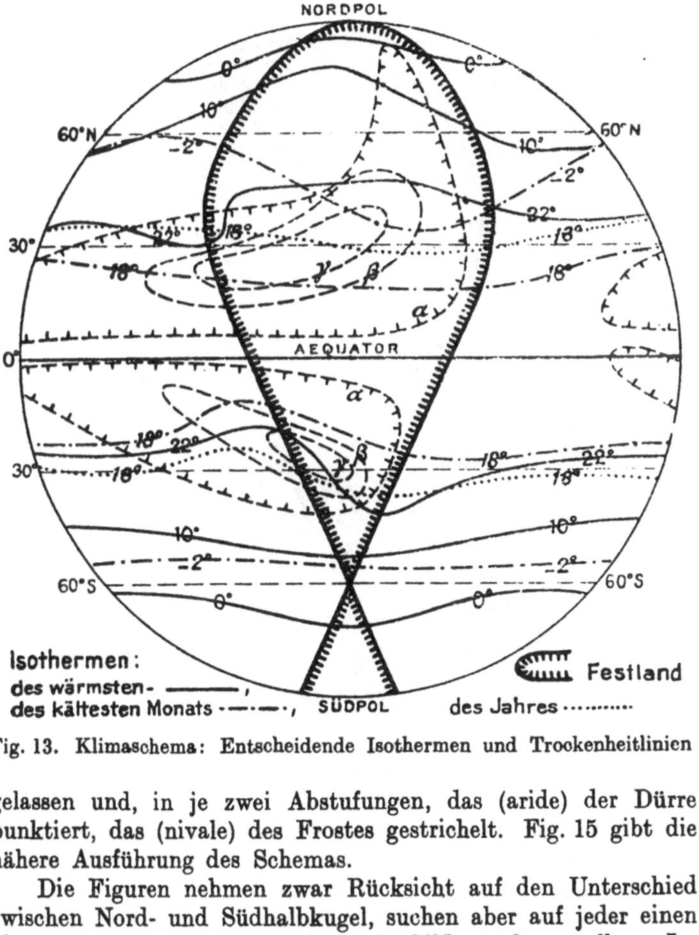

Fig. 13. Klimaschema: Entscheidende Isothermen und Trockenheitlinien

gelassen und, in je zwei Abstufungen, das (aride) der Dürre punktiert, das (nivale) des Frostes gestrichelt. Fig. 15 gibt die nähere Ausführung des Schemas.

Die Figuren nehmen zwar Rücksicht auf den Unterschied zwischen Nord- und Südhalbkugel, suchen aber auf jeder einen idealen Kontinent von mittlerer Ausbildung darzustellen. Im größten Festland Asien sind *Dw* und *Cw* stark entwickelt und ist *Cf* am Ostrand auf schmale Küstenstreifen zurückgedrängt;

im kleineren Nordamerika dagegen fehlt *Dw* und nimmt *Cf* einen großen Raum auf der Ostseite des Festlandes ein; *Cf* ist eben ein überwiegend ozeanisches Klima, *Dw* ein durchaus kontinentales. *Cw* erreicht in Asien, Afrika und Australien die Ostküste des Festlandes, in Nord- und Südamerika nicht. Die Figuren

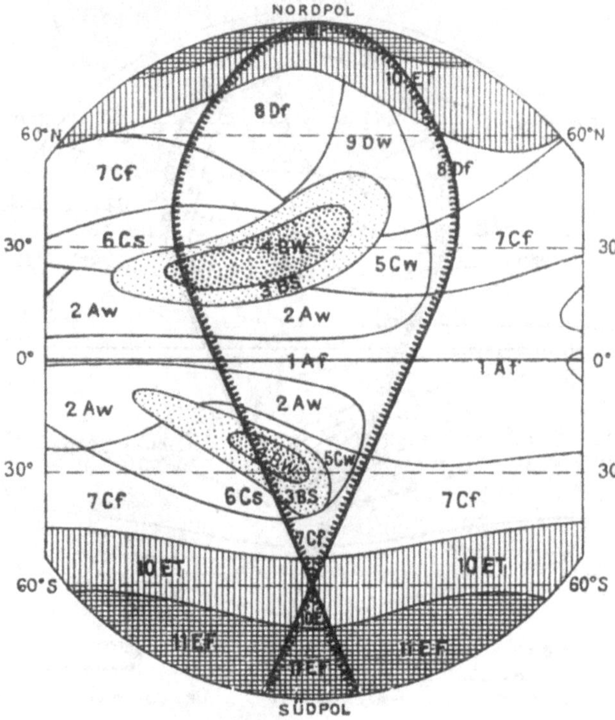

Fig. 14. Klimaschema: Die 11 Hauptklimate

suchen, um das Übereinstimmende besser erkennen zu lassen, einen gewissen Mittelweg, wie er wohl auf einem mittelgroßen schwach hügeligen Festland zu erwarten wäre.

Eine andere Ausnahmeerscheinung, die in unserem Schema keine Darstellung finden kann, ist das Hinüberreichen des Trockengebietes bis an die Ostküste in Patagonien und zu beiden Seiten des Golfs von Aden. Natürlich fehlen in diesem Schema auch die *i*-Klimate, die auf tropische Gebirge, und die *n''*- und *n'''*-Klimate, die auf Binnenmeere beschränkt sind, während das Klima *Bn* bzw. *Bn'* an der Westküste als normal eingetragen ist.

Die wichtigsten übrigen Klimate wiederholen sich ziemlich übereinstimmend in der Anordnung, wenn auch in verschiedener

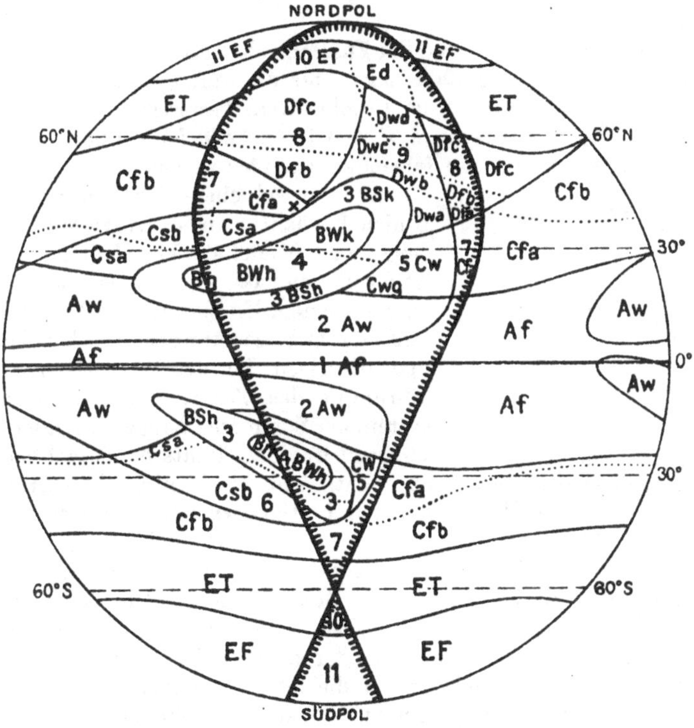

Fig. 15. Klimaschema: Nähere Ausführung

Ausdehnung in allen Weltteilen. Von einer, im allgemeinen etwas nördlich vom geodätischen Äquator um die Erde laufenden Linie, die man den meteorologischen Äquator nennt, ordnen sich nach beiden Polen hin an den Westküsten der Kontinente die Klimate in der Reihenfolge: *Af*, *Aw*, *BSw*, *BW*, *BSs*, *Cs*, *Cf*, *Df*, *ET*, im östlichen Innern aber *Af*, *Aw*, *Cw* (*Cfa*), *Dw* (*Df*, *Cfb*), *ET*; wie es auch in der Fig. 15 dargestellt ist. In Australien und

Afrika wird *Cf* erst an der Südküste, und werden *Df* und *ET* überhaupt nicht erreicht; *Df* auch nicht in Südamerika.

Die Ursachen für diese eigenartige Anordnung der Klimate liegen in der verschiedenen Wirkung der Sonnenstrahlung auf verschiedene Breitengrade und auf Land und Meer, sowie in dem hierdurch erzeugten allgemeinen Kreislauf der Atmosphäre und der Meere.

In den §§ 14—17 sind der Zusammenhang zwischen Wind und Luftdruck und die großen Züge ihrer Anordnung und jahreszeitlichen Verschiebung auf der Erdoberfläche besprochen und in den Karten Figg. 9 (siehe Tafel V) und 10 (siehe Tafel VI) dargestellt. Wir können daraus die folgenden Hauptsätze ableiten.

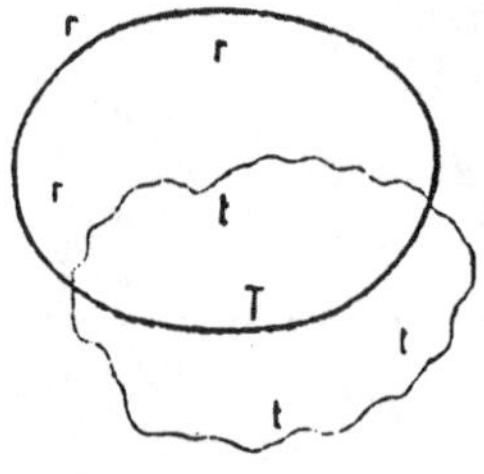

Fig. 16
Hochdruckgebiet und Trockengebiet, N-Halbkugel

Die abwechselnde Erwärmung der beiden Erdhälften im Jahresverlaufe erzeugt eine pendelnde Verschiebung der Atmosphärenmasse von Jahresdauer, mit entsprechender Umbildung und Verschiebung der Gebiete durchschnittlich hohen und niedrigen Luftdruckes. Einerseits schrumpft das Passat- und Westwindsystem der Sommerhalbkugel zusammen, während das der Winterhalbkugel sich ausdehnt. Andererseits nimmt der Druck auf den Festländern vom Sommer zum Winter zu und zeigt sich infolgedessen eine Neigung zu Seewinden im Sommer, Landwinden im Winter — zum Monsunwechsel. Die Festländer der winterlichen Halbkugel ziehen in der Höhe Luft von den benachbarten Meeren und von der anderen Halbkugel an sich, die sie im Sommer wieder auf die letzteren abladen. Der Bau dieser jahreszeitlichen Hoch- und Tiefdruckgebiete ist freilich aus Mangel an Registrierballonaufstiegen in ihnen noch nicht bekannt. Es ist wahrscheinlich, daß über ihnen, wie über unsern beweglichen barometrischen Maxima und Minima, die horizontale Temperaturverteilung in der Höhe eine ganz andere ist, als am Boden. Dies würde aber die eben geschilderten Luftverschiebungen nicht aufheben.

Mit dieser jährlichen Pendelung der Atmosphäre erleiden auch die Hochdruckgürtel an den Polargrenzen der Passate eine Verschiebung und Umbildung, und mit ihnen zugleich die Trockengebiete, die ihr Inneres und ihre östliche und dem Äquator zugewandte Seite einnehmen. Fig. 16 zeigt diese Verteilung (für

N-Breite): die starke Kurve umschreibt das Gebiet des hohen Druckes, die feine das Trockenheitsgebiet.

Man sieht leicht ein, daß bei einer Nordwärtsverschiebung des Hochdruckgebietes die nördlichen Gegenden, bei seiner Verschiebung nach Süden die südlichen Gegenden Trockenzeit erhalten.

Fig. 17 veranschaulicht dies unter Berücksichtigung der Formänderung des Hochdruckgebietes im Laufe des Jahres durch Verlegung des höchsten Druckes zum Winter vom Ozean auf den Kontinent. Die *s*—*s*-Linie ist dessen Umgrenzung im Sommer, die *w*—*w*-Linie die im Winter, die gestrichelte die eines im Sommer auf dem Festlande entstehenden Gebiets niederen

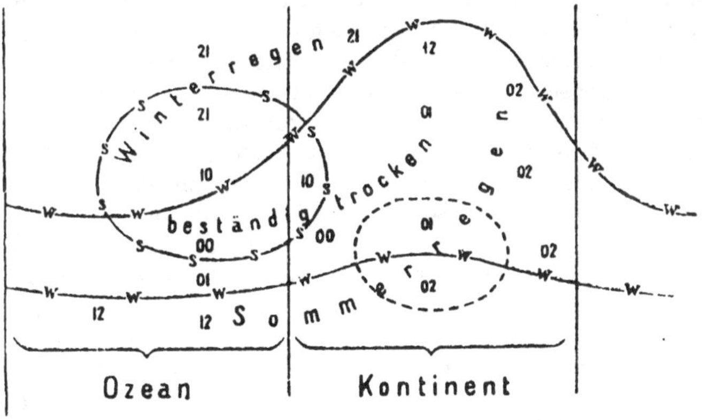

Fig. 17
Jahresschwankung der Druckgebiete und der Trockengebiete, N-Halbkugel

Druckes. Von den Doppelziffern gibt jeweils die erste den Regenfall des Winters, die zweite den des Sommers an, in einer Skala 0 bis 2; fallende Zahlen, z. B. 10, zeigen also Winterregen, steigende, z. B. 02, Sommerregen an. Wir sehen, wie nordwestlich vom Gebiet beständiger Regenarmut, wo in keiner Jahreszeit die Regenstufe 1 überschritten wird, Winterregen, südlich und östlich davon Sommerregen herrschen, um so mehr, als von den Regen auf dem Festlande nur ein Teil regenbringenden Winden und wandernden Tiefdruckgebieten zuzuschreiben ist, ein Teil aber durch mittägliche Erhitzung und Gewitterbildung hervorgerufen wird, die im Sommer aus örtlichem Wasserdampf Regen bilden.

Die verschiedene Ausbildung des kontinentalen winterlichen Hochdruckgebiets scheint dabei auf die Entwicklung des „Etesienklimas" (*Cs*) und seiner sommerlichen Trockenzeit keinen wesentlichen Einfluß zu haben, da es an allen Westküsten wiederkehrt, ohne freilich anderswo so tief ins Binnenland einzudringen, wie es in Eurasien, offenbar unter der Wirkung des Mittelmeeres, dies tut. Die Entstehung der zwei nordhemisphärischen *Cs*-Gebiete dürfte damit in der Hauptsache genügend erklärt sein. Dem Pendelausschlag der Atmosphäre folgend, verspätet sich deren Trockenzeit polwärts und setzt sich fort über das Etesienklima hinaus in den heiteren „Altweibersommer" des anstoßenden Gebiets. So ist der Monat der geringsten Bewölkung in Spanien und Italien der Juli, in Frankreich und Süddeutschland der August, im norddeutschen Binnenlande noch zum Teil der September, aber hier verlieren sich auch die letzten Ausläufer dieser Welle von Sonnenschein in dem regnerischen Herbst Nordwesteuropas. Denselben trockenen Spätsommer oder Frühherbst finden wir weiter nach Osten zu mit kontinentalen Frühsommerregen und trockenen Spätwintern, z. T. auch mit littoralen Herbstregen verbunden zur schwer formulierbaren und doch charakteristischen Tendenz *Cx*. So in Europa von Mittelfrankreich aus durch Kroatien, Ungarn und Südrußland, unter Berührung von Etesien-, Steppen-, feuchttemperiertem und borealem Klima.

Die jährliche Verschiebung des äquatorialen Regengürtels ruft in den äußeren Teilen ihres Spielraums Sommerregen und in dem mittleren Teile meist — aber nicht überall — eine doppelte Regenzeit (*Aw''* oder *Afw''*) mit großer und kleiner Trockenzeit hervor (vgl. S. 128). In den spanischen Kolonien wird die erstere, obwohl sie in den Winter der betr. Halbkugel fällt, als verano (Sommer), die kleinere Trockenzeit oder Regenpause als veranito bezeichnet. Auf dem mittleren Teil des Stillen Ozeans fehlt dieser Veranitotypus, offenbar wegen zu geringen Ortswechsels des Regengürtels.

Neben diese periodische Verschiebung der Regen- und Trockengürtel infolge des abwechselnden Wachstums des nord- und des südhemisphärischen Windsystems tritt als zweite mächtige Ursache die ungleiche Erwärmung und Abkühlung von Land und Meer. Die stärkere Erwärmung der Festländer bringt ihnen im Sommer niedrigen Luftdruck, Seewinde, verstärkte Verdunstung und aufsteigende Luftströme, und infolge alles dessen überall, wo nicht andere Ursachen dem entgegenwirken, ein Vorwiegen der Sommerregen wenigstens bezüglich der Regenmenge. Besonders in Gegenden, von denen die feuchteren Luftströmungen durch Gebirge abgehalten werden, zeigt sich das Vorwiegen stark, weil die frei darüber wegwehenden Luftschichten wohl in der wärmeren, nicht aber in der kälteren Jahreszeit erhebliche Dampfmengen mit sich führen können. Dies äußert sich aber namentlich in der größeren Ergiebigkeit („Dichte") der Sommerregen, weniger in ihrer Häufigkeit. In der Regenwahrscheinlichkeit ist daher dieses Übergewicht des Sommers auf weit kleinere Gebiete, die inneren Teile des Festlandes und die Gebirge, beschränkt.

Die Unterbrechung der beiden Trockengürtel der Erde an der Ostseite der Kontinente ist in Ostasien an einen völligen Wechsel zwischen feuchten Seewinden im Sommer und trockenen Landwinden im Winter geknüpft. An den übrigen Festländern ist der Monsunwechsel geringer, jedoch immerhin in der Ablenkung der mittleren Windrichtung erkennbar.

Weil die Monsune durch die Temperatur- und Regenverhältnisse großer Erdstrecken bedingt werden, kann stellenweise, wo die Küstenrichtung von der vorherrschenden abweicht, der Wintermonsun als Seewind, der Sommermonsun als Landwind auftreten. Sind diese Küsten gebirgig, so erhalten sie die Regen zur entgegengesetzten Jahreszeit als ihre Umgebung und stellen Ausnahmen in dem allgemeinen System dar. So verhalten sich die Nordwestseite von Japan, die Nordostseite von Formosa, den Philippinen und Borneo, die Südostküste von Neupommern und Finschhafen, wo überall Winterregen statt der Sommerregen der Umgebung herrschen. Ferner Annam, die Ostküste von Ceylon und Karnatik (Madras) sowie der Südosten von Celebes, wo die Regenzeit in den Herbst fällt.

Mit wachsender Breite verwickelt sich das Bild, weil die jährliche Temperaturschwankung wächst, Regenmenge und Regenhäufigkeit auseinandergehen und ein Teil des Niederschlags als Schnee fällt und erst später schmilzt. Anderseits werden durch die zunehmende Veränderlichkeit der Windrichtung die räumlichen Unterschiede im Klima viel geringer, der Gegensatz zwischen Luv- und Leeseiten und der zwischen Trocken- und Regenzeiten verliert mit wachsender Breite seine Schärfe.

Die polare Grenze der Westwinde ist sehr ausgeprägt in 60—70° südlicher Breite. Am Rande der antarktischen Eiskappe sind mehr oder weniger östliche Winde vorherrschend, z. T. in außerordentlicher Beständigkeit und Stärke. Auf der nördlichen Halbkugel ist diese Grenze unregelmäßiger durch die Zerteilung des Gürtels niedrigen Druckes in zwei Felder auf den beiden Ozeanen.

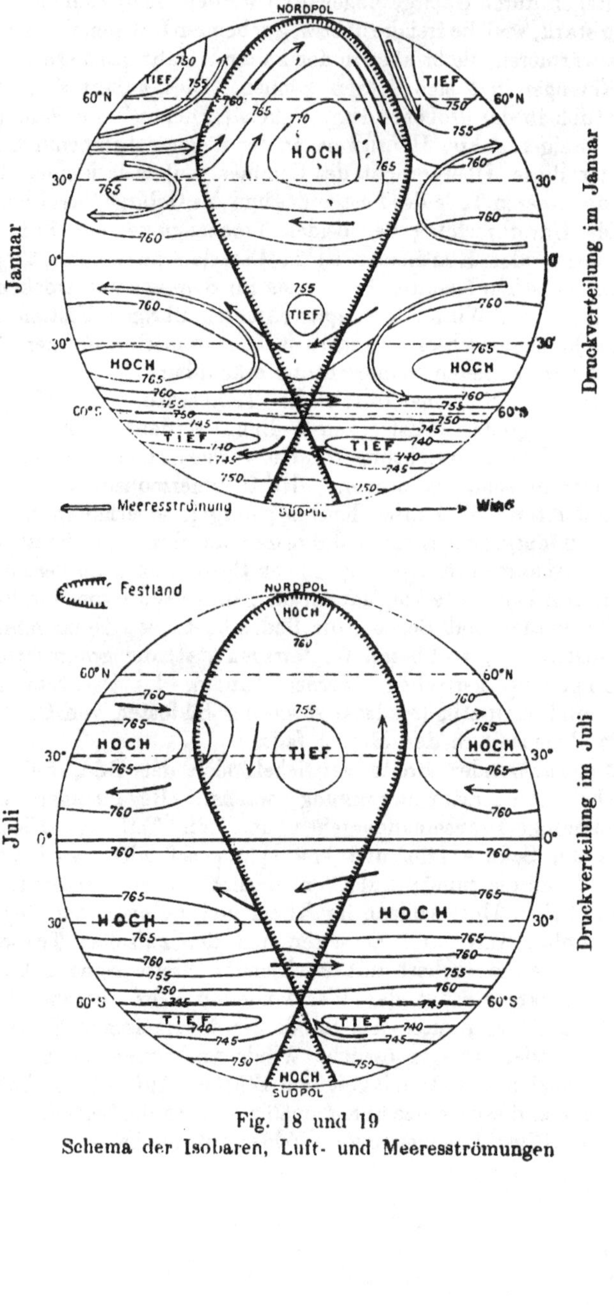

Fig. 18 und 19

Schema der Isobaren, Luft- und Meeresströmungen

Die Figg. 18 und 19 stellen die anzunehmende jährliche Verschiebung der Druckgebiete auf dem zu den Figg. 13—15 benutzten Schema eines Kontinents und der angrenzenden Ozeane dar. Statt der Windrichtung am Erdboden ist auf ihnen vermutungsweise die Luftbewegung in der Höhe der Regenwolken durch (einfache) Pfeile angedeutet, da diese, und nicht der Bodenwind, über die Trockenheit oder Feuchtigkeit und zum guten Teil auch über die Wärme eines Klimas entscheidet. Freilich wissen wir über deren Richtung bzw. ihr Verhalten zu den Isobaren aus den niederen Breiten noch recht wenig.

Die Doppelpfeile deuten die Bewegung der Meeresströmungen an, die, selbst überwiegend von den Winden erzeugt, deren klimatische Wirkungen in hohem Grade unterstützen und ergänzen. Denn bei dem hohen Wärmegehalt des Wassers bedingen die durch die Meeresströmungen ihre geographische Breite ändernden Wassermassen, trotz ihrer langsameren Bewegung, den Transport ungleich größerer Wärmemengen, als die Luftströmungen. Da die warmen Strömungen an der Oberfläche, die kalten Rückströmungen überwiegend in der Tiefe vor sich gehen, ist die Wirkung der Meeresströmungen auf die Atmosphäre überwiegend erwärmend.

Kapitel 9

Nähere Beschreibung der Klimagürtel

§ 32. Die tropischen Regenklimate (*A*)

Ununterbrochene Wärme, Mitteltemperatur des kältesten Monats über 18° C, mindestens ein Monat mit reichlichem Regen und eine jährliche Regenmenge von etwa $^2/_3$ Meter und darüber; keine Kälteruhe im Pflanzenleben, aber im Klima *Aw* periodische Trockenruhe — das sind die Kennzeichen dieser tropischen Tieflandklimate, des Reichs der Megathermen. Wo ausgesprochene Trockenzeiten überhaupt vorhanden, liegt (mit Ausnahme eines Streifens auf dem Atlantischen Ozean) die Haupttrockenzeit im Winter und Frühling der betreffenden Halbkugel und fällt die größte Hitze gewöhnlich auf deren Ende. In großen Teilen des Gebiets findet sich daneben eine zweite kleinere Trockenzeit, mit zwei Regenzeiten meist um den Mai und November.

Dieser Gürtel geht an den Ostküsten der Kontinente in der Nähe der Wendekreise in die Klimate *Cw* oder *Cf* über, an den Westküsten aber wird er schon in der Breite von 4—16° von den Trockengebieten abgelöst. Nach oben reicht er am Äquator bis zu etwa 1000 m Seehöhe (nur 800 m Kamerun, 1500 m Sumatra).

Auf diesem weiten Gebiet, das über 40% der Erdoberfläche umfaßt, herrschen sehr gleichmäßige Temperaturverhältnisse: eine mittlere Jahrestemperatur zwischen 24 und 30° C, mit geringer, am Äquator fast verschwindender jährlicher Schwankung; eine kalte Jahreszeit fehlt, ebenso fehlen die in den gemäßigten Zonen herrschenden großen unperiodischen Wechsel zwischen warmen und kalten Tagen, und Unterschiede der gleichen Monate in verschiedenen Jahren.

Anders steht es mit den Regenverhältnissen: in ihnen herrscht hier viel ausgesprochenere räumliche und meistens auch zeitliche Mannigfaltigkeit, als in den gemäßigten Zonen. Wegen des starken Vorherrschens bestimmter Windrichtungen hat hier jedes Gebirge — das runde Jahr hindurch oder je nach der Jahreszeit — seine bestimmte feuchte Luv- und trockene Leeseite. Wechselt die Windrichtung nach Jahreszeiten, so sind die Regen- und Trockenzeiten auf beiden Seiten des Gebirges verschieden. Viele Gegenden haben eine oder mehrere scharf ausgeprägte Trockenzeiten im Jahre. Die Regen fallen meist in starken Güssen zu bestimmten Tageszeiten, mit oder ohne Gewitter. Mittlere Bewölkungsgrade und getürmte Haufenwolken walten vor. Luftfeuchtigkeit und Regenmenge haben gleichen jährlichen Gang. Im Gegensatz zur Lufttemperatur unterliegt die Regenmenge der gleichen Monate verschiedener Jahre in vielen tropischen Gegenden großen Schwankungen; dort, wo ausgesprochene Trockenzeiten vorkommen, erstrecken sich deren Bedingungen zuweilen auch über die Regenzeit, damit Mißwachs und Hungersnot erzeugend.

Diese Züge sind am meisten durch die Winde bedingt. Der Unterschied in der Temperatur der verschiedenen Windrichtungen fehlt hier, wo auf weiten Strecken dieselbe Temperatur herrscht. In den meisten Teilen der Tropenzone ist zudem die Windrichtung sehr wenig veränderlich. Außerhalb eines schmalen, meist 2—6 Breitengrade breiten Gürtels mit Windstillen und schwachen veränderlichen Winden, der in der Regel zwischen 0 und 10° Nordbreite liegt, finden wir teils beständig östliche

Winde — die Passate —, teils jahreszeitlich wechselnde — Monsune —, an den Küsten großenteils Seewind am Tage, Landwind in der Nacht; vgl. S. 63. Der Passat weht nördlich des Stillengürtels aus überwiegend nordöstlicher, südlich davon aus südöstlicher Richtung; an den Westküsten Afrikas und Südamerikas findet man ebenso anhaltende Winde aus ganz polarer oder selbst polarwestlicher Richtung. Im Innern der Festländer weht der Passat nur in baumlosen Ebenen regelmäßig, und zwar um die Mittagszeit heftig, in der Nacht schwach.

Wie die Temperatur, so zeigen auch Bewölkung und Charakter der Niederschläge in der Tropenzone die Verhältnisse unseres Sommers meist in verstärktem Maße. Trübe Tage mit Rieselregen, wie deren unser Winter so viele bringt, sind nur in den Gebieten, wo kalte Meeresströmungen in niedere Breiten hinabreichen (Peru, Benguela, Klima *Bn*), häufig; in den *A*-Klimaten sind gebrochener Himmel mit Kumulonimbus, Gewittern und großtropfigen Gußregen in den Regenzeiten, Wolkenlosigkeit oder kleine Kumuli in den Trockenzeiten der herrschende Zustand.

Den Tagesanbruch unter dem Äquator schildert Wallace wie folgt: „Noch um $5^1/_4$ Uhr ist die Dunkelheit vollkommen; dann aber unterbricht hier und da ein Vogelruf die Stille der Nacht, wohl ein Zeichen, daß Spuren von Dämmerlicht am östlichen Horizont sich bemerkbar machen. Etwas später hört man den melancholischen Laut der Ziegenmelker, Froschquaken, Klagetöne der Bergdrossel und fremdartiges Geschrei von allerhand Vögeln und Säugetieren, wie sie gerade der Gegend eigen sind. Etwa um $^1/_2 6$ Uhr bemerkt man den ersten Lichtschimmer, erst nimmt er langsam, dann so rasch zu, daß es um $5^3/_4$ Uhr fast taghell ist. Nun tritt die nächste Viertelstunde hindurch keine bedeutende Änderung ein; dann aber taucht plötzlich der Rand der Sonne auf und bedeckt die von Tau strotzenden Blätter mit goldglänzenden Perlen, schickt goldene Lichtstrahlen weithin in den Wald und weckt die Natur zu Leben und emsigem Treiben. Vögel zwitschern und flattern, Papageien kreischen, Affen schwatzen, Bienen summen, prachtvolle Schmetterlinge wiegen sich langsam in den Lüften oder sitzen mit ausgebreiteten Flügeln im belebenden Lichte: die erste Morgenstunde ist in den Tropen mit einem zauberischen Reize ausgestattet, den man nie vergessen kann."

Ganz heitere Tage sind in der Nähe des Äquators sehr selten, und auch sonst sind in der Tropenzone, außer in den Wüsten, gewöhnlich einzelne Wolken am Himmel, die aber selten die Sonne dauernd verdecken.

Über die Lichtfülle des tropischen Tages, die im Anfange dem Auge des Nordeuropäers fast unerträglich ist, sagt Paul Reichard: „Der leuchtende, fast ewige Sonnenschein . . . erhöht die Lebenstätigkeit des Menschen, macht heiter und lebensfroh. Dieser lachende Sonnenschein ist es auch, der immer wieder die Sehnsucht nach jenen Gegenden wachruft. Was die so oft gerühmte tiefe Bläue des südlichen Himmels angeht, so ist diese entschieden ins Reich der Fabel zu verweisen. Nach Gewittern . . . können wir sie in derselben Stärke bei uns beobachten, wie irgendwo im Süden. Während der trockenen Zeit, wo die Atmosphäre über ganz Afrika mit dem Höhenrauche der Grasbrände verhüllt ist, zeigt die Luft stets ein weißliches, selbst ganz weißes, fremdartiges Aussehen."

Der tropische Sonnenschein hat indessen, selbst bei geringer Sonnenhöhe, eine noch unerklärte verderbliche Wirkung auf die unbedeckte Haut; Europäer sollen oft tödlichem Sonnenstich verfallen, wenn sie unbedeckten Hauptes sich der Sonne für wenige Minuten aussetzen, was aber teilweise übertrieben sein mag.

Mit der steigenden Sonne wird die Hitze am Vormittage bald drückend, bis der aufspringende Wind (§ 17) sie erträglicher macht. An der Meeresküste wird die Ankunft der Seebrise, die gewöhnlich zwischen 9 Uhr und 12 Uhr erfolgt, mit Ungeduld erwartet; in die erschlafften Menschen kommt neues Leben, wenigstens für kurze Zeit. Läßt der Seewind angesichts eines heraufziehenden Gewitters nach, so wird die Schwüle unerträglich, bis der Regenguß wieder Erfrischung bringt. In manchen Gegenden tritt der Seewind erst nach 12 Uhr plötzlich in Form einer Böe auf, wobei die Temperatur um mehrere Grade sinkt. Doch nicht nur die verhältnismäßige Kühle, sondern namentlich die Reinheit der Luft macht die Seebrise höchst wertvoll, so daß freier Zutritt derselben das wichtigste Erfordernis für gesunde Lage eines tropischen Küstenortes auf 30—40 km landeinwärts ist.

Die Regen treten in den Tropen meist in Form von Güssen und zu ganz bestimmter Tageszeit auf, die je nach der Gegend zwischen Mittag und Mitternacht schwankt; am Vormittag regnet es selten.

Durch die beständige Wärme wird der Mensch in den Tropen so verwöhnt, daß er friert, wenn die Temperatur auf 22° fällt, und doch über Hitze klagt, wenn sie über 30° steigt; auch bei dem Weißen tritt diese Empfindlichkeit nach wenigen Monaten ein. Die Pulloneger in Zentralafrika haben geheizte Bettstellen für die kühlere Jahreszeit, deren Mitteltemperatur etwa 23° ist!

Nicht nur körperliche, auch geistige Anstrengungen bringen in den Tropen weit rascher Ermüdung hervor, als in Europa. Diese Schwäche ist teils als Wirkung der gleichmäßig hohen Temperatur anzusehen, teils als solche der häufigen Tropenkrankheiten. „Fast alle tropischen Länder haben einige endemische Krankheiten gemeinsam; es sind das vorzugsweise die Malaria in ihren verschiedenen Formen und die Dysenterie; diese sind die eigentlichen Feinde der in den Tropen lebenden Europäer. Andere tropische Krankheiten, wie Beri-Beri, Lepra, Elephantiasis usw., befallen vorzugsweise die farbigen Rassen . . . Gelbfieber und Cholera beschränken sich in ihrem Auftreten auf bestimmte Gegenden und können durch gute sanitätspolizeiliche Maßnahmen wesentlich eingeschränkt werden. Ein mehr oder weniger erfolgreicher Schutz gegen die Malaria ist zu erzielen durch gute, geräumige und kühle Wohnungen, durch eine an Abwechslung reiche gemischte Kost mit tunlichstem Ausschluß der Fleischkonserven, durch eine verständige, sich von allen Extravaganzen freihaltende Lebensweise, durch den fleißigen und methodischen Gebrauch von Chinin, entweder in prophylaktischem Sinne (wöchentlich 1—2 g) oder im Anschluß an bereits überstandene Krankheiten, endlich durch einen rechtzeitigen Klimawechsel. Gegen Dysenterie schützt vorzugsweise eine mäßige Lebensweise mit Vermeidung von Diätfehlern." (O. Schelling: Klimatologie der Tropen. Bericht, Berlin 1893.)

Die Erkenntnis der Natur der Malaria und einiger verwandter Krankheiten und damit auch der Wege zu ihrer Bekämpfung hat in neuester Zeit große Fortschritte gemacht durch die Entdeckung der Rolle, die gewisse Insekten (Mücken) bei der Übertragung der krankmachenden Parasiten spielen. Dabei hat sich auch die Bedeutung der Wärme für die Entwicklung der letzteren herausgestellt: bei einem Teile bildet 18° C die untere Schwelle der Lebenstätigkeit. Die Beziehungen der Frage zur Klimakunde sind damit aufs neue, an anderer Stelle, als bisher angenommen war, fest geknüpft worden.

Über tropische Orkane und Monsune vgl. §§ 18 und 16.

Nach den Regenverhältnissen zerfällt das Reich in drei Hauptabteilungen.

Af. Tropisches Regenwaldklima, ohne ausgeprägte trockene Zeit; Unterschied zwischen dem wärmsten und kältesten Monat nur 1—6° C (in der Klimaformel ist daher das *i*-Zeichen bei *Af* entbehrlich).

Immergrüne hochstämmige Urwälder von höchst mannigfaltiger Zusammensetzung, von Lianen und Epiphyten (Scheinschmarotzern: Orchideen usw.) durchwebt. An Nutzpflanzen gehören die Sago-, Öl-, Betel- und Raphia- (bzw. Wein-) Palme, Muskatnuß, Pfeffer, Kakao, Paranuß, Brotfruchtbaum u. a. hierher. „Die Wälder der Äquatorialgegenden behalten das ganze Jahr hindurch fast unverändert dasselbe Aussehen, da beständig die eine oder die andere Spezies Knospen, Blüten, Früchte trägt."

So schnell in *Af* auch die Verwesung und die Auslaugung des Bodens durch den Regen vor sich geht, so ist die Erzeugung organischer Substanz in diesem feuchtheißen Klima so groß, daß doch die Böden in diesem, im Gegensatz zu denen des Savannenklimas, reich an Humus zu sein pflegen.

Die größte jährliche Regenmenge in diesem Klima und die größte bekannte auf der Erde, fällt auf dem Gipfel der Hawaii-Insel Kauai und beträgt $12^1/_2$ m; eine nicht viel kleinere am SW-Fuße des Kamerunberges, nämlich $10^1/_2$ m zu Debundscha (Cherrapundji s. S. 151 unten).

Dieses Klima wird vor allem durch den äquatorialen Regengürtel gebildet (vgl. Klimalehre, § 20), der den Äquator fast überall, meist auf seiner Nordseite, begleitet. Denn wenn auch der Stillengürtel zwischen den beiden Passaten, der den Kern dieser Regenzone abgibt, in unserem Sommer nordwärts, im Winter südwärts sich verschiebt, so genügt diese Verschiebung nicht, um auf der Mittellinie wirkliche Dürrezeiten zu bewirken, sondern nur ein, meist im Jahre zweimaliges, An- und Abschwellen der Regen, ohne daß die Vegetation je an Wassermangel litte.

Dort, wo das Jahr hindurch derselbe Passatwind gegen ein Gebirge weht oder sonst zum Aufsteigen genötigt wird, wie an den Ostküsten der Philippinen, Neuguineas, Madagaskars, Brasiliens südlich von Pernambuco, Guyanas, der westindischen Inseln und Mittelamerikas, der Hawaiischen Inseln usw., sowie am Ostabhang der Kordilleren etwa von 16° S bis 7° N, verbreitet sich dieser Klimagürtel nach N und S sehr bedeutend, selbst bis über die Wendekreise hinaus (vgl. die Kartentafel I). Kleinere Inseln in den Westhälften des Atlantischen und des Stillen Ozeans innerhalb der Wendekreise zeigen meistens in allen ihren Teilen dieses Klima; diejenigen in den östlichen Gebieten derselben Ozeane, wie St. Helena, Ascension, Kapverden und Galapagos haben dagegen lange Trockenzeiten.

In Ostafrika fehlt dieses Klima, trotzdem auch dort ein Stillengürtel zwischen 1° N und 3° S zu erkennen ist. Im Norden ist hier, wo die Monsune in beiden Jahreszeiten der Küste entlang, nicht quer dazu wehen, das Klima sogar zu allen Jahreszeiten trocken.

Die kühleren Bergklimate der Tropenzone, in die dieses Klima nach oben übergeht, unterscheiden sich von den nach ihren wärmsten oder kältesten Monaten ihnen gleichen Klimaten der höheren Breiten durch die geringe Jahresschwankung der Temperatur. Wir bezeichnen sie mit *Cfi* und *Ei*. Um einen ungefähren Anhalt davon zu geben, womit man es hier zu tun hat, mögen die berechneten Temperaturen des wärmsten (1. Ziffer) und kältesten (2. Ziffer) Monats für einige Berggipfel angegeben sein, und zum Vergleich auch für einige weiter vom Äquator abliegende: Kamerunberg 4, 1; Chimborazo — 9, — 10; Orizaba — 4, — 10; Aconcagua — 16, — 30; Gaurisankar — 23, — 41; Prshewalskigebirge 7460 m — 20, — 52; Antarktis 4600 m — 23, — 51.

Eine Zwischenform zwischen den Klimaten *Af* und *Aw* ist:

(*Am*), Urwaldklima trotz einer Trockenzeit, vor allem an einigen Gebirgsküsten, gegen die ein Monsunwind einen Teil des Jahres quer anweht, der so große Regenmengen bringt, daß selbst eine ausgeprägte Trockenzeit nicht genügt um den Boden so auszutrocknen, daß der Baumwuchs davon wesentlich beeinflußt würde. Der Unterschied zwischen dem wärmsten und dem kältesten Monat steigt hier etwas höher als in *Af*, bis zu 8° C. Solches Klima weisen die Küsten von Arakan bis Malakka, Malabar und Benin auf, aber auch die NO-Küste von Südamerika und das Amazonastal bis 69° W sind richtiger mit *Am* als mit *Af* zu bezeichnen.

Ähnlich ist es in Assam, das aber nicht mehr zur eigentlichen Tropenzone, sondern zu *Cw* gehört, weil die Temperatur des kältesten Monats dort unter 18° liegt. Cherrapundji im Khasia-Gebirge ist mit 1163 cm Regenmenge im Jahre vielleicht der regenreichste Ort der Erde; davon fallen jedoch im Dezember und Januar nur je 1 und 2 cm.

Aw. Savannenklima, mit wirklicher Trockenzeit und zugleich weniger als 100—250 cm Regen im Jahr und bis zu 12° steigendem Temperaturunterschied zwischen den Monaten.

Ein Gemisch von „Savannen" („Campos" oder „Campinen") — d. h. offenen Fluren, die von Gräsern unter Beimischung zahlreicher tropischer Holzgewächse bedeckt sind — und lichten Wäldern von nur mäßiger Höhe, die in der Trockenzeit ihr Laub abwerfen („Caatingas" in Brasilien genannt). Der durch die riesenhafte Dicke seiner Stämme berühmte Baobab oder Affenbrotbaum Afrikas (*Adansonia digitata*) ist nach seiner Verbreitung sowohl als nach seinem Auftreten („die freie Grasflur ist seine Heimat") ein guter Vertreter dieses Klimas; ebenso seine Verwandten, die tonnenförmigen Wollbäume (*Bombax*) auf allen tropischen Festländern, die wie der Baobab mehrere von den kennzeichnenden Xerophytenzügen in sich vereinigen, insbesondere das Abwerfen des Laubes in der Trockenzeit und die Aufspeicherung des Wassers in den Stämmen. Urwälder von dem Charakter des Klimas *Af* treten im Baobabklima nur in der Nähe von Flüssen usw. auf (Galleriewälder). Kaffee, Zuckerrohr, tropische Hirse, Ingwer, Bananen, Maniok sind die wichtigsten Nutzpflanzen dieses Klimas, Reis und Baumwolle hat es mit *Cw* gemeinsam.

Nach dem Grade der zunehmenden Trockenheit kann man in diesem Klima die feuchtere Teakbaumstufe von der trockneren eigentlichen Savannenstufe unterscheiden. So großartig die Wälder in der ersteren noch sein können, für die in Indien der Teakbaum (Tectona grandis) als Charakterbaum gelten kann, so haben sie doch nicht die Üppigkeit und den Reichtum an Lianen der immergrünen Wälder des Klimas *Af* und bestehen sie zu einem großen Teil aus laubabwerfenden Arten. In der Savannenstufe tritt an die Stelle des Hochwaldes dorniges Gesträuch, zwischen dem allerdings, wenn es geschützt wird, Bäume emporwachsen. In Indien ist der kleine Sandelholzbaum (Santalum album) ein guter Vertreter dieser Klimastufe.

Dieses Klima ist das Hauptgebiet der sogenannten Laterite, harter, unfruchtbarer, durch Eisenoxyd rot gefärbter Böden, die wesentlich aus Aluminiumsilikaten und -hydraten bestehen und aus denen die Humusverbindungen und die Kieselsäure durch die periodischen starken Regengüsse bei der hohen Temperatur ausgelaugt sind.

Die Haupttrockenzeit fällt in diesem Klima meistens in den Winter oder Frühling der betreffenden Halbkugel, was den an die trockenen Sommer des Mittelmeergebietes gewohnten Spaniern als „gegen die himmlische Ordnung“ erschien. Daneben findet sich in einem Teil des Gebietes eine kleine Trockenzeit im Hochsommer der Hemisphäre (*Aw*, *Aw'*, *Aw''*). Wo in tropischen Regenklimaten, also bei Temperaturen des kältesten Monats über 18°, das Minimum des Regenfalls auf den Sommer fällt, da ist es nicht bis zu einer wirklichen Trockenzeit ausgebildet, so daß solche Klimate, z. B. die Südostküste von Brasilien, zu den feuchtheißen *Af* zu rechnen sind. Nur auf kleineren Meeresteilen im W der Kanarischen und im SW der Hawaiischen Inseln, sowie an deren Leeseiten ist bei so hoher Wintertemperatur ein wirklich regenarmer Sommer anzutreffen (Klima *As*).

§ 33. Die Trockenklimate (*B*)

Dies ist das Reich der Xerophilen, ohne hochstämmige Wälder, außer an Flußufern u. dgl., das Reich der Wüsten, Steppen und Dorngestrüppe, deren Gewächse sehr mannigfache Vorrichtungen zur Verminderung der Verdunstung besitzen. Das Fehlen einer ausreichenden Regenzeit charakterisiert in mehreren Abstufungen diese Gebiete, deren Vegetation den größeren Teil des Jahres in Trockenruhe und z. T. auch Kälteruhe verbringt, in den extremen Fällen, wo die Regen mehrere Jahre ausbleiben können, zumeist in Samenform. Die Vegetation gliedert sich nach dem Boden ziemlich scharf in Ton-, Salz-, Sand- und Felswüste, Löß- oder Tschernosjom-Steppe und bewässerte Flußtäler und Oasen.

Als Beispiel einer Landschaft, die zwischen Steppe und Halbwüste steht, nehmen wir die südafrikanische Karroo. Mehr oder weniger gilt die Beschreibung überhaupt für die *B*-Klimate.

Regen fällt wenig und unregelmäßig, der größte Teil der Jahresmenge in sehr kurzer Zeit, oft in wenigen Stunden, darauf viele Monate kein Tropfen. Lufttemperaturen über 40°, Bodentemperaturen von 60° sind nicht selten. Glühend heißer, trockener Wind streicht über den steinigen gelbbraunen Boden, alles versengend. Die Pflanzenwelt ist in mannigfachster Weise dieser Dürre angepaßt. Niedere Sträucher, mit Dornen und Stacheln, die ihre wenigen Blättchen nur nach den kurzen Regen austreiben, sind die eine, fleischige Stämme und Blätter, die das Wasser aufspeichern, eine zweite häufige Form der Anpassung, von mannshohen Sträuchern bis zu Pflänzchen von der Größe und Gestalt einer Erbse. Von den zahlreichen Wolfsmilchgewächsen sind die einen den Kakteen ähnlich, andere sind Rutensträucher. Den Schutz gegen zu großen Wasserverlust übernimmt in manchen Fällen ein Harzmantel, der die ganzen Zweige einhüllt, oder es wird Wachs ausgeschieden; viele Pflanzen tragen ein dichtes Haarkleid. Die meist trockenen Flußläufe säumt eine Akazie ein, deren Dornen einen wirksamen Schutz gegen Tierfraß für ihre nur kurze Zeit vorhandenen Blätter und Blüten bilden. Zahlreiche Pflanzen bringen denselben Schutz durch ätherische Öle hervor. Wenn nach langer Dürre der erste Regen fällt, so bedecken sich die Karroopflanzen in wenigen Tagen, oft über Nacht, mit Millionen Blüten; hunderte von Kilometern kann man dann wie durch einen Blumengarten fahren. Die Herrlichkeit dauert aber oft nur eine Woche, dann liegt die Karroo wieder viele Monate braun und tot da. Auch dann aber besitzt sie Großartigkeit. Die außerordentliche Reinheit der trockenen Luft, der strahlende Sonnenschein, die wundervollen farbigen Sonnenuntergänge und die kühlen Sternennächte hinterlassen dem Reisenden eine unvergeßliche Erinnerung.

Die Trockengebiete der Erde sind, wie die Meere, aber aus z. T. anderen Ursachen, das Reich der Winde. Die Windstärke an der Erdoberfläche ist in ihnen durchschnittlich größer, als in anderen Gebieten in ähnlicher geographischer Breite. Die Reibung der Luft am Erdboden ist hier durch die Waldlosigkeit in ebenen Gegenden ähnlich verringert, wie auf dem Ozean. Aber außerdem wirken auch in sehr unebenen Wüsten und Steppen Ursachen mit, die auf dem Meere fehlen. Die starke Erhitzung der Erdoberfläche durch die Sonnenstrahlen bewirkt starken vertikalen Luftaustausch und bringt durch die zum Ersatz der aufsteigenden Luft herabsteigenden Luftmassen die stärkere Bewegung der freien Atmosphärenschichten an die Erdoberfläche herab. Es ist also aus beiden Ursachen die Abnahme der Windgeschwindigkeit mit der Annäherung an den Erdboden viel geringer, als in regnerischen bewaldeten Gegenden. Dazu kommt die bei der Erhitzung der Luft von unten eintretende Neigung zur Bildung eng begrenzter Stoßwinde und Luftwirbel (Staubhosen, Kleintromben) oder teils trockener, teils von Regengüssen begleiteter Böen, die mit scharfem Vorderrand heranziehen und daher plötzlich ausbrechen. Wo Gegend und Jahreszeit heiß sind, treten die heftigen Winde am Tage auf und sind die Nächte ruhig. Die Trockengebiete höherer Breiten haben aber unter dem Einfluß wandernder Hoch- und Tiefdrucke schwere Schneestürme im Winter, die auch nachts wehen.

Die Wirkung dieser heftigen Winde auf den Erdboden ist um so stärker, als der Boden in den Wüsten nicht durch eine Pflanzendecke oder durch Feuchtigkeit zusammengehalten wird, und als der mechanische Zerfall der Gesteine dort durch die starken Temperaturänderungen ihrer Oberfläche zwischen Tag und Nacht unterhalten wird. Die erkaltenden Schalen der Felsen springen nachts bisweilen mit hörbarem Knalle ab. Dagegen ist die chemische Umbildung der Gesteine in der Wüste gering, in der Steppe beim Wechsel von Befeuchtung und starker Verdunstung sehr groß. Das eindringende Regenwasser führt die Salze des Bodens nicht, wie in feuchten Klimaten, den Flüssen und weiter dem Meere zu, sondern steigt nach dem Regen kapillar wieder zur Oberfläche und hinterläßt auf oder wenige Zentimeter unter dieser bei seiner Verdunstung Krusten, vorzugsweise von kohlensaurem Kalk und Gips. Ausblühungen von leichter löslichen Salzen bedecken in den Übergängen zwischen Steppen und Wüsten weite Niederungen und werden durch stärkere Regen, vielleicht auch durch Wind, in Pfannen zusammengefegt, deren Mitte gewöhnlich ein Salzsee oder Salzsumpf einnimmt.

Die Dürre dieser Gebiete ist zumeist auf die Flachländer beschränkt. Die durch den Regen und Schnee in den Gebirgen gespeisten Flüsse gestatten am Gebirgsfuße und z. T. weit in die Ebenen hinaus künstliche Bewässerung; sie endigen vielfach in Salzsümpfen oder abflußlosen salzigen oder brakischen Seen. Ihr Hochwasser ist durch die Schneeschmelze bestimmt (z. B. Indus, Tarym, Amu- und Syr-Darja) oder durch die Regenzeit im Oberlauf (z. B. Nil).

Die Trockengebiete waren im Laufe der Geschichte die größten Erzieher der Menschheit; aus ihnen gingen aber auch deren größte Zerstörer hervor, vgl. oben S. 109.

Das Reich der Trockenklimate zerfällt nach dem Grade der Trockenheit in zwei Stufen — die Steppen- und die Wüstenstufe — und nach der Luftfeuchtigkeit in die binnenländische Hauptform und die Feuchtluftwüsten an den Küsten. In der Hauptform sind folgende Klimate zu unterscheiden.

BWh. Heiße Wüsten, Saharaklima: nahezu regenlose Wüsten, wärmster Monat mindestens 26° C, kältester 10—22° C. Jahresmittel über 18° C; Sandstürme (Samum, Khamsin) von glühender Temperatur und äußerster Trockenheit.

Die tägliche Schwankung der Temperatur ist so stark, daß sie die Oberfläche der Gesteine zerstört; die losen, weder durch Wasser noch durch Pflanzenwuchs zusammengehaltenen Brocken werden durch „Deflation" entfernt, die gröberen auf kurze, die feineren auf weite Strecken, bis nach außerhalb des Gebietes

(Staubstürme). Die Pflanzen der Wüste sind — abgesehen von den Oasen mit Grundwasser, wo die Dattelpalme Charakterbaum ist — meist darauf eingerichtet, die seltenen und unregelmäßigen aus den Nachbargebieten hinübergreifenden Regen zu raschester Entwickelung auszunutzen und durch ungemein tiefgehende Wurzeln deren etwas längeren Verbleib in den tieferen Bodenschichten zu verwerten. Darum ist, trotz der andauernden Wärme, ihre Vegetationszeit noch kürzer, als die der arktischen Gewächse.

BShw. Espinal- oder Mezquiteklima. Steppenklima mit in seltenen, jedoch meist heftigen Güssen (Gewitterböen) niederfallenden Regen im Sommer, Trockenzeit im Winter. Kältester Monat im weiten Spielraum von 2—22° C, wärmster zwischen 22 und 34° C variierend. Schließt sich an *Aw* an.

Da Dorngesträuche aus Acacia-Arten und anderen Pflanzen sowie stachelige Gräser, Kakteen, Agaven usw. einen großen Raum in diesem Klima einnehmen, und da dasselbe in mehreren alten spanischen Kolonien, wie Nordmexiko und Argentinien, vorherrscht, so möge der obige Name gestattet sein, in Ermangelung einer allgemeiner bekannten Charakterpflanze. Neben diesem, in Australien als Scrub bezeichneten Gestrüpp, nehmen Grasfluren weite Strecken ein, die in Australien z. T. von lichtem Eukalyptenwald überwölbt, in Kordofan mit vereinzelten Dumpalmen bestanden sind, und den Übergang zu den Savannen des Klimas *Aw* bilden. Die Grasfluren nehmen im allgemeinen die feuchteren Gegenden ein, Salzsteppen die dürreren.

Als Übergang zum Klima *Cfx* hat die Karroo Regen im Herbst und Frühling statt im Sommer.

BSs. Tragantklima. Subtropisches Steppenklima mit spärlichen Winterregen, heißem regenlosem Sommer (wärmster Monat 22—35° C), kühlem Winter (2—15°) und Reif und Schnee als seltenen Erscheinungen. Der Tragantstrauch (Astragalus Tragacantha) nebst vielen Verwandten ist charakteristisch für die Steppen von Kleinasien, Mesopotamien und Iran, das Halfagras für diejenigen am Nordrande der Sahara, neben Wermutarten usw.

Als Übergang zu den Klimaten *Cs* und *Cx* haben die Landschaften im Innern Algeriens, sowie die am mittleren Murray spärliche doppelte Regenzeit im Frühling und Spätherbst, statt im Winter.

BWk'. Das patagonische Klima, dessen einziger Vertreter das östliche Patagonien ist, bietet besonderes Interesse als Brücke von der subtropischen Steppenzone zu den Tundren der hohen Breiten, unter Durchbrechung des Waldgürtels der Mikrothermen. Da das waldlose Gebiet an der Ostküste sich südwärts bis 54° südl. Breite fortsetzt, so nimmt die Temperatur des wärmsten Monats in ihm von 22° bis auf 11° C ab, während die des kältesten allerdings nur von 6° C bis auf 2° sinkt. Die Berührung von Steppen und Tundren, wie sie für gewisse Abschnitte der pleistozänen Zeit in Europa vorausgesetzt wird, findet hier wirklich nahezu statt, aber unter Ausnahmebedingungen, und zwar: 1. einem Herabdrücken der Sommerisothermen, die die Baumgrenze bestimmen, in sehr niedrige Breiten und 2. der Lage im Osten hoher Berge, in einem Gebiet sehr starken Vorwaltens der Westwinde, endlich 3. ungünstigen Bedingungen des Bodens und der Windstärke für das Gedeihen von Bäumen. Trotz der Dürre wird das Land von einer Unzahl von Wühlmäusen (Tucutuco), von Guanaco-Herden, sowie von Raubtieren bewohnt, ähnlich wie Zentraleuropa in jener Zeit.

BWk. Aralklima, Klima binnenländischer kalter Wüsten. Winterkaltes Wüstenklima mit Schneestürmen (Burán in Sibirien); kältester Monat + 2° bis — 16° C, wärmster + 20 bis 30° C. So spärlich die meßbaren Niederschläge auch in diesem Klima gerade in der kälteren Jahreszeit sind, so bietet doch infolge ihrer niedrigen Temperatur der Boden im Frühling genügende Feuchtigkeit für eine kurze Vegetationszeit von Xerophilen, besonders Halophyten dar (unter denen auch ein echter Wüstenbaum, der Saksaúl). Die stärkeren Sommerregen haben nur wenig Wirkung. Als Übergang zum benachbarten Gebiet mit Winterregen (*Cs*) fallen die spärlichen Regen im Aralgebiet im Frühling und Spätherbst, im mittleren Coloradotal, dem einzigen Vertreter dieses Klimas in Amerika, im Winter und Hochsommer.

BSk. Prärienklima. Winterkaltes Steppenklima, ähnlich wie *BWk*, jedoch weniger trocken, und Vegetationsperiode durch Frühsommerregen etwas verlängert; kältester Monat bis zu —30° C Mitteltemperatur. In Übergangsgebieten, wie diese, zeigen sich naturgemäß erhebliche Unterschiede zwischen den entgegengesetzten Rändern; hauptsächlich sind zwei Stufen kenntlich: die nach *BWk* neigenden Wüstensteppen westlich vom Felsengebirge und im nördlichen Teil der Krim-Halbinsel mit ihren

Artemisien und Salsoleen unterscheiden sich deutlich von den nördlich davon sich erstreckenden Grassteppen, in denen durch Winterfeuchte und Frühsommerregen ohne Bewässerung in den meisten Jahren reiche Weizenernten gezeitigt werden, die freilich in trockenen Jahren versagen; nach der Grenze des Eichenklimas zu vermischen sich diese Grasfluren mehr und mehr mit Gehölzen; in kleineren Parzellen reichen sie bis weit in das „Maisklima" *Cfx* (Illinois, ungarische Pußten) hinein. Der Boden dieser Grasfluren, Löß und Tschernosjom, ist selbst zum großen Teil klimatisches (äolisches) Produkt und durch Staubstürme aus der Nachbarschaft herbeigetragen. Das Maximum der Regenmenge fällt in den Grassteppen allgemein in den Sommer.

Bn. Während in den binnenländischen Wüsten und Steppen die starke Verdunstung und große Lufttrockenheit den hervorragendsten Zug des Klimas bildet, gewähren die Küstenwüsten niederer Breiten ein ganz anderes Bild, in mehrfacher Abstufung, am extremsten in *Bn*, dem Garúaklima, das häufige Nebel, besonders im Winterhalbjahr, gleichzeitig mit der Trockenzeit des Hinterlandes bringt (Peru, Südwestafrika). Die Temperatur des Garúaklimas ist für die geographische Breite sehr niedrig, so daß, trotzdem es sich dem Äquator bis auf 5—15 Breitengrade nähert, das Jahresmittel in den genannten typischen Fällen noch unter 20° liegt.

Die Nebel, die vorwiegend nachts und am Morgen herrschen, steigern sich in manchen Gegenden bis zu alles durchnässendem Rieseln, das die Hügel um Lima im Winter ergrünen läßt. Sie werden in Peru als Garúa, an der Loangoküste als Cacimbo bezeichnet. An dieser treten sie in der kühlen Trockenzeit auf, während der Sommer eine, wenn auch schwache, Regenzeit bringt, die weiter südlich der Küstenwüste (der Namib) fehlt.

Bn'. Unter ähnlichen Bedingungen wie *Bn*, nämlich unter dem Einfluß kalten Küstenwassers, das teils aus höheren Breiten, teils aus der Tiefe stammt, stehen die Küstensteppen von Südmarokko und Südkalifornien, in denen die Luftfeuchtigkeit zwar häufig (und besonders im Sommer) zu Trübungen der Luft, aber nur selten zu nassen Nebeln sich steigert. Letztere treten dagegen etwas nördlicher bei San Franzisko häufig auf (s. unter *Cs*). Auch das Kaltwassergebiet an der Somaliküste ist wegen unsichtiger Luft berüchtigt.

Die teilweise wüstenhafte Dürre der Nordküste von Südamerika gegenüber Curaçao tritt ebenfalls in Verbindung mit relativ kühlem (25—26°) Küstenwasser auf. Die Luft ist feucht, doch ohne Nebel.

In gewissem, wenn auch losem Zusammenhang mit den Klimaten *Bn* und *Bn'* findet sich auf benachbarten Meeren und Küsten die in der Klimaformel mit *t'* bezeichnete Verspätung im Jahreslauf der Temperatur, bei dem die höchste Wärme erst im Herbst eintritt. Diese Herabdrückung der Wärme in den eigentlichen Sommermonaten ist in Kalifornien, und wohl auch anderswo, dadurch bedingt, daß die Luft vom kalten Meere in jenen Monaten von dem dann sehr heißen Binnenlande angesogen wird. Die extreme Verspätung des Temperaturmaximums tritt aber auf festem Lande im NW und SW von Afrika erst näher zum Äquator (Kapverden und Loango), im W von Nordamerika umgekehrt erst in höherer Breite auf (San Franzisko), und bei der ausgesprochensten Garúaküste, der von Peru, ist diese Verspätung im Jahreslauf der Temperatur nur auf kleinem Raume, auf offenem Meere zwischen 18 und 25° südl. Breite zu finden. Über *Bn''* und *Bn'''* s. S. 128.

§ 34. Die gemäßigt warmen Regenklimate (*C*)

Neben einer ausreichenden (vgl. oben S. 129) Regenmenge sind diese Klimate durch das Vorhandensein einer kühlen, aber nicht sehr kalten Jahreszeit von den Nachbargebieten *A*, *B* und *D* unterschieden: der kälteste Monat in ihnen hat eine Mitteltemperatur zwischen 18° und — 3°. Schneefall und Frost ist an ihren Äquatorialgrenzen eine sehr seltene, aber (mit Ausnahme der tropischen Bergklimate *Cfi*) doch nicht ganz unbekannte Erscheinung; an ihren Polargrenzen ist er zwar jeden Winter häufig, aber doch mit so vielen Unterbrechungen wärmeren Wetters, daß es nicht zur regelmäßigen Bildung einer länger dauernden Schneedecke in jedem Winter kommt, wie in den Klimaten *D* und *E*.

Innerhalb dieser gemeinsamen Züge zeigen die Klimate dieser Gruppe eine große Mannigfaltigkeit im Verlauf der Jahreszeiten, besonders nach der Ausbildung und der gegenseitigen Lage der heißen und kühlen, Regen- und Trockenzeiten. Von dem „ewigen Aprilwetter" der tropischen Bergklimate (*Cfi*), z. B. von Bogotá, bis zu den sonnigen heißen Sommern und

Winterregen Unteritaliens (*Csa*) und den heiteren Wintern und sommerlichen Regengüssen von Schantung (*Cwa*) oder dem in Sommerwärme wie in Winterkälte und Niederschlägen gemäßigten Klima Westeuropas (*Cfb*) zeigen sich in Temperatur wie in Feuchtigkeit eine Menge Abstufungen. Entsprechend ist die Vegetation in diesen Klimaten teils auf eine Kälteruhe, teils auf eine Trockenruhe eingerichtet, die eventuell beide und dann entweder zugleich (in *Cw*) oder getrennt (in *Cs*) auftreten, teils auf keine Unterbrechung überhaupt (in *Cfi*).

Die drei Haupttypen der hierher gehörenden Klimate, *Cs*, *Cw* und *Cf*, lassen sich wie folgt charakterisieren.

Am meisten Eigenart hat von diesen

Cs, der Typus der klassischen Subtropenklimate, mit regenarmen Sommern und milden, feuchten Wintern, der in ähnlicher Lage an den Westküsten der Festländer zweimal auf der nördlichen Halbkugel zwischen 33° und 45° und dreimal auf der südlichen in etwas niedrigerer Breite wiederkehrt. Dieser Typus ist überwiegend ozeanisch, aber mit dem Mittelmeer und darüber hinaus schneidet er tief ins altweltliche Festland hinein. Immergrüne und sommergrüne Sträucher und Bäume, selten noch Wälder, aber oft weit ausgedehnte Gebüsche (Maquis) bildend, nehmen abwechselnd mit sonnigen Matten, in denen aromatische Labiaten usw. in buntem Artengemisch auftreten, den Boden in diesen Klimaten ein. Durch die kurze Kälteruhe im Winter und eine längere Trockenruhe im Sommer zerfällt die Vegetationszeit in einen Hauptabschnitt im Frühling und einen kleinen im Herbst. Den bezeichnendsten Zug dieses Klimas, das Vorwalten hartlaubiger immergrüner Büsche und Bäume, führt Schimper auf die Notwendigkeit zurück, sowohl wärmere Zeiträume im feuchten Winter, als einigermaßen feuchte Zeiten im Sommer tunlichst auszunutzen. Immergrünes Laub ist bei k u r z e r Vegetationszeit von Vorteil darin, daß es die Zeit der Entfaltung und deren Gefahren erspart. D a r i n gleichen sich die subarktischen Nadelwälder nebst den Vaccinieen und die Mittelmeerflora. Wo die Vegetationszeit nur durch e i n e etwa halbjährige (Kälte- oder Trocken-) Ruhe unterbrochen wird, ist Abwerfen des Laubes vorteilhafter (vgl. *Cf* und *Aw*).

Wie oben in den Figg. 16—19 veranschaulicht, ist dieser Klimatypus durch die Verschiebung und Umbildung der Hochdruckgebiete vom Winter zum Sommer und das Auftreten polarer Luftströmungen an deren Osträndern bedingt. Auf dem östlichen

Mittelmeer herrschen diese Winde vom April bis zum Oktober als mäßige Nordwestwinde mit heiterem Wetter und wurden sie von den alten Griechen als Etesien bezeichnet. Es ist daher nicht unpassend, als kurzen Namen für diesen Typus den Ausdruck „Etesienklima" zu wählen. Nach der Wärme des Sommers können wir zwei deutlich verschiedene Arten desselben unterscheiden.

Csa, das Olivenklima, das klassische Klima der Mittelmeerküsten, mit heißem, dürrem Hochsommer (wärmster Monat 22—28°) reicht nach Osten an Gebirgslehnen in das Trockengebiet *B* hinein bis nach Turkestan, wiederholt sich anderswo aber nur im Innern von Kalifornien und in Südwestaustralien. Es ist dies das Gebiet der Oliven-, Feigen-, Mandeln, Pistazien- und Weinkultur, welch letztere sich freilich darüber hinaus verbreitet hat. Die Gebirge der Mittelmeerregion weisen wegen ihres kühleren und minder trockenen Sommers von etwa 700 m Seehöhe an die Klimate *Csb*, *Cf* und *Df* auf.

In *Csb*, dem Erikenklima, hat der wärmste Monat eine Mitteltemperatur von nur 14—22°; das ist die ozeanische und südhemisphärische Form des Etesienklimas. Die Umgebung des Kaps der guten Hoffnung mit ihrer erstaunlichen Mannigfaltigkeit von schönblühenden Eriken ist ein guter Vertreter dieses Klimas; im analogen Gebiet von Südaustralien werden sie durch Epacrideen ersetzt: für beide Gebiete sehr charakteristisch sind auch die Proteaceen. Die kalifornische und chilenische Küste, wo dieses Klima wiederkehrt, haben keine so bezeichnenden Ordnungen aufzuweisen. An der Küste von Kalifornien nimmt dieses Klima den Raum von 43—34° Breite ein, an der von Chile den von 31—37°; an beiden Stellen und auch am Kap erstreckt es sich von da auf dem Ozean auf langen Streifen viel weiter zum Äquator hin, bis zu 25°, 8° und 20° Breite.

Durch die Spaltung der winterlichen Regenzeit in Herbst- und Frühjahrsregen und deren Abschwächung zeigt das Etesienklima an seinen Grenzen Übergänge zu den benachbarten Steppenklimaten, die wir mit *Cx* gekennzeichnet haben.

Während der sommertrockene *Cs*-Klimatypus ohne Analogie in *A* und *D* dasteht, sind die beiden anderen Abteilungen der großen *C*-Gruppe, der wintertrockene *Cw* und der ständig feuchte *Cf* einfache Übergänge zwischen *Aw* und *Dw* auf der einen, *Af* und *Df* auf der anderen Seite, nur durch die zunehmende

Kälte des Winters und die wachsende Veränderlichkeit aller Wetterfaktoren gekennzeichnet. Große Teile der *Cw*-Gebiete werden denn auch gegenwärtig, wegen der Übereinstimmung mit den Regenverhältnissen der benachbarten Tropengebiete gewöhnlich zu den Tropen gerechnet, obwohl sie in der Temperatur mit den *Csa*-Klimaten übereinstimmen; so besonders Nordindien und Südchina, die Hochebenen Afrikas zwischen 8° und 22° S, das südbrasilianische und westmexikanische Gebirge und der Süden von Queensland. Die Anwesenheit einer kühleren Jahreszeit macht diese Klimate indessen für den Europäer bedeutend bewohnbarer, als es der eigentliche Tropengürtel ist.

Eine Zwischenform zwischen *Cw* und den tropischen Steppenklimaten *BSw* bilden diejenigen Bergklimate niederer Breiten, die sich durch eine sehr ausgesprochene Trockenzeit im Winter und Frühling der betr. Halbkugel, aber häufige heftige Regengüsse und Gewitter im Hochsommer, in den höheren Lagen oft mit Hagel und Schnee gemischt, auszeichnen, bei beständig gemäßigten Temperaturen von im Mittel 10—22° im wärmsten und 6—18° im kältesten Monat. Man kann sie als Hochsavannenklimate bezeichnen. Die Blütezeit fällt in ihnen in den Spätsommer. Ihr Gebiet sind baumarme Hochebenen innerhalb der Wendekreise, in Mexiko (1700—3400 m), am Titicaca (3800 m), in Bolivien (2100—3900 m), in Südost-Brasilien (oberhalb 1300 m), im Hinterlande von Loango und Benguela (von 1200 m an), in Abessinien (2100—4000 m), Uhehe und Mashonaland. Die mexikanische Kultur mit Agaven- und Maisbau gehörte der unteren Stufe (Mexiko 2270 m), die peruanische mit Quinoa-Anbau der oberen Stufe (Cuzco 3470 m) dieses Klimas an, das seinen Regenmengen nach, wegen der Kürze der Regenzeit, zu *B* gerechnet werden muß. Kakteen spielen in beiden Stufen in der neuen Welt eine große Rolle, in der alten finden sie ihr Widerspiel in stacheligen Euphorbien, wie die Agaven in Aloearten. Längere Regenzeit ergibt Übergänge zu den feuchten Bergklimaten Breiten *Cf* und *Cfi*, mit reicheren Weidegründen („Dega" Abessiniens) oder Wäldern (Harrar und Randgebirge von Mexiko).

Bedeutend weitere Verbreitung hat das feuchttemperierte Klima *Cf*; in gemäßigten Breiten als Klima des Ozeans und dessen Küsten, südwärts angrenzend auf der Ostseite der Festländer an *Af*, auf der Westseite an *Cs*; in niederen Breiten als

Bergklima an Berglehnen, die das ganze Jahr von dampfreichen Winden bestrichen werden oder doch (wie in *Am*) auch für eine kurze Trockenzeit ausreichend mit Bodenfeuchtigkeit durch die Regen der übrigen Jahreszeiten versehen werden.

Klimate von viererlei Art finden wir in diesem Klimatypus *Cf*: das sommerheiße *Cfa*, dessen wärmster Monat über 22° Mitteltemperatur hat und das wir das virginische nennen können; dahin gehört das Klima der südöstlichen Vereinigten Staaten, bis nach New York und St. Louis hinauf, das des südlichen Japans und der Ostküste Australiens von 25 bis 34° südl. Breite[1]); sodann das sommerkühle Buchenklima *Cfb*, dessen wärmste Monatstemperatur unter 22° liegt. Buchenwälder, auf der Südhalbkugel teilweise von immergrünen Arten, charakterisieren dieses Klima auf beiden Halbkugeln und kehren auf den weitest auseinanderliegenden Gegenden wieder: Deutschland, Südchile, Neuseeland. Eine Unterart dieses feuchttemperierten, sommerkühlen Klimas, die für den Ozean kennzeichnend ist, ist das laue Klima *Cfbl*, dessen kältester Monat mindestens 10° Mitteltemperatur hat, während die des wärmsten unter 22° bleibt. Von festem Lande gehören ihm auf der nördlichen Halbkugel nur die Azoren, auf der südlichen aber die Nordinsel von Neuseeland und die Südküste des Kaplandes an, letztere in bezug auf die Temperatur ganz, in bezug auf die Regenverhältnisse aber nur zwischen 21° und 26° östl. Länge, da im Westen der Sommer, im Osten der Winter trocken ist. Es sind Klimate mit viel Regen und Wind, zumeist aus W, aber auch nicht wenig Sonnenschein; so hat Napier auf Neuseeland (freilich im Schutz des Gebirges) über 2600 Stunden Sonnenschein im Jahre. Diese ozeanischen Klimate mit geringem Unterschied zwischen Sommer und Winter führen hinüber zu *Cfi*, den feuchten isothermen Bergklimaten der Tropen, wo der Unterschied zwischen dem wärmsten und kühlsten Monat weniger als 5° beträgt. Am Ostabhang der Anden zieht sich ein Streifen solchen Klimas fast ununterbrochen vom nördlichen bis zum südlichen Wendekreis, wo dieser Unterschied nur im nördlichsten und südlichsten Teil etwas über 5° steigt. Man vergleiche 4 Orte dieses Abhangs und dazu 3 indische Gesundheitsstationen, die alle dieses Klima repräsentieren:

---

[1]) Über Argentinien vgl. das oben S. 133 Gesagte.

	Breite	Höhe	Monat wärmst.	kühlst.	nassest.	trockst.
Chimax (Guat.)	15,5° N	1306 m	19,7°	15,4°	330 mm	98 mm
Medellin . . .	6,2° N	1509 „	21,6°	20,2°	197 „	55 „
Bogota	4,6° N	2660 „	14,8°	13,9°	244 „	67 „
Quito	0,2° S	2850 „	12,8°	12,4°	185 „	22 „
Utakamand . .	11,4° N	2280 „	16,0°	11,6°	—	—
Wellington . .	11,4° N	1890 „	19,6°	13,2°	—	—
Kodaikanal . .	10,2° N	2343 „	15,4°	11,8°	305 mm	36 mm

Von den Höhenstufen dieses Klimas ist besonders die mittlere als die Region der Cinchonen oder Chinarindenbäume bemerkenswert, die in ihrer Heimat am Ostabhang der Anden unter Jahrestemperaturen von 14—18° und geringfügiger jährlicher Schwankung wachsen und ähnliche Verhältnisse auch bei ihrer Kultur verlangen. Unterhalb dieser Region sind tropische Palmen die Charakterbäume, oberhalb ihrer, seltsamerweise, ebenfalls eine Palme, die stolze Wachspalme, die fast bis zur Baumgrenze hinaufgeht, und die in den Anden weitverbreitete Aliso-Erle (Nebelwald s. S. 98).

Faßt man die lauen und isothermen Teile des *Cf*-Klimatypus zusammen und erweitert die Grenze bis zu etwa 7° Mitteltemperatur des kältesten Monats, so kann man unter allgemein bekannten Pflanzen die Fuchsien als besonders gute Vertreter dieser Klimate nennen, da sie auch in unsern Gärten naßkalte Sommer sehr gut, Frost dagegen sehr schlecht vertragen. Auch Baumfarne und die Koniferengattung Podocarpus sind für sie sowohl in Südamerika als in Afrika und Australien nebst der Inselwelt von Sumatra bis Neuseeland charakteristisch.

Das ganze Gebiet der *Cf*-Klimate bringt üppige hochstämmige Wälder hervor, wo nicht entweder allzu heftige Winde oder der Boden dem Baumwuchs hinderlich ist (Meeresküsten, Heiden).

Wie in den *Cs*-Klimaten fällt auch in den *Cf*-Klimaten der höchste Wasserstand der Flüsse, soweit sie nicht von Gletschern gespeist werden, in den Winter.

§ 35. Die borealen Klimate (*D*)

Das sind die Klimate, wo sich echter Winter, der Schneedecke bringt, und echter, wenn auch kurzer Sommer miteinander verbinden. Schneeschmelze und ausreichende Niederschläge in der wärmeren Jahreszeit geben reichliche Bodenfeuchtigkeit für ausgedehnte, meist einförmige Nadelwälder und sommergrüne Laubwälder; die Sommerwärme gestattet den Anbau von Sommer-, im Süden auch von Wintergetreide.

Gegen die *C*-Klimate läßt sich dieser Typus — das Reich der Mikrothermen — durch die Isotherme des kältesten Monats — 3°, gegen die *E*-Klimate durch die Isotherme des wärmsten + 10° abgrenzen. Der Unterschied zwischen diesen Monaten beträgt also mindesten 13°. Diese Bedingungen sind auf der südlichen Halbkugel nirgends erfüllt und auch auf der nördlichen wesentlich nur auf den beiden großen Kontinenten, während auf den Ozeanen dieser Gürtel ganz oder beinahe in Wegfall kommt. Um die Beschränkung dieses Klimatypus auf die nördliche Halbkugel auszudrücken, nennen wir ihn den borealen, wenn er sich auch bis zur Balkanhalbinsel und bis zu den mittleren Vereinigten Staaten und Nordchina ausdehnt; man könnte ihn auch den Schnee-Wald-Gürtel nennen, da er allein sowohl länger dauernde weiße Schneedecke, als grünende Wälder kennt.

Der Typus *Dw* ist am ausgesprochensten kontinental. Überhaupt zeigt *D* auf dem größten Teil seines Gebiets ein entschiedenes Überwiegen der Niederschläge, ihrer Menge nach, im Sommer; aber nur in Ostasien sinkt die Niederschlagsmenge des daran ärmsten Wintermonats, wie in *Cw*, unter ein Zehntel derjenigen des daran reichsten Sommermonats und sind auch Bewölkung und Zahl der Regentage im Sommer am größten, im Winter oder Frühling am kleinsten. Wir haben daher, ebenso wie in *A* und *C*, auch hier ein wintertrockenes Gebiet *Dw* von dem Gebiet mit Niederschlägen in allen Monaten *Df* zu unterscheiden. Dagegen reicht die Sommerdürre der *Cs*-Klimate nicht bis in Gegenden mit so kaltem Winter, es gibt also kein *Ds*-Klima; am nächsten kommt dem wohl noch das Klima am mittleren Oregonfluß, wo bei entschiedenem Überwiegen der Niederschläge im Winter die Januartemperatur unter 0° liegt.

Da der Klimatypus *Dw* nur in Asien vorkommt, in Amerika nicht ganz erreicht wird, können wir ihn nach seiner Lage den Transbaikalischen nennen. Meteorologisch ist er von großem Interesse wegen des Gegensatzes, den er in vielen Hinsichten zu dem zeigt, was wir in Europa kennen. Trotz der größeren Regenmenge des Sommers gehören bei uns doch Straßenstaub und Sonnenschein zur warmen, nasse Wege und trüber Himmel zur kälteren Jahreszeit; in Ostasien aber ist es umgekehrt.

Dieser Transbaikalische Klimatypus ist in seinen streng

periodischen Wind- und Regenverhältnissen tropisch, in seinen Temperaturverhältnissen polar, in beiden aber ausgeprägt kontinental. Er hängt mit der Ausbildung des großen winterlichen Hochdruckgebiets über Ostsibirien zusammen (s. Fig. 18), die mit niedersteigender Luftbewegung, heiterem Himmel und starker Wärmeausstrahlung verknüpft ist. Der Temperaturunterschied zwischen Sommer und Winter ist in diesem Klima größer, als irgendwo in gleicher Breite; aber da der Sommer niedrigen Luftdruck und Seewinde und mit ihnen auch Bewölkung und Regen bringt, die im Sommer abkühlend wirken (s. S. 62), so wird die Winterkälte nicht durch die Sommerwärme ausgeglichen und auch das Jahresmittel ist hier am niedrigsten in dieser Breite, im oberen Janatal etwa 10° unter dem Mittel des Breitengrads — im Gegensatz zum Lofotenmeer, wo es ebenso viel über diesem ist. Die Niederschlagsarmut des Winters erstreckt sich, wie auch in *Cw*, nicht bis zu den äußeren Küsten, Kamtschatka usw. weisen schon *Df*-Typus auf. Entsprechend ist in Nordamerika nur im Innern des Landes, und zwar besonders zwischen Hudsonbai und Felsengebirge in 50—60° N Br. eine Annäherung an die trockenen Winter des *Dw*-Typus zu finden. Erreicht wird der *Dw*-Typus aber in Nordamerika nicht, weder in der Heiterkeit des Winters, noch in den Regengüssen des Sommers, noch in der Monsunbildung; der mittlere Luftdruck im Winter ist etwa 10 mm niedriger, die Januartemperatur bis zu 14° höher, die Jahresschwankung bis zu 20° geringer als in Asien; alles entsprechend nicht nur der geringeren Größe des Kontinents, sondern auch dem freieren Abfluß der erkalteten Luft nach dem Atlantischen Ozean zu, während Ostsibirien sie in seinen Gebirgstälern ruhen läßt und vom Stillen Ozean durch die Stanowojkette abgesperrt ist.

Im Vorwiegen des heiteren Himmels im Winter Ostasiens bietet die Natur uns in manchen Hinsichten Gelegenheit, uns von der Einseitigkeit europäischer Erfahrung zu befreien. So z. B. sind in Europa im Winter die positiven Abweichungen von der Normaltemperatur häufiger, die negativen dafür durchschnittlich viel stärker; darin, daß dies in Ostsibirien umgekehrt sich verhält, ist der Beweis gegeben, daß die Ursache in der verschiedenen Häufigkeit der Bewölkungsgrade liegt: der nur als Ausnahme auftretende Zustand bringt die extremeren Abweichungen hervor — das ist in Europa der klare, in Ostsibirien der bedeckte Himmel, also im Winter Europas die Ausstrahlungskälte, in dem Ostsibiriens deren Verhinderung durch Wolken.

So interessant der Unterschied zwischen *Df* und *Dw* meteorologisch ist, so prägt er sich doch nur wenig in der Pflanzenwelt aus, wohl daher, weil er hauptsächlich in die Zeit fällt, wo diese auch in *Df* in Kälteruhe verharrt. Viel deutlicher zeigt sich in ihr der Einfluß der Abnahme und Verkürzung der Sommerwärme nach Norden. Heiße Sommer — Julitemperatur über 22° — findet man in *Df* nur in Nordamerika, von Kansas bis New York, nicht in der Alten Welt; im *Dw*-Typus in Nordchina und der Mandschurei. In *Dfb* liegt zwar kein Monatsmittel über 22°, aber mindestens 4 Monate lang die Mitteltemperatur über 10°, was einer Anzahl unserer bekanntesten Bäume und Sträucher zum Leben genügt; so der Stieleiche, Schwarzerle, Flatterulme, Haselnuß, Esche, dem Spitzahorn, Weißdorn, Schlehdorn, Kreuzdorn und Pfaffenhütchen, die alle ihre Nordgrenze in der Nähe des Finnischen Meerbusens und des mittleren Wolgalaufes finden. Auch die Polargrenze des Anbaus von Buchweizen, Weizen und Winterroggen fällt annähernd mit dieser wichtigen Vegetationsgrenze zusammen und auch der Obstbau geht nicht viel darüber hinaus.

Können wir das Klima dieser Landschaften zwischen Buchen- und Eichengrenze passend das Eichenklima nennen, so ist für die folgende Stufe *Dfc*, wo die Dauer der Mitteltemperaturen über 10° bis zur Baumgrenze von 4 bis auf 1 Monat abnimmt, der Name Birkenklima bezeichnend.

Die genannten mitteleuropäischen Bäume gehen meistens nicht über den Ural hinaus. Aber im Amurgebiet, wo der Sommer dieselben Temperaturbedingungen zeigt (Klima *Dwb*) finden wir die Mehrzahl in anderen Arten derselben Gattungen wieder: Quercus mongolica, Acer spicatum, Corylus heterophylla usw.; und ähnlich ist es im Osten und Westen vom nordamerikanischen Trockengebiet. Jenseits der Birkenstufe, die wir hier die Nertschinskische nennen können (*Dwc*), können wir in diesem Klimatypus noch eine ganz einzigartige unterscheiden, die Jakutische *Dwd*, in der die Temperatur des Januar unter — 36°, also annähernd unter der Gefriertemperatur des Quecksilbers liegt, und dennoch hochstämmige ausgedehnte Wälder wachsen, so weit die Temperatur des wärmsten Monats über 10° liegt. Im Klima *Df* wird diese Grenze nirgends erreicht, wohl aber in einem Teil von *E*, letzteres auf der Nordhalbkugel auch am Meeresspiegel, auf der südlichen nur auf Berggipfeln.

Je nach dem Vorhandensein oder Fehlen einer Schneedecke findet in den borealen Klimaten in jedem Winter ein Gefrieren der obersten Bodenschicht statt, das in den kälteren Teilen ihres Gebiets immer tiefer greift und auf einen immer größeren Teil des Jahres sich erstreckt, bis die Sommerwärme nicht mehr ausreicht, die tieferen Teile des Eisbodens aufzutauen. Die Ausdehnung dieses dauernden Eisbodens würde sich leicht aus der mittleren Jahrestemperatur der Luft bestimmen lassen, wenn der Schnee nicht die obere Begrenzung des Festen gegen die Luft und die Wärmeleitung verändern würde. Die Grenze des Eisbodens weicht daher von der Jahresisotherme der Luft -2^0 erheblich ab, mit der sie bei schneefreiem Boden zusammenfallen müßte, wenn man die Meereshöhe berücksichtigt. Sie verläuft in der alten Welt von Mesen etwa nach Turuchansk, von da geht sie zwischen Angara und Lena bis 56^0 N hinab, im Lenatal wieder nördlicher, aber östlich vom Baikalsee bis südlich von Irkutsk und über Blagowestschensk nach Ajan. Transbaikalien mit seinem schneearmen Winter hat großenteils Eisboden. Da auf diesem Grundwasser und Brunnen fehlen, so war die Wasserversorgung für die sibirische Eisenbahn eine sehr schwierige Frage. Auch andere für den Europäer seltsame Verhältnisse stellen sich ein. So ist in Tschitá eine Kaserne eingestürzt, weil ihre Fundamente im Eisboden gelegt waren und dieser unter der Wärme der Wohnräume auftaute. In Jakutsk reicht der Eisboden bis über 116 m Tiefe, vielleicht bis 186 m hinab und taut er im Sommer nur bis zu 1 m Tiefe auf. Dennoch wächst hier ziemlich reicher Wald von Lärchen, Birken, Pappeln u. a. und wird nicht nur Gemüse, sondern auch etwas Getreide gebaut. Die oberste im Sommer auftauende Bodenschicht ist oft von Wasser durchtränkt und kommt auf der eisigen Unterlage ins Rutschen.

Durch Gefrieren von Wasser, das nicht einsickern kann, bilden sich seltsamste Aufquellungen und Überschwemmungen von Eis (Naledj, Aufeis).

In den Klimaten *Dfb* und *Dfc* in Osteuropa, Westsibirien und Nordamerika nördlich von 45^0, tritt das alljährliche Hochwasser nach der Schneeschmelze ein. In der Wolga z. B. steigt das Wasser im Laufe des April, erreicht im Mai bei Samara einen Stand von 12 m über dem des Winters und sinkt im Laufe des Juni, im Unterlauf des Flusses erst im Juli, wieder auf diesen herab. In den Flüssen des transbaikalischen Klimatypus, z. B. dem Amur, treten dagegen die Hochwasser, wegen Schneearmut des Winters, erst nach den starken Sommerregen ein, ebenso wie in den chinesischen Flüssen und denen des *Cw*-Typus überhaupt.

Die Dauer der Eisbedeckung der Flüsse liegt im Gebiet der *D*-Klimate zwischen 80 und 240 Tagen. Die Linie einer Eisbedeckung von 150 Tagen geht über Petersburg, Kasan, Semipalatinsk nach Chabarowsk. Eisgang findet auf ihr etwa 20. April, Zugang der Flüsse etwa am 20. November statt.

§ 36. Die kalten Klimate jenseits der Baumgrenze (*E*)

Die 10°-Isotherme des wärmsten Monats, die wir als äquatoriale und untere Grenze der *E*-Klimate gesetzt haben, fällt zwar nicht genau mit der Baumgrenze (d. h. der Grenze hochstämmiger Bäume) zusammen. Aber gegenüber den großen gemeinsamen Zügen sind ihre Abweichungen nur gering. Beide steigen auf den Festländern der nördlichen Halbkugel bis gegen 70° Breite und darüber und sinken auf den Ozeanen im Norden auf 50—53°, im Süden auf 44—55° herab. Wir dürfen daher in kurzer Benennung unsere *E*-Klimate recht wohl als jenseits der Baumgrenze liegend bezeichnen und damit ihren hervorragendsten Zug andeuten. Die Gegensätze zwischen Ozean und Kontinent sind allerdings bei der Baumgrenze noch etwas größer, als bei der Mitteltemperatur des wärmsten Monats, weil auch der Wind im selben Sinne wirkt.

Die Verbreitungsgrenzen verschiedener Baumarten sind zwar auch dort, wo sie klimatisch bedingt werden, durch sehr verschiedene Umstände bestimmt, aber überall in höheren Breiten finden sich Arten, die bis in die Nähe der 10°-Isotherme des wärmsten Monats wachsen können. Bei den meisten von ihnen geht der Übergang allmählich vor sich durch Lichterwerden der Bestände, Zwergwuchs, Strauchformen und sehr langsames Wachsen. An mehreren Stellen, besonders in den Zentralalpen und am Kap Horn, gehen Waldungen und Baumgruppen nachweislich bis zu den Isothermflächen 8° und 7° des wärmsten Monats hinauf. Auf windgepeitschten Inseln, Küsten und Berggipfeln wird der Baumwuchs auf Schlupfwinkel beschränkt oder fehlt er auch trotz genügender Wärme ganz, letzteres wohl hauptsächlich, weil die Wahrscheinlichkeit für die Ansiedelung und Erhaltung der Bäume auf so beschränkten Örtlichkeiten zu gering ist.

Sind auch die Wintertemperatur und mithin die jährliche Temperaturschwankung in diesen Klimaten je nach der Land- oder Wasserunterlage sehr verschieden, so schließt doch überall in ihnen der allzu kühle Sommer jeden Feldbau aus und beschränkt er den Menschen im *ET*-Klima auf Jagd, besonders im Meere, und etwas Viehzucht, während in *EF*, wo selbst der wärmste Monat wenig oder kein Tauwetter bringt, der Mensch überhaupt nur zu kurzen Besuchen für wissenschaftliche Zwecke sich einfindet. Die Tierwelt ist in *ET*, namentlich im Sommer, sehr reich an Individuen, weil der alles verwüstende Mensch hier nur dünn gesät ist; in *EF* fehlt auch sie, weil die Pflanzenwelt fehlt, die in *ET* als Moos- und Flechtentundra mit Oasen von Blütenpflanzen vertreten ist, wenn auch einen Teil des Jahres unter Schnee; auf ozeanischen Inseln von *ET*, wie Island, gestatten die milden Winter Wiesenwuchs. Nur im Meere kann Plankton, und damit auch höheres Tierleben, auch noch über die Grenze der *EF*-Klimate hinaus gedeihen.

Die Menge der den Polarzonen während ihrer langen Sommertage zugeführten Sonnenwärme ist zwar bedeutend, aber sie wird zum großen Teil zum Schmelzen von Schnee und Eis verbraucht. Nur dort, wo die Neigung des Bodens die Strahlung der niedrig stehenden Sonne unter günstigerem Winkel auffängt, ein schnelleres Trocknen und Durchwärmen der Erde gestattet und namentlich Schutz vor dem Winde gewährt, entwickelt sich eine reichere Vegetation, die viele Blüten, aber wenig reife Samen bringt; auf den ebenen Flächen stagniert das Schmelzwasser über dem ewig gefrorenen Boden, und der Boden ist mit Moosen und Flechten bedeckt: das sind die Tundren. Der Baumwuchs zieht deshalb in den Flußtälern weit nordwärts, wo die zwischenliegenden Ebenen und flachen Rücken von Tundra bedeckt sind; die windgepeitschten Küsten flieht er hier noch mehr, als an der deutschen Nordseeküste.

Kihlmann ist der Ansicht, daß die Schädigung der Vegetation, besonders des Baumwuchses, im Polarklima in der ungenügenden Wasserzufuhr von den im kalten Boden ihre Funktion versagenden Wurzeln zu den im Winde zeitweise stark verdunstenden oberen Teilen besteht. Diese verdorren daher, trotzdem die Pflanze im eisigen Morast steht, und zeigen ähnliche Schutzvorrichtungen gegen starke Verdunstung, wie Wüstenpflanzen: derbe, lineale Blätter, Behaarung usw. Wie aber auch die Erwärmung der niedrigen Polster durch die Sonne wirkt s. S. 38.

Aber auch in den meteorologischen Erscheinungen zeigt die Polarzone Gegensätze gegen das Waldgebiet der gemäßigten Zone: in der Nähe der Polarkreise liegen die Zugstraßen der bedeutendsten barometrischen Minima, und hier finden die kennzeichnenden Züge der gemäßigten Zone: die vorherrschend westlichen Winde, das Dovesche „Drehungsgesetz“ und die thermische usw. Windrose ihr Ende, der mittlere Druck seinen niedrigsten, die unregelmäßigen Druckschwankungen und die Unruhe des Wetters ihren höchsten Wert; weiter polwärts mehren sich auf der nördlichen Halbkugel die Windstillen, besonders im Sommer, und Winde aus andern Quadranten; auf der südlichen Halbkugel findet in dieser Breite ein schroffer Übergang von stürmischen westlichen zu teilweise noch stürmischeren östlichen Winden statt. Im Norden wie im Süden nehmen ferner von dieser Breite polwärts die Mittelwerte des Druckes zu, seine Schwankungen ab; Winde aus allen Richtungen bringen Erwärmung, Windstillen Strahlungskälte. Die unregelmäßigen Schwankungen der Temperatur sind, wenigstens im Sommer, gering. Die Jahresschwankung ist zwar groß, allein ihre Bedeutung für den Menschen und die organische Natur überhaupt wird durch die Zahl der Grade, die sie beträgt, nicht voll ausgedrückt, sondern hängt von der Höhe der Temperatur ab. Sommertemperaturen unter 10^0 lassen eine Ausbeutung der Pflanzenwelt durch den Menschen nicht mehr zu; und unterhalb 0^0 ist es von geringem Belang, ob der Frost einige Grade mehr oder weniger beträgt. Daher zeigt das Polarklima in bezug auf Einförmigkeit eine gewisse Verwandtschaft mit dem Tropenklima: „Es ist schwer,“ sagt Parry, „sich vorzustellen, daß zwei Dinge einander ähnlicher sein können, als zwei Winter in den Polarregionen. Sobald einmal die Erde mit Schnee bedeckt ist, bleibt die traurige, weiße, einförmige Decke ohne jede Unterbrechung durch Tauwetter nicht für Wochen oder Monate, sondern für mehr als ein halbes Jahr.“

Trotz ihrer Freiheit von anderen Verunreinigungen ist die Luft in der Polarzone nicht immer durchsichtig, da sie zwar nur wenig Wasserdampf, aber um so häufiger Wasser in flüssiger oder fester Form enthält. Über dem Meereise liegt im Sommer sehr häufig Nebel, und auf dem Lande ist in den kalten Jahreszeiten bei Wind die Luft mit trockenem, aufgewirbeltem Schnee erfüllt, bei ruhigem Wetter von glitzernden feinen Eisnadeln.

Offenbar ist es der Keimfreiheit der Luft zuzuschreiben, daß Erkältungskrankheiten in der Polarzone keine Rolle spielen, obgleich man sich fortwährend außerordentlich großen Temperaturwechseln aussetzt. In Westgrönland sind die dänischen Beamten anfangs frei von Erkältungen, gewinnen aber im Lauf der Jahre ihre Empfindlichkeit wieder. Auf Expeditionen gibt es kaum Erkältungen, doch werden die meisten Mitglieder bei der Rückkehr von Husten und Schnupfen befallen. Die Kälte wird wegen der meist geringen Windstärke und zweckmäßigen Kleidung wenig empfunden. Kurzdauernde Erfrierungen vermehren nur die Empfindlichkeit. Erst wenn es längere Zeit nicht gelingt, den betreffenden Körperteil aufzutauen und die Blutzirkulation wiederherzustellen, stirbt er ab und muß amputiert werden. Durch den Mangel an Eindrücken hat die lange Winternacht auf viele Personen einen stark deprimierenden Einfluß, der sich bis zum völligen Zusammenbruch der Energie steigern kann. Besonders werden Unvorbereitete hiervon betroffen, bei Gewöhnung verliert sich diese Wirkung, doch macht eine Überwinterung stets nervös und blutarm. Der schlimmste Feind früherer Polarreisen, der Skorbut, ist jetzt bei Verproviantierung mit unverderblichen Büchsenkonserven und frischem Fleisch und bei Vermeidung untätiger Lebensweise nicht mehr zu fürchten. Ein regelmäßiges Übel bei Polarexpeditionen sind aber Zahnschmerzen.

Da die Klimate der *E*-Klasse sich sowohl in der Nähe der Pole vom Meeresspiegel an, als auf den Hochgebirgen bis zum Äquator finden, so ist ihr Gebiet weiter auseinandergerissen, als das aller andern. Weil aber diesen großen Höhenunterschieden auch große Unterschiede in der Insolation und dem Luftdruck, der Verdunstung und den Niederschlägen entsprechen, müssen wir schon im Tundrengürtel viererlei Klimate unterscheiden: 1. Die Klimate der Küstenländer des nördlichen Eismeeres mit großer Jahresschwankung, mit einem Unterschied der extremen Monate von 20—60°; der Winter ist kalt und vergleichsweise trocken, beides jedoch weniger als in *Dwd*, der Sommer kurz, jedoch ziemlich beständig, von Zugvögelmassen belebt. 2. Die Klimate der antarktischen Inseln und Küsten, mit nur geringer Jahresschwankung der Temperatur (meist 4—15°), aber großen unperiodischen Schwankungen derselben, und schweren Regen-, Schnee- und Hagelböen zu allen Jahreszeiten; Kerguelen, Südgeorgien, Campbellinsel sind typische Vertreter dieses Klimas, dem aber auch das Meer zwischen Spitzbergen und Grönland zugerechnet werden kann. 3. Die Klimate kontinentaler Hochländer, wie der Pamirländer Zentralasiens, mit großer Jahresschwankung der Temperatur, extremer Strahlungsstärke und spärlichen Niederschlägen, außer in ihren Randgebieten. 4. Das hochalpine Klima isolierter Gebirge in den feuchteren Erdgebieten mit geringer, aufwärts abnehmender Jahresschwankung der Temperatur und meist mit reichlichen Niederschlägen. In niederen Breiten sinkt der Unterschied des wärmsten und kältesten Monats unter 5°, so daß wir das Klima *Ei* dort finden (vgl. S. 130). Wo dabei, wie in der Puna-brava-Region von Peru und Bolivien, der scharfe Wechsel von Regen- und Trockenzeit auch in diese Höhen hinaufreicht, bringt die erstere fortwährend sich wiederholende Regen-, Schnee- und Hagelunwetter, während in der letzteren die Verdunstung durch die starke Sonnenstrahlung noch verstärkt wird und die Pflanzenwelt allerlei Schutz dagegen zur Schau trägt. In den unter 1 und 3 genannten Klimaten ist der Boden in der Tiefe stets gefroren, wie in *Dwc* und *Dwd*, und daher für das Schmelzwasser undurchlässig; nur wo Gefälle vorhanden ist, kann er sich von diesem durch oberflächliches Abfließen befreien und auch etwas anspruchsvollere Pflanzen tragen. In den Klimaten 2 und 4 findet sich Eisboden nur bei dem Übergang in den Klimatypus *EF*.

Im Reich des ewigen Frostes *EF* liegt die Mitteltemperatur auch des wärmsten Monats unter 0° und tritt Tauwetter nur durch die täglichen und unperiodischen Schwankungen der Temperatur zeitweise ein. Die berechnete Seehöhe der Nullisotherme im wärmsten Monat stellt sich wie folgt:

Anden von Quito .	5100 m	Pyrenäen	3940 m
NW-Himalaya . . .	5700 ,,	Ostalpen	3200 ,,
Ätna	4100 ,,	Schottland	2000 ,,
Felsengebirge . . .	5000 ,,		

Auf der nördlichen Halbkugel erreicht dieses Reich wohl höchstens in nächster Nähe des Pols den Meeresspiegel, auf der südlichen dagegen schon zwischen 60 und 73° Breite. Das vergletscherte hohe Innere von Grönland gehört aber ebenso dazu, wie das des Antarktischen Kontinents.

Die Verdeckung des Bodens durch Schnee auch während des Sommers, also das Gebiet des ewigen Schnees, finden wir dort, wo mehr schneeiger Niederschlag fällt, als die Schmelzung und Verdunstung an Ort und Stelle entfernen kann, so daß eine Abfuhr des Überschusses durch Gletscher erfolgen muß. Die Bedingungen hierfür sind, da die Oberflächengestaltung bald das Zusammenwehen und Beschatten, bald das Fortwehen des Schnees begünstigt, in nächster Nachbarschaft verschieden, namentlich im Gebirge. Aber die Grenze der bleibenden Schneedecke auf wenig geneigten Flächen, sowie (annähernd) die Seehöhe oberhalb welcher mehr als die Hälfte des Bodens dauernd von Schnee bedeckt ist, sind klimatische Größen, die in der Hauptsache von der Schneemenge und der Lufttemperatur abhängen. Die untere Grenze, bis zu welcher dauernde Ansammlungen von Schnee vereinzelt vorkommen, nennt man die orographische Schneegrenze.

Die klimatische Schneegrenze fällt unter höheren Breiten, etwa von 30° N und S an, in die Tundren- bzw. Almenregion *ET*, da die Temperatur des wärmsten Monats an ihr im allgemeinen zwischen 1° und 10° liegt; die Temperatur des Jahres liegt dabei mehrere Grade unter 0°, außer in ganz ozeanischen feuchten Gebieten, wo auch sie etwas über dem Gefrierpunkt liegen kann. Auch in niederen Breiten, wo der Temperaturunterschied der Jahreszeiten gering ist, liegt die Schneegrenze über den feuchten Äquatorialklimaten noch unterhalb der Jahresisotherme 0°, dagegen rückt sie über den Trockenklimaten weit höher. Wegen der Trockenheit und Schneearmut der Hochregionen rückt sie in Peru und Nordchile weit in die Region des ewigen Frostes *EF* hinauf, bei Arequipa bis 6100 m Seehöhe, wo die Temperatur selbst des wärmsten Monats unter — 7° liegt, so daß die Grenze der Schneedecke hier mehr durch Bestrahlung und Verdunstung, als durch die Lufttemperatur gesetzt wird. Bei Quito hingegen liegt die Schneegrenze in etwa 4700 m und die Temperatur selbst des Jahres an ihr über + 1°.

In Teilen von *ET*, wo das Gefrieren und Auftauen der obersten Bodenschicht über gefrorener Unterlage sehr häufig ist (z. B. Spitzbergen), bringt es eigentümliche Anordnung der losen Steine zu Steinringen und Steinnetzen hervor.

In den kontinentalen Teilen des Nordpolargebiets liegt die Schneegrenze wegen der Geringfügigkeit der Niederschläge verhältnismäßig hoch und die Julitemperatur an ihr etwa beim Gefrierpunkt; auf südlicher Breite sind die Inseln und Länder jenseits 60° S auch im Sommer bis zum Meeresspiegel schneebedeckt, wenn auch an vereinzelten Stellen der Boden frei wird und bei Kap Adare selbst bis 72° S Spuren von Pflanzenwuchs sich finden.

Da die Temperatur vom Innern des Polargebiets aus nach allen Richtungen zunimmt, bringen dort Winde aller Richtungen Erwärmung, Windstille aber Kälte hervor. Dazu kommt, daß in diesen Gebieten, besonders bei hohem Luftdruck, die Temperatur aufwärts wenig abnimmt oder sogar zunimmt und durch die Turbulenz jeder starken Luftströmung Luft aus höheren Schichten zum Boden gebracht wird, die im Abstieg sich durch Kompression erwärmt.

III. TEIL
Klimakunde der einzelnen Erdteile

Kapitel 10
Die Klimate von Afrika

§ 37. Allgemeines über Afrika

Afrika bietet die großen Klimagürtel der Erde in seinem größten Teile in sehr typischer Ausbildung dar. Das heißfeuchte äquatoriale Regengebiet *Af* reicht von der Westküste bis zum Viktoriasee, im N und S eingesäumt vom Savannengebiet *Aw* mit scharf ausgesprochener, zumeist doppelter Trockenzeit. Zwischen dieses und die ausgedehnten Steppen Sudans und der Kalahari schieben sich durch die großen Erhebungen Abessiniens und der Tafelländer zwischen Kongo und Sambesi Gebiete des Typus *Cw* ein, die zwar in den Regenverhältnissen mit dem Savannengebiet annähernd übereinstimmen, namentlich eine große Trockenzeit in den Wintermonaten der betreffenden Halbkugel besitzen, aber deren Hitze durch die Seehöhe gemildert ist, so daß ihre Mitteltemperatur in der kühleren Jahreszeit unter 18^{0} fällt. Ihr Klima ist dem von Südbrasilien (San Paulo) ähnlich und unterscheidet sich von demjenigen Nordindiens und Chinas hauptsächlich nur durch die viel geringere jährliche Schwankung der Temperatur.

In der Nähe der Wendekreise finden wir sodann auf beiden Halbkugeln die Trockengebiete *B*, deren Wüstenkern *BW* im Süden nur in geringer Ausdehnung an der Westküste ausgebildet ist, im Norden dagegen vom Atlantischen bis zum Roten Meer reicht; endlich jenseits derselben feuchtere Küstengebiete, meist nur mit Winterregen (*Cs*), an der Südküste von Kapland aber auch mit Regen zu allen Jahreszeiten (*Cf*).

Das alles entspricht sehr nahe dem allgemeinen tellurischen Schema. Große Abweichungen davon zeigt aber der östliche Rand von Afrika. Daß der Trockengürtel in Nordafrika, anders als auf den anderen Festländern mit Ausnahme Südamerikas, bis an die Ostgrenze des Kontinents reicht, ist noch nicht auffällig, weil sich hier die asiatische Ländermasse anschließt. Aber einzig steht die Trockenheit der tropischen Ostküste Afrikas da; denn die Ostseite Südamerikas und Südasiens nebst dessen Inselwelt zeigen in denselben Breiten fast durchweg großen Regenreichtum. Offenbar hängt dieser Unterschied mit den Windverhältnissen zusammen. In der mächtigen Entwickelung des jahreszeitlichen Monsunwechsels weicht diese Küste sehr von der ähnlich gerichteten Südamerikas ab, die sich dem Passat entgegenstellt, ebenso wie die Ostküsten Asiens wenigstens einem der Monsune. An der höchst regenarmen Somaliküste wehen beide Monsune der Küste entlang. Erst jenseits der Straße von Mozambique zeigt die Ostseite des Höhenzugs auf Madagaskar das Bild der feuchten Luvseite eines Gebirges im Passat.

§ 38. Der tropische Regengürtel (*A*) in Afrika (Tabelle 1—7)

Begrenzt wird er im Norden unmittelbar durch die Randsteppen der Sahara, im Süden aber trennen ihn die Hochländer des inneren Südafrikas von der Kalahari und der Loangoküste. Diese einst unendlich tierreichen Hochländer unterscheiden sich zwar in der Vegetation nicht sehr von den tropischen Savannen, tragen auch den Baobab, haben aber eine ausgesprochen kühle Jahreszeit von 8—18° Mitteltemperatur und sind deshalb wohl einer europäischen Kolonisation zugänglicher. Ebenso trennt im NO das Hochland von Abessinien unser Gebiet vom dürren Küstensaum; im SO dagegen erstreckt es sich über die Delagoabai bis etwa 29° S, entsprechend dem Gegensatz zwischen dem kühlen regenarmen Klima der polaren Meeresströmung im Westen und dem warmen gewitterreichen über der aus dem Indischen Ozean kommenden Strömung. Afrikas Küsten werden an drei Strecken von vergleichsweise kühlem Küstenwasser bespült, im NW, SW und im O, und sind dort dementsprechend großenteils regenarm (s. S. 173).

Innerhalb des so umschriebenen Gebiets finden wir einen regenreichen Kern — der große Waldstreifen von Sierra Leone bis zum Viktoria-Nyanza, der sich nach S an der Westküste nur bis 1° N, im Innern bis etwa 8° S erstreckt. In diesem Streifen bringen auch die eine oder zwei Trockenzeiten des Jahres noch genügende Regen, so daß der Pflanzenwuchs nicht mit Trockenheit zu rechnen hat und beträgt die Regenmenge über 120 cm. Öl- und Raphiapalmen sowie Kautschuklianen sind charakteristisch für dieses Klima. An der Westküste gehen sie darüber hinaus, im Osten bleiben sie dahinter zurück. Inselförmig am Gebirge treten so feuchte Gebiete auch in Ostusambara und im Kondeland auf (z. B. Buloa). Um diesen Streifen herum dagegen dehnen sich Savannen mit scharf ausgesprochenen Trockenzeiten, in denen die Wälder sich mehr und mehr auf die Flußniederungen zurückziehen (Galeriewälder).

Am schmälsten und schwächsten ist dieser regenreiche Streifen in Togo und Ashanti, weil hier die Küste auffallend regenarm ist (vgl. in Tab. I 1 die Reihen Cape Coast Castle, Goldküste und Togoküste). Diese Regenarmut macht sich hauptsächlich in den Monaten Juli bis September bemerkbar, in denen in Sierra Leone wie in Benin viel Regen fällt. Auch hier ist die Ursache im kalten Küstenwasser zu suchen, das sich in diesen Monaten einstellt (Temp. der Meeresoberfläche 20°, statt 26° weiter draußen). Das Hinterland ist weit regenreicher. Erst im November bis März stellen sich auch dort trockene Winde ein (s. unten Harmattan; ferner Tab. I 2 Salaga bis Amedschowe).

Die zeitliche und räumliche Verteilung der Regenzeiten und Trockenzeiten richtet sich vorwiegend nach der geographischen Breite. Die Figg. 20 und 21 zeigen sie für zwei Meridianstreifen — 10—20° und 30—37° östl. Länge —, die von 16° N bis 27° S reichen. Die benutzten Beobachtungsreihen sind daneben geschrieben. Sie sind entnommen für Fig. 20 den Seiten 186, 71, 82, 70, 95 und 98 des 2. Bandes von Hanns Klimatologie, für Fig. 21 den Seiten 165, 141 und 119 desselben Handbuchs; für Deutschsüdwestafrika der Arbeit von Heidke in den „Mitteil. a. d. D. Schutzgebieten", 32. Band. Eine Klammer bedeutet, daß das Mittel beider Orte benutzt ist.

In beiden Figuren gibt die horizontale Teilung die Monate, die vertikale die geographische Breite an. In der dicht gestrichelten Fläche beträgt die monatliche Regenmenge $>$ 12 cm, in der dünn gestrichelten 1—12 cm, in der weißen $<$ 1 cm. Erstere zeigt also reichliche Regen, letztere größte Trockenheit an. Die westliche Linie verläuft von Kamerun an 200—300 km landeinwärts von der Küste; diese selbst ist von der Kongomündung (5° S) an viel regenärmer, als das Hinterland.

Die schrägen Strich-Punkt-Linien geben die Zeit an, wann die Sonne um Mittag in diesen Breiten im Zenit steht. In beiden Bildern sehen wir die Regen der Sonne folgen und die am

Äquator dementsprechend doppelte Regenzeit in einiger Entfernung davon zu einer einfachen Regenzeit im Hochsommer verschmelzen. Das geschieht im Westen bei 6^0 N und 7^0 S, im Osten schon bei 5^0 N und 6^0 S. Viel mehr als hierin gehen

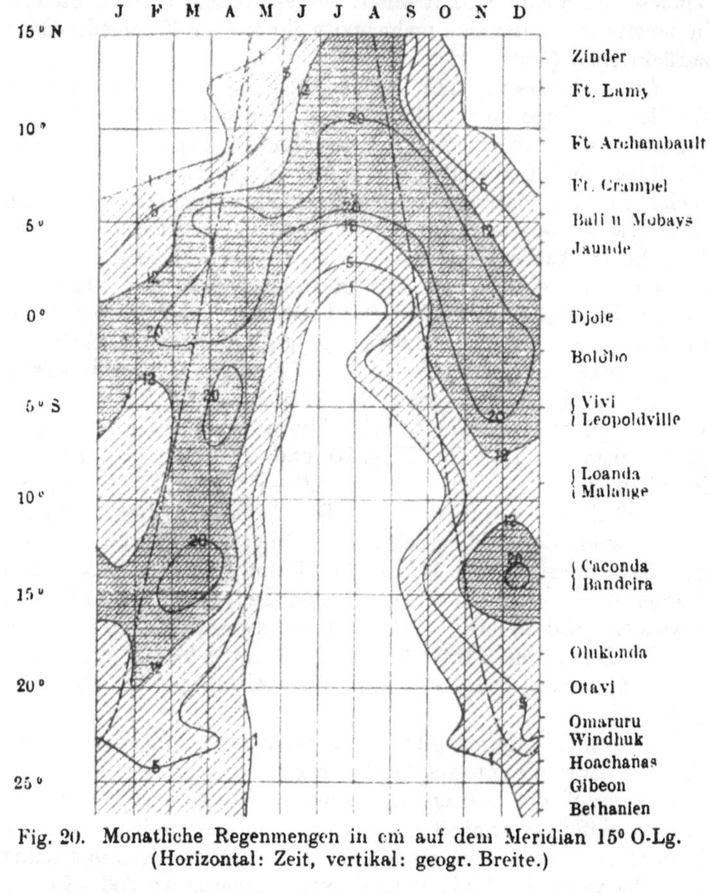

Fig. 20. Monatliche Regenmengen in cm auf dem Meridian 15^0 O-Lg. (Horizontal: Zeit, vertikal: geogr. Breite.)

aber beide Bilder auseinander in der südlichen Ausdehnung dieses Sommermaximums, entsprechend der Trockenheit von Südwestafrika und den reichlichen Sommerregen von Natal. Die letzten Ausläufer dieser tropischen Sommerregen reichen in der Sahara bis etwa 21^0 N, in Deutsch-Südwest bis über 25^0 S hinaus. Am Äquator fallen die beiden Höhepunkte des Regens auf März bis April und auf November. Nördlich von 2° N ist die Trockenheit im Nordwinter, südlich davon die im Südwinter die größere. Die andere wird, je weiter man sich von der Mittel-

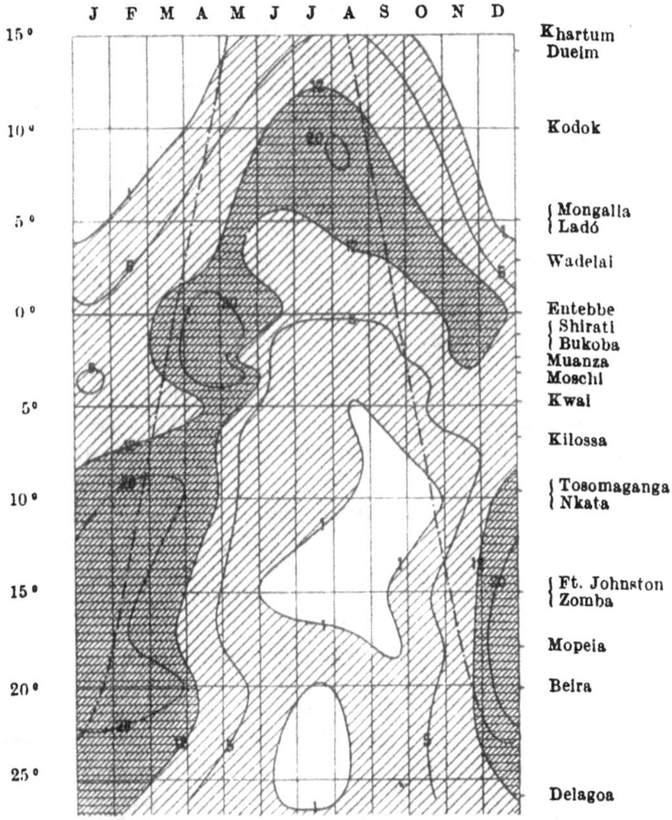

Fig. 21. Monatliche Regenmengen in cm auf dem Meridian 33° O-Lg. (Horizontal: Zeit, vertikal: geogr. Breite.)

linie entfernt, immer mehr zur bloßen Pause in den Regen, zum „veranito“ der spanischen Kolonien. Innerhalb der Regengebiete umschreiben die Kurven auf beiden Figuren Kerne mit mehr als 20 cm Monatsmenge.

Um die großen Züge im Bilde besser hervortreten zu lassen,

sind ihm an einigen Stellen, z. B. auf dem Viktoria-Nyanza, die Mittel zweier Orte trotz ihres durch örtliche Ursachen sehr verschiedenen Regenreichtums zugrunde gelegt: die große Wasserfläche des Sees bewirkt, daß die vorwaltenden Ostwinde seinem Westufer viel mehr Regen bringen, als sein Ostufer erhält, ohne wesentlichen Unterschied in der jahreszeitlichen Verteilung. Doch auch in dieser zeigen sich neben den normalen durch Fig. 20 und 21 dargestellten Hauptzügen auch in Afrika manche örtliche Abweichungen. In Abessinien reicht das doppelte Regenmaximum etwas nördlicher: Addis Abeba zeigt es unter $9^3/_4{}^0$ N im März und Juli, Harrar unter 9^0 N im Mai und August. Umgekehrt tritt an der Kamerunküste schon in 4^0 N das einfache Spätsommermaximum auf. Wiederum zeigt das Hinterland von Oberguinea noch bis fast 10^0 N das doppelte Maximum (meist Mai—Juni und September). An der Küste ist das zweite Maximum verkümmert (vgl. oben! Die Bilder gelten für das Hinterland!).

Auch an der Küste von Ostafrika ist in 0—4^0 S das Novembermaximum viel schwächer, als das vom Mai; auf Sansibar sind sie beide fast gleich, aber die herbstliche Regenzeit (masika) ist die viel längere, da auch März und April dazu gehören; von hier an rücken beide mehr und mehr zusammen, schon in Daressalam fallen die Maxima auf Dezember und April, und in Lindi (10^0 S) ist die kleine Trockenzeit nur noch durch ein geringes Nachlassen der Regen im Februar angedeutet. Tabora hat schon unter 5^0 S eine einheitliche Regenzeit von Dezember bis April.

Der regenreichste Ort Afrikas ist Debundscha am Südwestfuße des Kamerunberges. Er wird in der Regenmenge nur von Cherrapundji in Indien und Kauai (Hawaii-Inseln) übertroffen. Alle Monate bringen hier im Durchschnitt über 20 cm Regen, der September 166 cm; im benachbarten Bibundi bringt er sogar 198 cm, aber hier sind November bis April trockener.

Im größten Teil des Gebiets sind die Regen großtropfig und sehr oft von Gewitter begleitet, doch hat Daressalam unter 112 Regentagen nur 8 mit Gewitter im Jahre. Auch weicht die jährliche Verteilung der Gewitter an manchen Orten von jener der Regen ab. An der Kamerunküste treten die elektrischen Entladungen am häufigsten — allnächtlich! — im März—April und im Oktober auf; in der Mitte der Regen dort, im Juli und August, sind sie selten. Dabei treten sie (in Duala) ganz vorwiegend erst in der zweiten Hälfte der Nacht ein. Beides scheint damit zusammenzuhängen, daß sie im östlichen Binnenlande am Nachmittag entstehen und von da nach Westen ziehen. In der Tat hat Jaunde seine Regenzeiten im April und Oktober, seine Haupttrockenzeit im Juli—August und erscheinen dort die Gewitter am Nachmittag; sie brauchen also für die 210 km nach Duala 12—18 Stunden. Ebenso treten in der Niederung zwischen Blauem Nil und Atbara die heftigen Gewitterregen regelmäßig in der Nacht ein, aus SO ziehend; in den Gebirgen Abessiniens, wo sie offenbar entstehen, sind sie, wie in den meisten Tropengegenden, nachmittags am häufigsten, im Mai bis September fast täglich.

Hier, wie auch an der Westküste, sind diese Nachtgewitter häufig mit Sturm verbunden. Diese kurzen Gewitterstürme sind an der Küste von Loango bis Senegambien wegen der plötzlichen Winddrehung in ihnen als Tornados berüchtigt. Sie ziehen aus Osten gegen die vorherrschenden leichten Südwestwinde, heran; hauptsächlich während der Nordwärtsbewegung der Sonne (März bis Mai). Ihre Stärke und Häufigkeit wird jedoch übertrieben; es sind Gewitterböen, die weit heftigeren nordamerikanischen „Tornados" sind aber Windhosen.

Die Luftfeuchtigkeit ist überall während der Regenzeit sehr groß. An den Küsten bleibt sie dies auch in der Trockenzeit, im Binnenlande sinkt sie dann wenigstens am Tage unter 50%. Diese große Feuchtigkeit bei so hoher Wärme macht das Klima besonders drückend, so daß auch Temperaturen, die im Sommer Europas und gar Nordamerikas häufig sind, im tropischen Afrika erschlaffend wirken. In der trockenen Luft der Wüste werden viel höhere Wärmegrade leicht ertragen; auch im Savannenklima (*Aw*) ist während der Trockenzeit die Hitze dadurch erträglicher, daß die Nächte dann verhältnismäßig kühl sind; dabei bilden sich nachts in den Savannen während der regenlosen Zeit auch im Binnenland nicht selten dichte, sogar nässende Nebel.

Die Bewölkung ist an den Küsten in der Regenzeit sehr groß, nimmt aber zur Trockenzeit auch an diesen mehr ab als die Luftfeuchtigkeit. Im Innern von Ostafrika ist sie dagegen auch an so regenreichen Orten, wie Bukoba zur Regenzeit ist, nicht groß. Während der Trockenzeit ist in den Savannen Afrikas der Himmel fast beständig durch den Rauch der ungeheuren Grasbrände verdüstert.

Die Grenzen zwischen dem innern Gebiet ohne eine wirklich trockene Zeit (*Af*) und dem äußern mit einer oder zwei ausgesprochenen Trockenzeiten (*Aw* und *Aw''*) findet man auf Tafel I angegeben. Der Unterschied äußert sich stark in der Pflanzendecke und den Kulturen: in *Af* immergrüne hochstämmige Wälder voll Lianen und Epiphyten, in *Aw* bzw. *Aw''* Savannen und auf Einschränkung der Verdunstung eingerichtete Bäume und Büsche. Von diesen Einrichtungen sind hier, wie in Südamerika, besonders diese auffällig: Abwerfen des Laubes in der Trockenzeit oder Blattlosigkeit, sowie Aufspeicherung des Wassers im Stamm oder den Blättern (Sukkulenz); daneben Schutz gegen die massenhaften Weidetiere durch Dornen und ätherische Öle (Eleleschо!). Die Stammungeheuer des Baobab, die blattlosen Euphorbien und die Aloe entsprechen ganz den Wollbäumen, Kakteen und Agaven Amerikas, obwohl sie andern Pflanzenfamilien angehören.

An der Nordgrenze von Sierra Leone (Freetown, Conakry) sind, wie an der Malabarküste, durch jährliche Regenmengen von 4—5 m die Bedingungen für Urwälder wie in *Af* gegeben, trotzdem Januar und Februar fast regenlos sind (*Am*).

Wenn auch, wie in der Tropenzone allgemein, so auch in diesem Gebiet die Jahreszeit nicht durch die Wärme, wie bei uns, sondern durch den Regen vorwiegend bestimmt wird, so zeigt doch auch der jährliche Gang der Temperatur sehr charakteristische Züge. Von 0 bis 5° N im Westen, 3° S bis 2° N im Osten, ist der Unterschied des wärmsten und kältesten Monats weniger als 3°; in Daressalam und Umgebung 3—5°; dabei ist dort wie in Kamerun heißester Monat Februar, kühlster Juli oder August. In einem Streifen vom Innern Senegambiens bis über Khartum hinaus und im Raume zwischen dem Viktoria-Nyanza und Bulawayo herrscht der indische Gang der Jahreszeiten: niedrigste Temperatur in der Mitte, höchste am Ende der großen Trockenzeit, also erstere bei der winterlichen, letztere aber vor der sommerlichen Sonnenwende der betr. Halbkugel. Wie in Indien, zerfällt also das Jahr in eine kühle, eine heiße und eine Regenzeit (Typus *Awg*).

Zwischen den äquatorialen (*Afi*) und den indischen (*Awg*) Jahreszeitengang schiebt sich aber auf der Nordhalbkugel ein Gürtel mit „sudanesischem" Verlaufe (*Awt''*), dessen heißester Monat zwar ähnlich wie im indischen, nur noch früher fällt — auf März/April statt auf Mai/Juni — dessen kühlste Zeit aber nicht auf die Wintersonnenwende der N-, sondern auf jene der S-Halbkugel folgt und in den Juli oder August fällt. Die kühlste

Zeit fällt also hier in die kleine Trockenzeit oder (nördlich von 5^0 N) in die Mitte der einfachen Regenzeit, die heißeste ans Ende der großen Trockenzeit. So ist denn die Regenzeit in St. Louis (16^0 N) die warme, in Sierra Leone ($8^1/_2{}^0$ N) die kühle Zeit. Von etwa 9^0 N reicht diese Ordnung bis zum Äquator, mit einem von 4—5^0 auf 2—3^0 abnehmenden Unterschied der extremen Monate. Der Streifen setzt sich ostwärts übers Arabische Meer fort bis zur südlichen Malabarküste, wiederholt sich aber an keiner andern Stelle der Erde.

Der Landstreifen vom unteren Kongo durch die Kalahari bis Natal hat seine, freilich nur geringe, jährliche Temperaturschwankung den Zeiten nach ungefähr wie in der gemäßigten Zone; an der Küste verspätet sie sich.

Die Mehrzahl der geschilderten Züge findet ihre Erklärung in den Winden. Die große Wanderung des Regengürtels, mit der Verschiebung der Trockengebiete zu beiden Seiten desselben, erstreckt sich allerdings auch auf Räume, wo die Passate, denen diese Trockengebiete normal entsprechen, fehlen; wie in Unter- und Oberguinea, wo schwache SW-Winde das runde Jahr vorwalten.

Zur Zeit der südlichsten Lage des äquatorialen Kalmengürtels in unserem Winter treten in Oberguinea häufig äußerst trockene, oft mit rotem Staub aus der Sahara beladene nördliche und östliche starke Winde ein, die als Harmattan bekannt sind. Sie sind unangenehm, aber nicht ungesund, nachts kühl, am Tage heiß. Im übrigen findet sich an den Küsten des tropischen Afrikas meistens der tägliche Wechsel von Land- und Seebrisen ausgebildet.

Auch der eben geschilderte eigentümliche jährliche Temperaturgang in Oberguinea und im Sudan hat in der Luftzufuhr seine Ursache. Daß hier auf der nördlichen Halbkugel die kühlste Zeit in unserm Sommer eintritt, ist nicht durch die Regen, sondern dadurch bedingt, daß dann durch die Erhitzung der ganzen Nordhalbkugel und insbesondere der Sahara Luft von der kühleren südlichen Halbkugel angesogen wird, die als (hier kühlerer) SW-Monsun sich zeigt.

Dieselbe Zeit ist auch in Deutschostafrika die kühlste, hier aber auf der Südhalbkugel und daher nicht auffällig. Sie fällt in die große Trockenzeit; hier herrscht dann der SO-Passat, im Süden (Lindi) stärker als im Norden, wo er südlich und schwach ist und in Sansibar als „SW-Monsun" bezeichnet wird. Starke tägliche Temperaturschwankung und Trockenheit der Luft machen diese Zeit erfrischend. In der heißesten Zeit, das ist für den Süden und das Innere im November (indischer Gang), für Bagamoyo erst im Februar, weht der NO-Monsun mit drückend heißen Nächten.

Der Spielraum der überhaupt vorkommenden Lufttemperaturen (s. Tab.) ist am kleinsten auf den äquatornahen Inseln Fernando Poo und Sansibar, nämlich durchschnittlich nur zwischen den Temperaturen 20° und 32°; am größten dagegen am Nordrand des Gebiets; hier steigt die Temperatur auch in Seehöhen über 400 m regelmäßig über 40°, während sie in der kühleren Zeit zwischen 15° und 5° erreicht. Selbst näher zur Küste, aber in größerer Höhe, kommen als Ausnahme so niedrige Temperaturen vor. Auf dem Wege von Kamerun zum Benue wurde Zintgrafs Expedition in 1550 m Höhe von einem Hagelsturm überfallen, in dem das Thermometer auf 6° sank und 16 Träger vor Kälte in der Nacht starben. An den Küsten des Festlandes kann man aber im allgemeinen nur auf niedrigste Temperaturen zwischen 13° und 17° und höchste zwischen 33° und 36° rechnen.

§ 39. Die beiden Trockengebiete (*B*) in Afrika (Tab. 8—14)

An den tropischen Regengürtel schließen sich nördlich und südlich weite Trockengebiete an, die bis an den Atlantischen und im Norden auch bis an den Indischen Ozean gehen. Die Karte Taf. I zeigt ihre Grenzen. Im Süden reichen diese Gebiete nicht bis an das östliche Meer, sondern werden vom Regengebiet von Mozambique und Natal begrenzt. Im Norden dagegen durchschneiden sie ganz Afrika; die der südostafrikanischen analoge Brücke zwischen der tropischen und gemäßigten Regenzone findet sich erst in Ostasien.

In beiden Gebieten sehen wir einen wüstenhaften fast regenlosen Kern, umgeben von mehr oder weniger breiten Streifen Steppe und spärlichen Baumwuchses, in den die Ausläufer der reichlichen Regenzeiten der Nachbargebiete hineinreichen. Daneben ist hier in gewissen Zügen mehr als irgendwo sonst der Gegensatz zwischen Binnenland und Meeresküsten ausgeprägt. Demgemäß müssen wir die Besprechung einrichten.

I. Binnenland.

In Südafrika ist das Gebiet eigentlicher Wüste nur klein: die Küstenebene (Namib) von 22—32° S und die Umgebung des Oranjeflusses bis etwa 22° O. Die Kalahari ist eine Steppe, die zwar in der Trockenzeit tot liegt, aber nach den ersten Regen der Regenzeit sich in wenigen Tagen mit frischem Grün und Blüten bedeckt; die vielen Bäume und Sträucher auf ihr treiben z. T. sogar schon vorher Blätter und Blüten. Da die mittlere Jahrestemperatur in der Kalahari, wegen ihrer Seehöhe von über 1000 m, nur etwa 18° beträgt, so ist die Wüstengrenze nach unserer Annahme (S. 129) bei einer jährlichen Regenmenge von 32 cm anzusetzen; es haben aber Oas 41, Griquatown 40, Tuli 40 und selbst Hasuur 27 cm. Erst weiter nach SW sinkt sie auf 20 cm (Upington) und darunter.

Im Norden dagegen nimmt die Saharawüste einen ungeheuren Raum ein, während der Steppengürtel an ihrem Nordrand (vgl. Karte) nur sehr schmal ist. Derjenige an ihrem Südrand ist breiter und unterscheidet sich von jenem durch die Beimischung von viel mehr Trockenheit liebenden Bäumen, unter denen die Dumpalme besonders hervortritt; dagegen fehlt noch in ihm der Baobab, der für das benachbarte tropische Savannenklima so charakteristisch ist.

In den Steppen kann man noch auf eine regelmäßige, wenn auch spärliche Regenzeit rechnen. In den Wüsten treten nur ausnahmsweise Regen ein, die aber hier wie in den Steppen zuweilen so heftig sind, daß nicht nur die trockenen Flußbetten (Wadis) plötzlich sich auf einige Stunden mit reißenden Strömen füllen, sondern daß auch ebene Flächen auf kurze Zeit von einer „Schichtflut“ überströmt werden, die flächenhaft erodiert, statt Bachbetten zu graben, besonders wegen der diesen trockenen Böden eigenen Bildung von Kalkkrusten. Selbst in den Steppen vermögen einzelne Gewitterregen bis zu $^1/_4$ der ganzen Regenmenge des Jahres zu liefern. In der Küstenwüste von Deutsch-Südwestafrika und auch in der Sahara fließen in der übrigen Zeit manche Flüsse unterirdisch, so daß man im Flußbett in geringer Tiefe Wasser zu finden gewiß ist.

Die Jahreszeit der Regen ist in der Kalahari und in den Steppen des Sudans der Hochsommer; am Nordrande der Sahara sind dagegen Juli und August, wie im benachbarten Mittelmeergebiet, die trockensten Monate und fallen die spärlichen Regen großenteils, wie in Unterägypten, im Winter, am Fuße des Atlas aber im Frühling und Herbst. In den Bergländern von Air und Tibesti dringen die südlichen Sommerregen am weitesten nach Norden vor, in denen von Tassili und Ahaggar die Winterregen nach Süden, so daß es in den letzteren in 1500 m Seehöhe fast alljährlich auch Schnee gibt.

Infolge der ungehinderten Ein- und Ausstrahlung sind die täglichen Temperaturschwankungen in diesen Gebieten äußerst groß. Sie erreichen im Binnenlande, in der Algerischen Sahara und in Ägypten, wie in Timbuktu und der Kalahari sowie dem angrenzenden Hochland in einzelnen Monaten 17—20°.

Infolgedessen kommen auch in normalen Jahren starke Nachtfröste bis in niedere Breiten vor. So in Murzuk (25,9° N, 503 m) — 5°, in Wad Affattaka (25,3° N, 1140 m) — 10° und anderseits in Deutsch-Südwest zu Omaruru (21,6° S, 1160 m) — 5°, zu Rehoboth (23,3° S, 1460 m) — 7° usw. Am Tage aber erreicht das Thermometer an vielen Stellen im nördlichen und südlichen Trockengebiete im Binnenlande im Sommer regelmäßig 40° und darüber. In der Sahara wie am oberen Nil liegen dabei auch die Monatsmittel des wärmsten Monats selbst in Seehöhen oberhalb 500 m über 31°; solche Mitteltemperaturen werden in der tropischen Regenzone nur im Grenzgebiet der Sahara erreicht. Zu In-Salah in der Tuat-Oase ist im Juli das Mittel 36,5°, das mittlere tägliche Maximum 46,0° und Minimum 27,5°, eine Gluthitze, die doch wegen der trockenen Luft und der nächtlichen Abkühlung leichter zu ertragen sein wird, als die entsprechenden Extreme von 38,2° und 30,6° zu Massaua (s. unten!).

Die Luft ist in diesen Gebieten zwar im allgemeinen sehr trocken, aber durch die Nachtkühle kommen selbst mitten in der Sahara Nebel vor. Doch ist die Luftfeuchtigkeit im Niltal in 15—22° N Br. selbst im Tagesmittel im April und Mai nur 17—18%.

II. Küstenstreifen.

Von diesem Klima der binnenländischen Wüsten und Steppen weicht das Klima einiger ebenso regenarmen Küstenstreifen in manchen Zügen sehr erheblich ab.

An der Küstenstrecke von Gabes bis hinter das Nildelta finden wir das Klima *Bn''*; Klima und Pflanzendecke dieser Küste zeigen einen gewissen Übergang von der Wüste zum Mittelmeergebiet. Es stellen sich, wenn auch seltene und schwache, so doch ziemlich regelmäßige Winterregen ein, die tägliche Temperaturschwankung sinkt von 10—20° auf 4—8° herab, und die relative Feuchtigkeit ist im Sommer viel höher als im Binnenlande, und etwas höher als in den übrigen Jahreszeiten, ohne doch zu erheblicher Trübung der Luft zu führen; Nebel soll in Unterägypten häufiger im Winter eintreten. Die Temperaturwechsel von Tag zu Tag sind im Winter sehr gering, weil die nördlichen Winde wegen des warmen Meeres im N nicht kälter sind als die südlichen. Heiße, staubführende Winde, Chamsin genannt, kommen unter dem Einfluß barometrischer Minima auf dem Mittelmeere im Frühling an je 4—5 Tagen im Monat vor. Vom April bis zum Oktober überwiegen sonst mäßige nordwestliche Winde durchaus. Frühling und Herbst verspäten, der November ist erheblich wärmer als der April.

Auch die Ostküste von Afrika von Kosseir bis Kismaju (28—0° N) zeichnet sich durch die Verbindung von Regenlosigkeit mit ziemlich hoher Luftfeuchtigkeit aus, aber hier ist durch die größere Hitze und die Abwesenheit einer kühlen Jahreszeit das Klima weit drückender. Reichlicher Taufall in der Nacht zeigt diese Luftfeuchtigkeit auf dem Roten Meere auch auf den Schiffen deutlich an, während in der trockenen Luft im Suezkanal deren Holzwerk springt. Es ist das Klima Bn''' unseres Schemas (S. 128). Am feuchtesten sind zwar hier nicht die heißesten, sondern die relativ kühlsten Monate Februar und März; aber auch diese haben in Massaua die Temperatur des wärmsten Monats in Alexandrien; und auch in der heißesten Zeit Juli/August ist bei fast 35° Mitteltemperatur die mittlere Feuchtigkeit 57%. Dazu tritt geringe Luftbewegung, da auch der Seewind der Steilküste wegen schwach ist, und geringe tägliche Temperaturschwankung, so daß die Nächte besonders qualvoll werden. Weiter südlich hat schon Assab erträglicheres Klima, weil die Luft bewegter ist, und südlich von Kap Guardafui verwandelt sich die Klimaformel (S. 127 und 128) aus BSn''' in BSn', vielleicht sogar BWn, weil sich hier in den Monaten Juni bis September (ähnlich wie bei Togo) periodisch kaltes Wasser an der Küste einstellt, das die Regenlosigkeit verstärkt, und wenn nicht wirklichen Nebel, so mindestens Unsichtigkeit der Luft bewirkt, die die Schiffahrt beeinträchtigt. Auch auf dem Roten Meere ist die Luft, im Gegensatz zur benachbarten Wüste, sehr oft unsichtig, ja neblig.

Durch Glutwinde (Chamsin) aus dem Innern des Landes,

in denen die Lufttemperatur fast plötzlich auf 40° steigt, zeichnet sich im Golf von Aden besonders Obok aus.

Das Hinterland dieses ganzen Küstenstreifens hat mehr Regen. Selbst bei Kosseir kommen als erflehte Gottesgabe zuweilen kurz dauernde Regenbäche aus dem Gebirge herunter, doch nicht alle Jahre. Ob das Land zwischen der Somaliküste und dem Rudolfsee Savannenklima (*Aw*) oder Steppenklima (*BS*) hat, kann bei dem Mangel regelmäßiger Beobachtungsreihen noch nicht entschieden werden. Sollte letzteres der Fall sein, d. h. die Regenmenge unter etwa 60 cm betragen, so wäre dies der einzige Fall einer binnenländischen Steppe in dieser niedrigen Breite. Ausgeschlossen ist es nicht, da auch der trockene Küstenstreifen sich nur hier bis über den Äquator selbst erstreckt; an der Westküste Amerikas endet er immerhin in 3° S Br. Das Monsunklima dieser Gegend ist eben ohne gleichen. Beide Monsune — der NO und der SW — wehen dieser Küste entlang; eine vollständige Erklärung ihrer großen Regenarmut ist aber noch nicht gegeben. Nach der Pflanzendecke zu urteilen, nimmt im Somalilande die Regenmenge nach dem Innern allmählich zu, wenngleich das ganze Land recht dürre ist. Sukkulenten walten vor, der Baobab fehlt, ob des Klimas wegen, ist ungewiß. In der Karte Taf. I ist dies Gebiet als *Aw* angenommen.

An der SW-Küste von Afrika zeigt ein schmaler Streifen von 32—8° S Br. die Merkmale des trocken-nebligen Küstenklimas an kaltem Aufquellwasser (*Bn*, s. S. 158) so ausgeprägt, wie es nur an der Westküste von Südamerika sich wiederholt. Die große Luftfeuchtigkeit führt hier allnächtlich zur Bildung dichten Nebels, der sich erst am Nachmittag aufzulösen pflegt, während schon 30 km landeinwärts alle Gegenstände aus Holz und Horn schrumpfen und springen. Diese Nebel nässen zwar häufig den Boden oberflächlich, reichen aber in der Mitte des Gebiets nur an wenigen Stellen, wie an der Walfischbai, zu einem spärlichen Graswuchs hin. Dagegen ist in den Flußbetten in ganz geringer Tiefe Grundwasser zu finden; aber nur alle paar Jahre kommt, nach starken Regen im Innern, auch oberflächlich das Wasser in ihnen zur Küste. Gewitter ziehen gelegentlich aus Osten auf, bringen aber sehr selten Regen. Dichter Nebel am Tage wurde zwar an der Walfischbai nur an $^1/_{10}$ aller Tage verzeichnet; aber „auch bei wolkenlosem Himmel ist der Horizont selten rein, auf der Seeseite dunstig, auf der Landseite gelblich und trübe — verschwommen".

Landeinwärts wächst die Regenmenge und wird der Pflanzenwuchs zusehends reichlicher.

Weiter nach N nehmen die Regen allmählich auch an der Küste zu; allein noch bis Loanda bleiben Nebel in der Trockenzeit häufig, die Temperatur verhältnismäßig kühl und ihre tägliche Schwankung gering. „Während des ‚Cacimbo‘ (Trockenzeit) sieht man die Sonne oft tagelang nicht, der Himmel ist mit einer dicken, gleichförmigen lichten Wolkendecke überzogen. Bei Nacht decken dichte weiße Nebel das Land, alle Täler und Niederungen sind von denselben überdeckt.“ Noch in Malandsche (1170 m) und in Caconda (1640 m) wurden 64 und 116 Nebeltage im Jahre aufgezeichnet und dicke nächtliche Bodennebel erwähnt. Bis Mossamedes ist die Küste wüstenartig, und erst an der Kongomündung beginnen große Wälder.

Neben dem Regenmangel ist der Wind eine Haupteigenschaft der Küstenwüste — der sog. Namib. Besonders im Sommer durchtoben unwiderstehliche Sandstürme — 30 bis 35 m p. Sek. wurden wiederholt gemessen — die kahlen Flächen und töten vollends alles Pflanzenleben. Nach dem Innern zu läßt die Heftigkeit der Sandstürme nach, da sie durch den Gegensatz zwischen dem kalten Meere und dem überhitzten Lande hervorgerufen sind; am heftigsten sind sie im Wanderdünengürtel. Gewöhnlich stürmt es aus Süden, und dann ist die Temperatur nicht besonders hoch. Wenn aber ausnahmsweise Oststurm sich erhebt und die Temperatur bis 40° und darüber steigt, dann sucht jeder irgendwelchen Schutz vor dem rasenden glühenden Gebläse. Diese heißen Oststürme sind Föhnwinde, die hauptsächlich im Anfang des Winters aus dem Barometermaximum im hohen Innern herabwehen und bei denen im Mai und Juni die höchsten Thermometerstände des Jahres vorkommen, während diese im Sommer nie 30° erreichen.

Die NW-Küste von Afrika vom Senegal bis Casablanca bietet unter dem Einfluß des kühlen Kanarienstromes ähnliche, wenn auch minder ausgeprägte Verhältnisse. Der Gluthitze und Lufttrockenheit während des Sommers und den riesigen Tagesschwankungen der Temperatur in der Trockenzeit, wie sie im Hinterlande herrschen, steht auch hier an der Küste feuchte, erheblich (namentlich um Mittag) kühlere Luft gegenüber. Zur eigentlichen Nebelbildung scheint es nur in Marokko öfter zu kommen, während es von der einzigen Station an der Saharaküste, Kap Juby, heißt: „Nebel sind selten und nie von langer

Dauer." Das Meer südwestlich von hier, bis weit über die Kapverden hinaus, ist freilich wegen der häufigen Unsichtigkeit der Luft als „Dunkelmeer" berüchtigt; aber diese trockenen Trübungen werden durch vom Passat hinausgetragenen Saharastaub bewirkt, der zuweilen auch auf Deck der Schiffe in Menge niederfällt. Doch auch am Kap Juby ist die mittlere Feuchtigkeit der Sommermonate hoch, 90%, am Kap Blanco fällt sehr reichlicher nächtlicher Tau, und vom Sommer in Agadir heißt es, daß die Nebel selten vor Mittag weichen. Daß von Mogador nur 11 Nebeltage im Jahr angegeben werden, ist wohl der sehr verschiedenen Auffassung des Begriffs Nebel zuzuschreiben. Immerhin scheinen die nässenden Nebel der peruanischen und der Walfischbai-Küste in NW-Afrika selten zu sein, so daß man dieser Küste nicht das Klima *Bn*, sondern nur *Bn'* (s. S. 129) zuschreiben kann. Der nahen Nachbarschaft des trocknen, strahlungskräftigen Klimas des Binnenlandes und des Seeklimas der Küste sind wohl die widersprechenden Meinungen über das Klima von Marokko zu verdanken. Regenarmut und geringe Bewölkung sind beiden Landstrichen gemeinsam.

Auch an dieser Küste wird die im allgemeinen große Luftfeuchtigkeit und verhältnismäßige Kühle zuweilen durch äußerst starke heiße Sandstürme aus dem Innern unterbrochen, deren Hitze z. T. durch Föhnwirkung gesteigert ist.

Eine Eigentümlichkeit, welche diese Küste mit derjenigen SW-Afrikas teilt, ist die Verspätung des jährlichen Temperaturgangs. Sie erstreckt sich auch ins tropische Regengebiet hinein. Von Dakar bis nach Mogador ist an der Küste der September der wärmste Monat, wie es von Banana bis Lüderitzbucht der März ist.

An allen diesen Küstenstrecken wehen sehr beständige Winde der Küste mehr oder weniger parallel, im Westen mehr oder weniger aus gleicher Richtung das ganze Jahr, im Osten nur nördlich von 19° N (und südl. von 19° S) ebenso, näher zum Äquator dagegen periodisch, als Monsune. An der Sahara- und Marokkoküste ist es der NO-Passat, an der SW-Küste Afrikas sind es die aus dem SO-Passat abzweigenden S- und SW-Winde, in Ägypten NW-Winde. Von Aden bis zum Äquator herrschen, wie in Indien, im Winter der NO, im Sommer der SW-Monsun; im S-Teil des Roten Meeres abgelenkte Zweige derselben, im Winter aus SO, im Sommer aus NW; im Sommer also NW im ganzen Roten Meere. Dagegen von 0—18° S greift in Ostafrika im Januar der NO über den Äquator hinweg, während im Juli schwache südliche Winde wehen, die den Südostpassat mit dem SW-Monsun des Arabischen Meeres verbinden.

Als Ablenkungen dieser stetigen Winde stellen sich an den Küsten Land- und Seebrisen ein; erstere meist schwach, letztere als Erfrischung geschätzt, aber an der SW-Küste „oft zu heftig, um angenehm zu sein". Die großen Temperaturgegensätze zwischen Meer und Binnenland geben diesen Winden unter Umständen sehr ausgesprochene Züge und stoßweisen Charakter.

Heiße Landwinde. Der Chamsin zu Alexandrien ist bereits oben erwähnt. Mit demselben Namen wird ein zuweilen nachmittags in Obok in Stößen aus SW wehender Wind bezeichnet, bei dem das Thermometer bis zu 45° an Land und 42° auf den Schiffen steigen kann. Man glaubt Feuer zu atmen, aber die Haut bleibt frisch, weil jede Spur von Schweiß abdunstet. Auch an der Küste von Deutsch-Südwestafrika treten äußerst trockene und heiße Landwinde, aber hier nur in der kühleren Jahreszeit (besonders Mai/Juni) auf, in denen die Temperatur bis über 40° steigt und die Feuchtigkeit bis unter 10% sinkt. So hohe Temperaturen werden im Sommer dort überhaupt nicht erreicht, in Swakopmund ist das mittlere Monatsmaximum im Mai 35°, in den Monaten Oktober bis Februar nur 25°. Hier wie in Obok werden wir es mit einem durch Absteigen aus dem hohen Hinterlande nach Art des Föhns (s. S. 100) erwärmten Winde zu tun haben, der aber schon in der Höhe heißer war, als die Luft unten. Letzteres dürfte hier häufig sein, da die Temperatur hier landeinwärts auch am Erdboden trotz rascher Höhenzunahme steigt. Die Bedingungen aber, unter denen die Luft in diesen Windstößen trotz so stabiler Schichtung herabsteigt, sind noch nicht genügend bekannt.

Auch an der sonst feuchtkühlen Westküste der Sahara treten zuweilen im Winter trockene Winde aus dem Innern ein, die hier die Stärke schwerer Stürme erreichen und als Harmattan bezeichnet werden. Während ihrer Herrschaft „gleicht die Wüste einem wogenden Sandmeer" und sinkt die Feuchtigkeit unter 20%. Im Innern treten solche heißen Sandstürme (Dschani) fast täglich am Nachmittag als kurze, kaum 10 Minuten dauernde Windstöße auf. Föhnwinde mit großer Trockenheit und 44—45° Wärme kommen auch am Atlas vor.

Seewinde. In SW-Afrika, wo die mittäglichen Seewinde am stärksten wehen, geschieht ihr Eintritt stellenweise (so im

Namaland im Sommer) nach Art einer Gewitterböe und verspätet sich der Windstoß nach dem Binnenlande zu bis in die späten Abendstunden. Wahrscheinlich sind darauf die im Hererolande wie auch am unteren Kongo und im Innern von Kamerun in den Monaten Juni bis Oktober beobachteten starken Westwinde nach Sonnenuntergang zurückzuführen, da sie mit plötzlichem Stoße eintreten. Aber diese wehen oft stürmisch die ganze Nacht. An der Küste werden sie selten bemerkt; am unteren Kongo nehmen sie landeinwärts zu und sind am heftigsten in Manyanga, 250 km von der See, wo sie „regelmäßig alle Abende und oft bis gegen Morgen toben". Eine Erklärung für diese merkwürdige Erscheinung ist noch nicht gegeben.

Beim plötzlichen Eintreten des Seewindes sinkt an der Küste von Senegambien die Temperatur oft um 10° und steigt die Feuchtigkeit gelegentlich von 5% auf 80%, um bei seinem Aufhören nach einigen Stunden fast ebenso plötzlich wieder zu sinken.

§ 40. Die gemäßigten Regenklimate (*C*) in Afrika (Tab. 15—17)

Mit Ausnahme des äquatorialen Regengürtels, der sich von Liberia bis zum Viktoria-Nyanza hinzieht, zeigt sich in fast allen Gegenden Afrikas zeitweiser oder ständiger Regenmangel. Von den Regenklimaten mit gemäßigten Temperaturen (kältester Monat 18° bis — 2°) kommt das ständig feuchte Klima *Cf* daher nur in einigen Gebirgsgegenden (Kamerunberg, Ost-Osambara) sowie an der Südküste des Kaplandes auf beschränktem Raume vor.

Auch das Klima *Cs* mit Winterregen und regenarmem Sommer nimmt — wenn auch in scharfer Ausprägung — nur beschränkte Gebiete ein, im NW in der sommerheißen Form *Csa* in Marokko, Algerien und Tunis — an der Küste von Rabat bis Sfax —, und in der Form *Csb* mit kühlen Sommern (unter 22°) in der Umgebung von Kapstadt, vom Olifant bis zum Kap Agulhas.

Dagegen haben im Innern von Afrika in mäßigen Seehöhen weite Räume ein Klima, das dem Klima des nördlichen Indiens recht ähnlich ist, aber vor diesem den Vorzug geringerer Sommerhitze hat, so daß es eher mit dem der indischen Gesundheitsstationen in mittleren Höhen verglichen werden kann, wie folgende Angaben zeigen:

	Georgr. Breite	See-höhe	Temperatur °C wärmst. Monat	Temperatur °C kühlster Monat	Regen, cm reich. Monat	Regen, cm ärm. Monat
Agra	27,2° N	170 m	34,6 Jn	15,5 Ja	25 Jl	0 N
Mount Abu . .	24,6° N	1200 m	26,4 Ma	14,4 Ja	59 Jl	0 Ap
Nilgiri	11,4° N	1890 m	19,6 Ap	13,2 Ja	{10 Jn / 25 O}	1 F
Abessinien. . .	12,6° N	1900 m	22,7 Ap	15,8 Au	37 Au	0 F
Nyassahochland	10,3° S	1040 m	23,5 N	16,5 Jl	{24 Ja / 43 Ap}	1 S
Shirehochland .	15,4° S	950 m	23,6 N	15,9 Jl	29 Ja	0 Au

Diese kleine Übersicht lehrt uns mancherlei. In der Gegend der großen afrikanischen Seen zerfällt ebenso, wie wir es in Indien sehen werden, das Jahr in drei Jahreszeiten: die heiße Zeit im Frühling, die Regenzeit im Sommer und Herbst und die kühle Zeit im Winter der betreffenden Halbkugel: Die Regen haben in 10—12° Breite zwei Höhepunkte, in 12—30° Breite nur einen im Hochsommer. Die große Trockenzeit liegt überall im Winter und Frühjahr. In Abessinien liegen die Dinge ähnlich wie in Südafrika, nur fällt die kühlste Zeit nach „sudanesischem" Wärmegang (vgl. S. 46) in den Spätsommer, in die Mitte der hier einheitlichen Regenzeit. Dieses Klima *Cwg* reicht bis zu den, 4000 m wenig übersteigenden, höchsten Gipfeln Abessiniens, und die Region wird als „Dega" dort der heißen „Quolla" *Awg* gegenübergestellt; Weizen und Gerste werden bis 3400, ja 3700 m angebaut; im unteren als „Woina Dega" (Weinregion) bezeichneten Teil von 1500—2300 m liegen alle größeren Städte.

Trotz seiner geringeren Höhe dürfte auf dem Kamerungipfel (4070 m) die Temperatur des wärmsten Monats nur 4°, statt etwa 8° auf dem Ras Dakhan in Abessinien betragen; der Kilimandscharo aber (6010 m) dürfte bis in die Region ewigen Frostes (*F*) hineinreichen (wärmster Monat — 4°), und auch der Kenia (5600 m) diese erreichen.

Die Verteilung der Regen über das Jahr ist an der Nord- und der Südspitze von Afrika ziemlich ähnlich. Wo das Seeklima am reinsten ausgeprägt — von Tanger bis Bizerta im N, um Kapstadt herum im S — finden wir ein reines Wintermaximum; im regenarmen benachbarten Binnenland — algerische Sahara, südliche Karroo — ein doppeltes Maximum im Frühling und Herbst, im März/April und Oktober/November; im Tell und Atlas einerseits und an der Südküste von Kap Agulhas bis East London anderseits Übergänge zwischen beiden Gängen, im

Norden mit trockenem Sommer, im Süden mit mehr gleichförmiger Verteilung der Regen übers Jahr. Diese Tendenz zu Frühjahrs- und Spätjahrsregen in der Nachbarschaft der Klimate *Cs* und *Bs* haben wir S. 132 als *Cx* und *Bx* besprochen.

Kapitel 11

Die Klimate von Amerika

§ 41. Allgemeines über Amerika

Von der Umgebung des Nordpols zieht sich Amerika mit den angrenzenden Inseln bis zu 54° S Br., an seinem Westrande gesäumt von einer hohen Gebirgsmauer, und bietet so alle Klimate in mehr oder weniger scharfer Ausprägung dar. Nur das transbaikalische Klima *Dw* mit seinen heiteren Strahlungswintern kommt wegen der geringeren Ausdehnung des Kontinents hier nicht voll zur Ausbildung, obwohl es an Andeutungen dafür zwischen Felsengebirge und Hudsonbai nicht fehlt; doch zeigen schon die Hudsonbai und noch mehr der Osten Nordamerikas schneereiche Winter und weisen sie in Bewölkung, Häufigkeit und Menge der Niederschläge zwischen Winter und Sommer wenig Unterschied auf.

Stärker als irgendwo sonst entwickelt ist in Südamerika das Klima der nebelreichen regenlosen Küstenwüsten *Bn*; es reicht an der Westküste von 4° bis 31° S. Als Gegenstück zu ihm erstrecken sich — in dieser Breite am Meere einzig dastehend — an der patagonischen Küste ebenso regenarme Wüsten und Steppen von 39—53° Breite. Beide Erscheinungen müssen wir, wenn sie auch noch nicht vollständig geklärt sind, wohl in erster Linie als Wirkungen der hohen Gebirgskette ansehen. In der Passatregion, wo die oberen Luftströmungen überwiegend aus Ost kommen[1]), liegt die Westseite im Windschatten der Anden[2]), ebenso in den Zonen der vorherrschenden Westwinde die Ostseite. Doch greifen sowohl die Sommerregen im Norden, als die Winterregen im Süden, etwas über den Gebirgskamm hinüber; be-

[1]) Die unteren Winde sind an der Küste von Chile vorwiegend südlich, neben einem Wechsel von starken See- und schwachen Landbrisen.

[2]) D. h. an der vom Winde abgewandten Seite des Gebirges.

sonders auffällig in der argentinischen Provinz Neuquen (vgl. Tab. 23).

In Nordamerika ist ein dem patagonischen vergleichbares regenarmes Gebiet nur weit im Innern zu finden, und ist die Westküste nur an der kalifornischen Halbinsel, wo keine regelmäßigen Beobachtungen vorliegen, sehr regenarm und weiter nördlich, bei San Franzisko, nebelreich, hier aber schon mit ausgiebigen Winterregen (*Cs*).

Den Gegensatz zwischen Ostküste und Westküste führen uns deutlich die beiden nachstehenden Isoplethendiagramme Figg. 22 und 23 vor, in denen ebenso wie in Figg. 20 und 21 für Afrika die Ordinaten die geographische Breite, die Abszissen die Jahreszeit darstellen. Die Kurven sind Linien gleicher monatlicher Regenmenge (in Zentimetern). Der Breitenmaßstab ist halb so groß, wie der von Figg. 20 und 21. Als Ostküste ist von 10 bis 26° N nicht die des Festlandes, sondern die Linie der Kleinen und Großen Antillen genommen. In Ermangelung von Stationen am Meere mußten z. T., namentlich im Westen, Orte in großer Höhenlage, jedoch mit nicht sehr abweichenden Regenverhältnissen genommen werden.

Nur im Raume zwischen 2° S und 31° N zeigen beide Figuren eine beschränkte Ähnlichkeit, weil in ihm auf beiden dieselbe Wanderung der tropischen Regenzeit, wie wir sie in Afrika gesehen haben, erscheint, nur weniger regelmäßig, und auf der Ostseite des Kontinents (Fig. 23) mit einer allgemeinen bedeutenden Verspätung, so daß die Regenzeit aus dem Sommer in den Herbst, die Trockenzeit aus dem Winter in den Frühling rückt. In allen übrigen Teilen sehen wir völligen Gegensatz. Nördlich von 49° N und südlich von 35° S sehen wir an der Westküste reichliche Winterregen, an der Ostküste mehr oder weniger Niederschlagsarmut; dagegen zwischen 30 und 40° N und noch mehr zwischen 4 und 36° S an der Westküste Regenlosigkeit während des Sommers und während des ganzen Jahres, an der Ostküste dagegen reichlichen oder doch ausreichenden Regenfall, besonders im Sommer oder (an der brasilianischen Küste) im Herbst, dem im Innern Brasiliens reine Sommerregen sich anschließen.

Das Klima des I n n e r n von Nord- und Südamerika hat wegen der hohen Gebirgsmauer im Westen wenig Gemeinsames mit dem der Westküste, wenngleich sich die winterliche Regenzeit der Westküste zwischen 38 und 48° N Br., sehr abgeschwächt,

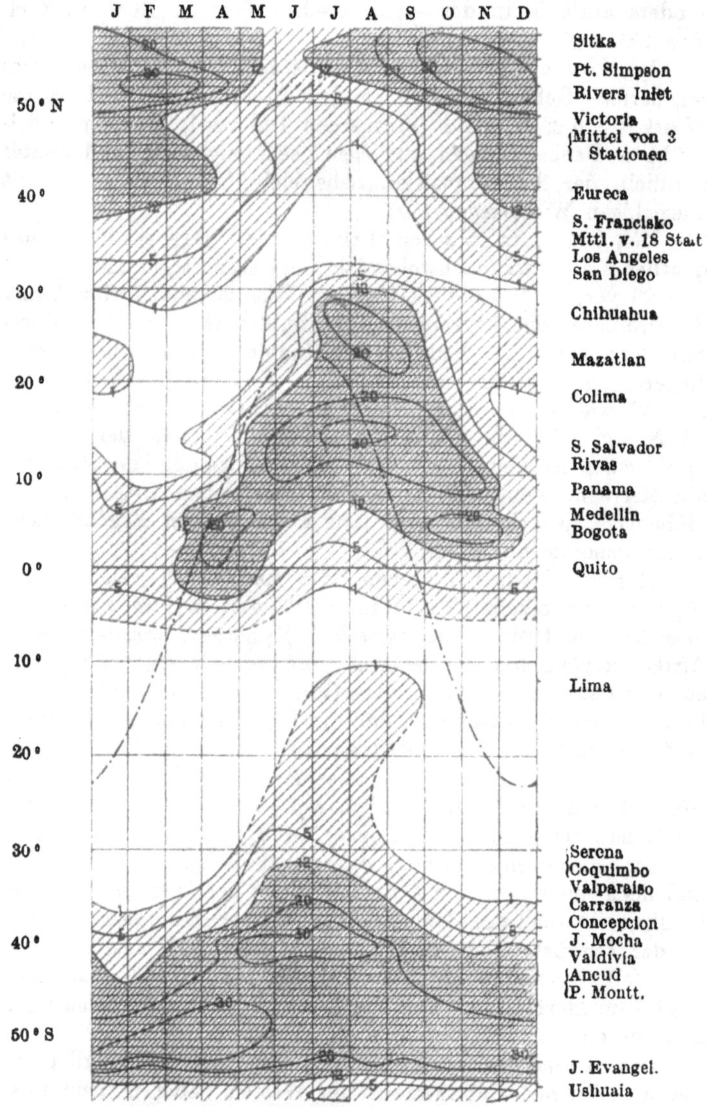

Fig. 22.
Monatliche Regenmengen in cm, Amerika Westküste.

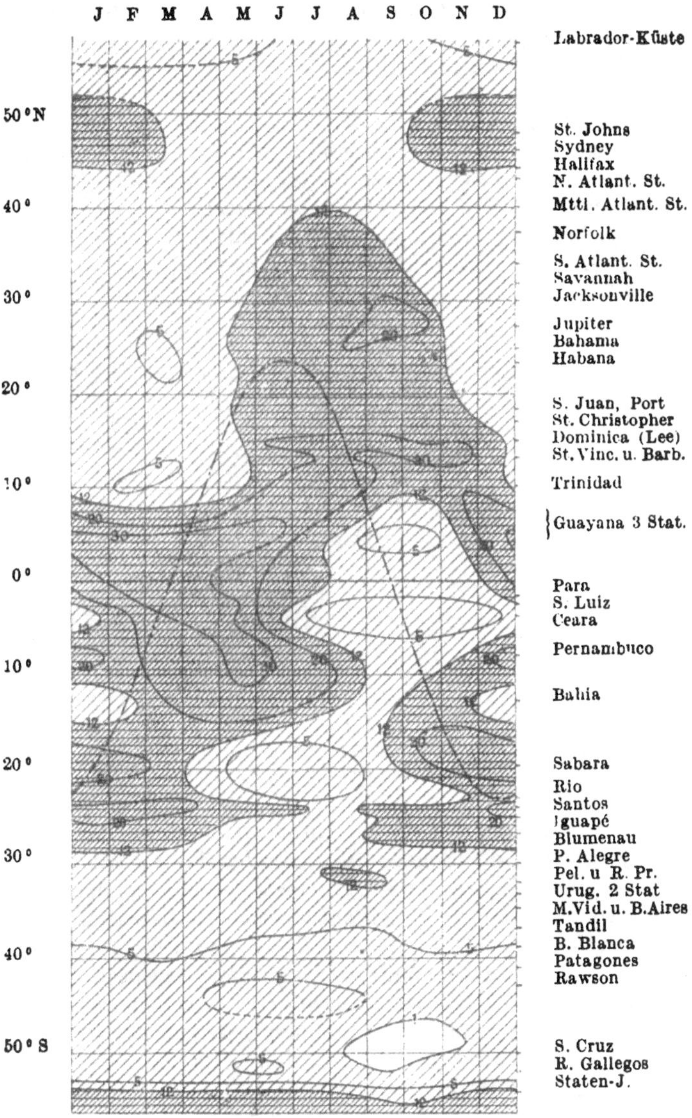

Fig. 23.
Monatliche Regenmengen in cm, Amerika Ostküste.

über das Kaskadengebirge hinaus auf die Tafelländer bis zum Felsengebirge erstreckt, und ebenso, nur weniger weit, südlich von 36⁰ S in die argentinischen Territorien Neuquen und Chubut. Von dem Klima der Ostküste in gleicher Breite unterscheidet sich das des Innern neben der größeren jährlichen und täglichen Schwankung der Temperatur allgemein durch geringere Regenmengen im Herbst und Winter. Fig. 24 stellt die Regenverhältnisse des Innern von Nordamerika in der Nähe des 100.⁰ W Lg. dar, also zwischen 20 und 45⁰ Breite ungefähr entlang der Ostgrenze des Trockengebiets *B* bzw. der West-

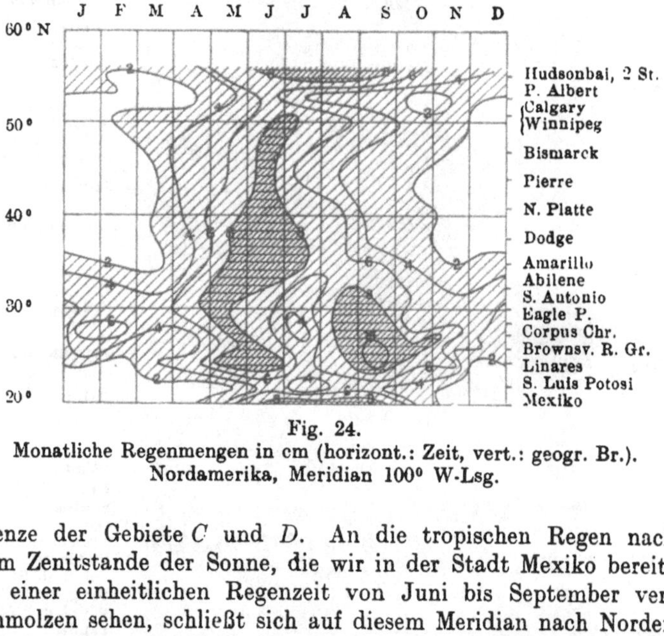

Fig. 24.
Monatliche Regenmengen in cm (horizont.: Zeit, vert.: geogr. Br.).
Nordamerika, Meridian 100⁰ W-Lsg.

grenze der Gebiete *C* und *D*. An die tropischen Regen nach dem Zenitstande der Sonne, die wir in der Stadt Mexiko bereits zu einer einheitlichen Regenzeit von Juni bis September verschmolzen sehen, schließt sich auf diesem Meridian nach Norden zwischen 21 und 33⁰ Breite ein Gebiet mit sehr ausgeprägter kleiner Trockenzeit im Juli und doppelter Regenzeit; von 32 bis 51⁰ aber fallen die Hauptregen im Frühsommer, und zwar liegt das Maximum in 34—48⁰ im Juni, südlich davon im Mai, nördlich davon zwischen Juni und Juli. Nicht nur der Winter, sondern auch der Herbst ist hier ausgesprochen regenarm. Dies ist das Hauptgebiet der Getreideerzeugung Nordamerikas; dessen jährliche Regenverteilung hat beträchtliche Ähnlichkeit mit derjenigen der Getreide ausführenden Teile Europas, die 12 Breitengrade nördlicher liegen (vgl. Fig. 25). Dagegen erinnert das gegabelte Sommermaximum des Regens mit kleiner Trockenzeit im Hochsommer, das wir südlich davon in Westtexas auf Fig. 24 sehen, äußerlich sehr an die Spaltung der tropischen Sommerregenzeit mit der Annäherung an den Äquator und Auftreten des „Veranito", wie wir sie so ausgeprägt auf den Figg. 20 und 21 in Afrika sehen. Aber diese doppelte Regenzeit tritt hier in viel höherer Breite und nördlich von der einfachen tropischen Regenzeit von Mexiko auf. Sie ist im wesentlichen bedingt durch die

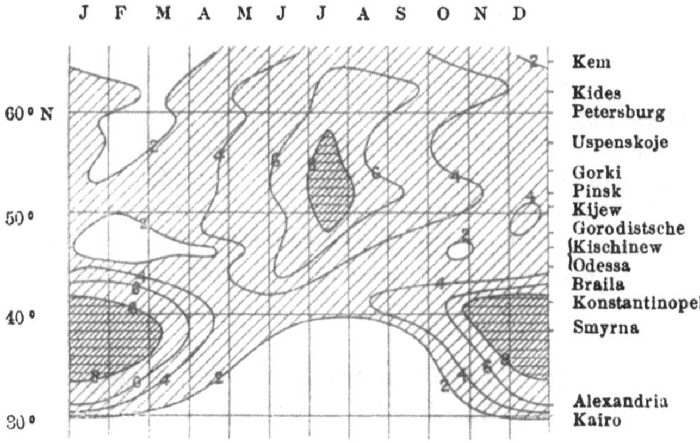

Fig. 25.
Osteuropa, Meridian 30° O-Lg.

schweren Regengüsse, die gelegentlich im September und den Nachbarmonaten mit westindischen Orkanen hier auftreten, und reicht südwestwärts bis zur Sierra Madre; das mexikanische Tafelland dahinter — Queretaro, Saltillo, Chihuahua — wird von diesen Orkanen nicht berührt und hat eine einfache Regenzeit mit Maximum im Juli. Die Grenze ist recht scharf: nach 7 bis 9jährigen Beobachtungen sind die Regenmengen der Monate Mai bis Oktober in Saltillo 10, 27, 84, 63, 53, 14 mm, in Monterey 53, 17, 38, 98, 111, 57 mm.

In Südamerika finden wir ein ähnliches Gebiet mit gegabeltem, aber weniger ausgesprochenem Sommermaximum des Regenfalls in noch höherer Breite. Das Mittel von 6 Stationen im Viereck Rio Cuarto—Rosario—Tandil—Viedma (Patagones) stellt sich so (mm):

Jr	F	Mz	Ap	Ma	Jn	Jl	Au	S	O	N	D
69	58	**92**	54	43	33	36	37	39	65	73	**82**

die Maxima also unserem Juni und September entsprechend. Die Regenmenge nimmt dabei von N nach S und nach dem Innern hin ab: Jahresmenge in Rosario 921, Viedma 310 mm. Westlich von diesem Streifen finden wir eine einfache kurze Regenzeit im Sommer, östlich von ihm verwischt sich die Jahresperiode so sehr, daß in Montevideo der trockenste Monat, Februar, 64 mm, der nasseste, Mai, nur 95 mm bringt (auf 30 Tage red.). Die Regen fallen in ganz Argentinien in starken Güssen in verhältnismäßig wenigen Tagen.

Diese Züge mußten hier besprochen werden, weil sie mehreren Klimareichen, insbesondere den Grenzgebieten von *B*, *C* und *D* gemeinsam sind. Neben den durch unsere Isoplethendiagramme veranschaulichten und hier besprochenen Verteilungsarten der Niederschläge finden sich aber, besonders in Nordamerika, noch andere, die wir bei der nun folgenden Betrachtung der einzelnen Klimareiche behandeln werden.

§ 42. Der tropische Regengürtel (*A*) in Amerika
(Tabellen 18, 19, 24, 25)

Die winterlose Zone, wo die Mitteltemperatur auch des **kältesten Monats** über 18° beträgt, erstreckt sich in Amerika im allgemeinen von Wendekreis zu Wendekreis, ist aber von kühleren Gebirgsgegenden durchschnitten und an der Westküste Südamerikas durch den kalten Perustrom eingeschränkt bis zu kaum 10° S Br.; die durch ihn bedingte Regenlosigkeit reicht sogar bis Payta unter 5° S. Auch weiter landeinwärts in Piura zeigt sich die tropische Regenzeit nur alle 7—8 Jahre, in gewöhnlichen Jahren fallen dort nur 2—3 Regengüsse.

Die feuchten Gebiete (*Af*) ohne eine eigentliche Trockenzeit sind in Amerika nicht wie in Afrika auf einen Streifen längs dem Äquator beschränkt, sondern wiederholen sich wie in Südasien außerdem an Gebirgsabhängen, die sich den vom Meere kommenden Winden entgegenstellen und diese zum Aufsteigen nötigen. Da die Winde, der geringeren Größe des Kontinents entsprechend, viel geringeren jahreszeitlichen Änderungen unterworfen sind als in Asien, so bleibt die Lage der Luvseite an den Gebirgen im Laufe des Jahres ziemlich unverändert und sind auch die jahreszeitlichen Schwankungen der Regen geringer als in Asien. Dennoch sind außerhalb des Gürtels von etwa 5^0 N bis 5^0 S die dem jährlichen Gange der Sonne folgenden tropischen Regenzeiten auch in Amerika großenteils gut entwickelt. Die atlantische Küste hat indessen zwischen den Wendekreisen nur auf folgenden kleineren Strecken echte Trockenzeiten: von Kap Roque bis Maranhao, von westlich von Trinidad mit Unterbrechungen bis zum Atrato, und endlich von Belize bis Tampico. Dagegen gehört an der viel trockneren Westküste nur die Strecke von Panama bis zur Grenze von Ecuador zum Gebiet ohne wirklich trockene Zeit. Im Südsommer (Dezember bis Februar) hat das ganze Gebiet zwischen Rio, Ecuador und Guayana $>$ 50 cm Regen, im Südwinter dagegen (Juli bis August) schiebt sich ein Trockengebiet mit $<$5 cm von der Atacama-Wüste bis Ceara zwischen die Regen am Amazonas und an der Südostküste ein.

Wie in Afrika, zieht sich auch in Südamerika längs dem Äquator ein breiter feuchter Waldgürtel ohne eigentlich trockene Jahreszeit. Durch den gewaltigen Amazonenstrom und seine schiffbaren Nebenflüsse ist er viel zugänglicher und daher viel früher erkannt worden, als der afrikanische. Nördlich und südlich von diesem feuchten Gürtel erstrecken sich, namentlich im Innern des Kontinents, auch hier weite Gebiete mit periodischer Trockenheit, deren Vegetation durch allerlei Vorrichtungen dem Überstehen langdauernder Trockenzeiten angepaßt ist. Die Grenzen des feuchten Äquatorialgürtels lassen sich wegen der geringen Zahl von meteorologischen Stationen im Innern nicht genau angeben. In neueren Jahren war, bei großer jährlicher Regenmenge, doch die Trockenzeit dort stärker ausgeprägt, so daß man nur am Oberlauf des Amazonenstroms bis zur Mündung des Rio Negro *Af*, sonst aber *Am* anzunehmen hat. Im Unterlauf des Amazonenstroms, besonders bei Santarem und auf der großen Insel Marajo schieben sich Savannen zwischen die Wälder.

Die Gebiete des beständig feuchten tropischen Urwaldklimas *Af* sind von hochstämmigen immergrünen Wäldern eingenommen, die so reich gemischt sind, daß selten ein Baum seinem Nachbar verwandt ist, und von Lianen und Epiphyten durchwebt sind. Dagegen sind die Gebiete des Klimas *Aw* mit nur periodischen Regen in Amerika wie in Afrika teils von baumarmen Savannen — in Brasilien Campos, in Venezuela Llanos genannt — teils von „regengrünen" Gehölzen eingenommen, die zur Trockenzeit ihr Laub ebenso abwerfen wie unsere Laubbäume zum Winter. Diese, in Brasilien Caatingas genannten Gehölze sind weit lichter, niedriger und weniger von Lianen und Epiphyten durchsetzt, als jene Urwälder, und enthalten, ebenfalls in reicher Artmischung, viele in allerlei eigenartiger Weise auf das Bestehen langdauernder Trockenheit eingerichtete Bäume und Sträucher.

So regelmäßig, wie nach Fig. 20 und 21 im tropischen Afrika der Gang der Jahreszeiten der Wanderung der Sonne folgt, ist es in Amerika nicht. Wir finden hier z. T. einfache Regenmaxima in der Nähe des Äquators und doppelte in größerer Entfernung von ihm, und ferner in großer Ausdehnung Herbst- und selbst Winterregen in niederer Breite.

Am oberen Amazonas herrscht großenteils doppelte Regenzeit. Dies äußert sich darin, daß zu Ega (64,8° W) der Fluß zweimal steigt und fällt; alle wichtigen Angelegenheiten im Leben der Anwohner ordnen sich danach. Die große Steigung beginnt Ende Februar und dauert bis Juni; es ist dies die erste Regenzeit, heftige Güsse wechseln mit sonnigem Wetter, in der Regel jedoch ist der Himmel bedeckt, düster, zuweilen fällt Staubregen. Die Überschwemmung erstreckt sich meilenweit in die Wälder, die Schildkröten wandern in die Binnengewässer, die Sumpfvögel an die nördlichen Nebenflüsse oder zum Orinoko, der nun die Trockenzeit hat. Etwa in der ersten Juniwoche steht das Wasser am höchsten, 14 m über dem niedrigsten Stand. Die schöne Jahreszeit beginnt mit einigen Tagen glänzend hellen Wetters. Alles rüstet sich für den langersehnten Verão oder Sommer, und für die Rückwanderung der Fische und Schildkröten aus den unzugänglichen Lachen in den Wäldern zum Hauptstrom. Mitte Juli erscheinen allmählich die Sandbänke wieder; das Wasser sinkt bis gegen Mitte Oktober. Die Eingeborenen beten um einen tiefen Wasserstand, denn um so reicher ist ihre Ernte an Fischen, Schildkröten und deren Eiern. Von Mitte Oktober bis Anfang Januar ist die zweite nasse Jahreszeit; die zweite trockene Zeit folgt im Januar und Februar. Der Fluß sinkt zuweilen nur wenige Fuß, zuweilen jedoch selbst unter den niedrigsten Stand vom September.

Nicht überall am Oberlaufe des Stroms herrscht diese doppelte Trockenzeit; zu Iquitos (73,2° W) dauert die Regenzeit von

November bis Juni. In Manaos (60° W) sind relativ trocken nur Juli bis September mit 4—5 cm. In Para, an der Mündung, kann man schon nur von einer Regenzeit reden, die von Weihnachten bis zum Mai dauert. Aber auch in den übrigen Monaten vergehen hier kaum 3—4 Tage ohne einen starken Regenschauer mit leichtem Gewittersturm zwischen 4 und 6 Uhr p. m., dem ein köstlich frischer Abend folgt.

Die typische einfache Regenzeit der äußeren Tropen im Sommer und einfache Trockenzeit im Winter finden wir allgemein südlich von etwa 5° S im Innern von Brasilien und südwärts über die 18°-Juli-Isotherme hinaus in Paraguay und Westargentinien. Ähnlich auch an der Küste von Rio bis Sta. Catharina, jedoch mit reichlicheren Regen auch in der trockeneren Jahreszeit. Nördlich vom Äquator finden wir dieselbe Verteilung der Regen erst in Mexiko wieder, wo auf dem Hochlande nur die 4 Monate Juni bis September reichlichen Regen bringen, so daß wir es hier bereits mit einem Steppenklima von der Formel *BShw'* zu tun haben.

Auf den großen Antillen zeigt sich die Regenzeit im allgemeinen gegabelt, mit einer größeren Trockenzeit vom Dezember bis März und einem Nachlassen der Regen im Juli, oder, wie in Portorico und Dominica, erst am Ende unseres Sommers. An den Nord- und Ostseiten der gebirgigen Inseln, die dem Passat zugewandt sind, fällt auch in der trockenen Zeit ziemlich viel Regen und beträgt die jährliche Regenmenge gegen 3 m; an deren Südwestseiten und an der südamerikanischen Nordküste nur die Hälfte bis ein Zehntel davon, so daß wir z. T. Kakteenvegetation und künstliche Bewässerung finden. Ebenso verhalten sich die inneren Gebirgstäler und der pazifische Abhang der mittelamerikanischen Anden in Guatemala, San Salvador Nicaragua usw., während ihre atlantische Seite große Regenmengen empfängt und üppige Wälder trägt. Zu Greytown an der Mündung des San Juan beträgt die Jahresmenge sogar 660 cm, die des regenärmsten Monats (März) 17 cm. Die eigentliche Regenzeit beginnt in Mittelamerika im allgemeinen mit dem Mai, dauert aber in Greytown und Belize bis zum Januar, an der Landenge von Panama und bei Coban, wie auf den kleinen Antillen, bis zum Dezember, in den Städten Guatemala, San Salvador, an der Costa Cuca und am Nicaraguasee nur bis zum Oktober. Die Regen von November bis Januar, die nicht wie die der vorhergehenden Monate im Zusammenhang mit einem

Zenitdurchgang der Sonne stehen, sind also auf die Gegenden beschränkt, wo der Passat durch ein Gebirge zum Aufsteigen gezwungen wird. Auf der flachen Halbinsel von Yucatan dauert die Regenzeit nur von Juni bis September und hat Merida nur 89 cm im Jahr.

Während so Innerbrasilien den Typus *Aw* und die großen Antillen den Typus *Aw''* zeigen, ist auf der Ostküste und dem vorgelagerten Kranze der kleinen Antillen die Neigung zu Herbstregen auf beiden Seiten des Äquators ausgeprägt, dem Typus *Aw'* oder *Afw'* entsprechend. Der Vergleich der Figg. 21 und 23 zeigt uns, daß auf beiden Halbkugeln die Regen viel weiter hinter den Zenitständen der Sonne in Ostamerika zurückbleiben, als in Ostafrika. Folgendes ist die Regenmenge, an 13 Stationen von N nach S geordnet (mm):

	Jr	F	Mz	Ap	Ma	Jn	Jl	Au	S	O	N	D
Bahamas, 25° N . .	6	5	*4*	7	17	16	16	**20**	18	17	8	4
St. Christopher . .	9	*5*	*5*	8	11	10	11	14	16	**17**	14	10
Barbados	8	7	*4*	5	9	14	15	18	16	**22**	18	11
Trinidad	8	*4*	5	6	10	21	24	**26**	19	17	**18**	12
Georgetown	19	14	14	17	28	**31**	25	17	7	*6*	14	**29**
Paramaribo	**23**	17	20	23	**30**	28	21	15	*7*	*7*	14	22
Cayenne	**36**	31	39	39	**51**	38	17	7	*3*	*3*	12	27
Pará, 1½° S . . .	26	32	**34**	**34**	24	14	12	11	8	*6*	*6*	13
S. Luiz	9	26	**52**	50	49	14	16	4	*1*	2	2	6
Ceará	7	19	29	**36**	27	13	5	2	*1*	2	*1*	4
Pernambuco . . .	22	18	23	27	30	**31**	22	16	*7*	8	11	22
Bahia	9	10	19	28	**29**	26	21	13	*8*	15	16	*7*
Rio de Jan., 23° S .	12	11	**13**	12	9	5	*4*	5	6	8	11	14

Die Tabelle zeigt uns, daß

1. der meiste Regen auf den kleinen Antillen im Oktober und von Pará bis Ceará im März/April fällt, also in beiden Fällen im Herbst;

2. jenseits des Kap Roque das Regenmaximum sich sogar auf Mai/Juni, also auf den Anfang des Winters verschiebt;

3. die trockenste Zeit im Norden, bis Trinidad herab, auf Februar/März fällt, weiter südlich aber, schon von Georgetown an, bis nach Bahia herab überall auf September oder Oktober. Wir sehen also, daß an der Küste von Guayana, in 4—7° N, die Lage der größeren Trockenzeit südhemisphärisch ist. Das deutet darauf hin, daß der meteorologische Äquator hier nördlich von 6° N liegt, was nicht weiter erstaunlich ist, da er auch auf dem Ozean, wie wir sehen werden (Kap. 9) mehrere Grade nördlich

vom astronomischen sich findet, auch dort die N- und S-Ordnung der Jahreszeiten deutlich scheidend.

Weiter im Westen hat Medellin unter 6° 10′ N bereits nordhemisphärischen, aber Marmato (5° 24′ N) und Bogotá (4° 35′ N) haben südhemisphärischen oder neutralen Jahreslauf. Im Innern von Guayana aber währt die Regenzeit, nordhemisphärisch, von April bis August, die Neujahrsregen der Küste fehlen dort.

Bei zwei Regenmaxima im Jahre entscheidet über nord- oder südhemisphärische Ordnung der Unterschied zwischen der großen und kleinen Trockenzeit. Auf den kleinen Antillen ist die letztere sehr wenig ausgesprochen, alle 8 Monate von Mai bis Dezember sind regenreich und nur die 4 Monate Januar bis April relativ trocken; immerhin sind meist zwei Maxima des Regens erkennbar, deren zweites auf manchen Inseln auf den November fällt.

Dagegen ist in den gleichfalls bei zurückweichender Sonne fallenden Regen des nordöstlichen Brasiliens von Para bis Bahia keine Zweiteilung der Regenzeit bemerkbar; deren einfaches Maximum fällt zwischen März und Juni. Aber die Regenmenge ist innerhalb dieses Gebiets sehr verschieden. Während sie im Norden und Südosten über 200 cm beträgt, sinkt sie in dem Raume zwischen dem Parnahybafluß und dem südöstlichen Küstengebirge so tief herab, daß sich in der Provinz Ceará zeitweise furchtbare Hungersnöte durch Ausbleiben der Regen einstellen, und daß auch im Innern der Staaten Parahyba und Pernambuco September bis November fast regenlos sind. Die Herbst- und Winterregen an dieser Küste setzen sich auch weithin auf den Ozean fort, wo sich zunächst dem Äquator ein Streifen mit Herbstmaximum bis über Ascension hinaus erstreckt und südlich davon das Maximum auf den Winter fällt.

Erst seit kurzem ist durch Messungen der Nachweis geliefert für äußerste Regenarmut (aber bei heiß-feuchter Luft, also *Bn‴*) des schmalen Küstenstreifens von Cumana bis Sta Marta und der davor liegenden Inseln von Margarita bis Aruba (vgl. in Tab. 18 Maracaibo und La Guayra, Tab. 24 Curaçao). Eine Erklärung findet man auf S. 159.

Im tropischen Regengebiet Amerikas haben die Regen überwiegend die Form von nachmittäglichen Gewittergüssen. Z. B. fielen auf Jamaica (Ross View) im Jahre in der Nacht nur 19, am Tage 119 cm; zu San José in Costarica fielen 45% der ganzen Regenmenge zwischen 3 und 6^h p. m., von 4—9^h a. m.

fast gar nichts; in Rio pflegt man zu vereinbaren, ob man vor oder nach dem Gewitter den Ausflug machen wolle; auch von vielen andern Punkten werden die heitern Morgen und die Nachmittagsregen erwähnt. Regentage, an denen es wie in Europa den ganzen Tag regnet, sind sehr selten, außer an Gebirgsabhängen, die sich dem vom Meere kommenden Passat entgegenstellen. Dagegen finden wir auch in Amerika an manchen Orten Verspätung der Regen bis in die Nacht, wie in Kamerun, unter Bedingungen, die dafür sprechen, daß wir es mit Gewittern zu tun haben, die von einem entfernten Gewitterherd, wo sie am Nachmittag entstanden sind, mit dem Passat heranwandern. So fallen zu Port au Prince an der Westküste von Haiti im Mittel bei Tag 42 cm, bei Nacht (6 *p* — 6 *a*) 113 cm.

Auf den Llanos von Venezuela treten gegen Ende der Trockenzeit nachts eigentümliche Flächenblitze ohne Donner bis zum Zenit auf. Die Verteilung der Gewitter über das Jahr scheint in den amerikanischen Tropen einige Abweichungen von jener der Regenmengen aufzuweisen, doch fehlen Untersuchungen darüber. Den Tornados der tropischen Westküste von Afrika ähnlich treten an der Westküste von Mittelamerika am Anfang und Ende der Regenzeit Gewitterstürme mit starker Winddrehung auf. Schon von Mittag an, während an der Küste noch helles, aber schwülheißes Wetter und Seewind herrscht, hüllen sich die Berge in immer dichtere Wolken. Diese senken sich immer mehr, und am späteren Nachmittag bricht der „Chubasco“ los, ein fortwährendes Aufflammen der Blitze, rollender Donner, strömender Regen und heftige Windstöße aus NO, O und S. Es folgt eine kühle Nacht mit leichtem Landwind.

An den hochgelegenen Hauptstädten von Venezuela und Ecuador (Bogotá 2660 m, Quito 2850 m) sind Regengüsse und Gewitter das ganze Jahr hindurch häufig, oft mit Hagel, in raschem Wechsel mit brennendem Sonnenschein. In den trockneren Jahreszeiten treten z. T. naßkalte Bergnebel an ihre Stelle. In Quito bringen im April 19 und im Oktober 13 Tage Gewitter; am wenigsten, je 4—6 Tage, haben Juli und August.

Auch im Tieflande kommen Nebel trotz der hohen Temperatur in der Trockenzeit vor, sowohl am Amazonas, als in den Tälern seiner großen südlichen Nebenflüsse; die Morgennebel an diesen sind wichtig für die Pflanzenwelt während der Regenlosigkeit.

Das System der Winde über dem tropischen Amerika besteht, im wesentlichen, wie in Afrika, aus dem Nordost- und Südostpassat und dem zwischenliegenden, zumeist nördlich des Äquators gelegenen Stillengürtel. Da dieser Gürtel nebst den angrenzenden schwächeren Teilen der Passate das Hauptgebiet der Regen ist, so bestimmt dessen der Sonne folgende Bewegung die Regen- und Trockenzeiten zum größten Teil. In den Trockenzeiten wehen im Flachlande östliche Winde, oft so heftig, „daß es schwer ist, dagegen zu gehen", jedoch meistens nur am Tage. Ähnlich wie an der Westküste von Afrika, aber in geringerem Umfang, wird an der pazifischen Küste von Amerika bis zu 12⁰ N Br. im Nordsommer der über den Äquator hinübertretende SO-Passat zu einem SW-Wind abgelenkt, der, wenn er stark und mit Regen weht, als Temporal bezeichnet wird. Weiter nördlich weht an dieser Küste der Passat im Sommer nur als leichter Ostwind, im Winter aber aus hoch nördlicher Richtung, mit anhaltend heiterem Wetter; diese Winde werden hier als Papagayos bezeichnet und hauptsächlich dort beobachtet, wo eine Lücke im Gebirge ist, wie bei Tehuantepec und an der Fonsecabai. Sie sind die Fortsetzung der gleichzeitig im mexikanischen Golf herrschenden „Northers", die an der atlantischen Küste feucht, nach Überschreitung der Gebirgskette aber trocken sind.

An den Küsten treten überall tägliche Land- und Seebrisen auf, besonders, wo dahinter nicht allzu steil Gebirge ansteigt und wenn der Passat minder stark ist.

Der nordöstliche Rand des Gebiets, die westindische Inselwelt, wird in den Monaten August bis Oktober von gewaltigen Wirbelstürmen, den westindischen Orkanen, heimgesucht. Es treten in jedem Jahre mehrere auf, aber ihre Ausdehnung ist so gering, daß der einzelne Ort doch nur selten getroffen wird, z. B. St. Thomas in 150 Jahren 7 mal. Da die Luft um diese Orkanzentren, als Punkte niedrigsten Luftdruckes, im Sinne gegen den Uhrzeiger kreist, und sie nach W oder NW fortschreiten, so beginnen sie mit nördlichen und endigen mit südlichen Winden. Der Übergang findet durch Ost- oder Westwinde oder durch kurzdauernde Windstille statt, je nachdem das Zentrum den Ort rechts oder links von sich liegen läßt oder über ihn hinwegzieht.

Die Unterschiede der Temperatur sind im ganzen Gebiet sowohl der Zeit, als dem Raume nach gering, ausgenommen nach der Höhe im Gebirge. Die Mitteltemperatur der Monate schwankt an der Nord- und Südgrenze des Gebiets zwischen 18 und 27°, in der Nähe des Äquators aber im Tieflande nur zwischen 26 und 28°. Zu Pará, Manaos, Cayenne, Georgetown beträgt der Unterschied zwischen dem wärmsten und kältesten Monat nur 1,5°, zu Havana und Santos 6,5°. Nach dem Innern des Landes steigt zwar in diesen Breiten die Jahresschwankung über 7°, aber zugleich sinkt meist die Temperatur des kältesten Monats durch die zunehmende Seehöhe unter 18°, so daß dabei die von uns angenommenen Grenzen des Tropenklimas überschritten werden. Der ganze Spielraum der vorkommenden Lufttemperaturen im Tieflande liegt in der Mitte des Gebiets zwischen + 20 und + 33°, an dessen N- und S-Grenzen etwa zwischen + 12 und + 36°.

Des Zusammenhangs wegen müssen aber hier auch die Gebirgsklimate innerhalb der Wendekreise zur Besprechung kommen, in denen die Mitteltemperatur eines mehr oder weniger großen Teils des Jahres unter 18° liegt. Im gebirgigen Hinterland von Rio de Janeiro, dem Hauptgebiet der Kaffeekultur, ist dies in Höhen über 600--800 m im allgemeinen in den Monaten Mai bis August oder September der Fall. Die Grenze, wo der kühlste Monat (Juli) 18° erreicht, liegt hier unter 23° S Br. etwa bei 300 m, unter 20° etwa bei 800 m Seehöhe. Entsprechend liegt in Guatemala in Höhen von 1000—1500 m an die Temperatur der Monate November bis Februar oder März unter 18° und ist diese Grenze im Januar unter 15° Br. bei etwa 850. In den Anden steigt dieselbe Grenze unter 5° N fast bis zu 2000 m, unter dem Äquator aber liegt sie wegen der Nähe der kalten Meeresströmung wieder merklich niedriger. Wenige Grade weiter südlich erreicht sie an der Westküste den Meeresspiegel; am Ostabhang bleibt sie hoch, doch fehlen hier meteorologische Stationen.

In Guatemala unterscheidet Sapper folgende Höhenstufen:

1. Das heiße Land, „tierra caliente", 0—600 m. Hauptzone des Kakaobaues, des Kautschuk- und Mahagonibaumes.

2. Das gemäßigte Land, „tierra templada", 600—1800 m: a) untere Stufe bis 1200 m, Hauptzone des Kaffeebaues; b) obere Stufe, bis 1550 bzw. 1600 m noch Kaffee- und Zuckerrohrbau im großen, aber mit Frostgefahr.

3. Das kalte Land, „tierra fria", 1800—4150 m: untere Stufe bis 3250 m, Zone des Anbaues von Weizen, Kartoffeln und Äpfeln; obere Stufe Hochgebirgsregion mit alpinen Kiefernwäldern und Bergwiesen, oberhalb 3970 m baumlos.

Der wärmste Monat des Jahres ist in Westindien Juli oder August, an der Südostküste Brasiliens Januar oder Februar, also ebenso wie in der gemäßigten Zone der gleichen Halbkugeln; im übrigen Gebiet aber großenteils, wie in Indien, April oder Mai auf der nördlichen und entsprechend Oktober oder November auf der südlichen Halbkugel, also die Monate vor dem Eintritt der sommerlichen Regenzeit. Der kühlste Monat ist Januar oder Februar im Norden, Juni, Juli oder August im Süden, am Äquator aber unbestimmt.

§ 43. Die Trockengebiete (*B*) in Amerika (Tab. 20, 21, 26)

Sowohl in Nord- als in Südamerika findet sich je ein großes annähernd zusammenhängendes regenarmes Gebiet. Beide zeigen manche gemeinsame Züge: sie erreichen auf einer gewissen Strecke die Westküste des Kontinents, erfüllen ferner auf eine noch viel größere Anzahl von Breitengraden die hinter den Küstengebirgen liegenden Hochebenen und erstrecken sich über mehrere Längengrade im Osten des ganzen Gebirgssystems bis über den 50. Breitengrad hinaus. An ihren polwärts und westwärts gewandten Rändern sind beide Trockengebiete von Gebieten mit Winterregen (*Cs*) umsäumt, die im Sommer an ihrer Regenarmut teilnehmen.

Neben diesen gemeinsamen Zügen finden wir aber auch eine Reihe wesentlicher Unterschiede. Zunächst ist mit Ausnahme des polaren Endes, der Abstand vom Äquator beim nördlichen Gebiet größer, seine Ausdehnung nach der geographischen Breite also kleiner. An der Westküste ist die Grenze gegen *Aw* im N bei 26°, im S bei 4° Br., die Grenze gegen *Cs* im N bei 31°, im S bei 31° Br. Sodann ist die Natur der Feuchtluftwüste im kalifornischen Anteil offenbar nicht entfernt so ausgeprägt, wie an der peruanisch-chilenischen Küste und an derjenigen von SW-Afrika. Wenn auch leider regelmäßige meteorologische Stationen dort fehlen, so geht aus den Beschreibungen genügend hervor, daß wir es an der Westküste der Halbinsel Kalifornien nicht mit einem Klima *Bn* (s. S. 131), sondern mit *Bn'*, und am Kalifornischen Golf mit einem Klima zu tun haben, das dem heißen *Bn'''*-Klima ähnlich ist. Ebenso an der Nordküste von Südamerika, s. S. 205.

Ferner zeigt sich das Klima der nach höheren Breiten vorgeschobenen Teile der Trockengebiete an der Ostseite des Gebirges wesentlich verschieden: im Norden die kontinentalen Prärien von Montana und Südalberta, mit harten Wintern und warmen Sommern (Januar − 15°, Juli + 19°); im Süden die patagonische Wüste mit einem durch die Nähe des Ozeans sehr gemäßigten Klima ohne Sommerhitze (südlich von 46° S Juli − 1 bis + 6°, Januar + 12 bis 18°); also im Norden das kontinentale Klima *BSk*, an der patagonischen Küste in gleicher Breite das limitierte Klima *BWk'*.

In Mexiko und den Plateaulandschaften der Vereinigten Staaten, sowie im interandinen Längstal zwischen 10 und 30° S nimmt das Trockengebiet Hochebenen ein, die nach Ost wie nach West durch Gebirge vom Meere abgeschlossen sind. Dagegen finden wir trockene Tieflandklimate in freier Verbindung mit dem Meere zwischen 4 und 31° S auf der Westseite, und in 30—52° N sowie 28—52° S an der Ostseite eines hohen Gebirgszuges. Das entspricht dem allgemeinen Kreislauf der unteren Teile der Atmosphäre, der zwischen dem Äquator und 30° östliche, jenseits von 30° westliche Winde vorherrschen läßt. Man vergl. Tafel IX dieser Klimakunde und den dazugehörenden Text in § 64. In den untersten Schichten sind die Winde freilich durch die Gebirge und durch abweichende Druckverteilung z. T. abgelenkt.

Die inneren Teile der Trockengebiete sind auch in Amerika fast regenlos. Aber in Nordamerika nimmt dieses Wüstenklima (*BW*) nur einen ziemlich kleinen Raum ein, nämlich das Tal des Koloradoflusses und das Gebiet zwischen dem Großen Salzsee und der Sierra Nevada. Die regenärmste Station ist Ft. Yuma mit 8 cm Jahresmenge (wie Pt. Said). Im Winter greifen die Regen Kaliforniens zuweilen bis hierher; das Jahr 1899 brachte aber z. B. nur 15 mm an 5 Regentagen. Auch in dem nach N anschließenden Steppenklima des weiten Beckens zwischen dem Wahsatch- und dem Kaskadengebirge fällt die 30—40 cm betragende Jahresmenge überwiegend im Winterhalbjahr und sind Juli und August sehr regenarm.

Im Süden ist die ganze Westküste mindestens zwischen 10 und 30° S annähernd regenlos (Lima $4^1/_2$ cm, Iquique 0, Copiapo 1, La Serena 4 cm im Jahr); aber in Sommern mit ungewöhnlicher Hitze kommen, in Abständen von vielen Jahren, vereinzelte Regengüsse vor, von den Sommerregen im Gebirge her versprengt. Nach solchen Schauern bedeckt sich das dürre Land plötzlich auf einige Wochen mit Gras und Blüten.

Auf der Ostseite der Küstenkordillere scheint das Wüstenklima im N beim Poopo-See in 17° S zu beginnen; denn Oruro hat im 4jährigen Mittel nur $5^1/_2$ cm, während La Paz 54 cm erhält. Weiter nach S zieht es sich in langem Streifen am Ostfuße der dort einheitlichen Gebirgskette über Rioja, S. Juan, Mendoza, Chos Malal nach Patagonien hinüber, wo es bei Sta. Cruz die Atlantische Küste erreicht. Hier hält sich aber dieses trockene Klima merkwürdigerweise weitab von den Bergen, an deren Ostabfall, trotz des Vorwaltens westlicher Winde, viel größere Regenmengen fallen. In Argentinien erhält der Westen des Territoriums Neuquen die größten Mengen, über 180 cm; auf der chilenischen Seite fallen in gleicher Breite 250 cm. Auch hier sind es die Winterregen aus dem *Cs*-Klima, die von der Westküste über das Gebirge hinübergreifen; von Oruro bis Mendoza aber finden wir nur die Sommerregen der Gebiete *Aw* und *Cw* sehr abgeschwächt wieder, die Winter sind dort regenlos.

Eine Eigentümlichkeit Argentiniens ist es, daß gerade die wüstenhaft trockenen westlichen Teile des Landes stärker mit Holzgewächsen bedeckt sind, während der regenreichere Osten Grasfluren trägt. Es sind freilich keine Wälder, aber hohes Dorngestrüpp, das als Espinales bezeichnet wird, und dem „Scrub“ Australiens entspricht.

Die Steppenklimate, welche die Wüstenklimate umsäumen, nehmen den größten Raum auf der Ostseite des nördlichen Wüstengebiets ein. Daß im Gebiet im N und W vom Großen Salzsee die Regen vorwiegend im Winterhalbjahr fallen, ist schon oben bemerkt. Dagegen fällt weiter östlich, von 110 W an, allgemein die größte Regenmenge im Sommer, wenn auch in verschiedener Weise. Die etwas komplizierteren Verhältnisse an der Ostgrenze des Trockengebiets, längs dem Meridian von 100^0 W, sind oben in Fig. 24 veranschaulicht. Auf dem mexikanischen Hochland fällt auf den hohen Südostrand südlich von $19^1/_2{}^0$ N der meiste Regen im Juni und September (Klima *Aw''*); nördlich davon und weiter nach Arizona und Santa Fé im Juli oder August. Phenix und Prescott am Nordostrand der Gilawüste erhalten neben einigem Regen in diesen Monaten auch Ausläufer der Winterregen des Westens. Dagegen haben am Ostfuße des Felsengebirges Denver und Cheyenne ihre Regenmaxima im Mai und Juli, Rapid City und Miles City im Mai und Juni, weiter nordwestwärts hat der Juni die meisten Regen sowohl der Menge als der Zahl der Tage nach. Jenseits der kanadischen Grenze bringt auch der August mehr Regen als der Mai. Wir sehen also manche Analogie mit Osteuropa.

Die Grenze gegen die westlichen Winterregen bildet hier das Felsengebirge. In Montana, wo das Gebirge niedriger ist, greifen letztere gelegentlich herüber. Helena hat Hauptmaximum im Juni, kleineres im Januar.

Die Stationen auf dem Hochland von Mexiko zeigen zwar meistens mit einer Jahresmenge von 50—70 cm eine Bewässerung, die bei besserer Verteilung über das Jahr für ein Klima der *C*-Klasse genügen würde. Aber da $^3/_4$ dieser Regenmenge in den heißen Monaten Juni bis September fällt und kaum $^1/_8$ in der langen Trockenzeit von November bis April, so ist das Klima im ganzen steppenhaft. Die gebirgige Natur des Landes bedingt viel örtliche Unterschiede; Kakteen, Agaven und abflußlose Seen geben aber dem größten Teile den deutlichen Stempel eines Trockenklimas.

An der Westküste Südamerikas von 4—31° S treten an die Stelle der Regen häufige Nebel bei fast völliger Regenlosigkeit an der Küste, während die Abhänge der Anden öfters Platzregen erhalten. Die Nebel treten im Winterhalbjahr auf und sind, außer zwischen etwa 18 und 24° S, vielfach dicht und nässend genug für ein Pflanzenleben. Von November bis April scheint die Sonne ununterbrochen und treibt der vorherrschende Südwind die trockenen Sandhügel vor sich her. Von Mai bis Oktober breitet sich ein dünner Nebelschleier über das Küstenland bis zur Höhe von 300 m, selten 450 m. Im August und September ist er am dichtesten; er löst sich nie in eigentlichen Regen, aber oft in äußerst feinen, durchdringenden Niederschlag auf, der Garúa genannt wird. Die Sandhügel bedecken sich in wenigen Tagen mit Grün und Blüten, so z. B. bei Lima. Aufs Meer hinaus reichen die Nebel nur wenige Stunden weit. Zuweilen, aber mit Zwischenräumen von vielen Jahren, treten an dieser Küste heftige Regengüsse auf und in den sonst trockenen Schluchten stürzen Wildbäche herab.

Am dürrsten sind die Landstriche zwischen dem Küstenland und den Anden, die weder die Nebel der Küste noch die Regen des Gebirges erhalten. Der Gartenbau an dessen Fuße ist ganz auf künstliche Bewässerung aus den vom Gebirge kommenden Bächen, also auf das nötige Gefälle angewiesen, die Ortschaften hatten bis zur Erbauung von Eisenbahnen und zur Erschließung ihrer Mineralschätze nahezu gar keinen Verkehr mit dem nahen Meere; so Copiapó.

Dieser dürrste Strich, der als Pampa und als Atacama bezeichnet wird, ist der Schauplatz der Gewinnung des Chilesalpeters. Die Luft in ihm ist bei Tage sehr trocken, Wolken sind äußerst selten, aber nachts stellt sich gewöhnlich dicker nasser Nebel ein (bei Iquique).

Die Meereshöhe der Isotherme 10° des wärmsten Monats liegt in den Anden unter dem Äquator bei rund 3300 m (der Januar in Quito, 2850 m, 12,5°; am Antisana, 4095 m, 6,0°); in Mexiko unter 20° N liegt sie, wegen der größeren jährlichen Temperaturschwankung, noch etwas höher bei rund 3500 m (Real del Monte, 2772 m, Mai 14,8°); im Felsengebirge unter 39° N bei 3440 m (Juli Denver, 1630 m, 22,1°, Pikes Peak, 4302 m, 4,2°); in Bolivien unter 16° S steigt sie auf 3900 m (November La Paz, 3690 m, 11,5°, Vincocaya, 4377 m, 5,9°). Bis zur Südspitze von Amerika senkt sich diese Isothermfläche fast an die Meeresfläche herab (vgl. unten). Die Isotherme 18° des kältesten Monats finden wir am Äquator in den Anden bei etwa 1900 m über dem Meere, aber im Westen viel niedriger, bei Kap Pariña in kaum 500 m; bei Para in etwa 1200 m. Die Seehöhe der oberen Baumgrenze liegt bei Quito 2700 m, in Guatemala 3400 m, in Mexiko 3700 m, im Felsengebirge unter 43° N 3100 m, bei Valdivia (41° S) 1460 m. Auf der Hermite-Insel bei Kap Horn fällt sie auf 450 m.

Die Grenze des ewigen Schnees hängt neben der Temperatur auch vom Niederschlag ab. Aus andern Gründen, als die Baumgrenze, steigt deshalb auch sie vom Äquator nach den äußeren Teilen der Passatgürtel an und senkt sich erst im Gebiet der Westwinde jäh herab. Zugleich liegt sie naturgemäß jeweils auf den feuchten Ketten des Kordilleresystems niedriger, als auf den trockneren, also in den Passatzonen auf den Ostketten (dem Innern), in den Zonen der Westwinde jenseits 35° Br. auf den Westketten (der Küste). Sie liegt in runden Meterzahlen in folgenden Seehöhen:

Breite	55° N	40° N	15° N	0°	15° S	25° S	40° S	55° S
Westketten . . .	1500	3500	(4700)	4600	6000	6100	1500	500
Ostketten . . .	2600	3700	4600	4800	5300	4800	1900	—

Die höheren Gipfel der Anden reichen in das Gebiet des ewigen Frostes. Die Mitteltemperatur des wärmsten Monats dürfte auf ihnen etwa sein: Orizaba — 4°, Chimborasso — 9°, Aconcagua — 16°.

In Bolivien unterscheidet man folgende Kulturzonen: die „Yunga", die tiefen tropischen Teile mit Kakao, Zuckerrohr, Bananen, Koka, Kaffee usw.; die „Medio Yunga", 1600—2900 m, mit Feld- und Gartenfrüchten in großer Üppigkeit; die „Cabezera de valle", 2900—3300 m, wo noch Weizen und Mais, Gemüse usw. gebaut werden können; die „Puna", 3300—3900 m, wo noch Kartoffel, Gerste, Kohl, Zwiebeln gezogen werden, und die kalte, fast unbewohnte „Puna brava" von 3900 m bis zur Schneegrenze. In den letzten drei Regionen herrscht vom April bis zum Oktober der schneelose Winter mit heiterem Himmel und heftigen Winden am Tage, von 10^h a. m. bis zum Sonnenuntergang; die Nächte sind ruhig. Von November bis März herrscht die Regenzeit mit starken, von Hagel und Schnee begleiteten Gewittern. Potosi (4050 m) liegt schon in der Puna brava. Fast in allen Jahreszeiten gefrieren die Bäche im oberen Teile der Stadt. Schnee hält sich aber niemals einen Tag hindurch; selbst wenn er fußhoch gefallen ist, schmilzt ihn die Sonne vor dem nächsten Tag.

Auch von Peru wird das Klima der oberen Punaregion zwischen 3500 und 4500 m als höchst unwirtlich geschildert. Kalte W- und SW-Winde wehen das ganze Jahr mit großer Stärke, und während der Regenzeit treten fast täglich von $2—5^h$ p. m. furchtbare Gewitter mit Hagel auf, denen gewöhnlich ein Schneegestöber folgt, das bis zum Morgen dauert; aber in den sonnigen Vormittagsstunden schmilzt der Schnee. Auch von Ecuador wird das Klima der Puna (dort Paramo genannt) als „Aprilwetter der schlimmsten Art" geschildert; der untere Teil dieser Region wird dort als das Strohland, Pajonal, bezeichnet, nach dem vorherrschenden Itschugras.

Dagegen wird das Klima der Hochebene von Cochabamba, 2560 m, der Kornkammer von Bolivien, sehr gelobt. Von Mai bis Juli ist der Himmel meist wolkenlos. Die tägliche Wärmeschwankung ist sehr groß, oft zwischen 0^0 in der Nacht und 25^0 am Nachmittag. Die Nächte sind windstill bis 9^h a. m., zum Nachmittag nimmt der Wind oft bis zu Stärke 8 zu. Auf den Bergen fällt Schnee zu allen Zeiten des Jahres.

Die Kultur des alten Inkareiches hatte ihren Sitz in den trockenen Hochebenen zwischen den beiden Andenketten und ruhte auf dem Feldbau von Mais, Quinoa und Kartoffeln. Dessen Hauptstadt Cuzco liegt in rund 3400 m Höhe.

§ 44. Die warmgemäßigten Regengürtel (C) in Amerika (Tab. 22, 23, 27—29).

α) Osten und Inneres (*Cw* und *Cfa*).

Da infolge der geringeren Größe des Kontinents der große jahreszeitliche Windwechsel, der das Monsungebiet Asiens charakterisiert, weder in Nord- noch in Südamerika zur Ausbildung kommt, und auch die jährliche Schwankung der Temperatur nicht so groß ist, so hat das Klima *Cw* mit kühler trockener Jahreszeit hier nicht entfernt die große Ausdehnung, wie in China und Nordindien. Vielmehr begegnen wir ihm nur am Westrand des mexikanischen und am Südrand des brasilianischen Hochlandes und von hier westwärts bis nach Nordargentinien, nur im Vorhandensein einer kühlen Jahreszeit vom benachbarten tropischen Savannenklima unterschieden. Die warmgemäßigte Zone *C* tritt auf der Ostseite von Nord- und Südamerika dagegen in großer Ausdehnung in der Form *Cf* ohne ausgesprochene Trockenzeit auf — einer Form, die in Asien auf den äußeren Küstenrand beschränkt ist.

Entsprechend der größeren jährlichen Wärmeschwankung auf der nördlichen Halbkugel nimmt von dem dem Klima *Cf* zugewiesenen Raume (vgl. Karte) in den Vereinigten Staaten der Untergürtel mit sehr milden Wintern — kältester Monat 18 bis 10° — nur die Küstengegenden am Golf von Mexiko und Florida ein, mit Ananas- und Zuckerrohrkultur, während nach N zu die Januartemperatur rasch abnimmt und schon in den Staaten Illinois und New York unter — 3° sinkt, also die Grenze der *C*-Klimate überschreitet. Die Baumwolle bis zu 36° N, und nördlich davon der Tabak sind die wichtigsten Ausfuhrerzeugnisse dieses Klimas. Beide brauchen einen langen warmen Sommer und viel Wasser.

Dagegen gehört in Südamerika nur der südliche Teil der Provinz Buenos Aires zum winterkalten Untergürtel von *C*, das Land nördlich davon bis nach Desterro ist in der Milde des Winters mindestens Florida gleich. In der Hitze des Sommers übertreffen aber die *C*-Klimate sowohl Nord- wie Südamerikas diejenigen Europas, indem die Mitteltemperatur des wärmsten Monats in ihnen fast durchweg über 22° liegt.

In Südbrasilien ist das Innere ein Hochland, dessen Randgebirge nahe der Küste verläuft. Hier unterscheidet sich das feuchtwarme Klima des Küstenstreifs südlich von Santos vom

Klima von Rio nur durch das Auftreten der kühlen Jahreszeit unter 18° („virginisches Klima“ *Cfa*). Auf dem Hochland aber bleibt die Temperatur des wärmsten Monats unter 22° und herrscht „Buchenklima“, *Cfb*, nach unserer Bezeichnung, aber absonderlich in den Niederschlägen (s. S. 218). Unter 25,3° Breite ist die Mitteltemperatur im Mittel von 3 bzw. 4 Orten:

	Höhe	Jr	F	Jn	Jl
Küstengebiet .	9 m	24,6	24,8	17,4	16,8
Hochebene . .	960 m	19,9	19,9	12,4	12,8

Dementsprechend findet man auf dem Ostabhange des Gebirges Zuckerrohr-, Kaffee- und Baumwollpflanzungen und Orangenhaine, auf der Hochebene Kornfelder, Pfirsich- und Apfelbäume. In beiden ist dabei der Unterschied zwischen Trockenzeit und Regenzeit viel geringer, als im Hochland von São Paulo, dem wir das Klima *Cw* zuerkennen müssen (vgl. Tab. 22b). Im Randgebirge fallen über 300 cm Regen.

Da die Gebirge in Amerika in meridionaler Richtung verlaufen, gestatten sie einen freien Austausch der Luft verschiedener Breiten, und da im Osten des Kontinents die Abnahme der mittleren Temperatur mit wachsender Breite sehr bedeutend ist, so sind die unperiodischen Änderungen der Temperatur, verglichen mit denen in gleicher Breite in Europa, sehr groß. Im folgenden seien vier Orte der nördlichen Halbkugel in der Nähe des 40. Breitengrades und einige der südlichen miteinander verglichen. Die Zahlen bedeuten mittlere Differenzen der aufeinanderfolgenden Tagesmittel.

	Jahr	D	Mz	Jn	S
Neapel	1,0	1,2	0,9	1,1	0,9
Peking	1,9	2,2	2,2	2,0	1,4
St. Louis . . .	3,1	4,2	4,2	2,2	2,5
Providence . . .	2,8	3,7	2,8	2,1	2,4
Cordoba, Arg. .	2,4	3,0	2,1	2,3	2,5
Buenos Aires . .	1,8	2,0	1,8	1,8	1,7
Bahia Blanca .	2,5	3,1	2,5	1,9	2,4

Hiernach ist die interdiurne Veränderlichkeit der Temperatur in Nordamerika dreimal größer, als in gleicher Breite in Neapel, und auch in Argentinien selbst näher zum Äquator (31—39° S) noch $2^1/_2$mal so groß, obwohl sie im allgemeinen mit der Breite wächst.

Ihre höchste Ausprägung finden diese Temperaturschwankungen in dem plötzlichen Ersatz warmer äquatorialer Luftströmungen durch kalte von der Polarseite des Horizonts. Es sind Ausschießer[1]), in denen der Wind nach Abflauen in heftiger Böe mit Regenguß und meist auch Gewitter aus der äquatorialen Richtung durch W nach der polaren umspringt. Diese Stürme werden in den Golfstaaten als Norther, in Argentinien als Pampero bezeichnet. So trat in Texas am 27. Dezember 1886 in 16 Stunden eine Abkühlung um 35° ein, in Uruguay einmal in 6 Stunden um 17°; in Arkansas war am 20. Januar 1854 bei Sonnenaufgang 20°, 24 Stunden später — 11,7°.

Die erste Böe, angekündigt durch einen Wolkenwulst und oft schon früher durch fernes Blitzen, ist die schwerste und dauert 10—15 Minuten. Im Sommer geht ihr eine Hitzewelle von mehreren Tagen voraus, die häufig Opfer durch Hitzschlag fordert; die feuchte Hitze der Südwinde im Osten der Vereinigten Staaten ist darin viel gefährlicher, als die bedeutend größere, aber trockene Glut im westlichen Trockengebiet. Hinter dem Norther aber folgt, mit steigendem Barometer und aufklarendem Himmel, eine Kältewelle, welche gefährliche Nachtfröste bis in die empfindlichen Kulturen Georgias, Floridas und Louisianas trägt. Die Ausstrahlung in den klaren Nächten wirkt dabei mit dem Transport kalter, dampfarmer Luft aus dem NW zusammen. Diese Temperaturwechsel bedingen es, daß die Nachtfrostgefahr im Gartenbau der Vereinigten Staaten eine viel größere Rolle spielt, als in Südwesteuropa und als die ohnedies schon in ihnen weit nach S gedrängten Isothermen erwarten lassen. Savannah z. B. hat dieselbe Wintertemperatur wie Südspanien, aber eine ganz andere, diesen Frösten angepaßte Vegetation. Die Orangenbäume sind hier dem gänzlichen Erfrieren unterworfen, die Baumwolle, die im Süden von Spanien ein ausdauernder Busch ist, wird in der Baumwollzone der Vereinigten Staaten jedes Jahr durch den Frost getötet, so daß die Felder alljährlich neu bepflanzt werden. Die Technik der Frostverhütung durch Rauch ist dementsprechend in den Vereinigten Staaten viel weiter entwickelt als in Europa.

An den raschen Temperaturwechseln Nordamerikas hat auch die rasche Fortpflanzung einer großen Zahl barometrischer Minima längs der Nordgrenze der Vereinigten Staaten Anteil, die weit schneller und einheitlicher geschieht als in Europa.

Die Regen sind in beiden hier besprochenen Gebieten ohne regelmäßige Trockenzeit auf das Jahr verteilt, in deren

---

[1]) Köppen: Maritime Meteorologie (Hamburg 1909), S. 22.

mittleren und östlichen Teilen mit so wenig ausgesprochener Jahresperiode, daß das Ergebnis selbst bei längeren Jahresreihen unbestimmt ausfällt. Den besser ausgeprägten Jahresgang von den westlichen Rändern beider Gebiete haben wir schon auf S. 195 besprochen; weiter finden wir in Florida und am Parana scharf ausgeprägte Sommerregen, wie auf den benachbarten tropischen Gebieten. Dagegen zeigt der Raum zwischen unterem Missisippi, Ohio und Atlantischem Ozean nur im Nachlassen seiner zwar nicht häufigen, aber starken Regen im Herbst etwas von jährlicher Periode. Die regenärmste Zeit ist im Südosten der November, in den sehr regenreichen Südalleghanies der Oktober, am Mississippi August bis Oktober. Entgegen der allgemeinen Regel ist der Winter hier im Binnenlande regenreicher, als an der Küste von Südflorida bis Wilmington, wo die starken Regen erst im Mai einsetzen. Es entspricht das einem stärkeren monsunartigen Windwechsel in Florida, wo im Sommer südliche, im Winter nördliche Winde die Oberhand haben, während in und um Tennessee auch im Winter SW-Winde vorwalten.

Noch unbestimmter ist die jährliche Verteilung der Regen in Uruguay, überhaupt von Buenos Aires bis zum Staate Sta. Catharina. Teils der Februar, teils (so in und bei Buenos Aires) der Juli erscheinen hier als die regenärmsten, der März meist als der regenreichste Monat; bei Pelotas aber ist der November der regenärmste, der August der regenreichste.

Die größten jährlichen Regenmengen — über 150 cm — kommen in den niedrigeren Breiten und östlichen Teilen beider Gebiete vor: an der Golfküste vom Mississippidelta bis Tallahassee sowie in den Südalleghanies, und im S von der Serra Geral bis zum Parana.

Beiden Gebieten, vor allem aber dem südamerikanischen, ist eine große Regendichte, d. h. große Regenmenge auf den Regentag eigentümlich. Im nördlichen fallen jährlich 110 bis 150 cm in 100—140 Regentagen, im südlichen 70—120 cm in nur 40—120 Tagen. Die auffallende Waldlosigkeit der Pampas in Uruguay und Argentinien stimmt in der Tat ganz gut zur geringen Zahl der Regentage, während sie mit der großen Regenmenge in Widerspruch steht. Über die Ursache dieser Waldlosigkeit sind die Meinungen noch geteilt. Es fallen in den Pampas durchschnittlich 10—25 mm an einem Regentag, im nordamerikanischen Gebiet 12—15 mm (häufig über 50 mm in einer Stunde), in Norddeutschland dagegen durchschnittlich im Sommer 5, im Winter nur 3 mm an einem Tage.

Gewitter sind in beiden Gebieten ziemlich häufig, in deren äquatorialen Teilen auch im Winter, 30—70 im Jahre; Hagel dagegen in beiden seltener als in Deutschland. Dem nordamerikanischen eigen aber ist die Häufigkeit und furchtbare Kraft der hier als Tornados bezeichneten ungeheuren Windhosen. Wo die aus den Wolken herabhängende Wettersäule den Boden berührt, wird das vollständige Zerstörungswerk meist in weniger als 1 Minute vollbracht, da sie durchschnittlich nur 100—300 m Durchmesser hat und mit 40 km in der Stunde wandert, überwiegend nach NO. Die Tornados fehlen im Felsengebirge und den Appalachen fast ganz und sind östlich von letzteren viel seltener, kommen aber dort auch im Winter vor. Am Missouri und oberen Mississippi sind sie am häufigsten, vorwiegend in den Monaten April bis Juli und zwar nachmittags. Der Tornado, der St. Louis am 27. Mai 1896 traf, machte für 12 Millionen Dollar-Schaden und tötete 306 Menschen.

Schneefall kommt in Tennessee und Arkansas alljährlich an 6—10 Tagen vor, an der Golfküste erscheint er nur in einzelnen Jahren und kommt eine Schneedecke von 1—3 Tagen in Dezennien einmal vor.

Die Bewölkung beträgt im Jahresmittel 40—50%; der heiterste Monat ist im nordamerikanischen Gebiet der Oktober, im südamerikanischen Januar und Februar.

Die Luftfeuchtigkeit ist zwar nur in einem Teil von Texas, wie in analoger geographischer Lage im Monsunklima Chinas und Japans, im Sommer größer als im Winter; aber der Unterschied ist auch sonst im nordamerikanischen Gebiet gering. Die neueren Beobachtungen, die um 8^h a. m. und 8^h p. m. angestellt werden, geben ein zu hohes Mittel, namentlich im Sommer. Nach den älteren stellt sich dieses

	Winter	Frühling	Sommer	Herbst
Saint Louis . . .	73%	60	66	68
Philadelphia . . .	69%	61	65	67
Norddeutschland .	85%	72	71	81

Die Luft ist also in den Vereinigten Staaten, besonders im Winter und Herbst, bedeutend trockener als in Deutschland, was sich auch den deutschen Auswanderern in vielem bemerkbar machen soll.

In Argentinien ist die Luft, außer an der Küste, noch bedeutend trockener: Buenos Aires Sommer 71, Winter 84%, Bahia Blanca Sommer 56, Winter 75%: im Innern: Cordoba Sommer 66, Winter 64%, Gen. Acha Sommer 55, Winter 72%; noch viel trockener ist sie im westlichen Trockengebiet: San Luis Sommer 53, Winter 56%, San Juan Sommer 46, Winter 57%.

Wenn auch der jahreszeitliche Wechsel der Winde in diesen Gebieten nicht entfernt die Schärfe erreicht, wie im asiatischen Monsungebiet, sondern die westlichen Winde, besonders in Nordamerika, das ganze Jahr vorwalten, so finden wir doch eine ausgesprochene Zunahme der Landwinde zum Winter und der Seewinde zum Sommer, besonders in Texas und nordwärts von da bis zum Missouri, wo in der wärmeren Jahreshälfte S- und SO-Winde ein tatsächliches Übergewicht gewinnen.

Neben den Winterstürmen, die in den Vereinigten Staaten allgemein die häufigsten sind, werden die Südstaaten zuweilen in den Monaten August bis Oktober von westindischen Orkanen heimgesucht. Diese äußerst heftigen Wirbel ändern hier gewöhnlich die Richtung ihres Fortschreitens aus der bisherigen Westwärts- in eine Nord- und Nordostwärtsbewegung und bleiben zuweilen tagelang stehen, wobei sie durch Sturm, Regen und Überschwemmung große Verwüstungen verursachen.

Dem südatlantischen Ozean, und damit auch Südamerika, fehlen die tropischen Wirbelstürme.

β) Westküste in 31—54° N- u. S-Breite (*Cs* u. *Cfb*).

Den regenlosen Gebieten an der Westküste schließen sich, wenn wir polwärts fortschreiten, in etwa 34° N und 31° S Gebiete an, in denen sich die Regenarmut mehr und mehr auf den Sommer beschränkt, und weiter von etwa 49° N und 39° S (Vancouver und Valdivia) an solche, wo auch im Sommer von Regenarmut nicht mehr gesprochen werden kann, da auch der regenärmste Sommermonat hier mehr als 6 cm bringt, so daß die Grenze des Etesienklimas *Cs* hier überschritten ist; doch ergibt der trockenste Sommermonat noch immer weniger als $^1/_3$ der Regenmenge des nassesten der hier sehr regenreichen Wintermonate. Wie in geographischer Hinsicht, so zeigen auch im Klima die weiter polwärts folgenden zerrissenen Fjordküsten große Übereinstimmung: der Sommer wird so regnerisch, daß der Januar allein auf der Halbinsel Taitao (47° S) nach einjährigen Beobachtungen 75 cm, der September auf Ft. Wrangel (56° N) nach dreijährigen 22 cm ergeben hat und die jährliche Regenmenge am ersteren Ort auf

600 cm anschwillt. Der regenreichste Monat ist in Ft. Wrangel noch wie auf Vancouver der Dezember, in Sitka schon der Oktober, wie in einem großen Teil von Nordwesteuropa.

In Ancud auf Chiloe fallen 215 cm jährlichen Niederschlags, 75 im Winter und nur 28 im Sommer, bis hierher reicht also das Vorherrschen der Winterregen; dagegen auf der Insel Evanjelistas am sturmumbrausten Westeingang der Magellanstraße fallen von 288 cm im Jahre 159 im Sommer und Herbst, 60 im Winter, ähnlich wie auf Sitka.

Die Zunahme der jährlichen Regenmenge von 27 bis 40° S Br. zeigt folgende Reihe: Caldera hat 2, Serena 16, Valparaiso 60, Concepcion 131, Valdivia 267 cm. Die Insel Juan Fernandez in der Breite von Valparaiso hat mehr Regen, 105 cm; sie liegt schon außerhalb des kalten Küstenwassers. Ähnlich ist die Zunahme der Regen an der Küste von 33—55° N Br.: San Diego 24, Los Angeles 40, San Franzisko 57, Eureka 116, Portland 117, Victoria 96, Agassiz (49,2°) 170, Pt. Simpson 263 cm. Das Längstal hinter dem Küstengebirge hat in gleicher Breite weniger Regen: in Chile Santiago nur 37, in Kalifornien Fresno nur 23, Sacramento 51 cm. Mit dem Anstieg ins Gebirge nimmt aber der Niederschlag rasch zu (vgl. S. 98) und in der Sierra Nevada fällt mehr Schnee, als irgendwo sonst in den Vereinigten Staaten.

Für die Verteilung des Niederschlags über die Monate vergleiche man die Fig. 22. Eine große Schwierigkeit für die Landwirtschaft, namentlich soweit sie ohne künstliche Bewässerung betrieben wird, ist die große Veränderlichkeit der Regenmengen in den trockneren Teilen dieser Gebiete. Jahren, in denen die Ernte wegen Trockenheit ganz mißrät, stehen andere gegenüber, die große Überschwemmungen bringen. In San Franzisko schwankte 1850—72 der jährliche Regenfall zwischen 19 und 127 cm. Im mittleren Chile sind die „Temporales“ gefürchtet, lang dauernde Regengüsse, bei denen die Flüsse aus ihren Ufern treten und Wohnungen und Vieh der Ansiedler mit sich reißen. Im übrigen ist das Klima beider Gebiete sehr milde, gleichförmig, gesund und heiter. Nur im Innern von Kalifornien erreicht die Sommerhitze einen hohen Grad und treten im Winter Fröste von mehreren Graden ein. Die Gegensätze zwischen den Windrichtungen sind viel kleiner als im Osten, weil die Temperaturabnahme mit der Breite viel langsamer ist; im Januar in Nordamerika kaum $^1/_3$ von jener. Entsprechend fehlen hier auch die plötzlichen Wetterstürze des Ostens. Auch Gewitter sind selten; an der nordamerikanischen Westküste zählt man ihrer 1—3 im Jahre und gilt der Spruch, daß Erdbeben eher als Gewitter zu erwarten sind, und für Chile kann dieser noch mehr Geltung haben. Verderbliche Gewitter sind in dessen bewohnten Teilen unbekannt, aber in den Anden vergeht während der Monate November bis Februar kein Tag, ohne daß hier oder da, zumeist um die höchsten Spitzen, ein Gewitter losbricht. Am Morgen sieht man an ihnen kleine Wolken entstehen, die sich rasch vergrößern und eine Bergspitze nach der anderen einhüllen, bis am Nachmittag das Gewitter losbricht. Auf der in 4830 m Höhe an der chilenisch-bolivianischen Grenze unter 21° S gelegenen Kupfermine Collahuasi werden von 3000 Arbeitern alljährlich ein Dutzend vom Blitz erschlagen. Vom Spätfrühling bis zum Herbst, also in der Trockenzeit Chiles, erblickt man von Santiago und auch vom Meere nachts ein flimmerndes Leuchten über der Andenkette, das noch nicht erklärt ist, gelegentlich bis über den Zenit reicht und den Nächten einen eigenartigen Reiz verleiht; es wird als „relampagos de calor" bezeichnet. Auch auf Chiloe und weiter im S kommen Blitzschläge öfter vor.

In bezug auf die Temperatur weichen die Winterregengebiete an der Westküste Amerikas von jenem Südeuropas durch den kühlen Sommer ab, dessen wärmster Monat in ihnen nirgends an der Küste 22° erreicht. Erst das Binnental Kaliforniens hinter dem Küstengebirge weist sehr entschieden das Klima *Csa* auf — Winterregen mit heißem Sommer —; das von Chile erreicht es nicht (Januar in Santiago 19,7°, Talca 20,1°). An der Küste haben wir es durchweg mit *Csb*, der „Erikenstufe" (s. S. 161) zu tun. Auch das zu allen Zeiten feuchte (*Cf*) Klima, in das das Etesienklima Südchiles übergeht, ist selbstverständlich die sommerkühle Stufe *Cfb*, nicht die sommerheiße *Cfa* wie im bisher besprochenen Osten von Nord- und Südamerika.

In beiden Gebieten wird durch die zum Äquator gerichtete Meeresströmung und die vorwaltende Luftströmung die Sommertemperatur an der Küste so niedrig gehalten, daß das Temperaturgefälle in den wärmsten Monaten des Hinterlandes nicht zum Pol, sondern nach W gerichtet ist. Eine Eigentümlichkeit des Temperaturgangs von Kalifornien, die von Chile nicht geteilt wird, ist die außerordentliche Verspätung des Temperaturmaximums bis in den Herbst. Besonders in San Franzisko zeigt sich, durch örtliche Umstände bedingt, dieser „Kap-Verden-Typus" des jährlichen Temperaturganges extrem (vgl. S. 45). Durch die Unterbrechung im Küstengebirge wird hier in den Monaten größter Hitze im Innern die kühle Luft vom Meere so stark angesaugt, daß der beständige starke Seewind die Lufttemperatur erst dann ihren Höhepunkt erreichen läßt, wenn er infolge der beginnenden Abkühlung im Innern an Stärke nachläßt. Schon Sacramento verhält sich ganz anders; die Mitteltemperaturen sind:

	Jr	F	Mz	Ap	Ma	Jn	Jl	Au	S	O	N	D
S. Franzisko	9,7	10,7	11,5	12,1	13,1	14,1	14,1	14,3	15,2	14,7	13,1	10,5
Sacramento	7,6	10,1	12,3	14,4	17,2	20,6	22,4	22,2	20,6	16,8	11,8	8,0

Auf der Alcatrazinsel im Goldenen Tor tritt die höchste Wärme erst im Oktober ein. Auch in San Diego und Eureka ist der Juli nicht wärmer als der September; im Süden ist das Analoge nur auf Juan Fernandez mit Januar und März der Fall.

Diese Seewinde halten auch die Luftfeuchtigkeit an der Küste beständig hoch, obwohl sie von einem kühlen Meere kommen und daher nicht sehr dampfreich sind. An der kalifornischen Küste ist sie in allen Monaten im Mittel etwa 80%; in Valdivia sinkt sie im Sommer auf 74%, aber in Ancud ist sie dann 82%.

Die niedrige Sommerwärme und die ungemein große Regen- und (im Gebirge) Schneemenge erklären das Herabsteigen der Gletscher in Westpatagonien bis ans Meer in der Breite von Norditalien. In der Lagune von S. Rafael schwimmen Stücke des abgebrochenen Gletscherendes als Eisberge wie in Grönland, aber inmitten üppigster Urwälder. Auf Chiloe muß das Getreide oft vor der Zeit geschnitten und künstlich getrocknet werden. Auch weiter nördlich leiden Pfirsiche, Feigen, Pomeranzen zwar nicht von Winterfrost, aber sie reifen schlecht. Auch an der kalifornischen Küste bis Kap Concepcion herab ist das so; aber das Innere und das Tal von San Bernardino sind für Obstbau mit künstlicher Bewässerung ausgezeichnet, besonders wegen des vielen Sonnenscheins. Selbst im nördlichsten Zipfel des *Cs*-Klimas bei Vancouver ist, trotz der beträchtlichen Regenmenge, der Sommer ziemlich heiter. In New Westminister ist die Bewölkung im Sommer 45, im Winter 70%.

Die winterliche Regenzeit ist in Südkalifornien und in Mittelchile (Santiago) eine Zeit reichen Blumenflors, der Sommer dagegen bringt eine Trockenruhe in der Pflanzenwelt und viel Staub. An freundlichen Wintertagen ruhen oft die Cumuli in langer Reihe an den Hängen der Kordilleren, aber darüber ragen die Schneehäupter in das dunkle Blau des Himmels.

Nebel sind an beiden Küsten im Sommer, in deren Hinterland im Winter ziemlich häufige Erscheinungen, hier wie dort zugleich häufiger im Herbst als im Frühling. Im regenlosen Sommer Kaliforniens spielen diese Nebel eine bedeutende Rolle für die Pflanzenwelt: auf den Berkeley-Hills und der Coast Range tropfen in ihnen die Bäume von Feuchtigkeit und bleibt das Gras unter diesen grün, während es rings umher vertrocknet; ähnlich wie auf dem Tafelberg bei Kapstadt. Dabei ist die Luft über dem Nebel gewöhnlich beträchtlich wärmer, als in ihm. Das Observatorium auf dem 730 m hohen Mount Tamalpais ist von Juni bis September durchschnittlich 4° wärmer, als das 22 km SO davon gelegene San Franzisko und liegt zumeist über dem Nebelmeere. Beträgt dieser Überschuß schon am Morgen mehr als 4° C, so ist mit Sicherheit Nebel an der Küste im Laufe des Tages zu erwarten, meistens am Nachmittage.

§ 45. Der boreale (Schnee- und Wald-) Gürtel (*D*) in Nordamerika (Tab. 30 und 31)

Von den beiden Formen des Klimas *D*, das sowohl weißen Winter als warmen Sommer bringt, ist nur die gemäßigtere, *Df*, mit Niederschlägen zu allen Jahreszeiten in Amerika vertreten; von der extremen ostsibirischen mit heiteren Strahlungswintern finden sich nur Ansätze. Der Grund davon ist neben der geringeren Größe des Kontinents vor allem der, daß die erkaltende Luft hier nicht durch Gebirge zurückgehalten wird, sondern frei nach der Hudsonbai und dem Atlantischen Ozean abfließen kann. Es kommt daher in Nordamerika nicht zur Bildung eines so andauernden Hochdruckgebiets im Winter, wie in Ostsibirien, und die davon zum südöstlich liegenden Ozean abfließenden NW-Winde haben nicht entfernt die Beständigkeit wie in Ostasien, vielmehr werden sie fortwährend unterbrochen durch zyklonale Wirbel, die entlang der Nordgrenze der Vereinigten Staaten nach Osten ziehen. Deshalb stehen auch die äußersten Kältegrade hier den sibirischen weniger nach, als die Mittelwerte der Wintermonate. So ist das mittlere jährliche Temperaturminimum in Nertschinsk wie in Prince Albert — 42°, während das Januarmittel dort — 30°, hier nur — 20° beträgt, und in Peking ist das Jahresminimum ebenso wie in Philadelphia — 15°, das Januarmittel aber dort — 5°, hier 0°.

Aus denselben Gründen ist aber auch die sommerliche Erwärmung in Nordamerika bedeutend geringer, als in den gleichen Breiten Asiens, und senkt sich die Baumgrenze und das Tundrenklima hier viel weiter nach Süden; bei den Aleuten und bei Labrador in ebenso niedrige Breiten, wie auf der südlichen Halbkugel.

An der Ostseite des Trockengebiets sehen wir in Nordamerika das *Df*-Klima ebenso wie in Asien das *Dw*-Klima, südwärts bis über den 40. Breitengrad hinausgehen in Gebiete mit hoher Sommerwärme. Wir erhalten so ein im Westen breites, im Osten schmales Band der Maisstufe *Dfa* des *Df*-Klimas (vgl. S.167), die Julitemperaturen über 22° mit Januartemperaturen unter — 3° verbindet und die in Eurasien fast nur in Rumänien erreicht wird. Sie beginnt am 100. Meridian, wo sie von Oklahoma bis Süddakota reicht und zieht sich über Jowa, Illinois und Ohio bis zum Hudson. Auch der Südwesten von Minnesota und Wisconsin gehören dahin, somit das Hauptgebiet der Maiserzeugung der Vereinigten Staaten, zugleich auch die wichtigsten deutschen Siedelungen in diesen; aber der mildernde Einfluß der großen Seen bewirkt es, daß Milwaukee und der größte Teil von Michigan merklich kühlere Sommer haben und zur folgenden Stufe, dem Eichenklima *Dfb*, gehören, wo die Temperatur 4 Monate lang über 10° liegt, aber der wärmste Monat unter 22° bleibt. Dieses zieht von Neuschottland über das südliche Kanada und Norddakota zum südlichen Saskatchewan, erscheint hinter dem Felsengebirge wieder am Fraser und Kolumbia und umfaßt auch die Waldregionen dieses Gebirges in der Union größtenteils. Weizen und Hafer sind seine Hauptprodukte; der Mais leidet in ihm von Spätfrösten und von kalten Zeiten auch im Sommer. Darüber hinaus dehnt sich im N das Birkenklima bis zur Baumgrenze, das ganze Innere von Alaska, Britisch-Nordamerika bis zum Großen Bärensee und der Hudsonbai, endlich Labrador mit Ausnahme des NO-Randes umfassend. Das Innere der Halbinsel ist von hochstämmigen Wäldern bedeckt, die Küste aber bei den Eskimo-Ansiedelungen und Herrnhuter-Missionen ist völlig baumlos, entsprechend den niedrigen Julitemperaturen von 8° bei Hebron und Nain und 10° bei Hoffental; selbst an der Belle-Isle-Straße beträgt diese noch nicht 12°. Gerste, das Getreide des Nordens, geht in Labrador nur bis 51° N, im Westen bis über den Bärensee hinaus, selbst Weizen bis zum Sklavensee. Dem starken Ansteigen der Frühlings- und Sommerisothermen landeinwärts entspricht es, daß der Feldbau von Montreal unter $45^1/_2{}^0$ über Winnipeg und Edmonton bis Dunvegan ungefähr gleichzeitig beginnt. In Winnipeg ist das mittlere Datum des letzten Frostes 4. Juni, des ersten 8. September, des ersten Schneefalls 15. Oktober, des letzten 30. April, des ersten Gewitters 28. April.

In allen diesen Klimastufen sind die Wälder Nordamerikas viel reicher an Arten, als diejenigen Europas, obwohl auch sie mit zunehmender Breite von der bunten Mischung von Laubhölzern in die einförmiger Nadelholzbestände übergehen. Der Grund dieses größeren Reichtums ist insofern ein klimatischer, als die Besiedelung des Landes nach der Eiszeit von Süden hier durch die Dürre der Sahara verhindert war, während sie dort leichter über Westindien und Mexiko stattfinden konnte.

Die bereits im vorigen Paragraphen geschilderten schnellen Temperatursprünge sind auch den hier besprochenen Gebieten eigen, nur daß sie durch die höhere Breite eine andere Form annehmen, und daß das Auftreten dieser „Kältewellen" hier nicht die große wirtschaftliche Bedeutung hat, wie im Süden mit seinen frostempfindlichen Kulturen. Sie treten gewöhnlich ein, wenn ein an der Nordgrenze der Vereinigten Staaten ostwärts ziehendes Tiefdruckgebiet von einem Gebiet sehr hohen Luftdrucks gefolgt wird; die zwischen beiden wehenden nördlichen Winde bringen kalte Luft weit nach Süden, in der beim anschließenden Aufklaren durch nächtliche Ausstrahlung nach dem Weltenraum die Kälte sich erhält und noch steigert.

Der Übergang geschieht häufig durch schwere Schneestürme aus NW, die in Amerika als „Blizzards" bezeichnet werden. Sturm, feiner trockener Schnee und schnell zunehmende Kälte bilden den Blizzard, in dem häufig eine Menge Vieh und selbst Menschen zugrunde gehen. Der Blizzard vom 12. Januar 1888 trat in Süddakota so plötzlich ein, daß Leute (wie es auch beim Buran in Sibirien geschieht) in der Nähe ihrer Häuser im Schneetreiben sich verirrten und erfroren. Die Temperatur sank in 24 Stunden von 10° auf — 34° C; über 200 Personen gingen in Dakota, Montana, Nebraska und Kansas zugrunde. Weiter im Osten treten Blizzards seltener, aber zuweilen gleichfalls sehr zerstörend auf. Bei dem vom 12. bis 14. März 1888 fiel in New York und Umgebung bis zu 4 m Schnee und wurden Eisenbahn und Telegraph auf Tage unterbrochen; die Depression war in diesem Falle ausnahmsweise aus SW gekommen, aber das Hochdruckgebiet lag auch diesmal im NW.

Das Gegenstück zu diesen Kälteeinbrüchen sind die „Hitzewellen", die im Sommer Nordamerika durchziehen, in der Regel auf der Vorderseite einer von W nach O ziehenden barometrischen Depression. Bei der weiteren Fortpflanzung auf den Ozean verlieren sie sich; es ist kein Fall ihrer Fortpflanzung bis nach Europa bekannt. Die feuchte Wärme der vom Golf kommenden Südwinde und die Schwüle der Nächte sind es besonders, die diese Hitzeperioden drückend und gefährlich machen. Am Felsengebirge sind sie nicht bekannt, weil dort die Nächte durch Ausstrahlung verhältnismäßig kühl sind. Dagegen sind an vielen Punkten seines Ostabhangs heiße trockene Winde für die Kulturen gefürchtet, bei denen die Temperatur bis zu 43° im Schatten und die relative Feuchtigkeit bis unter 10% kommen kann. Nach der Art ihres Auftretens müssen es aus der Höhe herabgestiegene Föhnwinde (vergl. S. 100) sein. Im Winter tragen diese herabgestiegenen trockenwarmen Winde, die Chinook genannt werden, wesentlich dazu bei, den Boden von der Schneedecke zu befreien.

Die Regenverhältnisse des Gebiets sind recht verschiedenartig; für dessen landwirtschaftlich wichtigsten Teil sind sie in Fig. 24 dargestellt. Von 34—54° Br., von Nordtexas bis Saskatchewan, ist der Juni der Monat, der die größten Regenmengen bringt und sind die Wintermonate die niederschlagsärmsten; die Zahl der Tage mit Niederschlag und die Bewölkung sind aber auch hier, wie zwischen Mississippi und Alleghanies (s. oben) am geringsten im Anfang des Herbstes — im sog. Indianersommer — und nehmen von da zum Winter wieder zu. Es stellt sich so der oben S. 132 als *Cx* und *Dx* bezeichnete Jahreslauf ein, wie er für Südrußland, Ungarn usw. charakteristisch ist, mit Regen im Frühsommer und heiterem Spätsommer. Diese für den Getreidebau günstige Verteilung erstreckt sich auch westwärts in das Trockengebiet hinein, wo freilich die zunehmende Regenarmut den Ackerbau in vielen Jahren schädigt, wenn er ohne künstliche Bewässerung betrieben wird.

Auffallenderweise fallen im Sommer die Regen in Nebrasca und Kansas mehr in der Nacht, als am Tage, während in den Oststaaten der Union Tag und Nacht gleich viel liefern und an der Golfküste die Regen am Tage — in Galveston im Sommer entschiedenes Max. um 9^h a — entschieden überwiegen — ein Verhalten von Küste und Binnenland, das dem gewöhnlichen entgegengesetzt ist (s. § 21).

In Britisch-Nordamerika lassen sich die Regenverhältnisse längs dem 100. Meridian nicht weiter nach N verfolgen; nach NW und nach NO verspätet sich das Maximum: Winnipeg und Prince Albert haben es noch im Juni, Calgary und Edmonton im Juli, das Innere von Alaska im August, am Norton-Sund liegt es im September; die heiterste Jahreszeit ist hier der Winter, die trübste der Herbst. Die gleiche Verspätung des Regenmaximums sehen wir auch nach NO: an der Hudsonbai fällt es auf Juli und August, an der NO-Küste von Labrador auf August und September; der heiterste Monat ist an dieser der Februar. In Winnipeg ist zwar die heiterste Jahreszeit der Sommer, aber der Unterschied nicht groß (Bewölkung: Sommer 40, Winter 47).

Wir sehen also auch in Nordamerika, wenn es auch hier kaum zur vollen Ausbildung des Ausstrahlungsklimas *Dw* wie in Transbaikalien kommt, doch starke Anklänge an dieses; sie werden auch von denselben Erscheinungen im organischen Leben begleitet. Wie früher die ungeheuren Herden von Büffeln, so finden auch jetzt das zahme Vieh und die Pferde in Zentralkanada im Winter ausreichendes Futter unter der leichten Schneedecke, so daß sie den Winter im Freien zubringen; die Präriegräser werden im trockenen Herbst zu nahrhaftem Heu und lassen sich leicht herausscharren, während im Osten das Gras unter tiefem Schnee begraben verfault oder vereist. Einst wanderten riesige Büffelherden zum Winter nordwärts nach Alberta, um diese Bedingungen zu finden. Im südlichen Alberta und westlichen Assiniboia ist aber, im Windschatten des Felsengebirges, der Regen auch im Sommerhalbjahr nicht ausreichend, so daß in letzter Zeit eine intensive Bewässerung eingeführt ist; wir sind hier schon im Klima *BSk*.

Dieser Heiterkeit des Himmels entsprechend ist die tägliche und jährliche Schwankung der Temperatur groß. Zu Winnipeg sind die mittleren täglichen Extreme im Januar $-26{,}5^0$ und $-14{,}0^0$, im Juli $12{,}6^0$ und $26{,}8^0$.

Ganz anders im östlichen Teile des amerikanischen *Df*-Klimagebiets! Zwischen 40 und 50^0 Breite nehmen die Niederschläge im Herbst und Winter so wesentlich vom Missourital ostwärts zu, daß der Unterschied der Regenmenge der Jahreszeiten geringfügig wird und an den großen Seen bereits der Herbst, an den Küsten des Ozeans sogar der Winter ein geringes Übergewicht über den Sommer bekommt (vgl. Fig. 23).

Die Eisdecke erreicht am Großen Bärensee $2^1/_2$—$2^3/_4$ m, am Sklavensee 2 m Dicke. Der Mackenzie friert bei Ft. Simpson zwischen 17. und 30. November zu und bricht auf zwischen 1. und 14. Mai. Im nördlichen Teil des Gebiets ist der Boden in der Tiefe beständig gefroren. Bei Klondyke reicht dieser Eisboden bis zu 80 m Tiefe herab; doch sollen Goldgräber an manchen Stellen überhaupt keinen Eisboden angetroffen haben. Das Auftauen der obersten Schicht im Sommer wird namentlich durch dicke Moospolster eingeschränkt. Am Kowakfluß in NW-Alaska finden sich merkwürdige Eisklippen bis zu 56 m Dicke, die von Erde bedeckt sind, auf der hochstämmiger Wald wächst. Diese Klippen sind wahrscheinlich noch älter als das europäische Eiszeitalter, da sich auf ihnen Erd- und Torfschichten mit Resten von Mammut usw. finden.

Kapitel 12

Klimate von Asien

§ 46. Allgemeines über Asien

Als größter Kontinent, der dabei im Osten vom größten Weltmeer begrenzt ist, zeigt Asien am ausgeprägtesten von allen die Klimazüge, die für das Festland und für den Gegensatz zwischen Festland und Meer bezeichnend sind. Diese Züge bestehen hauptsächlich in einer Verstärkung der jährlichen und täglichen Schwankung, im Binnenlande jener der Temperatur (s. oben S. 48), an der Küste jener der Luftströmungen (ebenda S. 63). Die starke Ein- und Ausstrahlung im Binnenlande bewirkt heiße Sommer und kalte Winter; der Temperaturgegensatz gegen das viel gleichmäßiger erwärmte Meer ruft Monsunwechsel größter Ausdehnung hervor, mit zyklonal ins Land hineinwehenden Winden im Sommer und antizyklonal aus ihm herauswehenden Winden im Winter.

Infolge der stärkeren Behinderung der Luftbewegung durch die gebirgigere Beschaffenheit der Osthälfte von Asien ist dessen meteorologischer Mittelpunkt — das Gebiet größter Jahresschwankung der Temperatur und höchsten Luftdrucks im Winter — um 20—30 Längengrade ostwärts aus seinem räumlichen Mittelpunkt verschoben. Aus dem Innern des großen winterlichen

Hochdruckgebiets fällt die schwere kalte Luft über die niedrigen Kämme des Stanowoi- und Chingangebirges wasserfallartig zum Ochotskischen Meere und zur Mandschurei herab. Tschili ist schon besser geschützt, weil die vom hier erheblich höheren Gebirge herabkommenden NW-Winde sich beim Absteigen dynamisch erwärmen (S. 100). Hochasien aber und besonders der Himalaja reichen so hoch, daß sie den Luftwechsel zwischen den Gegenden zu ihren beiden Seiten so gut wie ausschließen, besonders weil sie in Höhen hinaufreichen, wo die Druckverteilung ganz anders ist als am Meeresspiegel und wo der Druck im Winter über Sibirien nicht höher ist, als über Indien, wegen des großen Wärmeunterschieds zwischen ihnen (S. 55). Daher fällt im Pandschab, trotz seiner kontinentalen Lage, das Thermometer im Winter sehr selten unter 0°, in Schanghai in gleicher Breite dagegen durchschnittlich in jedem Winter bis $-7^1/_2{}^0$. Immerhin hat Nordindien, wie Südchina, nur in bezug auf Wind und Regen, nicht aber in bezug auf Temperatur tropischen Charakter, da es eine ausgesprochen kühle Jahreszeit hat. Der jahreszeitliche Monsunwechsel und der ihn begleitende Wechsel von Regenzeiten und Trockenzeiten erstreckt sich aber in Ostasien, wie dies zuerst Woeikow nachgewiesen hat, in noch viel höhere Breiten, so daß sich hier diese tropischen Züge in der Mandschurei und in Ostsibirien zu dem nirgends sonst zu findenden Klima *Dw* gestalten, dessen Winter Schneearmut und Heiterkeit mit einer mehr als polaren Kälte verbinden.

Die gewaltige Erhebung Hochasiens und das Gebirgssystem Vorderasiens zerreißen das einfache, dem Schema der S. 138 entsprechende Bild der Klimazonen durch Einschiebung von zwei kälteren und zumeist auch regenreicheren Landkomplexen. Diese erstrecken sich von SO nach NW von Jünnan bis Turkestan und von Laristan bis in die Nähe des Marmara-Meeres und in den westlichen Kaukasus, mit zwischengeschalteten kleineren Steppenbecken.

Wie man auf Taf. V und VI des ersten Teiles erkennt, zeigt in den unteren Schichten der Atmosphäre die Druckverteilung im Sommer ein tiefes Minimum in Afghanistan, im Winter ein hohes Maximum am Baikal. Dementsprechend herrschen in der Mongolei und in Turkestan in den tieferen Lagen nördliche und östliche Winde vor. In der Höhe von einigen tausend Metern ist aber, da der Druck in warmer Luft langsamer mit wachsender Höhe abnimmt, als in kalter, die Lage anders. Oberhalb 4000 m ist der Druck allgemein über Indien höher, als über Sibirien, und auf den hohen Gebirgen Mittelasiens herrschen westliche Winde vor. Ebenso ziehen die Federwolken über Schanghai in 6 bis 12000 m Höhe sowohl über dem nördlichen Monsun des Winters, als über dem südlichen des Sommers anhaltend aus W.

Der Landbau hängt in den Wüsten Asiens ganz, und in den Steppen zum Teil von künstlicher Bewässerung aus Flüssen und Bächen ab, deren Wasser aus den besser mit Regen oder Schnee versorgten Gebirgen stammt. Er beschränkt sich daher vielfach auf den Fuß der Gebirge, wo günstiges Gefälle für die Ableitung der Bäche vorhanden und deren Wasser noch nicht aufgebraucht ist, das wenig unterhalb im Sande oder in Salzsümpfen versiegt.

Vom Klima der Tundren an den Küsten des Eismeeres und der Hochregionen jenseits der Baumgrenze soll nicht hier, sondern im Kapitel 15 gesprochen werden.

§ 47. Der tropische Regengürtel (*A*) in Asien (Tab. 32—34, 38)

Da sich östlich vom Indus, anders als in Afrika, zwischen den eigentlichen Tropengürtel *A* und das Trockengebiet *B* ein Raum einschiebt, der zwar eine ausgesprochene kühle Jahreszeit besitzt wie *C*, aber die Regenverhältnisse mit *A* gemein hat, so wollen wir diese Besprechung bis zum Himalaja und zu Jünnan ausdehnen, ganz Indien gewohntermaßen zusammenfassend. Die erfrischende Wirkung der kühleren Temperaturen, welche in Nordindien der Winter hat, ist im südlichen Indien nur durch Erhebung ins Gebirge, hier aber zu allen Jahreszeiten, zu finden. Mit besonderer Beziehung auf das Niederländische Indien spricht sich Braak, auf Grund langen Aufenthalts daselbst, in folgender Weise über die Wirkung der Temperatur auf den Menschen aus.

„Das Klima der tropischen Zone, die fast die Hälfte der Erde bedeckt, ist recht einförmig, aber seine Unterschiede werden von Meteorologen und Ärzten oft übersehen, die nicht genug Unterschied machen zwischen einem Klima mit der Mitteltemperatur 20° und einem andern mit einer solchen von 28°. Dieser Unterschied kann nur von solchen voll abgeschätzt werden, die selbst lange im tropischen Flachland gelebt haben und eine Fahrt machen vom heißen Batavia zum kühlen Sindanglaja oder von Padang nach Fort de Kock mit seinem stählenden Klima. Die mittlere Temperatur zu Batavia und Padang ist 26,5°; die von Fort de Kock 21° und von Sindanglaja 20°; das

Klima der letzteren ist kühl und anregend, und das Gefühl der Erschlaffung, das man in der Niederung fühlt, verschwindet gänzlich. Sogar zu Soekaboemi, das nur 4° C kühler als Batavia ist, fühlen sich viele Europäer, die Batavia wegen der drückenden Hitze verließen, durchaus behaglich und ziehen den Aufenthalt dort einem solchen in Hollands ungastlicherem Klima vor. Bei Temperaturen, die sich der Grenze des für den Menschen Erträglichen nähern, ist der große Einfluß weniger Grade sehr auffallend. Man muß also bei Fragen über den Einfluß des Klimas auf den Menschen, bzw. solchen über Kolonisation in der heißen Zone, wohl unterscheiden zwischen den Niederungen mit 26 bis 27° Mitteltemperatur und den höheren Gegenden mit z. B. 23°. In den ersteren fühlen sich sehr viele ermüdet, in den letzteren können alle die Hitze leicht ertragen. In Schriften z. B. australischer Klimatologen wird schon eine Mitteltemperatur von 23° C drückend genannt, aber das hat einen andern Grund: ihr Standpunkt ist nicht der tropische, sondern der europäische, der voraussetzt, daß weiße Kolonisten im Felde und in den Faktoreien arbeiten."

Doch auch in diesem idealen Klima der kühleren Höhen sehnt sich der Europäer, wenigstens im Anfang, geradezu nach den gewohnten Wechseln zwischen dem milden SW- und dem kalten N-Wind, dem Wechsel der Jahreszeiten und dem zwischen Sturm und Stille. Denn der hervorragendste Zug im Tropenklima ist seine Einförmigkeit; besonders dort, wo nicht einmal Trockenzeiten die Monotonie unterbrechen. Klar und still der Morgen, mit steigender Sonne nehmen die Haufenwolken zu und erwacht der Wind, am Nachmittag klatscht ein Regenguß auf das dichte Laubdach, zur Nacht aber lösen sich die Wolken wieder auf. So ist es zu Batavia während des größeren Teils des Jahres; in der eigentlichen Regenzeit, im Januar und Februar, fällt der meiste Regen in den späteren Nachtstunden, am wenigsten um Mittag.

Ganz abweichend von der großen Einfachheit der Regengürtel in Afrika zeigt das in gebirgige Inseln und Halbinseln aufgeschlossene Südasien einen mannigfaltigen Wechsel von feuchten Luv- und trockneren Leeseiten mit einfachen oder doppelten Regenzeiten, die meist im Südwest-, streckenweise aber auch im Nordostmonsun sich einstellen.

Die Inselwelt in der Nähe des Äquators, etwa zwischen 6° N und 6° S, hat Regen zu allen Jahreszeiten, wenn auch in der

Zeit, wo die Sonne über der andern Halbkugel steht, die heftigen Regen der eigentlichen Regenzeit nachlassen. Jenseits dieser Grenzen dagegen wird dort, wo die periodischen Winde Gebirge überwehen, an deren dem Winde abgewandten oder Leeseiten die Zeit ihres Wehens ganz oder nahezu regenlos. Da es auf nördlicher Breite hauptsächlich der sommerliche SW-Monsun ist, der die Regen bringt, so zeigt sich dieser Gegensatz namentlich zwischen den West- und Ostabhängen und im Sommer. Vom Gipfel des Augustia Peaks (8° 38′ N, 1890 m) überblickt man die ganze Südspitze der indischen Halbinsel. Nach Westen trifft der Blick ein gewelltes, waldbedecktes Land und die grünen Hügel und Reisfelder von Travancore, fern am Horizont den Ozean. Auf der Ostseite sieht man das Meer zwischen Ceylon und der Coromandelküste, doch alles davor ist im Sommer, wenn an der Westküste die großen Regen fallen, eine gelbe und rote, glühende Fläche; einige Streifen von Grün, kleine Wasserflächen mit Palmyrapalmen umsäumt, nehmen sich aus wie Oasen in der Wüste.

Diese östlichen Landschaften, der Carnatic, bis jenseits Madras nach N, erhalten ihre viel schwächeren Regen erst im Herbst, beim Beginn des NO-Monsuns.

Wenn man ganz Vorderindien zusammenfaßt, so gibt es keine Zeit im Jahre, wo nicht in irgendeinem Teile Regen fällt. „Bevor noch die Regenzeit im Carnatic im Dezember endet, setzen die Winterregen in den nördlichsten Teilen Indiens ein, und während diese sich in den Frühling hinein fortsetzen, beginnen die Frühlingsregen in Bengalen, Assam und den südlichen Teilen von Birma bereits die Felder für die Saaten der Früherernten vorzubereiten und locken sie die ersten Blätter der Teestauden hervor in Assam, Chittagong und Sikkim. Im Innern von Südindien nehmen diese Frühregen im Juni ab, an der Südwestküste aber setzen dafür die Monsunregen schon Ende Mai ein und erreichen, nordwärts vorrückend, Bombay in der ersten oder zweiten Woche des Juni; in Assam steigern sich indessen die Frühlingsregen bis zu den stetigen Güssen des Sommermonsuns, die in Tscherrapundschi im Juni und Juli den ungeheuerlichen Betrag von je $2^3/_4$ m Regenhöhe durchschnittlich ergeben. Im September weicht dieser Monsun von NW-Indien zurück, und nachdem sich zunächst der verminderte Regenfall auf Bengalen und den NO der Halbinsel konzentriert hat, wandert er nun schrittweise südwärts bis Madras und endlich bis Ceylon und in den äquatorialen Ozean, sobald der südliche

Monsun vollständig dem winterlichen NO-Monsun über der Bai Platz gemacht hat. In Ceylon hat der Westen in beiden Monsunen, der Osten nur in dem des Winters viel Regen." (Henry Blanford.)

So ist denn auch die räumliche Ausbreitung der beiden Typen der tropischen Regenperiode — des einfachen und des gegabelten Sommermaximums (*Aw* und *Aw''*) —, die in Afrika sich so einfach nach der geographischen Breite ordnen, in Südasien viel verwickelter und treten hier zwei weitere Typen — die Herbst- und Winterregen — hinzu. Ein ausgesprochenes Maximum der Regen im Winterhalbjahr der betreffenden Halbkugel, jedoch ohne rechte Trockenzeit auch im Sommer, finden wir dort, wo Gebirge den Wintermonsun, wenn er vom Meere kommt, zum Aufsteigen nötigt, wie an der Nordostseite der Philippinen und Borneos und an der Südostseite von Neuguinea und Ceram. Viel ausgedehnter aber sind die Gebiete, wo die Regen vorwiegend im Herbst, z. T. jedoch bis Neujahr, fallen, Frühjahr und Frühsommer dagegen ziemlich regenarm sind. Das sind nicht nur die im SW-Monsun in Lee von Gebirgen gelegenen Ostküsten von Vorderindien und Ceylon (von Vizagapatam bis Batticaloa) und von Hinterindien (Cochinchina), sondern nach den Schiffsbeobachtungen auch die ganze Chinasee.

In einem Streifen, der sich längs etwa dem 5. Breitengrad von Afrika bis zu den Nikobaren, und von da nordostwärts bis über Bangkok hinaus zieht, haben die Regen zwei Maxima, eines im Mai und Juni und ein zweites im Oktober; beide werden gelegentlich von Orkanen begleitet, das erstere mehr im Arabischen Meere, das zweite in der Bai von Bengalen; zur Zeit des Höhepunktes des Monsuns, im Juli und August, sind Orkane unbekannt und lassen die Regen nach; der trockenste Monat ist aber der Februar. In den Gebieten der Herbstregen ist von diesen beiden Regenzeiten nur die zweite entwickelt und fehlt die erste, mit dem Eintritt des Monsuns verbundene; zwischen den Ghatgebirgen (Mysore) ist sie aber vorhanden. Am Ostabhang der Westghats findet sich ein schmaler Streifen, wo, im Gegensatz zu den großen Regenmengen ihrer Westseite, der Regenfall so spärlich ist, daß er unter die von uns für die *B*-Zone angenommene Grenze sinkt und wir dem Gebiet ein Steppenklima zuschreiben müssen (vgl. die Karte Taf. I).

Die Regenmengen, die am Westabhang der Ghats und an der Malabarküste herabfallen, sind so groß, daß, obgleich die

Monate Dezember bis März, während deren der NO-Monsun herrscht, fast regenlos sind, hier hochstämmige Urwälder wachsen. Die im SW-Monsun hier fallenden 3—7 m Regen genügen offenbar, um die tieferen Bodenschichten auch während der trockenen Monate feucht zu erhalten (Klima *Am*).

Die Sommerregen Indiens fallen meist in Güssen und sehr oft, besonders beim Beginn des SW-Monsuns, von Gewitter begleitet. Zahlen über die Gewitterhäufigkeit fehlen indessen. Auf dem Ozean ist sie zwischen etwa 8^0 N und 5^0 S sehr groß; hier bringen 30—40$^0/_0$ aller Tage des Jahres Gewitter. In Batavia gibt es vom November bis April durchschnittlich 13 Gewitter im Monat, im Juli und August nur je 5. In der Regenzeit (Januar, Februar) treten dort die Gewitter und auch die starken Regen meist bei Nacht ein, in den übrigen Monaten bei Tage, besonders am Nachmittag.

Während Graupeln in Indien unbekannt sind, kommen furchtbare Hagelwetter, in denen Menschen erschlagen werden, im nördlichen Indien zuweilen vor, hauptsächlich in den Monaten März und April.

Luftfeuchtigkeit und Bewölkung ändern sich im Jahreslaufe, wie meistens in den Tropen, gleichläufig mit der Regenmenge. Im nördlichen Teile Indiens ist die Feuchtigkeit jedoch in der heißen Zeit geringer als im ebenso regenarmen Winter, am geringsten, nämlich unter 20$^0/_0$, im Innern zwischen den Oberläufen des Ganges und des Godavari im Aprilmonat nachmittags. Im Winter ist sie am geringsten in Baroda ($<$ 40$^0/_0$, geringer als am Indus). In der Regenzeit beträgt sowohl die mittlere Feuchtigkeit, als die mittlere Bewölkung zumeist 70—90$^0/_0$ (vgl. Tabelle!). Die Westküste von Vorderindien, die im SW-Monsun neben Assam und Tenasserim so ziemlich das bewölkteste Gebiet Indiens ist, hat im Nordostmonsun, in Lee der Westghats, neben Zentralburma den heitersten Himmel.

Nahe dem Äquator, etwa zwischen 10^0 N und 10^0 S, hält sich die Temperatur das Jahr hindurch gleichmäßig hoch; der Unterschied zwischen den Monatsmitteln beträgt nur 1—2^0. Im eigentlichen Indien dagegen und ostwärts bis nach Luzon zerfällt das Jahr nach der Temperatur und dem Regenfall mehr oder weniger deutlich in drei Jahreszeiten: 1. die kühle Jahreszeit vom November bis zum Februar. 2. die heiße Jahreszeit März bis Mai oder Juni und 3. die Regenzeit. Die höchste Temperatur wird also noch während der Bewegung der Sonne nach Norden erreicht, nordwärts allmählich verspätend, z. B. Bangalore April, Bombay Mai, Karachi Juni, Kabul Juli, oder Nikobaren April, Kalkutta Mai, Simla Juni. In unserem Klimaschema ist dieser eigentümliche Jahresgang mit *g* bezeichnet.

Der Eintritt der Regenzeit ist, besonders an den Westküsten von Vorder- und Hinterindien, von großartigen Gewittern und Stürmen begleitet und wird als der „Ausbruch des Monsuns" bezeichnet. Nach der furchtbaren Hitze und Sonnenstrahlung der letzten Monate wird das Sinken der Tagestemperatur um mehrere Grad beim Eintritt der Regen zunächst als Erleichterung begrüßt. Aber die nun eintretende große Luftfeuchtigkeit macht die fortdauernde Schwüle äußerst drückend. Alles Holzwerk quillt, Leder und Papier schimmelt. Die Temperatur bleibt annähernd gleich hoch bis zum Oktober. Das Ende der Regenzeit gilt als besonders ungesund, wohl wegen der Entwicklung der Krankheitskeime im durchfeuchteten Boden, wenn das Grundwasser zu sinken beginnt. Erst im November tritt die vom Europäer herbeigesehnte kühle Zeit ein, mit heiterem Himmel und in Nordindien mit gelegentlichem Eis und Reif in der Nacht. Ein großer Vorteil, den Indien genießt, ist das Vorhandensein zahlreicher hochgelegener Erholungsstationen, die auch im Sommer nur gemäßigt warm sind. In unseren Tabellen 32, 35 und 38 findet man mehrere aufgeführt.

Neben dem Lauf der Sonne sind es vor allem die periodisch wechselnden Winde, die diesen Jahreslauf beherrschen. Die feuchten, namentlich auf dem Arabischen Meere oft stürmisch wehenden Winde der Monate Juli bis September werden überall in Südasien als der SW-Monsun bezeichnet, obwohl sie nördlich vom Ganges nicht aus SW, sondern aus SO wehen. Der Herbst bringt stilles Wetter, und auch im Winter ist die kühle, vorwiegend nordöstliche Luftströmung, die wir als den Nordost-Monsun bezeichnen und die auch Passat genannt werden könnte, so schwach, daß unter „the monsoon" in Britisch-Indien nur der Sommermonsun verstanden wird. Um dieselbe Zeit weht in der Javasee der NW-Monsun, angelockt durch das dann heiße Innere von Australien, so frisch und stetig, daß Segelschiffe vergeblich gegen ihn ankämpfen. In den nun folgenden, in Nordindien heißen trockenen Monaten März bis Juni, treten in der Gangesebene nicht selten starke Gewitterböen auf, die in Kalkutta unter dem Namen der Nordwester bekannt sind, zuweilen mit Hagel.

Zu den Zeiten des Monsunwechsels treten auf den drei südasiatischen Meeren, jedoch nicht südlicher als etwa 10° N, zuweilen verheerende Orkane auf; im Arabischen Meere hauptsächlich im Frühjahr, in der Chinasee im Herbst, in der Bai von Bengalen zu beiden Zeiten, wie folgende, 139 Jahre umfassende Liste zeigt:

Jr	F	Mz	Ap	Ma	Jn	Jl	Au	S	O	N	D
2	0	2	9	21	10	3	4	6	31	18	9

Die schwersten dieser Orkane sind aus dem Oktober gemeldet. Es sind gewaltige Sturmwirbel, in deren Zentrum die niedrigsten jemals am Meeresspiegel beobachteten Barometerstände vorkommen (vgl. S. 5); dennoch lösen sich diese Wirbel überraschend schnell auf, wenn sie das feste Land betreten. Auf den niedrigen Inseln des Gangesdeltas bringen sie aber durch die Sturmwogen wohl die größten vorkommenden Zerstörungen von Menschenleben, so die Backergunge-Zyklone 1876 in einer Nacht über 100000 Ertrunkene. Auf der Höhe des SW-Monsuns aber tritt statt dieser großen Sturmwirbel eine Reihenfolge kleiner zyklonaler Wirbel auf, die viel Regen und auf dem Meere auch Wind, aber keine schweren Stürme und nur geringe Luftdruckschwankungen bringen.

Die Unterschiede der einzelnen Jahrgänge sind in Indien geringfügig in der Temperatur, aber verhängnisvoll groß in der Regenmenge. Durch Verspätung, Schwäche oder Ausbleiben einer Regenzeit entstehen Hungersnöte, besonders in den NW- und Zentralprovinzen, im Dekan und in Zentralbirma. Sie sind am schlimmsten, wenn der örtliche Regenmangel nicht durch guten Regenfall anderswo ausgeglichen wird; in den 30 Jahren 1874—1903 war dies viermal der Fall, namentlich 1876. Die mittlere Abweichung der einzelnen Jahre vom Durchschnitt beträgt in Madras 26%, Bombay 18%, Kalkutta 13%. Madras hatte 1847 206 cm, 1876 aber nur 55 cm Regenfall, Jubbelpore 1874 221 cm, 1868 nur 73 cm. Über die Ursachen und die Vorauserkennung dieser Schwankungen liegen viele Arbeiten der indischen Meteorologen vor. Man glaubt gefunden zu haben, daß reichliche Winterregen im nördlichsten Indien und namentlich starke Schneefälle im Himalaja von ungenügenden Regen im Sommermonsun gefolgt sind, und daß beide entgegengesetzte Beziehungen zu den Sonnenflecken haben. Auch mit dem Luftdruck in entfernteren Gegenden sind Vergleiche angestellt worden, mit dem Ergebnis, daß abnorm hoher Druck in den vorhergehenden Monaten auf Mauritius und niedriger in Argentinien überwiegend von Regenmangel in Indien gefolgt werden. In den Abweichungen des Regenfalls selbst stimmt das westliche Indien gewöhnlich mit

Abessinien (und der Nilflut) überein und verhält sich Birma und Assam dem entgegengesetzt.

Zu den großen Vorzügen Indiens gehört es, daß infolge seiner vielen Gebirge dicht neben dem heißen Tiefland sich hochgelegene Gesundheitsstationen mit gemäßigtem Klima finden, die von den Engländern ausgiebig benutzt werden. Die niedrigeren darunter, wie Shillong, Pachmarhi, Chikalda, Mount Abu, sind immerhin nur in der kühleren Jahreszeit für den Europäer ganz geeignet; aber auf den höheren, wie Ootacamund, Wellington, Newara Eliya im Süden, und namentlich Darjiling und Simla im Norden, kann er der erschlaffenden Hitze der Tropen völlig entfliehen.

§ 48. Die Trockengebiete (*B*) **in Asien** (Tab. 35—37)

Als Fortsetzung der Sahara erstrecken sich Trockengebiete, nur durch einige Gebirge unterbrochen, ostwärts bis zur Mongolei und nordwärts bis SW-Sibirien. Wegen der vielen Bodenerhebungen bilden die eigentlichen Wüsten darin keinen zusammenhängenden Kern, sondern es sind innerhalb der weiten, spärlich bewässerten, aber doch nicht regenlosen Steppengebiete fünf solche Kerne zu erkennen: die Ufer des Roten Meeres, die arabische, indische, aralokaspische und ostturkestanische Wüste. Die beiden letzteren haben neben heißen Sommern kalte Winter mit Schneestürmen; den drei ersteren fehlen sie.

Die asiatischen Trockengebiete haben größtenteils Binnenlandcharakter. Wo sie ans Meer heranreichen, sind die Angaben über das Klima dieser Küstenstreifen sehr spärlich; doch darf man aussprechen, daß in Asien das Klima *Bn* — das der nebelreichen Küstenwüsten von SW-Afrika und Peru — nicht vorkommt, die Klimate *Bn'* und *Bn''* (vgl. oben S. 128) nur in mäßiger Ausbildung, dagegen das durch heißfeuchte Luft ohne Regen und Nebel ausgezeichnete Klima *Bn'''* an den Küsten des Roten Meeres (Djeddah), des Persischen Meerbusens (Buschir) der Indusmündung (Karachi), wahrscheinlich auch der Süd- und Ostküste Arabiens in charakteristischer Weise ausgebildet ist. In den genannten Küstengegenden ist Tau in der Nacht und dunstiges Wetter am Tage im Sommer sehr häufig; der sehr spärliche Regen fällt in Karachi im Sommermonsun, in Djedda, Buschir und Maskat, auch Aden, im Winter. Auch an diesen Küsten wird, wie in Obok (s. S. 188), die feuchte Schwüle zeitweise durch trockene Glutwinde aus dem Innern, hier meist Samum genannt, unterbrochen.

In den weit größeren binnenländischen Teilen des großen asiatischen Trockengebiets herrscht dagegen die große Lufttrockenheit, die an diesen Küsten nur gelegentlich auftritt, in der wärmeren Jahres- und Tageszeit beständig, und gewöhnlich in höchstem Maße. Die untersten Schichten der Luft sind zwar, wo der Boden feinkörnig ist, sehr oft durch trockene Trübungen unsichtig, aber die geringe Bewölkung und die Diathermansie der höheren Luftschichten bringt hier alle Wirkungen der Aus- und Einstrahlung, insbesondere in den steinigen Wüsten, zu höchster Ausbildung. Der Gegensatz zwischen Tag und Nacht, und weiter nach Norden zu auch der zwischen Sommer und Winter, sind außerordentlich groß. So beobachteten Reisende, in vieltägiger Wiederholung, im Innern Arabiens im August am Tage 44—45° im Schatten, vor Sonnenaufgang 14—18°, in Zentralasien am Tarim im Februar am Tage 5°, nächtliches Minimum — 17°, im Mai am Tage 31°, in der Nacht 9°. Daher sind Nachtfröste in hohen Berglagen selbst in Arabien sehr allgemein. In der großen Einsenkung von Luktschun (Kaschgarien) wurde die mittlere Feuchtigkeit um 1^h p. m. im Frühling zu nur 17% gefunden, die tägliche Wärmeschwankung im September zu 19,2° und die absoluten Extreme in zwei Jahren zu 42,5° und — 20,7°, in der Breite von Perpignan.

Die größere Feuchtigkeit der Küstenluft reicht nicht weit landeinwärts. Schon in Muhammera, 60 km von der Mündung des Schatt el Arab, reißt das Holzwerk auf den Schiffen vor Trockenheit und ist ein psychometrischer Unterschied von 15 bis 20° in den Nachmittagsstunden gewöhnlich. Ähnlich ist es an der Indusmündung im Frühling; im Sommer und Herbst dagegen bringt der SW-Monsun in der untersten Luftschicht hier feuchtere Luft weiter landeinwärts, während die gleichzeitige Regenarmut auf Trockenheit der höheren, wahrscheinlich aus W, von Beludschistan, kommenden Luftschichten deutet. Das Äußerste an Lufttrockenheit zeigt Husseinabad in Seistan (Ostgrenze von Persien, 490 m über Meer), das nicht mehr vom Monsun erreicht wird, gerade in diesen Monaten. Haiderabad liegt 150 km, Jakobabad 430 km landeinwärts von Karachi. Die mittlere Luftfeuchtigkeit beträgt:

	Jr	Mz	Ma	Jl	S	N
zu Karachi	57	67	74	78	76	56
„ Haiderabad. . .	50	42	45	61	63	48
„ Jacobabad . . .	46	41	36	53	55	45
„ Husseinabad . .	40	38	25	17	14[1])	40

[1]) Mittlere Feuchtigkeit um 1^h p. m. vom Juni bis zum September nur 9—10% (2jähr. Beob.).

Eine Zunahme des Regens mit Annäherung an das Meer ist weder an diesen Küsten, noch am Kaspi- oder am Aral-See zu merken. Im Nildelta ist diese Zunahme also wohl nicht örtlichen, sondern allgemeineren Ursachen zuzuschreiben, nämlich der Annäherung an die Bahn der Mittelmeerdepressionen. Nur an der gebirgigen West- und Südküste des Kaspi ist der Wald- und Regenreichtum der Hügellandschaften bis zu 2000 m Höhe den von diesem Meere kommenden Dämpfen zuzuschreiben; das dahinter und höher liegende Land ist dürre. Man sieht, wie wenig in ebener Gegend das Vorhandensein selbst so großer Wasserbecken für die von dem allgemeinen Kreislauf der Atmosphäre beherrschten Regenverhältnisse ausmacht, und wie grundlos also die Träume sind, durch Unterwassersetzung gewisser Wüstenstrecken, z. B. in der Sahara, dort Regen und Pflanzenwuchs hervorzuzaubern.

Über die Verteilung der spärlichen Regen des Trockengebiets auf die einzelnen Monate findet man für den nordwestlichen Teil des Gebiets einige Zahlen weiter unten auf S. 244—5.

Viele Teile des Trockengebiets zeichnen sich im Sommer und am Tage durch sehr starke, heiße und staubführende Winde aus. So herrschen in den ebeneren Teilen Persiens und Afghanistans anhaltende Winde aus N bis NW, die stellenweise den Boden 2 m tief ausgeblasen haben. Im südlichen Afghanistan wehen sie vom Mai bis September als „Wind der 120 Tage“ den Tag über mit orkanartiger Heftigkeit bei Hitzegraden bis zu 48° C. Nur die Berge geben Schutz vor ihnen; sie vertreiben aber die Insekten und Krankheiten, die am Hilmendsumpf im Frühling eine Plage sind. In Transkaspien wandern die Dünen vom Februar bis Oktober um 18 m südwärts, vom Oktober bis Januar mit südlichen Winden um 12 m nordwärts, so daß sie jedes Jahr um etwa 6 m nach Süden vorrücken. Zwischen den Oasen von Turfan und Chami wehen im Frühling und Sommer so heftige Stürme, daß sie Kiesel hoch in die Luft schleudern und selbst Lasttiere wegblasen. Aber auch auf dem großen Wege, der deshalb zwischen den Bergen verläuft, erlebte Obrutscheff noch im September zwei Stürme von furchtbarer Heftigkeit. Am Lob-Nor sind im Frühling Stürme aus der Richtung Ost bis Nordost sehr häufig, die Sven Hedin von „unwiderstehlicher Kraft“ fand. Überall sind die Nächte ruhig. Im Winter, wo über dem größten Teile von Mittelasien hoher Luftdruck herrscht, ist die Luftbewegung auch am Tage geringer, aber bei der eisigen Kälte, je weiter nach Norden, noch empfindlicher. Trotz der Schneearmut der Trockengebiete sind die alle und jede Sicht benehmenden Schneestürme (Burane) in den Kirgisensteppen viel gefährlicher, als im Waldgebiet nördlich davon. Anderseits ziehen in manchen Gegenden Turkestans die Nomaden zum Winter nicht in die Täler, sondern in die Höhe auf vom Winde freigefegte Abhänge, wo ihr Vieh leichter Scharrfutter findet.

In der starken Sonnenstrahlung sind in manchen Teilen des Trockengebiets — so in Beludschistan und Mesopotamien — wandernde Staubsäulen (Kleintromben) nicht selten, oft in Gruppen.

In das weite asiatische Trockengebiet schiebt sich von SO her das gewaltige Hochland von Tibet und dem Pamir ein, dessen Klima die Züge des kontinentalen Wüstenklimas mit denen des Polarklimas vereinigt, beide verstärkt durch die intensive Aus- und Einstrahlung in der dünnen Höhenluft (*EH*). Die Isotherme von 10° des wärmsten Monats, die dieses Klima begrenzt, liegt hier zwischen 3500 und 4000 m. Einzelne Kämme und Spitzen erheben sich bis über 7000 m in die Region ewigen Frostes *F*. An dieses Hochland schließen sich im SO und NW Berglandschaften von mäßigerer Höhe und mehr Regen an, die das Klima des borealen Gürtels *D* aufweisen; und zwar im SO vom westlichen Jünnan bis zum Oberlauf des Hoangho in der Form *Dw*, mit reichlichen Regen im Sommermonsun, schwachen im Winter; anderseits im NW in Turkestan und Afghanistan in der Form *Dfs*, mit Niederschlägen hauptsächlich in der kälteren Jahreszeit.

Auch ins kalte Hochland reicht im Osten der Sommermonsun herein und bringt den Südabhängen höherer Gebirgsketten, die sich ihm entgegenstellen, wie der Danglakette, reichliche Niederschläge. Der größte Teil des Hochlandes ist aber dürr, und nur die niedrige Temperatur gestattet auf ihm die Anwesenheit zahlreicher Seen in Höhen von 4000—5000 m über dem Meere. Die gewaltigen Ströme Chinas und Hinterindiens entstammen zwar diesem Hochland, erhalten aber ihren Wasserreichtum erst weiter unten. Die Gegend um Lhasa (3600 m) hat ziemlich reichen Pflanzenwuchs, in den Bergen westlich davon regnet es im Juli noch viel.

Regelmäßige meteorologische Beobachtungen fehlen in diesen unzugänglichen Gegenden fast ganz, man ist auf die Schilderungen von Expeditionen angewiesen.

§ 49. Der warmgemäßigte Regengürtel (*C*) in Asien

α) Ostasien (*Cf* und *Cw*; Tab. 39 u. 40).

Durch die weiten Wüsten- und Steppengebiete ist Ostasien, auch geschichtlich, ganz von Vorderasien geschieden, das mit dem Mittelmeergebiet zusammenhängt. Der östliche Teil dieses Gürtels steht durch die Herrschaft der Monsune in so engem Zusammenhang mit dem tropischen Teile Asiens, daß wir das nördliche Indien bereits im Zusammenhang mit diesem besprochen haben. Der Unterschied liegt in der schnell nach N hin abnehmenden Temperatur des Winters; das Januarmittel nimmt von Hainan bis Tschili (von 19—37° Breite) von 18° auf — 2° ab, schneller als sonstwo in diesen Breiten. Im Sommer dagegen weicht das Gebiet auch in der Temperatur nur wenig von Südasien ab.

Auch eine Scheidung zwischen West und Ost in diesem Gebiet zeigt sich hauptsächlich nur im Winter. Während im Sommer die Monsunregen das ganze Gebiet befruchten, ja überschwemmen, ist der Winter im kontinentaleren Westen weit trockener, als im ozeanischen Osten. Die Küsten von Nipon und Korea, sowie die Ostküste Chinas von Schanghai bis Futschau haben in keinem Wintermonat weniger als $^1/_{10}$ der Regenmenge des regenreichsten Monats, gehören also zum Klima *Cf*, nicht *Cw*. An der Nordostküste von Formosa fällt sogar im Nordostmonsun, der hier zum Aufsteigen genötigt wird, mehr Regen als im SW-Monsun. Doch muß man vielleicht auch das Flachland von Szetschuan zu *Cf* zählen, da es im Winter anhaltend trübes Wetter hat. Tschunking ist „vom November bis März sehr oft in dichte Nebel gehüllt". Ähnlich wie auf Formosa ist es in Japan, nur daß hier, wo der Wintermonsun aus NW bläst, die NW-Küste Nipons die Winterniederschläge aufweist, und zwar in Gestalt gewaltiger Schneemengen; der Südosten hat gleichzeitig heiteren Himmel. Eigentümlich ist die Verbindung eines Junimaximums der Regen, das von Nagasaki bis Tokio reicht, mit einem Septembermaximum, das sich von Nemuro (Ostspitze von Jesso) über Tokio bis Hiroschima zeigt. Dadurch hat die Südküste Nipons ein doppeltes Maximum, mit einem Nachlassen der Regen im August. Dies gegabelte Sommermaximum, das an den Veranitotypus bei den Tropenregen erinnert (s. S. 78), findet sich auch auf den Liu-Kiu-Inseln.

Der eigentümliche indische Jahreslauf (*g*), der die größte Wärme schon vor der Sommersonnenwende, vor dem Eintritt der Regenzeit bringt, ist in Ostasien nur etwa zwischen 12 und 22° N Br. zu finden, während er in Vorderindien noch bis Simla, 31° N, und Sialkot, 33° N, zu spüren ist. In Assam und Sikkim fehlt er allerdings und ist Juli der wärmste Monat; aber in Akyab sind es April und Mai, wie auch in Saigon. An der asiatischen Ostküste fällt die wärmste Zeit in Hinterindien zwischen Juni und August, von Macao bis Schanghai auf den Juli, am Gelben Meere und in Japan auf August, bis schließlich in Nemuro sogar der September wärmer als der Juli wird. Im Innern von China ist zwar, wie es einem Kontinentalgebiet zukommt, im allgemeinen der Juli der wärmste Monat, auffallenderweise aber am Jangtsekiang zwischen 107 und 114° Lg. der August (5 jährige Mittel).

Der Winter ist in Japan östlich und südlich des Nipongebirges zwar reich an Sonnenschein, aber durchaus nicht so trocken, wie in China, auch das Klima etwas limitierter: der Temperaturunterschied der extremen Monate ist unter 36° Breite in Tokio 22,5°, in Tsingtau 25,2°, in Pingjang etwa 31°. Dies gemäßigte Klima ist indessen auch in Japan vorwiegend nur der Küste eigen. Wieviel kälter die Winter im Innern der Inseln sind, namentlich wo Gebirge den Zutritt der Seeluft hindern, erkennt man in Tab. 40 aus den Angaben von Kamikawa im Innern von Jesso. Das boreale Klima, das auf dieser Insel auch an den Küsten herrscht, erstreckt sich jedenfalls auch über die höheren Teile von Nipon.

Peking und die Mandschurei haben zwar ähnliche, nur noch ausgeprägtere Regen- und Windverhältnisse, wie das südlichere China, durch ihre kalten Winter gehören sie aber nicht mehr zu *Cw*, sondern zum Transbaikalischen Klima *Dw*, s. S. 134.

China und Japan haben unsere Gärten mit sehr vielen schönen Gewächsen, namentlich Bäumen und Sträuchern, bereichert. Ihre Pflanzenwelt ist viel artenreicher, als die europäische. Der Grund davon liegt aber wohl nicht im Klima, sondern in der Erdgeschichte. Die Eiszeit, vor der die Pflanzen und Tiere Europas kein Ausweichen nach Süden hatten, hat in Ostasien kaum Spuren hinterlassen. Wenn sie hier überhaupt ausgebildet war, so hat die Wiederbesiedelung des Landes von S her keine Schwierigkeit gehabt.

β) Vorderasien [*Cs* und eingesprengte Gebiete *BS*, *Cf*, *Df* und *E*] (Tab. 37).

Das Gewirr von Bergketten, das sich von den Dardanellen bis zur Straße von Ormus und vom Toten Meer bis zur Straße von Kertsch hinzieht, weist mit den zwischengelagerten Hoch- und Tiefebenen mancherlei namentlich in ihren Regenverhältnissen verschiedene Klimate auf. Das charakteristischste von ihnen ist das „Etesienklima" *Cs*, das sich im Küstenstreifen von Sinope bis Askalon hinzieht, aber auch, anders als in den übrigen Kontinenten, weit ins Innere des Festlandes sich fortsetzt, nämlich in langem Streifen am Südfuße des Gebirges von Alexandrette über Kharput bis nach Laristan. Auch Urfa, Diarbekir, Bagdad und der größte Teil von Persien haben denselben Jahreslauf mit regenlosem Sommer und Regen in der kalten Jahreszeit; aber ihre Regenmenge ist so gering -- zumeist unter 40 cm bei Jahresmitteln der Temperatur zwischen 15 und 26° —, daß wir diese Gegenden schon zum Steppenklima[1]) schlagen müssen. Ja sogar bis nach den Randgebirgen Indiens und nach Taschkent erstrecken sich diese regenlosen Spätsommer und Winterregen. Eine kleine Auswahl von Beobachtungsreihen möge dies zeigen (Regenmengen in Millimetern):

	Smyrna	Aintab	Jerusalem	Bagdad	Buschir	Baku	Ispahan	Teheran	Meschhed	Kelat	Kabul	Taschkent
Jr	110	82	165	33	79	34	19	46	7	45	26	41
F	84	90	127	53	63	23	13	28	23	57	21	40
Mz	81	70	104	40	23	23	32	48	51	37	119	66
Ap	4[illegible]	60	40	22	12	22	16	36	48	12	55	55
Ma	32	33	6	6	0	16	11	13	25	7	16	17
Jn	14	6	0	0	0	7	0	2	6	4	5	4
Jl	3	2	0	0	0	6	0	1	1	12	5	1
Au	2	0	0	2	0	7	0	1	0	11	4	2
S	18	0	1	0	0	20	0	1	2	1	0	4
O	44	27	10	1	3	32	6	9	15	1	3	21
N	91	85	59	26	50	30	20	32	16	9	25	22
D	131	105	146	44	86	32	13	34	16	21	6	56
Jahr	653	560	661	227	317	253	130	251	210	217	285	328

Auf dem Iranischen Tafelland und in Taschkent verspätet sich das Maximum der Regen, wie man sieht, bis in den März;

[1]) Im Innern von Persien auch wohl Wüstenklima *Bw*.

ebenso in Urfa und Diarbekir; diese Orte gehören zwar mit 39 und 49 cm jährlicher Regenmengen bei 18 und 16° Jahrestemperatur dem Trockengebiet an, wie auch Bagdad, wir dürfen aber annehmen, daß der Gebirgsrand nördlich dieser drei Orte mehr Regen erhält und ihm echtes Etesienklima *Cs* zugeschrieben werden kann, wie es auf unserer Karte geschehen ist. Ähnlich wie in Spanien geht dieses Maximum am Wintersausgang in ein solches im April—Mai und selbst Juni über, wie folgende kleine Tabelle (Millimeter) zeigt.

	Frühlingsregen						Sommerregen			Herbstregen	
	Mersifun	Kars	Tiflis	Nukus	Samarkand	Wernoje	Irgis	Akmolinsk	Barnaul	Batum	Lenkoran
Jr	21	18	16	11	31	30	15	6	8	248	118
F	25	19	19	5	51	25	9	6	6	145	73
Mz	47	27	29	16	69	38	12	7	7	186	96
Ap	51	44	51	21	103	78	18	11	10	145	64
Ma	69	69	72	10	26	77	20	17	25	56	39
Jn	65	49	70	4	4	58	24	37	36	116	22
Jl	17	44	56	1	3	28	16	34	44	128	27
Au	20	32	41	2	0	21	10	33	41	270	48
S	25	27	53	1	1	30	12	28	24	292	210
O	31	32	34	3	20	45	12	22	22	230	222
N	34	31	26	2	17	38	9	9	18	239	172
D	32	21	21	6	36	29	17	9	14	242	104
Jahr	437	413	488	85	360	498	175	218	257	2297	1195

Mersifun liegt im nördl. Kleinasien, 40° 51′ N, 35° 31′ O, Nukus im Amudarjadelta in 42° 27′ N, 59° 37′ O, Irgis in der Kirgisensteppe in 48° 37′ N, 61° 16′ O.

Die Sommerregen dieser drei Orte bilden den Übergang zu den Hochsommerregen Sibiriens und den Frühsommerregen der südrussischen Steppen, der trockene Nachsommer der letzteren aber fehlt ihnen; es ist der Typus *BSw*, nicht *BSx*. Das winterliche Maximum und sommerliche Minimum erstreckt sich bei der Bewölkung und Luftfeuchtigkeit weiter, als bei der Regenmenge, auch über den Kaukasus und die Kirgisensteppe. Erst Barnaul und Omsk zeigen darin sibirische Verhältnisse, s. Tab. 36.

Ganz anders zeigen uns die feuchten gebirgigen Küstenstreifen im Osten des Schwarzen und im Süden des Kaspischen Meeres, deren Vertreter Batum und Lenkoran sind. Große Regenmengen fallen hier in allen Monaten, besonders vom September bis Januar. Wahrscheinlich weisen auch die Nordabhänge der persischen Gebirge ein solches feuchttemperiertes Klima ohne trockene Monate — *Cf* — auf, wie es auf der Karte Taf. I dargestellt ist. In Trapezunt, Batum und Kutais zeigt dabei die Bewölkung den entgegengesetzten jährlichen Gang, wie die Regenmenge: Maximum im Frühling, Minimum im Oktober. Die Luftfeuchtigkeit an diesen Orten ist im Sommer am größten. Ein ähnliches warmfeuchtes Klima findet man in Europa nur in einigen Tälern des Südabhanges der Alpen. Wegen ihres Klimas ist diese Gegend zur Teekultur vorgeschlagen worden, doch fehlen die dafür nötigen Arbeitskräfte.

Eingebettet zwischen die höheren und kühleren Gebirge mit dem Klima *Cf* oder *Df* liegen zwei von Steppen eingenommene Ebenen: das innere Kleinasien und das Kuratal. Seiner Waldarmut nach muß auch das Armenische Hochland zu den Trockengebieten gehören. Die Regensummen von Eriwan (32 cm) und Jelisawetpol (26 cm) bei Mitteltemperaturen von 11,3 und 12,9^0 entsprechen dem auch nach der Definition von S. 129, dagegen müßte man bei Kars (41 cm) und Alexandropol (38 cm) bei nur 3,7 und 5,4^0 Jahrestemperatur Wälder erwarten.

Die Baumgrenze und die Juliisotherme von 10^0 liegen in Abchasien bei 2100 m, im mittleren Kaukasus bei 2300 m, am Elbrus bei 2600 bzw. 2700 m.

Bei der gebirgigen Natur Vorderasiens sind die Temperaturunterschiede darin mehr noch von der Seehöhe, als von der geogr. Breite bestimmt. Doch macht sich der Abstand vom Meere in hohem Grade bemerkbar. Der Unterschied zwischen dem wärmsten und kältesten Monat steigt von 15^0 an der syrischen Küste auf 31^0 in Hocharmenien.

§ 50. Der boreale (Schnee- und Wald-) Gürtel (*D*): Sibirien und Mandschurei (Tab. 41 u. 42)

Das durch die Verbindung von kaltem Winter mit einem für Baumwuchs genügend warmen Sommer gekennzeichnete Schnee-Wald-Klima gewinnt in Sibirien seine nördlichste Ausbreitung, im Taimyrgebiete bis zu 72^0 N Br. Nach Süden wird es großenteils durch den Regenmangel der Trockengebiete begrenzt; nur östlich vom Großen Chingangebirge gestatten die so weit nach Norden reichenden Regen des Sommermonsuns seine weitere Erstreckung über die Mandschurei in das nördliche

China. Nach Westen greift es auf die ganze Nordosthälfte von Europa über.

Der überwiegend kontinentale Charakter dieses Klimas ist besonders ausgebildet im östlichen Teile des Gebiets und rückt hier, wie Taf. III und IV im I. Teil erkennen lassen, mit seinen äußerst kalten Wintern bis nahe an die Meeresküste heran. Bedingt ist dies besonders dadurch, daß im Innern und auf der Ostseite des winterlichen Hochdruckgebiets (vgl. Taf. V) der Luftraum im Winter so arm an Wolken und auch an Wasserdampf ist, daß die Ausstrahlung nach dem Weltraum viel freieres Spiel hat, als weiter im Westen. Dieser Gegensatz spricht sich auch in der Veränderlichkeit der meteorologischen Elemente, vor allem in den Luftdruckschwankungen aus, wie die Karte auf S. 9 deutlich zeigt. Westsibirien wird eben noch von dem häufigen Wechsel der „Hoch" und „Tief"-Druckgebiete heimgesucht, welche unser Wetter so veränderlich machen; die vom Atlantischen Ozean im Winter heranziehenden Depressionen verlieren sich aber im mittleren Sibirien, und über dem gebirgigen Osten des Landes lagert dann anhaltend mit geringen Schwankungen ein Gebiet sehr hohen Luftdruckes.

Diese Verhältnisse finden ihren deutlichen Ausdruck auch in der verschiedenen Häufigkeit der Temperaturänderungen von Tag zu Tag. Die Zahl der Änderungen von mehr als 6° zwischen den Temperaturmitteln aufeinanderfolgender Tage beträgt im Durchschnitt einer Reihe von Orten in etwa 55° Breite im Monat:

	NW-Europa	NO-Europa	West-Sibirien	Ost-Sibirien
Winter . .	1,0	6,3	9,0	4,5
Sommer. .	0,3	1,3	1,7	0,9

Sind danach starke Temperaturänderungen von einem Tage zum andern in Ostsibirien immerhin viel häufiger, als an den Westküsten Europas, wo die gleichmäßige Wärme des Meeres starke Schwankungen verhindert, so sind sie dort doch viel seltener, als in Westsibirien. Die gerühmte Gleichförmigkeit des sibirischen Winters besteht darin, daß die Temperatur andauernd weit unter 0° bleibt. Da im Innern von Ostsibirien bei den stärkeren Kältegraden fast stets völlige Windstille herrscht und jedermann Pelze hat, wird die Kälte viel weniger empfunden, als man nach dem Thermometer erwarten sollte. Der Himmel ist dabei vollständig klar, die Sonne wirkt so stark, daß oft bei — 25° das Wasser von den Dächern tropft, dabei ist die Luft oft von glitzernden Eisnadeln erfüllt und zeigen sich häufig Nebensonnen.

Der Gegensatz der Jahreszeiten ist außerordentlich. In Jakutsk, wo die mittlere Temperatur des Dezembers und Januars unter dem Gefrierpunkt des Quecksilbers liegt (— 40° und — 43°) und im Laufe von 36 Jahren niemals im Januar das Thermometer über — 17° stieg, sind dennoch durchschnittlich 128 Tage gänzlich ohne Frost. Ein ausgezeichnet warmer Sommer schließt sich dort mit schnellem Übergang an die furchtbar kalte Jahreszeit an. Durchschnittlich taut es zum ersten Male am 1. April; im Mai entwickelt sich der Frühling mit einer Macht, wie sonst nirgends in der Welt. Der letzte Nachtfrost folgt darauf schon am 12. Mai; dann währt ununterbrochener Sommer, bis am 17. September der erste Herbstfrost das Birkenlaub färbt. Ebenso schnell ist der Übergang zum Winter, denn 30 Tage später, am 17. Oktober, pflegt es schon zum letzten Male zu tauen; die Lena trägt durchschnittlich vom 2. November bis zum 25. Mai Eisdecke. Schon vor ihrem Aufgang kommt der Kuckuck an. Der größte Teil des Winterschnees fällt im Oktober, weiter wächst die Schneedecke nur wenig. In der Nähe von Jakutsk werden Roggen und Sommerweizen gebaut, die gute Ernten geben, außerdem manche Gemüse, auf den Wiesen wird bedeutende Rinderzucht getrieben und die großen Wälder geben Bau- und Brennholz im Überfluß. Gerste, Anfang Mai gesät, wird schon Mitte Juli geerntet. Alles dies entwickelt sich aber auf einem Boden, der nur etwa bis zu 1 m Tiefe auftaut und bis zu unbekannter Tiefe gefroren ist.

Die Ausdehnung dieses ewigen Eisbodens ist erst neuerdings mehr untersucht worden, besonders von Schostakowitsch und Sumgin (Berlin. Ges. f. Erdk. 1927 und 1929). Im schneearmen Transbaikalien dringt er bis zu höheren Jahrestemperaturen der Luft vor, als im schneereicheren Nordwesten Sibiriens. Über die eigentümlichen Schwierigkeiten für den Menschen, welche die Anwesenheit des Eisbodens bedingt, s. S. 168. Vergleiche auch G. Satow, Archiv der Seewarte 1930.

Noch kälter als in Jakutsk ist der Winter in dem nördlich davon gelegenen Werchojansk, wo schon — 68° abgelesen worden sind. Aber diese niedrigen Temperaturen finden sich wahrscheinlich nur in den Tälern, wo die durch Ausstrahlung am Erdboden erkaltete Luft zusammenfließt und stagniert, nicht auf den

Berggipfeln und noch weniger in der freien Atmosphäre in 1—2000 m Meereshöhe. Doch liegen wenig Beobachtungen hierüber vor.

Nach Süden geht dieses ostsibirische Gebiet extremer winterlicher Ausstrahlung in das ostasiatische Monsungebiet über, dessen heitere Winter zwar viel milder, aber doch ebenfalls um etwa 20° kälter sind, als dem Durchschnitt dieser Breitengrade entspricht. Selbst Nordchina gehört noch zu diesem „wintertrockenkalten" Klima *Dw*, da die als Grenze dafür angenommene Januar-Isotherme von — 3° südlich von Peking verläuft. Die Temperatur nimmt hier nach Norden im Mittel dieses Monats außerordentlich rasch ab, von Peking bis Charbin auf 6 Breitengrade um 14°, von Peking bis Werchojansk auf $28^1/_2$ Breitengrade um 46°. Der Grund dafür liegt wohl erstens in den herbstlichen Schneefällen in Ostsibirien, die die für Erkaltung durch Ausstrahlung so förderliche Schneedecke (s. oben S. 34) liefern, die im Süden fehlt, und zweitens in den Gebirgen Südsibiriens und der Mandschurei, die die so erkaltete Luft im Norden zusammenhalten. Die große Vorherrschaft der nördlichen (vor allem NW-)Winde in Nordchina im Winter bedingt aber auch hier einen für diese Breite viel zu kalten Winter.

Das ostasiatische Klima *Dw* mit seinen heiteren kalten Wintern wiederholt sich auf keinem andern Teile der Erde; es ist eben durch die gewaltige Größe und rauhe Oberfläche des asiatischen Festlandes bedingt. Nach den Verhältnissen seiner Vegetationszeit läßt sich dieses Klima in 4 Stufen gliedern, nämlich: a) die sommerheiße mandschurische mit Julitemperatur über 22°; die Sojabohne und die Gauliang-Riesenhirse sind deren charakteristischste Erzeugnisse; b) die Amurstufe, die dem Eichenklima *Dfb* entspricht und auch hier eine Eichenart beherbergt, und c) die nertschinskische mit weniger als 4 Monaten über 10° Mitteltemperatur, die durch die langjährigen Beobachtungen am Nertschinsker Hüttenwerk gut gekennzeichnet ist; hierzu käme noch d) die jakutische Stufe mit Januarmitteln unter — 38°, die diesen Zug nur mit einigen Gebieten der Klimate *E* und *F* teilt. Der winterliche „Kältepol" liegt bei Werchojansk oder in tiefen Gebirgstälern südlich davon.

In der Mandschurei und Nordchina sind, im Gegensatz zu Europa, durchweichte Wege und Überschwemmungen ein Attribut der heißen, Staub und Sonnenschein ein solches der kalten Jahreszeit. Der Amur überraschte die russischen Ansiedler dadurch, daß seine Hochwasser nicht im Frühling nach der Schneeschmelze, sondern erst im Hochsommer kommen.

Dieses wintertrockenkalte Klima *Dw*, ein Erzeugnis äußerster Kontinentalität, wird im Osten und im Westen eingefaßt von dem mehr ozeanischen Klima *Df* mit Niederschlägen in allen Jahreszeiten. Aber während sich dies nordwestlich vom winterlichen Druckmaximum (s. Taf. V), im Gebiet der vorherrschend südwestlichen Winde, bis weit ins Innere des Festlandes über Westsibirien und selbst das Jenissejbecken erstreckt, erhalten im Osten fast nur die vorgeschobenen Inseln und Halbinseln — Jesso, Sachalin und Kamtschatka — im Winter erhebliche Niederschläge.

Kapitel 13

Die Klimate von Australien[1])

§ 51. Allgemeines über Australien

Die Anordnung der Klimate in Australien hat viele Ähnlichkeit mit derjenigen in Südafrika und Südamerika; allein die Ausdehnung des Wüstenklimas und des Etesienklimas ist in Australien größer, die jährliche Temperaturschwankung stärker, das Trockengebiet reicht ununterbrochen von der Westküste bis zur Südküste, den SW vom Rest abschneidend, und an der Westküste sind keine Anzeichen einer Feuchtluftwüste (*Bn*) bekannt, wie sie mit täglicher Nebelbildung so charakteristisch für die Westküsten der beiden andern Kontinente ist. Dies hängt offenbar damit zusammen, daß das Meer an der Westküste von Australien und weiter nach den Sundainseln hin etwa 5° wärmer ist, als in gleicher Breite an den Westküsten Afrikas und Amerikas; die kalte Meeresströmung ist hier nur sehr schwach entwickelt, aus noch unbekannten Gründen. Über das Klima dieser Küste ist zwar nur wenig bekannt, aber eine so auffällige Erscheinung wie die Garúas könnte nicht unbeachtet bleiben.

Da Australien nur durch die Sundainselwelt vom ostasiatischen Gebiet größter Wärmeschwankung getrennt ist und selbst einen beträchtlichen entgegengesetzten jährlichen Tempe-

[1]) Über Polynesien und Neuseeland vgl. S. 295—301.

raturwechsel besitzt, ist es einem ausgebildeten Monsunwechsel unterworfen. Der Hochdruckgürtel der südlichen „Roßbreiten“ liegt im Südwinter über dem Kontinent; im Südsommer aber umsäumt er, zusammengeschrumpft, dessen Südrand, und wird der nordwestliche Teil Australiens von einem Tiefdruckgebiet eingenommen. Der Südostpassat herrscht daher auf der Nordhälfte Australiens im Winter, auf dessen Südhälfte, weniger stetig, im Sommer; umgekehrt finden wir westliche und nördliche Winde vorwaltend am Nordrande Australiens im Sommer — als Fortsetzung des NW-Monsuns der Javasee — am Südrande Australiens im Winter — als Teil der veränderlichen westlichen Winde der gemäßigten Zone.

Im Winter pflanzt sich über das Innere von Australien eine kontinuierliche Folge von Barometermaxima von West nach Ost in durchschnittlich 9 Tagen mit 650 km täglich fort. An ihrer Vorderseite herrschen kalte südliche, an ihrer Rückseite warme nördliche Winde. Zwischen sie schieben sich V-förmige Ausläufer der tropischen oder, namentlich, der Tiefdruckgebiete der höheren Breiten, die südlich vom Kontinent ebenfalls von W nach O fortschreiten. Diese bringen Regen und, ganz ähnlich den Pamperos von Argentinien, einen schnellen Ersatz warmer nördlicher Winde durch plötzlich als Böe einbrechende kalte Südwinde.

Tropische Wirbelstürme berühren das Festland von Australien nur selten. Immerhin treten im Sommer und Herbst solche zuweilen an der NW-Küste auf, und dringen dann als barometrische Minima vom nördlichen Meere südostwärts vor, entweder ins Innere oder längs der Nordostküste, mit starken Südoststürmen auf dem Meere. In beiden Fällen bringen sie reichliche Regen.

Mit Ausnahme der gebirgigen Küste von Neusüdwales hat Australien allgemein mehr oder weniger lange trockene Jahreszeiten. Das feuchte Urwaldklima *Af*, das in Südamerika noch in diesen Breiten zu finden ist, fehlt Australien, auch der Veranitotypus der tropischen Regenzeiten *Aw''* (vgl. oben S. 78) fehlt hier. Dagegen finden wir im Innern von Neusüdwales und Victoria in 34—37° S Br. zwei Maxima des Regens im Mai bis Juni und im Oktober, ähnlich wie in einem Teil des Südens der Kapkolonie und in der Poebene (*Cx*).

Ein großes Hindernis für den Landbau in Australien ist die außerordentliche Unregelmäßigkeit des Regenfalls. Regengüsse, die zuweilen $^1/_4$ der ganzen Regenmenge des Jahres an einem Tage bringen, wechseln in einem großen Teile des Landes mit anhaltenden Dürren. Selbst in dem besser bewässerten Gebirge gibt es abflußlose Seen, die sich nur zeitweise füllen. Der Lake George (35° S, $149^1/_2$ O) war gefüllt 1816—30, 1852, 1864 und 1874—1900. Dazwischen lag sein Becken trocken. Weit größere Räume werden zeitweise im flachen Innern des Landes überschwemmt, auch im Trockengebiet; so bei den großen abflußlosen Salzseen Südaustraliens. Die Flüsse an der Ostküste haben zuweilen Hochwasser von mehr als 12 m, ja bis zu 30 m.

§ 52. Das tropische Regengebiet (*Aw*) in Australien und Neuguinea (Tab. 43).

Der Norden Australiens hat „Savannenklima" mit scharf ausgeprägter Trockenzeit, die vom Mai oder Juni bis zum September oder Oktober reicht, und einer im Norden reichlichen, aber nach Süden zu rasch schwächer werdenden Regenzeit in den Monaten Dezember bis März oder April, mit dem Maximum im Januar oder Februar (also vom Typus *Aw'*), während der Dauer des NW-Monsuns. Ausläufer dieser Sommerregen erstrecken sich zwar weit südwärts, über den Wendekreis hinaus. Aber schon von 16° S im Westen und etwa 19° S auf den mittleren Meridianen werden sie so spärlich, daß wir das Klima nach unserer Definition als Steppen- und weiter als Wüstenklima bezeichnen müssen (vgl. § 26).

Die ausgeprägte Trockenzeit in den Monaten Mai bis September erstreckt sich nach NW, allmählich abnehmend, bis zur Osthälfte von Java. Der von Australien kommende SO-Passat ist sehr trocken, nur die Nächte bringen z. T. reichliche Taufälle. Auf Timor und Sumbawa aber sind nicht selten die Wiesen von der Sonne verbrannt und leiden die Kokospalmen von der Dürre, was beides im übrigen Sunda-Archipel kaum vorkommt. Neuguinea dagegen und der Bismarck-Archipel haben Regen zu allen Jahreszeiten, nur in ungleicher Menge und Verteilung. Im allgemeinen ist auch dort der NW-Monsun in unsern Wintermonaten die regenreichste, und der SO-Passat in unserem Sommer die trocknere Zeit. Wo sich aber, wie bei Finschhafen, ein Gebirge dem Passat entgegenstellt, sind gerade die Monate seiner Herrschaft Juli, August, die regenreichsten. Aber ebenso wie an der Ostküste von Brasilien sind diese

„Winterregen“ fast frei von Gewittern, die nur in dem hier trockneren „Sommer“, November bis April, auftreten.

Auf dem australischen Festlande aber sind auch die Regen auf die letzteren Monate beschränkt. Schon am Kap York, das mehr als 200 cm Regen im Jahre erhält, hat keiner der Monate Juni bis Oktober mehr als $1^1/_2$ cm; im Süden des Carpentaria-Golfs beginnt diese trockene Zeit schon im April. Etwas weniger scharf ist sie an der Ostküste, doch auch in Cooktown bringen Juli, August, September weniger als je 2 cm, erst weiter nach Brisbane zu werden auch diese Monate etwas regenreicher, aber auch so viel kühler, daß von 20° S an der kühlste unter + 18° Mitteltemperatur hat, wir also aus dem Klima *Aw* nach *Cw* gelangen.

Die Temperaturverteilung in Nordaustralien ist im Januar und Juli entgegengesetzt: das Innere von Australien ist im Winter viel kühler, im Sommer dagegen wärmer als die Nordküste, so daß zu dieser Jahreszeit die Temperatur mit wachsender Breite steigt, sogar trotz zunehmender Seehöhe. Im Januar ist das Innere Australiens unter dem Wendekreise die heißeste Gegend der Erde. Seine jährliche Temperaturschwankung wird in gleicher geographischer Breite nur in der Sahara übertroffen; am Kap York dagegen beträgt der Unterschied der extremen Monate nur mehr 3°.

Die wechselnde Südgrenze des NW-Monsuns und seiner Regen läßt sich nach den australischen Wetterberichten verfolgen. Wenige Beispiele müssen hier genügen: im Februar 1879 reichte der NW-Monsun an 15 Tagen bis 18° S und der Regen einige Male bis 23° S, die Bewölkung bis 30° S; im Dezember 1879 reichte der NW-Monsun bis 18° S, der Regen an einigen Tagen bis 21°; am 11. schwere Gewitter bis 20° S, der SO-Passat durchbricht den Monsun usw.

§ 53. Das Trockengebiet (*B*) in Australien (Tab. 44 u. 45)

Trotzdem Australien ganz von warmen Meeren umgeben ist, ist sein Wüsten- und Steppenklima ausgedehnter und intensiver als dasjenige von Südafrika und Südamerika. Die Nordgrenze des Trockengebiets fällt zwar ungefähr mit der Südgrenze des sommerlichen NW-Monsuns zusammen, liegt aber bei etwa 17° S Br. noch nördlicher als in Afrika, wo kein solcher Monsun vorhanden ist; die Regen des Nordens erweisen sich also nicht durch diesen bedingt. Dennoch ist das Gebiet der offenen Landschaften vielleicht in Australien weniger ausgedehnt, als auf den andern Festländern, weil so große Strecken auch in den ganz regenarmen Gegenden von Gesträuch (hier als Scrub bezeichnet) eingenommen sind und das für die Schafzucht hochgeschätzte „Grasland" an den Rändern des Trockengebiets teilweise von lichten Beständen hoher Eukalypten besetzt ist. Der Scrub ist neben der Wasserlosigkeit das Haupthindernis für die frühere Erforschung des Innern gewesen — und ist es für dessen Aufschließung noch jetzt. Dazu kommt eine unausstehliche Fliegenplage. Mannshohes, dichtes Gebüsch, meist stachelig und mit hartem Laub, bedeckt höchst einförmig, wenngleich aus vielen Arten bestehend, ungeheure Strecken. Daneben aber finden sich wie in Innerasien und den andern Trockengebieten je nach dem Boden Grassteppen und Sandstrecken sowie ausgedehnte, von Halophyten eingenommene Salzsteppen, bis zuletzt die fast regenlose Wüste dem Pflanzenleben ein Ziel setzt.

Durch die Stationen längs dem Überlandtelegraphen kann man in Australien den Übergang von den Ausläufern der tropischen Sommerregen zu denen der subtropischen Winterregen noch weit besser verfolgen, als in der Sahara. Sie greifen etwas übereinander, so daß es in der Wüste trotz ihrer Regenarmut keine so ausgeprägt regenfreie Zeit gibt, wie im Norden und im Süden. Freilich ist in der Mitte der Überlandlinie das Mac Donnel-Gebirge offenbar weniger regenarm, als die Niederungen westlich und östlich der Linie, bietet es doch im Glen of Palms selbst eine weit isolierte Palmenoase im Zentrum des Kontinents.

Der Übergang vom Sommer- zum Wintermaximum findet hier, in etwa 137° O Lg., bei etwa 30° S Br. statt, im Westen aber viel nördlicher: in 118° Lg. zwischen 26 und 27° und an der Küste schon bei 22° Br. Hier sind es die Frühjahrsmonate, die besonders trocken sind. Todd sagt: Die regelmäßigen Winterregen der Südküste werden spärlich 3—4 Breitengrade nördlich von Adelaide, sie erreichen selten den 28. Breitengrad, während die regelmäßigen Sommerregen sich nicht über den Wendekreis nach Süden erstrecken; zwischen diesen Parallelen liegt also ein 6—7° breiter Gürtel, der unsicheren Regenfall hat, der Dürre unterworfen ist, selten im Winter Regen erhält und zumeist von den Sommergewittern abhängt. Aber diese Gewitter, die gewöhnlich bei Nacht und während der größten Hitze auftreten, bringen häufig gar keinen Regen, sondern nur schreckliche Staubstürme. An der NW-Küste treten diese den nordamerikanischen Tornados ähnlichen „Willy-Willies" als Windhosen auf, deren Brausen man meilenweit hört. Doch gehen zuweilen auch größere Wirbel, tropische Orkane, auf dem Ozeane im NW längs der Küste westwärts, die bei etwa 20° S Br. nach SO abbiegen und durch den Kontinent ziehen.

Wie in allen Trockenwüsten ist auch in der australischen Wüste die Bewölkung sehr gering und die tägliche Temperaturschwankung sehr groß. Reisende haben öfter Schwankungen von 30—40° C in 24 Stunden erlebt. Nachtfröste bis zu — 5° kommen deshalb auch unter dem Wendekreise vor. Die mittlere Luftfeuchtigkeit ist zu Alice Springs an der Mac Donnel-Kette in den Monaten September bis März 30—40%, in den 5 übrigen 45—60%. Wie außerordentlich stark die Verdunstung ist, zeigt sich an dem schnellen Schrumpfen der zeitweise durch ungewöhnliche Regengüsse auftretenden Überschwemmungen; der Eyre-See, der im Anfang der 90er Jahre bis zu 150 km lang und 80 km breit wurde, lag bald darauf wieder als weiße Salzpfanne da, 1 m unter dem Meeresspiegel.

Da das Innere von Australien im Sommer mehr als 8° wärmer als das Mittel des Breitegrads ist, im Winter aber z. T. um mehr als 4° kälter, so ist auch seine jährliche Temperaturschwankung für die niedrige Breite außerordentlich groß. Der Unterschied zwischen Juli und Januar beträgt zu Alice Springs 19° und in den benachbarten Niederungen wohl mehr als 20°. Im Januar ist es das heißeste Gebiet der Erde.

Die vorherrschenden Winde sind SO und O; sie erheben sich gewöhnlich kurz nach Sonnenaufgang, wehen stark während des Tages und hören gegen Sonnenuntergang auf.

§ 54. Der warmgemäßigte Regengürtel in Australien (Tab. 46 u. 47).

α) Der Osten (*Cw* und *Cf*).

Das östliche Queensland von 20—26° Br. hat zwar noch dieselbe ausgeprägte Sommerregenzeit, wie dessen nördlicher Teil, besitzt aber schon eine kühle Jahreszeit mit Julitemperaturen von 18—15° und muß deshalb wie China zum gemäßigten wintertrockenen Gebiet *Cw* gerechnet werden. Es hat dabei auch nicht die starke Verfrühung der heißen Jahreszeit wie

Nordindien, sondern die höchste Temperatur tritt erst in der Regenzeit, im Dezember oder Januar ein, die stärksten Regen folgen im Januar bis März. Die Trockenzeit im Juli bis September ist weniger trocken, als im N und W von Queensland, weil der SO-Passat am Gebirge seine Feuchtigkeit absetzt, und diese Gegend gehört zu den fruchtbarsten Australiens. In der Regenzeit ist das Klima sehr feucht, Bücher, Kleider usw. sind schwer vor Schimmel zu schützen. Die Luftfeuchtigkeit ist an der Küste zu Mackay (21° S Br.) sogar im Mittel des Jahres 83%. Die jährliche Regenmenge beträgt daselbst im Durchschnitt nicht ganz 2 m, aber am 10. März 1880 fielen allein 427 mm. Leichte Nachtfröste stellen sich in 1—3 Nächten im Jahr ein; die höchste Temperatur wurde im Dezember 1877 mit 45,6° C abgelesen, ebenso wie übrigens in Palermo schon beobachtet worden ist.

Nach Südosten zu nimmt der Gegensatz zwischen der Regenzeit und der Trockenzeit ab, und wir gelangen bei Brisbane aus dem Klima *Cw* in das beständig feuchte *Cf*. Das Maximum der Regen verschiebt sich an der Küste von 33° Br. an in den Herbst, während sich im Inlande z. T. ein doppeltes Maximum im Herbst und Frühling einstellt, das wir weiter auch in Melbourne finden. Von Adelaide und Kap Northumberland her schiebt sich aber (vgl. die Karte) ein Gebiet mit Winterregen und trockenem Spätsommer (*Cs*) zwischen dieses Gebiet mit Regen zu allen Jahreszeiten und das Steppenklima des inneren Australiens ein.

Wegen der starken Erhitzung des Innern und der Kühle des angrenzenden südlichen Meeres im Sommer ist das Temperaturgefälle im südlichen Australien, anders als sonst gewöhnlich, im Sommer größer als im Winter. Infolgedessen treten die größten Temperatursprünge in der warmen Jahreszeit auf. Sie treten auf in der Form der heißen Winde und der als „*southerly burster*“ bekannten Einbrüche kalter südlicher Winde nach warmem Wetter. Beide sind gewöhnlich Begleiter ostwärts fortschreitender V-förmiger Ausläufer von Tiefdruckgebieten auf dem südlichen Meere bzw. Rinnen niederen Drucks zwischen zwei Antizyklonen. Der „heiße Wind“ der Vorderseite und der „Burster“ der Rückseite des V sind also Phasen derselben Winddrehung. Bald ist der eine, bald der andere stärker entwickelt.

In Melbourne kommen jährlich etwa 19 solcher heißer Nordwinde vor. Sie bringen Temperaturen von 40—44° und

Luftfeuchtigkeiten bis zu 10% hinab; nach Umspringen des Windes fällt das Thermometer um 10—17°; es sind Änderungen bis zu 11° in 20 Minuten dabei beobachtet worden; der Regen tritt meist erst am folgenden Tage ein. Die heißen Winde sind sehr schädlich für den Pflanzenwuchs und zerstören öfters die Ernte; für den Menschen sind sie sehr lästig, aber nicht ungesund.

Der „southerly burster" ist ebenso, wie der Pampero in Argentinien und der Norther in Texas ein stürmischer „Ausschießer" im Sinne der Seeleute. Der Grund dafür, daß diese gerade im Sommer der Südhalbkugel so auffällig hervortreten, liegt darin, daß die Kontinente nach Süden kaum über 35° hinausgehen, während sie zum Nordpol sich ausbreiten. Auf der Südhalbkugel ist es nicht die Winterkälte der hohen Breiten, sondern die Sommerhitze in 20—32° Breite, die starke Temperaturgegensätze hervorruft.

Die vorherrschende Windrichtung ist in Südaustralien und Victoria im Sommer SO, im Winter NW, in Neusüdwales im Sommer O, im Winter W. Der Gürtel durchschnittlich höchsten Luftdrucks und der Weg der Antizyklonen geht im Winter durch das Festland Australiens, während er im Sommer südlich davon liegt. Ist dieser Gürtel hohen Druckes außergewöhnlich stark entwickelt, so gibt es verhängnisvolle Dürre in einem großen Teil Australiens. Von den regenbringenden Depressionen ist, namentlich im Sommer, ein großer Teil tropischer Herkunft.

Der Jahrestemperatur nach ist Sydney in 34° S etwa gleich mit Palermo in 38° N, Melbourne in 38° S etwa gleich Florenz in 44° N. Der Unterschied zwischen wärmstem und kältestem Monat ist an den südaustralischen Orten nur $10^1/_2$°, an den südeuropäischen 14—20°, also der Sommer an den ersteren durchschnittlich frischer, der Winter milder, als in Italien. Aber die Veränderlichkeit der Temperatur von Tag zu Tag ist, namentlich im Sommer, an den australischen Orten bei weitem größer als am Mittelmeer, der Körper hat daher weniger Möglichkeit, sich an die Hitze oder die Kühle zu gewöhnen.

Die Bewölkung ist in Sydney im Sommer am stärksten (Februar 6,5, August 4,0) in Melbourne im Winter; doch ist hier die Schwankung nur gering. Die Luftfeuchtigkeit ist im Herbst und Winter am größten.

Im südöstlichen Gebirge liegt im Winter metertiefer Schnee; auf den höchsten Erhebungen bleiben Schneeflecke auch den Sommer über liegen.

β) Der Südwesten (*Cs*). Der SW Australiens bietet uns wie Mittelchile und die SW-Ecke vom Kapland das typische Bild des uns von Südeuropa so bekannten Klimas: Winterregen und Sommerdürre, und der entsprechenden Vegetation von immergrünen Hartlaubgebüschen. So einförmig diese im glanzlosen Laub aussehen, so mannigfaltig sind sie in den Blüten, weil sie aus vielen Familien gemischt sind, unter denen einige, wie hier die Epacrideen, sehr artenreich sind. Über das Meer hinweg reicht dieses Klima nach Adelaide und Kap Northumberland, auf dem Festlande sind diese Teile voneinander getrennt durch das Trockengebiet, das bis zur großen Australischen Bucht reicht.

Hier ist die Landwirtschaft auf Winterregen eingestellt, die nicht so schnell verdunsten wie die bei heißem Wetter fallenden. Für das ganze Gebiet wird gelten, was Todd von Adelaide sagt: „Jahre mit guten Ernten erfordern einen reichlichen Regenfall von Mai bis Oktober; der gesamte Regenfall des Jahres kann dabei gering sein, z. B. bloß 478 mm wie 1864, wenn er nur in den 6 Wintermonaten reichlich ist. Andererseits kann der Regenfall reichlich sein und können doch die Ernten schlecht ausfallen, wenn die Winterregen spärlich waren und Oktober bis Dezember ungünstiges Wetter bringen."

Das schon erwähnte Fehlen des kalten Wassers an der Westküste Australiens bedingt es, daß die Winterregen an ihr weiter nach Norden reichen, als in Chile und Südafrika. Noch in Geraldton unter 28,8° Br. bringen Mai bis August 35 cm Regen, während der Sommer fast regenlos ist.

An der Wurzel des Passats gelegen hat SW-Australien, wie etwa Portugal und Marokko, im Sommer anhaltende polare Winde, in der winterlichen Regenzeit veränderliche Winde. Auch seine Temperaturverhältnisse gleichen denen dieser Länder.

Kapitel 14

Die Klimate von Europa

§ 55. Allgemeines über Europa

Europa ist zwar nur die Nordwestecke des großen Festlandes der Alten Welt und ein großer Teil davon hat mit der Westseite Nordamerikas das Vorherrschen im Winter südwestlicher, im Sommer west- und nordwestlicher Winde vom Ozean gemeinsam. Dennoch hat Europa in manchen Beziehungen eine einzigartige Stellung in der Welt, denn: 1. der Nordatlantische Ozean ist das in diesem Abstand vom Äquator weitaus wärmste Weltmeer in der Welt, 2. das tief in die Festlandmasse einschneidende Mittelmeer schafft auch dem Süden Europas ein ozeanisches Klima, 3. obwohl im Winter der mildernde Einfluß des Ozeans, durch die Abwesenheit sperrender Gebirge, in Europa weiter reicht als irgendwo sonst, ist er im Sommer ziemlich beschränkt; Europa nimmt (vgl. Fig. 7 [siehe Taf. IV]) an der Erwärmung Asiens viel mehr teil, als die amerikanische Westküste an derjenigen Amerikas, wohl infolge der Verteilung des Luftdrucks (vgl. Fig. 10 [siehe Taf. VI]), welche nordwestliche Luftströmungen nur im Osten und Süden unseres Kontinents begünstigt und im Sommer eine viel geringere Zufuhr ozeanischer Luft bedingt, als im Winter.

So sehen wir denn sowohl das feuchttemperierte Klima *Cf*, als das sommertrockene Etesienklima *Cs* in Europa weit größere Räume einnehmen, als an den Westseiten der andern Festländer. Letzteres (*Cs*) umsäumt die Küsten des Mittelmeers, gegen das kältere Binnenland durch Gebirge geschützt; ersteres (*Cf*) nimmt den größten Teil Frankreichs, der Britischen Inseln und Deutschlands ein, die Mittelgebirge dem Schneewaldklima *Df*, die Hochgebirge dem Almenklima *EH* überlassend. Der Osten Europas und der Hauptteil von Skandinavien hat das Klima *Df*, das Wälder und schneereiche Winter verbindet; der Nordrand Europas das Tundrenklima *ET*. Das große asiatische Trockengebiet erstreckt sich von der Kirgisensteppe westwärts bis zur Donaumündung, und in abgeschwächter Form auch über Rumänien, Nordbulgarien und das ungarische Flachland. Zwei kleine Gebiete mit Steppenklima finden wir ferner im Innern von Spanien.

An der Grenze zwischen den Gebieten mit Regen zu allen Jahreszeiten *Cf* und *Df* einerseits und dem Gebiet der trockenen Sommer *Cs* anderseits finden wir Gebiete mit Frühlings- und Herbstregen — *Cx* unserer Bezeichnungsweise — mit einem Hauptminimum der Zahl der Regentage im August oder September und einem zweiten, schwächeren Minimum in der kälteren Jahreszeit, ohne eigentliche Trockenzeit. In der Regenmenge übertrifft in diesen Gebieten das herbstliche Maximum meist das des Frühlings und sinken die Werte der Wintermonate meist unter die des Spätsommers herab. So ist es im Innern

Spaniens, in der Südhälfte Frankreichs, in Norditalien und im mittleren Teil der Balkanhalbinsel. Dagegen zeigt sich die Verknüpfung mit dem Mittelmeerklima *Cs* auch in diesen Gegenden auffällig in der Zahl der Regentage und der Bewölkung, durch deren ausgesprochenes Minimum im Spätsommer. Auch in den Steppen am Schwarzen Meere bringen August und Oktober die wenigsten Regentage und die geringste Bewölkung. Als regelmäßige Erscheinung bis nach Böhmen, und als gelegentlicher „Altweibersommer“ bis nach Norddeutschland tritt uns dieser Rest der sommerlichen Trockenzeit Südeuropas entgegen. Er verspätet aber nach Norden zu immer mehr: er tritt in Italien im Juli, in Mittelfrankreich im August, in Deutschland erst im September oder sogar — in seinen letzten Spuren im Norden des Landes — erst im Oktober ein. An den Küsten der Ost- und Nordsee dagegen, und im größeren Teile NW-Europas überhaupt, sind es nicht August und September, sondern April und Mai, die die meisten trockenen und heiteren Tage bringen, im Zusammenhang mit einem Nachlassen der Westwinde und häufigem Auftreten von Ostwinden in diesen Monaten, in denen der Luftdruck auf dem Nordmeere seinen höchsten Stand erreicht.

Die Klimate Europas werden somit von zwei sich durchkreuzenden Einflüssen beherrscht: seiner nach Norden zu von 36° bis auf 71° wachsenden geographischen Breite und seiner Lage im Nordwesten des größten Festlands der Welt und im Südosten des für seine geographische Breite weitaus wärmsten Teils des Weltmeeres. Da über dem größeren Teile Europas westliche Winde vorherrschen, überwiegt der Einfluß des Ozeans über den des Kontinents. Die Wirkungen dieser Lage gehen aus den Sätzen 4—7, zusammengehalten mit Satz 1, 2 und 8, auf S. 47—49 hervor. Da außerdem in ganz Europa die Bewölkung, außer auf hohen Bergen, im Winter größer als im Sommer ist, so wirkt nach Satz 3, auch die Bewölkung hier überwiegend erwärmend.

In bezug auf den für die geographische Breite so außerordentlich milden Winter, mit dem sich ein für die Breite keineswegs zu kühler Sommer verbindet, steht die ganze Nordwesthälfte Europas ohne gleichen unter den Festländern da. Im übrigen aber bietet Europa keine Extreme dar; in Kälte und Hitze, in Regenfülle wie in Regenarmut, in Bewölkung und Nebel, wie in Lufttrockenheit, kann man zwar eine reiche

Mannigfaltigkeit, aber nicht die äußersten Werte in ihm finden. Auch die jährliche Wärmeschwankung, ausgedrückt durch die Differenz der Mitteltemperatur des wärmsten und kältesten Monats, zeigt in Europa, von 10° im Westen bis auf 35° im Osten ansteigend, mittelgroße Werte; vergleicht man sie mit den auf S. 47 gegebenen Mitteln der Breitenkreise, so sieht man, daß die Jahresschwankung im Südosten ebensoviel über die mittlere hinausgeht, wie sie im NW dahinter zurückbleibt.

Neben dem großen Gegensatz zwischen dem durchaus kontinentalen Klima der Steppen am Kaspisee und dem feuchttemperierten der Ozeanküsten weist Europa in seiner reich gegliederten westlichen Hälfte eine Mannigfaltigkeit von Klimaten auf, sowohl wegen der Gebirge, als weil die massigeren Halbinseln, besonders die skandinavische und die iberische, kleine Kontinente für sich darstellen.

Die Mittellinie der Brücke durchschnittlich hohen Luftdrucks, die in der kälteren Jahreszeit das asiatische Hochdruckgebiet mit dem der Azoren verbindet, läuft etwa von Orenburg über die Alpen nach Spanien. Woeikow hat sie als die große Achse des europäischen Kontinents bezeichnet und ihre Bedeutung betont. Nördlich von ihr ist das Gebiet der vorwaltenden Westwinde (S bis NW), die unter dem Einfluß des niedrigen Druckes bei Island und seiner zahlreichen Randminima, die überwiegend nach Nordost und Ost ziehen, das Gebiet des Buchen-, Eichen- und Birkenklimas (*Cfb*, *Dfb*, *Dfc*) mit gemäßigten Sommern und Regen zu allen Jahreszeiten bilden. Südlich der Linie herrschen in Südrußland, außer im Juni und Juli, Ostwinde, von Steppenklima begleitet, an den gebirgigen Küsten des Mittelmeeres Lokalwinde mit heißen trockenen Sommern (Olivenklima, *Csa*). Auf der „großen Achse" selbst walten NW- und SO-Winde und die von mir als *Cx* bezeichneten Übergangsklimate vor: so in der Ukraina, in Ungarn, der Poebene und Mittelfrankreich, sowie dem spanischen Tafellande.

Wie die Isothermen auf Taf. III und IV des ersten Teiles dieser Klimakunde erkennen lassen, ist die Temperaturabnahme in Europa nördlich von 45° N Br. nicht nach N, sondern im Winter nach NO und O, im Sommer nach NNW gerichtet — im Winter nach Sibirien, im Sommer nach dem Norwegischen Meere. Dementsprechend sind im Winter NO-, im Sommer NNW-Winde die kältesten. Doch gehen stärkere Kälteeinbrüche im allgemeinen unter Mitwirkung der Ausstrahlung am Ort vor sich, so daß die Kälte sowohl hergebracht, als am Ort erzeugt ist: der Hergang ist gewöhnlich der, daß im kalten Luftstrom auf der Rückseite einer Depression, hauptsächlich nach frischem Schneefall, bei steigendem Luftdruck und aufklarendem Himmel scharfe nächtliche Ausstrahlung eintritt, während die Sonne auf den Schneeflächen fast unwirksam bleibt. Auch die Maifröste haben noch diesen Charakter.

Das Fortschreiten des Frühlings nach Nord und Nordost möge an einigen Orten geringer Seehöhe gezeigt sein. Der Beginn der Obstblüte fällt in Athen und Rom durchschnittlich schon auf den 16. März, in Gießen und Wien auf den 19. April, in Kristiania und Riga auf den 18. Mai und bei Petersburg erst auf den 6. Juni. In Deutschland beginnt sie in der oberen Rheinebene von Frankfurt bis Basel am frühesten, schon am 11.—13. April, 3—4 Tage später in den engen Tälern des Mittelrheins, des Neckars bis Kannstatt und der Mosel bis Nancy. Bis zum 25. April hat die Obstblüte den Niederrhein und die niedrigeren Teile Thüringens, Sachsens und Böhmens erreicht, bis zum 4. Mai auch Schleswig, Pommern und Königsberg. Mit wachsender Seehöhe verspätet sich die Obstblüte um 3—4 Tage für je 100 m; so ist München mit 26. April um 6 Tage zurück gegen das etwa 200 m tiefer gelegene Nürnberg.

§ 56. Die Trockengebiete (*B*-Klimate) von Europa (Tab. 48 u. 49)

Der im Herbst und Winter ziemlich stationäre Rücken hohen Druckes, den wir oben als die „große Achse des Kontinents“ kennenlernten, macht sich besonders auffällig, wo er zwischen Ural und Karpathen in der Ebene eine Wetterscheide bildet, die auch im Völkerleben als Grenze zwischen den Nomaden des Südostens und den Ackerbauern des übrigen Europas eine große Rolle gespielt hat.

Die jährliche Regenmenge nimmt nach dem Schwarzen, und noch mehr nach dem Kaspischen Meere hin ab; sie sinkt am Unterlaufe von Wolga und Ural unter 20 cm, in der nördlichen Krim unter 30 cm, nimmt aber mit Annäherung an das Krimgebirge und den Kaukasus wieder zu.

Über die Ursachen der Waldlosigkeit der südrussischen Steppen und die Möglichkeit ihrer Bewaldung ist viel geschrieben worden. Wenn auch durch den Menschen vielfach verstärkt, ist doch diese Waldarmut uralt und natürlich bedingt, und zwar wohl vor allem durch die ungenügende Niederschlagsmenge der kühleren Jahreszeit, welche keine Aufspeicherung von Wasser im Boden zuläßt. Der meiste Regen fällt im Frühsommer; in Rücksicht auf die Temperatur ist der Unterschied immerhin nicht groß genug, daß nicht doch Staub ein Zubehör des Sommers, kotige Wege eins des Winters sein würden — nicht umgekehrt, wie etwa in Nordchina. Allein eine kaum größere Jahresmenge des Niederschlags, wie in Südrußland, genügt in Attika, bei vorherrschenden Winterregen, den unbebauten Boden unter Gehölz und Olivenwald zu erhalten. In der Tat rechnet der Winzer an der Südküste der Krim, die bei nicht viel größerer Regenmenge des Jahres gleichfalls ganz von Gehölzen und Weinbergen bedeckt ist, gar nicht auf die Sommerregen: entscheidend sind für ihn die Regen im Spätherbst und Winter, die den ausgedörrten Boden auf 1 m und mehr Tiefe durchfeuchten müssen. Vgl. S. 258, was Todd über Südaustralien sagt.

Die südliche Begrenzung der Steppen wird durch die Waldgebirge des Kaukasus, der Krim und der Dobrudscha gebildet, aus denen Niederschlagsmessungen von hochgelegenen Stationen zwar noch fast gar nicht veröffentlicht sind, wo aber der ganze Anblick der Vegetation, besonders die Buchenurwälder, eine starke Zunahme der Regenmenge mit der Höhe beweisen.

Die Schneedecke ist in den südrussischen Steppen sehr unregelmäßig. Es gibt Winter, wo die Oststürme die Wintersaat aus den staubtrockenen Äckern herausblasen, und andererseits leidet der Eisenbahnverkehr sehr oft unter Schneewehen. Durch Anpflanzung solcher Bäume, welche die Trockenheit vertragen — besonders Akazien (Robinia) — längs den Bahnen ist viel zur Bekämpfung dieses Übels geschehen. In Schneestürmen ist in manchen Wintern hier eine Menge Vieh zugrunde gegangen. Erst die Gebirge im S geben vor ihnen Schutz. Wo Gebirge fehlen, reichen mittlere winterliche Minima von -20^0 und mehr bis ans Meer, während in ihrem Schutz sie in Jalta -8^0, in Poti -7^0, die Januarmittel $+3$ bis $+6^0$ betragen. Da diese Milde des Winters mit einer im übrigen Rußland unbekannten mediterranen Vegetation und mit einem großen Maß von Sonnenschein verbunden ist, so ist die Krim begreiflicherweise als „russische Riviera" von Nordrussen sehr stark besucht.

Die ungarischen Pußten sowie das Flachland der Walachei und Nordbulgariens sind nach Waldlosigkeit und Klima letzte

Ausläufer der südrussisch-asiatischen Steppen; allein in so gemildeter Form, daß sie nach ihrer Regenmenge nicht mehr unter unsere Definition des Steppenklimas fallen und zur Abteilung der *C*-Klimate geschlagen werden müssen. Denn sie empfangen etwa 60 cm Niederschlag bei rund 10° Jahrestemperatur. Der eigenartigen jährlichen Verteilung der Niederschläge nach haben wir sie als *Cx* zu bezeichnen: Hauptmaximum des Regens im Mai, Nebenmaximum, wenigstens das der Regentage, im November oder Dezember; Minima im September und Februar oder März.

Neben dem Trockengebiet im Südosten besitzt unser Erdteil noch mehrere kleine, zwischen Gebirge gelagerte Gebiete in Spanien, die unter unsere Definition der Trockengebiete fallen, ohne entschiedenes Vorwalten von Winterregen, das ja eine Verschiebung dieser Grenze bewirken würde. Diese spanischen Steppen erstrecken sich am Mittellauf des Duero und des Ebro sowie vor allem am Mittel- und Oberlauf der Guadiana, wo die Mancha das Hauptgebiet der spanischen Schafzucht geworden ist. Die Küste ist von Almeria bis Valencia zwar gleichfalls sehr regenarm, hat aber doch bessere Herbstregen, bei fast regenlosem, heiterem Sommer.

Die Wirkungen der Dürre werden in Spanien durch die gebirgige Landschaft gemildert, die künstliche Bewässerung auf Kosten der besseren Niederschläge im Gebirge in den meisten Gegenden gestattet. So ist trotz fast ununterbrochenen Sonnenscheins die Vega von Murcia seit Araberzeiten ein Garten. Aber die Trockengebiete des Innern stehen an Hitze und Staub im Sommer sowie Größe der täglichen und jährlichen Wärmeschwankung den Steppen Südrußlands wenig nach, wenn auch ihre Winter bei weitem wärmer sind. Die Temperatur des Juli beträgt in ihnen 21—25°, die des Januar 2—5°, die Jahresschwankung 19—20°, während in Odessa diese Zahlen $22^1/_2$, — 4 und 26, in Astrachan $25^1/_2$, — 7 und 33° betragen, also freilich noch viel extremere Werte. Aber wenn man damit die Zahlen für Malaga, 25°, 12° und 13°, oder für Lissabon, 21°, $9^1/_2$° und $11^1/_2$°, vergleicht, so erkennt man, wieviel kontinentaler und im Winter rauher das Innere der Iberischen Halbinsel im Vergleich zu ihren Küsten ist.

Auch in der jährlichen Verteilung der Regen zeigt sich dieser Gegensatz: die Regenarmut des Sommers ist ihnen zwar gemeinsam, aber der meiste Regen fällt im Innern im Mai (April bis

Juni) und im Oktober (September bis November), an der Süd- und Westküste der Halbinsel dagegen im Dezember (November bis März). Der Osten zeigt einen Übergang mit Regen im Herbst, Maximum in Katalonien im September, auf den Balearen im Oktober.

Die Züge des Steppenklimas, die wir in der Mancha ausgeprägt finden, zeigt in geringerem Maße auch Madrid, wenn sein Klima auch nicht mehr unter unsere Definition der Trockenklimate fällt.

§ 57. Der warmgemäßigte Regengürtel (*C*) in Europa (Tab. 50—58).

α) Das sommerdürre Mittelmeergebiet (*Cs*).

Das charakteristische Etesienklima *Cs* sahen wir in Nord- und Südamerika auf schmale Streifen der Westküste und in Südafrika auf die äußerste SW-Ecke des Kontinents beschränkt und nur in Australien zwei etwas größere Gebiete einnehmen, überall zwischen das Trockengebiet *B* und das feuchttemperierte *Cf* eingeschaltet. Ebenso zwischen diese eingeschoben, aber mit dem Mittelmeere und über dies hinaus weit nach Osten ins Festland einschneidend finden wir es hier. Allen Küsten des Mittelmeeres gemeinsam ist der trockene, heitere Sommer. Die Regenzeit ist aber von Südtunis bis nach Palästina so schwach, daß hier auch die Küste Steppenklima hat, wenn sie sich auch deutlich durch eine schwache winterliche Regenzeit vom Innern unterscheidet. Das übrige Mittelmeergebiet hat, der Zahl der Regentage nach, Winterregen; aber nach der Menge des Niederschlags gilt dies wohl für die afrikanische Küste und Strecken der europäischen — Gibraltar, Südsizilien und Konstantinopel — nicht aber für deren größten Teil; denn von Malaga bis Livorno ist der Oktober, von da bis zu den Dardanellen der November der Monat der größten Regenmenge. Die verdorrten Matten werden dann wieder grün und die Bäche beginnen wieder zu fließen. Die Hauptblütezeit ist aber im frühen Frühling. Auf allen höheren Bergen regnet es im Sommer bedeutend mehr, als in der Ebene, teilweise mit Gewitter, und die von ihnen kommenden Flüsse versiegen auch im Sommer nicht. Die Waldbedeckung dieser Berge ist großenteils erst vom Menschen zerstört oder in Gesträuch, Maqui (Macchia) verwandelt, das in ihren unteren Teilen meist aus immergrünen Arten besteht.

Die Verteilung der Gewitter über das Jahr ist nur im südöstlichen Mittelmeergebiet — Durazzo, Korfu, Athen, Smyrna — derjenigen der Regenmengen ähnlich, mit dem Maximum im Oktober und November; in Italien, Spanien und Südfrankreich dagegen sind sie im Winter nur wenig häufiger, als bei uns und in einem der Monate zwischen Mai und September (an der Riviera Oktober) am häufigsten.

Bewölkung und Luftfeuchtigkeit sind an den Mittelmeerküsten allgemein im Sommer sehr gering und der Himmel von tieferem Blau, als es in Tropenländern gewöhnlich ist. Die Luft ist auf dem Meere und in der kühlen Jahreszeit sehr durchsichtig, aber im Binnenlande in Spanien und z. T. auch in Griechenland ist im Sommer der Himmel meistens durch einen grauen Dunst, Calina genannt, getrübt, der auch alle Fernen verschleiert. Wie weit dieser Hitzedunst von Staub oder nur von „optischer Trübung" herrührt, ist noch ungewiß. Trübe, regnerische Tage wie in Norddeutschland sind auch im Winter selten, meist wechseln kräftige Regenschauer mit Sonnenschein ab.

Zu diesem Gebiet gehört auch, nach den Regenverhältnissen und nach der Vegetation, die Südostküste Frankreichs, an der Rhone aufwärts bis Orange; dagegen nicht mehr die Poebene, deren Mai- und Oktoberregenmaximum, bei mäßigen Regen auch im Sommer, ein *Cfx*-Klima ergibt. In den Tälern am Nordrand der Ebene, mit den oberitalienischen Seen, verbinden sich reichliche Regen zu allen Jahreszeiten mit milden Wintern zu großer Üppigkeit der Vegetation. Der Januar ist an den Seen 3° wärmer als in Mailand. Dagegen wird an der Nordostküste der Adria die Trockenheit des Sommers noch durch den Boden — durchlässigen Karstkalk — sehr hervorgehoben; ebenso in großen Teilen Griechenlands.

Der *Cs*-Klimatypus — das Etesienklima — zeichnet sich überall gegen das benachbarte Binnenland, außer durch die Trockenheit des Sommers, auch durch die Milde des Winters aus — seinem maritimen Charakter entsprechend. Überall in seinem Bereiche ist das Januarmittel 4—12°, während im nahen Inlande es jeweils um mehrere Grad niedriger ist. Die Julitemperatur ist dagegen ziemlich gleichmäßig 22—26°, also erheblich höher als in den ähnlichen Klimaten an den Küsten von Kalifornien, Chile und Kapland. Nur das Innere von Kalifornien und ein Teil des südlichen Australiens stimmt auch darin mit Südeuropa überein, in welchem nur in den Gebirgen und an der Westküste von Portugal die Julitemperatur unter 22° sinkt (Klima *Csb*).

Die Windverhältnisse des Mittelmeeres sind durch die von der Deutschen Seewarte bearbeiteten Beobachtungen an Bord deutscher Dampfer näher festgestellt. Östlich von Sardinien und Korsika, zunehmend bis nach Ägypten, walten vom Mai bis zum September nordwestliche Winde vor, im Osten noch länger, vom April bis zum Oktober. Diese Winde entsprechen der beständigen Lage eines Gebiets niedrigen Druckes — im Juli unter 755 mm — bei Cypern und hohen Druckes an der Küste Algeriens — Juli 762 mm. Diese NW-Winde — der Maestro der italienischen, die Meltemia der griechischen Schiffer, wehen meist nur mit mäßiger Stärke und sonnigem Wetter. Im Osten sind sie außerordentlich beständig, Stillen bilden hier nur 4% der Beobachtungen, im Tyrrhenischen Meere dagegen etwa 20%. Von den alten Griechen wurden sie als die Etesien bezeichnet. Stürme treten zwar während ihrer Herrschaft kaum je auf, aber bei ihrer Beständigkeit beeinflussen sie den Pflanzenwuchs auf den griechischen Inseln stark und ist das Aufkreuzen gegen sie für Segler schwierig. Dagegen bringt die kältere Jahreszeit veränderliche Winde und Regenstürme, die aber auch überwiegend mit NW endigen.

Auch im Adriatischen und im Schwarzen Meere sind im Sommer NW-Winde vorwaltend, während sie im Winter mit feuchtwarmen SO-Winden (Scirocco) und kaltem stürmischem NO abwechseln. Der letztere ist an zwei Küstenstrecken, nämlich in Dalmatien nebst Istrien und im nordwestlichen Kaukasus bei Noworossijsk, unter dem Namen Bora wegen seiner Heftigkeit berüchtigt (vgl. oben S. 100). Die Bora ist ein örtlich durch das Hinüberschieben kalter schwerer Luftmassen über den Gebirgskamm in die warme Küstenluft außerordentlich verstärkter Teil einer allgemeineren NO-Strömung. Jedoch nur an der gebirgigen Küste hat sie zerstörende Kraft, auf das offene Meer reicht sie nicht weit hinaus. Sie weht in Stößen von wütender Gewalt.

Im westlichen Mittelmeer sind die Winde lokal recht verschieden. Sie zeigen im Winter ein kräftiges Abfließen der Luft vom kälteren Lande nach der warmen See, besonders im NW, vom Ebro bis nach Genua, wo der Mistral, der NW, als häufigster und stärkster Wind, gewöhnlich bei wolkenlosem Himmel und sehr trockener Luft weht. Am häufigsten und heftigsten ist er in der Nähe der Rhonemündung; man rechnet, daß dort jeder zweite Tag ein Mistraltag ist, und seine Stöße sind so stark, daß Eisenbahnwagen umgeworfen werden; wie es übrigens auch in der Bora bei Triest vorkommt. Auch er ist an der Küste am stärksten und reicht nicht weit aufs Meer und nicht hinter die nächste Bergkette hinaus.

An der algerischen und südspanischen Küste herrschen Ost- und Westwinde. Wo keine herrschende Luftströmung stark hervortritt, da sind allgemein im Mittelmeer und im Schwarzen Meer tägliche Land- und Seebrisen gut entwickelt.

Nach Osten erstreckt sich das Mittelmeerklima über die Küsten Kleinasiens und Syriens hinaus bis an den SW-Abfall der Persischen Gebirge, sowie anderseits ins Schwarze Meer bis nach Sinope und bis zur Südküste der Krim, soweit der Schutz des Jailagebirges reicht. Auch die charakteristischen Gartenbäume Südeuropas, wie Zypresse, Lorbeer, Ölbaum, Feige, reichen so weit.

β) Das feuchttemperierte Klima von Westeuropa (Buchenklima *Cfb*).

Unter die Definition des warmgemäßigten Klimas mit Regen zu allen Jahreszeiten *Cf*, das durch Temperaturen des kältesten Monats zwischen -3^0 und $+18^0$ und des wärmsten über $+10^0$ gekennzeichnet wird, fällt so gut der Südosten der Vereinigten Staaten, als auch Westeuropa im Dreieck zwischen Nordspanien, Gothland und Schottland. Allein diese beiden Gebiete unterscheiden sich stark durch die Sommerwärme: die Mitteltemperatur des Juli liegt im amerikanischen durchweg über 22^0 (24 bis 28^0), im europäischen zwischen 10 und 22^0; wir haben die erstere, sommerheiße Abteilung als virginisches Klima *Cfa*, die sommerkühle als Buchenklima *Cfb* bezeichnet. Es sind das die beiden größten Gebiete, die auf festem Lande von diesen Klimaten eingenommen werden, die im übrigen vorwiegend auf den Ozeanen zu finden sind. Erst jenseits der Alpen und Karpathen, wo das *Cf*-Klima in die Nebenform *Cx* übergeht — Poebene, Alföld, untere Donau — steigt die Julitemperatur auf $22—25^0$.

An den Westküsten Irlands, Schottlands und des südlichen Norwegens ist das Klima durchaus ozeanisch, mit warmen Wintern voll Regen und Sturm und kühlen bewölkten Sommern. Im Osten dagegen, wo die Januarisotherme -3^0 dieses Klima vom borealen bzw. osteuropäischen scheidet, z. B. in Schlesien, treten kalte, schneereiche Winter zwar noch nicht als Regel, aber doch schon als häufige Erscheinung auf und sichern anderseits die warmen Sommer lohnenden Getreidebau.

Wie der Weltteil im großen den Übergang zwischen Landklima und Seeklima zeigt, so ist dieser auch in den einzelnen Ländern kenntlich. Schon das Innere von Irland bietet in Ausnahmefällen unter der Herrschaft hohen Drucks und Windstille weit schärfere Fröste, als sie an der Küste vorkommen. In England liegt aus denselben Gründen die Ackerbau treibende Gegend um Lincoln. In (bzw. bei) Berlin ist durchschnittlich der Januar fast 1° kälter, der Juli 1° wärmer als in Hamburg, die mittlere Bewölkung geringer, die jährliche Regenmenge 57 cm statt 76 cm in Hamburg. Helgoland wiederum ist im Januar 1° wärmer, im Juli fast 1° kühler als Hamburg, und der jährliche Gang zeigt die für das Seeklima charakteristische Verspätung, so daß dort der Februar der kälteste, der August der wärmste Monat ist. Im Dezember ist Helgoland der Ort Deutschlands, der die höchste Temperatur hat; freilich, die empfundene Temperatur wird dabei doch viel niedriger sein, als an vielen süddeutschen Orten mit weniger Wind und mehr Sonnenschein.

Die tägliche Temperaturschwankung nimmt vom Meer zum Binnenland vom Einfachen etwa aufs Doppelte zu. Sie ist in Deutschland allgemein im Mai oder Juni am größten; daher ist die Zahl der „Sommertage", d. h. der Tage mit einer Höchsttemperatur von mehr als 25°, im Mai größer als im September, im Juni größer als im August, trotzdem die Mitteltemperatur entschieden in den Monaten des Spätsommers höher ist.

Die Verspätung des jährlichen Temperaturganges, die für das ozeanische Klima normal ist, zeigt sich im äußersten Westen Europas wohl im Sommer, aber auffallenderweise nicht im Winter, wo vielmehr von Portugal bis Irland (auch in Westfrankreich) die niedrigste Temperatur in vielen Jahren schon im Dezember auftritt. Hann schreibt dies wohl mit Recht dem zu, daß die „Warmwasser- und Luftheizung" der Westküste im Dezember noch nicht so stark ist. Die SW-Winde sind im Januar stärker und südlicher.

Die Isothermfläche des Januars von — 3°, die Grenze gegen das nächstkältere, boreale Klima, welche bei Libau und Memel fast den Meeresspiegel berührt, steigt nach Westen an und liegt an der Westgrenze Deutschlands etwa in 1000 m Höhe. Die höheren Teile der deutschen Mittelgebirge, und im Osten auch deren Täler, liegen oberhalb dieser Grenze und tragen in jedem Winter eine mehrwöchige Schneedecke, um so mehr, als die Niederschlagsmenge in ihnen mit der Höhe zunimmt. Erstreckt sich die Schneedecke auch aufs Tiefland und tritt klares stilles Wetter ein, so ist freilich oft der Frost unten noch viel stärker als auf den Bergen, namentlich des Nachts: wir haben dann Temperaturzunahme nach oben statt -abnahme (vgl. S. 35). Ganz besonders ist dies in Alpentälern unter der Herrschaft eines Hochdruckgebiets der Fall (so im Dezember 1879), wo sich dann kalte Luftseen bilden, im Osten noch mehr als im Westen (vgl. unter *D* Kärnten, Oberbayern). Die durchschnittliche Abnahme der Temperatur mit der Höhe beträgt deshalb in Deutschland im Januar nur 0,40° für 100 m, im April bis Juli 0,65°.

Im norddeutschen Tiefland tritt die Winterkälte meist mit Nord- oder Ostwind auf und ist dadurch empfindlicher als im Süden, wo sie mehr in Form von Strahlungskälte bei Windstille entsteht.

Im Sommer und Frühling nimmt die Temperatur, soweit sie nicht durch die Seehöhe erniedrigt ist, landeinwärts zu. Am stärksten ist der Vorsprung des Innern im Frühling: die Syringe beginnt zu blühen im Rheingau schon am 20.—30. April, an der Ostsee erst am 15.—24. Mai.

Im Herbst und Winter überwiegen in Deutschland südwestliche, im Sommer west- und nordwestliche Winde. Im Frühling treten nordöstliche fast ebenso häufig auf.

Dezember ist allgemein in Deutschland der trübste Monat, die kleinste Bewölkung bringen dagegen an der Küste April und Mai, im Innern Juni und September. Die Luftfeuchtigkeit ist im Winter am größten; am geringsten ist sie im NW im Mai, im SO im Juli.

Bewölkung und Feuchtigkeit nehmen im allgemeinen von den Färöern bis nach den Alpen ab, besonders im Sommer; aber erst an den Gebirgen ist deren Abnahme nach dem Mittelmeer und Schwarzen Meer eine sprunghafte. Noch schärfer spricht sich dies in der Dauer des Sonnenscheins aus. Nach Hann hat im Jahresdurchschnitt Schottland nur 3,3 Stunden Sonnenschein täglich, Irland etwa 3,7, England nahe 4, Deutschland $4^1/_2$—5, Frankreich 5—6, Österreich 5—7, Spanien 7—8 Stunden täglich.

Basel, Zürich, Bern haben deren 4,8, Lugano aber 6,2. Städte mit viel Rauch, wie Hamburg und vor allem London, weisen weniger Sonnenschein auf; auch Tal- oder Kessellage (z. B. bei Stuttgart) bedingt Verlust an Sonnenschein; alles dies hauptsächlich in der kälteren Jahreszeit.

Der Tageszeit nach ist die Bewölkung hier allgemein auf dem Festlande am Abend am geringsten, am größten aber im Winter am Morgen (mit Schichtwolken), im Sommer um Mittag (mit Haufenwolken). Auf dem Meere scheint dies anders zu sein: Helgoland und Sylt zeigen im Mai bis Juli die geringste Bewölkung um Mittag und am Abend fast ebensoviel Wolken wie am Morgen. Der Sonnenschein nimmt übrigens auch im deutschen Binnenlande, trotz wachsender Bewölkung, zum Mittag zu, weil der Zenit naturgemäß freier von Wolken ist, als der Horizont.

Ein teilweise bewölkter Himmel — das Zeichen starker vertikaler Luftmischung (vgl. oben S. 71) ist auf dem festen Lande in diesem Klima nur in der Mitte des Tages im Sommer häufig. Sonst überwiegt ganz trüber oder ganz heiterer. Auf See sind diese Unterschiede viel geringer, wie folgender Vergleich der Häufigkeiten zeigt (Monatsmittel, Mai bis Juli):

Bewöl-	Potsdam			Helgoland		
kung	7a	2p	9p	7a	2p	9p
0— 2	9,5	4,8	11,7	3,3	6,5	5,4
3— 7	5,5	11,5	6,7	10,3	11,9	10,9
8—10	15,6	14,4	12,3	17,0	12,2	14,4

Die Verteilung der Nebel über das Jahr ist auf dem Meere und dem Lande ganz verschieden, und zwar ist der Gegensatz so ausgeprägt, daß er sich bei den schottischen Leuchttürmen z. T. auf 12 km Entfernung scharf ausspricht. Auf dem Lande entstehen die Nebel ganz überwiegend im Herbst und Winter, auf dem Meere im Frühling und Sommer (vgl. hierzu S. 76); und zwar auf größeren Meeresflächen im Sommer, meist im Juni, auf mehr vom Land umgebenen im Frühling; so auf der Ostsee im April und Mai. In tief einschneidenden Buchten überwiegen, wie auch im Binnenlande, die Winternebel durchaus.

Die jährliche Verteilung der Regenmengen ist in Westeuropa wenig ausgeprägt. An den Westküsten von Irland und Schottland bringt der Winter — Dezember und Januar — am meisten Regen, im deutschen Binnenlande der Sommer. Das Maximum verspätet nordwärts, vom Juni in Böhmen auf August rund um die Ostsee, sowie in den Niederlanden. Dagegen haben

Frankreich, England, Ostschottland und ein großer Teil der norwegischen Westküste ein Oktobermaximum, das sich in Frankreich, mit Ausnahme des NW, mit dem Maimaximum des Innern von Spanien, und in Dänemark sowie auf den nordfriesischen Inseln mit dem Augustmaximum der Ostsee zu einem Doppelmaximum kombiniert. Die lange Beobachtungsreihe von Paris zeigt in ihren einzelnen Abschnitten bald den Mai, bald den Oktober, bald auch den Juli als regenreichsten Monat. Der Frühling ist im größten Teil des Gebiets, wegen der dann am häufigsten auftretenden Ostwinde, die trockenste Jahreszeit.

Das Vorwalten der Sommerregen im europäischen Binnenlande äußert sich aber wesentlich nur in der Niederschlagsmenge und nur sehr wenig in der Zahl der Tage mit Niederschlag. Es ist also dadurch bedingt, daß ein Regentag im Sommer im Binnenlande viel mehr Regenmenge bringt als einer im Winter, weil im Sommer die Schlagregen, im Winter die Rieselregen oder schwachen Schneefälle überwiegen (vgl. S. 72). Da zudem auch im europäischen Binnenlande der Winter trotz seiner geringen Niederschlagsmenge die stärkste Bewölkung bringt und auch, wegen der niedrigeren Temperatur, viel geringere Verdunstung als der Sommer, so ist auch hier im Sommer, trotz der größeren Niederschläge, der Boden im allgemeinen trockener als im Winter. In der Praxis merkt man daher von dieser Periode der Niederschlagsmengen im Binnenlande Europas nicht viel.

Die Buche ist für dieses Klima sehr charakteristisch, wenn sie auch in den Gebirgen und auch in der Bukowina und dem nördlichen Beßarabien etwas darüber hinausgeht, im nördlichen Norwegen dahinter zurückbleibt. Eine anschauliche Gliederung dieses Klimas ergibt sich aus der Sommertemperatur und dem entsprechenden kennzeichnenden Erwerbsleben: 1. Fjordstufe, Juli $< 14^0$, überwiegend Fischfang, 2. Grasstufe, Juli 14 bis $17^1/_2{}^0$, Viehzucht, 3. Kornstufe, Juli $17^1/_2$—$18^1/_2{}^0$, Getreidebau, 4. Weinstufe, Juli 18,7—21^0, Weinbau. Die ungefähre obere Grenze dieser letzteren Stufe liegt im Rheintal bei Koblenz 100 m, Worms 200 m, Basel 350 m über Meer, bei Brünn etwa 250 m, Wien und Graz 430 m, Brixen 800 m, am Genfer See 500 m und im mittleren Frankreich 7—800 m. Zur Stufe 1 gehören die Westküsten Norwegens und Schottlands, zur Stufe 2 die Küsten der Nordsee und Ostsee, zur Stufe 3 das Innere von Südengland und von Norddeutschland sowie Nordfrankreich.

§ 58. Der boreale Gürtel (*D*) in Europa: Osteuropa und mitteleuropäische Gebirge (Tab. 59—61)

Wir haben diesen Klimagürtel als borealen bezeichnet (vgl. § 30), um daran zu erinnern, daß er nur auf der nördlichen Halbkugel vorhanden ist. Nur in diesem Gürtel finden wir sowohl wirkliche Sommer mit grünenden Wäldern, als wirkliche Winter mit Schneedecke, Schlittenbahn und verläßlicher Eisdecke auf Flüssen und Seen. Im Norden geht sein Gebiet bis an die 10°-Isotherme des Juli und die Waldgrenze, im Süden bis an die etwa von Orenburg nach Braila verlaufende Trockengrenze, im Westen aber, wo es durch die Januarisotherme — 3° nur eine weniger bestimmte Begrenzung findet, reicht es durch die Gebirge weit hinein nach Mitteleuropa.

Von den beiden Hauptstufen dieses Klimagürtels reicht die nördliche, das Birkenklima, ostwärts über ganz Westsibirien; die südliche dagegen, das Eichenklima, findet am südlichen Ural ihre Ostgrenze. Die Scheidung ist durch eine Linie gegeben, die von Kristiania über das südliche Finnland und Petersburg nach Perm und von da am Ural nach Orenburg verläuft. Neben der Eiche finden in ihrer Nähe eine Anzahl unserer bekanntesten Bäume und Sträucher ihre Nord- und Ostgrenze: so Haselnuß, Spitzahorn, Weißdorn, Flatterulme, Pfaffenhütchen; Linde und Schwarzerle gehen etwas weiter nach Norden, Esche und Wildapfel etwas weniger weit nach Osten (kaum bis zur Wolga). Auch der Obstbau und der Weizenbau gehen zur Zeit ungefähr bis zu dieser Grenze, doch werden sie, bei intensiver Kultur und Auswahl der Sorten wohl noch darüber hinaus sich ausdehnen lassen. Der Roggenbau geht bis Archangelsk.

Bis an die Nordgrenze des Gebiets, d. h. bis nahe an das Eismeer, gehen dagegen Kiefer, Fichte, Birke, Espe, Vogelbeere, Traubenkirsche, Weißerle und mehrere Weidenarten. Wie man sieht, ist der größte Teil der gewöhnlichen Bäume und Sträucher Mitteleuropas in diesen beiden Gruppen enthalten. Von den deutschen Waldbäumen bleiben nur Buche, Tanne und Kastanie außerhalb des borealen Klimagebiets, während Hainbuche und Pappeln in seinem südlichen Teile ihre Grenze erreichen.

In Deutschland finden wir dieses Klima in den höheren Gebirgslagen: in Sudeten und Erzgebirge von etwa 500 m, in Thüringen von 550 m an; nach NW und SW steigt die Grenze: im Harz, im Sauerland, Taunus, der Schwäbischen Alb und den bayrischen Voralpen liegt sie in etwa 750 m, in den Vogesen in 900 m, im südwestlichen Schwarzwald sogar bei 1000 m Höhe, während sie östlich davon, im Quellgebiet von Neckar und Donau, auf etwa 500 m herabsinkt. Die Hochebene der Baar bildet eine winterkalte Insel inmitten milderer Umgebung: Villingen und Donaueschingen haben in nur 700 m Höhe eine Januartemperatur von — 4°, und die ersten Nachtfröste setzen hier noch vor Ende September ein, während südwestlich davon der Januar in St. Blasien in 780 m Höhe — 3° und in Badenweiler in 400 m — 0,4° Mitteltemperatur aufweist.

Diese in Deutschland eingeschobenen Streifen Schneewaldklimas zeichnen sich auch durch die größere Zahl der Schneefälle vor ihrer Umgebung aus: sie haben allgemein über 55 Schneetage mit mindestens 0,1 mm Schmelzwasser (Brocken 99, Schneekoppe 130), während im ganzen Rheintal deren nur 20 bis 25 gezählt werden; und noch größer ist natürlich der Unterschied in der Ergiebigkeit der Schneefälle und der Dauer und Dicke der Schneedecke. Nur in diesen Gebirgsstreifen borealen Klimas ist in Deutschland der Schisport möglich.

Einen weit größeren Raum nimmt dieses Klima in den Ostalpen ein; denn während in der Schweiz nicht nur das Hügelland, sondern auch die Tallagen im Gebirge bis zu 900 und mehr Metern hinauf Januartemperaturen über — 3° haben, liegen im Osten auch die Hauptstädte in den weiten Flußtälern in ihm: Innsbruck (600 m) hat als Januarmittel — 3,3°, Graz (370 m) — 3,4°, Klagenfurt (440 m) sogar — 6,4°, erst Laibach (285 m) — 2,5°. Besonders in Talkesseln, deren Ausgänge durch zusammentretende Gebirgszüge verengt sind, sammelt sich die durch Ausstrahlung in Hochdruckgebieten erkaltete Luft und stellen sich tiefe Wintermittel ein, namentlich wenn der Zutritt wärmerer Luft aus Süden und Westen durch noch höhere Berge verhindert ist. Solch ein Tal ist vor allem Kärnten und in höherer Lage der Lungau, weiter westlich das Ötztal, Suldental, Engadin, Davos mit Januartemperaturen — 7 bis 9°. Aber da diese Kälte mit Windstille und viel Sonnenschein auftritt, ist sie wenig empfindlich. Im Schutze der äußeren Alpenkämme hat das Klima der Zentralalpen einen kontinentaleren Charakter, weniger Bewölkung und Niederschlag und stärkere jährliche und tägliche Schwankung der Temperatur. Im ganzen Alpengebiet aber sind im Winter Temperaturumkehrungen, bei denen die Temperatur in gewissen Höhenstufen nach oben zunimmt, häufig und stark.

Schwankt diese Höhenstufe, die häufig zugleich eine obere Nebel- oder Wolkengrenze ist, infolge Verschiebung an den geneigten Abhängen, so erfahren die darin gelegenen Orte zuweilen äußerst schnelle wiederholte Änderungen der Temperatur und Luftfeuchtigkeit im Laufe eines Tages.

Die langsamere Abnahme der Temperatur mit der Höhe im Winter gegenüber dem Sommer bedingt es, daß der Temperaturunterschied der Gebirge gegen die Umgebung im Sommer noch größer ist als im Winter. So ist der Brockengipfel im Juli 8°, im Januar nur 4° kälter als Magdeburg. Die „Sommerfrischen" im Gebirge sind um so wirksamer, doch ist die Wärmeentziehung an der See durch den Wind gesteigert.

Da (vgl. oben) die Grenze der Buche durch die Temperatur des Winters, die der Eiche durch die des Sommers bestimmt wird, so geht die Buche in den Alpen höher als die Eiche, während sie in der Ebene weit hinter dieser zurückbleibt. Über der Buchenregion folgt daher in den mitteleuropäischen Gebirgen kein Eichengürtel (*Db*), sondern die Region der Nadelhölzer und der Birken (*Dc*).

Im Donautal herrschen überall, von Sigmaringen bis zur Mündung, Januartemperaturen zwischen $-1^1/_2$ und $-3^1/_2{}^0$, während die Julitemperatur von 16° bis fast 23° zunimmt. Auch die jährliche Regenverteilung ist auf dieser ganzen Strecke wenig verschieden: Maximum der Regenmenge im Juni oder Juli, der Regentage im Frühsommer, ein zweites meist im Dezember, Minimum der Bewölkung im August. In allem ein Übergangsgebiet, das aber zwischen große Gebiete borealen Klimas eingebettet ist.

Im ausgedehnten Flachland zwischen Ostsee und Ural nimmt die Temperatur im Januar nach O, im Juli nach NNW ab. Wegen der vorwaltenden westlichen Winde ist die Ostküste der Ostsee in manchen Beziehungen — mildere Januare, herbstliches Regenmaximum, stärkere Bewölkung — ozeanischer als Schweden. Aber landeinwärts von da nimmt das Klima schnell einen kontinentalen Charakter an, wenn auch durch die großen Seen zunächst etwas gemildert.

Im Bereich der Schwarzerde ist der regenreichste Monat noch, wie in den südrussischen Steppen, der Juni; in Nordrußland und Finnland aber, außer dessen Westküste, ist es Juli oder August, und am Eismeer der September. Dagegen ist im Norden der Juni oder Juli, im Süden der August der am wenigsten bewölkte Monat; der Unterschied zwischen dem trüberen Norden und dem heiteren Süden in den Monaten August bis Oktober ist darin der hervorstechendste Zug. In Zentral- und Westrußland ist die mittlere Bewölkung ungefähr wie in Deutschland, Jahresmittel etwa $^2/_3$, der Sommer ist etwas heiterer, wenig über $^1/_2$ bewölkt, November und Dezember mindestens so trübe wie bei uns, $^8/_{10}$. Am Ural sind sie es weniger, aber die Sommermonate auffallend bewölkt, über $^6/_{10}$.

Charakteristisch für das boreale Klima und sehr wichtig für Rußlands Wirtschaft ist das alljährliche Gefrieren der Gewässer und das Frühlingshochwasser der Ströme, eine Folge der langen winterlichen Anhäufung des Schnees. Die mittlere Dauer der Eisbedeckung des Flusses ist in Archangelsk 190, Petersburg 147, Moskau 140, Riga 120, Kiew 100 Tage. Die Newa hat einen doppelten Eisgang, da das Eis im Ladogasee später aufbricht, als im Flusse selbst. Die mittleren Termine des Auf- und Zugangs sind bei Petersburg 24. November und 21. April, bei Archangelsk 5. November und 13. Mai. Die Wolga gefriert von der Kama bis Zarizyn etwa 3 Wochen später als die kleinen Flüsse der Umgebung, der Eisgang im Herbst auf ihr dauert oft einen Monat. Im Mai steigt sie bei Samara im Mittel mehr als 8 m über Mittelwasser, noch bei Astrachan $2^1/_4$ m; das niedrige linke Ufer wird bis zu 40 km weit überschwemmt.

Kapitel 15

Die Klimate der Polarzonen

§ 59. Allgemeines über die Klimate jenseits der Baumgrenze

Als Grenze der polaren Klimate (*E*) haben wir die Isotherme 10° des wärmsten Monats genommen, die auf den Festländern ungefähr mit der Baumgrenze zusammenfällt. Ihre durchschnittliche Lage im Meeresspiegel ist auf der nördlichen Halbkugel etwa beim Polarkreis, auf der südlichen aber, wo wegen der überwiegenden Meeresbedeckung die jährliche Schwankung der Temperatur viel geringer ist, etwa unter 50° Breite. Die Winterkälte ist auf den großen Festländern des Nordens außerhalb dieses Gebiets teilweise noch bedeutend stärker, aber die warmen Sommer geben jenen Binnenländern mit ihren großen

Waldungen doch einen weit weniger von unserer mitteleuropäischen Landschaft abweichenden Charakter, als ihn die Gebiete jenseits obiger Grenzen aufweisen, in denen ein Sommer in unserem Sinne fehlt; und auch die menschlichen Existenzbedingungen sind den unseren ähnlicher.

Astronomisch liegt die Sache freilich anders, als klimatisch; denn da erscheint der monatelange Wegfall aller Sonnenstrahlung im Winter als der hervorstechendste Unterschied der Polarzonen gegen niedere Breiten und zeigt sich die Strahlungsmenge im Laufe eines Hochsommertags, wenn keine Atmosphäre da wäre, als etwa gleich groß von 30° Br. bis zum Pol, größer als am Äquator. Aber schon die Zwischenschaltung der Atmosphäre ändert dies Verhältnis ganz erheblich; und dann können die schwachen Strahlen der Polarsonne auch im Sommer, trotz ihrer ununterbrochenen Dauer, darum die Lufttemperatur wenig erhöhen, weil sie nicht nur sehr schräg einfallen, sondern zum großen Teil auf Eis und Schnee fallen und hier teils reflektiert, teils als Schmelzungswärme verbraucht werden.

Obwohl in den Polargebieten die Menge des atmosphärischen Niederschlags, wegen der Dampfarmut der Luft, nur klein ist, hält sie, weil er fast nur als Schnee fällt, der sich während des langen Winters ansammelt, nicht nur den Boden während des größten Teils des Jahres unter einer Schneedecke, sondern genügt sie sogar, wo Gebirge ist, zur Bildung von Inlandeis, das den Überschuß des Niederschlags über Ablation und Verdunstung in Form von Gletschern zum Meere abführt. Ihre abbrechenden Enden schwimmen in der wärmeren Jahreszeit als Eisberge davon, eine große Gefahr für die Schiffahrt bildend. Dennoch liegt, offenbar eben wegen der geringen Niederschlagsmenge, die Grenze des ewigen Schnees in den hohen Breiten im allgemeinen bei niedrigeren Sommertemperaturen, als in den gemäßigten Zonen. Selbst in Nordgrönland, Spitzbergen und Nowaja Semlja erreicht sie nicht den Meeresspiegel; in der Antarktis, wo die Firn- und Eisdecke meist bis zum Meere reicht, finden sich dennoch am Rande im Sommer vereinzelte apere Stellen, wo der Wind die Anhäufung des Schnees behindert hatte.

Daß die Baumgrenze, obwohl sie von Gewächsen ganz verschiedener Familien gebildet wird, sich so auffallend an die Isotherme von 10° des wärmsten Monats anschmiegt, während niedrigere Gewächse, z. T. derselben Familien und z. T. ebenfalls mit holzigen Stämmen, weit darüber hinausgehen, hat wohl seine Ursache in der Verteilung der Wärme an der Bodenoberfläche. In Zeiten, da die Sonne ohne unterzugehen scheint, erwärmt sich diese, auch wo in wenigen Dezimetern Tiefe der Boden gefroren ist, oft bei Lufttemperaturen von 5—10° auf 20° und darüber und zeigt auch die zwischen den Blättern stagnierende Luft bedeutend erhöhte Temperatur. Besonders sind es die besonnten Abhänge, die aus diesem Grunde, aber auch wegen des Abfließens des Schmelzwassers, in der Tundra sich durch reicheren Pflanzenwuchs auszeichnen. Auf Nowaja Semlja z. B. gleichen die ebenen Flächen einer Wüste, der geneigte Boden am Fuße der Berge aber, wo er nicht von Schnee oder Geröll eingenommen ist, zeitweise einem Garten. Zu dieser größeren Erwärmung im Sommer tritt noch der Schutz hinzu, den die Schneedecke den niedrigeren Gewächsen im Winter namentlich vor den mechanischen Wirkungen des Windes gibt.

Da Ackerbau jenseits der Baumgrenze wegen der geringen Sommerwärme völlig unmöglich und selbst ein dürftiger Gemüsebau fast ausgeschlossen ist, so ist die Existenz des Menschen, von dem aus anderen Zonen versorgten abgesehen, in diesen Gebieten nur entweder auf den Ertrag des Meeres oder die Jagd auf Pelztiere oder — fast nur in der Nähe der Baumgrenze — auf Viehzucht gegründet. Seit der „Kulturmensch" in diese Regionen gedrungen ist, hat er durch Massenvernichtung der größeren Tiere und durch den Alkohol die Lebensbedingungen der einheimischen Bevölkerung sehr verschlechtert, wo nicht die Regierung oder Missionen die Eingeborenen geschützt haben. Auf der südlichen Halbkugel freilich war dieses Gebiet überhaupt unbewohnt, von der äußersten Südspitze Amerikas abgesehen.

Der kurze Sommer wird in der Tundra, soweit nicht starke Seewinde sie vertreiben, noch durch furchtbare Mückenplage verdorben, die dieses Gebiet freilich mit einem großen Teil des borealen Klimas gemeinsam hat.

Das Meer — in diesen Breiten die Hauptquelle alles organischen Lebens — ist einen beträchtlichen Teil des Jahres mit Eis bedeckt, das freilich durch Stürme und Strömungen in Bewegung gehalten wird. Wo es in Buchten in Ruhe ist, gibt die Formel $D^2 = 3T$ ein ziemlich annäherndes Bild vom jeweiligen Eiszuwachs, worin D die Eisdicke in Zentimetern und T die Summe der Tagestemperaturen seit Beginn der Eisbildung ist, in Celsiusgraden vom Gefrierpunkt des Meerwassers abwärts gezählt.

§ 60. Die Arktis (Tab. 62)

Das Nordpolargebiet weist innerhalb der Juliisotherme von 10° sehr verschiedene Wintertemperaturen auf. Die warmen Gewässer des Nordatlantischen Ozeans bringen selbst Jan Mayen und der Bäreninsel ein Januarmittel von — 8 bis — 10°, wie das Nordufer des Kaspischen Meeres es hat; aber in derselben Breite hat die Lenamündung ein solches von etwa — 40°, das 6° südlicher und landeinwärts gelegene Werchojansk hat selbst ein solches von — 50°, aber schon viel wärmeren Sommer (Juli 15°) und liegt im borealen Waldgebiet. Im amerikanischen Polararchipel finden wir in dieser Breite Januar — 36°, Juli 3°.

Island, das an der Grenze unseres Gebiets liegt, bekommt die Wärme des Atlantik aus erster Hand. Der Winter an seiner Südküste ist durchschnittlich nicht kälter, als der von Hamburg, aber freilich nicht nur viel stürmischer, sondern auch viel veränderlicher von Jahr zu Jahr. In Stykkisholm an der Westküste war das Märzmittel 1856 + 4,5°, aber 1881 — 13,6°. Das hängt von der wechselnden Druckverteilung ab, die einmal milde südliche, ein andermal kalte nördliche Winde herrschen läßt. Erstrecken sich letztere auch auf den Sommer, so wird Island, besonders die Nordküste, von ungeheuren Eisanhäufungen belagert. Das sind Unglücksjahre für Island, das Vieh kommt aus Futtermangel um und selbst die Zufuhr von Lebensmitteln von außen wird durch die Eisblockade erschwert. Aber der auffälligste Begleiter dieser Temperaturerniedrigung, das Treibeis, ist nicht deren Ursache, sondern nur durch die gleiche Ursache wie sie, nämlich die Nordwinde, herbeigeführt.

Island ist auf der Juliisotherme 10° gelegen, und da das Innere, soweit es tief liegt, etwas wärmere Sommer hat als die Küste, so findet sich in geschützten Tälern etwas Baumwuchs, östlich vom Eijafjord auch ein Birkenwäldchen. Selbst an der Südspitze von Grönland ist dies der Fall. Immerhin muß man beide Länder als jenseits der Baumgrenze gelegen betrachten, aber Island weniger als Tundra, denn als Wiesenland.

Entsprechend dem ozeanischen Klima ist in Island die Bewölkung und Niederschlagsmenge größer, als wohl in allen andern Teilen des Nordpolargebiets — erstere während des ganzen Jahres 6—8, letztere etwa 1 m; und da dieser am meisten in den Wintermonaten fällt, ist die Schneemenge trotz des warmen Winters groß und müssen für das Vieh (Schaf- und Pferdezucht) Heuvorräte gesammelt werden, die bei spätem Frühjahr versagen. Reykjavik hat durchschnittlich 91 Tage mit Schneefall.

Da Island zwar recht im Bereich der häufigsten Bahnen barometrischer Minima, aber schon nördlich vom Gebiete durchschnittlich niedrigsten Druckes liegt, so finden wir auf ihm statt der vorherrschend westlichen Winde Mitteleuropas veränderliche, aber überwiegend nordöstliche Winde.

Noch viel ausgeprägter ist die Vorherrschaft nördlicher oder östlicher Winde in Grönland, Spitzbergen und Franz-Josefs-Land, doch je nach der Lage zum wärmeren Wasser verschieden, über dem durchschnittlich der niedrigere Luftdruck liegt. Über dem festen Lande liegen hier das runde Jahr hindurch mit wenig Unterbrechungen Antizyklonen, aus denen die Luft ringsherum mit der bekannten Ablenkung herausfließt. Aus Grönland, dessen Inneres vollständig unter Inlandeis von unbekannter Mächtigkeit begraben ist, strömt die Luft nach allen Seiten ab, zugleich im Osten anhaltend aus nördlicher Richtung wehend; längs seiner Ostküste treibt deshalb das Eis in breitem Strom nach Süden und macht diese noch bis etwas westlich von Kap Farvel (Julianehaab) schwer zugänglich.

An der Westküste treten die aus dem hohen Innern kommenden Ostwinde nicht selten als trockene und warme Föhnwinde auf, die im Winter die Temperatur um 12—20° über das Mittel erhöhen

Daß in der Mitte der Antizyklone, welche Grönland bedeckt, Windstillen vorherrschen, zeigt die Lockerheit der Schneedecke die dort bei den Durchquerungen gefunden wurde, im Gegensatz zu der festen Decke der Randteile, wo der beständig wehende Wind den Schnee in einem fortwährenden Schneetreiben bis zu $^1/_2$ oder 1 m Höhe über dem Boden umlagert und festmacht

Der Schneefall ist in Südgrönland beträchtlich, über 1 m, aber im Norden so gering (10—25 cm), daß dessen Nordrand vom Binneneis frei bleibt und hier, kaum 8° vom Pol entfernt, kleine Herden von Moschusochsen ihr Dasein fristen.

Auch auf Spitzbergen gibt es wilde Renntiere, trotzdem hier, wegen der Nähe der warmen Meeresströme neben 31 Regen- und 112 Nebeltagen 204 Schneetage im Jahre gezählt wurden (im Eisfjord); aber die Fälle sind auch hier so wenig ergiebig, daß im ganzen Jahr nur 19 cm Niederschlag gemessen wurden. Der kurze Sommer, in dem Moose, Gräser, Steinbrecharten usw. die Halden mit einem grünen Schimmer bedecken, läßt die im Frühling spindeldürren Tiere eine Speckschicht ansetzen. Dichte nasse Nebel sind im Sommer außerordentlich häufig, die mittlere Bewölkung, im Winter 6, steigt im Sommer auf 8. Immerhin beträgt die Zahl der Stunden mit Sonnenschein 900 bis 1500 im Jahr. Ähnlich verhält sich die Bewölkung auf Franz-Josef-Land. Auf der Trift der Fram 1893—1896 war der Unterschied noch größer: Sommer 8,7, Winter nur 3,9. Die Monate Mai bis September hatten je 20, November bis Februar nur je 8—11 Niederschlagstage; der Juli hatte 20 Nebeltage, Dezember bis Februar keinen einzigen.

Die Europäische Eismeerküste wird noch von den Ausläufern des „Golfstroms" geheizt und hat einen verhältnismäßig milden, stürmischen Winter. Die Sibirische Küste aber, die während des größten Teils des Jahres fest mit Eis belegt ist, nimmt im Winter an der extremen Strahlungskälte des benachbarten Festlands teil, die hier durch Wind unangenehm verschärft wird. Die ungeheuren Massen relativ warmen Wassers, welche die sibirischen Ströme im Anfang des Sommers herabbringen, reichen nicht hin, um ihre Mündungen sicher zugänglich zu machen. Die Hoffnungen, die man auf einen Dampferverkehr von Europa nach dem Jenissej setzte, wurden in manchen Sommern getäuscht, weil sich die Eismassen, je nach den jeweils herrschenden Winden, in dem einen oder anderen Teile des Karischen Meeres gestaut hatten.

Der Eintritt des Sommers im Norden Sibiriens ist eine großartige Erscheinung. Trotzdem der Jenissej unter dem Polarkreis 5 km breit ist, hebt gegen Ende Mai sein steigendes Wasser die Eisdecke täglich um fast 2 m, und trotzdem es sie aufbricht und mit einer Geschwindigkeit von 160 km am Tage hinabtreibt, dauert es 14 Tage, bis der Strom eisfrei wird, wobei der Fluß 21 m über seinen Winterstand steigt. Zugvögel erscheinen in unglaublicher Menge, und fast plötzlich befindet man sich im heißen Sommer, inmitten einer Menge blühender Blumen. Freilich ist man auch dann, namentlich an der Küste, selbst im Juli, vor plötzlichen heftigen Schneestürmen nicht sicher. Die Dauer der Eisdecke auf dem Jenissej beträgt durchschnittlich unter 61° Breite 178, unter $66^1/_2$° 219, unter $70^1/_2$° 253 und an der Mündung unter 72° Breite sogar 295 Tage. Dadurch, daß das Eis im Oberlaufe früher aufbricht, finden riesige Eisstauungen statt.

Der Sommer ist an der Küste feuchtkalt, viel kälter als im Innern. Er ist bald durch Nässe und Wind, bald durch Mückenschwärme unangenehmer als der Winter, z. B. an der Lenamündung. Man friert dann mehr als im Winter, dessen gewaltige Fröste sich, soweit sie ohne Wind stattfinden, leichter ertragen lassen, als man denkt.

Das Beringsmeer übt einen stark abkühlenden Einfluß auf seine Küsten im Sommer aus, die deshalb baumlos sind. Etwas weiter ins Innere beginnen auf derselben Breite auf der asiatischen wie auf der amerikanischen Seite hochstämmige Wälder. Aber auch die Südküste der Halbinsel Alaska ist vor deren Nordküste sehr bevorzugt, bedingt durch die größere Wärme der Gewässer des Stillen Ozeans. Auch hier scheint annähernd die Juliisotherme von 10° den Unterschied hervorzubringen. Im Südosten der schmalen Halbinsel Wald, in dem Kolibris bis 60° Br. vordringen; an ihrer NW-Seite Tundra, und ein eisiges Meer, in dem die Walrosse bis $52^1/_2$° Br. hinabsteigen. Auf der Taf. IV des I. Teiles dieser Klimakunde sieht man, wie östlich von da die 10°-Isotherme steil bis über 68° Br. hinaufgeht, und ungefähr ebenso tut es die Baumgrenze.

Weiter im Osten aber sinken beide Linien, durch die Kälte der Gewässer um Grönland bedingt, schnell herab und erreichen an der Küste von Labrador ihre tiefste Breite auf der Nordhalbkugel. Hier macht sich wiederum der Gegensatz zwischen Küste und Binnenland sehr bemerkbar. Die äußere Küste hat bis 55° Br. ganz arktischen Charakter. Aber an den tief eingeschnittenen Fjorden beginnt schon 20—30 km landeinwärts schöner Waldwuchs.

Vom Nordamerikanischen Archipel besitzen wir Kunde durch viele Überwinterungen aus älterer Zeit durch das Suchen nach der „nordwestlichen Passage" und dann nach der verschollenen Franklinexpedition. Wenn auch seine winterlichen Temperaturmittel nicht so niedrig sind, wie in Ostsibirien, so geben seine Jahrestemperaturen denen des letzteren gar nichts nach, weil seine Sommer durchaus nicht die Wärme des Innern von Sibirien erreichen. Die „barren grounds", wie die Tundren in Amerika genannt werden, erstrecken sich über den Großen Bärensee hinaus, der den größten Teil des Jahres zugefroren ist.

Eine Mitteltemperatur des Juli unter 0° ist am Meeresspiegel auf der Nordhalbkugel noch nicht nachgewiesen (auf der Framtrift Juli 0,1°), aber für die nächste Umgebung des Pols wahrscheinlich. Auf dem hohen Binneneise Grönlands liegt sie weit darunter, auf der Route von Koch und Wegener 1913 z. B. schätzungsweise zwischen —15 und —20°.

§ 61. Die Antarktis (Tab. 63)

Unser Wissen von der südlichen Polarzone stammt fast ganz aus sehr neuer Zeit, da erst seit 1898 eine Reihe von Expeditionen dort Überwinterungen ausgeführt haben, darunter zwei deutsche; doch gehört auch die deutsche auf Südgeorgien 1882/83 hierher, weil dieses, trotzdem es in der geogr. Breite von Schleswig liegt, schon ganz in diesem Gebiet ist (wärmster Monat nur 5°). Die Ausdehnung der Klimate *E T* und *E F* unseres Schemas ist also hier viel größer, als auf der Nordhalbkugel. Man vergleiche nur die Isothermenkärtchen Taf. III und IV! Näher zum Südpol hat sich ferner sehr viel Merkwürdiges enthüllt.

Die von 30—60° S. Br. herrschenden Westwinde werden jenseits von 60° teils durch Ostwinde, teils durch mehr lokale Winde ersetzt; in großen Höhen herrschen vielleicht die westlichen Winde bis zum Pol.

Der ganz ozeanische Charakter der höheren Breiten der Südhalbkugel findet etwa am Polarkreis ziemlich plötzlich ein Ende, es zeigt sich ein ausgedehntes, völlig von Binneneis bedecktes Festland, das in seinem inneren Teile gewaltige Höhe erreicht. Seine mittlere Seehöhe sogar wird von Meinardus auf Grund der jahreszeitlichen Verschiebung der Atmosphäre zu mindestens 2000 m berechnet. Damit stellt sich denn auch schon an den Rändern dieses Festlandes eine Winterkälte ein, wie sie kontinentalem Klima zukommt; nicht aber auch die Sommerwärme wie auf der nördlichen Halbkugel, vielmehr ist der Sommer mehr als ozeanisch kalt, trübe und stürmisch. Das entspricht unserem Temperatursatz 6 auf S. 48 des I. Teiles. Zusammen mit einer außerordentlich großen Veränderlichkeit der Temperatur bringt dies die Sonderbarkeit hervor, daß die höchsten und niedrigsten Temperaturen hier zu irgendeiner Jahreszeit eintreten können. Zu Snowhill (64,4 S 57,0 W) wurde in zweijährigen Beobachtungen die höchste Temperatur mitten im Winter, am 5. August 1903, abgelesen (9,2°), und die tiefste fast am selben Tage des Vorjahres (— 41,4°). Das ist freilich ein extremer Fall. Die Stationen am Roßmeer zeigen besser ausgeprägte Jahresschwankung, z. B. Mac Murdo Sund im fünfjährigen Mittel Dezember — 3,9, Juli — 25,9. Doch ist diese nur der untersten Luftschicht eigen, aufwärts nimmt sie nach Drachen- und Ballonaufstiegen rasch ab.

Es liegt über der Antarktis im Winter fast ständig eine starke Temperaturinversion — durchschnittlich 7° —, die Temperatur nimmt vom Meeresspiegel bis etwa 800 m zu, um dann langsam abzunehmen; im Sommer besteht langsame Temperaturabnahme von unten an.

Diese Verwischung der Jahreszeiten und die fortwährenden, auch den Sommer nicht verschonenden Schneestürme sind es, die dem Südpolargebiet in seinen randlichen Teilen den Charakter geben. Der Sturm bricht meist plötzlich los, begleitet von starkem Schneetreiben und Temperaturerhöhung; er weht darauf bis zu mehreren Tagen in äußerst heftigen Stößen. Sowohl seine vergleichsweise Wärme als sein böiges Wehen erklären sich dadurch, daß der obere Wind die untere kalte Bodenschicht stoßweise beseitigt (vgl. S. 100).

Diese Stürme rasen besonders am Eisrande. Auf dem Meere in der Nähe scheint das Wetter ruhiger zu sein, um so mehr im Innern des Festlandes, im Kern der Antizyklone. Von seinem inneren Teil wissen wir bis jetzt nur das Wenige, was einige Sommerreisen ergeben konnten.

Kapitel 16

Die Klimate der Weltmeere

§ 62. **Beobachtungen auf Schiffen** (Tafel IX)

Das meteorologische Beobachtungsmaterial von den Weltmeeren besteht neben den Aufzeichnungen von Stationen auf ozeanischen Inseln in den von einigen großen Beobachtungssystemen organisierten und gesammelten Schiffsbeobachtungen, hauptsächlich von deutschen, englischen und holländischen Schiffen. Die Hauptmasse dieses wertvollen Materials bilden die freiwillig alle 4 Stunden — am Ende jeder Wache — angestellten Beobachtungen auf Segelschiffen der Handelsmarine. Die Ergebnisse sind in zahlreichen Veröffentlichungen niedergelegt, so namentlich in 3 Atlanten und 3 großen Segelhandbüchern der Deutschen Seewarte für die 3 Weltmeere. Die Beobachtungen selbst liegen zum größten Teil handschriftlich in den Archiven der Institute zu Hamburg, London und De Bilt. Da $^7/_{10}$ der Erdoberfläche von Wasser bedeckt sind, so wird eine zutreffende Erfassung der großen Züge des Klimabildes der Erde erst durch Hinzuziehung der Schiffsbeobachtungen möglich.

Die Beobachtungen auf fahrenden Schiffen unterscheiden sich in vielen Hinsichten von denen auf einer festen Station. Manche Fragen, wie die nach der Schwankungsweite von Temperatur und Luftdruck im Laufe des Tages, Monats und Jahres oder über die Schnelligkeit von deren Änderungen sind aus ihnen überhaupt nicht direkt zu beantworten. Auch ist ihre Genauigkeit durchschnittlich geringer als die der Landbeobachtungen. Dafür besitzen sie zwei große Vorzüge vor diesen: 1. da die Beobachtungen von jeder Reise „Stichproben" aus andern Wetterlagen bringen, so gehören zur Gewinnung eines annähernd richtigen Mittelwerts für eine Gegend weit weniger Beobachtungen, als in der Beobachtungsreihe einer Landstation, die leicht aus einem abnormen Jahrgang stammen kann. D. h. das Mittel aus 90 Schiffsbeobachtungen hat einen viel kleineren wahrscheinlichen Fehler, als es, wegen der Erhaltungstendenz, das Mittel der üblichen täglich dreimaligen Beobachtungen eines Monats auf einer Landstation hat. Abgesehen davon, daß rein örtliche Einflüsse auf dem Meere wegfallen und namentlich die Angaben über Wind dort weit höheren Wert haben. 2. Der zweite Vorzug der Schiffsbeobachtungen liegt im Wegfall des „persönlichen Fehlers", wo wir mit dem Mittel aus den Aufzeichnungen vieler Beobachter zu tun haben. Daher sind wir auf dem Meere auch über die räumlichen Unterschiede der Windstärke und der Nebelhäufigkeit gut unterrichtet, die auf dem Lande wegen der völlig verschiedenen Schätzungen der verschiedenen Stationsbeobachter ganz unsicher bleiben.

Während auf dem Festlande Lufttemperatur und Niederschläge die wichtigsten und am besten bekannten Witterungselemente sind, ist dies auf dem Meere der Wind, besonders für den Segelschiffer. So wollen wir denn auch mit diesem unsere Betrachtungen beginnen.

Die mittlere Richtung des Windes im Januar und Juli findet man in ihren Hauptzügen auf den Kärtchen Taf. V und VI dieser Klimakunde zusammen mit der mittleren Verteilung des

Luftdrucks dargestellt; die enge Verknüpfung zwischen Wind und Druckverteilung, die durch das barische Windgesetz (s. oben S. 57) ausgesprochen ist, machen diese Vereinigung zweckmäßig. Wir erkennen darauf die Gebiete der Passate (vgl. S. 59) und der Monsune (S. 63), und bei genauerem Zusehen auch die Verschiebung der ersteren und die Umwendung der letzteren vom Januar zum Juli. Eine genauere Darstellung dieses jahreszeitlichen Wechsels, der sich ziemlich mannigfaltig abspielt, bietet die am Schluß folgende Weltkarte Taf. IX.

In ihr sind die Windgebiete der Weltmeere durch je zwei Buchstaben charakterisiert, deren erster auf den Januar, der zweite auf den Juli sich bezieht; zur genaueren Unterscheidung sind ihnen kleine Indexbuchstaben und Ziffern beigegeben. Deren Sinn ist in der „Erläuterung" angegeben. Zum besseren Überblick sind zwar auch die Festländer in die Darstellung mit einbezogen, jedoch nur für die größten Züge; im einzelnen sind deren Windverhältnisse allzu verwickelt.

Der hervorragendste Zug im ganzen Bilde sind die Passate (*P*). Dort, wo sie in beiden Jahreszeiten wehen, ist in der Karte die mittlere Windrichtung des Jahres durch Strömungslinien (die langen Pfeile) eingezeichnet, durch graphische Mittelung gewonnen. In den übrigen Gebieten ist auf die Darstellung einer mittleren Windrichtung verzichtet, weil sie dort weniger oder wenig Realität hat, wenn sie auch ihr Lehrreiches besitzt. Aus der Verbreitung der *P*-Zeichen erkennt man aber, daß die Passatgürtel über diese engen Streifen ständigen Passats im Januar nach Süden, im Juli nach Norden weit hinausreichen.

Die starken Linien sind die Grenzen der je 6 Hauptwindgürtel jeder Halbkugel. Dazu kommen das Monsungebiet mit Sommerwinden vom Ozean (*O*) und die Hochländer (*H*), die in atmosphärische Schichten mit wesentlich anderer Druckverteilung hinaufragen. Die gestrichelten Linien geben die Unterabteilungen an.

Die Buchstaben zur Bezeichnung sind so gewählt, daß sie der im § 30 angegebenen Klimaformel ohne Störung, wo dieses wünschenswert erscheint, angeschlossen werden können.

In der Anordnung der Windgebiete treten uns zwei verschiedene Typen entgegen: der atlantische Typus, der sich im östlichen Teil des Stillen Ozeans wiederholt, und der indische Typus, dem außer dem Indischen auch der Westen des Stillen Ozeans angehört.

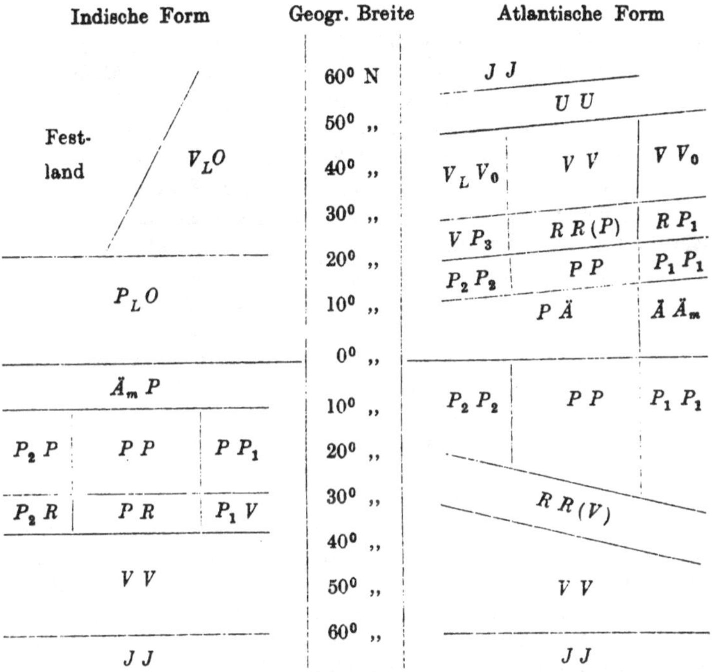

Wo der Passat durch die Ausbreitung des Windsystems der jeweils winterlichen Halbkugel über den Äquator hinüberweht, geschieht dies teils ohne wesentliche Ablenkung (P_a), teils unter Umwendung desselben durch die Wirkung des entgegengesetzten Drehungssinns auf der andern Erdhalbkugel zu einem Monsun mit westlicher Komponente ($Ä_m$).

Die Passate reichen nur 1—3 km hoch und sind hauptsächlich auf den Ozeanen entwickelt; dort wehen sie Tag und Nacht mit geringfügigen Unterbrechungen. Auf den Festländern treten sie fast nur am Tage, aber dann z. T. mit großer Kraft auf, wenn durch die Erhitzung der untersten Luftschicht starker Luftaustausch mit den höheren Schichten bewirkt und dadurch deren stärkere Luftbewegung heruntergeholt wird.

Die beiden Hochdruckgürtel, zwischen denen die Passate wehen, ziehen sich im Sommer der betreffenden Halbkugel zu rundlichen Gebieten auf den Ozeanen zusammen, die von den Passaten umbogen werden; diese zeigen dann im Osten des

Atlantischen und des Stillen Ozeans je ein Gebiet mit P_1 = Passat aus hochpolarer Richtung auf jeder Halbkugel, ebenso im Osten des südlichen Indischen Ozeans. In geringerem Maße zeigt sich dieser Drucküberschuß auf dem Ozean an den Westküsten der Kontinente indessen auch im Winter, so daß wir auf kleineren Gebieten die Windformel als P_1P_1 verzeichnet finden.

Aus der hochpolaren Richtung an ihrer Wurzel biegen die Passate, der Krümmung der Isobaren entsprechend, nach ihrem Ende zu in eine annähernd rein östliche (P_2) oder sogar vom Äquator fortgewandte Richtung (P_3) um. Auf dem südlichen Stillen Ozean geschieht dies nicht, wie auf den andern, erst in der Nähe des westlichen Randes vom Ozean, sondern schon bei den Niedrigen Inseln, während weiter westlich nach den Tonga Inseln zu der Passat, namentlich im Südwinter, wieder eine ziemlich südliche Richtung zeigt.

Da die Mallungen zwischen beiden Passaten nicht überall und nicht zu allen Jahreszeiten in den gleichen geographischen Breiten liegen, so sehen wir auf der Karte in einem ziemlich breiten Gürtel längs der Nordgrenze des Südostpassates mannigfaltige Kombinationen von $Ä$ und $Ä_m$ mit P, P_2 und P_1, je nach der Jahreszeit. Doch erreicht der Passat nirgends in diesem Gürtel die Frische wie im Kern seines Gebiets. An der Nordseite wird dieser Gürtel begrenzt auf dem Stillen und Atlantischen Ozean durch den Gürtel des dauernden Nordostpassates, auf dem Indischen aber, wie auch am Westrande des Stillen, durch das Gebiet des Südwestmonsuns.

Die Gürtel höheren Luftdruckes an den Polargrenzen der Passate — in den „Roßbreiten" — mit ihren veränderlichen, meist schwachen Winden ändern im Laufe des Jahres etwas ihren Ort, namentlich im nördlichen Stillen Ozean und in der Nähe der Festländer. Dadurch ergeben sich schon auf den Ozeanen zwei ziemlich breite Randstreifen der Passatzone, in denen entweder eine Jahreszeit den Typus R, die andere einen P- oder V-Typus aufweist oder der Passat an seiner Wurzel durch vorwiegend westliche Winde im Winter ersetzt wird (Kalifornien [VP], Kap und Südwest-Australien [PV]).

Die weiten Gebiete im Innern der Festländer der Nordhalbkugel zwischen den Passaten im S und den westlichen Winden im N, mit lokal, namentlich durch Gebirge, beeinflußten Winden sind auf der Karte zu diesem Gürtel geschlagen. Sie haben im Winter hohen, im Sommer niedrigen Luftdruck.

Ein eigenartiges Zwischending zwischen dem Passat P und den veränderlichen westlichen Winden V finden wir im östlichen Mittelmeer, dem Roten Meer und Persischen Golf entwickelt, insofern hier im Sommer ziemlich beständige nordwestliche Winde wehen (V_p). Sie sind durch die Ausbildung des sommerlichen Niederdruckgebietes über Iran bedingt und bilden daher einen Übergang zum großen Monsungebiet Süd- und Ostasiens.

Durch den starken jährlichen Temperaturwechsel des großen Asiatischen Festlandes werden die tellurischen Windgürtel, die wir so schön ausgebildet auf dem Atlantischen Ozean sehen, im Sommer hier aufgehoben; Winde vom Ozean ersetzen dann in Südasien den Passat und in Ostasien die Westwinde. Im Winter dagegen unterstützt der dann höhere Druck auf dem Lande den Passat im Süden und die Westwinde im Norden, freilich unter Ablenkungen (P_L und V_L der Karte). Daß in Indien trotzdem der „Nordostmonsun" des Winters ein schwacher Wind ist, muß der Himalaya-Mauer zugeschrieben werden; auf der China-See ist er der weitaus stärkere, während im Arabischen Meer der Südwestmonsun des Sommers stürmisch weht. Bis in die Nähe vom Äquator erstreckt sich übrigens der erwähnte winterliche Überdruck auf dem Lande nicht mehr. Wir finden vielmehr an der Westküste von Vorderindien im Januar Nordwinde vorherrschend.

Die Gürtel veränderlicher Winde (V) in beiden gemäßigten Zonen sind hauptsächlich auf dem Ozean und vor allem auf der südlichen Halbkugel entwickelt. Sie haben auf ihrer Äquatorseite den durchschnittlich hohen Luftdruck der „Roßbreiten", auf der polaren Seite die Gebiete niedrigsten und veränderlichsten Barometerstandes, den Tummelplatz der wandernden barometrischen Minima. Da die letzteren überwiegend von West nach Ost sich bewegen, so herrscht in diesen Gürteln das „Dovesche Drehungsgesetz", indem die Winde sich vorwiegend „mit der Sonne" der betreffenden Halbkugel ändern, von Süd durch West nach Nord auf der nördlichen, von Nord durch West nach Süd auf der südlichen.

Durch die Verteilung von Land und Meer sind diese Winde mehr oder weniger dahin beeinflußt, daß sie im Winter mehr vom Lande kommen (V_L), im Sommer mehr vom Ozean (V_0).

Über die Orkane findet man einige Angaben auf S. 66.

In den J-Gebieten jenseits der Gürtel niedrigsten Luftdrucks sind teils östliche, teils lokale vom Lande kommende

Winde vorherrschend. Auf der südlichen Halbkugel liegt deren Nordgrenze etwa bei 60° S. In den Grenzräumen *U* gegen die Zonen der westlichen Winde herrschen unbestimmte, rasch wechselnde Windrichtungen, die auf der nördlichen Halbkugel im Winter, auf der südlichen zu allen Jahreszeiten häufig stürmisch wehen.

Die nächste Wirkung dieser Verteilung der Winde finden wir in den **Strömungen der Meeresoberfläche.** Die Passate treiben die Wassermassen westwärts und üben dadurch am Westrande des Ozeans eine stauende, am Ostrande eine saugende Wirkung aus; umgekehrt die westlichen Winde der höheren Breiten, die zwar viel veränderlicher, aber auch stärker sind. Die Verbindung zwischen diesen beiden Stücken wird durch starke gut begrenzte warme Ströme im Westen — Golfstrom und Brasilstrom im Atlantischen, Agulhasstrom im Indischen, Kuro Siwo und Australischer Strom im Stillen Ozean — gebildet, und durch ausgedehnte, langsame und mehr in die Tiefe gehende kühle Ströme im Osten, die das Wasser zum Äquator zurückbringen. Zwischen diesen großen Rundläufen jeder Halbkugel findet im Stillengebiete am Äquator auch ein direktes Abströmen vom Staugebiet im Westen zum Sauggebiet im Osten statt: die nach Ost gerichtete sog. Äquatorial-Gegenströmung zwischen beiden Passaten.

Neben diesem horizontalen Strömungssystem findet an den Küsten mit Sog ein Emporsteigen kalten Tiefenwassers statt, das in seinen Wirkungen sich von kalten Strömungen schwer unterscheiden läßt. Da die Strömung durchschnittlich auf der nördlichen Halbkugel nach rechts, auf der südlichen nach links vom Wind abweicht, kann auch ein Wind, der in geeigneter Richtung längs der Küste weht, saugend wirken.

Die Lufttemperatur wird vor allem von der Temperatur der Unterlage und vom horizontalen Lufttransport bedingt. In geringerem Maße wirken die dynamischen Temperaturänderungen bei Auf- und Absteigen und die Absorption und Ausgabe von strahlender Wärme mit. Da 1 cbm Wasser ungefähr 3000mal größere Wärmekapzität hat, als 1 cbm Luft, so paßt sich die Temperatur der untersten Luftschicht sehr schnell jener der Wasseroberfläche an und beträgt der Unterschied sehr selten mehr als 5°. Im allgemeinen Durchschnitt ist die Luft um einige Zehntel kälter als das Wasser. Aber durch die Nachbarschaft von Festland und Luftströmungen von da, durch Meeresströmungen und aufquellendes Küstenwasser werden zeitweise und ortsweise, auch in den Mitteln, die Unterschiede weit größer.

Über Wasser, das wärmer als seine Umgebung und als die darauf lastende Luft ist — wie der Golfstrom, Kuro-Siwo, Agulhasstrom, alle besonders im Winter — herrscht regnerisches, gewitterreiches und stürmisches Wetter. Über Wasser, das kälter als die Umgebung und die Luft auf ihm ist, herrscht in warmen Klimaten Regenlosigkeit — so im Sommer über dem Mittelmeer und den Küsten von Marokko, Kalifornien, Chile, Loango — in kühleren Nebel, wie im Frühling und Sommer auf der Neufundlandbank. Selbst in niederen Breiten, wie an der Küste von Peru und von Deutsch-Südwestafrika, kann dies Verhältnis zu reichlicher und anhaltender Nebelbildung führen (vgl. oben S. 73). Wie weit dabei der Temperaturunterschied zwischen der Luft und der Unterlage direkt und wie weit er nur als Schlußglied der vertikalen Temperaturabnahme in der Atmosphäre wirksam ist, muß noch weitere Forschung lehren. Die tägliche Temperaturschwankung, die über festem Lande schnell mit der Höhe abnimmt, ist über dem Meere unten fast Null und scheint von da bis zu 500 und mehr Meter Höhe etwas zuzunehmen.

Auf unseren Karten Taf. III und IV sieht man auf beiden Ozeanen die Isothermen auf der N-Halbkugel in mittleren Breiten vom West- nach dem Ostrande fächerförmig auseinandergehen, so daß nördlich von 30° Br. im Januar und von 44° auch im Juli die Ostseite, südlich davon die Westseite die wärmere ist — ein Gegensatz, der mit der Herrschaft östlicher Winde in niederen, westlicher in höheren Breiten zusammenhängt. Auf der südlichen Halbkugel fehlen im Bereich der Westwindtrift die Festländer fast ganz; dafür ist im Passatgebiet die Kälte am Ostrande vom Atlantischen und Stillen Ozean hier sehr ausgeprägt; an dem des Indischen Ozeans ist sie kaum zu bemerken.

Diese Temperaturverhältnisse üben, wie schon angedeutet, einen sehr großen Einfluß auf die Hydrometeore aus. Deren in den §§ 21 und 22 geschilderte und durch Taf. VII erläuterte Anordnung in Regengürtel ist, mit der der Windgürtel, auf den Ozeanen besonders deutlich ausgeprägt. Wir brauchen daher hier nur wenig hinzuzufügen.

Trotzdem in den Monsungebieten die **Regen**, besonders in der Nähe gebirgiger Küsten, in augenfälligem Zusammenhang mit der wechselnden Windrichtung stehen, ist die jährliche Verteilung der Regenzeiten und Trockenzeiten in ihnen nicht viel anders, als in den gleichen Breiten in Passatgebieten (S. 78); der Windwechsel unterstützt die im § 22 besprochene Wanderung der Regenzeiten zwischen S und N, er wirft sie nicht um. Im Indischen Ozean bleibt dabei auch im Hochsommer, wenn die stärksten Regen am unteren Brahmaputra und in Tenasserim fallen, ein Gürtel sehr häufiger Regen in der Nähe des Äquators zurück; der südliche Teil des Golfs von Bengalen, in dem frischer SW-Monsun weht, hat gleichzeitig erheblich seltener Regen. Der äquatoriale Gürtel zeigt zwar dann ein Vorwalten südlicher Winde, welche Luft von der Südhalbkugel dem Monsun zuführen, aber diese sind weit schwächer und unbeständiger, als der SO-Passat im S und der SW-Monsun im N, die durch sie verknüpft werden. In diesem Gürtel verlangsamter Bewegung muß der Querschnitt des Stroms zunehmen, und dem entspricht nach dem S. 5 Gesagten, die stärkere Bewölkung und der Regenfall in ihm, als Folge der Hebung und Ausdehnung von Luftmassen.

Die räumliche und zeitliche Verteilung der **Gewitter** ist zwar derjenigen der Regen ähnlich, außer daß sie in niederen Breiten diese viel häufiger begleiten, als in den höheren; aber auch dort zeigen sich beachtenswerte Unterschiede. So hat die eigentümliche Regenzeit im Juni und Juli (im südlichen Winter) bei Pernambuco in 5—10° S Br. sehr wenig Gewitter, während in den Monaten Februar bis April bei Rio fast jeder Regentag auch Gewitter bringt. In dem Gürtel der äquatorialen Mallungen zwischen den Passaten bringen von 100 Tagen stets 80 und mehr Regen, und in den Monaten September bis Januar, während der Gürtel sich südwärts bewegt, etwa 40 Tage Gewitter, aber während seiner Nordwärtsbewegung vom April bis Juli nur 10—20 Tage. Sehr gewitterreich ist die Mitte des Indischen Ozeans am Äquator; selbst im Jahresmittel bringt hier jeder zweite Tag ein Gewitter.

Auf dem Nordatlantischen Ozean besteht nördlich von 15° N ein sehr großer Gegensatz zwischen dem stets, und besonders im Sommer, sehr gewitterarmen Osten und dem in den Monaten Juli bis September sehr gewitterreichen Westen. Westindien und das Meer bis zu den Bermudas ist im Spätsommer — der Jahreszeit der Orkane — sehr reich an Gewittern.

Ganz anders verhalten sich die **Nebel.** Wie die Gewitter auf dem Golfstrom und seinen Verwandten — dem Kuro-Siwo, Brasil- und Agulhasstrom — ihr Heim haben, so die Nebel auf den benachbarten kalten Wassern der Neufundlandbank, der Kurilen usw., sowie, wenn auch minder dicht, so doch als sehr störende Trübungen auch in niedrigen Breiten über den kühlen Küstengewässern von Peru, Loango, der Somaliküste, Marokkos und Kaliforniens; und zwar bilden sie sich hauptsächlich dann, wenn die betreffende Gegend ausgesprochen kälter als die Nachbarschaft ist, in der Nähe von festem Lande daher vorwiegend im Frühling und Sommer. Im scharfen Gegensatz zum Lande, wo die Jahreszeiten der Nebel, in höheren Breiten, Herbst und Winter sind. Dieser Gegensatz ist in den schottischen Fjorden, nach den Beobachtungen auf den Leuchttürmen, selbst auf Entfernungen von nur 10—20 km sehr ausgesprochen: die innersten Teile haben Winternebel, die äußeren Sommernebel. Allgemein scheinen auf der Mitte des Ozeans Nebel sich seltener zu bilden, als in der Nähe der Küsten.

Neben dieser Bildung von Nebel über kaltem Wasser in wärmerer, durch die Berührung erkaltender Luft, findet sich in hohen Breiten häufig auch die umgekehrte Erscheinung, die Bildung von Nebelschwaden in kalter Luft über warmem Wasser (des sog. Frostrauchs). Besonders über offenen Stellen im Eise kann dabei der Unterschied zwischen Wasser- und Lufttemperatur sehr groß, 30° und mehr werden.

Diese Unterschiede zwischen Landnebeln und Seenebeln sind auch für die Schiffahrt von Belang. In ruhigen klaren Nächten verhüllen oft Bodennebel das Land samt den Leuchtfeuern, während auf See der Himmel sternklar bleibt. Umgekehrt sind die Schiffe am Tage manchmal in dickem Nebel, der auf den Nebelhornstationen am Lande kaum zu merken ist. Aufspringender Seewind treibt diese Nebel aufs Land, so daß manche Küsten im Frühsommer nach klarem Morgen mittags Nebel bekommen.

Über Binnenmeeren, wie der Ostsee und dem St. Lorenzgolf tritt das Maximum der Nebelbildung statt im Sommer, wie auf größeren Meeren, schon im Frühling ein.

Die Größe der Verdunstung auf den Meeren hat man auf verschiedene Weise zu bestimmen gesucht. Überschlagswerte von Wüst lauten in Millimetern pro Tag wie folgt:

Geographische Breite:	0°	10°	20°	30°	40°	50°	60°	70°	80°
Nördliche Halbkugel:	2,5	3,1	3,0	2,5	1,8	1,0	0,3	0,2	
Südliche Halbkugel:	2,9	3,1	2,9	2,3	1,5	0,6	0,2	—	

Eine durchschnittliche Verdunstung von 2,2 mm täglich entspricht einer solchen von etwa 80 cm jährlich; und da hierin, im Gleichgewichtszustand, auch die dem Meere durch die Flüsse zugebrachte Wassermenge mit enthalten ist, so muß die jährlich auf die Meere fallende Regenmenge im Durchschnitt noch weniger als 80 cm betragen.

Die Berechnung über den Wasserhaushalt der Erde in Niederschlag und Verdunstung, die von Brückner, Fritzsche, W. Schmidt, v. Kerner u. a. angestellt worden sind, haben trotz des Mangels an Regenmessungen auf den Meeren in neuester Zeit auf verschiedenen Wegen ziemlich übereinstimmende Ergebnisse gebracht. G. Wüst gibt dafür[1]) folgende Zahlen:

Jährliche Höhe von Verdunstung und Niederschlag auf der Erde in cm, berechnet auf Grund der Ergebnisse von Fritzsche, v. Kerner und Wüst.

Zone	Weltmeer			Festland				Ganze Erde	
	Areal	*N*	*V*	Areal	*N*	*V*	*N—V* = *F*	*N*	*V*
90—80° N	3,5	(*15*)	(*5*)	0,4	(34)	(*5*)	(29)	(*17*)	(*5*)
80—70	8,2	(29)	(9)	3,4	(*26*)	(9)	(17)	(29)	(9)
70—60	5,6	48	12	13,3	35	(12)	(23)	(39)	(12)
60—50	10,9	96	40	14,7	50	36	*14*	69	38
50—40	15,0	**117**	70	16,5	51	33	18	**83**	51
40—30	20,8	51	96	15,6	52	38	14	51	71
30—20	25,1	*22*	115	15,1	79	50	29	*43*	91
20—10	31,5	62	**120**	11,3	95	79	16	71	**109**
10—0	34,0	**140**	100	10,1	172	115	57	**147**	103
0—10° S	33,7	95	114	10,4	**181**	**122**	**59**	116	**116**
10—20	33,4	66	**120**	9,4	110	90	20	76	113
20—30	30,9	*51*	112	9,2	64	*41*	23	*54*	96
30—40	32,3	88	89	4,1	*57*	**51**	*6*	85	85
40—50	30,5	92	58	1,0	87	(50)	(37)	**92**	58
50—60	25,4	70	23	0,2	**102**	(20)	(**82**)	70	23
60—70	17,1	(29)	(9)	0,8	(30)	(10)	(20)	(28)	(9)
70—80	3,1	(*15*)	(5)	8,5	(30)	(5)	(25)	(*26*)	(7)
80—90	0,0	(0)	(0)	3,9	(30)	(*5*)	(25)	(30)	(*5*)
90°N—90°S	361,1	74,2	84,2	148,9	75,3	50,4	24,9	74,3	74,3

N = Niederschlag, V = Verdunstung, F = Abfluß. Areale in 10^6 km². Auf dem Meere ist $N—V$ zwischen 40° N und 40° S meistens negativ.

[1]) G. Wüst: Verdunstung und Niederschlag auf der Erde. Zeitschr. Ges. f. Erdkunde Berlin, 1922. — Vgl. auch Angström, Meteor. Zeitschr. 1927, S. 234.

§ 63. Die Klimate ozeanischer Inseln (Tab. 64—66)

Die feuchten Klimate mit geringer jährlicher Schwankung der Temperatur haben, wie wir gesehen haben, auf dem Weltmeere viel weitere Verbreitung, als die verwandten trockenen oder mit großer Jahresschwankung, die größte haben *Af* und *Cf*; aber im stetigen Passat finden wir auch Inseln mit sehr regenarmem Klima.

Kleine ozeanische Inseln pflegen für den Europäer, wegen der Reinheit der Seeluft, auch in den Tropen einen gesunden Aufenthalt zu bieten. Die Temperatur erreicht auf ihnen nicht die Höhe, wie auf den Festländern, die Hitze ist erträglicher durch die zumeist stärkere Luftbewegung, und trotzdem die Luft stets feucht ist, scheinen die unbekannten Ursachen für Hitzschlag auf ihnen weniger ausgebildet zu sein, da Europäer auf Barbados, wie auch auf Schiffen, sich sogar unbedeckten Hauptes der Sonne aussetzen dürfen.

Gebirgige Inseln sind, wenn sie unter einem sonst ziemlich heiteren Himmel liegen, meist weithin kenntlich durch mächtige Haufenwolken über ihnen, die durch das Aufsteigen des Windes an den Berglehnen entstehen. Reicht ihre Spitze, wie die des Piks von Teneriffa, bis in eine wärmere trockene Schicht (Inversion), so ragt sie über die Wolken hinaus. Daß auch über niedrigen Inseln häufig eine solche Wolke schwebt, wird behauptet, wäre aber noch bestimmt nachzuweisen. Wie der Pik von Teneriffa, so reichen auch Mauna-Loa und Mauna-Kea auf Hawaii über den Passat hinaus in trockene, äußerst durchsichtige Luft und Windstillen, höher hinauf in westliche Winde. Der Passat reicht nicht über 2500 m hinaus.

Weht bei einer gebirgigen Insel der Wind anhaltend aus einer Richtung, so bildet sich ein Gegensatz zwischen der feuchten Luvseite und der trockenen Leeseite der Insel aus (vgl. S. 98). Wo der Passat das runde Jahr aus einer Richtung weht (die gestreiften Gebiete in Taf. IX), da ist dieser Unterschied am stärksten; wo ein strenger Monsunwechsel besteht, da äußert er sich je nach der Jahreszeit und bestimmt die Lage der Regen- und Trockenzeiten.

Äußerst scharf ausgeprägt ist dieser Gegensatz auf den Hawaiischen Inseln; ein Zeichen für die große Beständigkeit und den Dampfreichtum des Passats an ihnen. An ihren Nordostseiten und auf den Paßhöhen fallen 3—5 m im Jahr, auf Kauai vielleicht mehr noch als in Tscherrapundschi; dagegen ihre SW-Seiten sind regenarm und unten nur durch künstliche Bewässerung fruchtbar. Honolulu z. B. erhält nur etwa 70 cm, das obere Nuuanutal schon in 76 m Höhe 178 cm, die Paßhöhe, nur 9 km von der Stadt, 365 cm. Der 900 m hohe Waimeasattel auf Hawaii hat auf seiner Ostseite fast fortwährend Regen und üppige tropische Vegetation. Auf dem Sattel weht beständig kräftiger Ost. Nach Westen zu kommt man in wenigen Kilometern Abstand aus einer Gegend, die von Feuchtigkeit trieft, in eine trockene Wüste, wo der Wind Sanddünen dahertreibt. Ein bezeichnender Unterschied zeigt sich dabei: Hawaii selbst ist hoch genug, den Passat ganz abzuschneiden und groß genug, um auf der Leeseite einen mittäglichen Seewind und dort eine schwache sommerliche Regenzeit hervorzubringen, während die übrigen Inseln die Regen hauptsächlich im Winter, und auf ihren Leeseiten mittags statt Seewindes verstärkten Passat vom Lande her haben.

Dieselbe sonderbare Erscheinung: starken Landwind am Tage, nicht in der Nacht, finden wir an der Leeseite auch anderer kleiner Inseln im Passat, und da deren Hafenorte meist an der Leeseite liegen, ist sie auch durch Anemometeraufzeichnungen gut belegt; so für Mauritius und Ascension. Die Erklärung liegt darin, daß die durch die tägliche Erwärmung des Landes hervorgerufenen aufsteigenden Luftströme hier zwar noch nicht ausreichen, einen Seewind gegen den Passat anzusaugen, wohl aber dazu, den Passat von den Paßhöhen herabzuholen und so dieselbe mittägliche Zunahme der Windgeschwindigkeit zu erzeugen, die wir vom Innern der Festländer kennen.

In bezug auf ihre Regenverhältnisse zeigen die Inseln im Passat große Verschiedenheiten. Inseln, die der Westküste eines Kontinents nahe liegen — Kapverden und Galapagos — sind dürre und haben nur in den höheren Teilen stärkeren Pflanzenwuchs; beide Gruppen haben eine kurze Regenzeit im Sommer.

Auch St. Helena und besonders Ascension sind an ihrer Leeseite, wo die Hafenorte liegen, sehr regenarm. St. Helena war freilich einst mit Wald bedeckt; wohl nur die Luvseite, aber da er nicht wieder aufgekommen ist, seit die eingeführten Ziegen ihn zerstört haben, muß der Regenreichtum auch an dieser nicht sehr groß sein. Die jährliche Periode ist etwas unbestimmt, doch der trockenste Monat der November.

Die Regenarmut dieser Inseln muß auffallend erscheinen, da doch auf ihnen allen der Wind an der Meeresfläche auf weiter Strecke über das Meer daherkommt. Es kommt aber wohl dabei das Prinzip in Wirkung, das wir schon oben S. 57 und bei der Indischen Wüste besprochen haben, nämlich, daß sich in 1000 m Höhe die Luftströmung näher den Isobaren anschließt als unten; und hiernach stammt in allen diesen Fällen die Luft in der Höhe vom Kontinent. Das verrät sich auch wohl in der warmen trocknen Luftschicht, die man bei Drachenaufsteigen im Atlantischen Ozean über dem Passat gefunden hat. Bei den Kapverden und Galapagos kommt hinzu, daß sie wie die benachbarte Festlandküste unter dem Einfluß des kalten Aufquellwassers dieser Küsten stehen. Diese Umstände mögen den großen Unterschied gegen den Regenreichtum des Passats bei den Hawaiischen Inseln erklären, die zudem viel weiter vom nächsten Festland liegen, als selbst St. Helena.

Sehr merkwürdig ist es aber, daß wir ein Gebiet mit ebenso starker Regenarmut mitten auf dem Stillen Ozean in der Nähe des Äquators finden: das der sog. Guano-Inseln: Malden-, Baker-, Jarvis- usw. -Eiland. Es ist freilich nicht rezenter, sondern fossiler Vogeldung (PO_3CaO), um den es sich handelt; aber in einigen Jahren fällt tatsächlich auf Malden fast kein Regen. Die Mengen schwanken sehr: 1867 nur 3, 1868 34, 1869 45 cm. Als Erklärung können wir hier nur den Streifen kalten Wassers anführen, der (wahrscheinlich aus der Tiefe angesaugt durch den starken Weststrom im SO-Passat) von den Galapagos längs dem Äquator bis fast (aber nicht ganz) zu diesen Inseln sich hinzieht. Die große Veränderlichkeit der Regenmengen mag durch Verschiebung der Kalt- und Warmwasserflächen bedingt sein, ähnlich wie man sie bei dem analogen Kaltwassergebiet bei S. Thomé kennt. Auch auf den Marquesas sollen sehr trockene Jahre vorkommen.

Wenig westlicher, unter fast denselben Windverhältnissen, aber in etwas wärmerem Wasser, liegen die Marshall- und Karolineninseln, die zu den regenreichsten Gegenden der Erde gehören. Die Regenmessungen ergeben auf den niedrigen Inseln schon 3—4$^1/_2$ m im Jahr, auf der gebirgigen Kussaie sogar 6$^1/_2$ m nach fünfjährigen Beobachtungen. Dabei regnet es fast jeden Tag das runde Jahr, zu Jaluit an 336 Tagen, davon 265 mit 1 mm und mehr.

Aber auch hier sind die Jahrgänge sehr verschieden: Nauru hatte 1896 293, 1898 nur 44 cm, Upayang 1905 425, 1906 nur 137 cm.

Außerordentlich regenreich ist nach den Schiffsbeobachtungen fast der ganze Indische Ozean. Von seinen Inseln haben nur Sokotra, die Inseln bei Sansibar und die West- und Südküste von Madagaskar, sowie die Ostküste von Ceylon ausgesprochene Trockenzeiten (*Aw* und *Aw''*), die übrigen tropischen haben das feuchtheiße Äquatorialklima *Af* oder doch *Am*.

Das beste Bild von diesem Klima, wie es sich auf einer Ozeaninsel, gemäßigt durch beständigen Passatwind, darstellt, bieten uns die Beobachtungen des deutschen Samoa-Observatoriums. Die Monatsmittel der Temperatur schwanken nur zwischen 25,0 im Juli und 26,3° im Dezember. Da, im Gegensatz zu Indien und dem Sudan, der Ort von Luft desselben Ursprungs anhaltend überweht wird, so folgt der Gang der Temperatur sehr nahe dem der Sonnenstrahlung: sinkt die Strahlung um 1%, so nimmt mit 1 Monat Verspätung die Temperatur in Samoa um 0,0273° ab. Das ergibt für 13,8° S Br. ein ausgeprägtes Minimum im Juli und ein flaches Maximum vom Dezember bis März. Auch die tägliche Schwankung ist sehr beschränkt, im Jahresmittel ist das tägliche Maximum 29,0 und Minimum 22,9°. Die äußersten Grenzen, zwischen denen in jedem Jahr die Temperatur schwankt, sind im Mittel 32,5 und 17,9°. Die mittlere Feuchtigkeit ist 85%, Bewölkung 5,7, tägliche Dauer des Sonnenscheins 5,4 Stunden, alles mit nur geringem Unterschied der Jahreszeiten. Größer ist dieser in der Regenmenge, die im Februar 42, im Juli 7 cm beträgt, Jahressumme 290. Die größte Tagesmenge ist im Durchschnitt von 19 Jahren 10 cm, doch sind schon 20 cm gemessen worden.

Am weitesten gegen die Pole zu dringt dies gleichmäßige feuchtheiße Klima auf 30° O Lge. und Südbreite vor, nämlich auf dem Agulhasstrome bis 36° S. Dies äußert sich im Südwinter durch die auf Taf. IV des I. Teiles dargestellte Zunge warmer Luft südöstlich vom Kapland. Auf der nördlichen Halbkugel verhindert die größere Jahresschwankung der Temperatur eine gleiche Ausbreitung von *Af* über dem Golfstrom.

Der gleichmäßige Verlauf der Witterung wird auf manchen Inseln der Tropenzone von furchtbaren Orkanen unterbrochen. Aber auch dort, wo diese Wirbelstürme auf der Inselgruppe als

Ganzem in jedem Jahr auftreten — wie in Westindien — treffen sie wegen ihrer geringen räumlichen Ausdehnung doch den einzelnen Ort nur sehr selten; Jahrzehnte bleiben frei davon. Außer den Antillen sind es besonders die Maskarenen nebst Madagaskar, die Nikobaren und Andamanen, Philippinen und Liu-Kiu, die Fidji- und Tonga-Inseln, die in gewissen Monaten Orkanen ausgesetzt sind. Über die Jahreszeit ihres Auftretens vgl. S. 66. Der Südatlantische Ozean ist frei davon.

Von den Inseln des Atlantischen Ozeans zeigt im Osten nur Fernando Póo das feuchtheiße *Af*-Klima; schon das benachbarte S. Thomé hat Savannenklima *Aw* mit einer Trockenzeit im Juli und August bei 107 cm Jahresmenge. Dagegen sind im Westen die kleinen Antillen und Bahamas ganz, die großen größtenteils im *Af*-Klima; nur die „Inseln unter dem Winde" sind sehr trocken (vgl. S. 205) und im Windschatten der Gebirge auf Kuba, Jamaika und Haiti, an deren SW-Seiten, zeigen sich Landstriche mit so gut ausgeprägten Trockenzeiten in den Monaten Januar bis März, daß ein Klima *Aw* sich herausstellt. Dagegen erhält die NO-Ecke von Jamaika, wo der Passat dessen Gebirge zuerst trifft, mehr als 300 cm Regen im Jahre.

Von den außerhalb der Wendekreise gelegenen Inseln sind die größeren schon in den früheren Kapiteln berührt worden. Von den kleinen werden hier wenige Worte genügen.

Viel gerühmt ist das Klima der Kanarischen Inseln und Madeiras wegen seiner Heiterkeit, Ruhe und geringen Veränderlichkeit. Der Regen fällt im Winter, aber mit dem Passat und vorwiegend auf die Nordseite der Inseln. Die der afrikanischen Küste nächsten Inseln sind sehr trocken.

Dagegen wird das Klima der Bermudas als „eine Mischung zwischen den kalten Nebeln Neufundlands und dem Scirocco Maltas" bezeichnet; die große Luftfeuchtigkeit in allen Monaten und die Schwüle des Sommers machen es drückend; Juli bis September bringen sehr viele Gewitter.

Färöer und Shetlands haben den für ihre Breite mildesten Winter, aber auch vielleicht mehr Stunden mit Sturm, Regen und Schlackenwetter, als alle andern Gegenden der Nordhalbkugel. Bäume sollen auf ihnen auch gepflanzt nur schlecht gedeihen, obwohl Juli und August die Mitteltemperaturen von 10,8 und 11,6° zeigen. Versuche mit antarktischen Buchen wären von Interesse, doch vielleicht auch nur an windgeschützten Stellen von Erfolg.

Die Aleuten sind baumlos; die einzige (alte) Beobachtungsreihe auf Unalaschka gibt 10,4° als Temperatur des wärmsten Monats (August) an.

Auf der Südhalbkugel ist die Ozeanität des Klimas und entsprechend die Kühle des Sommers auf den Inseln noch viel größer, als in gleichen Breiten der Nordhalbkugel. Die Baumgrenze bleibt auf manchen von ihnen noch hinter der 10°-Isotherme des wärmsten Monats zurück, geht aber am Kap Horn auffallend darüber hinaus.

Neu-Amsterdam und St. Paul liegen im Klima *Cfb*; von ihnen hat ersteres eine Baumart, letzteres keine; das kann Zufall sein, die Insel ist nur 7 qkm groß. Kerguelen dagegen, obwohl in der Breite von Süddeutschland, liegt weit jenseits der Baumgrenze und sein wärmster Monat hat nur 7° Mitteltemperatur, der kälteste 1°. Es herrscht auf ihm fast ununterbrochen Sturm zwischen NW und SW mit Schnee, Hagel- und Regenböen.

Am Südrand des Atlantischen Ozeans liegen das ebenso unwirtliche Südgeorgien und die ganz in Eis begrabenen Süd-Sandwichs-Inseln und Bouvet-I. Die Falklandsinseln sind baumlos, was auffällig ist, wenngleich ihr wärmster Monat nur 9,6° Mitteltemperatur hat; denn in der Umgebung des Kap Horn gehen die antarktischen Buchen bis zu niedrigeren Temperaturen. Am Beaglekanal, wo die Temperatur des wärmsten Monats 11° beträgt, gehen die Bäume bis zur Höhe von 600 m, wo diese also kaum 8° übersteigen kann, und die Stateninsel, wo sie 9° beträgt, ist von undurchdringlichem Wald bedeckt, wie hoch hinauf, ist zweifelhaft. Die Aucklandsinseln mit 10° Januartemperatur unten sind bis zu 300 m, also ebenfalls bis 8° im Januar, dichtbewaldet, die Macquarieinseln baumlos. Neben der Temperatur wird bei der Baumgrenze der Wind eine große Rolle spielen, bei isolierten Inseln aber auch die Zufälle ihrer Besiedelung mit Pflanzen.

Neuseeland, gebirgig und im Gebiet der Westwinde gelegen, zeigt starken Gegensatz zwischen der regenreichen Westseite und der trockenen Ostseite. Man vergleiche Hokitika und Bealey im Westen mit Christchurch, Oamaru und Dunedin im Osten. Besonders auf der Südinsel ist der Unterschied sehr ausgeprägt, wegen der hohen Gebirgskette der neuseeländischen Alpen, deren Kammhöhe fast 3000 m ist. Auf ihrer Westseite fallen ungeheure Regen- und Schneemengen, so daß dort Gletscher fast bis zum Meeresspiegel herabsteigen (in der Breite von Genua und der Jahrestemperatur von Heidelberg!). Eine üppige Vegetation mit Baumfarn und Fuchsien umgibt die Gletscherenden. Auf der Ostseite reichen die Gletscher nur bis zu 1100 m herab. Über die Ebenen des Ostens der Südinsel wehen die NW-Winde als trockene Föhnwinde. Wenn der wütende „Nordwester" auf den Canterbury Plains in mehrtägigem Wehen jede Wolke verscheucht und die Luft mit Staubmassen erfüllt hat, bringt der „Burster" aus SW und S Erfrischung in einer Sintflut von kühlem Regen und darauf herrliches Wetter. Neuseeland hat keinen so bedeckten Himmel, wie man nach den Regenmengen erwarten könnte, die Ostküsten haben 1800 bis 2700 Stunden Sonnenschein im Jahre. Eine regelmäßige Trockenzeit gibt es nicht, die wenigsten Regentage — 8 bis 11 im Monat — bringt der Sommer, nur in Nord-Otago (Oamaru) der Winter. Starke Schneefälle kommen auf der Südinsel auch in der Ebene vor, auf der Nordinsel schneit es nur in den Bergen. Die Winter sind so milde, daß viele Blumen den ganzen Winter über blühen, aber die Sommer so kühl, wie sie es in Europa in etwa 13° höherer Breite sind.

Das Klima der Chatam-Insel (Warekauri) ist sehr feucht, windig und kühl; noch mehr natürlich das der Auckland- und Campbell-Insel.

§ 64. Windgebiete (Erklärung von Tafel IX)

Der erste Großbuchstabe gibt überall dem Januar, der zweite dem Juli. Die zu diesen beiden Zeiten herrschenden Windverhältnisse sind durch folgende Zeichen angedeutet: *Ä* Äquatoriales Gebiet mit Windstillen und umlaufenden Winden (Mallungen). $Ä_m$ Über den Äquator übergetretener und entsprechend der Erdumdrehung zu einem Monsun mit Westkomponente abgelenkter Passat, von Mallungen unterbrochen. *P* Stetiger Passat, mäßig oder frisch, aus NO auf der nördlichen, SO auf der südlichen Halbkugel. P_1 Passatanfang, aus hochpolarer Richtung. P_2 Passatende, aus östlicher Richtung. P_3 Desgl., noch mehr abgelenkt, mit vom Äquator fortgerichteter Komponente, schwach. $P_ä$ Ebenso abnorme Richtung, aber durch Übertritt des Passats von der anderen Halbkugel ohne Änderung seiner Richtung bedingt. P_L Passat aus regelrechter Richtung, der zugleich winterlicher Landwind ist. *O* Sommerliche Seewinde vom Ozean

(Sommermonsun). *R* Umlaufende Winde und Stillen der Roßbreiten, hoher Druck. *Rg* Mallungen und Gebirgswinde (bzw. durch die Unebenheiten der Erdoberfläche beeinflußte Winde) bei hohem Luftdruck. *V* Veränderliche, vorwiegend westliche Winde. V_L Desgl., überwiegend als winterliche Landwinde. V_0 Desgl., überwiegend als sommerliche Seewinde. V_p Stetigere Winde aus polarwestlicher Richtung. *U* Wechselnde, vielfach stürmische Winde unbestimmter Richtung, niedrigster Luftdruck. U_g Unbestimmte (meist schwache) und Gebirgswinde, niedriger Luftdruck. *J* Jenseits der polaren Windscheide (des Gürtels niedrigsten Druckes) liegendes Gebiet lokaler oder östlicher Winde. (J_L Vorwiegend vom Lande, J_0 Vorwiegend vom Ozean.) *H* Hochländer, die in andre Druckverteilung hineinreichen.

Kapitel 17

§ 65. Die Klimate der höheren Luftschichten

Für die Erforschung der freien Atmosphäre, die Aerologie, sind die meisten Hilfsmittel erst in den letzten Jahrzehnten geschaffen worden, und besonders deren geographischen Züge, also deren Klimatologie, ist erst jetzt in der Entschleierung begriffen. Diese Forschung hat eine ungeahnte Überraschung nach der andern gebracht.

Vor fünfzig Jahren war unser Wissen über die höheren Luftschichten noch sehr gering. Daß die Temperatur nach oben abnehme, war durch die Schneehäupter der Hochgebirge für jedermann sichtbar. Daß der Luftdruck mit wachsender Höhe abnimmt, darüber konnte seit dem von Pascal 1648 veranlaßten „großen Versuch" kein Zweifel sein. Die Wolken, deren Nebelnatur im Gebirge offenkundig war, zeigten, daß die Feuchtigkeit der Luft oben oft die Sättigung erreichte. Seit einigen Jahren hatte man auch erkannt, daß die Hauptursache für die Wolken- und Regenbildung im Erkalten der Luft durch ihre Ausdehnung bei aufsteigender Bewegung liege. Aus dem Zug der Wolken hatte man erkannt, daß die Luftbewegung in der Höhe in vielen Fällen anders gerichtet und fast immer viel schneller sei, als die am Erdboden. Der Luftballon war zwar schon hundert Jahre bekannt, aber Ballonaufstiege waren so kostspielig und umständlich, daß Hochfahrten mit wissenschaftlichem Zweck nur ganz ausnahmsweise vorgenommen wurden. Diese, und auch die einzige größere Reihe derselben, die von J. Glaisher 1862—66 angestellt wurde, hatten Temperaturen ergeben, die wegen der Luftruhe im Ballonkorbe durch Strahlung gefälscht waren. Da sich zudem im Gebirge die Temperaturabnahme im Sommer als etwa doppelt so groß ergeben hatte, als im Winter, so hatte man sich die Vorstellung gebildet, daß die durchschnittliche Temperatur bis zu den größten Höhen, aber mit wachsender Höhe immer langsamer, abnehme und der Unterschied der Jahreszeiten immer geringer werde. Dies hat sich auch teilweise als richtig erwiesen, aber in ganz anderer, unerwarteter Gestaltung.

Bei dieser Unzugänglichkeit der freien Atmosphäre hatte sich die Sehnsucht nach deren Erforschung auf die Gründung von Observatorien auf freien Berggipfeln und auf das Studium der Wolken geworfen. Die älteren Hochstationen lagen auf Pässen oder Bergabhängen und konnten besonders die Luftströmung nicht richtig angeben. So wurden denn 1872 bis 1900 Gipfelstationen auf Mt. Washington, Pikes Peak, Puy de Dome, Pic du Midi, Rigi, Schafberg, Säntis, Sonnblick, Zugspitze, Ben Nevis, Brocken, Schneekoppe usw. errichtet und die Wolken, besonders deren Zug, durch Cl. Ley, Hildebrandsson und auch in Deutschland eifrig studiert. Immerhin waren das Notbehelfe. Schließlich kam die schöne Reihe der Berliner wissenschaftlichen Luftfahrten 1893 und 1894 mit verbesserten Methoden der Temperaturbestimmung, welche zeigten, daß die vertikale Temperaturabnahme in hohen Schichten nicht langsamer, sondern im Sommer in 6 bis 9 km Höhe sogar am schnellsten ist. Trotz der großen Kosten und der Hingabe der Beteiligten gaben aber diese Fahrten noch nicht die Überraschungen, die dann Schlag auf Schlag folgten, mit neuen Hilfsmitteln gewonnen wurden. Diese Hilfsmittel waren: äußerst leichte Registrierapparate, stabile große Drachen an Stahlleinen und unbemannte Ballons, zuerst aus Seide, dann Papier, endlich aus Gummi.

Begonnen hatten die Überraschungen übrigens schon damit, daß Hann 1890 mit Hilfe der hohen Bergstationen zeigte, daß oberhalb 1000 m Seehöhe die wandernden Hochdruckgebiete nicht, wie im Tal und Flachland, kälter, sondern wärmer als die Depressionen sind. Später hat Dines gezeigt, daß in 8000 m Höhe die zeitlichen Änderungen von Temperatur und Druck sogar fast vollkommen parallel gehen. In dieser Höhe bleibt die Dichtigkeit der Luft bei allen Schwankungen von Druck und Temperatur und auch im Jahreslauf ziemlich gleich, weil ihre absolute Temperatur sich nahe proportional dem Luftdruck ändert.

Dann, als man seit 1892 zuerst in Amerika (auf dem Blue-Hill-Observatorium von A. L. Rotch), dann auch in Europa in fast täglichen Drachenaufstiegen die Atmosphäre zu untersuchen begann, fand man, daß die Umkehrungen in der Temperaturabnahme nach oben, die man vom Gebirge und von Ballonfahrten als Ausnahmen schon kannte, auch in der freien Atmosphäre sehr häufig sind, und daß in diesen „Inversionen" oft die Luft so trocken ist, wie man es am Boden in Europa nie erlebt. Über dem feuchten Hamburg zuweilen Sahara-Trockenheit im Reich der Wolken!

In den Jahren 1901—2 entdeckten dann Teisserenc de Bort und Assmann unabhängig voneinander eine neue Überraschung: in der Höhe von 9 oder 10 Kilometern hörte die Temperaturabnahme überhaupt auf, und zwar meist ziemlich plötzlich; von hier an blieb sie in der Nähe von — 50° oder — 55°, so hoch auch die Registrierballone stiegen. Diese obere isotherme Schicht wurde von Teisserenc de Bort als „Stratosphäre" von der unter ihr liegenden „Troposphäre" unterschieden, in der das Auf und Ab unseres Wetters sich abspielt.

Dies Resultat war so unerwartet, daß manche es zunächst nicht glaubten und meinten, daß es durch die Strahlung auf das Instrument bewirkt sei. Tatsächlich steigt, wenn der Gummiballon nicht, wie er soll, auf dem höchsten Punkt platzt, sondern wie andere Ballone ins „Schwimmen" kommt, die Temperatur des Instruments durch ungenügende Ventilation bei Aufstiegen am Tage stark. Aber auch Nachtaufstiege zeigten den Eintritt in die Stratosphäre völlig deutlich. Die Theorie mußte dieser Erfahrung folgen und sah ein, daß neben den vertikalen Bewegungen das Gleichgewicht zwischen Ein- und Ausstrahlung eine entscheidende Rolle bei der Temperaturverteilung in der Atmosphäre spielt und dieses von der Verteilung des Wasserdampfs abhängt, dessen Dichte viel schneller als die der Luft nach oben abnimmt, erfahrungsgemäß ungefähr wie die dritte Potenz von dieser.

Wie dieses schon auf S. 52 dieses Buches angegeben ist, erwies es sich auch unerwarteterweise, daß die Jahresschwankung der Temperatur von 2 bis 3 km Höhe an wieder zunimmt und erst von 8 km an schnell abnimmt. Wie Fig. 26 zeigt, in der die linke Kurve die Temperaturabnahme im Winter, die rechte die im Sommer bedeutet, ergeben sich im westlichen Mitteleuropa bis 16 km Höhe vier Schichten der Jahresschwankung:

1. bis $2^1/_2$ km Höhe nimmt sie ab, weil hier im Winter häufig Bodeninversion, im Sommer starke Konvektion herrscht;

2. von $2^1/_2$ km an der Küste bis $5^1/_2$ km, im Binnenlande bis $7^1/_2$, nimmt sie zu, weil diese Schicht im Winter im Zirkulationsmaximum, im Sommer unter diesem liegt (vgl. die Wolkenhöhe!);

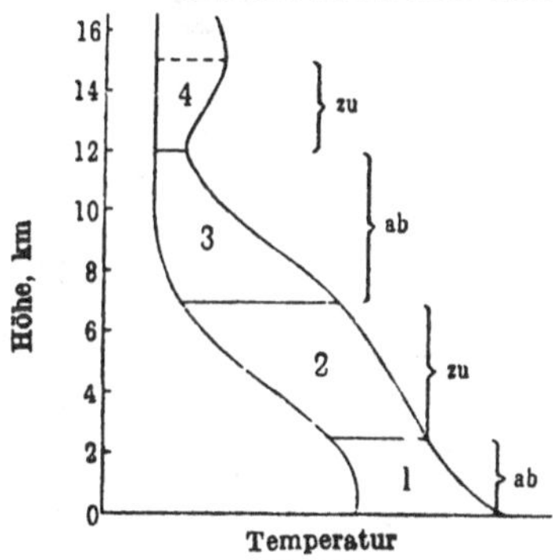

Fig. 26

3. von $5^1/_2$ oder $7^1/_2$ km bis rund 12 km: nach oben abnehmende Jahresschwankung, weil hier im Winter Beginn der Stratosphäre, im Sommer Zirkulationsmaximum;

4. oberhalb von 12 km: zunehmende Jahresschwankung, weil im Winter Isothermie, im Sommer Inversion vorherrschend ist.

Bald zeigte es sich, daß auch innerhalb derselben Jahreszeit die obere Grenze der Troposphäre bei hohem Luftdruck höher liegt, als bei niedrigem. Fig. 28 zeigt dies mit den ausgezogenen Kurven an je 20 Aufstiegen in Deutschland, Frankreich und Rußland; da aber dieser Zusammenhang noch viel stärker ist beim Luftdruck in 6 bis 10 km Höhe, als bei jenem am Erdboden, so ist b_7, d. h. der Luftdruck in 7 km Höhe, als Merkmal genommen (horizontal: Temperatur, vertikal: Seehöhe).

Aber die größte Überraschung zeigte sich erst, als man die Aufstiege auch auf die Tropenzone ausdehnte, zuerst auf dem

Atlantischen Ozean, dann in Batavia und in Ostafrika. Hier sank die Temperatur auch oberhalb 11 km immer weiter bis zu Kältegraden, die weder in Sibirien noch Antarktika je beobachtet worden sind, über Batavia einmal bis $-91{,}9^0$ in $15^1/_2$ km Höhe. Also die niedrigste Temperatur in der Nähe des Äquators! Die gestrichelte Kurve der Fig. 27 gibt das Mittel von 23 Aufstiegen in Batavia wieder.

Einige Gelehrte versichern uns jetzt, daß oberhalb der größten von Ballonen erreichten Höhen in der äußerst dünnen

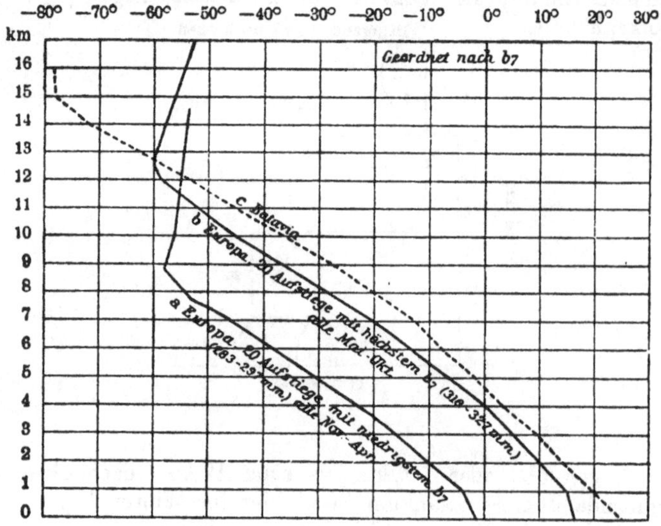

Fig. 27

Luft Ozon ist. Das war auch zu erwarten, weil nachweislich Ozon entsteht, wo Sauerstoff von ultraviolettem Licht getroffen wird. Aber auffallenderweise scheint es, daß am wenigsten Ozon über tropischen Gegenden ist, wo wir am meisten erwarten sollten, und mit wachsender Entfernung vom Äquator mehr und mehr, statt weniger und weniger.

Zwischen 12 und 13 km Seehöhe scheinen von Batavia bis Lappland ziemlich gleichmäßige Temperaturen zu herrschen, ein Jahresmittel zwischen -50^0 und -60^0 und zwischen den extremen Monaten ein Temperaturunterschied von etwa 10^0 in höheren und 5° in niederen Breiten — also völlig andere Verhältnisse, als am Erdboden.

In den Tabellen auf S. 308 und 309 findet man die Mittelwerte sehr zahlreicher Aufstiege. Um möglichst zuverlässige Zahlen zu bekommen, sind darin benachbarte Orte zu Gruppen vereinigt, unter Berechnung der Mittelwerte aus den von A. Wagner[1]) gegebenen Werten nach dem Gewicht der Aufstiegszahl.

Außer der in einem Teil der Aufstiege sich zeigenden Zunahme der Temperatur um einige Grade in den ersten Kilometern oberhalb der Troposphärengrenze hat sich in der Stratosphäre noch keine sichere Änderung der Temperatur mit der Höhe systematisch ergeben, sondern nur geringe, schichtweise abwechselnde Zunahmen und Abnahmen, obwohl einzelne Aufstiege, wie im September 1930 in Hamburg, 30 km Höhe überschritten haben. Aber innerhalb der Grenzen von ± 5° wechselt die Temperatur der Stratosphäre zeitlich und in horizontaler Richtung recht schnell.

Von den Zuständen der Atmosphäre in noch größeren Höhen haben wir nur auf andern Wegen, durch Meteorfälle, Nordlichter, Schallausbreitung und Laboratoriumsversuche einige Kenntnis, und hier haben Hypothesen weiten Spielraum. Da in der Stratosphäre die unten herrschende vertikale Durchmischung aufhört, ist es sehr wahrscheinlich, daß in Höhen von 50 bis 100 km ein Ersatz von Sauerstoff und Stickstoff durch leichtere Gase Platz greift. Dabei ist Ozon ein mächtiger Verschlucker für die langwellige Strahlung, die von der Erde und ihrer wassergesättigten Atmosphäre ausgeht. Es ist daher wohl möglich, daß seine wechselnde Menge einen bedeutenden Einfluß auf die thermischen Vorgänge in dieser hat.

Durch die barometrische Höhenformel (s. S. 96) ergibt sich aus der Druckverteilung in der unteren Schicht und der Dichtigkeit der darüber liegenden die Druckverteilung in allen höheren Schichten, und hieraus also durch das barische Windgesetz (s. S. 56) auch die horizontale Luftbewegung, d. h. der in dieser Schicht herrschende Wind. Aus dem oben über die Temperatur dargelegten, in Verbindung mit den Karten Taf. V und VI, welche die untere Druckverteilung darstellen, sieht man, daß das System des durchschnittlichen Kreislaufs unserer Atmosphäre in höchst komplizierter Weise von dem einfachen Schema des Luftwechsels

[1]) Handbuch der Klimatologie von Köppen u. Geiger (Berlin 1930) Band 1, Teil F.

H	Lappland 68° N, 20° O, 39 Aufst.			Rußland 55—60° N, 30—39° O 122 Aufst.			England u. Belgien 51° N, 0—4° O 300 Aufst.		
km	Jahr	Fb u. Mz	Aug	Jahr	Jan	Juli	Jahr	Wi u. Fr	So u. He
14	—	—	—	—	—	—	-54,9	-56,8	-54,1
12	-53,3	-57,5	-49,2	-51,8	-56,5	-48,1	-54,9	-56,3	-53,5
11	-52,5	-58,4	-46,6	-52,3	-56,7	-48,0	-53,7	-55,8	-51,5
10	-50,7	-56,8	-44,6	-51,5	-56,4	-45,7	-50,0	-53,3	-46,8
9	-46,2	-52,9	-39,4	-48,3	-54,1	-42,0	-44,6	-48,7	-40,4
7	-33,4	-41,0	-25,7	-36,4	-42,9	-28,8	-31,2	-36,2	-26,3
5	-20,1	-28,2	-11,9	-23,0	-28,9	-15,0	-17,5	-23,7	-12,7
3	- 9,0	-16,4	- 1,5	-11,0	-16,9	- 2,2	- 5,0	- 8,8	- 1,3
2	- 4,2	-12,0	3,5	- 5,9	-11,6	3,4	0,1	- 3,2	3,9
1	- 0,1	- 8,5	8,3	- 1,2	- 8,6	9,8	4,8	0,9	8,9

H	Lindenbg. u. Hambg. 53 N, 10—14°° O 400 Aufst.			München u. Straßbg. 48° N, 7—12° O 565 Aufst.			Trappes (Frankr.) 49° N, 2° O 581 Aufst.		
km	Jahr	Jan	Juli	Jahr	Jan	Juli	Jahr	Win	Som
14	-53,4	-57,9	-49,2	-54,4	-59,7	-49,1	-53,3	-54,4	-51,2
12	-54,5	-60,1	-51,2	-55,2	-60,9	-51,9	-54,4	-56,8	-52,6
11	-54,2	-60,5	-50,9	-53,3	-60,1	-49,3	-53,3	-56,8	-50,2
10	-51,4	-57,1	-47,0	-49,5	-57,7	-44,0	-49,4	-52,9	-45,2
9	-45,8	-51,5	-40,0	-43,7	-51,7	-37,2	-43,4	-47,4	-37,9
7	-32,2	-37,4	-25,1	-29,8	-36,6	-22,5	-28,9	-33,6	-22,3
5	-18,1	-22,8	-11,3	-16,1	-22,1	- 9,3	-15,4	-19,8	- 9,3
3	- 6,0	-10,5	0,2	- 4,4	- 9,9	1,7	- 4,0	- 8,2	1,7
2	- 0,9	- 5,6	5,1	0,8	- 5,4	7,4	0,7	- 3,7	6,8
1	4,0	- 2,0	11,3	5,5	- 2,9	12,9	5,3	- 0,4	11,8

H	Wien u. Budapest 48° N, 16—19° O 272 Aufst.			Pavia 45° N, 10° O. 232 Aufst.			Madrid 40° N, 4° W 96 Aufst.		
km	Jahr	Jan	Juli	Jahr	Jan	Juli	Jahr	Win	Som
14	-54,2	-58,2	-49,3	-55,2	-57,0	-54,7	-58,4	-62,8	-54,2
12	-55,8	-60,0	-49,8	-56,2	-62,7	-54,1	-58,1	-64,0	-51,1
11	-54,2	-58,5	-48,2	-54,6	-61,7	-51,9	-53,9	-60,5	-47,5
10	-50,2	-56,7	-44,0	-50,7	-56,8	-46,6	-48,2	-54,1	-43,1
9	-44,0	-51,7	-37,1	-44,8	-51,0	-39,6	-41,5	-47,7	-35,8
7	-30,2	-36,2	-22,7	-30,3	-34,6	-23,5	-25,4	-31,3	-19,0
5	-15,9	-22,0	- 9,5	-15,3	-19,9	- 9,0	-10,8	-15,4	- 5,3
3	- 4,2	- 9,4	1,3	- 3,0	- 7,9	3,0	2,2	- 2,9	9,7
2	1,0	- 4,9	6,1	2,5	- 2,9	8,6	7,0	1,1	16,1
1	5,6	- 2,6	12,2	7,6	- 1,2	14,7	10,9	3,9	19,4

Seehöhe	Nordamerika 40—43° N, 80—96° W 191 Aufstiege			Nordamerika 30—36° N 90—105 W 78 Aufst.		Agra, Indien 27,2° N, 78,1° O, 141 Aufstiege				
km	Jahr	Win	Som	Win	Som	Jahr	Jan	Apr	Juli	Okt
20	—	—	—	—	-57,9	(-65,7)	-70,2	-66,3	-61,7	(-69,3)
18	—	—	—	—	-59,6	-72,9	-71,3	-70,9	-72,0	-80,5
17	—	—	(-57,0)	—	-61,3	-74,6	-70,1	-71,6	-76,6	-83,0
16	(-58,0)	—	(-58,5)	-64,4	-61,3	-72,2	-67,8	-70,1	-73,9	-79,2
14	-57,7	-56,6	-53,7	-62,2	-57,0	-61,8	-62,6	-62,3	-58,2	-65,1
12	-55,2	-55,1	-51,5	-57,7	-50,5	-48,6	-55,5	-52,7	-40,5	-48,8
10	-48,3	-52,1	-40,8	-49,0	-39,3	-34,9	-45,5	-40,5	-24,1	-33,5
9	-42,2	-48,2	-33,6	-42,8	-32,6	-28,1	-37,2	-33,3	-17,3	-26,3
7	-27,9	-35,4	-18,8	-28,9	-18,0	-15,0	-23,0	-19,1	- 5,4	-12,9
5	-14,0	-21,6	- 5,1	-14,6	-13,6	- 2,7	- 9,6	- 5,5	5,2	- 0,9
3	- 2,4	-10,0	5,9	- 1,8	8,7	9,3	2,3	8,6	14,8	9,5
2	2,5	- 5,6	11,1	3,1	14,3	16,0	7,8	16,9	19,7	16,3
1	6,4	- 3,7	16,8	6,8	19,0	22,8	12,9	25,0	25,4	23,9
0[1])	(11,6)	(-1,6)	(24,2)	(11,2)	(23,8)	(28,9)	(19,0)	(31,0)	(32,0)	(29,0)

Seehöhe	Atlant. Ozean 23-37° N 22 Aufst.	Atlant. Ozean 3° S bis 22° N 13 Aufst.	Afrika 1° S 34° O 14 Aufst.	Batavia 6,2° S, 106,8° O. 63 Aufstiege						
km	Mai bis Sept		Au/Spt	Jahr	Jr F	Mz Ap	Ma Jn	Jl Au	S O	N D
18	—	—	-75,5	-84,3	-87,3	-85,6	—	-85,3	—	-83,3
17	—	—	-73,9	-83,1	-85,3	-85,5	-83,3	-83,2	-78,7	-82,8
15	-64,5	-66,1	-66,3	-74,1	-74,4	-74,5	-75,5	-76,8	-71,3	-72,2
14	-63,1	-60,5	-61,6	-67,7	-68,1	-65,9	-68,5	-70,7	-64,9	-68,1
12	-55,5	-45,4	-49,8	-50,9	-51,9	-49,3	-49,5	-54,8	-50,5	-49,6
10	-39,8	-30,6	-35,3	-34,1	-34,4	-32,6	-31,9	-38,2	-34,0	-33,8
9	-31,9	-22,7	-28,1	-26,2	-27,1	-25,0	-24,	-29,3	-25,8	-26,0
7	-17,5	- 9,3	-14,1	-12,7	-13,5	-11,9	-11,0	-14,6	-12,6	-12,6
5	- 4,7	1,6	- 2,6	- 1,5	- 1,6	- 1,2	- 0,4	- 2,4	- 1,6	-1,6
3	6,6	11,3	9,0	9,5	9,0	9,7	10,5	9,2	9,2	9,4
2	11,6	15,3	16,3	15,0	14,8	15,2	16,1	14,3	14,8	14,9
1	14,6	19,2	23,2	20,6	20,2	20,7	21,1	20,0	20,5	20,9
0	22,3	26,0	—	26,4	25,8	26,5	26,8	26,2	26,5	26,6

[1]) Auf Meeresniveau reduziert.

zwischen warm und kalt abweicht, das S. 55 uns vorführt. Es ist tatsächlich so kompliziert, daß wir nur einzelne Züge daraus kennen und eine vollständige Übersicht noch nicht gewonnen haben, doch können die Hauptzüge schon als feststehend gelten. Fig. 28b ist nach einer Tabelle entworfen, die A. Wagner für die mittlere Druckverteilung auf der nördlichen Halbkugel im Winter berechnet hat.[1]) Zum Vergleich ist unter a die Druckverteilung in kommunizierenden Röhren warmer (w) und kalter (k) Flüssigkeit daneben gesetzt. Die gestrichelte Linie gibt die Grenze zwischen Stratosphäre und Troposphäre. Oberhalb 12 km Höhe ist in Fig. 28b die Temperaturverteilung umgekehrt wie unten (k links, w rechts), dadurch gleicht sich das starke Druckgefälle der mittleren Schichten oben wieder aus und kehrt sich oberhalb 24 km vielleicht um. Im Sommer ist die Druckverteilung ähnlich, nur ist das Gefälle vom Äquator zum Pol geringer und in 24 km Höhe der Druck anscheinend schon mehr als ausgeglichen. Oberhalb 5 km Höhe dürfte im Sommer der höchste Druck nicht am Äquator, sondern zwischen 10° und 18° N Br. liegen, entsprechend der größeren Wärme der unteren Luftschichten. Einem Gefälle polwärts entspricht Westwind, einem äquatorwärts gerichteten Ostwind.

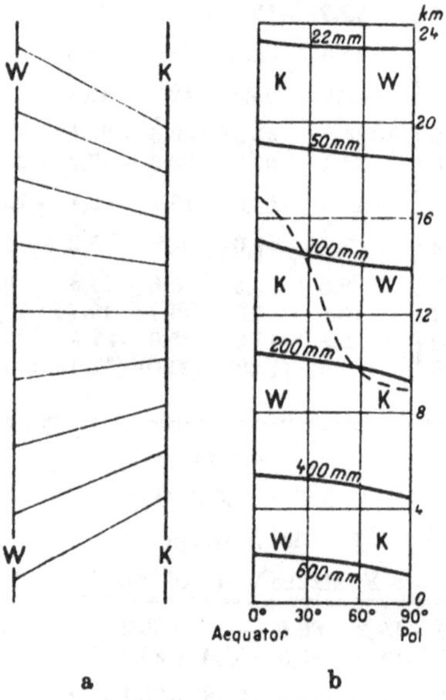

Figg. 28a und b

Die mittlere Windgeschwindigkeit ohne Rücksicht auf die Windrichtung nimmt in Mitteleuropa durchschnittlich von etwa 7 mps in 1 km Seehöhe gleichmäßig auf etwa 20 mps an der Grenze der Troposphäre zu; in den Tropen weit weniger.

Während in Europa über den veränderlichen Winden der untersten Luftschicht aufwärts fortschreitend bis zur Cirrus-Höhe

[1]) A. a. O. Band 1, Teil F, S. 67.

Stetigkeit und Stärke der Luftströmung wachsen, nehmen die so stetigen Passate aufwärts selbst an Stärke schon von etwa 1 km Höhe ab und wehen dort von 2 bis 10 km Höhe veränderliche, wenn auch vorwiegend östliche Winde, bis im obersten Teil der Troposphäre ziemlich starke westliche Winde, die Antipassate, einsetzen. Im Atlantischen Ozean wurden diese sogar über dem Äquator gefunden. Erst in der Stratosphäre setzen, nach den Beobachtungen der „Meteor"-Expedition, im tropischen Atlantik wieder östliche Winde ein.

Über Batavia (6° S Br.) herrschen im Januar bis März von 0 bis 5 km Höhe westliche, oberhalb von 8 km östliche Winde, dagegen vom Juni bis zum September am Boden NO, in 1 bis 14 km Höhe östliche, in 20 bis 22 km westliche Winde, noch höher oben nach den, allerdings nicht zahlreichen höchsten Aufstiegen das ganze Jahr hindurch starker Ostwind.

IV. TEIL
Tabellen

Erläuterung zu den Tabellen

Die Stationsgruppen sind zwar im allgemeinen nach den großen Klimagürteln (*A—E*) gebildet, doch sind des räumlichen Zusammenhangs wegen Enklaven, namentlich Hochstationen, bei ihrer Umgebung aufgeführt.

Der Pfeil über jeder Stationsgruppe gibt die Reihenfolge der Orte an.

Tabelle I. Der Punkt vor dem Ortsnamen bedeutet, daß für den Ort auch Angaben in Tabelle II zu finden sind. Die Zahl hinter dem Ortsnamen gibt die Seehöhe in Dekametern (= 10 m) an.

Die drei folgenden Zahlen geben die (wahre 24stündige) Mitteltemperatur für das Jahr, den wärmsten und den kältesten Monat an ($^1/_{10}{}^0$ C). Wo kein Monat angegeben ist, sind dieses Juli und Januar.

Die fünfte und sechste Zahl geben die vieljährigen Mittel der in jedem Jahr beobachteten höchsten und niedrigsten Temperatur an, wo möglich nach Extremthermometern.

Die letzten drei Zahlen geben die mittlere Niederschlagshöhe[1]) in Zentimetern für das Jahr, den regenreichsten und den regenärmsten Monat; bei mehrmonatlicher völliger Trockenheit den Mittelmonat; wo dieser unbestimmt ist, bedeutet „meh", daß mehrere solche Monate vorkommen.

Kursiv gedruckte Zahlen beruhen bei Regen durchweg auf weniger als 6 Beobachtungsjahren, bei der Temperatur im Klima *A* auf weniger als 3, in den übrigen unterhalb 45⁰ Breite auf < 6, darüber hinaus auf < 12 Jahren.

Tabelle II enthält nächst der Seehöhe durchweg Monatsmittel der im vieljährigen Durchschnitt extremen Monate.

---

[1]) Der Kürze wegen ist durchweg statt Niederschlag Regen gesagt, worunter also Schnee und Hagel mit inbegriffen sind.

Die beiden ersten Zahlen geben für den trübsten und heitersten Monat die Bewölkung in Prozent an, d. h. wie viel Hundertstel des Himmelsgewölbes durchschnittlich von Wolken eingenommen sind.

Die zwei folgenden Zahlen geben die mittlere Zahl der Tage mit Niederschlag in den Monaten an, die deren durchschnittlich am meisten und am wenigsten gebracht haben. Untere Grenze der Zählung gewöhnlich 0,1—0,3 mm im Regenmesser.

In ähnlicher Weise geben die folgenden zwei Spalten die mittlere relative Luftfeuchtigkeit in Prozenten der Sättigung für den durchschnittlich feuchtesten und trockensten Monat.

Die letzten beiden Spalten enthalten, ebenso für die extremen Monate, die sogenannte „aperiodische", richtiger ganze Tagesschwankung der Temperatur nach dem Mittel der täglichen Extreme ohne Rücksicht auf die Zeit ihres Eintritts. Sie ist zu unterscheiden von der kleineren „periodischen", welche die Differenz zwischen der im Monatsdurchschnitt wärmsten und kältesten Stunde angibt, wie sie nur durch stündliche Ablesungen oder durch die Aufzeichnungen selbstschreibender Apparate gewonnen wird.

Die Namen der Monate sind in beiden Tabellen in Abkürzung wiedergegeben: Januar **Jr**, Februar **F**, März **Mz**, April **Ap**, Mai **Ma**, Juni **Jn**, Juli **Jl**, August **Au**, September **S**, Oktober **O**, November **N**, Dezember **D**. In Tabelle I sind sie bei der Temperatur fortgelassen, wo Januar und Juli der wärmste und kälteste Monat sind.

Für die übrigen Monate läßt sich, mit Ausnahme der Lufttemperatur, aus den Tabellen I und II nur entnehmen, daß ihre Mittel zwischen den angegebenen Grenzen liegen. Bei der Lufttemperatur jedoch ist der jährliche Gang in den gemäßigten Zonen so einheitlich, daß man aus den Temperaturen der extremen Monate annähernd auch die der übrigen bestimmen kann. Soweit der oben in § 11 dieser Klimakunde als „normal" oder „europäisch" bezeichnete Typus des jährlichen Temperaturganges reicht, hat man zu diesem Behufe nur die Differenz dieser Temperaturen[1]) mit einem Faktor zu multiplizieren und das Produkt zur Temperatur des kältesten Monats zu addieren. Der Faktor ist freilich wegen der ebenda angegebenen Verspätung des Temperaturgangs auf dem Wasser etwas verschieden. Die Reihe *K* gibt diesen Faktor für ganz kontinentale Orte, Reihe *O* für ganz ozeanische

[1]) Allgemein als „jährliche Wärmeschwankung" bezeichnet.

Klimate, die Reihe *E* dazwischen gibt ihn für Mittel- und Osteuropa.

	Jr	F	Mz	Ap	Ma	Jn	Jl	Au	S	O	N	D
K	0,00	0,07	0,27	0,51	0,73	0,92	1,00	0,93	0,78	0,57	0,26	0,08
E	0,00	0,07	0,23	0,49	0,74	0,91	1,00	0,95	0,78	0,52	0,25	0,07
O	0,00	0,01	0,08	0,30	0,54	0,83	0,98	1,00	0,82	0,53	0,28	0,09

Küstenorte von Binnenmeeren nähern sich mehr oder weniger der Reihe *O*. Für Orte der südlichen Halbkugel sind Januar und Juli zu vertauschen.

Beispiele: Berlin Jr $-0{,}7$, Jl 18,0, Oktober also nach Reihe *E* $0{,}52 \times 18{,}7 - 0{,}7 = 9{,}0$; beobachtetes Mittel 8,8. Nürnberg Jr $-1{,}4$, Jl 18,2, Mai also $0{,}74 \times 19{,}6 - 1{,}4 = 13{,}1$; beobachtetes Mittel 13,2.

In **Tabelle III** (Alphabet. Ortsverzeichnis) bedeutet kursiver Druck *südliche Breite und westliche Länge.* Die letzte Spalte gibt an, in welchem Abschnitt der Tabellen I und II Angaben über diesen Ort zu finden sind. Das Verzeichnis kann also zur Aufsuchung der Orte sowohl in der Karte, als in den Tabellen dienen.

Die Tabellen machen den Spielraum der jahreszeitlichen Änderungen der meteorologischen Elemente erkennbar durch die Mittel der extremen Monate und für die Temperatur auch die mittleren absoluten Extreme, d. h. die höchsten und niedrigsten Werte, die durchschnittlich in jedem Jahre erreicht werden. Letztere Zahlen müssen bei mehrjährigen Beobachtungsreihen durchaus unterschieden werden von den absoluten während der ganzen Zeit vorgekommenen Extremen; diese rücken ja notwendig mit wachsender Dauer der Beobachtungen weiter auseinander, hängen also von der Länge der Beobachtungszeit ab und sind darum für Vergleiche wenig brauchbar. Die mittleren absoluten Extreme aber sind recht charakteristische Größen, deren vieljährige geduldige Sammlung wir großenteils Hann verdanken. Diese sind es, die wir unter „Grenzen“ geben.

Die Länge der Beobachtungszeit ist nur in Tab. I, und zwar durch die Schrift angedeutet. Die in gewöhnlicher Schrift gedruckten Zahlen würden durch Hinzufügung weiterer Jahrgänge nur um wenige Einheiten der letzten Stelle geändert werden; sie stellen also, sofern sie sonst von Fehlerquellen frei sind, sogen. „Normalwerte“ dar. Die Zahlen der Tab. II stammen teils aus denselben, teils aus kürzeren Beobachtungsreihen, wie die der Tab. I. Auch aus anderen Gründen müssen an sie geringere Ansprüche gestellt werden: die Schätzung der Bewölkung und die Zählung der Tage mit Niederschlag wird nicht überall gleich gehandhabt, die tägliche Periode der Luftfeuchtigkeit konnte nicht genügend berücksichtigt werden, und die tägliche Temperaturschwankung ist weniger genau bestimmt, als die Mitteltemperatur, einerseits weil die Extremthermometer leicht in Unordnung kommen, anderseits weil die tägliche Temperaturschwankung viel stärker durch Strahlung gefälscht wird, als die Mitteltemperatur.

Tabelle I

Ortsname und Seehöhe in Dekametern	Temperatur					Regenmenge cm		
	Mittel			Grenzen				
	Jahr	wärmster Monat	kältester Monat	Mx.	Mn.	Jahr	regenreichster Monat	regenärmster Monat

I. Afrika

A 1. Tropischer Regengürtel: West von 25° O. Lg.

1. Küste von Gambia bis Niger. W ⟶ O

Bathurst 0	25,2	26,6	23,2 F	37	14	131	52 Au	0 F
Conacry 2	*26,1*	*27,3* Ap	*24,7* Au	*36*	*18*	480	142 Jl	0 F
· Sierra Leone 10	25,6	26,5 Mz	24,2 Au	36	18	443	101 Au	1 F
· Grand Bassam 0	*26,1*	*28,3* F	*23,7* Au	*36*	*18*	*208*	*71* Jn *18* N	*4* F *2* Au
Cape Coast C-le 0	26,2	27,6 Ap	24,3 Au	—		89	26 Jn	1 Jr
Goldküste 2[1])	26,6	28,1 Ap	24,1 Au	36	19	68	16 Ma 4 O	1 Jr 1 Au
· Togo Küste 0[2])	26,4	28,0 Mz	23,8 Au	—		78	21 Jn 7 O	2 Jr 1 Au
· Porto Novo 2	26,3	28,1 Mz	24,0 Jl	37	16	127	27 Jn 18 O	1 Jr 3 Au
Lagos 0	26,2	27,8 Mz	24,3 Au	—		183	49 Jn 22 O	2 D 6 Au
· Niger Münd 1	*25,5*	*26,6* Ap	*24,4* Au	*33*	*19*	366	*47* Jn *63* O	*7* Jr *24* Au

2. Hinterland von obigem (West-Sudan). W ⟶ O.

Labé 130	*21,7*	*23,9* Ap	*19,7* D	—		*158*	*42* Au	0 meh
· Timbo 76	*23,3*	*26,9* Mz	*21,5* D	—		*163*	*37* Au	0 Jr
· Kayes 6	29,4	35,8 Ma	25,1 D	47	12	74	21 Au	0 F
Kissidugu 47	*25,5*	*27,3* Ap	*24,2*	*38*	*11*	*222*	*27* Ma *42* S	*1* F
· Kury (Volta) c. 40	*27,1*	*32,2* Ma	*21,5*	*44*	*5*	*73*	*23* Jl	0 meh
Wagadugu 76	26,9	31,4 Ap	23,7	42	10	82	27 Au	0 Jr
· Salaga 17	*26,1*	*28,1* Mz	*24,4* Au	*38*	*16*	*167*	*17* Ap *31* S	*1* Jr
· Sansane-Mangu 16	27,8	31,1 Mz	25,6 Au	40	14	108	29 Au	½ Jr
Misahöhe 47	23,9	25,5 F	21,7 Au	35	16	153	25 Jn 20 S	2 Jr
· Bismarckburg 71	23,8	26,3 F	21,2 Au	37	15	139	18 Jn 27 S	2 N
Zinder 50	*27,7*	*33,1* Ma	*27,2* Au	*43*	*8*	*70*	*32* Au	0 Jr

[1]) Mittel aus Elmina, Christiansburg, Accra.
[2]) Temp. Kpeme, Regen Lome u. Kl. Popo.

Ort und Höhe	Temperatur					Regenmenge, cm		
	Mittel			Grenzen		Jahr	Extr.	Mon.
3. Kamerun bis Loango und Inseln davor. N ⟶ S								
·Baliburg 134	*18,1*	*19,0* Ap	*17,0* Au	*32*	7	*275*	*31* Mz *42* S	*5* D
·Buea 99	19,5	20,4 Mz	18,1 Au	29	12	230	46 Au	1 Jr
·Debundja 1	24,9	26,2 F	23,5 Au	33	18	1017	160 Jl	20 Jr
·Duala 1	25,2	26,6 F	23,6 Au	33	20	395	71 Jl	3 Jr
·Jaunde 75	22,2	23,3 F	21,2 Jl	32	13	155	22 Ap 23 O	4 Jr 6 Jl
·Fernando Póo 2	25,6	27,7 Jr	23,6 S	32	20	*256*	*42* S	*2* Jr
·Gabunmünd. 2	24,5	25,5 Ap	22,5 Jl	33	16	241	34 Mz 38 N	0 Jl
·Sao Thomé 2	25,2	26,2 F	23,6 Jl	33	16	107	18 Mz 15 N	9 Jr 0 Jl
·Monte Café 69	20,7	22,2 Mz	18,8 Au	29	12	*254*	*40* Mz *51* O	*15* F *2* Jl
·Djole (N'Djole) 12	25,4	27,1 Mz	22,4 Jl	—		*173*	*27* Mz *28* N	0 Au 0 Au
·Sainte Croix 20	25,1	26,8 Mz	22,1 Jl	—		187	32 Mz 31 N	0 Jl
·Chinchoxo 1	*24,5*	*26,4* Mz	*21,9* Jl	*35*	*15*	*91*	*19* Mz *22* N	0 Jl
4. Kongo (Schari bis Angola Hochland). N ⟶ S								
Ft. Archambault 37	*26,6*	*30,3* Ap	*24,9* Au	—		*106*	*32* Jl	0 Jr
Fort Crampel 44	*26,1*	*29,0* Mz	*24,7* Jl	*44*	*9*	*121*	*28* Au	0 Jr
Mobaye 40	*25,9*	*28,2* Mz	*24,0* Au	*38*	*16*	*164*	*27* S	0 Jr
·Bangala 37	*25,6*	*26,7* F	*24,6* Au	*38*	*18*	*170*	*24* D	7 N
·Bolobo 33	25,5	26,1 Mz	25,2 Jl	36	16	*159*	*26* D	0 Jl
·Brazzaville 33	*25,5*	*27,0* F	*22,4* Jl	*36*	*17*	*180*	*23* Ap *39* N	0 Jl
·Vivi 11	*24,6*	*26,4* F	*21,5* Jl	*36*	*12*	*108*	*23* Ap *29* N	0 Au
Luluaburg 62	*24,7*	*25,0* Ap	*24,4* S	*38*	*13*	*154*	*20* Mz *23* N	0 Jl
Banana 0	25,5	27,5 Mz	22,5 Jl	35	17	*73*	*16* Ma *15* N	0 J
·San Salvador 58	22,7	24,4 Mz	19,9 Jl	35	12	*90*	*27* Ap	0 Au
·Ndalla Tando 70	*22,2*	*24,0* Ma	*19,4* Au	*33*	*7*	*100*	*24* Ap *16* D	0 Jl
·Katanga 123	*19,8*	*23,0* N	*14,7* Jn	*36*	*2*	*122*	*27* Ja	0 Jl
·Caconda 165	*20,5*	*21,6*	*17,6* Jn	*30*	*10*	154	*28* Mz *24* D	0 Jl
·Bandeira-Villa 178	*21,1*	*23,4* O	*18,2* Jl	*29*	*5*	*98*	*19* Mz *18* D	0 Jl
Huilla 71	20,3	23,6 O	15,4 Jn	—		90	20 Mz 19 D	0 Jl

Ort und Höhe	Temperatur					Regenmenge, cm		
	Mittel			Grenzen		Jahr	Extr.	Mon.
A 2. Tropischer Regengürtel: Ost von 25° O. Lg.								
5. Ostküste von Afrika, Süd vom Äquator. S ⟶ N								
·Delagoabai 5	22,2	25,8	17,9 Jn	42	9	69	15 Jr	1 Jl
Beira 0	24,3	27,1 D	20,5	34	15	146	31 F	1 Jl
Mopeia, Zamb. 2	25,5	29,0 N	21,1	43	9	107	20 F	1 S
Mozambique 0	26,2	28,5 D	23,2	—		*100*	*22* F	0 O
·Lindi 6	25,4	26,9 N	23,8	35	15	83	18 Mz	0 Jn
·Mohoro 2	25,8	27,2 D	24,0 Au	35	15	100	25 Ap	1 Jl
·Dar es Salam 1	25,5	27,7	23,1 Au	33	17	115	31 Ap 11 D	3 Au
·Sansibar 1	26,2	28,2 F	24,7	32	21	140	27 Ma 24 N	4 F 5 J
·Pemba Ins. 2	24,8	26,3 Mz	22,9	33	18	249	105 Ma	2 S
·Tanga 3	25,6	27,4 F	23,4	35	19	154	34 Ma 23 N	4 F 6 Jn
Mombasa 2	26,0	27,7 Mz	24,3	31	21	122	34 Ma 15 N	2 F 6 Au
Malindi[1])	*25,8*	*?27,4* Mz	*23,7*	*34*	*18*	105	36 Ma 10 N	1 F 4 Au
Kismayu (B) 2	26,3	?28,1 Ap	24,7	—		40	14 Ma	0 F
6. Inneres Ostafrika, Süd vom Äquator. S ⟶ N								
·Boroma (Tete) 19	26,0	30,9 N	21,7	42	13	56	15 F	0 Jl
·Lauderdale 77	21,0	24,2 N	16,7 Jn	37	11	276	50 F	5 Au
·Zomba 95	20,3	23,6 N	15,9	34	7	138	29 Jr	0 Au
Ft. Johnston 48	24,3	27,8 N	20,0	39	9	78	20 Jr	0 Jl
Nkata 52	23,1	27,1 N	19,3	32	2	168	34 Mz	1 S
Manow 158	17,4	20,0 N	13,6	29	8	226	57 Ap	2 S
·Fwambo 162	*18,6*	*21 9* N	*14,6*	*36*	*1*	90	28 Mz	0 meh
Tosomaganga 160	17,5	20,0 N	14,3 Jn	31	7	57	16 F	0 Au
·Kilossa 51	24,1	27,0 D	20,2 Jn	38	10	71	15 Ap	1 Jn
·Tabora 121	22,5	25,4 O	21,2 Jn	36	10	85	17 Mz	0 Jl
Buloa 92	20,9	23,1 F	18,2 Au	32	10	204	36 Ma 27 N	10 Ja 7 S
·Kwai 161	16,2	18,8 F	13,3	29	6	84	12 Ma 11 N	1 Au
·Moschi 115	20,8	23,1 Mz	17,9 Jl	*34*	*12*	121	40 Ap 8 N	2 S
·Mamba 155	17,8	20,2 F	14,7 Jl	—		154	26 Ap 18 N	7 S
Muanza 114	22,1	22,9 S	21,8 Jr 21,8 Jl	32	13	107	25 Ap 12 N	0 Jl
·Bukoba 119	20,1	20,8 Ap	19,4 Jl	33	12	170	37 Ap 21 N	2 Jl
Shirati 116	—	—	—	—		70	15 Ma 7 D	1 Au
Kikuyu 205	16,0	18,0 F	13,5 Au	—		114	24 Ap 13 N	4 Jr 2 Au

[1]) Temperatur Magarini.

Ort und Höhe	Temperatur: Mittel			Grenzen		Regenmenge, cm: Jahr	Extr.	Mon.
7. Inneres, Nord vom Äquator (Küste trocken). S ⟶ N								
· Entebbe Mengo[1]) 118	21,9	23,4 O	20,2 Jl	33	13	150	25 Ap 15 N	8 Jr 7 Au
· Wadelai 60	25,7	27,9 F	24,4 Au	—		110	12 Ma 17 O	2 Jr
. Lado[2]) u. Mongalla 45	26,8	29,2 Mz	25,0 Au	41	16	102	15 Au	0 Jr
· Addis Abeba 245	15,5	17,5 Ma	13,8 D	28	3	126	30 Jl	0 D
Harrar 186	*18,1*	*19,8* Mz	*16,7* D	—		*90*	*21* Ma *14* Au	*1* F *8* Jn
Magdala 276	*15,2*	*19,1* Ma	*12,7* N	—			—	
Gondar 190	*19,0*	*22,7* Ap	*15,8* Au	—		*101*	*37* Au	0 Jr
· Addi Ugri 202	19,3	21,5 Ma	17,3 D	32	7	54	18 Au	0 Jr
Keren 145	20,8	25,6 Ma	18,3 Jr	—		64	30 Au	0 Jr
B 1 a. Nördliches Trockengebiet: West von 25° O. Lg.								
8. Nordrand der Sahara. O ⟶ W								
· Derna 1	*20,0*	*25,7* Au	*14,1*	*44*	*5*	*20*	*6* D	0 Jr
· Kyrene 55	*16,4*	*23,7*	*8,9*	—		*41*	*11* D	0 Jl
Benghasi 1	20,3	26,2 Au	13,0	—		27	7 Jr	0 Jl
· Tripoli 2	19,7	26,4 Au	11,7	40	4	41	12 D	0 Au
Ifren 71	*19,6*	*29,3* Au	*8,6*	*45*	*2*	13	3 F	0 meh
Sousse 4	18,6	26,6 Au	11,1	—		41	7 N 5 Jr	1 Jl
· Tunis 4	17,9	26,6 Au	9,8	43	1	46	6 Mz 6 D	1 Jl
Kairuan 16	19,1	29,0 Au	10,3	—		34	4 Ap 4 N	0 Au
Gabes 1	*19,5*	*27,4* Au	*10,5*	—		*18*	*3* Mz *3* O	0 Jl
· Batna 105	14,1	26,2	4,0	39	—7	42	5 Ap 6 O	1 Jl
Schott Djerid 5	*21,4*	*32,6*	*10,0*	—		*11*	*2* Jr *3* Ap	0 Jl
· Ayata (Wad Rhir) 4	20,6	32,2	9,3	47	—1	11	2 Ap 2 D	0 Jl
· Biskra 12	20,7	31,9	10,6	45	1	18	3 Ap 2 O	½ Au
· Ghardaia 54	20,5	33,9	8,4	47	0	10	2 Jr	0 Jl
· El Golea 38	21,5	34,1	9,5	48	—3		—	
Laghuat 75	17,0	28,3	7,0	42	—4	19	2 F 2 O	½ Jl

1) Abs. Jahresminima in Mengo 10°, Rubaga (1200 m) sogar 8°.

2) Regen Gondokoro.

Ort und Höhe	Temperatur					Regenmenge, cm		
	Mittel			Grenzen		Jahr	Extr.	Mon.
·In Salah 30	*24,8*	*36,5*	*12,2*	*50*	*—1*		—	
·Geryville 130	13,5	25,8	3,8	40	—9	39	6Mz 4O	½Jl
·Marrakesch 47	*19,6*	*29,6* Au	*10,9*	*41*	*3*	*24*	*4*Mz *4*N	0Au
·Mogador 1	17,6	20,3S	13,9	27	7	33	6Mz 6N	0Jl
·Kap Juby 1	18,3	20,5S	15,9	—		10	3D	0Jl
LasPalmas(Can.) 1	19,9	23,2Au	17,1F	31	10	29	7N	0Jl
9. Südrand der Sahara. W → O								
K.Verd. Ins. S.Vincent 1	23,6	26,4S	21,3F	32	15	19	6S	0Ma
· Praia 3	24,3	26,7S	22,1F	32	17	28	10S	0Ma
·Dakar-Gorée 2	24,2	28,0S	20,3F	34	15	52	24Au	0Ap
·Saint Louis 1	23,4	28,0S	19,5Mz	40	11	42	19Au	0Mz
·Timbuktu 25	*29,2*	*35,0*Ma	*21,4*D	*47*	*8*	*21*	*10*Jl	0meh
Niamey 50	*27,9*	*33,7*Ap	*21,4*	*45*	*8*	*54*	*18*Au	0D
Kuka 26	*28,1*	*33,5*Ap	*21,5*	—			—	
Ft. Lamy 27	*28,1*	*33,1*Ap	*23,7*	*48*	*10*	*45*	*18*Au	0Jr
B 1b. 10. Nördl. Trockengebiet, Ost von 25° Lg. N → S								
Port Said 0	20,5	26,9Au	13,6	—		8	2Jr	0Jl
·Alexandrien 3	20,3	26,0Au	14,1	37	7	22	6D	0Jl
·Kairo 3	21,2	28,6	12,3	43	2	3	1Jr	0Jl
Assiut 6	21,9	29,9	11,8	46	0		—	
·Kosseir 1	*24,3*	*30,0*Au	*17,0*	*40*	*8*		—	
·Assuan 11	*25,8*	*33,0*	*15,1*	*46*	*4*		—	
·Wadi Halfa 13	26,3	34,1	16,3	47	5		—	
·Suakin 1	27,5	34,8Au	22,2	45	13	22	9N	0Jn
·Berber 35	*29,0*	*34,8*Jn	*20,6*	*47*	*6*		—	
Khartum 38	28,8	33,4Ma	21,9	46	8	13	6Au	0Jr
·Massaua 1	30,2	35,2	25,9	43	19	18	4D	0Jn
Kassala 53	27,1	32,0Ma	21,0	—		31	12Au	0Jr
El Dueim 38	*27,7*	*31,5*Ma *30,0*O	*22,2*	*46*	7	26	9Au	0Jr
El Obeid 58	*25,7*	*30,0*Ma	*19,8*	*42*	*5*	37	11Au	0Jr
·Ins. Perim 0	28,8	31,9	25,2	39	20	6	1Jr 1Au	0Ap 0S
Assab 1	*29,9*	*35,3*	*25,1*	*44*	*19*	*6*	*5*D	0meh
·Zeila 0	*29,5*	*33,1*Au	*25,8*D	*37*	—		—	
·Berbera 1	29,4	36,3	24,5	44	17	6	2Mz	0S
Kismayu (0,4 S) 2	*26,3*	*28,1*Ap	*24,7*Jl	—		40	14Ma	0F

Ort und Höhe	Temperatur					Regenmenge, cm		
	Mittel			Grenzen		Jahr	Extr.	Mon.

B 2. Südliches Trockengebiet

11. Westküste. N —► S

· Loanda 6	23,5	25,9 Mz	19,7	32	15	28	11 Ap	0 Jl
· Swakopmund 1	15,1	17,3 Mz	12,6 Au	37	3	2	0,4 D	0 meh
· Walfischbai 0	16,9	19,4 Mz	14,1 Au	37	3	2	1 Ap	0 meh
· Lüderitzbucht 0	*16,9*	*19,3* F	*13,3* Au	*37*	*6*	2	1 Jn	0 meh
· Port Nolloth 1	13,7	15,3 F	11,6 Au	38	2	6	1 Ma	0 Jr
Olifant Münd. 3	—	—	—		—	12	2 S	0 Jr

12. Inneres von Deutsch-Südwestafrika. N —► S

Olukondo 111	*22,5*	*26,6* N	*16,1*		—	53	14 F	0 Au
Zesfontein 58	—	—	—		—	11	3 Jr	0 Jl
Okaukuejo (Etoscha) 115	—	—	—		—	50	14 F	0 Jl
Otavi 141	—	—	—		—	57	13 Jr	0 Jl
Jakandonga 142	—	—	—		—	48	15 Jr	0 Au
Omaruru 121	*19,5*	*24,7* D	*12,3*	*41*	*1*	30	9 Jr	0 Jl
Otjisewa 143	*18,8*	*25,2* N	*10,9*		—	42	3 Jr	0 Jl
Gobabis 142	—	—	—		—	46	12 Jr	0 Jl
· Windhuk 166	19,3	23,0 D	13,6 Jn	34	0	38	10 Jr	0 Jl
Rehoboth 140	*19,5*	*26,0* D	*10,4* Jn	*38*	*—7*	25	7 Jr	0 Jl
· Hoachanas 123	*20,6*	*26,4* D	*10,6*	*38*	*—2*	18	4 F	0 Au
· Gochas 115	*21,5*	*29,0* D	*12,2* Jn	*41*	*—4*	18	4 F	0 Au
· Gibeon 103	*21,5*	*29,0*	*12,6*	*43*	*2*	14	4 F	0 Au
· Bethanien 100	*20,2*	*27,9*	*11,5*	*45*	*—3*	10	4 Jr	0 Au
Keetmanshoop 100	*21,5*	*27,6* D	*14,2* Jn	*43*	*—0*	12	4 F	0 Au
Aus-Kubub 140	*15,6*	*21,6*	*9,6* Jn	*35*	*—4*	9	3 Mz	0 meh
· Kuibis 131	*18,5*	*24,4* F	*11,5*	*36*	*—3*	9	3 F	0 Au
Hasuur 100[1])	*21,9*	*28,7*	*13,3*	*44*	*1*	19	5 F	0 Au
· Warmbad 72	*22,1*	*29,5*	*13,5*	*45*	*1*	9	5 F	0 meh
Pella 50	—	—	—		—	8	2 Mz	0 meh
Sprinbok 97	16,7	23,1 F	10,0		—	22	4 Ma	½ Jr

13. Trocknes Inneres Nord von 30° S. Br, Ost von 20° Ost Lg. N —► S

· Tuli 53	*21,7*	*25,8* F	*14,4*	*36*	*2*	40	12 Jr	0 Jl
· Molopolole 100	*20,1*	*24,8* F	*12,9*	*38*	*4*	*52*	*11* Jr	0 Jn
Vryburg 118	—	—	—		—	53	*11* Jr	0 Jl
· Kimberley 123	17,4	23,9	9,3		—	50	9 Mz	1 Jl
Philippolis 143	14,5	20,8	7,1	35	—6	49	—	
Kenhart 82	19,0	25,9	10,7		—	14	4 Mz	0 Au
Prieska 100	—	—	—		—	26	6 Mz	0 Jl

[1]) Für Temp. Aroab, 930 m.

Ort und Höhe	Temperatur					Regenmenge, cm		
	Mittel			Grenzen		Jahr	Extr.	Mon.
14. Trocknes Inneres Süd von 30° S. Br. W ⟶ O								
·Clanwilliam 10	17,0	23,0	10,0	41	0	24	4 Jn	½ Jr
·Worcester 23	16,4	21,9 F	10,3	39	—0	32	5 Jn	½ Jr
Sutherland 146	11,3	18,3	4,0	35	—10	25	3 Ma	0 D
Amalienstein 48	17,1	23,1	10,1	42	—4	35	4 Mz 4 Ma	2 Jr 2 Jn
Brakfontein 120	14,3	20,8	6,0	37	—9	27	6 Mz	1 Jl
·Nels Poort 95	16,7	22,5	10,0	—		23	5 Mz	0 Jl
·Graaff Reinet 76	17,0	22,4	10,6	40	—4	41	6 Mz	1 Jn
Colesberg 131	15,8	23,6	7,1	40	—8	40	8 Mz	1 Jl
·Cradock 87	16,2	21,8 F	9,2	39	—5	40	7 F	1 Jl
C 1. Südlicher gemäßigter Regengürtel								
15. Östlich von 25° Ost Länge. N ⟶ S								
Kalomo 122	21,3	25,3 O	15,9 Jn	—		71	18 D	0 Au
·Salisbury 149	*17,5*	*20,3* N	*13,3* Jn	*32*	*1*	*87*	*21* F	0 Jl
·Bulawayo 136	18,7	22,5 O	13,3	36	2	56	14 Jr	0 Jl
Tati 85	*18,7*	*23,7* N	*12,6* Jn	39	—1	55	18 Jr	0 Jl
Pilgrims Rest 125	—	—	—	—		105	22 Jr	1 Jl
·Lydenburg 141	*15,7*	*20,1* F	*10,0*	*34*	—3		—	
Pretoria 143	*16,7*	*21,4*	*11,0*	*35*	—4	66	14 Jr	½ Jl
Mafeking 128	—	—	—	—		62	14 Jr	0 Jn
·Johannesburg 192	14,6	18,5	9,0 Jn	30	—3	78	16 Jr	½ Jl
Kroonstadt 137	—	—	—	—		64	12 Jr	1 Jl
·Bloemfontein 138	15,8	22,1	7,6	37	—7	62	11 Mz	1 Jl
·Pietermaritzburg 64	17,4	21,2 F	11,7 Jn	35	0	84	14 N	1 Jn
·Durban 8	21,3	24,7 F	17,8	—		104	14 N 13 Mz	3 Jl
·Aliwal North 131	14,4	20,5	6,5	35	—8	63	13 F	1 Au
·Umtata 73	16,4	20,6 F	11,0	39	—4	67	9 F	1 Jn
·Queenstown 107	15,8	20,8	9,6	37	—5	60	9 F	1 Jn
East London 1	17,9	20,9 F	14,5	33	5	66	8 MzN	3 Jn
Grahamstown 52	16,3	20,0	11,8	39	2	71	8 Mz 9 N	3 Jn
·Pt. Elizabeth 6	17,2	20,8 F	13,9	35	5	55	6 Ma 6 N	2 Jr
16. Westlich von 25° Ost Lg. (Südrand von Afrika). W ⟶ O								
·Simonstown 1	17,6	21,5	13,8	31	7	74	12 Jn	2 Jr
Am Tafelberg 76[1])	12,2	15,6	8,6	30	2	131	19 Jl	4 Jr
·Kapstadt 1	16,4	20,7	12,2	34	4	65	12 Jn	2 Jr
Malmesbury 14	—	—	—	—		47	8 Jn	1 Jr
Bredasdorp 8	—	—	—	—		50	6 Jn	2 Jr
Kap Agulhas 2	15,9	19,5	12,7	—		40	—	
·Mosselbai 3 B	17,0	20,6	13,7	33	5	44	4 Mz 4 O	2 Jr 3 Jn

[1]) Temp. Disa Head; Regen Waai Kopje 853 m.

C 2. 17. **Nördlicher gemäßigter Regengürtel.** O —→ W

Ort und Höhe	Temperatur Mittel			Grenzen		Regenmenge, cm Jahr	Extr.	Mon.
Bizerte 1	*17,9*	*25,3* Au	*10,6*	*45*	*0*	*64*	*11* Jr	½ Au
Ain Draham 80	14,1	23,5 Au	6,1	—		165	33 Jr	2 Jl
La Calle 2	18,2	25,6 Au	11,4	40	4	81	11 Mz 16 D	½ Jl
· Constantine 66	15,3	26,3	6,2	41	—2	56	7 Mz 9 D	1 Jl
· Aumale 90	14,7	25,9 Au	5,9	41	—2	59	9 Ap 7 D	1 Jl
· Algier 2	18,3	25,3 Au	11,9	39	4	76	14 D	0 Jl
· Oran 6	17,5	24,8 Au	11,0	34	3	58 Jr	9 Jr	0 Jl
Tlemçen 82	15,9	24,7 Au	8,5	38	1	66	9 Mz 9 D	½ Jl
· Tanger 7	17,9	24,5 Au	12,7	37	3	84	13 F	0 Jl
· Kap Spartel 0	17,7	23,7 Au	12,6	42	—1	80	13 D	0 Jl
· Casablanca 2	*17,3*	*22,9* Au	*11,9*	*32*	*4*	42	*7* Mz *8* N	0 Jl
Safi 4	*18,2*	*24,6* Au	*12,4*	*35*	*7*	*44*	*9* N	0 Jl
· Mogador 1 B	17,6	20,3 S	13,9	27	7	33	6 Mz 6 N	0 Jl
Las Palmas 1 Gr.Can.	19,9	23,2 Au	17,1 F	31	10	29	7 N	0 Jl
· Santa Cruz, Ten. 4	*19,8*	*24,0* Au	*16,1* F	—		*31*	*7* Jr	0 Jl
· Laguna, Ten. 55	16,7	21,9 Au	12,2	40	2	59	13 D	0 Au
· Orotava, Ten. 6	18,8	22,4 Au	15,5 F	31	10	39	7 Jr	0 Jl

II. Südamerika

A. Tropischer Regengürtel

18. Nord vom Äquator. W —→ O

Ort und Höhe	Temperatur Mittel			Grenzen		Regenmenge, cm Jahr	Extr.	Mon.
Andagoya 8	27,6	28,0 Ap	27,2 N	—		709	66 ApS	48 Mz
Medellin 151	21,0	21,6 F	20,2 N	29	14	*160*	*20* Ma *19* O	*6* Jr *10* Jl
Bogotá 266	14,4	14,8 Ap	13,9 Au	24	6	106	15 Ap 16 N	6 Ja 5 Jl
· Maracaibo 1	28,0	29,1 Au	27,0	35	21	46	11 O	0 F
Merida 164	18,7	19,3 Au	18,7	29	11	178	28 Ma 25 O	4 F
· Tovar 204	*14,4*	*15,1* S	*12,7*	—			—	
· La Guayra 0	27,1	28,3 S	25,8	—		28	4 O	1 F
Caracas 98	21,0	22,5 Ma	19,2	26	15	81	12 Jl	1 F
Bolivar 6	*27,5*	*28,5* Ma	*26,1*	*34*	*21*	*91*	*19* Au	0 F
Georgetown 0	26,4	27,3 O	25,8 F	32	21	220	31 Jn 29 D	6 O
· Burnside 1	26,0	26,8 O	25,1 F	34	20	*203*	*24* Mz *22* D	*3* O
· Paramaribo 0	26,2	27,3 O	25,2 F	34	19	227	22 Jr 30 Ma	7 O
· Cayenne 1	26,4	27,3 O	25,8 F	35	21	301	36 Jr 51 Ma	3 S

Ort und Höhe	Temperatur					Regenmenge, cm		
	Mittel			Grenzen		Jahr	Extr.	Mon.
19. Süd vom Äquator. N ⟶ S								
Quito 285	12,6	12,8 S	12,4 N	24	3	112	18 Ap	2 Jl
Antisana 410	*5,0*	*6,0* Jr	*3,3* Au	*11*	*—6*		—	
Para 1	25,7	26,5 N	25,0 F	33	20	220	40 Ap	3 O
Manaos 4	26,1	27,0 N	25,5 Mz	35	20	182	29 Mz	4 S
Iquitos 9	26,0	26,9 N	25,2 Jn	32	19	*262*	*31* Mz	*12* Au
Ceara (Fort)	—	—	—		—	142	34 Ap	1 O
Quixeramobim 21	27,3	28,6 D	26,2 Jn	36	19	59	16 Mz	0 O
Pernambuco 3	26,1	27,5 F	24,0	34	19	200	30 Jn	3 O
Cobija, Bol. 15	23,3	25,0 N	20,3 Jn	36	9	173	35 F	1 Jl
Bahia 3	24,8	26,8 F	22,5		—	202	29 Ma	7 D
Cuyaba 23	25,8	27,1 O	23,5	37	11	134	26 Jr	0 Jl
Uberaba 76	21,7	23,5	18,4	33	1	172	31 Jr	1 Jl
Barbacena 114	17,3	19,8 Mz	13,8	30	3	155	30 Jr	1 Jn
Juiz de Fora 68	19,4	22,7	16,1	34	5	158	28 D	1 Jl
Neu Freiburg 88	17,3	20,3	13,6 Jn		—	155	31 Jr	2 Jn
Rio Janeiro 6	22,5	25,6 F	19,7	36	13	111	14 D	4 Jl
São Paulo 76	18,2	21,7	14,2	33	2	132	21 Jr	2 Jl
Alpina 80	17,5	21,1 F	13,0	35	—0	*143*	*39* Jr	*1* Jl
Santos 0	21,9	25,3 D	18,5		—	233	32 Jr	12 Au
Alto da Serra 80	—	—	—		—	370	46 Jr	18 Jl

B. Trockengebiet. S ⟶ N

20. Westseite der Anden (Peru und Nordchile) N ⟶ S

Piura (Payta) 6	24,5	28,0 F	22,1 Au	37	15	3	2 Jr	0 meh
Trajillo 6	20,7	25,1	17,2 Jn		—	3	1 F	0 meh
Callao 0	*19,2*	*21,6* Mz	*16,9* Au		—	3	1 Jl	0 meh
Lima 16	19,0	23,0 F	15,9 Au	31	11	5	1 Au	0 F
Cuzco 338	*10,0*	*10,9* Mz *11,3* N	*7,7* Jl	*23*	*—2*	98	21 F	1 Jl
Vincocaya 438	*3,0*	*5,9* N	*-0,8* Jn	*19*	*-22*	26	10 F	0 Jl
Misti-Gipf. 585	*-7,9*	*-5,9*	*-10,3*		—		—	
Arequipa 245	14,4	14,7 F	13,9 Jn	*23*	*2*	11	5 F	0 Au
Mollendo 2	*18,3*	*21,5* F	*15,2* Au	*27*	*11*	2	½ S	0 meh
Arica 1	*18,8*	*21,6* F	*16,9* Au	*28*	*11*	0	0 alle	
Iquique 1	18,2	21,3	16,0	30	11	0	0 alle	
Ollagüe 370	*7,3*	*11,0* O	*1,3* Ma		—	*7*	*2* F	0 meh
Antofagasta 0	*18,6*	*21,6* F	*16,6*	*30*	*10*	0,6	0,1 Jn	0 meh
Caldera 3	15,7	19,0 F	12,8	27	7	2	0,4 Jl	0 meh
Copiapó 40	15,3	19,7	11,3	32	2	1		—
Coquimbo 3	14,6	17,8	12,0	23	6	11	4 Jn	0 meh

Ort und Höhe	Temperatur					Regenmenge, cm		
	Mittel			Grenzen		Jahr	Extr.	Mon.
21. Ostseite der Anden (W. und S. Argent.). N ⟶ S								
·La Quiaca 349	10,4	15,3 D	4,8 Jn	30	-16	37	12 Jr	0 Jn
·Humahuaca 302	12,3	17,2 D	8,0	—		20	4 Jr	0 Jl
·Pilciaco 80	*19,7*	*27,6* D	*9,8*	—		13	4 Jr	0 Au
·Santiago del Est. 21	21,3	27,3	13,2 Jn	42	-0	52	10 D	1 Jl
·Catamarca	20,6	27,8	9,9 Jn	—		32	8 Jr	0 Jl
·La Rioja 53	19,6	27,3	10,6 Jn	—		29	8 Jr	0 Jl
·San Juan 65	17,3	25,8	8,4 Jn	38	-2	5	1 Jr	0 Jl
·Uspallata 284	*6,7*	*11,9*	*1,3* Jn	*25*	*-11*	*18*	*3* F	0 meh
·Mendoza 80	16,0	23,4	7,8 Jn	37	-4	18	3 F	$^1/_2$ Jl
·San Luis 72	16,9	24,3	9,4 Jn	—		54	9 D	1 Jl
·Chos Malal 87	13,7	22,6	6,5 Jn	36	-8	24	5 Jl	0 Jr
·Limay 28	14,5	24,0	5,4	—		15	3 Au	0 F
·Patagones (Viedma) 1	14,0	20,8	7,1	—		31	4 D	1 F
·16. de Octubre 57	8,9	16,1	2,1	—		49	8 Jn	1 D
·Chubut 1	13,3	21,2	5,5 Jn	—		24	3 Jn	1 O
·Santa Cruz 1	*8,4*	*15,9*	*0,6*	—		15	3 Jl 3 D	$^1/_2$ Mz $^1/_2$ S
·Gallegos 1	6,6	13,7	-0,8	—		40	6 Jn 6 D	2 Ap 1 S
·Dungeness, Pta 0	*6,7*	*11,8*	*1,5*	*22*	*-5*	26	3 Jn 3 D	1 F 2 S

C. Gemäßigter Regengürtel

22. Osten (vom Titicaca bis Patagonien)

22a. Bolivien, N- und O-Argentinien. N ⟶ S

Ort und Höhe	Mittel			Grenzen		Jahr	Extr.	Mon.
La Paz 369	9,4	11,5 N	6,7 Jn	23	−3	*54*	*11* F	0 Jn
·Cochabamba 255	17,3	20,0 N	14,0 Jn	30	—3	*46*	11 Jr	0 Au
Oruro 276	—	—	—	—		*5*	*1* Mz	0 Jl
Sucre 280	—	—	—	—		70	17 Jr	$^1/_2$ Jn
Itacurubi, Par. 13	22,2	26,5	16,9 Jn	—		145	22 Jr	3 Au
·Salta 121	17,3	22,0 D	10,4 Jn	33	—2	56	14 Jr	0 Jl
·Asuncion 10	22,5	27,0	16,1 Jn	40	2	142	17 Jr	5 Au
·Formosa 8	21,4	26,4	16,5	38	—3	145	18 D	3 Au
·Tucuman 46	18,2	24,0	10,5 Jn	40	—2	96	19 Jr	1 Jl
·Corrientes 8	21,3	26,5	15,5 Jn	35	−6	125	16 Jr	4 Au
·Goya 6	20,0	25,7	13,7 Jn	—		98	13 Jr	3 Au
·Concordia 6	—	—	—	—		107	13 Mz	6 Au
·Cordoba 44	16,9	22,9	9,9 Jn	39	—6	70	12 D	1 Jl
·Paraná 2	18,7	25,0	12,0 Jn	36	2	90	13 D	2 Jn
·Rosario 3	17,2	24,7	9,6 Jn	—		92	12 Mz 13 D	4 Jn
·Rio Cuarto 44	16,4	23,0	9,0	—		75	11 Mz 12 D	1 Jl

Ort und Höhe	Temperatur					Regenmenge, cm		
	Mittel			Grenzen		Jahr	Extr.	Mon.
· Buenos Aires 2	16,6	23,1	10,1	34	0	93	12 Mz 10 D	5 Jl
· Trenque Lauquen 10	15,7	23,3	8,6	—		70	11 Mz	2 Au
· Trandil 17	14,4	21,2	7,9 Jn	—		79	11 Mz	5 S
· Bahia Blanca 1	14,6	22,5	7,5	38	−3	53	7 Mz 6 N	2 Jl
22b. Südbrasilien und Uruguay. N ⟶ S								
Rio Claro 61	20,9	24,2	16,4 Jn	—		122	20 D	1 Jl
Tatuhy 60	19,1	22,9	14,6 Jn	—		141	24 Jr	3 Jl
· São Paulo 76	18,2	21,7	14,2	33	2	132	21 Jr	2 Jl
Iguapé 1	21,3	25,2 F	17,7	—		175	24 Jr	6 Au
· Curitiba 91	16,4	20,6	12,0 Jn	34	−2	148	18 Jr	6 Jl
Joinville 1	20,2	24,4 F	16,6	—		*224*	*36* Jr	*9* Jl
· Blumenau 3	20,8	25,3	15,8 Jn	37	3	170	19 F	9 Jl
Porto Alegre 4	19,4	25,0 F	13,5 Jn	36	4	80	11 Au	4 N
Pelotas 2	17,7	23,0 F	12,6 Jn	37	−2	125	13 Au	8 Jr
· Rio Grande 2	17,5	22,8 F	12,4 Jn	37	−3	94	11 Au	5 N
· San Jorge 12	15,9	22,5	9,7 Jn	37	−4	110	12 Ap 11 Au	6 F
Mercedes 4	17,1	24,1	10,0 Jn	35	−2	87	10 Ap 10 O	5 F 6 Jl
· Montevideo 1	16,2	22,0	10,4	35	1	98	10 Ap	7 Jr
23. Westküste und Kap Horn. N ⟶ S								
· Valparaiso 4	14,3	17,5 F	11,5	28	6	55	17 Jl	0 Jr
Santiago 52	13,7	20,0	7,7	34	−2	35	8 Jn	0 Jr
Juan Fernandez 1	*15,8*	*19,2* F	*12,9* Au	*30*	7	*105*	*22* Jn	*2* D
Constitucion 3	13,6	16,6	10,9	23	4	78	20 Jn	0 Jr
Concepcion 2	13,4	17,3	10,2	32	1	131	27 Jn	1 Jr
Isla Mocha 2	12,6	15,3 F	10,2 Au	22	4	151	46 Jl	2 Jr
Osthang, Prov. Neuquen[1])	—	—	—	—		136	30 Jl	3 Jr
· Valdivia 2	11,6	16,1	7,2	32	−1	269	44 Jn	7 Jr
Galera, Pta. 4	11,2	14,0	8,8 Au	21	2	246	41 Jn	6 Jr
· Puerto Montt 1	10,8	14,7	7,3	26	−1	230	30 Jl	11 F
· Ancud 4	10,7	14,1	7,6	24	−1	215	28 Ma	8 Jr
Osthang Chubut[2])	—	—	—	—		39	6 Jn	1 D
· Evanjelistas 5	*6,3*	*8,9* F	*3,5*	*14*	−2	288	32 Jr	19 Jl
· Punta Arenas 3	6,5	11,5	1,3	23	−8	39	4 Mz	2 O
· Ushuaia 3	5,4	11,0	0,2	26	−9	57	6 F	3 Au
· Neujahrs-Eild 5[3])	5,0	7,8 F	1,9	*16*	*−8*	61	7 Ap	3 S
· Staten-Eiland 1	*5,5*	*8,9*	*2,5*	*17*	*−6*	170	17 Jn 17 D	10 S

[1]) Mittel von 5 Stationen am Ostfuß der Anden.
[2]) Desgl. von 5 Stationen i. d. Prov. Chubut.
[3]) Año Nuevo, Nordküste von Staten-Eiland.

Ort und Höhe	Temperatur Mittel			Grenzen		Regenmenge, cm Jahr	Extr.	Mon.

III. Nordamerika

A. Tropischer Regengürtel

24. Westindien. S ⟶ N

Der Buchstabe beim Ortsnamen bezeichnet die Seite der Insel

Ort und Höhe	Mittel			Grenzen		Jahr	Extr.	Mon.
· Trinidad NW 2	25,9	26,6 Ma	24,9 F	32	18	170	26 Au	4 F
· Curaçao 2	27,2	28,3 S	26,0	—		56	12 N	1 Ma
· Barbados 2	26,3	27,3 S	25,0 F	—		147	22 O	4 Mz
· Martinique W 0	25,8	27,0 Au	24,3 F	33	16	204	26 Au 25 O	7 Mz
Dominica W 0	26,1	27,1 Au	24,8 F	—		190	27 Au 20 N	6 Mz
Dominica O 0	—	—	—	—		262	29 Jl 29 N	10 F
· Guadeloupe P. à Pitre 2	25,6	27,3 Jn	23,4 F	33	17	164	17 Ma 19 O	8 Mz
· Guadeloupe Camp Jacob 53	21,7	23,3 Au	19,9 F	30	14	377	44 Jl 40 O	19 Ap
Antigua NW 3	25,8	27,2 Au	24,3	33	17	132	16 S	6 Mz
St. Christopher SW 1	25,9	27,3 Au	24,2 Mz	—		130	17 O	5 F
S-ta Cruz N 0	26,3	27,8 Au	24,6 F	33	19	121	15 O	3 Mz
· Portorico N 1	25,6	26,9 Au	24,1 F	33	19	145	16 Jl 17 N	6 F
· Jamaica S 1	26,0	27,6	24,3	34	16	96	14 Ma 19 O	2 F
· Jamaica NO 116	19,6	21,2	18,3	32	8	282	51 O	8 F
· Jamaica ganze I.	—	—	—	—		170	23 Ma 23 O	6 F 11 Jl
· Samanabai N 1	24,9	26,6 Au	22,8 F	35	15	*206*	*28 Jn* *25 Au*	*6 Mz*
· Port au Prince W 4	26,2	27,8	24,4	37	16	139	27 Ma 19 S	3 Jr 7 Jl
· Habana N 2	24,8	27,7	21,3	36	12	131	18 Jn 19 O	5 Mz
· Nassau, Bah. 1	24,9	27,8	21,8	37	13	138	17 Ma 20 Au	4 D 4 Mz

25. Mittelamerika nebst Mexiko. S ⟶ N

Ort und Höhe	Mittel			Grenzen		Jahr	Extr.	Mon.
· Naos (Panama) 1	26,2	27,0 Jn	25,1 F	36	19	144	18 Ma 21 O	0 F
· Gamboa 3	25,7	26,8 Jn	24,2 F	36	14	237	28 Ma 33 O	2 F
· Colon 5	26,4	26,7	26,2 F	35	19	311	59 N	3 Mz
· San José, C. R., 115	19,7	20,5 Ma	18,8 D	30	13	175	23 Jn 32 S	1 F

Ort und Höhe	Temperatur Mittel			Grenzen		Regenmenge, cm Jahr	Extr.	Mon.
Greytown 0	26,2	27,1 Ma 26,9 S	25,3	—		659	87 Jl 93 N	16 Mz
· San Salvador 64	23,1	24,6 Ap	21,9 D	30	17	180	31 Jl	1 Jr
Costa Cuca[1]) 95	—	—	—	—		445	72 Jn 65 S	19 Jr
· Guatemala 148	18,2	20,0 Ma	16,3	30	7	133	29 Jn 23 S	0 F
Quezaltenango 235	14,5	16,8 Ma	10,9	26	-0	72	16 Jn	0 Jr
· Chimaxb.Coban 130	17,9	19,7 Ma 19,3 S	15,4	31	4	257	29 Jn 32 O	10 F
Nordguatemala[2]) 86	—	—	—	—		381	53 Jl 46 O	10 Ap
· Oaxaca 157	20,2	23,1 Ma	17,2	34	4	84	22 Jn	0 D
· Belize 0	26,3	28,1	23,1 D	33	15	207	22 Jn 31 O	6 Mz
Cordoba 90	20,6	23,1 Ma	18,0	—		287	49 Jn 52 S	5 F
· Veracruz 1	25,2	27,6	21,9	33	15	*172*	*38* Jl	*0* Ap
· Puebla 217	15,7	18,4 Ma	12,0	28	—1	92	19 Jn 18 Au	1 Jr
Colima 51	24,5	27,2 Jn	20,9	37	10	87	19 S	0 Mz
Jalapa 145	17,7	20,4 Ma	14,5	34	4	146	28 Jn 21 S	4 Jr
· Tacubaya 232	14,6	17,2 Ma	11,5	28	0	68	14 Au	0 Jr
· Mexiko 228	15,5	18,3 Ma	11,9 D	30	1	59	12 Au	0 Jr
· Merida 2	25,7	28,5 Ma	22,4 D	39	12	84	16 Au	2 Mz
Tuxpan 0	24,6	28,1	20,0	—		143	—	
· Mazatlan 8	23,9	27,9	19,3	34	11	80	24 Au	0 Ap

B. 26. Trockengebiet von Nordamerika. S —> N

Mexiko 228	s. Tab. 25							
· Leon 180	18,7	23,3 Ma	13,6 D	36	—4	65	15 Jl	1 F
S. Luis Potosi 189	17,7	21,7 Ma	12,8 D	32	0	28	5 Jn	1 F
Zacatecas 250	15,0	18,7 Ma	11,1	30	—4	58	13 Jl	1 D
Saltillo 164	17,5	22,9	11,3 D	34	—9	60	13 Au	2 F
Chihuahua 143	—	—	—	—		*62*	*21* Jl	0 D 0 Ap
· El Paso 113	17,2	26,9	6,7	40	-11	24	5 Jl	$^1/_2$ Ap
· San Diego 4	15,9	20,4 Au	12,2	32	3	27	6 F	0 Jl
· Yuma 5	22,3	32,8	12,6	45	—2	8	1 Jr	0 Jn
· Phoenix 35	20,8	32,5	10,2	45	—4	18	3 Jl 2 D	0 Ma 1 O

[1]) Mittel von 4 Stationen.
[2]) Mittel von 3 Stationen.

Ort und Höhe	Temperatur					Regenmenge, cm		
	Mittel			Grenzen		Jahr	Extr.	Mon.
·Santa Fé 215	9,3	20,4	– 1,9	32	–19	36	7 Jl	2 Jr
Fresno, Cal. 11	17,3	27,7	7,7	43	– 4	23	4D	0 Jl
·Las Animas 120	10,8	24,2	– 3,3	39	–28	30	6 Ma	1 Jr
·Pikes Peak 430	–7,1	4,2	–16,3	13	–32	75	11 Jl	4 Jr
·Denver 163	9,9	22,1	– 1,6	36	–25	37	7 Ma	1 Jr
·Salt Lake City 134	11,0	24,6	– 1,7	37	–19	41	6 Ap	1 Jl
·Winnemucca 134	9,3	22,1	– 1,8	37	–23	21	3D	0 Au
·Cheyenne 186	7,2	19,7	– 3,6	34	–28	31	6 Ma	1D
·Boisé City 84	10,5	23,0	– 1,3	38	–19	37	6 Jr	1 Jl
·Miles City 72	6,8	23,2	–11,9	39	–36	32	8 Jn	1D
·Helena 126	6,3	19,4	– 6,7	35	–32	33	6 Jn 3 Jr	1 Mz 2N
·Kamloops 36	8,5	20,5	– 3,9	36	–23	28	4 Jl	1 Ap
·Calgary 103	3,0	15,7	–10,9	32	–40	38	7 Jl	1D
·Prz. Albert 44	–0,3	16,7	–20,4	33	–45	33	7 Jn	2D
·Edmonton 66	2,3	16,5	–14,2	31	–40	35	8 Jl	1D

C. Gemäßigter Regengürtel

27. Osten (Atlantische Staaten). S ⟶ N

·Key West 1	24,9	28,8 Au	20,4	33	9	98	19 S	3 Mz
Jupiter 1	23,4	27,6 Au	18,1	34	2	150	24 S	6 Mz
·Jacksonville 1	20,1	27,2	12,2	36	– 4	137	21 S	6N
Savannah 4	18,6	26,9	9,9	37	– 6	132	20 Au	8 Jr
·Atlanta 36	16,2	25,7	6,1	35	–13	128	14 Mz 12 Jl	6 O
·Wilmington 4	16,8	25,9	7,6	36	– 9	138	19 Au	8 Ap
Hatteras 1	16,8	25,9	7,7	31	– 7	169	16 Au	12 Ma
·Norfolk 4	15,1	25,8	4,7	36	–11	132	16 Au	9 Jr
Lynchburg 21	13,6	25,2	2,1	36	–16	109	10 Au	9 Ap
·Washington 4	12,6	24,9	0,5	36	–16	110	12 Jl	8 Jr 8 Ap
Baltimore 5	12,8	25,2	0,8	36	–16	112	12 Jl	8 Jr 8 Ap
Philadelphia 6	12,0	24,3	–0,1	36	–17	101	11 Au	8 Ap
·Pittsburg 27	11,5	23,7	–0,7	36	–20	93	12 Jl	7 Mz
·New York 4	10,9	23,1	–1,0	35	–18	114	12 Au 10 F	8 Jn 8D
·Nantucket 1	9,4	20,1 Au	–0,3 F	29	–16	106	11 D	6 Jl
·Boston 4	9,3	21,8	–2,8	35	–21	114	11 Au 11 N	8 Jn
·Blue Hill 20	7,7	20,1	–4,5	—		119	12 N	8 Jn

Ort und Höhe	Temperatur					Regenmenge, cm		
	Mittel			Grenzen		Jahr	Extr.	Mon.
28. Inneres und Golfgebiet. S ⟶ N								
·Brownsville 2	22,7	28,8	14,8	36	− 2	91	20 S	4 Mz
Galveston 3	20,8	28,3	11,5	34	− 5	124	16 S	7 Mz
San Antonio 24	19,9	28,0	10,6	38	− 7	76	10 Au	4 O Jr
·New Orleans 4	20,1	27,4	11,7	35	− 5	156	17 Jn	12 F
·Palestine 16	18,3	27,1	7,9	37	−11	118	15 Ma	7 Au
Vicksburg 9	18,2	26,9	8,3	36	−10	141	16 Mz	7 O
·Little Rock 12	16,4	26,6	4,8	37	−14	136	{14 F / 15 Ma	6 O
Oklahoma 38	14,8	26,7	1,0	38	−19	79	14 Ma	3 F
·Nashville 18	15,2	26,3	3,3	36	−17	127	14 F	6 O
·Dodge City 76	11,9	25,4	−2,6	39	−24	50	9 Jn	1 Jr
·St. Louis 18	13,2	26,2	−0,6	37	−22	105	13 Jn	5 Jr
·Cincinnati 20	12,9	25,4	0,2	36	−19	101	{10 F / 11 Jn	6 O
Indianapolis 26	11,6	24,7	−2,1	36	−23	109	12 Jn	7 O
29. Pazifisches Küstengebiet. SO ⟶ NW								
·Los Angeles 11	15,7	20,3 Au	11,7	38	1	44	10 D	0 Au
·San Francisco 6	12,7	15,2 S	9,7	32	1	60	13 D	0 Au
·Sacramento 4	15,3	22,4	7,6	40	− 2	53	11 D	0 Jl
·Red Bluff 11	16,9	27,8	7,4	43	− 3	66	13 D	0 Jl
Eureka 3	10,7	13,2 Au	8,2 F	24	− 2	117	19 Jr	0 Jl
·Portland, Or. 3	11,3	19,1	3,9	35	−10	119	20 D	1 Au
Seattle 5	10,6	17,7	4,3	32	−10	91	16 D	2 Au
·Spokane 60	8,8	20,4	−2,9	37	−24	46	6 D	1 Au
·Tatoosh-I. 2	9,1	13,2	4,8	23	− 5	235	37 D	5 Jl
·Port Simpson 1	6,7	13,7	0,3	25	−14	263	35 N	11 Jn
·Sitka 2	6,2	12,9 Au	0,0	25	−13	221	32 O	8 Jn
·Juneau 2	5,7	14,0	−2,7	28	−16	212	27 S	9 Jn
I. Kodiak 0	*4,8*	*12,9* Au	−*2,1* F	—		138		—
·Dutch Harbor 0	4,4	10,9 Au	−0,3 F	23	−12	152	21 O	6 Jl

D. Borealer Gürtel

Ort und Höhe	Temperatur					Regenmenge, cm		
	Mittel			Grenzen		Jahr	Extr.	Mon.
30. Nördliche Vereinigte Staaten. O ⟶ W								
·Eastport 3	5,1	15,4	−6,6	29	−24	115	11 N Mz	9 Jn
·Albany 3	8,7	22,2	−5,3	35	−24	96	10 Au	6 Ap
·Buffalo 24	8,4	21,2	−4,4 F	32	−22	97	9 O	6 Mz
Cleveland 26	9,6	22,5	−3,3	34	−22	92	10 Jn	6 Jr
·Grandhaven 20	8,2	20,9	−4,3	31	−21	88	10 Jn	6 Mz
·Chicago 25	9,2	22,4	−4,6	35	−26	88	10 Jn	5 Jr
·Milwaukee 23	7,4	20,9	−6,8	34	−27	81	10 Jn	5 D
·Keokuk 19	10,8	25,0	−4,6	36	−25	88	12 Jn	4 Jr

Ort und Höhe	Temperatur					Regenmenge, cm		
	Mittel			Grenzen		Jahr	Extr.	Mon.
Duluth 24	4,1	18,9	–12,0	33	–33	79	12 Jn	3 Jr
·St. Paul 27	6,6	22,3	–11,3	35	–34	70	11 Jn	2 Jr
·Omaha 36	10,1	24,7	– 6,4	37	–27	81	14 Jn	2 Jr
·Sioux City 34	8,7	24,0	– 8,5	38	–29	68	11 Jn	1 Jr
·Bismarck 51	4,4	21,2	–14,1	37	–37	47	9 Jn	1 Jr
North Platte 87	9,0	23,3	– 5,9	38	–28	47	9 Jn	1 Jr

31. Canada und Alaska. O ⟶ W

·St. Johns NF 5	4,8	15,5 Au	– 4,6	30	–21	140	{15 Jr 14 O	9 Jn
Charlottetown 1	4,6	18,2 Au	– 9,4	28	–30	106	12 O	7 Jn
·Anticosti SW 1	1,7	14,0 Au	–11,1	22	–26	69	{9 Jr 9 Jl	4 Ma
·Halifax 3	6,2	18,2 Au	– 5,6	31	–24	139	14 Jr	9 Jl
·Fredericton 5	4,6	18,9	–11,2	33	–35	111	{11 Mz 11 N	6 Jr 9 Jn
·Quebec 9	3,7	18,7	–12,4	32	–32	107	{10 Jr 10 Jl	6 Ap
Montreal 6	5,6	20,5	–10,9	33	–31	104	11 Jl	6 Ap
·Toronto 10	6,8	19,8	– 5,3	32	–26	84	{8 Jl 8 N	6 Ap
·Moose Fact. 1	– 0,8	16,5	–19,8	33	–41	59	9 Au	2 F
Port Arthur 20	1,6	16,7	–15,1	—		60	{8 Jl 9 S	2 Jr
York Fact. 2	– 6,6	14,8	–27,2	29	–42	75	19 Jl	1 F
Ft. Churchill 1	– 7,6	12,4	–29,4	27	–43		—	
·Winnipeg 23	0,6	18,7	–21,7	33	–40	54	8 Jn	2 Jr
Norway House 22	– 1,8	17,2	–22,3	31	–44		—	
Chipewyan 21	– 2,9	16,6	–25,1	30	–42	*24*	*5* Jl	*1* Ap
Confidence 15	*–10,3*	*12,7*	*–34,1*	*26*	*–49*		—	
Ft. Simpson 9	*– 5,9*	*15,5*	*–27,8*	*28*	*–48*		—	
Good Hope 5	*–10,2*	*15,6*	*–36,3*	*27*	*–52*		—	
Macpherson 3	*–10,4*	*14,6*	*–32,2*	*27*	*–51*		—	
·Dawson, Klon. 36	– 5,4	15,7	–31,2	30	–50	35	5 Jl	1 Mz
Anchorage 1	0,9	13,8	–13,0	25	–32	36	7 S	1 Ma
Allakaket 30	–12,8	14,3	–28,2	28	–53	32	5 Jl	1 Ap
·St. Michael 1	– 3,2	11,7	–17,0	21	–40	46	10 S	1 F

IV. Asien

A. Tropischer Regengürtel

32. Dekan und Ceylon. S ⟶ N

·Newara Eliya 190	15,0	16,1 Ma	13,9	25	2	254	36 Jl	6 F
·Colombo 1	26,8	27,8 Ma	26,1	34	20	224	{31 Ma 36 O	5 F
·Trinkomali 5	27,4	29,3 Ma	25,4 D	—		158	34 N	3 Mz

Ort und Höhe	Temperatur					Regenmenge, cm		
	Mittel			Grenzen		Jahr	Extr.	Mon.
·Cochin 0	26,7	28,9 Ap	25,2 Jl	—		290	78 Jn	2 F
·Madura 14	28,0	30,3 Ma	25,1	—		89	23 O	1 F
Dodabetta Pik 263	10,8	13,4 Ma	9,3	—			—	
·Utakamand 228	13,5	16,0 Ap	11,6	—		116	16 Ma 25 O	1 F
Mysore 77	23,7	27,2 Ap	21,0 D	—		72	14 Ma 16 O	0 Jr
·Mangalore 2	26,4	28,8 Ap	25,1 Jl	—		330	98 Jn	0 F
·Madras 1	27,7	31,5 Ma	24,1	42	16	124	34 N	1 F
·Bellary 44	27,1	31,8 Ap	22,5 D	—		45	10 O	0 F
·Masulipatam 0	27,4	32,1 Ma	23,1	—		96	22 O	0 F
Mahabaleshwar 138	—	—	—	—		681	268 Jl	0 F
·Poona 56	24,4	28,8 Ap	20,5 D	—		72	18 Jl	0 F
·Bombay 1	26,3	29,2 Ma	23,6	35	16	188	62 Jl	0 Mz
·Cuttack 2	26,8	31,4 Ma	20,3 D	—		146	32 Jl	1 Jr
·Nagpur 31	26,4	34,7 Ma	19,5 D	46	8	114	33 Jl	1 F
·Surat 1	26,3	30,6 Ma	21,6	—		106	34 Jl	0 Mz
·Calcutta 1	25,5	29,8 Ma	18,4	39	9	154	32 Au	1 Jr
·Dacca 1	25,6	28,3 Ma	18,9	—		187	33 Jl	1 D
33a. Hinterindien. S ⟶ N								
·Singapore 0	26,3	27,0 Ma	25,5	38	18	241	26 D	16 Ma
·Malacca 0	26,9	27,2 Ap	26,5 D	—		199	25 Au	6 Jr
·Penang 1	26,8	27,6 Ap	26,0 D	—		278	48 S	8 F
·Saigon 1	27,4	29,3 Ap	25,4 D	37	17	192	35 S	0 F
·Bangkok 1	27,3	29,4 Ap	24,5 D	36	16	133	31 S	0 Jr
Tavoy, Tenass. 1	—	—	—	—		498	116 Jl	0 Jr
·Hué 1	24,6	28,8 Jl	19,7 D	38	12	275	71 O	5 Mz
·Rangun 1	26,2	29,4 Ap	23,7	40	14	250	54 Jl	0 F
·Akyab 0	26,1	29,4 Ma	20,8	36	11	502	134 Jn	0 Jr
·Haiphong 12	22,8	28,5	16,3 F	37	9	173	31 Au	3 D
33b. Inseln, N vom Äquator. W ⟶ O								
··Port Blair, And. 2	27,3	29,3 Ap 27,3 N	26,8 Jr 26,5 S	37	16	300	51 S	1 Mz
Sumatra: GedongDjoh. 3	26,6	27,3 Ma	25,8 D	—		223	26 N	10 F
Sumatra: Singkel 1	26,8	27,3 Ap	26,3 O	—		468	58 O	30 Jr Jl
Sumatra: Toba 115	20,9	21,0 Jn	20,8 S	28	15	228	26 Ap 25 O	10 Jl
Jesselton, Borneo 1	25,8	26,1 Au	25,4 D	33	18	260	33 O	8 Mz
·Sandakan 3	26,9	27,7 Ma	26,1 D	34	22	323	49 D	10 Ap
Menado, Celeb. 1	25,8	26,5 Au	25,2 F	34	20	265	45 Jr	9 S
·Manila 1	26,8	28,6 Ma	25,0	36	17	193	39 Jl	1 F
·Baguio 146	17,8	18,9 Ma	15,9 F	26	9	465	120 Au	2 Jr
Aparri 0	26,1	28,4 Jn	23,1	36	17	215	31 O	4 Ap
La Carlota 12	26,5	27,6 Ma	25,6	—		259	39 S	5 Mz
·Minahassa 80	21,6	22,0 Ma	21,0	30	14	260	28 F	11 Au

Ort und Höhe	Temperatur					Regenmenge, cm		
	Mittel			Grenzen		Jahr	Extr. Mon.	
34. Sunda-Inseln (Süd-Br.). W ⟶ O								
Lahat, Sumatra 10	26,7	27,3 Ap	26,2 Jr	—		346	49 Jr	12 Jl
Christmas I. 0	26,1	26,7 Ap	25,3 Jl	34	20	189	31 F	6 Au
·Batavia 1	26,0	26,5 Ma 26,5 O	25,4 F 25,8 Jl	33	20	180	35 F	3 Au
·Buitenzorg 28	24,9	25,2 Ma 25,3 O	24,3 F 24,5 Jl	33	19	437	45 Jr	23 Au
Pasuruan 1	26,7	27,7 N	25,8 Jl	34	18	124	26 F	1/2 S
·Tosari 178	15,9	16,8 Jr	14,8 Au	25	9	170	32 F	1 S
Banjuwangi 1	26,7	27,3 Ap	26,0 Jl	—		145	23 Jr	6 S
Kupang, Timor 4	26,2	27,4 N	25,0 Jl	35	17	146	40 F	0 Au
Amboina 1	26,3	27,2 F	25,2 Jl	33	20	345	61 Jn	12 F
B. Trockengebiet								
35. Südlich von 36° N. Breite. W ⟶ O								
·Djidda 1	27,1	30,9 Au	22,2	42	15	8	4 N	0 Jl
Aden 3	27,8	31,1 Jn	24,3	—		6	1 Mz	0 O
·Urfa 56	18,1	31,6	3,8	40	−4	39	7 Mz	0 Jl
Mosul 25	*20,1*	*34,1*	*7,0*	—			—	
·Babylon 3	22,2	33,9	7,7	48	−5	10	3 Mz	0 Jl
·Bagdad 6	21,8	33,6 Au	9,3	47	−4	23	5 F	0 Jl
·Buschir 1	23,6	31,9 Au	14,2	—		32	9 D	0 Jl
Teheran 116	16,5	29,4	0,9	—		25	5 Mz	0 Au
·Ispahan 163	*15,2*	*27,8*	*0,2*	—		13	3 Mz	0 Au
Djask 1	*26,1*	*31,7*	*19,3*	—		11	3 F	0 Au
·Maskat 1	26,7	32,1 Jn	20,7	—		13	4 Jr	0 Au
·Husseinabad 49	*21,0*	*33,1*	*7,5*	—		*5 1/2*	*2* F	0 meh
Kelat 218	12,7	22,6	2,1	—		22	6 F	0 O
·Quetta 168	14,8	25,7	4,2	37	−9	26	5 F	0 O
·Karachi 1	25,3	30,4 Jn	18,5	42	7	19	8 Jl	0 Ma
·Hyderabad 2	26,6	33,2 Jn	17,6	—		20	8 Au	0 D
·Jakobabad 6	26,3	36,5 Jn	14,1	49	0	12	4 Jl	0 O
Kabul 190	13,9	24,8	− 0,2	—		28	12 Mz	0 S
·Multan 1	25,3	34,9 Jn	13,1	46	1	18	6 Jl	0 N
·Peshawar 34	21,9	32,9 Jn	9,8	46	−2	34	5 Mz 5 Au	1 Jn 1 O
·Disa 14	26,7	33,2 Ma	19,5	44	4	65	25 Jl	0 D
·Mount Abu 120	20,4	26,6 Ma	14,6	36	4	164	57 Au	0 Ap
·Bikanir 23	26,4	34,8 Jn	15,1	—		35	11 Jl	0 O
·Lahore 22	23,7	33,9 Jn	11,7	47	1	53	18 Jl	0 N
·Leh 351	4,9	17,0	− 8,2	32	−20	7	1 Jl	0 meh
·Tsaidam 286	*3,7*	*17,6*	*− 9,7*	*33*	−29	*11*	2 Jn	0 meh
36. Nördlich von 36° N. Breite. W ⟶ O								
·Krasnowodsk −2	15,6	28,2	1,5	—		14	2 Ap	1/2 Jl
·Aschur Ade 2	17,6	28,0 Au	6,9	—		44	8 S	2 Jn
Aschabad 22	16,0	29,9	0,5	—		21	5 Mz	0 Au

Ort und Höhe	Temperatur Mittel			Grenzen		Regenmenge, cm Jahr	Extr. Mon.	
·Nukús 7	11,4	26,4	− 5,9	40	−26	9	2 Ap	0 Jl
·Irgis 11	5,0	24,5	−15,9	38	−34	17	2 Jn	1 F
·Kasalinsk 5	7,6	25,8	−11,7	—		10	1 Ap	½ Jn
Kerki 24	16,5	29,0	1,8	—		16	3 Mz	0 Au
·Samarkand 72	13,2	25,0	− 0,1	38	−17	32	8 Ap	0 Au
Turkestan 21	12,1	28,6	− 6,0	—		16	3 Mz	0 Au
·Taschkent 48	13,5	27,5	− 1,0	40	−20	37	7 Mz	0 Au
·Margelan 57	13,2	27,8	− 3,0	—		16	3 Mz	0 Au
·Akmolinsk 38	1,3	20,3	−18,4	—		22	4 Jn	1 F
·Omsk 9	*− 0,1*	*19,7*	*−20,5*	—		33	6 Jn-Au	1 F
Pamirskij Post 364	− 1,1	13,9	−18,4	25	−42	6	1 Jl	0 N
·Kaschgar 123	*12,4*	*27,5*	*− 5,8*	—		*5*	*1* Ma	*0* N
Narynsk 202	3,6	17,8	−17,4	31	−32	27	5 Ma	1 D
Wernyj 84	7,9	23,5	− 8,5	—		54	9 Ma	2 F
·Prshewalksk 177	6,6	17,7	− 5,0	30	−16	40	7 Jl	1 F
·Semipalatinsk 18	2,5	22,2	−17,5	—		18	3 Jl	1 F
·Barnaúl 14	0,4	19,5	−19,0	32	−45	29	5 Jl	1 Mz
Urumtsi 90	*4,8*	*22,6*	*−15,3*	*35*	*−32*	*26*	*4* Jn-O	*1* F
·Luktschun −2	*13,2*	*32,4*	*−10,5*	*48*	*−21*		—	
·Kjachta 77	*− 1,5*	*19,5*	*−28,0*	—		27	9 Jl	0 F
Urga 115	*− 2,4*	*17,5*	*−26,2*	—		18	7 Jl	0 Jr
Werchneudinsk 52	− 2,2	19,0	−27,4	—		21	7 Jl	0 F
·Ssiwantse 119	*3,6*	*19,3*	*−15,3*	*22*	*−29*	*43*	*11* Jl	0 Jr
C. Gemäßigter Regengürtel								
37. Vorderasien (nebst B-Enklaven). S ⟶ N								
Gaza 2	19,7	26,5 Au	11,7	38	6	42	11 Jr	0 Jl
·Jafa u. Umgeb. 4	19,8	26,9 Au	11,2	39	1	52	14 Jr	0 Jl
·Haifa 1	20,3	27,2 Au	12,2	38	3	68	18 D	0 Jl
·Jerusalem 75	15,9	23,0 Au	7,0	36	− 2	65	16 Jr	0 Jl
Nazareth 49	18,5	25,1 Au	9,5	41	0	69	18 D	0 Jl
·Tiberias −20	22,5	30,5 Au	12,6	44	4	49	12 Jr	0 Jl
·El Krey 101	13,6	22,3 Au	5,0	—		160	33 Jr	0 Jl
Beirut 3	20,5	27,5 Au	13,0	35	4	91	19 Jr	0 Jl
·Cypern: Papho 7	19,3	26,7 Au	12,2	37	2	50	12 D	0 Au
·Cypern: Larnaka 1	19,9	27,9 Au	12,0	40	− 0	36	9 D	0 Au
·Cypern: Nikosia 15	18,8	28,3	9,5	41	− 1	36	7 D	0 Au
·Cypern: Kyrenia 2	19,9	28,3	11,9	40	2	54	12 D	0 Au
Adana 1	*19,9*	*28,8*	*10,0*	43	− 2	61	10 D	½ Au
Aintab 94	—	—	—	—		56	10 D	0 Au
Diarbekir 59	16,0	30,8	− 0,6	41	−14	49	10 Mz	0 Au
·Smyrna 1	17,0	26,8	7,6	38	− 3	65	13 D	0 Au
·Mezere 100	11,3	25,0	− 6,4	37	−18	44	7 Ma / 6 N	0 Ap
Kharput 139	*10,6*	*25,3*	*− 5,7*	*34*	*−17*	*66*	*15* Mz / *12* D	0 Au
·Eriwan 100	11,3	25,0 Au	− 6,5	—		32	5 Ma	1 Au

Ort und Höhe	Temperatur Mittel			Grenzen		Regenmenge, cm Jahr	Extr. Mon.	
· Baku 0	14,4	26,0	3,4	—		24	3 Jr	½ Jl
· Jelisawetpol 45	12,9	24,8	– 0,2	—		26	3 Ma / 3 S	1 Jr
· Kars 174	3,7	17,4 Au	–13,6	—		41	7 Ma	2 Jr
· Mersifun 75	10,6	20,4	– 1,4	31	–13	44	7 Ma	2 Jl
· Trapezunt 3	14,8	23,3 Au	6,3	31	– 2	88	12 D	4 Jl
· Samsun 1	—	—	—	—		73	10 N	2 Jl
· Batum 1	14,3	23,2 Au	6,1	—		237	31 S	7 Ma
· Tiflis 41	12,7	24,5	0,2	36	–12	49	7 Ma	2 Jr
· Temirchanschurá 48	10,4	22,9	– 3,1	—		45	7 Jn	2 Jr
· Ssuchúm 1	14,4	23,7	5,2	—		119	14 S	7 Ma
· Noworossijsk 3	12,4	23,8	1,0	—		75	11 Jr	4 O
38. Nordindien. S ⟶ N								
· Jabalpur 41	24,2	33,3 Ma	15,7 D	—		136	47 Jl	1 DAp
· Indore 56	24,1	31,4 Ma	17,7 D	—		93	27 Jl	0 DMz
· Allahabad 9	25,2	33,6 Ma	15,3	—		96	31 Jl	0 DAp
· Patna 6	25,1	31,1 Ma	16,0	—		107	27 Jl	0 D
· Sibsagar 10	22,6	28,2	14,7	37	6	237	40 Jl	1 D
Cherrapunji 125	—		—	—		1163	278 Jl	1 D
· Darjiling 225	11,5	16,4	4,5	26	– 1	306	76 Jl	0 D
· Agra 17	25,8	34,4 Ma	15,6	47	4	66	24 Jl	0 NAp
· Delhi 22	25,1	33,4 Jn	14,4	—		69	22 Jl	0 N
Ranikhet 185	15,7	20,9 Jn	8,1	—		125	32 Jl	1 N
· Simla 215	12,8	19,4 Jn	3,8	31	– 4	179	49 Jl	1 N
Sialkot 25	23,4	33,7 Jn	11,4	—		93	30 Jl	1 N
· Rawalpindi 50	21,1	31,5 Jn	9,2	—		81	19 Jl	1 O
Srinagar 159	11,8	22,8	–0,7	—		—		
39. China. S ⟶ N								
· Hongkong 3	22,0	27,6	14,3 F	36	6	229	41 Jn	2 Jr
· Jünnan 191	*16,4*	*22,6*	*8,3* D	—		*110*	*28* Au	*2* Jr
Futschou 0	—	—	—	—		129	19 Au	3 N
· Tschungking 26	18,1	27,4 Au	8,5	38	2	108	17 Ma	2 Jr
· Kiukiang 3	16,5	28,9	2,5	37	– 6	152	25 Jn	2 D
· Hankau 4	16,5	28,5 Au	4,0	35	– 6	129	25 Jn	2 D
· Tschöngtu 46	*16,6*	*26,2*	*6,6*	*33*	*– 1*	*94*	*29* Au	*1* D
· Zikawei 1	15,0	26,9	3,1	39	– 9	117	18 Jn	2 D
· Tsingtau 7	11,9	24,7 Au	–0,8	32	–11	70	18 Jl	1 F
· Peking 4	11,7	26,0	–4,7	37	–15	62	21 Jl	0 D
40. Japan (einschl. D-Klimas der nördlichsten Stat.). S ⟶ N								
Formosa: Südspitze 2	24,3	27,5	19,4 F	33	11	219	55 Jn / 59 Au	1 D
Formosa: · Taihoku 1	21,4	27,7	13,5 F	36	4	213	40 Au	8 N
Formosa: Kilung 1	21,4	27,5	14,3 F	34	4	344	41 Jr	13 Jl
Naha, Riu-Kiu 1	22,1	27,8	15,5 F	—		212	30 Jn	11 F

Ort und Höhe	Temperatur Mittel			Grenzen		Regenmenge, cm Jahr	Extr.	Mon.
· Kagoshima 12	16,4	26,4 Au	7,0	36	− 6	215	35 Jn	8 Jr
· Nagasaki 14	15,8	26,8 Au	5,8	37	− 5	200	33 Jn	8 Jr
· Hiroshima 1	14,5	26,7 Au	3,8	37	− 8	150	24 Jn	4 Jr
· Kioto 5	13,7	26,2 Au	2,4	37	−12	160	24 Jn	5 D
· Tokio 2	13,8	25,4 Au	2,9	37	− 9	147	16 Jn 19 S	5 Jr
· Tschemulpo, Kor. 1	11,7	25,4 Au	− 2,6	34	−15	88	20 Jl	2 Jr
· Kanazawa 3	13,1	25,5 Au	2,1 F	38	−10	253	37 D	15 Ma
· Niigata 3	12,5	25,4 Au	1,4 F	36	−10	180	23 D	9 Ma
· Akita 1	10,3	23,4 Au	− 1,2	36	−25	181	20 Jl	10 F
· Hakodate 1	8,3	21,2 Au	− 2,9	33	−22	114	17 S	6 F
· Sapporo 2	6,8	20,6 Au	− 5,2	34	−26	98	14 S	5 Ap
· Nemuro 3	5,7	17,4 Au	− 5,3 F	32	−22	90	14 S	2 F
· Kamikawa 11	4,9	20,0 Au	−11,1		−	103	14 S	4 F
Korsakow 3	3,0	17,4 Au	−11,8		−	67	11 S	2 F
· Due u. Alexandr. 5	0,2	16,7 Au	−18,1		−	53	10 S	2 F

D. Borealer Gürtel

41. Ostsibirien und Mandschurei (Dw.). S ⟶ N

Ort und Höhe	Temperatur Mittel			Grenzen		Regenmenge, cm Jahr	Extr.	Mon.
Dalnij (Dairen) 1	10,3	24,4 Au	− 4,5 F		−	58	18 Jl	1 Mz
Wönsan, Korea 0	11,3	24,2 Au	− 3,2		−	*123*	*37* Au	*3* Mz
· Peking 4	11,7	26,0	− 4,7	37	−15	62	21 Jl	0 D
Niutschwang 1	*8,5*	*24,4* Au	− *8,9*		−	57	19 Jl	0 F
· Mukden 6	*6,7*	*24,4*	*−13,4*		−	62	15 Jl	1 F
· Wladiwostok 2	4,3	20,8 Au	−15,1	31	−26	37	9 Au	0 Jr
· Charbin 16	*3,3*	*22,3*	− *18,8*	34	−35	48	11 Jl	½ Jr
Chabarowsk 8	0,5	20,8	−25,1		−	60	14 Jl	½ Jr
· Blagowestschensk 11	− 0,6	21,3	−25,4		−	49	11 Au	0 Jr
· Nertschinsk Hw. 66	− 3,7	18,5	−29,7	32	−42	41	11 Au	0 Jr
· Nikolakewsk 3	− 2,3	16,8	−23,4	28	−39	43	7 Au	1 Jr
Petropawlowsk 1	2,1	14,6 Au	−10,1 F		−	119	17 N	5 Jn
Ajan 1	− 3,3	12,6 Au	−19,4		−	77	17 Au	1 Jr
Ochotsk 1	− 5,4	12,7 Au	−23,5	24	−36	25	5 Au	0 Jr
· Olekminsk 20	− 7,4	18,9	−36,3	−	−54	24	6 Au	0 Mz
· Jakutsk 10	−10,9	19,2	−43,6	33	−55	30	6 Au	1 F
Semenof B.werk 102	−11,6	9,9	−30,2		−		−	
· Werchojansk 10	−16,3	15,4	−50,5	28	−61	13	3 Jl	0 Mz
Srednekolymsk 3	−13,1	14,0	−39,6	29	−55	20	5 Au	0 Mz

42. Westsibirien (Df.). O ⟶ W

Ort und Höhe	Temperatur Mittel			Grenzen		Regenmenge, cm Jahr	Extr.	Mon.
Myssowaja 47	− 0,2	14,7 Au	−17,4	25	−29		−	
Mischicha 128	− 2,9	15,4	−18,5	30	−33		−	
· Irkutsk 49	− 1,0	17,8	−21,2	35	−40	40	8 Jl	1 Mz
· Krasnojarsk 17	0,5	19,4	−19,8		−	25	5 Au	½ Jr
· Jenissejsk 8	− 2,2	19,4	−23,4	31	−48	42	6 Jl	1 Mz
· Turuchansk 4	− 8,2	15,3	−28,2	−	−54	35	6 Au	1 Mz

Ort und Höhe	Temperatur					Regenmenge, cm		
	Mittel			Grenzen		Jahr	Extr.	Mon.
Dudinka 2	−10,5	13,5	−29,3	—	−50	21	4 Au	1 Jr
· Tomsk 12	− 1,0	18,7	−19,6	—		51	7 Jl	2 Mz
· Tara 8	− 1,5	18,7	−20,4	31	−42	40	7 Au	1 Jr
Tobolsk 11	− 0,2	19,1	−19,0	—		45	7 Jl	1 F
· Obdorsk 4	− 7,8	13,6	−26,9	—	−45	24	5 Jl	1 Mz
· Beresow 3	− 4,6	16,3	−23,7	—	−46	33	6 Jl	1 F

V. Australien

A. Tropischer Regengu.

43a. Neuguinea und Bismarck-Archipel. W ⟶ O

Fakfak	—	—	—	—		284	33 Ma	17 N
Doréhafen 1	—	—	—	—		214	27 F	9 Ma S
Manokwari 2	26,0	26,5 N	25,7 F	32	21	252	33 Mz	11 O
Merauke 0	—	—	—	—		158	30 Jr	4 Au O
· Hatzfeldhafen 0	26,5	27,0 FO	25,4 Jn	36	19	274	41 Jr	9 Au
Stephansort 0	—	—	—	—		306	45 Jr	7 Au
Pt. Moresby 1	*26,8*	*27,7* D	*25,3* Au	*37*	*22*	*117*	*20* Mz	*3* Jn
Finschhafen 0	—	—	—	—		326	48 Jl	7 Jr
· Herbertshöhe 6	26,1	26,4 N	25,7 Jl	34	20	189	25 F	9 O

43b. Australisches Festland. W ⟶ O

· Port Darwin 2	27,3	29,1 N	23,7	38	15	158	40 Jr	0 Jl
Daly Waters 21	26,3	30,6 N	19,5	44	3	70	18 F	0 Jl
· Carpentaria 1[1])	*26,1*	*29,0* D	*21,2*	*37*	*12*	*89*	*28* Jr	0 Au
· Kap York 2	*26,3*	*27,6* D	*24,5* Au	*34*	*16*	*208*	*58* Jr	0 S
Cooktown 1	25,6	27,5	22,4	—		175	37 F	1 S
· Ravenswood 18[2])	23,0	26,6	18,1	—		114	30 Jr	2 Au

B. Trockengürtel

44. Westen (W. von 130⁰ O. Länge). N ⟶ S

· Derby 2	27,4	31,2 D	21,6	43	8	70	20 Jr	0 S
· Wyndham 1	29,4	?32,2 N ?	24,3 ?	44	12	72	25 Jr	0 Au
Halls Cr. 37	25,1	31,2 D	17,1	43	2	36	16 Jr	0 Au
· Cossak 1	26,0	31,1	18,9	46	9	25	5 F	0 O
· Onslow 0	24,1	29,6 F	17,6	46	5	18	5 Jn	0 O
Nullagine 39	24,4	31,3	14,8	45	− 0	37	11 Jr	0 S
· Carnarvon 0	22,3	27,1 F	17,3	44	5	21	7 Jn	0 N
Peak Hill 59	22,1	30,4	12,4	43	3	23	5 Jr	3 O
Hamelin Pool 0	21,7	28,7	14,6	44	3	19	5 Jn	0 D
Yalgoo 32	20,5	29,1	11,9	44	0	20	4 Jn	0 N
Coolgardie 42	18,5	25,3	10,8	44	0	23	3 Ma	1 Jr
· York 17	18,8	26,2	11,6	42	− 0	43	8 Jn	½ Jr
Eucla 1	17,2	21,1 F	12,1	45	0	26	3 Ap	1 D
Eyre 0	—	—	—	—		28	4 Jn	1 D.

[1]) Sweers-Isl. u. Normanton. [2]) Regenmenge von Bowen 0.

Ort und Höhe	Temperatur					Regenmenge, cm		
	Mittel			Grenzen		Jahr	Extr.	Mon.
45. Osten (O. von 130° O. Lg.). N ⟶ S								
Powells Cr.	—	—	—	—		49	15 F	0 Au
Alice Springs 59	21,3	29,8	11,0	46	3	27	5 Jr	1 Jl
Charlotte Waters	—	—	—	—		14	2 Jr	0 Jl
Hungerford	—	—		—		32	5 Jr	1 Jl
Strangway Spr. 6	21,3	29,0	12,8 Jn	45	2	14	2 Ma	1 Jl
Bourke 14	20,3	29,0	10,8	46	−0	39	5 Jr	2 Jl
Wilcania 6	—	—	—	—		26	3 Mz	1 Jl
Port Augusta 0	19,4	26,2	12,5	—		24	3 Ma	1 F
Hay 30	—	—	—	—		37	4 Jn	2 Jr

C. Gemäßigter Regengürtel

Ort und Höhe	Mittel			Grenzen		Jahr	Extr.	Mon.
46. Westaustralien. N ⟶ S								
· Geraldton 0	19,2	23,9 F	14,8	42	4	45	12 Jn	0 D
· Perth 1	18,3	24,3 F	12,8	42	1	85	17 Jn	1 Jr
· Rottnest Isl. 1	17,9	22,5 F	14,0	37	5	88	18 Jn	1 Jr
· Bunbury 0	16,4	21,1 F	12,3	36	1	85	16 Jn	1 F
· Esperance 0	16,4	20,4 F	12,2	42	1	64	10 Jn	2 Jr
· Albany 1	15,0	18,6 F	11,3	34	3	86	13 Jn	2 Jr
47. Ostaustralien. N ⟶ S.								
Mackay 6	22,8	28,1 D	15,9	42	3	191	39 Mz	2 Au
· Brisbane 4	19,9	24,5 D	14,0	38	3	137	24 F	6 S
Warwick 46	16,1	21,8 D	8,7	—		76	10 Jr	3 Au
Narrabri 21	—	—	—	45	−2	69	10 F	3 Au
Pt. Macquarie 1	18,0	22,8	12,5	32	3	153	22 F	7 Au
Dubbo 36	17,8	25,9	9,8	41	−1	56	5 D	4 Jl
· Sydney 4	17,2	21,9	11,3	38	4	123	14 Ap	7 S
Goulburn 65	13,8	20,8	6,2	39	−6	66	7 Jr	4 Jl
Clare 41	15,1	22,6	8,4	—		62	8 Jl	2 F
· Adelaide 4	17,2	23,4	10,9	43	2	52	8 Jn	2 F
Kap Borda 15	14,5	18,3	10,9	35	4	63	12 Jn	1 F
Deniliquin 9	16,5	24,7	8,8	45	−3	48	5 Mz	1 D
Albury 17	15,3	24,0	7,4	44	−5	73	{ 9 Jn 9 O	3 Jr
Bendigo 23	15,5	22,8	8,7	42	−0	55	7 Jn	3 F
Eden 3	15,7	20,1 F	10,6	33	3	99	15 F	4 Au
· Melbourne 3	14,7	19,7	9,3	41	−1	65	{ 6 Ap 7 O	4 F 5 Au
K. Northumb. 5	13,2	16,7	9,5	37	1	71	11 Jn	2 F
· Hobart 5 (Regen 1)	12,5	16,7 F	7,6	—		58	7 N	4 Jr

Ort und Höhe	Temperatur Mittel			Grenzen		Regenmenge, cm Jahr	Extr.	Mon.

VI. Europa

B. Trockengebiete

48. Steppen am Schwarzen und Kaspischen Meer. W ⟶ O

Ort und Höhe	Mittel			Grenzen		Jahr	Extr.	Mon.
·Braila 3	10,5	23,4	− 4,3	36	−19	43	7 Jn	2 F
Sulina 0	11,0	22,5	− 1,7	33	−16	41	6 Jn	2 F
·Odessa 6	9,6	22,6	− 3,7	33	−18	41	6 Jn	2 F
Jelisawetgrad 12	7,7	21,2	− 6,5	—		44	6 Jn	2 F
·Ssewastopol 2	12,2	23,1	1,8	34	−12	39	5 D	2 Ma
·Kertsch 0[1])	11,3	23,8	− 1,6	—		35	5 Jn	2 F
·Lugan 5	7,7	22,4	− 8,0	36	−28	38	5 Jn	2 F
·Stawropol 56	8,2	20,0 Au	− 4,7	32	−22	72	10 Jn	3 F
Kamyschin 2	6,6	24,1	−11,6	—		37	4 S	2 F
·Astrachan −1	9,4	25,5	− 7,2	36	−26	15	2 Jn	1 F
Ssamara 5	4,2	21,4	−12,8	34	−31	40	5 Jl	2 F
·Uralsk 3	4,8	23,2	−14,2	—		27	3 Jn	1 Jr
Orenburg 11	3,3	21,6	−15,9	36	−33	38	5 Jn	2 F

49. Spanische Steppen. S ⟶ N

Ort und Höhe	Mittel			Grenzen		Jahr	Extr.	Mon.
·Murcia 6	17,7	26,0	10,1	40	− 2	38	4 Ap 5 S	3 F ½ Au
·Mancha[2]) 66	14,2	25,3	5,2	39	− 8	40	6 Ma 4 S	2 F 1 Jl
·Madrid 65	13,3	24,3	4,3	40	− 8	42	5 Ap 5 N	3 F 1 Jl
Salamanca 81	11,8	21,8	2,7	39	− 9	29	3 Ma 3 N	2 F 1 Au
·Zaragoza 20	14,1	24,2	4,8	40	− 8	31	5 Ma 3 O	2 Jr 1 Au
·Valladolid 71	11,2	21,2	2,0	38	−11	31	4 Ma 3 N	2 F 1 Au

C. Gemäßigter Regengürtel

50. Iberische Halbinsel. W ⟶ O.

Ort und Höhe	Mittel			Grenzen		Jahr	Extr.	Mon.
·Lissabon 10	15,3	21,1 Au	9,6	35	3	73	10 D	½ Jl
·Porto 8	14,1	19,6	8,6	34	− 0	123	16 N	2 Jl
·Santiago 27	12,7	18,9 Au	7,3	35	− 2	165	20 Jr	5 Jl
·Lagos 1	17,9	24,9	11,0	35	1	56	10 D	0 Jl
Coimbra 14	14,7	20,6	8,8	38	− 1	91	11 N 10 Mz	2 Jl
Serra Estrella 144	7,4	16,0 Au	1,0	28	− 9	295	41 N 36 Mz	3 Au
·Guarda 104	9,7	18,4	2,2	31	− 6	90	11 N 10 Mz	2 Jl

[1]) Jalta s. Tabelle 52b.
[2]) Albacete und Ciudad Real.

Ort und Höhe	Temperatur					Regenmenge, cm		
	Mittel			Grenzen		Jahr	Extr.	Mon.
· San Fernando 3	17,2	24,3 Au	11,2	37	1	74	12 D	0 Jl
Sevilla 2	19,6	29,4 Au	11,2	46	0	47	7 D 6 Mz	0 Jl
· Gibraltar 2	17,3	23,5 Au	12,2	34	3	82	15 D	0 Jl
· Malaga 2	18,7	26,1	12,6 D	40	2	61	10 D	0 Jl
· Granada 67	14,7	25,2	6,0	36	− 1	50	6 Ap	0 Jl
Oviedo 24	11,8	17,4 Au	6,6	31	− 4	94	11 Mz	4 Au
Burgos 89	9,4	18,0	1,4	35	−11	56	7 Ma	2 Au
· Bilbao 2	14,1	20,5 Au	8,1	39	− 4	125	14 N 13 Mz	5 Au
Huesca 50	12,1	21,8	2,9	37	−10	59	7 Ma 7 S	3 Jl 3 D
· Valencia 2	16,1	23,8	9,2	37	− 0	49	8 O	1 Au
· Barcelona 4	15,2	23,3	8,0	34	− 1	54	9 S	2 Jl
· Palma 2	16,8	24,8	9,8	37	1	45	8 O	1 Jl
Mahon 4	16,2	23,7 Au	9,9	34	1	65	10 O	1 Au
	51. Italien. S → N							
· Malta 2	17,9	25,1 Au	11,9 F	37	5	53	11 D	0 Jl
· Catania 3	18,3	26,4	10,8	37	2	53	9 N	0 Jl
· Palermo 7	17,3	24,8 Au	10,3	37	4	76	12 D	1 Jl
Cosenza 26	15,8	25,8	6,6	—		105	16 D	2 Jl
Cagliari 5	17,1	25,0 Au	9,7	—			—	
· Lecce 7	16,6	25,2	8,9	38	− 1	62	8 O	1 Jl
· Neapel 15	15,8	24,2	8,2	34	− 1	83	12 N	1 Jl
Foggia 9	15,7	26,0	6,4	—		47	6 N	2 Jl
· Rom 5	15,4	24,8	6,7	35	− 3	80	12 O	2 Jl
Aquila 74	11,2	21,5	1,1	—		67	8 O 7 Ap	3 Jl
· Ancona 9	15,4	25,7	5,5	34	0	67	10 O	3 Jl
· Florenz 7	14,3	24,5	4,9	37'	− 6	89	11 N	4 Jl
Livorno 2	15,4	24,4	7,1	—		89	15 O	3 Jl
· Genua 5	15,5	24,1	7,5	32	− 2	131	20 O	4 Jl
· Bologna 8	13,2	24,6	1,5	—		67	7 Ma 9 O	4 Jr 4 Jl
· Alessandria 10	12,1	23,6	− 0,5	35	−11	65	7 Ma 9 O	4 F 3 Jl
· Padua 3	12,8	23,8	1,4	33	− 8	86	9 Jn 10 O	5 F 6 Au
· Venedig 2	13,6	24,6	2,5	32	− 6	75	8 Ma 9 O	4 F 6 Jl
· Turin 28	11,8	22,9	0,6	33	− 9	86	11 Ma 9 O	4 F 6 Jl
· Mailand 15	12,5	23,8	0,2	34	−10	101	10 Ma 12 O	6 F 7 Jl
Riva 9	12,9	23,0	2,8	31	− 4	112	12 Ma 13 O	5 F 10 Au

Ort und Höhe	Temperatur Mittel			Grenzen		Regenmenge, cm Jahr	Extr. Mon.	
Villa Carlotta 22	12,2	21,5	3,1	31	– 4	166	17 Ma 20 O	10 F 12 Jl
Belluno 40	10,5	20,7	– 1,0	—		129	15 Ma 13 O	5 Jr 11 Au

52. Balkanhalbinsel und Süd-Ungarn

a) Süden bis 40° N. Breite (Griechenland). S ⟶ N

Ort und Höhe	Mittel			Grenzen		Jahr	Extr. Mon.	
Kanea 4	17,9	25,7	10,8	—		62	14 D	0 Jl
·Kythera 17	17,9	25,9	11,0	—		56	14 D	0 Jl
·Santorin 22	17,4	24,8	10,4	34	1	36	8 D	0 Jl
Sparta 17	17,7	27,2	9,4	—		77	17 D	1 Jl
·Syra 2	18,7	26,7	11,7	33	3	49	10 D	0 Au
Andros 5	18,0	25,7	10,5	—		60	13 D	0 Au
·Athen 11	17,7	27,0	9,3	38	– 2	39	7 N	1 Jl
Patras 1	18,6	27,1	10,6	37	– 1	69	14 D	0 Jl
Zante 0	18,7	26,6	11,5	—		98	26 D	0 Jl
Trikkala 11	16,2	27,6	4,4	41	– 8	76	10 D	3 Jl
·Janina 48	14,5	24,0 Au	5,0	36	– 8	126	—	—
·Korfu 3	17,7	25,8	10,1	35	2	136	25 D	1 Jl

b) Nördlich von 40° N Br. O ⟶ W

Ort und Höhe	Mittel			Grenzen		Jahr	Extr. Mon.	
·Jalta, Krim 4	13,4	24,2	3,5	—		51	8 D	2 Au
·Konstantinopel 7	14,3	23,6 Au	5,2	34	– 4	73	12 D	3 Jl
·Varna 4	12,0	22,1	1,4	35	–13	50	7 Jn	3 F
Burgas 7	12,6	23,0	2,0	36	–10	58	9 Jn	3 S
Kasanlyk 37	11,3	21,8	0,6	36	–14	70	11 Jn	3 F
·Philippopel 16	12,1	23,5	– 0,5	37	–14	53	6 Jn	3 F
Plevna 12	11,1	22,8	– 1,2	38	–18	62	9 Jn	3 Jr
·Kavala 1	15,9	26,0 Au	5,8	35	– 6	67	12 D	2 Au
·Sofia 55	10,0	20,7	– 1,7	35	–18	65	9 Ma	3 Jr
·Saloniki 4	15,8	26,1	5,3	37	– 6	50	6 N	2 Jl
Zaječar 13	10,4	21,4	– 2,2	37	–20	53	7 O	2 Jr
Wranja 50	10,8	21,2	– 2,1	35	–15	72	8 Jn	4 Au
·Monastir 62	11,2	21,6	– 1,2	36	–18	71	8 O	4 Au
Belgrad 14	11,1	21,6	– 1,5	36	–15	62	8 Jn	3 Jr
Užice 42	8,5	18,1	– 3,6	35	–20	85	12 Jn	5 FAu
Szegedin 9	10,8	23,1	– 1,8	34	–15	57	7 Jn	3 F
·Budapest 15	9,9	21,3	– 2,1	33	–12	64	7 MaO	3 F
·Fünfkirchen 16	10,5	20,8	– 1,3	—		83	10 MaO	4 Jr
·Valona 1	16,6	25,0	9,0	36	– 1	109	20 N	1 Jl
Crkvice 110	—	—	—	—		464	68 N	7 Jl
·Skutari 2	14,9	25,5	4,4	34	– 4	141	21 N	3 Au
Cetinje 67	10,1	21,2	– 0,2	—		353	50 N	6 Jl
Sarajevo 56	9,1	19,4	– 2,6	34	–19	84	10 O	6 F 6 Jl
·Bjelašnica 207	0,5	9,5 Au	– 7,8 F	20	–24	201	20 Mz	11 Au

Ort und Höhe	Temperatur					Regenmenge, cm		
	Mittel			Grenzen		Jahr	Extr.	Mon.
Mostar 6	15,2	25,7	5,4	40	− 4	123	17 O	4 Au
Banjaluka 16	10,8	21,3	−0,7	33	−14	84	10 Ap 10 O	4 D 7 Jl
Lesina 2	16,3	25,1	8,6	33	− 2	78	12 N	1 Jl
Pelagosa 9	16,1	24,1	9,3	29	1			
Agram 16	10,9	21,6	−0,6	34	−13	91	12 O 10 Jn	4 Jr
Gospić 57	8,4	19,4	−3,2	31	−20	138	20 O	5 Jl
Abbazia 1	13,5	22,5 Au	5,3	33	− 4	166	26 O	9 F 8 Jl
Pola 3	14,0	24,0	5,4	32	− 4	86	12 O	4 F 4 Jl
Triest 3	13,6	23,5	4,1	34	− 5	109	16 O	6 F

53. Alpengebiet. WSW ⟶ ONO

Ort und Höhe	Mittel			Grenzen		Jahr	Extr.	Mon.
Mont Ventoux 190	2,6	11,2	−4,6	24	−19	141	18 O	7 Jl
Grenoble 27	11,3	20,9	−0,1	—		108	14 O	5 Jr
Nizza 2	15,0	23,2	8,0	33	− 3	86	16 O	1 Jl
Genf 40	9,5	19,5	0,0	31	−11	86	11 O	4 Jr
Montreux 38	10,1	19,5	0,9	27	− 9	119	13 Au	6 Jr
Sion 54	9,6	19,5	−1,1	30	−11	64	8 Au	4 Ap
Bern 57	7,9	18,0	−2,2	29	−15	92	10 Jl	4 Jr
Basel 28	9,5	19,1	−0,1	31	−14	83	10 Jn	4 Jr
Lugano 28	11,4	21,5	1,3	31	− 7	170	21 O	6 F
Altdorf 45	9,2	18,0	0,1	29	−11	125	17 Jl	5 Jr
Rigikulm 179	2,0	9,9	−4,5	20	−19	167	26 Jl	5 Jr
Zürich 47	8,5	18,4	−1,4	30	−14	115	13 Jl	5 Jr
Chur 61	8,2	17,5	−1,6	31	−14	84	11 Au	4 Jr
Säntis 250	2,6	5,0	−8,8	15	−23	243	31 Jl	14 Jr
Davos 156	2,7	12,1	−7,4	26	−24	90	12 Jl	5 Jr
Bregenz 41	8,2	17,6	−1,3	29	−14	152	20 Jn	7 Jr
Zugspitze 296	5,1	1,9	−11,7 F	13	−27	137	18 Au	7 Jr
Bozen 29	11,7	22,5	0,0	34	− 8	74	10 Jl	2 F
Innsbruck 60	7,9	17,8	−3,3	31	−17	85	13 Jl	4 Jr
Gastein 102	5,6	14,8	−4,0	27	−18	104	15 Jl	4 Jr
Sonnblick 310	6,5	0,9	−14,1 F	10	−30	176	17 Mz	11 S
Salzburg 43	7,9	17,8	−2,4	30	−17	136	21 Jl	5 Jr
Laibach 29	9,0	19,6	−2,5	32	−18	143	18 O	8 Jr
Hochobir 205	0,3	8,9	−7,1	20	−20	143	17 Jl	6 F
Klagenfurt 44	7,2	18,8	−6,4	32	−22	99	13 Au	3 F
Graz 37	8,1	18,5	−3,4	30	−18	85	12 Jl	2 Jr
Kremsmünster 38	7,8	18,1	−3,0	32	−16	100	13 Jl	5 Jr
Wien 20	9,2	19,6	−1,7	33	−15	62	7 Jn	3 F

Ort und Höhe	Temperatur					Regenmenge, cm		
	Mittel			Grenzen		Jahr	Extr. Mon.	
54. Süddeutschland und Böhmen. W ⟶ O								
·Trier 15	8,8	17,4	0,0	32	–13	70	7 Jl	4 F
·Straßburg 14	9,4	18,7	– 0,3	–		66	9 Jl	3 Jr
·Freiburg i. Br. 28	10,0	19,2	0,3	33	–14	87	10 Jl	5 Jr
·Villingen 72	5,6	15,1	– 4,0	29	–24	80	8 Jn	5 F
·Heidelberg 12	10,0	19,0	0,8	33	–13	71	8 Jl	4 F
·Frankfurt a. M. 10	9,5	18,6	0,1	33	–13	60	7 Jl	4 Ap
·Stuttgart 26	9,7	19,0	0,3	32	–14	67	8 Jn	4 Jr
·Friedrichshafen 41	8,5	18,0	– 1,3	30	–14	103	13 Jl	5 Jr
·Ulm 48	7,9	17,3	– 2,2	31	–19	69	9 Jn	3 Jr
·Würzburg 18	8,8	18,3	– 0,8	32	–16	55	7 Jl	3 F
·Nürnberg 31	8,4	18,2	– 1,4	32	–18	58	8 Jl	3 F
·Bayreuth 36	7,5	17,0	– 2,1	33	–19	58	7 Jl	3 F
·München (Land) 53	7,2	17,0	– 3,0	30	–18	90	13 Jl	4 Jr
·Regensburg 34	7,5	17,6	– 3,0	32	–17	59	8 Jl	3 Mz
·Eger 46	7,0	17,4	– 3,2	–		66	9 Jl	4 Jr
·Passau 31	8,2	17,9	– 2,4	31	–17	86	11 Jl	5 Mz
·Prag 20	8,8	19,0	– 1,5	33	–16	49	7 Jn	2 Jr
·Weißwasser 30	7,3	17,6	– 2,7	31	–20	69	9 Jl	4 Jr
·Datschitz 46	6,8	17,2	– 3,9	32	–22	59	8 Jl	3 N
·Brünn 20	8,1	18,7	– 2,8	33	–18	54	8 Jn	2 F
55. Nord- und Mitteldeutschland. W ⟶ O								
·Aachen 20	9,0	16,7	1,5	32	–11	84	9 Jl	6 Ap
·Kleve 5	8,9	17,0	1,0	32	–12	77	8 Au	5 Ap
·Borkum 1	8,4	16,2	0,8	28	– 9	69	9 Au	4 F
·Münster 6	8,4	16,8	0,3	32	–14	74	8 Jl	5 Ap
·Neuwied 7	9,3	17,8	0,6	–		56	7 Jl	3 Mz
·Helgoland 4	8,2	15,6 Au	1,4 F	26	– 7	72	9 Au	4 Ap
·Sylt 1	7,9	15,8	0,6	27	–11	73	9 O	4 Ma
·Hamburg 3	8,3	16,9	– 0,3	30	–12	71	8 Au	4 Mz
·Göttingen 15	8,2	17,0	– 0,8	32	–16	61	8 Jl	4 Mz
·Schmücke, Thür. 91	4,0	12,5	– 4,3	–		126	14 Jl	8 Ap
·Jena 16	8,3	17,4	– 1,0	34	–19	57	8 Jl	3 F
·Magdeburg 6	8,9	18,2	– 0,4	33	–15	50	6 Jl	3 F
·Rostock 3	7,6	16,6	– 0,9	32	–16	59	7 Jl	3 F
·Leipzig 12	8,6	18,1	– 0,9	32	–16	62	8 Jl	3 F
·Berlin 4	8,6	18,0	– 0,7	32	–15	58	8 Jl	4 F
·Swinemünde 1	7,9	17,5	– 1,1	30	–15	62	7 Jl	4 F
·Grünberg 15	8,1	17,9	– 1,7	33	–16	62	8 Jl	4 F
·Schneekoppe 162	0,0	8,3	– 7,3	21	–23	113	14 Jl	6 Mz
·Breslau 15	8,6	18,7	– 1,6	32	–17	59	8 Jl	3 F
·Bromberg 4	7,8	18,5	– 2,3	32	–19	52	7 Jl	3 F
·Ratibor 20	8,3	18,5	– 2,2	32	–19	64	9 Jl	3 F
·Danzig 0	7,4	17,4	– 1,9	31	–18	55	7 Au	3 F
·Königsberg 1	7,0	17,5	– 2,7	32	–19	67	9 Au	3 F
·Memel 1	6,8	17,0	– 2,7	31	–19	70	9 Au	4 Mz
·Marggrabowa 16	5,7	16,8	– 4,9	31	–25	60	8 Jl	3 Mz

Ort und Höhe	Temperatur Mittel			Temperatur Grenzen		Regenmenge, cm Jahr	Extr. Mon.	
56. Frankreich und Niederlande. S ⟶ N								
·Perpignan 3	14,2	22,7	6,7	36	− 5	55	6 Ma, 6 O	2 Jl
·Bigorre, Pic du Midi 286	− 1,9	6,4	− 8,0	18	−25	158	19 Jr	9 Jl
Bigorre, Bagnère 55	10,4	17,9	3,3	33	−11	137	17 Ma	6 F
·Pau 21	13,0	20,5 Au	5,7	33	− 7	119	16 Ma	5 Jl
·Marseille 7	13,8	22,3	6,3	33	− 6	55	9 O	2 Jl
·Montpellier 4	13,4	22,7	5,0	36	− 7	77	11 O	2 Jl
Toulouse 20	12,3	21,1	4,5	36	− 8	58	8 Ma	3 Jl
·St. Martin (Landes)	12,7	19,9	6,0	36	− 7	139	16 O	7 Au
·Clermont 39	10,2	18,9	1,9	35	−14	64	9 Jn	3 Jr
·Puy de Dome 147	3,7	11,1	− 2,2	24	−16	154	16 D	10 Jr
Lyon 18	11,7	21,2	2,4	35	−12	69	8 Jn, 8 O	3 Jr
Bésancon 31	9,9	18,8	0,6		—	109	11 O	7 F
Nantes 4	11,2	18,7	4,5	34	− 8	64	8 O	4 Jl
Brest	11,7	17,9	6,3	32	− 5	90	10 D	5 Au
St. Malo 3	10,5	16,5	4,9	32	− 4	86	10 N	5 Mz
·Paris 5	10,3	18,6	2,5	34	−11	57	6 Jn	3 Jr
·Brécourt 4	9,6	16,2	3,7	29	− 7	84	12 O	5 Ma
·Dieppe 10	9,4	16,3 Au	3,0	30	−10	87	10 O	5 Mz
·Amiens 4	10,0	18,0	2,1	34	−12	62	6 O	4 F
·Brüssel 10	9,0	17,2	1,3	31	−10	70	8 Au	5 Ap
·Utrecht 1	9,0	16,8	1,5	31	−11	70	8 Au	4 Ap
Groningen 1	8,4	16,5	0,8	31	−12	69	9 Au	4 Ap
57. Britische Inseln. S ⟶ N								
·Guernsey 5	11,1	16,7 Au	6,2		—	81	11 O	5 Jn
·Falmouth 5	10,6	15,9	6,2		—	108	15 D	5 Ma
·Ventnor, Wight 2	10,7	16,8 Au	5,1	25	− 3	71	9 O	4 Ap
·London 4	9,8	17,3	3,4	31	− 8	62	7 O	4 Ap
·Lowestoft 3	9,0	15,6	3,3		—	61	8 O	4 F
·Killarney 3	9,7	14,8	5,5		—	144	19 D	7 Jn
·Dublin 1	9,9	15,7	5,3	25	− 5	70	8 Au	5 Mz
·Llandudno 2	9,8	15,5	5,1		—	75	10 O	5 Ap
·Wakefield 3	8,8	15,5	3,3		—	66	8 O	4 Ap
·Seathwaite 13	8,4	14,5	3,2		—	333	40 D	16 Jn
·Londonderry 2	9,3	14,8	4,4		—	103	11 D	6 Ap
·Glasgow 1	8,3	14,2	3,7		—	93	10 D	5 Ap
·Edinburgh 1	8,7	14,7	3,9		—	71	8 Au	5 Ap
Braemar 34	6,2	12,5	1,3		—	93	10 O	6 Ma
·Aberdeen 1	7,8	13,7	3,2		—	80	8 D Au	5 Jn
Monach, Hebr. 1	8,6	12,8 Au	5,0 Mz		—	120	14 Jr	5 Ma
Orkneys 5	7,6	12,4 Au	3,9 F		—	93	11 O	5 Ma
Shetlands 4	7,0	11,6 Au	3,5 F		—	95	11 O D	4 Jn

Ort und Höhe	Temperatur					Regenmenge, cm		
	Mittel			Grenzen		Jahr	Extr.	Mon.
58. SW-Skandinavien. S ⟶ N								
Bornholm 2	7,5	16,3	0,1 F	27	− 8	54	6 O	3 Ap
· Kopenhagen 1	7,7	16,6	− 0,1 F	29	−13	56	7 Au	3 Jr 3 Ap
Herning, Jütld. 6	6,8	15,5	− 0,6 F	30	−15	71	9 Au	4 Ap
· Karlshamn 1	7,1	16,6	− 0,7 F	29	−17	51	6 Au	3 Mz
· Visby 1	6,6	16,2	− 1,0 F	28	−12	49	6 Au	2 Ap
· Göteborg 1	7,2	16,8	− 0,9 F	28	−14	78	9 Au	4 Ap
Skagen 1	7,5	16,0	0,0 F	27	− 9	59	8 Au	3 F
· Jönköping 10	6,0	16,2	− 2,2 F	28	−20	49	7 Au	2 Mz
Mandal 2	7,0	15,8	− 0,4 F	27	−14	134	16 O	6 Ma
· Skudenes 1	7,4	14,4 Au	1,4 F	25	− 9	91	15 O	5 Ap
· Bergen 2	7,0	14,4	0,9 F	26	−11	196	23 O	10 Ap
Lärdal 1	6,4	15,9	− 1,4 F	26	−16	67	7 Jl	2 Ap
· Aalesund 1	6,8	12,9 Au	1,7 F	22	− 7	117	15 O	6 N
· Brönö 1	5,2	12,9 Au	− 1,4 F	25	−12	90	11 O	5 Ap
Skomvär Lof. 2	4,8	10,6 Au	− 0,3 F	17	− 9	51	7 N	2 Jn
D. Borealer Gürtel								
59. Nordskandinavien. S ⟶ N								
· Stockholm 5	5,6	16,7	− 3,5 F	29	−19	53	7 Au	3 Jr
· Karlstad 6	5,7	16,9	− 3,6 F	30	−22	63	8 Au	4 Jr
· Kristiania 3	5,5	17,0	− 4,5 F	29	−17	59	9 Jl	2 F
· Falun 12	3,9	16,3	− 6,2 F	30	−28	53	8 Au	3 Mz
· Röros 63	− 0,5	11,2	−10,9 F	23	−37	43	7 Jl	1 Ap
· Hernösand 10	3,3	15,1	− 6,7 F	28	−26	59	8 Au	3 Ap
Stenkjär 1	4,1	14,2	− 4,6 F	26	−24	82	9 O	5 Ap
Haparanda 1	0,3	15,0	−11,9 F	27	−33	51	6 O	3 Mz
· Bodö 0	4,1	12,6	− 2,8 F	24	−14	91	11 N	5 Ma
· Karesuando 33	− 2,9	12,3	−14,9 F	26	−39	31	7 Jl	1 Mz
· Tromsö 1	2,4	11,0	− 3,9 F	21	−13	102	10 SD	5 Ma
· Vardö 1	− 0,9	11,5	−12,0 F	21	−16	62	8 O	3 Ma
Gjesvär 1	1,8	10,3 Au	− 4,3 F	24	−14	67	8 O	3 Ma
60. Osteuropa, W von 35° O Lg. S ⟶ N								
· Bukarest 8	10,4	22,8	− 3,6	35	−20	58	8 Jn	3 F
· Sinaia 86	5,8	16,0	− 5,1		—	80	17 Jn	4 F
· Hermannstadt 42	8,7	19,4	− 4,3	32	−22	67	11 Jn	2 F
· Klausenburg 36	7,6	18,6	− 5,4	34	−22	62	9 Jn	2 F
· Kischinew 9	9,8	22,4	− 3,5	36	−20	47	7 Jn	2 Jr
· Turkeve 9	9,6	21,7	− 3,3	34	−18	58	8 Jn	3 Jr
Czernowitz 26	7,9	20,1	− 5,1	33	−21	63	10 Jn	2 Jr
· Schemnitz 62	7,3	18,0	− 3,2	30	−15	88	9 Jn	5 F
· Ungvar 13	8,8	19,6	− 3,2	31	−17	62	8 Jn	3 F[1])
Lemberg 14	7,5	19,1	− 4,3	31	−19	71	9 Jl	4 F

[1]) Regenmenge Nyiregyhaza.

Ort und Höhe	Temperatur					Regenmenge, cm		
	Mittel			Grenzen		Jahr	Extr.	Mon.
· Krakau 22	7,9	18,8	–3,3	31	–21	63	9 Jl	3 Jr
· Kijew 18	6,8	19,2	–6,2	32	–23	53	8 Jl	2 F
· Warschau 12	7,3	18,8	–3,4	32	–21	57	8 Au	3 F
· Wilna 11	6,5	18,6	–5,6	30	–24	60	9 Au	3 F
Mitau 1	6,1	17,6	–5,0	30	–22	51	7 Jl	2 F
· Riga 1	6,0	17,9	–5,1	—		54	7 Jl	2 F
· Dorpat 7	4,4	17,1	–6,8	30	–28	59	9 Jl	3 Mz
· St. Petersburg 1	3,7	17,7	–9,3	29	–29	48	7 Au	2 F
Aland-Inseln 1	4,9	15,3	–4,5 F	28	–20	49	7 Au	3 Mz
· Helsingfors 1	4,4	16,6	–6,9 F	26	–24	58	7 Au	3 Mz
Jüväskylä 10	2,8	16,1	–9,5 F	28	–29	54	7 Au	2 F
Wasa 1	3,3	15,5	–7,6 F	25	–24	51	7 Au	2 F
Kajana 15	1,1	15,2	–11,5	26	–30	56	9 Jl	2 Mz
· Kem 1	0,5	14,6	–10,8	—		37	6 Jl	1 F
· Kola 1	–0,5	12,7	–11,2	—	–35	18	3 Jl	1 Mz
61. Osteuropa, östlich von 35° O Lge. S ⟶ N								
Charkow 13	6,8	20,9	–8,3	—		47	6 Jl	2 F
· Woronesh 17	5,4	20,4	–9,8	—		55	7 Jn	3 F
Kursk 21	5,2	19,3	–9,9	33	–28	43	8 Jn	1 Jr
· Tambow 13	4,9	20,5	–11,5	34	–30	52	6 Jn	2 F
· Moskau 14	3,9	18,9	–11,0	31	–31	53	7 Au	2 F
· Slatoust 41	0,2	16,4	–16,6	—		47	9 Jl	1 Jr
· Kasan 8	3,0	19,7	–13,8	31	–32	39	6 Jl	1 F
· Jekaterinburg 28	0,6	17,4	–16,5	31	–38	36	7 Jl	1 F
Wjatka 10	1,4	18,6	–14,9	—		45	8 Au	2 F
· Wologda 12	2,4	18,3	–11,8	—		46	6 Jl	1 F
Ustsysolsk 11	0,3	16,6	–15,2	—		*43*	*7* Jl	*1* Jr
· Bogoslowsk 19	–1,3	17,0	–19,2	—		42	7 Jl	1 Jr
· Archangelsk 1	0,3	15,8	–13,7	29	–36	39	6 Jl	2 Ap
Mesen 0	–1,4	14,6	–16,1	—		28	5 Au	1 Mz

VII. Polargebiete

62. Nordpolargebiet. W ⟶ O

Ort und Höhe	Mittel			Grenzen		Jahr	Extr.	Mon.
Labrador:								
Hebron 1	–5,5	7,6 Au	–21,2	26	–37	49	8 S	2 F
Hoffental 1	–3,8	10,0 Au	–20,0	24	–36	51	7 S	1 D
Nordgrönland:								
78,3° N 72,1° W[1])	*–16,6*	*3,9*	*–32,9*	*12*	*–47*			
· 82,0° N 63′,7° W[2])	*–18,8*	*3,2*	*–37,5* F	*10*	*–52*	*10*	*1* Jl	
Westgrönland:								
· Upernivik 1	–8,7	5,0	–22,8 F	15	–37	23	3 Au	1 Jr
· Jakobshavn 1	–5,7	7,7	–19,0 F	17	–36	22	3 S	1 F
· Godthaab 1	–2,1	6,5	–10,2 F	18	–23	67	9 S	4 Ap
· Ivigtut 0	0,5	9,7	–7,6	20	–22	117	15 S	6 Ap

[1]) 7 Jahrgänge. [2]) 6 Jahre.

Ort und Höhe	Temperatur					Regenmenge, cm		
	Mittel			Grenzen		Jahr	Extr.	Mon.
Ostgrönland:								
Angmagsalik 2[1])	– 2,2	6,2	–10,8 F	19	–26	95	14 O	5 Jl
·76,0 N, 18°,6 W[2])	*–12,3*	*4,2*	*–26,2* F	*14*	*–40*	*15*	*3* Jr	0 Jl
Island:								
·Stykkisholm 1	2,8	9,7	– 2,7 F	17	–17	66	7 Jr	4 Ma
·Westmannö 1	5,1	10,6	1,2 D	18	–13	132	14 D	8 Ma
·Grimsey 0	1,5	7,0	– 3,6 Mz	18	–17	35	5 O	2 Ap
·Berufjord 2	2,8	8,5	– 1,7 Mz	20	–17	112	13 D	6 Jl
Spitzbergen:								
·Westküste 78° N[3])	– 8,2	4,6	–19,8	12	–41	28	3 D	1 Ma
·Nordküste 80° N[4])	*– 9,4*	*2,9*	*–22,6* F	*11*	*–39*	*18*	*3* S	*1* Ap
Nòwaja Semljá:								
Karmakuly 0	– 6,3	6,2	–16,5 F	—		*32*	*4* D	*1* Jn
·5 andere Orte 73° N 58° O	*– 9,6*	*3,4*	*–19,8* F	*13*	*–37*		—	
·Franz Jos. Land[5])	*–14,3*	*1,4*	*–26,8* F	*9*	*–43*	50	—	
Framtrift 83° N 89° O	*–19,2*	*0,0*	*–35,8* F	*3*	*–51*		—	
Jenissej-Münd. 71,2° N, 79,5° O[6])	*–13,5*	*5,3*	*–32,2*	*17*	*–46*			
·Lena-Mündung 73,4° N, 124,1° O[7])	*–17,2*	*4,6*	*–38,0* F	*12*	*–50*	*9*	*3* Au	0 Mz
Unterlauf v. Jana, Indigirka, Kolyma[8])	–14,6	11,3	–38,5	26	–50		—	
St. Lawrence-I.[9])	*– 5,4*	*6,6*	*–19,2* F	*15*	*–33*		—	
·St. Pauls-I.[9]) 1	1,2	8,3 Au	– 5,5 F	14	–22	77	10 S	4 Ma
·Nome 1	– 3,6	10,1	–16,8	24	–38	44	8 Au	1 Ap
·Pt. Barrow 1[10])	*–14,0*	*3,6*	*–28,9* F	*14*	*–46*	*21*	*4* Au	*1* Jr
Herschel-Insel 1	*–12,0*	*6,9*	*–28,8*	*19*	*–43*		—	
Amerik. Archipel								
·Banksstraße[11])	*–16,8*	*3,8*	*–35,5*	*12*	*–49*		—	
·Barrowstr.[12])	*–17,0*	*3,1*	*–36,0*	*11*	*–45*		—	
Boothiagolf[13])	*–14,8*	*4,6*	*–33,6* F	*14*	*–45*		—	
·Jonessund[14])	*–17,5*	*3,0*	*–36,8*	*12*	*–47*		—	
·Cumberlandsund[15])	*–10,7*	*5,8*	*–31,6* F	*16*	*–46*	*30*	*6* Jl	*1* Jr

[1]) Temp. 13, Regen 9 Jahre.
[2]) Danmarkshavn 2, Sabine Insel 1 Jahr.
[3]) 7 Jahrgänge zu Green Harbour und 10 an verschiedenen Punkten. [4]) 2 Jahre. [5]) 80° N 56° O, 9 Jahre.
[6]) Tolstoj Nos 1, Gydaviken 1 Jahr. [7]) 2 Jahre.
[8]) 15 Jahre zu Ustjansk, Kasatschje, Russkoje Ustje und Nishne-Kolymsk, alle 60—120 km von der Küste.
[9]) Beringsmeer.
[10]) 2—4 Jahre. [11]) 8 Jahre. [12]) 11 Jahre. [13]) 9 Jahre.
[14]) 3 Jahre. [15]) 2 Jahre.

Ort und Höhe	Temperatur					Regenmenge, cm		
	Mittel			Grenzen		Jahr	Extr. Mon.	
63. Südpolargebiet. W ⟶ O								
· W-lich } von Gra-[1])	— 5,9	0,3	—16,6	6	—34	38	6 N	1 Jl
· O-lich } hamsland[2])	—12,6	—1,1	—22,6	7	—37		—	
· Süd Orkney[3])	— 4,5	0,4 F	—10,6	9	—35	40	5 Mz	2 O D
· Südgeorgien[4])	1,8	5,5 F	1,8	18	—12	130	14 Ma	7 O
· Kerguelen[5])	3,3	7,2	0,8	20	— 9	85	14 Au	4 F
· Gauss-Station[6])	—11,5	—0,9	—21,9 Au	7	—41		—	
Kap Adare[7])	—13,9	—0,2	—25,8 Jn	9	—42		—	
· Mac Murdo-Sd[8])	—17,4	—3,9 D	—25,9	6	—46		—	
· Framheim[9])	—25,8	—6,7 D	—44,8 Au	0	—59		—	

VIII. Ozeanische Inseln

Ort und Höhe	Mittel			Grenzen		Jahr	Extr. Mon.	
64. Atlantischer Ozean. N ⟶ S								
· Färöer 1	6,5	10,8	3,2	18	— 9	153	18 Jr	8 Jn
Azoren } · Delgada 2	17,3	22,0 Au	13,9 F	28	7	90	11 D	2 Jl
Azoren } Angra 4	17,1	21,9 Au	13,6 F		—	108	14 N	3 Jl
· Madeira 2	18,3	22,3 Au	15,2 F	29	9	68	13 N	0 Jl
· Bermuda 4	21,1	26,7 Au	16,7 Mz	32	8	135	16 O	9 Ap

Kanarische I. s. Tab. 17, Kapverden s. Tab. 9, Bahama u. Antillen s. Tab. 24, Fernando Po, S. Thomé s. Tab. 3

Ort und Höhe	Mittel			Grenzen		Jahr	Extr. Mon.	
· Fernando Noronha	25,3	25,9 F	24,7 Au	29	20	145	35 Ma	1 O
· Ascension 2 [9	25,2	27,1 Mz	23,4 S	34	20	8	3 Ap	0 meh
St. Helena { · Jamestown 1	21,3	24,0 Mz	18,3 Au	30	15	14	4 Jl	0 N
St. Helena { · Longwood 54	16,3	19,0 Mz	13,9 S	23	11	106	14 Mz	3 N
Falklands-In. 2	6,0	9,6	2,5	20	— 5	63	7 Jr	4 S
65. Indischer Ozean. W ⟶ O								
Madagaskar { · Tananarivo 140	16,7	19,5 F	12,6 Jl	31	5	137	32 Jr	1 Jl
Madagaskar { · Nossi-Bé 2	25,4	27,2 Mz	23,3	35	19	267	62 Jr	5 Jl
Madagaskar { · Tamatave 1	23,6	27,0 F	20,2	36	17	293	47 Mz	11 N
Seychellen 0	25,9	26,8 Ap	25,0	31	22	241	39 Jr	7 Au
Réunion 2	23,2	25,8 F	20,5 Au		—	167	35 Jr	3 S
· Mauritius 5	23,0	26,1 Jr	19,7	32	18	124	22 Mz	4 S
Rodrigues 0	23,8	26,1 F	21,2		—	114	16 Jr	3 O
Keeling-I. 1	26,5	27,3 Mz	25,6 Au		—	211	26 Jl	11 D
· Christmas-Eiland	26,1	26,7 Ap	25,3 Jl	34	20	189	31 F	6 O

1) Belgica 1 J., Pt. Charcot 1 J., Petermann-I. 1 Jahr, Mittl. Ort 66,8 S, 72,0 W.

2) Snow-Hill 2 Jahre 64,4, S 57,0 W, Deutsche Exp. 1 Jahr (1911/12). Mittl. Ort. 70° S 36° W.

3) Laurie-I., 21 Jahre 1903/07.

4) 21 Jahrgänge. 5) 1 Jahr und einzelne Monate.

6) 1 Jahr. 7) 2 Jahre. 8) 5 Jahre. 9) 1 Jahr.

Ort und Höhe	Temperatur Mittel			Grenzen		Regenmenge, cm Jahr	Extr. Mon.	

66. Stiller Ozean. N --➤ S

Aleuten s. Tab. 29, Japan Tab. 40, Philippinen Tab. 33b, Neuguinea und Bismarck-Archipel Tab. 43.

Ort und Höhe	Mittel			Grenzen		Jahr	Extr. Mon.	
·Bonin-I. 0	*22,1*	*26,5* Au	*16,4* F	*32*	*8*	*138*	*19* Jn / *18* S	3 Ap
·Honolulu 2	23,3	25,3 Au	21,2	30	13	90	13 N	5 Jn
Maui Osten	--	--	--	—		150	17 Jr	7 Au
Maui Westen 10	—	—	—	—		60	10 F	1 Jn
Hawaii Küste NO 3	22,6	23,8 Au	21,3 F	29	16	356	46 D	19 Ma
Hawaii Küste SO	--	--	--	—		114	16 N	3 Jn
Hawaii Küste W 48	19,5	21,2 Au	18,0 F	33	9	135	15 Ma / 15 Au	8 Jr
Hawaii Inneres Waimea 83	20,2	22,1 S	18,2	30	12	103		
Hawaii Inneres Volcan Hse 122	17,4	18,5 Au	16,0	—		75	47 Jr	14 Jn
Mariannen Saipan 0	--	--	--	--		212	35 S	7 Jr
Mariannen ·Guam 0	26,7	27,9 Jn	25,4 D	32	19	296	69 S	8 Mz
Karolinen ·Yap 4	26,9	27,3 Ap	26,5 D	33	34	321	43 Au	12 Ap
Karolinen Ponape 0		27,3 Au				462	55 Ap	20 F
Palau-I. 1	—	—	—	—		*319*	*52* Jl	*10* Mz
Marshall Uyelang 0	27,3	27,7 Jl	26,7 Jr	33	22	194	28 O	4 F
Marshall Jaluit 0	27,0	27,2 F	26,8 Jn	34	22	415	47 Ma	22 F
Fanning-Eiland	*27,7*	*28,0* N	*27,4* Jr	—		*460*	*103* Ap	*11* S
Gilbert-I. 1	27,8	28,5 O	27,5 Jr	—		*281*	*47* Jr	7 S
·Ocean-Eiland 0	27,3	27,9 D	27,1 Ma	33	22	205	33 Jr	7 Au
·Nauru 1	27,6	28,0 Ma	27,4 F	36	22	198	24 D	11 O
·Malden-I. 0	29,0?	29,0?	28,6?	-		73	12 Mz	2 N
Salomon-Inseln	--	--	--	-		318	46 Mz	14 Jn
·N. Hebriden 19,5° S 3	25,2	27,6 F	22,4 Au	33	16	210	29 Jr	10 Jl
·Samoa Apia 0	25,8	26,3 DF	24,9 Jl	32	18	290	42 F	7 Jl
Fidji ·Bua 2	26,2	27,2 D	24,9 Jl	36	15	250	50 Jr	6 Jl
Fidji ·Levuka 3	*25,2*	*26,7* F	*23,8* Jl	*33*	*18*	269	38 Mz	11 S
Fidji Qara Valu 17	—	—	—	—		*628*	*93* Mz	*18* N
·Tahiti (Papiti) 1	25,8	26,8 F	24,3 Jl	33	17	113	21 Jr	2 Au
·Tongatabu 0	22,8	26,1 F	20,3 Au	—		*195*	*26* Ap	*4* Jl
·Rarotonga 0	23,1	25,5 F	20,2 Jl	31	12	185	26 Jr	7 Jl
Mangarewa 0	*23,8*	*26,1* F	*21,4* Jl	*33*	*14*	*273*	*50* O	*6* Au
Noumea, Neu Cal. 1	23,3	26,6 Jr	20,2 Au	31	16	119	17 Mz	6 O
·Oster-I. 3	*19,7*	*23,1* F	*16,9* Jl	*30*	*11*	*142*	*24* Jn	*2* O
Norfolk-I. 9	—	—	—	—		157	24 Au	8 N
Lord Howe-I.	--	--	--	—		167	20 Jn	11 D
Neuseeland:								
Mongonui 2	16,5	20,8 F	12,4 Au	—		134	15 Jl	8 Jr
·Auckland 8	15,2	19,6 F	11,1 Au	29	2	111	13 Jl	6 Jr

Ort und Höhe	Temperatur				Regenmenge, cm		
	Mittel			Grenzen	Jahr	Extr. Mon.	
Napier 0	14,9	19,2	10,1	—	93	10 Jl	6 Mz
· Wellington 4	12,9	16,9	8,6	—	129	15 Jl	8 Mz
· Hokitika 0	11,7	15,7	7,1	24 — 2	293	28 Ma 29 D	20 F 22 Au
Bealey 69	8,3	13,7	2,2	28 — 12	259	28 S	15 Mz
· Christchurch 1	11,4	16,5	5,8	31 — 4	64	8 Jn	3 O
Chatam-Ins. 3	10,8	14,1 F	7,4	22 — 1	94	12 Jl	5 O
Oamaru 0	—	—	—	—	54	6 D	4 Au
Dunedin 15	10,3	14,3	5,8	29 — 1	88	9 Ma 8 D	6 F S
· Southland 2	9,9	14,1	5,0	29 — 7	184	20 Jr	10 Jl
Campbell-Ins. 2	*6,6*	*9,7*	*3,7*	*18 — 3*	*144*	*17* Jl	*8* F

Tabelle II

Ortsname und Seehöhe in Dekametern	Bewölkung		Zahl der Tage mit Niederschlag		Relative Feuchtigkeit		Aperiod. Tagesschwankung der Temperatur	
	Max.	Min.	Max.	Min.	Max.	Min.	Max.	Min.

I. Afrika

A 1. Tropischer Regengürtel: Westen

1. Küste von Gambia bis Niger. W ⟶ O

Sierra Leone 10	7 Au	29 Mz	26 Au	1 F	84 Au	70 Mz	10,4 Ap	7,4 Au
Grand Bassam 0	79 Jl	37 Jr	{20 Ma {15 N	3 F 6 S	90 Au	82 Jr	9,4 Jr	5,1 Jl
Togo-Küste 1	55 Jn	30 Jr	—		88 Au	82 J	9,4 Jr	6,4 Jl
Pto Novo, Dah. 2	73 Jl	37 N	{16 Ma {16 O	2 Jr	82 Au	74 Jr	11,8 Jr	7,8 Au
Niger-Mündung 1	82 S	35 Jr	—		91 S	84 Au	7,6 Jr	4,1 Jl

2 Hinterland davon (West-Sudan). W ⟶ O

Timbo 76	—		24 Au	0 Jr	88 Au	40 F	20,7 F	8,8 Au
Kayes 6	—		15 Au	0 meh	78 Au	24 F	17,9 Mz	6,9 Au
Kury c. 40	—		17 Au	0 meh	83 N	27 F	24,0 F	11,2 Au
Salaga 17	78 Au	36 D	—		89 S	45 F	12,6 F	5,7 S
Sansane-Mangu 16	48 Jl	00 F	—		78 Jl	18 Jr	16,2 D	6,0 Au
Bismarckburg 71	76 Jl	32 F	26 S	2 N	91 Au	50 F	13,2 Mz	7,7 Jl

3. Kamerun bis Loango. N ⟶ S

Baliburg 134	93 Jl	35 D	30 O	4 D	94 Jl	77 D	15,9 D	7,5 Jl
Buea 98	95 Jl	67 D	26 Au	2 Jr	96 Au	83 F	11,0 Jr	5,0 Au
Debundja 1	87 S	38 F	29 Au	10 Jr	93 S	88 Mz	8,1 Ap	4,7 Jl
Duala 1	88 Au	57 Jr	27 Au	6 Jr	92 Jl	85 F	7,5 Ap	4,7 Jl
Jaunde 75	76 S	36 Jr	23 O	6 D	88 O	79 Jr	12,0 Jr	9,2 Jl
Fernando Póo 2	—		23 S	4 Jr	91 Jl	86 F	—	
Gabunmündung 2	86 O	71 Jr	20 N	0 Jl	89 Jr	82 Jl	7,8 F	6,5 O
S. Thomé, Stadt 2	76 S	67 F	{12 Ap {12 O	0 Jl	83 Jr	76 Jl	8,2 F	6,0 Jn
S. Thomé, Monte Café 69	86 S	74 Jn	{19 Mz {28 O	5 Jl	88 O	78 Jl	8,8 Mz	7,3 O
Djole (N'Djole) 12	98 Jl	88 Mz	{14 Ap {17 N	5 F 5 Jl	—		12,6 Mz	7,5 Jl
Sainte Croix 20	81 O	68 F	{20 Ap {20 N	13 J 2 Jl	—		11,8 Mz	9,5 Au
Chinchoxo 1	76 S	49 F	14 O	0 Jl	87 Jr	83 Mz	7,3 Jl	5,5 O

Ort und Höhe	Bewölkung		Regentage		Feuchtigkeit		Tgl. T.-Schwank.	
			4. Kongo und Hoch-Angola. N ⟶ S					
Bangala 38	—		11Ap 11O	6F 9Au	—		—	
Bolobo 33	—		11Ma 14D	1Jl	82Jr	72Jl	9,3F	7,8D
Vivi 11	83N	63Au	25N	1Au	82Ap	69Au	9,0F	6,2D
Luluaburg 62	81N	34Jn	17N 16Mz	1Jl	84F	66Jl	17,4Jl	9,9D
San Salvador 58	73N	38Jl	15Ap 14N	0Jl	81Ma	70Au	12,8Jl	9,7D
Caconda 164	—		22N	0Jl	86Jr	65Jn	9,4Au	3,3Jr
Bandeira-Villa 178	—		18D	0Jl	65D	32Jn	—	
Ndalla Tondo 70	75D	28Jl	—		84D	68Jn	—	
Katanga 123	91F	18Jn	23F	0Jl	80F	38S	23,7O	10,8F
			A 2. Tropischer Regengürtel: Osten.					
			5. Ostküste, Süd vom Äquator. S ⟶ N					
Delagoabai 5	55D	20Jl	12F	2Jn	—		15,5S	10,6Jr
Lindi 6	53F	27Jn	14F	1Jn	85Mz	72Au	13,7Jn	8,6Jr
Mohoro 2	55F	10S	13Mz	1Jn	88Mz	82Jn	16,6Jr	10,6Mz
Dar es Salam 1	51Mz	33O	19Ap	6F	85Ap	79Jr	9,0Au	5,6D
Sansibar 1	70Mz	51Jn	19Ap 14N	6Jr 6Jn	83Ap	78D	—	
Ins. Pemba 2	—		24Ma	4S	—		8,2D	4,9Ma
Tanga 3	60Ma	42Jr	17Ma	5F	87Ap	80F	7,7O	6,4Ma
			6. Inneres, Süd vom Äquator. S ⟶ N					
Boroma 19	61F	16S	—		79F	46O	13,6S	9,1D
Lauderdale 77	56F	17Au	23F	4S	86Mz	63O	13,3O	7,2Jn
Zomba 95	75F	25S	23F	2Au	84F	59O	9,7S	8,2Ap
Fwambo 162	74Mz	18Jl	26Mz	0meh	86Mz	40S	19,3S	11,9Ap
Kilossa 51	65D	47Jn	13Ap	2Jn	94Ma	63Jl	—	
Tabora 121	58D	23Jn	19D	0Jl	82D	52Jl	15,1Au	11,3Mz
Kwai 161	82Ma	47D	17Ma	3S	85Ma	73Jr	13,6O	5,2Ma
Moschi 115	81Ma	46Jr	21Ap	0F	81Ma	62Jr	12,6J	7,3Ma
Mamba 155	—		24Ap	7F	83Ma	65F	12,0F	7,3Ma
Bukoba 114	53S	40Jr	20Ma	3Jn	82N	73Jl	11,5D	9,3Ma
			7. Inneres, Nord vom Äquator. S ⟶ N					
Entebbe 117	—		12Ap 14N	6Jr 6Jl	86Ap	76Jr	10,8S	7,4Ma
Wadelai 60	68Jl	53Jr	—		76Jl	58Jr	—	
Ladó u. Mongalla 45	60Jl	30Jr	17Ap 16Au	3Jr 15Jn	80Jl	45Jr	18,8Jr	10,7Jl
Addis Abeba 244	74Jl	25D	30Jl	2D	83Jl	41D	18,2Jr	13,9Jl
Addi Ugri 202	69Jl	13Jr	25Jl	1D	74Jl	28F	16,2Mz	11,7Au

Ort und Höhe	Bewölkung		Regentage		Feuchtigkeit		Tgl. T.-Schwank.	
B 1. Nördliches Trockengebiet: West von 25° O Lg.								
8. Nordrand der Sahara. O ⟶ W								
Derna 1	57F	9Jl	10F	0Jl	66F	58Jl	12,8S	10,2Jr
Tripoli 2	41D	6Jl	11Jr	0Jl	67Jl	63S	8,0Ap	7,2Jl
Kyrene 55	—		—		—		13,2Jn	6,7D
Tunis 4	—		12Jr	1Jl	71Jr	50Jl	(13,3Au)	(8,5Jr)
Batna 105	—		13N	3Jl	72Jr	35Jl	—	
Ayata (Wad Rhir) 4	48D	13Au	3O	0Jl	—		16,1Au	11,1Jr
Biskra 12	34Mz	16Au	7meh	2Jl	62Jr	37Jl	—	
Ghardaia 54	13 Jahr		5Mz	2Jl	51Jr	21Jl	18,6Jl	11,8Jr
El Golea[1]) 38	20Mz	12Jl	3Ap	1meh	58Jr	23Jl	19,8Au	15,8D
In Salah 30	13 Jahr		—		58Jn	19Au	18,5Jl	16,4Jr
Geryville 130	35F	18Jn	10Mz	6Au	71Jr	28Jl	19,7Jl	12,7Jr
Marrakesch 47	43F	15Jl	7F	1Au	66Jr	47Jl	11,5Au	7,3N
Mogador 1	30F	14Jl	8Mz	0Jl	85S	77Ap	6,5Jr	3,0Au
Kap Juby 0	62Jl	37Jr	7N	0meh	92Au	81Jr	5,8D	2,8Jl
9. Südrand der Sahara. W ⟶ O								
Praia (Santiago) 3	62Au	39Ap	—		76Au	56F	—	
Gorée 1	67Au	23Ap	—		87Au	81F	—	
Saint Louis 1	—		11Au	0D	79Au	62F	12,3F	6,5Au
Timbuktu 25	31Jl	15Mz	11Jl	0D	—		19,2Ap	14,5Au
10. Nördliches Trockengebiet. Ost von 25° Lg. N ⟶ S								
Alexandrien 3	49Jr	15Jn	11Jr	0meh	73Jl	65Jr	9,1Ap	7,2Jl
Kairo 3	40Jr	10Jn	3F	0meh	70D	45Jn	16,4Jn	11,4Jr
Kosseir 1	29D	1Jl	1N	0meh	59Mz	48Jn	10,5Ma	7,2N
Assuan 11	11Mz	0Jn	0	0	52D	29Jl	17,7Jn	13,1Jr
Wadi Halfa 13	—		—		43D	19Ma	17,7Ma	14,3Jr
Suakin 0	—		—		74Mz	45Au	14,5Jl	6,0Jr
Berber 35	—		—		45Jr	17Ma	18,5Mz	15,3Au
Khartum 38	48Au	6Jr	—		30D	18Ap	19,0Mz	13,5Au
Massaua 1	—		8Jr	0Jn	76F	51Jn	8,0Jn	6,4F
Ins. Perim 0	31Au	17Ap / 17O	—		75Mz	58Jl	—	
Zeila 0	55F	30D	14Ma	0S	81Ap	65Jl	—	
Berbera 1	27F	9O	2Ap	0S	74Mz	43Jl	10,7Jn	7,3Ap
B 2. Südliches Trockengebiet								
11. Westküste. N ⟶ S								
Loanda 6	71Ap	48Jn	9Ap	0Jl	90Ma	85F	5,5Mz	4,2O
Swakopmund 1	67Jr	39Jn	8D	1Ma	84F	70Jn	10,8Jn	6,1D
Walfischbai 0	54Jr	32Jl	1Ap	0meh	87F	78Jl	12,7Jn	7,7Jr
Lüderitzbucht 0	26Jl	14Jr	—		—		8,9Jn	6,0F
Port Nolloth 1	—		—		93Jr	79Jl	11,1Jl	6,7F

[1]) Für Bewölkung Laghuat.

Ort und Höhe	Bewölkung		Regentage		Feuchtigkeit		Tgl. T.-Schwank.	
12. Inneres: Nord von 30° S Br., West von 20° Ost Lg. N → S								
Windhuk 166	49 Jr	8 Jl	12 Mz	0 Jl	52 F	24 S	14,9 O	11,8 Mz
Hoachanas 123	38 Jr	2 Jl	—		—		—	
Goohas 115	—		—		—		21,8 S	15,9 Mz
Gibeon 103	25 Mz	10 Jn	6 Jr	1 S	—		22,1 S	14,5 Mz
Bethanien 100	—		5 Mz	0 Au	—		24,0 D	14,1 Ma
Kuibis 131	27 Jr	8 Jl	8 F	1 Jl	66 Jr	32 D	18,2 O	14,5 Ap
Warmbad 72	—		—	.	—		18,9 Jr	15,9 Ma
13. Inneres: Nord von 30° S Br., Ost von 20° Ost Lg. N → S								
Tuli 53	—		8 N	0 Jl	79 Mz	64 S	21,4 Ma	12,9 Jr
Molopolole 100	46 Jr	5 Jl	—		—		—	
Kimberley 123	33 F	17 Jn	11 F	1 Au	65 Ap	42 N	18,7 O	16,0 Mz
14. Inneres: Süd von 30° S. Br. W → O								
Clanwilliam 10	43 S	16 F	7 Ma	1 D	89 Au	61 D	20,1 F	13,7 Ma
Worcester 23	44 Ma	22 F	6 Jl	1 D	66 Jl	43 Jr	16,3 Jr	11,8 Au
Nels Poort 95[1]	24 Ap / 26 O	16 Jr	5 Mz	1 Jl	—		19,2 D	12,9 Jn
Graaff Reinet 76	36 F / 37 O	20 Jl	7 F	2 Jl	64 F	50 N	13,7 Jr	6,6 Jl
Cradock 87	26 Mz / 25 O	15 Jn	6 F	2 Jl	—		18,4 Au	16,2 Mz
C 1. Südlicher gemäßigter Regengürtel								
15. Östlich von 25° Ost Lg. N → S								
Salisbury 149	—		17 F	0 Jl	86 Mz	54 O	15,1 Au	10,0 Jr
Bulawayo 136	62 Jr	07 S	15 Jr	0 Jl	65 Jr	37 S	15,7 S	11,5 F
Lydenburg 141	54 Jr	07 Jn	17 N	0 Jn	72 D	50 Jr	19,8 Jl	11,0 Mz
Johannesburg 192	—		14 Jr	1 Jl	74 F	39 Au	12,6 S	10,3 F
Bloemfontein 138	—		9 Jr	1 Au	62 Jn	42 O	18,0 Jl	13,8 F
Pietermaritzburg 64	73 D	20 Jn	19 D	1 Jn	80 Mz	71 Au	13,5 Jl	7,5 F
Durban 8	62 O	23 Jn	19 N	5 Jl	—		9,7 O	5,5 Mz
Aliwal North 131	38 F / 36 O	20 Jl	11 F	2 Jl	79 Jn	53 N	17,7 D	14,0 Ap
Umtata 73	64 Jr	30 Jl	15 Jr	3 Jl	81 Ap	68 N	19,5 Jl	11,2 Mz
Queenstown 107	47 Mz	22 Jl	11 F	2 Jl	78 Mz	62 Au	16,8 Jl	13,8 Mz
Pt. Elisabeth 6	53 F / 52 O	37 Jl	7 Ap / 7 O	5 F / 5 Jn	79 Mz	72 D	9,1 Jn	7,3 Mz
16. Westlich von 25° Ost Lg. W → O								
Simonstown 1	50 Ma	29 Jr	—		87 Jl	71 F	8,9 D	6,9 Jl
Kapstadt 1	51 Ma	30 Jr	12 Jl	5 Jr	81 Jn	66 Jr	11,1 Jr	7,2 Ma
Mosselbai 3	57 F / 54 O	34 Jl / 47 N	9 F / 10 S	5 Jn / 6 N	81 Ap	69 Jr	8,7 Jn	6,8 Mz

[1]) Für Regentage Beaufort West.

Ort und Höhe	Bewölkung		Regentage		Feuchtigkeit		Tgl. T.-Schwank	
C 2. 17. Nördlicher gemäßigter Regengürtel. O ⟶ W								
Constantine 66	—		13D	4Jl	78Jr	49Jl	15,3Jl	8,8Jr
Aumale 90	—		10Jr	2Au	72Jr	37Jl	17,1Jl	8,3Jr
Algier 2	—		16Jr	3Jl	67O	64Jl	9,1Jl	7,5Jr
Oran 6	—		10Jr	1Jl	—		7,7Jl	7,2Jr
Tanger 7	—		15Mz	1Au	—		11,9S	8,0F
Kap Spartel 0	50Jr	18Jl	13Mz	1Jl	88Jr	77Jl	8,2Jl	4,6D
Casablanca 2	49Ap	32Au	10Mz, 13D	1Jl	84Au, 85D	80Jn	—	
Mogador 1 (B)	29F	14Jn	9Mz	0Jl	85Au	78Ap	7,2Ap	5,4N
Santa Cruz 4 (Teneriffa)	46Mz	11Au	12Jr	0Au	—		—	
Laguna 55 (Teneriffa)	—		15D	1Au	—		—	
Orotava 6 (Teneriffa)	62Ap	46S	10Mz, 10N	$^1/_2$Jl	80Au	69Jr	6,4Jr	5,0Jl

II. Südamerika

A. Tropischer Regengürtel

18. Nord vom Äquator. W ⟶ O

Ort und Höhe	Bewölkung		Regentage		Feuchtigkeit		Tgl. T.-Schwank	
Maracaibo 1 (B)	—		—		83O	72Ap	7,9Au	5,9N
Tovar 204	80Ma	42F	26Au	6Ap	91Au	77F	—	
Caracas 98	54Jl	42Jr	—		84Jn	79Mz	11,0Mz	8,2Jl
Bolivar 6	63Jl	48Mz	11Jl	1Mz	81O	67Ap	10,6Ma	8,1D
Burnside (Küste) 1	—		24Ma	5S	88Ma	82S	8,7O	5,8F
Paramaribo 0	82Mz	57O	26Ma	8O	89Ma	82O	9,8O	6,1Jr
Cayenne 1	73Jr	40O	26Ma	6S	84Ma	74S	9,1S	5,1F

19. Süd vom Äquator. N ⟶ S

Ort und Höhe	Bewölkung		Regentage		Feuchtigkeit		Tgl. T.-Schwank	
Quito 285	75Mz	38Au	23Ap	5Jl	79Ap	68Jl	11,6Au	9,8Ap
Para 1	72Mz	35S	28Mz	11N	94F	84Jn	9,9O	7,4Mz
Manaos 4	67F	60Au	22Jr	4Au	79Jr	65Au	9,9S	7,1A
Ceará (Fortaleza)	—		19Ap	3N	—		—	
Quixeramobim 21	70Mz	34S	14Mz	$^1/_2$O	73Ap	55O	10,4O	7,5Ap
Pernambuco 3	57Jl	41N	23Au	8D	80Jl	69D	8,2F	4,8Jl
Cobija, Bol. 15	84F	36Jl	20F	1Jl	90F	80Au	14,6Au	7,7F
Cuyaba 23	74D	31Jl	18Jr	1Jl	83Jr	59Au	11,0Au	6,4Jr
Uberaba 76	75Jr	28Jl	22Jr	1Au	81Jr	55Au	14,5Jl	9,1D
Barbacena 114	80F	46Jn	21Jr	2Jn	89F	76Au	—	
Juiz de Fora 68	71Jr	44Jl	17Jr	3Jl	78Ma	73S	—	
Rio Janeiro 6	70O	50Jl	13D	6Jl	80F	77Jl	7,3Jr	5,7Jl
Alpina 80	76D	45Au	18D	5Jl	83Jn	77Au	18,1Au	11,4D

B. Trockengebiet

20. Westseite der Anden (Peru und Nordchile). N ⟶ S

Ort und Höhe	Bewölkung		Regentage		Feuchtigkeit		Tgl. T.-Schwank	
Piura (Payta) 6	79F	25Ma	1Jr	0meh	80Jl	61D	13,4N	10,1Ma
Lima 16	91Au	47Ap	25S	$^1/_2$F	88Jn	77F	10,9Mz	6,JAu
Cuzco 338	70Jr	25Au	27F	2Jl	71Jr	52Au	16,3Au	10,2F

Ort und Höhe	Bewölkung		Regentage		Feuchtigkeit		Tgl. T.-Schwank.	
Vincocaya 438	82F	17 Jn	—		81F	51Au	25,7Ma	14,8F
Arequipa 245	81F	27Jl	9F	0Jl	73F	42Jl	11,5O	9,6F
Mollendo 2	89Au	36Mz	4S	0Mz	86Au	73F	7,1F	5,6Au
Arica 1	65Au	22F	0	0	78Mz	74Jn	8,0Jl	5,0O
Iquique 1	85Au	36Mz	0	0	80Ap	74D	11,7Jr	6,9S
Coquimbo 3	57Jl	40F	—		84Ma	80Jr	6,5Jr	5,8S
Santiago 52	69Jn	15F	8Jl	$^1/_2$F	85Jn	61Jr	18,4F	11,7Jn
21. Ostseite der Anden (W- und S-Argentinien). N —► S								
La Quiaca 349	58Jr	18Jn	—		64F	46S	26,6Jn	18,7Jr
Humahuaca 302	61Jr	18Jn	—		67Jr	40Jn	23,8S	17,3Jr
Pilciao 80	—		5F	0Jn	—		—	
Santiaga del Est. 21	49Ap	27Au	6N	1Au	73Mz	55S	15,2Jr	12,3Jn
Catamarca 55	50Jn	27Au	6Jr	0Jl	68Jn	44S	15,6Au	12,6Ap
La Rioja 53	51Ma	28Au	8Jr	1Jl	67Mz	46S	15,6Au	13,0Mz
San Juan 65	33Jn	26S	3Jr	$^1/_2$Ma	62Jn	46N	15,9O	14,0Ma
Uspallata 284	43Au	23Ma	—		67F	42S	—	
Mendoza 80	36Jl	29D	6Jr	2Jl	66Ma	44O	18,3D	12,6Jn
San Luis 72	46F	28D	9Jr	1Jl	65Ap	50S	15,1Jr	11,5Jn
Chos Malal 87	51Jl	22F	4Jl	0Jr	60Jn	33D	—	
Limay 28	60Jn	32F	—		74Jn	42D	18,1Jr	11,8Jn
Patagones(Viedma)1	57Jn	40F	5D	2Au	78Jn	55Jr	14,8Jr	9,2Jn
Col. 16 de Octu. 57	69Ma	42F	9Jl	2D	89Jn	68Jr	16,0F	7,2Jn
Chubut (Rawson) 1	51Au	38F	8Jn	3F	85Au	72Jr	18,8Jr	12,1Jl
Santa Cruz 1	58D	40S	—		85Au	56N	15,9Jr	7,7Au
Gallegos 1	79D	62Ma	—		90Jl	59N	14,4F	7,5Au
Dungeness 0	63N	54Au	11Jl 11N	2S	83Au	68F	7,9Jr	4,8Au
C. Gemäßigter Regengürtel								
22a. Bolivia, N- und O-Argentinien. N —► S								
Cochabamba 255	—		16Jr	0Jl	62F	39Ma	20,5Jl	10,0Jr
Salta 121	67Mz	34Au	10Jr	0Jl	80Mz	58S	17,3Jl	11,1Mz
Asuncion 10	50Jr	45Jl	11Jr	4Au	78Ma	66O	13,3Jr	8,6Jn
Formosa 8	50Ma	34Au	7Jr	2Au	82Ma	71O	—	
Tucuman 46	58Mz	28Au	10Mz	1Au	85Ap	62S	15,2S	9,8Ap
Corrientes 8	45Jn	39Jr	5N	2Au	80Jn	69Jr	12,8Jr	9,3Jn
Goya 6	43Jn	28D	5Jr	2Jl	86Jn	72D	—	
Concordia 6	54Jn	39N	6F	3Au	83Jn	63Jr	—	
Cordoba 44	50N	34Au	9D	2Jn	73Mz	55S	15,5Au	12,6Mz
Paraná 2	41Jn	27N	7D	2Jn	—		—	
Rosario 3	52Jn	41Mz	10D	5Au	87Jl	71D	13,0S	10,6Jl
Rio Cuarto 44	52Jn	39Jr	10N	2Jl	77Jn	59Jr	15,9Jr	13,4Jn
Buenos Aires 2	58Jn	40Mz	6N	3Jl	86Jn	70D	13,0D	8,0Jn
Trenque Lauquen 10	65Jn	42Jr	—		82Jn	62D	16,7Jr	11,5Jn
Tandil 17	57Jl	41F	9Ap 9D	4Ma	—		—	
Bahia Blanca 1	58Jn	37F	7O	2Jl	78Jn	53D	14,9Jr	7,6Jn

Ort und Höhe	Bewölkung		Regentage		Feuchtigkeit		Tgl. T.-Schwank.	
22b. Südbrasilien und Uruguay. N ⟶ S								
São Paulo 76	78F	60Jl	20F	6Jl	90S	86Jr	12,8Au	9,8Mz
Curitiba 91	70Jr	51Jl	19Jr	8Jl	84Jn	79N	12,6Jl	10,6Mz
Blumenau 3	81O	61Ma	13Jr / 15S	8Ma	89Jl	81D	8,9D	6,4Jl
Rio Grande 2	66Jl	50N	10F	7N	88Au	77D	4,3Ap	2,3Au
San Jorge 12	60Jn	23F	9Jn	7Jr	80Jl	55Jr	15,2D	10,3Jn
Montevideo 1	66Jn	42Jr	6D	5Jn	83Jn	65D	11,6Jr	8,2Jn
23. Westküste und Kap Horn. N ⟶ S								
Valparaiso 4	62Jn	29N	7Au	0Jr	78Ma	66D	9,3D	7,0Jl
Juan Fernandez 1	72Jn	41Jr	16Jn	4Jr	83Jn	74D	6,3Jr	4,0Jn
Valdivia 2	79Ma	42F	18Jn	6Jr	92Jl	72D	11,8Jr	6,0Jl
Puerto Montt 1	76Jl	46F	19Jn	8Jr	—		9,1Jr	6,1Jn
Ancud 4	76Jl	58F	24Jl	11D	87Jn	78D	9,4Jr	5,8Jn
Evanjelistas 5	81D	56Jn	28Mz / 28O	24Jl	92N	86Ma	3,7N	2,6Au
Punta Arenas 3	69D	58Jl	16D / 16Mz	11O	76Jl	66N	8,6Jr	3,6Jl
Ushuaia 3	72D	57Jl	16Jr	7S	88Jl	69Jr	9,9N	8,7Au
Staten-Eiland 1	81Jn	70N	26Jn	18O	87Jn	76D	—	
Neujahrs-Eild 5	82Jr	72S	23D	17S	85Jn	79O	5,9D	2,6Jl

III. Nordamerika

A. Tropischer Regengürtel

Ort und Höhe	Bewölkung		Regentage		Feuchtigkeit		Tgl. T.-Schwank.	
24. Westindien. S ⟶ N								
Trinidad NW 2	70Jn	53F	—		83Au	70Ap	—	
Curaçao 2(B)	—		—		79N	75F	—	
Barbados 2	—		21Au	10Mz	—		5,4Ap	3,6D
Martinique W 0	38N	28Ma	22Au	13Ap	85N	75Ap	8,4Mz	7,0Jn
Guadeloupe P. à Pitre 2	—		25Au	16Mz	84N	78Ap	6,8Mz	5,7N
Guadeloupe Camp Jacob 53	55Jn	46F	28Au	20Mz	84O	79Mz	7,5Ap	6,0Jn
Portorico N 1	—		18Au / 18D	12Mz	80N	72Ap	—	
Jamaica S 1	62S	27F	—		81O	75Ap	10,7Jr	8,0Jn
„ NO 116	57Ma / 56O	44F / 48Jl	20O	10Mz	80O	74Jl	—	
Samanabai N 1	72Jn	61Mz	18D	10Mz	85Au	78Mz	9,6Ap	7,3Jn
Port au Prince 4	56Ma	27Jr	18Ma	5Jr	74Ma	63F	11,6F	9,9Ma
	50S	43Jl	16S	10Jl	76O	65Jl	11,4Jl	9,7N
Habana 2	—		16S	4Ap	80S	70Ap	—	
Nassau Bah. 1	70O	49Mz	17Au	6Mz	79Jr	73Ap	7,6Jl	5,7N
25. Mittelamerika (mit Mexiko). S ⟶ N								
Naos (Panama) 1	55Jn	28Jr	17N	1F	87O	79F	10,0S	8,0O
Gamboa 3	64Au	39Jr	21Au	2Mz	87S	76Mz	13,2Mz	9,8Jl
Colon 5	73Jl	51Mz	24Jl	8Mz	87Au	78Mz	10,4O	7,5Mz

Ort und Höhe	Bewölkung		Regentage		Feuchtigkeit		Tgl. T.-Schwank.	
San José, C. R. 114	80 Jn 80 O	42 F	24 Jn 24 O	3 F	84 S	70 F	10,7 F	8,0 Jl
San Salvador 64	75 Jn 76 S	24 Jr	24 Jl	1 Jr	85 Jn 85 S	68 Mz	17,6 Mz	10,5 O
Guatemala 148	—		24 Jl	3 F	81 S	65 Ap	—	
Chimax (Coban) 130	79 Jl 80 O	61 Mz	28 Jl	10 F	88 D	85 Au	—	
Oaxaca 157	73 S	21 Jr	21 S	1 Jr	81 S	64 Mz	15,5 Mz	10,1 S
Belize 0	62 Jn	41 Ap	18 S	4 Ap	88 S	78 Ap	—	
Veracruz 1	67 Jr 66 Jl	34 Mz	25 Jl	2 Jr	80 Jl	76 N	5,3 Jr	3,9 D
Puebla 217	71 Au	24 F	25 Au	2 F	73 Au	50 Mz	—	
Tacubaya b. Mex. 232	74 Jn	22 F	20 Au	$^1/_2$ Jr	75 Au	52 Mz	14,9 F	9,3 Au
Mexico 228	73 Au	27 F	24 Jl	2 Jr	71 S	47 Ap	14,9 Mz	9,7 S
Mérida 2	60 S	23 Ap	19 S	2 Ap	82 S	65 Ap	—	
Mazatlan 8	64 Au	27 Ma	20 Au	1 Ap	81 S	75 D	9,6 Jl	8,4 O

B. 26. Trockengebiet. S ⟶ N

Ort und Höhe	Bewölkung		Regentage		Feuchtigkeit		Tgl. T.-Schwank.	
Leon 180	74 Jl	35 Mz	21 Au	3 F	62 Au	31 Ap	—	
El Paso 113	32 N	23 Ap	8 Au	1 Ap	47 JrS	22 Ap	21,5 Ma	17,0 Jl
San Diego 4	54 Ma	35 N	8 Jr	0 Jl	80 Jl	70 D	—	
Yuma 5	24 Jr	8 Jn	2 Jr	0 Ma	51 N	35 Ma	—	
Phoenix 35	32 Jr 33 Jl	10 Jn	—		55 D	34 Jn	—	
Prescott	31 Mz 34 Au	14 Jn	12 Au	1 Jn	60 Jr	38 Ma	—	
Santa Fe 215	48 Jl	24 O	13 Jl	4 N	55 Jr	31 Jn	13,9 Ma	11,1 Jr
Las Animas 120	48 Ap	29 N	—		71 Jr	54 Ap	—	
Pikes Peak 431	48 Ap	24 N	18 Jl	9 Jr	83 Ma	70 Jl	8,0 Jl	6,5 D
Denver 163	49 Ap	30 S	11 Ma	4 N	54 F	43 S	—	
Salt Lake City 134	52 Ap	25 S	11 Jr	3 Jl	75 Jr	34 Jl	13,9 Au	8,3 Jr
Winnemucca 134	42 Ap	14 Au	10 D	1 Au	66 D	22 Au	—	
Cheyenne 186	51 Ma	32 S	12 Ma	5 N	60 FMa	47 S	16,8 S	12,2 Jr
Boisé 84	60 D	19 Au	12 Jr	2 Au	78 Jr	39 Jl	17,8 Jl	7,2 Jr
Miles City 72	54 Mz	37 Au	—		82 Jr	44 Au	—	
Helena 126	62 Jr	30 Au	12 Jn	5 Au	68 Jr	42 Au	13,9 Au	8,4 D
Kamloops 36	69 Jr	48 Jl	—		84 D	61 Au	—	
Calgary 103	52 Ap	40 Jl	—		77 N	55 Ma	—	
Prinz Albert 44	66 S	50 F	12 Jn	5 Ap 5 O	88 D	62 Ma	8,9 Ma	4,7 N
Edmonton 66	—		—		90 D	64 Ma	—	

C. Gemäßigter Regengürtel

27. Osten (Atlantische Staaten). S ⟶ N

Ort und Höhe	Bewölkung		Regentage		Feuchtigkeit		Tgl. T.-Schwank.	
Key West 1	51 Jl	31 Mz	16 S	4 Ap	81 Jr	73 Ap	—	
Jacksonville 1	48 S	40 Ap	15 Jl	7 Ap	83 S	73 Ap	10,6 Ap	8,3 S
Atlanta 36	58 Jr 50 Au	45 Ap 42 O	14 Jr 14 Au	7 O	78 Au	64 Ma	10,5 Ma	8,8 Au

Ort und Höhe	Bewölkung		Regentage		Feuchtigkeit		Tgl. T.-Schwank.	
Wilmington 4	54 Jr 52 Au	44 Ap 41 O	14 Au	8 N	84 Au	75 Ap	10,6 Mz	8,3 Jl
Norfolk 4	54 Jr	42 O	13 Jl	9 O	82 Au	75 Ap	—	
Washington 4	59 Jr	46 Jl	12 Mz	8 S	79 S	64 Ap	—	
Pittsburg 27	71 Jr	40 Jn	16 Mz	9 S	80 Jr	66 Jl	—	
New York 4	57 Jr	46 S	13 Mz 12 Jl	9 S	76 S	67 Ap	8,9 Ma	7,2 D
Nantucket 1	61 D	36 Jn	13 Mz	9 Au	85 Jn	80 Jr	—	
Boston 4	56 D	45 Au	12 Mz	10 S	77 S	65 Ap	—	
Blue Hill 20	58 Mz	49 O	—		84 Au	69 Ap	11,0 Ma	8,4 D

28. Inneres und Golfgebiet. S —> N

Ort und Höhe	Bewölkung		Regentage		Feuchtigkeit		Tgl. T.-Schwank.	
Brownsville 2	56 F	34 Jl	11 Jr	6 Ma	84 Jl	59 Jr	—	
New Orleans 4	53 Jr	39 O	16 Jl	7 O	80 Jr	74 Ma	8,4 O	7,2 Au
Palestine 16	55 F	37 Jl	10 F	6 O	75 Jr 75 Au	70 Mz	—	
Little Rock 12	56 F	37 S	11 Ap	6 O	76 Au	68 Ap	11,1 O	8,3 Jr
Nashville 18	64 Jr	42 O	13 Mz	7 S	77 Jr	64 Ap	—	
Dodge 23	46 Ma	30 S	10 Ma	4 N	72 Jr	59 Ap	15,0 ApO	12,7 J
St. Louis 18	58 D	37 S	12 Jn	7 O	74 Jr	64 Ap	10,0 ApO	7,8 D
Cincinnati 20	64 Jr	43 Au	14 Mz	8 S	77 Jr	61 Ap	11,1 Ma	7,8 D

29. Pazifisches Küstengebiet. S —> N

Ort und Höhe	Bewölkung		Regentage		Feuchtigkeit		Tgl. T.-Schwank.	
Los Angeles 11	48 Ma	23 S	7 Mz	0 Au	76 Au	67 N	14,0 S	11,2 M
San Francisco 6	48 Jr	32 O	11 Jr	0 Au	85 Au	75 N	7,8 S	5,0 D
Sacramento 4	42 Jr	03 Au	10 D	0 Au	83 D	59 S	17,4 Au	7,8 D
Red Bluff 11	48 D	06 Au	12 D	0 Au	83 D	35 Au	17,0 Au	7,4 D
Portland, Or. 3	72 Jr	35 Au	29 Jr	4 Au	87 D	64 Jl	12,3 Jl	5,5 D
Spokane 60	62 Jr	23 Au	15 D	3 Au	85 D	43 Au	16,1 Au	6,1 D
Tatoosh-I. 2	77 D	47 Au	—		91 Au	85 Mz	—	
Port Simpson 1	—		22 D	13 Mz	90 D	83 Mz	8,8 Ma	6,2 D
Sitka 2	—		25 O	16 Jn	82 S	71 Ap	8,7 Jn	5,4 Jr
Juneau 2	87 O	72 Jn	24 O	14 Jn	87 S	72 Jn	9,4 Jn	3,7 Jr
Dutch Harbor 0	—		23 D	9 Jn	—		8,1 Jr	5,0 O

D. Borealer Gürtel

30. Nördliche Vereinigte Staaten. O —> W

Ort und Höhe	Bewölkung		Regentage		Feuchtigkeit		Tgl. T.-Schwank.	
Eastport 3	61 N	48 Au	15 Jr	10 S	84 Au	69 Ap	10,0 Jl	6,6 Ap
Albany 3	70 D	48 Jl	13 Jn	10 S	82 D	70 Ap	—	
Buffalo 24	81 D	44 Au	19 N	10 Au	79 Jr	70 Ap	8,3 Au	4,4 N
Grandhaven 20	81 Jr	38 Jl	20 Jr	8 Jl	87 Jr	69 Jl	—	
Chicago 25	60 D	39 Jl	12 Mz	9 Au	81 Jr	67 Jl	8,4 Ma	6,1 O
Milwaukee 23	63 N	44 Jl	13 Jr	9 Au	80 Jr	70 Jl	—	
Keokuk 19	56 F	38 Au	11 Ma	7 Au	78 Jr	66 Ap	—	
St. Paul 27	57 N	44 Jl	13 Ma	8 N	79 Jr	65 Ma	11,6 Jl	8,9 D
Omaha 36	51 D	41 S	12 Ma	4 N	75 Jr	62 Ap	11,6 Ma	8,9 D
Sioux City 34	51 Mz	39 S	12 Ma	7 N	79 Jr	60 Ma	—	
Bismarck 51	55 Mz	37 Au	13 Jn	6 S	79 Jr	63 Au	—	

Ort und Höhe	Bewölkung		Regentage		Feuchtigkeit		Tgl. T.-Schwank.	
			31. Canada und Alaska. O ⟶ W					
St. Johns NF 5	73 Jr	61 Au	23 D	13 Au	85 N	78 Jn	11,1 Jn	6,6 O
Anticosti SW 1	73 D	42 S	14 Jr	8 Ap 8 S	—		—	
Halifax 3	64 D	53 S	—		85 N	77 Ap	—	
Fredericton 5	64 N	53 S	15 Jr	11 S	—		—	
Quebec 9	71 N	46 Au	16 Jr	11 S	85 N	74 Ma	—	
Toronto 10	75 D	48 Au	15 Jr	9 Au	83 Jr	71 Ma	10,9 Jl	6,5 N
Moose Fact. 1	79 N	51 F	19 O	9 F	—		14,8 F	8,1 O
Winnipeg 23	63 N	45 Jl	13 Ma	8 Jr	90 Jr	69 Ma	14,2 Jl	10,6 D
Dawson u. Eagle 36	55 O	37 Mz	13 Jl	5 Mz	92 D	61 Jn	15,0 Au	6,7 D
St. Michael 1	—		15 Au	4 F	95 F	82 Jl	8,5 Mz	5,0 O

IV. Asien

A. Tropischer Regengürtel

32. Dekan und Ceylon. S ⟶ N

Newara Eliya 190	80 Jn	38 F	23 Jn 23 O	6 F	88 Jl 87 O	73 Mz	13,3 Mz	6,7 Jl
Colombo 1	76 Jn	42 F	20 Ma 21 O	7 F 12 Jl	81 Jn	73 F	8,1 F	4,1 S
Trinkomali 5	64 D	41 Mz	20 D	4 Mz	82 N	65 Jl	10,0 Au	5,0 Jr
Cochin 0	74 Jn	22 Jr	27 Jl	1 Jr	88 Jl	70 Jr	10,0 Jr	5,0 Au
Madura 14	56 N	39 F	14 O	1 F	75 N	59 Jn	13,9 Ap	8,3 N
Utakamand 228	92 Jl	19 Jr	23 Jl	0 F	90 N	46 Mz	17,2 Jr	5,6 Jl
Mangalore 2	79 Jn	14 F	30 Jl	0 F	89 Au	62 Jr	10,6 Jr	5,0 Au
Madras 1	71 Jl	25 Mz	14 Au	1 Mz	79 N	61 Jn	10,6 F	7,2 N
Bellary 44	80 Jl	15 F	9 S	0 Jr	64 S	33 Mz	16,1 Mz	9,4 Jl
Masulipatam 0	69 Jl	32 F	16 Au	1 meh	78 O	67 Jn	10,6 Mz	7,2 S
Poona 56	79 Au	29 Mz	21 Jl	0 F	79 Au	29 Mz	18,9 Mz	6,1 Jl
Bombay 1	91 Jl	13 F	29 Jl	0 meh	87 Au	69 F	7,8 Jr	3,9 Au
Cuttak 2	75 Jl	17 Jr	22 Jl	1 Jr	82 S	62 Mz	13,9 F	6,7 Au
Nagpur 31	86 Jl	20 F	20 Jl	1 D	80 Jl	28 Ap	17,8 Mz	7,2 Au
Surat 1	80 Jl	07 N	20 Jl	0 meh	80 Jl	50 F	17,2 F	5,6 Jl
Calcutta 1	82 Au	14 Jr	24 Jl	1 D	89 Au	69 F	12,2 Jr	5,0 Au
Dacca 1	79 Jl	14 D	21 Jl	1 D	87 Jl	65 F	13,9 F	5,0 Au

33a. Hinterindien

Singapore 0	61 N	45 Mz	18 N	12 Jl	84 D	78 Jl	8,7 Mz	7,4 D
Malacca 0	51 O	30 F	—		90 Au	85 F	9,8 F	8,0 O
Penang 1	59 O	34 Jr	—		82 O	73 F	9,0 Mz	6,8 S
Saigon 1	—		26 Au	1 Mz	87 S	73 Mz	10,1 F	6,4 S
Bangkok 1	69 S	19 D	21 S	1 Jr	82 S	74 Mz	9,2 Jr	5,9 O
Hué 1	—		19 N	4 Ma	92 Mz	82 Jn	8,2 Au	4,6 N
Rangun 1	90 Jl	22 F	29 Jl	0 Mz	91 Au	62 F	15,6 F	5,0 Au
Akyab 0	85 Jl	11 F	29 Jl	0 F	89 Jl	70 F	13,9 F	3,9 Jl
Haiphong 12	93 F	60 N	18 Ap 19 S	6 N	90 F	74 D	7,2 Jl	4,7 F

Ort und Höhe	Bewölkung		Regentage		Feuchtigkeit		Tgl. T.-Schwank.	
			33b. Inseln, N. vom Äquator. W ⟶ O					
Port Blair, And. 2	75 Jl	28 F	26 Jl	1 Mz	88 S	77 Jr	8,3 Mz	4,4 Au
Sandakan 3	57 S	33 Ap	21 D	10 Ap	83 Jr	72 Ap	7,7 Jl	5,5 Jr
Manila 1	77 Jl	39 Ap	23 Au	3 F	85 S	70 Ap	—	
Baguio 146	89 Au	44 Jr	29 Au	3 Jr	93 Au	74 Ap	10,4 Ap	4,1 Au
Minahassa 80	81 Jr	59 Au	24 Jr	10 Au	—		9,4 S	6,2 Jr
			34. Sunda-Inseln, S. vom Äquator. W ⟶ O					
Batavia 1	74 Jr	41 Au	23 Jr	5 Au	87 Jr	78 S	7,7 Au	5,2 F
Buitenzorg 28	72 F	59 O	22 Jr	10 Jn	82 D	70 Jn	10,2 S	6,9 F
Tosari 178	88 D	49 Jl	22 D	2 S	84 Mz	74 O	6,7 Ma	4,5 D
Pasuruan 0	—		20 F	1 S	86 F	68 S	9,7 Jl	7,4 Jr
Amboina 0	—		25 Jn	11 N	89 Jn	83 F	7,3 Mz	4,6 Jl
			B. Trockengebiet					
			35. Südlich von 36° N. Br. W ⟶ O					
Djidda 1	—		—		71 S	61 Mz	6,4 Jr	5,1 S
Urfa 56	48 Mz	04 Jl	12 Mz	0 Au	53 F	26 Jl	—	
Babylon 3	43 D	02 Au	6 Jr	0 meh	71 D	21 Au	20,4 Au	11,2 Jr
Bagdad 6	42 F	00 Jl	6 Ap	0 meh	83 D	40 Au	17,3 O	10,3 D
Buschir 1	—		—		71 D	60 Ma	9,7 N	6,4 Jl
Maskat 1	—		3 F	0 meh	75 S	50 Ma	5,0 Jn	4,5 Au
Husseinabad 49	20 F	0 S	5 F	0 meh	59 D	14 Au	—	
Quetta 168	49 Mz	05 O	8 Mz	0 O	66 F	37 S	19,8 O	11,8 F
Karachi 1	71 Jl	10 O	6 Jl	0 meh	78 Au	56 N	13,8 N	5,2 Au
Hyderabad 2	31 Au	03 O	5 Au	0 meh	65 Au	42 Mz	16,7 Ap	9,4 Au
Jakobabad 6	33 Mz	04 O	4 Au	0 meh	58 Au	36 Ma	19,5 N	12,3 Au
Multan 1	26 F	03 O	3 Jl	0 N	64 Au	45 Ap	17,4 N	10,2 Au
Peshawar 34	48 Mz	15 O	5 Ap	1 JnO	62 Jr	39 Jn	17,8 N	12,7 Au
Disa 14	78 Jl	10 N	13 Jl	0 meh	74 Jl	28 Ap	17,8 D	7,2 Au
Mount Abu 120	87 Jl	11 N	22 Au	1 meh	87 Jl	11 N	10,0 Ap	4,4 Au
Bikanir 23	60 Au	08 N	8 Jl	1 meh	61 Au	32 Ap	14,1 Ap	9,3 Au
Lahore 22	42 Jl	08 O	7 Jl	1 N	61 Au	33 Ma	17,8 N	10,0 Au
Leh 351	67 F	39 O	5 F	0 O	61 Jr	37 Jn	16,4 Au	12,8 Jr
Tsaidam 286	98 Ap	55 S	—		60 D	28 Mz	—	
			36. Trockengebiet N von 36° N. Br. W ⟶ O					
Krasnowodsk — 2	61 Jr	21 Au	5 Jr	1 Jl	77 Jr	52 Jl	—	
Aschur Ade — 2	52 Jr	31 Jn	7 D	3 Au	—		—	
Nukús 7	55 D	11 Au	4 Ap	1 Au	83 Jr	46 Jn	—	
Irgis 11	57 D	30 Au	5 Jn	3 S	84 Jr	43 Jn	—	
Kasalinsk 5	61 D	20 Au	6 Jr	2 Jl	87 D	49 Jn	—	
Samarkand 12	56 Jr	04 Au	12 Mz	½ Au	78 Jr	48 Jl	—	
Taschkent 48	56 F	08 Au	12 Mz	½ Au	77 Jr	48 Jl	—	
Margelan 57	65 F	16 Au	7 Ma	½ S	81 Jr	50 Au	—	
Akmolinsk 38	66 D	41 Au	10 DJn	6 Ap	87 Mz	54 Jl	—	

Ort und Höhe	Bewölkung		Regentage		Feuchtigkeit		Tgl. T.-Schwank.	
Omsk 7	71 O	51 Mz	12 Au	6 F	83 D	61 Ma	—	
Kaschgar 123	66 Mz	32 O	3 Ma	0 Au	—		—	
Wiernyj 77	56 Mz	30 Au	10 Ma	3 S	79 D	55 Jl	—	
Semipalatinsk 18	57 N	43 Au	8 D	5 Ap	81 Mz	51 Jn	—	
Barnaul 14	73 O	54 Mz	9 JnN	5 Mz	82 D	57 Ma	—	
Urumtsi 88	43 Jn	27 S	18 D	4 Au	—		13,6 Ap	5,0 D
Luktschun — 2	52 Ap	23 S	5 Jn	0 N	—	27 Ap	—	
Kjachta 77	65 Ma	33 Jr	11 Jl	3 Mz	81 Jr	47 Ma	—	
Siwantse 117	48 Jl	21 Mz	14 Jl	4 Mz	72 Jr	41 Ma	—	

C. Gemäßigter Regengürtel

37. Vorderasien (einschl. der B-Enklaven). S ⟶ N

Jafa u. Umgeb. 4	54 Jr	18 Jl	12 Jr	0 Jl	77 Jr	61 Au	13,2 Ma	10,3 Jr
Haifa 1	52 Jr	21 S	13 Jr	0 Jl	72 JrJn	66 O	—	
Jerusalem 75	52 Jr	07 Jl	12 Jr	0 Jl	74 Jr	41 Ma	12,5 Ma	7,3 Jr
Tiberias — 20	62 Jr	05 Jn	11 Jr	0 Jl	70 Jr	47 Jn	14,5 Jn	8,7 D
El Krey, Liban. 102	59 Mz	15 Jn	14 Mz	0 Jl	75 Jr	58 Ma	—	
Cypern, 6 Stat. 7	43 Jr	03 Jl	11 Jr	0 Jl	75 Jr	66 Jl	14,2 O[1])	10,1 F[1])
Smyrna 1	54 Jr	05 Jl	10 Jr	$^1/_2$ Jl	74 D	52 Jl	13,4 Jl	9,7 Jr
Mezere 100	69 F	06 Au	15 Ma	1 Au	87 D	35 Au	16,9 Au	7,2 D
Eriwan 104	74 F	20 Au	13 Ap	3 Au	82 Jr	52 Au	—	
Baku 0	67 Jr	30 Jl	9 Jr	2 Jl	83 D	64 Jl	—	
Jelisawetpol 44	62 F	30 Au	10 Ma	3 Au	79 D	57 Jl	—	
Kars 175	69 Ap	36 Au	20 Ma	7 O	85 D	58 Au	17,0 S	11,2 Ap
Merzifun 75	73 D	29 Au	12 Ma	2 Au	—		—	
Trapezunt 3	74 Ma	55 O	13 Mz	7 Jl	78 Jn	65 D	7,8 Jn	6,0 N
Samsun 1	75 F	30 Jl	10 Ap	Au	—		—	
Batum 1	60 Mz	38 O	14 Jr	10 Ma	84 Ma	73 D	—	
Tiflis 41	64 F	38 Au	13 Ma	6 D	75 D	54 Jl	—	
Temir-Chan-Schura	72 F	42 Jl	13 Jn	5 D	80 D	60 Jl	—	
Ssuchum 1	66 Mz	38 Au	13 Ap	8 Au	81 Ma	72 D	—	
Noworossijsk 3	70 Jr	35 Au	11 D	5 Au	83 D	63 Au	—	

38. Nordindien. S ⟶ N

Jubbulpore 41	87 Jl	17 N	22 Jl	1 meh	82 Au	29 Ap	17,2 Mz	6,1 Au
Indore 56	84 Au	14 N	20 Jl	0 Mz	81 Au	24 Ap	18,3 Mz	6,7 Au
Allahabad 9	76 Jl	09 N	18 Au	0 N	82 Au	33 Ap	17,7 Ap	6,5 Au
Patna 6	80 Jl	17 N	17 Jl	0 N	82 Au	41 Ap	15,6 Mz	5,6 Au
Sibsagar 10	88 Jl	46 D	22 Jl	3 D	85 S	79 Mz	11,7 Jr	6,6 Au
Darjiling 225	90 Au	37 N	28 Au	0 N	94 Au	75 Ap	8,0 Ap	4,8 Au
Agra 17	64 Jl	05 N	13 Jl	0 N	73 Au	29 Ap	16,1 Ap	7,0 Au
Delhi 22	60 Jl	07 N	10 Jl	0 N	68 Au	33 Ap	15,0 Ap	7,8 Au
Simla 215	86 Au	10 O	22 Au	1 N	91 Au	47 D	10,1 Ap	5,1 Au
Rawalpindi 50	43 Mz	12 O	11 Au	2 N	72 Jr 72 Au	51 Ma 56 O	18,9 N	11,1 A

[1]) Nur die vier Küstenorte.

Ort und Höhe	Bewölkung		Regentage		Feuchtigkeit		Tgl. T.-Schwank	
			39. China. S ⟶ N					
Hongkong 3	79 Ap	53 N	21 Jl	5 D	84 Ap	65 N	5,5 N	4,2 A
Jünnan 198	73 Jn	28 Mz	24 Au	4 Jr	80 S	35 Mz	14,4 Mz	8,6 S
Tschungking 26	—		13 Ma 13 S	5 Jr	—		7,2 Ma	4,4 D
Kiukiang 3	—		13 Mz	4 O	—		11,5 Au	5,9 F
Hankau 4	—		12 Ap	4 O	84 F	77 S	5,0 Mz	4,0 A
Tschöngtu 46	—		14 Au	3 D	—		7,5 Ma	4,9 O
Zikawei 1	75 Jn	48 D	14 Jn	7 D	85 Au	76 D	—	
Tsingtau 7	66 Jl	38 N	13 Jl	3 F	88 Jl	66 N	7,6 O	4,8 Jl
Peking 4 siehe Tabelle 41.								
			40. Japan. S ⟶ N					
Taihoku, Form. 1	82 F	56 Jl	18 N	13 Jl	86 Jr	76 Jl	8,6 Jl	5,6 N
Kagoshima 12	79 Jn	45 N	17 Jn	9 N	82 Jn	70 F	9,9 N	7,3 Jl
Nagasaki 14	75 Jn	50 N	16 Jn	11 O	82 Jn	70 F	9,1 Ma	7,0 Jl
Hiroshima 1	72 Jn	49 N	14 Ap	9 N	80 Jl	72 F	10,5 N	7,5 Jl
Kioto 5	78 Jn	54 N	16 Jl	11 N	81 N	73 Ma	12,9 N	9,5 Jl
Tokio 2	77 Jn	36 D	17 S	7 D	84 Jl	63 F	10,5 D	7,1 Jl
Tschemulpo 1	76 Jl	52 O	13 Jl	5 F	86 Jl	74 N	9,9 Ap	7,1 Jl
Kanazawa 3	88 Jr	63 Au	26 Jr	12 Au	83 Jl	75 Ap	10,2 Ap	6,8 Jr
Niigata 3	87 Jr	60 Au	28 Jr	12 Au	84 Jl	75 Mz	8,8 Ma	5,4 Jr
Akita 1	91 Jr	66 O	27 Jr	14 Ma	86 Jl	74 Ap	10,2 S	6,5 Jr
Hakodate 1	77 Jl	55 O	23 Jr	13 Au	87 Jl	72 N	13,2 O	7,1 Jl
Sapporo 2	72 Jr	59 O	20 D	12 Jl	84 Jl	73 Ap	11,7 Ma	9,0 D
Nemuro 3	80 Jl	51 D	15 S	9 Jr	91 Jl	69 D	8,3 Ma	6,7 D
Kamikawa 11	89 D	60 Au	25 D	6 Au	94 Jr	73 Ma	15,0 Mz	10,2 D
Due-Alexandr. 5	81 N	60 Mz	18 D	9 Jn	82 Jr	72 Ma	—	

D. Borealer Gürtel

Ort und Höhe	Bewölkung		Regentage		Feuchtigkeit		Tgl. T.-Schwank	
			41. Ostsibirien und Mandschurei (Dw). S ⟶ N					
Peking 4	60 Jl	25 Jr	14 Jl	2 D	76 Au	49 Ap	—	
Mukden 6	—		15 Jl	3 N	79 Au	54 Ap	14,6 Ap	10,3 Jl
Wladiwostok 2	77 Jl	28 Jr	10 Jn	1 Jr	—		—	
Charbin 16	67 Jn	31 Jr	15 Au	3 F	77 Au	52 Ap	14,2 Ma	11,0 A 10,9 D
Blagowestschensk 11	66 Ma	26 Jr	9 Au	1/2 Jr	78 Au	56 Ap	—	
Nertschinsk Hw. 66	51 Au	18 Jr	14 Au	2 Jr	80 D	50 Ma	—	
Nikolajewsk 3	67 Ma	43 Jr	10 S	5 Jr	79 Au	72 Mz	—	
Olekminsk 20	79 O	49 Mz	11 Au	6 Mz	83 N	60 Ma	—	
Jakutsk 10	73 O	37 Mz	12 N	5 Ap	83 N	60 Ma	—	
Werchojansk 10	68 Au	27 F	6 Jl	1 Mz	78 O	53 Jn	—	
			42. Westsibirien (Df.) O ⟶ W					
Irkutsk 49	66 DJl	42 F	10 Jl	4 F	87 D	55 Ma	--	
Krasnojarsk 16	68 Ma 76 D	51 Mz 49 Jl	13 O	5 Jr	—		--	

Ort und Höhe	Bewölkung		Regentage		Feuchtigkeit		Tgl. T.-Schwank.	
Jenissejsk 8	75O	50F	16O	9Mz	89Jr	62Ma	—	
Turuchansk 4	78S	58Ap	19O	10Ap	—		—	
Tomsk 12	79O	57Mz	•15D	9Ap	8LD	60Ma	—	
Tara 8	72O	53Mz	11Au	6Ap	88D	65Ma	—	
Obdorsk 3	79O	55Mz	11S	5Ap	91O	78Jl	—	
Beresow 3	72S	56Mz	13Au	8Ap	87D	72Ma	—	

V. Australien

A. Tropischer Regengürtel

43a. Neuguinea und Bismarckarchipel. W ⟶ O

Hatzfeldhafen 0	84F	51Jn	17Mz	6Jn	88F	79Au	12,4Au	5,2F
Herbertshöhe 6	81F	57Ma	21Mz	12S	84F	78O	9,0S	7,4F

43b. Australisches Festland. W ⟶ O

Port Darwin 2	—		—		77F	61Jl	11,9Jl	8,0Jr
Sweers-Ins. 1	65F	07Jn	18F	0Jl	76F	58Jl	10,5Jn	5,0F
Kap York 2	74Jr	51Jn	25Jr	4S	87F	79S	6,1F	3,9Jl
Ravenswood 18	49Jr	19Ap	—		70Jr	58Ap	—	

B. Trockengebiet

44. Westen (W. von 130° O. Lg.). N ⟶ S

Derby 2	48F	05Jl	12Jr	0S	64F	48S	16,9Jl	9,9Jr
Wyndham 1	27Jr	04Jl	16Jr	0Jl	59Jr	34Jl	15,6Jl	10,6Jr
Cossak 1	24F	03S	4F	0S	59Ma	44N	12,9O	8,9Mz
Onslow 0	28Jn	04S	5Jn	0N	72Jn	60S	15,2N	11,8Jn
Carnarvon 0	24Jn	15N	7Jn	0N	65N	58S	16,1Jl	11,8D
York 17	56Jn	27Jr	13Au	2Jr	77Jl	66N	14,1Jr	8,5Jn

45. Osten (O. von 130° O. Lg.)

Alice Springs 39	—		—		59Jn	32N	18,3S	14,7Jn

C. Gemäßigter Regengürtel

46. Westaustralien. N ⟶ S

Geraldton 0	48Au	33O	12Au	1Jr	74Au	66F	{11,1F {11,2O	9,2Jl
Perth 1	54Au	24Jr	18Au	2F	76Jl	62D	10,2F	6,9Jn
Rottnest Ins. 1	56Jl	19Jr	16Au	2F	78Jl	66F	10,6F	7,3Jl
Bunbury 0	64Jn	25Jr	16Au	2F	78Jn	65Jr	12,2Jr	8,8Jn
Esperance 0	56Ma	43Au	17Jl	5F	74Jn	65D	11,2Ap	9,5F
Albany 0	64Ma	54Jl	16Jn	5F	78Jn	72Jr	6,8Au	5,6F

Ort und Höhe	Bewölkung		Regentage		Feuchtigkeit		Tgl. T.-Schwank.	

47. Ostaustralien. N ⟶ S

Ort und Höhe	Bewölkung		Regentage		Feuchtigkeit		Tgl. T.-Schwank.	
Mackay 6	—		23Mz	4Au	90Ma	71O	16,3O	8,1Mz
Brisbane 4	61F	33Au	17Mz	7Au	79Mz	69D	12,7Au	9,1F
Sydney 4	65F	40Au	15Mz	11S	79Ma	69D	8,9O	7,1Mz
Adelaide 4	62Jn	34F	—		77Jl	46Jr	13,8Jr	7,6Jn
Melbourne 3	68Ma	55D	14S	5Mz	82Jl	64Jr	12,4Jr	7,1Jn
Hobart 5	61N	53Jl	16S	8F	86Jl	68Jr	11,7Jr	6,1Jl

VI. Europa

B. Trockengebiete

48. Steppen am Schwarzen und Kaspischen Meer. W ⟶ O

Ort und Höhe	Bewölkung		Regentage		Feuchtigkeit		Tgl. T.-Schwank.	
Braila 3	71D	28Au	{9Ma, 9D}	5F, 5Au	84Jr	59Au	12,5Au	6,5D
Odessa 6	76Jr	32Au	{9Jn, 8D}	5Au	89Jr	61Jl	—	
Ssewastópol 2	75F	27Au	12D	5Au	75F	27Au	—	
Kertsch 0	76Jr	28Au	{7Ap, 7D}	6F, 4Jl	76Jr	28Au	—	
Lugan 5	79D	39Au	11D	6Au	79D	39Au	—	
Stawropol 56	73F	35Au	13Ma	8Au	73F	35Au	—	
Astrachan —1	75D	32Au	6D	3Au	75D	32Au	—	
Uralsk 3	73D	37Jl	11D	4Ap	73D	37Jl	—	

49. Spanische Steppen. S ⟶ N

Ort und Höhe	Bewölkung		Regentage		Feuchtigkeit		Tgl. T.-Schwank.	
Murcia 6	55Mz	26Jl	7O	2Jl	70Jr	53Jl	—	
Mancha 66	56Jr	21Jl	10Ma	2Jl	—		—	
Madrid 65	{51D, 50Ma}	19Jl	{10D, 10Ma}	3Jl	84D	46Jl	17,2Jl	8,7D
Zaragoza 19	43D	23Au	8Ma	4Jl	86Jr	72Jl	17,1Jl	10,5D
Valladolid 71	74Jr	36Au	10Ma	3Jl	92D	62Jl	19,3Au	9,4D

C. Gemäßigter Regengürtel

50. Iberische Halbinsel (Küsten). W ⟶ O

Ort und Höhe	Bewölkung		Regentage		Feuchtigkeit		Tgl. T.-Schwank.	
Lissabon 10	58D	23Jl	15Jr	2Jl	81Jr	62Jl	9,1Au	5,3D
Porto 8	67D	35Jn	15Jr	3Jl	83Jr	70Jn	9,0Au	6,6Jr
Santiago 27	68Jr	46Jl	18Jr	7Jl	85Jr	64Jn	11,7Jn	5,9Jr
Lagos 1	52D	11Jl	12D	½Jl	79D	56Jl	11,3Au	7,3Jr
Guarda 104	{66Jr, 64Ma}	32Jl	{14Jr, 13Ma}	3Jl	94Jr	62Jl	11,0Au	4,9D
San Fernando 3	54F	28Jl	11Jr	1Jl	83D	69Jl	9,4Jn	7,5N
Gibraltar 2	50Jr	18Jl	11Jr	0Jl	84D	71Jl	10,1Au	6,1Jr
Malaga 2	41Ap	10Jl	7Mz	1Jl	70Jr	60Jn	11,7Jn	8,4D

Ort und Höhe	Bewölkung		Regentage		Feuchtigkeit		Tgl. T.-Schwank.	
Granada 67	51Mz	15Jl	9Mz 9N	1Jl	86F	52Jl	—	
Bilbao 2	69D	55S	16Mz	10Au	82D	73Jl	14,4Ma	8,6D
Valencia 2	33O	14Jl	5Ma 5O	1Au	75D	68Jl	—	
Barcelona 4	56O	39Jl	7Ma 8O	4Jl 5D	73Au	66Mz	—	
Palma 2	49Jr	17Jl	—		87D	80Jl	—	

51. Italien. S ⟶ N

Ort und Höhe	Bewölkung		Regentage		Feuchtigkeit		Tgl. T.-Schwank.	
Malta 2	56D	09Jl	15D	0Jl	81F	67Jl	9,6Jl	5,3D
Catania 3	53N	13Jl	8N	1Jl	70D	50Jl	8,3Jl	6,8D
Palermo 7	64Jr	14Jl	14D	1Jl	75D	63Jl	6,5Ma	4,7D
Lecce 7	56D	14Jl	13Jr	2Jl	75D	50Jl	10,4Jn	6,2D
Neapel 15	60Ap	20Jl	14N	2Jl	73D	63Jl	8,9Jl	4,6D
Rom 5	53Ap 53D	17Jl	11Jr	3Jl	74D	53Jl	11,6Jl	7,0D
Ancona 9	59Jr	14Jl	12Mz	5Jl	79Jr	57Jl	6,3Ap	3,3Jr
Florenz 7	63D	27Jl	12D	4Jl	75D	50Jl	12,7Jl	6,1D
Genua 5	59Ma	24Au	12Mz 12O	5Jl	62D	59Jn	6,2Jl	4,7N
Bologna-Modena 8	59N	36Jl	10Mz 10O	4Jl	74D	50Jl	—	
Alessandria 10	67D	25Jl	9MzN	5Jl	88D	54Jl	10,9Jn	5,1D
Padua 3	56Ap 58N	33Au	11Ma 10O	7F 7Au	80D	59Jl	10,0Jl	5,2D
Venedig 2	57Jr	32Jl	10Ma 10O	6F 6Jl	82Jr	65Jl	—	
Turin 28	60Ap 60O	38Jl	12Ma	6Jr	82D	58Jl	9,1Jl	5,4D
Mailand 15	67Jr	32Jl	9MaN	4Jl	85D	55Jl	11,6Jl	4,7D

52. Balkanhalbinsel und Südungarn

a) Griechenland. S ⟶ N

Ort und Höhe	Bewölkung		Regentage		Feuchtigkeit		Tgl. T.-Schwank.	
Kythera 17	53Jr	06Jl	13Jr	0Jl	—		7,2Au	3,3N
Santorin 22	67D	03Jl	14D	0Au	75N	61Jl	6,9Jl	3,7D
Syra 2	66D	05Jl	14D	0Au	73D	57Jl	—	
Athen 11	59D	11Jl	13D	3Jl	75D	46Au	10,1Jl	6,1D
Janina 48	58D	14Au	15D	7Au	85D	58Jl	—	
Korfu 3	62D	11Jl	17D	1Jl	75D	64Jl	—	

b) Nördlich von 40° N. Br. O ⟶ W

Ort und Höhe	Bewölkung		Regentage		Feuchtigkeit		Tgl. T.-Schwank.	
Jalta, Krim 4	66F	22Au	9D	4Au	76F	53Jl	—	
Konstantinopel 7	69D	30Au	14D	3Jl	74D	53Jl	9,1Ma	4,4Jr
Varna 4	69D	26Au	—		81D	69Au	—	
Philippopel 16	68D	30Au	—		83D	60Au	—	
Kavala 1	62D	21Au	10F	4Au	85D	75Jl	8,3Jl	6,0D
Sofia 55	74D	34Au	13Ma	6Au	86D	62Au	13,6Au	6,0D

Ort und Höhe	Bewölkung		Regentage		Feuchtigkeit		Tgl. T.-Schwank.	
Saloniki 4	54 D	19 Au	8 D 7 Ap	3 Au	75 D	56 Jl	11,0 Jl	6,7 D
Monastir 62	67 D	28 Au	12 Ma	6 S	—		14,5 Au	6,4 D
Budapest 15	67 D	35 Au	19 Ma 12 D	8 F 8 S	87 Jr	61 Jl	—	
Fünfkirchen 16	67 D	34 Au	10 Ma	6 F	86 D	61 Au	—	
Valona 1	62 N	14 Jl	11 N	1 Jl	80 D	68 Jl	—	
Skutari 2	52 D	17 Au	11 Mz	3 Au	80 Jr	60 Au	9,1 Jl	5,2 D
Bjelašnica 207	73 F	47 Au	18 Mz	11 Au	89 Ap	80 Au	5,2 Au	3,3 Ap
Lesina 2	54 N	17 Jl	11 N	3 Jl	71 N	61 Jl	7,2 Jl	4,9 Jr
Agram 16	71 D	37 Au	13 Ma 12 O	8 F 9 S	83 N	64 Ap 65 Jl	—	
Gospić 57	70 D	30 Jl	15 D	8 Au	87 D	63 Jl	—	
Abbazia 1	54 O	28 Au	11 Ma 13 O	6 F 8 Au	84 O	72 Jl	10,2 Au	6,1 D
Triest 7	58 Ap 60 N	54 F 37 Au	11 Ma 11 O	7 F 8 Au	73 N	61 Jl	8,6 Jl	4,5 D
Pola 3	59 D	32 Jl	13 O	7 Au	80 N	71 Jl	9,8 Jl	5,6 D

53. Alpengebiet. WSW ⟶ ONO

Ort und Höhe	Bewölkung		Regentage		Feuchtigkeit		Tgl. T.-Schwank.	
Grenoble 27	63 N	40 Au	15 Ma	8 Jr	77 D	56 Ap	—	
Genf 40	85 D	49 Au	12 Ap 12 O	9 F 9 S	86 Jr	71 Au	11,7 Jl	5,4 D
Sion 54	51 Ap	41 S	10 Jl	6 F	87 Jr	63 Ap	11,6 Jl	7,5 D
Bern 57	79 D	53 Au	14 Ma	10 F	86 D	70 Jn	—	
Basel 28	75 N	52 Au	13 Jn	10 Jr	89 D	72 Jn	—	
Lugano 28	55 Ma	39 Jl	14 Ma	6 F	82 N	69 Ap	11,5 Jl	7,0 D
Altdorf 45	74 D	51 S	17 Jl	9 Jr	87 D	70 Ap	—	
Rigikulm 178	65 Jn	52 S	15 Jn	9 Jr	93 Jn	65 D	—	
Zürich 47	80 D	51 Au	15 Jl	11 Jr	86 D	70 Ma	11,8 Jl	5,0 D
Chur 61	59 Ma	47 S	14 Jl	8 Jr	90 Jr	68 Ma	—	
Säntis 250	73 Jn	53 Jr	19 Jl	13 N	86 Jn	75 Jr	5,2 Jl	3,9 N
Davos 156	57 Ma	41 Jr	16 Jl	9 Jr	83 Jr	73 Ma	12,7 Jl	9,8 D
Bregenz 41	78 D	54 Au	18 Jn	11 Jr	90 Jr	73 Ma	10,3 Ma	4,7 D
Zugspitze 296	77 Jn	53 Jr	22 Jl	12 O	90 Jl	75 N	6,2 O	4,9 N
Bozen 29	54 Ma	35 F	11 Ma	5 F	83 N	61 Ap	12,2 Jn	5,9 D
Innsbruck 60	59 Jn	49 F	17 Jl	8 F	90 Jr	69 Ap	11,6 Jn	6,6 D
Sonnblick 310	81 Jn	54 Jr	23 Ma	14 N	92 Jn	76 D	4,2 Mz	3,2 N
Salzburg 43	70 D	56 Au	19 Jn	11 Jr	87 Jr	78 Ma	—	
Laibach 29	76 N	46 Jl	14 Jn	8 F	94 Jr	77 Jl	11,7 Jl	5,3 D
Hochobir 205	64 Ma	46 F	16 Ma	8 F	92 Jr	86 S	5,7 Jl	3,8 D
Klagenfurt 44	71 N	44 Au	14 Jn	7 F	84 D	66 Ap	11,0 Jl	4,7 D
Graz 37	67 N	46 Au	15 Jn	6 F	88 D	69 Jn	10,3 Jn	5,4 D
Kremsmünster 38	79 D	51 S	18 Jn	12 F	90 N	76 Ap	9,8 Jl	4,3 D
Wien 20	74 D	45 Au	14 Jl	11 S	85 D	67 Ap	10,2 Ma	4,7 D

Ort und Höhe	Bewölkung		Regentage		Feuchtigkeit		Tgl. T.-Schwank.	
54. Süddeutschland und Böhmen. W ⟶ O								
Trier 15	80D	59Au	17D	13Ap	85D	69Ma	12,6Ma	5,3D
Straßburg 14	76D	54Au	15O	12Jr	88D	71Ap	9,7Ma	4,7D
Freiburg i. Br. 28	76D	52Au	17Ma	13F	83D	70Ma	10,4Jn	5,4D
Villingen 72	73D	52Au	—		94Jr	76Jn	12,4Jn	6,6D
Heidelberg 12	76D	50Au	16D	13S	84D	67Ap	10,2Jn	4,0D
Frankfurt a. M. 10	76D	51Au	16D	11S	86D	66Ma	10,2Jn	4,0D
Stuttgart 26	78D	56Au	15Ma	12S	86D	71Ma	9,4Ma	4,2D
Friedrichshafen 41	79D	51Au	16Jn	11F	86N	74Ma	10,4Ma	4,8D
Ulm 48	77D	50Au	17Jl	13S	85N	71Ma	11,8Ma	5,3D
Würzburg 18	80D	58S	16Jl	13S	85N	65Ma	11,4Ma	4,9D
Nürnberg 31	79D	55Au	{17Jl, 17D}	14S	88D	68Jn	10,9Jn	5,2D
Bayreuth 36	79D	60Au	{17Jl, 17D}	13S	88D	69Ma	12,6Jn	5,3D
München 53	76D	56Au	19Jl	14F	86D	65Ma	10,3Ma	5,5D
Regensburg 34	81D	56Au	15Ma	12F	89D	68Ma	12,2Jn	5,7D
Eger 46	82N	59S	16Jn	12S	92D	72Jn	—	
Passau 31	78D	55Au	16Jn	13N	87D	71Ma	10,6Ma	5,0D
Prag 20	80D	58Au	15Jn	11S	85D	65Jl	9,3Jn	2,7D
Weißwasser 30	—		17D	12S	—		11,6Au	5,6Jr
Datschitz 46	80D	46Au	12Jl	8N	90Jr	72Jn	—	
Brünn 20	70D	43Au	13Jn	9F	94Jr	74Ap	—	
55. Nord- und Mitteldeutschland. W ⟶ O								
Aachen 20	73D	59S	18Mz	14S	83D	68Ma	9,9Jn	4,8D
Kleve 5	68Jr	{54Ma, 54S}	17D	{13Ap, 13S}	92D	75Ma	10,4Ma	4,7D
Borkum 1	74D	57Ma	19O	12Jn	93Jr	80Jl	5,4Ma	3,1D
Münster 6	76D	58MaS	18D	14Jn	91D	76Ma	11,6Ma	5,0D
Neuwied 7	78D	57Au	16JnD	13ApS	86D	72Ma	10,3Ma	4,4D
Helgoland 4	84D	63Ap	19D	11Jn	90Jr	81S	5,1Ma	2,6D
Sylt 1	76D	56Ma	18O	10Jn	92Jr	80Jn	8,6Jn	3,5D
Hamburg 3	80D	60S	18O	14Jn	90D	69Ma	7,6Ma	3,5D
Göttingen 15	80D	63MaS	16Jl	13S	87D	70Ma	11,2Jn	4,3D
Schmücke, Thür. 91	78D	62Jn	20Mz	16S	—		8,2Jn	3,8D
Jena 16	72D	60Au	17Jl	14S	85D	70Ma	12,9Jn	6,2D
Magdeburg 6	73D	56S	17D	13S	87D	67Ma	11,0Jn	4,5D
Rostock 3	78D	55Ma	17D	12Jn	91D	73Ma	10,6Jn	4,4D
Leipzig 12	74D	60S	15D	12S	90D	70Jn	10,2Jn	4,3D
Berlin 4	77D	55S	16D	12JnS	87D	65Jn	11,1Jn	4,5D
Swinemünde 1	80D	55Jn	19D	13Jn	89D	74Jn	7,8Jn	3,6D
Grünberg 15	76D	53S	16D	13Ap	90D	70Jn	11,0Jn	4,3D
Schneekoppe 162	74Mz	65Jr	24D	20ApS	90O	80Jr	6,3Jl	5,5D
Breslau 15	79D	60S	16D	12S	84D	65Jn	9,8Jn	4,6D
Bromberg 4	82D	56Ma	17D	13JnS	88D	67Jn	11,0Jn	4,2D
Ratibor 20	77D	55Au	16MzD	13S	87D	73Ma	10,2Ma	4,9D

Ort und Höhe	Bewölkung		Regentage		Feuchtigkeit		Tgl. T.-Schwank.	
Danzig 0	81 D	56 Jn	15 Au D	12 Jn	87 D	73 Jn	8,3 Ma	4,2 D
Königsberg 1	82 D	56 Jn	20 D	13 Jn	89 D	71 Ma	10,6 Ma	4,2 D
Memel 1	81 D	49 Jn	18 D	10 Jn	90 D	73 Ma	9,1 Ma	4,2 D
Marggrabowa 16	83 D	56 Jn	19 D	13 S	90 N	72 Ma	11,9 Ma	4,9 D

56. Frankreich und Niederlande. S ⟶ N

Perpignan 3	56 Ap	37 Jl	8 Ma	4 Jl	76 N	62 Jl	12,6 Au	9,1 Jr
Bigorre: Pic du Midi 286	67 Ma	51 F	20 Ma	9 Jl	80 Ma	63 F	8,4 Ma	6,5 O
Bigorre: Bagnère 55	72 Ma	54 Jr	22 Ma	14 S	76 O	68 F	10,7 Au	7,7 N
Pau 21	61 Mz	38 Au	18 Ma	7 Au	77 D	65 Jl	9,5 Jl	6,6 D
Marseille 7	—		9 N	3 Jl	70 D	55 Jl	12,0 Au	8,6 D
Montpellier 4	40 Ap / 41 D	26 Jl	9 Ap / 10 N	5 Jl	81 Jr	60 Jl	14,5 Jl	8,1 D
St. Martin (Landes) 4	69 D	52 Au	19 Mz / 18 O	12 Au	82 N	75 Ma	—	
Clermont 39	70 N	50 Au	15 Ap / 13 N	11 Jr / 10 Au	78 Jr	61 Ma	—	
Puy de Dome 147	74 Ap / 70 N	58 Jr / 58 Au	21 Ap / 21 O	15 Au	90 Ap	81 Jl	—	
Bésançon 31	77 D	56 Au	18 D	14 Au	86 D	70 Ap	—	
Paris 5	71 D	50 Au	17 D	12 Au	89 D	69 Ap	—	
Brécourt 4	69 Jr	56 Au	20 N	12 Jn	86 S	81 Ma	10,0 Jl	5,6 Jr
Dieppe 10	—		16 S	11 Ma	90 D	78 Ma	8,6 Jl	4,8 Jr
Amiens 4	76 Jr	56 Ma	15 O	10 Jr	91 Jr	79 Ma	13,2 Ma	6,4 D
Brüssel 10	79 D	58 S	19 N	14 Jn	90 D	72 Ma	9,8 Jn	4,4 D
Utrecht 1	70 D	49 Ap	—		—		8,8 Jn	3,7 D

57. Britische Inseln. S ⟶ N

Guernsey 5	74 Jr	57 Ma	20 D	10 Jn	89 Jr	84 Ma	6,3 Jn	3,7 D
Falmouth 5	74 Jr	59 Ma	22 D	12 Jn	88 Jr	75 Ma	6,6 Jn	4,3 Jr
Ventnor, Wight 2	67 Jr	53 Ma	17 N	11 Jn	88 Jr	76 Ma	7,2 Ma	4,3 D
London 4	79 Jr	63 Jl	16 D	11 Jn	89 Jr	69 Jl	10,0 Jn	4,9 Jr
Lowestoft 3	74 N	61 S	18 O	11 Jn	91 Jr	75 Jl	7,9 Jl	4,9 Jr
Killarney 3	78 Jl	70 Ma	22 D	15 Jn	90 Jr	78 Ma	8,8 Ma	6,2 F
Dublin 1	70 Jl	59 O	19 Jr	15 Jn	86 Jr	73 Ma	7,5 Ma	4,9 Jr
Llandudno 2	69 N	56 Ma	18 N	12 Ma	84 Jr	72 Ma	7,4 Jl	4,6 Jr
Wakefield 3	79 N	71 Ma	16 N	11 Jn	90 Jr	76 Jn	10,0 Jn	4,9 Jr
Seathwaite 13	80 N	69 Ma	21 D	15 Jn	86 D	73 Ma	8,8 Jn	4,7 Jr
Londonderry 2	84 Au	73 Ap	23 D	17 Ma	89 D	73 Ma	9,6 Jn	5,4 Jr
Glasgow 1	—		21 D	15 Ap	85 Jr	74 Ma	10,8 Jn	4,0 Jr
Edinburgh 1	70 D	56 Ma	19 Au	14 Ma	87 N Jr	78 Jn	—	
Aberdeen 1	67 Jl	55 Ma N	—		83 O	78 Jl	—	

58. Südskandinavien. S ⟶ N

Kopenhagen 1	82 D	56 Ma	17 O	11 Ap	93 D	72 Jn	11,0 Jn	4,1 D
Karlshamn 1	79 D	49 Jn	14 O	9 F	90 D	68 Ma	11,5 Jn	5,1 D
Visby W 1	76 D	38 Jn	16 O	9 Jn	84 F	72 Ma	9,4 Ma	4,7 D

Die W

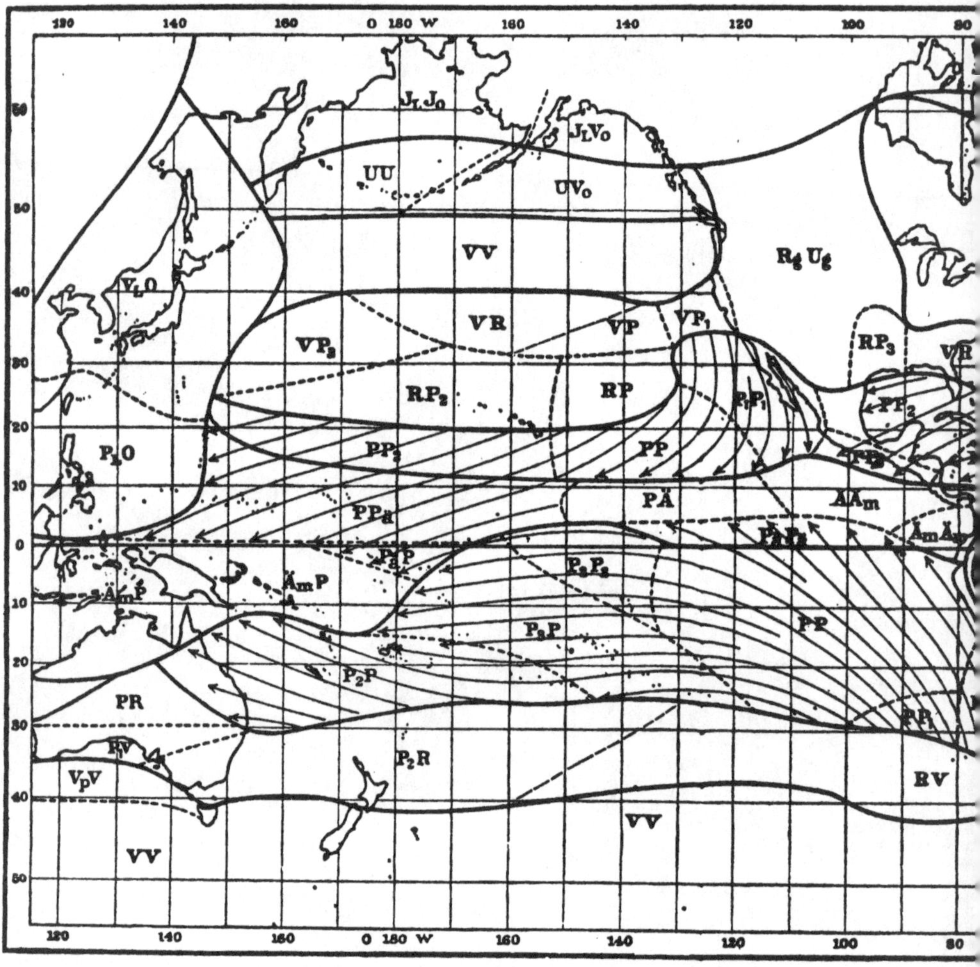

Erläuterung: *Ä* Äquatoriales Gebiet mit Windstillen und umlaufenden Winden (Mallungen).
abgelenkter Passat, von Mallungen unterbrochen. *P* Stetiger Passat, mäßig oder frisc
P_2 Passatende, aus östlicher Richtung. P_3 Desgl., noch mehr abgelenkt, mit vom Äqua
der anderen Halbkugel ohne Änderung seiner Richtung bedingt. P_L Passat aus regelrec
R Umlaufende Winde und Stillen der Roßbreiten, hoher Druck. R_g Mallungen, lokale u
Landwinde. V_0 Desgl., als sommerliche Seewinde. V_p Stetigere Winde aus polarwestlic
bestimmte (meist schwache) und Gebirgswinde, niedriger Luftdruck. *J* Jenseits der pola
vom Lande, J_0 vorwiegend vom Ozean.) *H* Hochländer, die in andere Luftdruck-Gradie

Erster Buchstabe:

Verlag von Walter de G

er Weltmeere

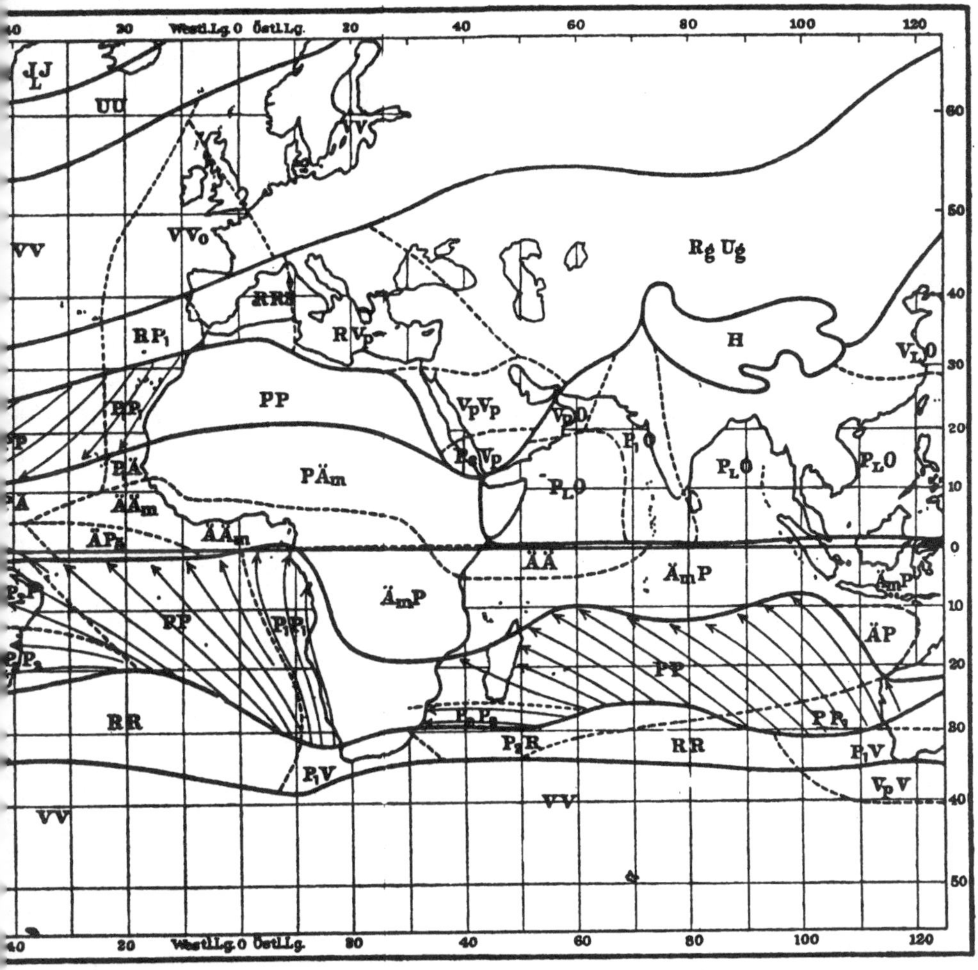

or übergetretener und entsprechend der Erdumdrehung zu einem Monsun mit Westkomponente
r nördlichen, SO auf der südlichen Halbkugel. P_1 Passatanfang, aus hochpolarer Richtung.
Komponente, schwach. $P_ä$ Ebenso abnorme Richtung, aber durch Übertritt des Passats von
zugleich winterlicher Landwind ist. *O* Sommerliche Seewinde vom Ozean (Sommermonsun).
hohem Luftdruck. *V* Veränderliche, vorwiegend westliche Winde. V_L Desgl., als winterliche
echselnde, vielfach stürmische Winde unbestimmter Richtung; niedrigster Luftdruck. U_g Un-
s Gürtels niedrigsten Druckes) liegendes Gebiet lokaler oder östlicher Winde. (J_L vorwiegend

Buchstabe: Juli

W 10 und Leipzig C 1

Ort und Höhe*	Bewölkung		Regentage		Feuchtigkeit		Tgl. T.-Schwank.	
Göteborg 1	76 D	51 Jn	17 O	10 Jn	87 Jr	65 Jn	8,1 Jn	3,9 D
Jönköping 10	82 D	52 Jn	16 Au	9 Ap	89 D	67 Jn	9,7 Jn	5,2 D
Skudenes 1	75 Jr	57 Ap	16 N	10 Jn	84 Jr	78 Ma	4,7 Ma	2,2 D
Bergen 2	74 Jr	59 Jn	17 O	11 Ap	83 Jr	71 Ma	6,0 Jn	2,6 D
Aalesund 1	69 N	61 Ap	15 N	11 Ap	82 Au	75 Ap	—	
Brönö 1	70 S	62 Ap	15 S	11 Jn	76 Au	70 Ap	4,5 Ap	2,0 D

D. Borealer Gürtel

59. Nordskandinavien. S ⟶ N

Stockholm 5	79 D	51 Jn	14 O	8 Ap	90 D	66 Jn	10,2 Jn	5,1 D
Karlstad 6	71 D	47 Jn	14 Au	8 Mz	91 D	64 Jn	11,0 Jn	5,4 N
Kristiania 3	67 D	48 Jn	15 Jl	10 Ap	87 Jr	59 Ma	9,1 Ma	3,1 D
Falun 12	69 D	52 Jn	16 Au	9 Ap	90 D	68 Jn	12,3 Jn	6,9 N
Röros 63	66 Jl	56 Mz	13 Jl	8 Ap	91 D	67 Jn	9,0 Jn	4,7 D
Hernösand 10	69 D	50 Jn	14 Au	7 Ap	90 D	67 Jn	11,0 Jn	6,9 N
Bodö 0	69 Jr	56 Jn	15 S	10 Jn	81 Au	72 Ma	—	
Karesuando 33	72 Au	54 Mz	14 Au	6 Ap	89 D	64 Jn	12,5 Ap	6,7 O
Tromsö 2	70 S	56 D	17 O	12 Ma	83 O	71 Jn	4,7 Au	2,1 D
Vardö 1	77 N	64 Mz	15 O	9 Jn	86 Jl	72 F	3,7 Jl	1,7 N

60. Osteuropa, W. von 35° O. Lg. S ⟶ N

Bukarest 8	71 D	34 Au	12 Jn	6 Au	87 D	60 Au	14,6 Au	6,6 D
Sinaia 86	67 Ma	43 Au	16 Jn	7 F	84 D	71 Ap	—	
Hermannstadt 42	64 Jr	38 S	14 Jn	8 O	87 Jr	68 Ap	—	
Klausenburg 36	—		16 Jn	7 F	90 Jr	72 Ap	—	
Kischinew 9	76 Jr	36 Au	10 Jn	6 O	84 N	65 Au	—	
Turkeve 9	72 D	35 Au	16 D	9 S	89 D	66 Jl	12,8 Jl	5,3 D
Schemnitz 62	68 N	42 Au	15 D	6 S	89 D	66 Jl	—	
Ungvar 13	73 D	41 Au	12 Jn	8 F	87 D	67 Ap	—	
Krakau 22	78 N	55 S	15 Jn	11 S	91 D	71 Jn	11,1 Jn	5,4 D
Kijew 18	80 N	47 Au	12 Jl 12 D	10 Ma 9 S	90 D	65 Ma	—	
Warschau 12	80 D	57 Au	14 Jl	11 S	89 D	68 Ma	—	
Wilna 11	86 N	56 Jn	14 Au	7 F	89 D	66 Jn	—	
Riga 1	84 N	49 Jn	15 N	10 Ap	89 N	67 Jn	—	
Dorpat 7	85 N	53 Jn	19 N	11 Ap	92 D	66 Jn	—	
Petersburg 1	84 N	50 Jn	16 N	11 Ap	89 D	65 Jn	—	
Helsingfors 1	79 N	44 Jn	19 O	12 Jn	89 N	68 Jn	—	
Kem 1	82 N	64 Jl	12 S	6 F	90 N	71 Jn	—	
Kola 1	71 O	64 F	11 Au	5 F	88 N	71 Jn	—	

61. Osteuropa, östlich von 35° O. Lg. S ⟶ N

Woronesh 15	72 D	37 Au	11 Jn 11 D	9 F 7 O	87 N	64 Ma	—	
Tambow 13	85 N	53 Jl	19 D	8 S	88 D	65 Ma	—	

Ort und Höhe	Bewölkung		Regentage		Feuchtigkeit		Tgl. T.-Schwank.	
Moskau 15	85 N	49 Jl	17 D	12 Ap	87 D	67 Ma	—	
Slatoust 41	80 N	63 Ma	17 Jl	10 Mz	87 D	65 Ma	—	
Kasan 8	85 N	56 Jl	14 D	8 Ap	87 D	64 Ma	—	
Jekaterinburg 28	79 N	60 Ap	13 Jl	5 F	83 D	61 Ma	—	
Wologda 12	85 N	59 Jn	16 N	10 Ap	89 D	67 Ma	—	
Bogoslowsk 19	67 N	53 Mz	14 Au	8 Mz	84 D	65 Ma	—	
Archangelsk 1	85 N	62 Jl	12 O	6 Ap	91 N	69 Jn	—	

VII. Polargebiete jenseits der Baumgrenze

62. Nordpolargebiet. W ⟶ O

Zoar, Labr. 1	69 Ma	49 F	12 Jl	7 F	—		—	
Nordgrönland 0	70 Jl	35 F	—		—		—	
Upernivik 1	71 O	44 Mz	13 O	5 F	—		8,0 Ap	4,1 O
Jakobshavn 1	51 O	43 F	11 N	7 Jn	—		—	
Godthaab 1	72 Jr	66 O	17 Jr	11 Jn	86 F	80 Jn	6,9 Jl	4,3 O
Ivigtut 0	69 Au	57 F	14 O	11 Jn	—		8,7 Jn	5,6 N
Danmarkshavn 0	63 Jr	32 Ap	17 Jr	3 Jl	87 D	70 S	10,4 Ap	5,7 S
Stykkisholm 1	71 Jr	57 Jl	20 Jr	12 Jl	88 Jr	82 Jn	6,0 Mz	4,7 O
Westmannö 1	66 S	59 Ma	22 Jr	15 Jl	83 S	78 Ma	6,5 Jl	5,3 O
Grimsey 0	87 N	78 Jn	16 N	8 Ma	86 S	82 Mz	5,7 Mz	4,7 O
Berufjord 2	71 Jl	63 Mz	18 D	11 Jl	82 Jl	76 Mz	7,1 Jn	4,7 O
Spitzbergen W-Küste 0	72 Jl / 75 S	52 Jr	15 O	8 Jl	84 Jl	75 Ma	8,0 F	3,1 Jl
Spitzbergen N-Küste 0	80 Jl	58 Mz	—		90 Ap	80 Jr	10,3 Ap	3,3 Jn
Nówaja Semljá 0	62 Jl	43 Ap	—		—		9,3 Ap	4,2 Jl
Franz-Joseph-Land 0	82 Jn	52 Jr	—		—		6,8 Mz	3,3 Jn
Lenamündung 0	86 S	32 Mz	11 S	1 Mz	92 Jn	84 D	10,0 Ap	3,4 S
St.-Paul-Ins. 1	—		21 S	10 Ma	—		4,8 Jn	3,0 N
Nome 1	74 Au	34 N	17 Au	6 F	—		9,9 F	5,7 O
Pt. Barrow 1	82 Au	33 Jr	8 O	3 Jl	88 Au	79 F	9,5 Mz	4,8 Jn
Nordamerikanischer Archipel, Westen 0	70 S	46 D	(5 S)	(1 F)	—		—	
Jones Sund 0	70 Au	27 Jr	15 S	6 F	—		—	
Cumberland Sd. 0	87 S	50 Jr	20 Jn	10 S	—		8,0 Ap	3,6 S

63. Südpolargebiet. W ⟶ O

W-lich von Grahamsland	92 Jr	62 Jl	24 N	16 Jl	89 Jr	79 F	9,4 Jn	2,6 Jr
O-lich von Grahamsland	90 Jr	57 Jl	—		91 Jr	75 Jn	11,2 S	2,7 Jr
Süd Orkney	94 Jr	73 Jl	30 Jl	22 S	95 S	83 Ap	10,0 Jn	2,1 Jr
Südgeorgien	77 Mz	60 Au	30 D	6 S	—		6,9 Jl	5,0 Jr
Kerguelen Gauss-Stat.	82 Au	63 Mz	31 Au	14 D	90 S	78 Ap	9,2 Jn	4,8 F
MacMurdo Sund	75 O	51 Jn	—		—		9,1 Jl	3,8 Jr
Framheim	75 O	43 N	11 D		90 Jl	73 N	—	

Ort und Höhe	Bewölkung		Regentage		Feuchtigkeit		Tgl. T.-Schwank.	

VIII. Ozeanische Inseln

64. Atlantischer Ozean. N ⟶ S

Färöer 1	83Au	74Ap	28Jr	18Jn	85Au	78Mz	5,2Ma	4,6D
Delgada, Azoren 2	51F	44Au	20Jr	9Jl	77Jr	72Ma	7,3Au	5,2Jr
Madeira 2	56D	34Au	11D	1Jl	70Jl	65Mz	5,3F	4,0Jn
Bermuda 4	69Jr	53Au	15Jr	9Jn	78Ma	72S	7,3Au	6,0Jr
Fernando Noronha 1	60Ap	19S	24Ap	6S	86Ap	76S	4,9O	3,4Jr
Ascension 2	74N	44Mz	—		—		6,7F	3,4Au
St. Helena {Jamestown 1	—		—		90Jl	66D	6,3Mz	3,3Au
St. Helena {Longwood 54	—		19Au	8D	89S	85Jr	3,7Jr	2,4Jn

65. Indischer Ozean. O ⟶ W

Sunda-I., Andaman., Ceylon s. Tab. 32—34

Christmas-Eiland 0	47Ap	27Jr	25Ap	7O	89Ap	71O	8,2Jr	6,9Jn
Mauritius 5	64Jr	49Jn	18F	10N	81Ap	68N	9,3N	6,7Ap
Madagaskar {Tamatave	46Jr	32O	20Mz	7N	87Jn	81N	11,5N	7,7Jn
Madagaskar {Nossi-Bé	83Jr	14Jn	30Jr	7Jn	83Jr	71Jl	8,1O	5,8Jr
Madagaskar {Tananarivo	77Jr	46Au	22F	13S	78F	67O	11,8N	8,4Ma

66. Stiller Ozean. N ⟶ S

Bonin-I. 0	—		17S	6Ap	84Jn	66D	6,7F	5,5Jr
Honolulu 2	52FN	40S	—		77Jr	68Au	6,7Jr	6,0Mz
Guam, Mar. 0	—		28Au	16Mz	—		6,1S	4,4Jr
Yap, Karol. 4	68Au	49F	26Jl	16Mz	86D	76Mz	4,4Mz	3,3D
Ocean-Eild. 0	50Jr	29Au	19Jr	11S	78Ap	73Au	7,4D	6,7Au
Nauru 1	54F	36O	—		83F	79O	8,8O	7,0F
Malden Eild. 1	—		10Ap	2N	—		—	
Apia 0	70Jr	45Jl	23Jr	13Jl	86F	82Au	6,7Jl	5,7Jr
Fidji {Bua 2	—		23Jr	5Jl	—		10,6N	7,1Jr
Fidji {Levuka 3	73F	56Au	22Mz	13O	81Mz	73Jl	5,6D	3,8Jn
Tahiti 1	64D	44Jl	17F	6Jl	82Mz	73O	8,1Au	6,6Ap
Tongatabu 0	—		11F	3Jl	—		10,2Jl	8,0O
Rarotonga 0	80Mz	52Au	20Jr	12Jl	87Jr	76O	6,6Jn	5,1F
Oster-I. 3	68Jn	52F	21Ap	12O	85O	80F	7,7F	5,2Jl
Auckland 8	65N	57Ap	21Jl	10Jr	82Jl	73Jr	10,6Jr	7,8Jn
Wellington 4	56Jn	48F	18Jl	9F	—		—	
Hokitika 0	62S	49Jr	19O	12F	90Jl	83Jr	7,9Au	6,4N
Christchurch 1	69Au	56O	13Jn	8F	88Jn	72D	9,7O	7,1Jn
Campbell-I. 2	—		28D	19S	—		8,0Jr	4,4Ma

Tabelle III

Alphabetisches Ortsverzeichnis

Die schrägen Ziffern bedeuten Südbreite und Westlänge

Ort	Geograph. Br.	Geograph. Lg.	Tabelle	Ort	Geograph. Br.	Geograph. Lg.	Tabelle
Aachen	50,8	6,1	55	Anchorage	61,2	*149,9*	31
Aalesund	62,5	6,2	58	Ancud	*41,8*	*73,8*	23
Abbazia	45,3	14,4	52	Andagoya	5,1	*76,9*	18
Aberdeen	57,2	*2,1*	57	Andros	37,8	24,9	52
Adana	36,8	34,8	37	Angmagsalik	65,6	*31,3*	62
Addi Ugri	14,9	38,8	7	Angra	38,6	*27,2*	64
Addis Abeba	9,0	38,2	7	Anticosti	49,4	*63,6*	30
Adelaide	*34,9*	138,6	47	Antigua	17,1	*61,8*	24
Aden	12,7	45,0	35	Antisana	*0,3*	*78,1*	19
Agra	27,2	78,1	38	Antofagasta	*23,6*	*70,4*	20
Agram	45,8	15,9	52	Aparri	18,4	121,6	33
Agulhas Kap	*34,8*	20,0	16	Aquila	42,4	13,4	51
Ain Draham	36,8	8,7	17	Archangelsk	64,6	40,5	61
Aintab	37,1	37,6	37	Arequipa	*16,4*	*71,6*	20
Ajan	56,5	138,3	55	Arica	*18,5*	*70,4*	20
Akita	39,7	140,1	40	Ascension	*7,9*	*14,4*	64
Akmolinsk	51,2	71,4	36	Aschur Ade	36,9	54,0	36
Akyab	20,5	92,9	33	Assab	13,0	42,3	10
Aland-I.	60,1	20,0	60	Assiut	27,2	31,2	10
Albany	42,6	*73,7*	30	Assuan	24,0	32,9	10
Albany	*35,0*	117,9	46	Astrachan	46,4	48,0	48
Albury	*36,1*	147,0	47	Asuncion	*25,3*	*57,7*	22
Alessandria	44,9	8,6	51	Athen	38,0	23,7	52
Alexandrien	31,2	29,9	10	Atlanta	33,8	*84,3*	27
Algier	36,8	3,1	17	Auckland	*36,8*	174,7	66
Alice Springs	*23,6*	133,6	45	Aumale	36,2	3,7	17
Aliwal North	*30,7*	26,7	15	Aus u. Kubub	*26,7*	16,3	12
Allahabad	25,4	81,9	38	Ayata	33,5	6,0	8
Allakaket	66,6	*152,7*	31				
Alpina	*23,7*	*43,0*	19	Babylon	32,5	44,4	35
Altdorf	46,9	8,6	53	Bahia	*12,6*	*38,7*	19
Alto da Serra	*23,8*	*46,3*	19	Bahia Blanca	*38,7*	*62,2*	22
Amalienstein	*33,5*	21,4	14	Bagdad	33,3	44,4	35
Amboina	*3,7*	128,2	34	Baguio	16,5	120,6	33
Amedschowe	6,8	0,5	2	Baku	40,4	49,8	37
Amiens	49,9	2,3	56	Baliburg	5,9	10,0	3
Ancona	43,6	13,5	51	Baltimore	39,3	*76,6*	27

Ort	Br.	Lg.	Tab.	Ort	Br.	Lg.	Tab.
Banana	*6,0*	12,5	4	Bodö	67,3	14,4	59
Bandeira	*14,8*	13,5	4	Bogoslowsk	59,7	60,0	61
Bangala	1,6	19,2	4	Bogota	4,6	*74,2*	18
Bangkok	13,8	100,5	33	Boisé City	43,6	*116,1*	26
Banjaluka	44,8	17,2	52	Bolivar, Ciudád	7,9	*63,9*	18
Banjuwangi	*8,2*	114,4	34	Bolobo	*2,2*	16,2	4
Banksstraße	73,7	*115,2*	62	Bologna	44,5	11,3	51
Barbacena	*21,2*	*43,8*	19	Bombay	18,9	72,8	32
Barbados	13,2	*59,6*	24	Bonin-I.	27,1	142,2	66
Barcelona	41,4	2,1	50	Boothiagolf	68,0	*89,0*	62
Barnaúl	53,3	82,8	36	Bornholm	55,3	14,6	58
Barrowstraße	74,4	*93,5*	62	Boroma	*16,0*	33,2	6
Basel	47,6	7,6	53	Boston	42,3	*71,1*	27
Batavia	*6,2*	106,8	34	Bourke	*30,0*	146,0	45
Bathurst	13,4	*16,6*	1	Bozen	46,5	11,4	53
Batna	35,5	6,2	8	Braemar	57,0	*3,4*	57
Batum	41,7	41,6	37	Braila	45,3	28,0	48
Bayreuth	50,0	11,6	54	Brakfontein	*31,8*	23,0	14
Bealey	*43,0*	171,5	66	Brazzaville	*4,3*	15,3	4
Beira	*19,8*	34,8	5	Brécourt	49,4	*1,2*	56
Belgrad	44,8	20,4	52	Bredasdorp	*34,6*	20,0	15
Belize	17,5	*88,2*	25	Bregenz	47,5	9,8	53
Bellary	15,1	76,9	32	Breslau	51,1	17,0	55
Belluno	46,1	12,2	51	Brest	48,4	*4,5*	56
Bendigo	*36,5*	145,5	47	Brisbane	*27,4*	153,0	47
Benghasi	32,1	20,0	8	Bromberg	53,1	18,0	55
Berber	18,0	34,1	10	Brönö	65,5	12,2	58
Berbera	10,4	45,0	10	Brownsville	25,9	*97,5*	28
Berlin	52,5	13,3	55	Brünn	49,2	16,6	54
Beresow	63,9	65,1	42	Brüssel	50,8	4,4	56
Bergen	60,4	5,4	58	Bua	*16,6*	178,6	66
Bermuda	32,3	*64,8*	64	Budapest	47,5	19,0	52
Bern	46,9	7,4	53	Buea	4,1	9,2	3
Berufjord	64,7	*14,2*	62	Buenos Aires	*34,6*	*58,4*	22
Bésançon	47,2	6,0	56	Buffalo	42,9	*78,9*	30
Bethanien	*26,5*	17,2	12	Buitenzorg	*6,6*	106,8	34
Bigorre, Bagn.	43,7	0,2	56	Bukarest	44,4	26,1	60
Bikanir	28,0	73,2	35	Bukoba	*1,3*	31,9	6
Bilbao	43,2	*2,9*	50	Bulawayo	*20,1*	28,7	15
Biskra	34,8	5,7	8	Buloa	*5,5*	38,7	6
Bismarck	46,8	*100,6*	30	Bunbury	*33,6*	115,6	46
Bismarckburg	8,2	0,9	2	Burgas	42,5	27,5	52
Bizerte	37,3	9,8	17	Burgos	42,3	*3,8*	50
Bjelašnica	43,7	18,3	52	Burnside	5,9	*56,4*	18
Blagowestschensk	50,2	127,6	41	Buschir	29,0	50,8	35
Bloemfontein	*29,1*	26,2	15				
Blue Hill	42,2	*71,1*	27	Caconda	*13,7*	15,0	4
Blumenau	*26,9*	*49,1*	22	Cagliari	39,5	9,0	51

Ort	Br.	Lg.	Tab.	Ort	Br.	Lg.	Tab.
Calcutta	22,5	88,4	32	Colon	9,4	*79,9*	25
Caldera	*27,1*	*70,9*	20	Conacry	*9,1*	*13,7*	1
Calgary	51,0	*114,0*	26	Concepcion	*36,8*	*73,3*	23
Callao	*12,1*	*77,3*	20	Concordia	*31,4*	*58,1*	22
Campbell-I.	*52,4*	169,1	66	Confidence	66,7	*119,0*	30
Cape Coast Castle	5,1	*1,2*	1	Constantine	36,4	6,6	17
Caracas	10,5	*66,9*	18	Constitucion	*35,6*	*72,6*	23
Carnarvon	*24,9*	113,7	44	Cooktown	*15,5*	145,3	43
Carpentaria	*17,1*	139,7	43	Coolgardie	*30,9*	121,2	44
Casablanca	33,6	*7,6*	17	Copiapó	*27,4*	*70,4*	20
Catamarca	*28,5*	*65,9*	21	Coquimbo	*29,9*	*71,3*	20
Catania	37,5	15,1	51	Córdoba Arg.	*31,4*	*64,2*	22
Cayenne	4,9	*52,4*	18	Cordoba Mex.	18,8	*96,9*	25
Ceara	*3,7*	*38,5*	19	Corrientes	*27,5*	*58,8*	22
Cetinje	42,4	18,9	52	Cosenza	39,3	16,3	51
Chabarowsk	48,5	135,1	41	Cossak	*20,7*	117,1	44
Charbin	45,7	126,7	41	Costa Cuca	14,7	*91,7*	25
Charkow	50,1	36,1	61	Cradock	*32,2*	25,6	14
Charlottetown	46,2	*63,2*	30	Crkvice	42,6	18,6	52
Charlotte Waters	*26,0*	134,1	45	Cumberlandsund	66,5	*67,1*	62
Chatam-I.	*43,9*	176,7	66	Curaçao	12,1	*68,9*	24
Cherrapunji	25,3	91,8	38	Curitiba	*25,4*	*49,2*	22
Cheyenne	41,1	*104,8*	26	Cuttack	20,5	85,9	32
Chicago	41,9	*87,6*	30	Cuyaba	*15,6*	*56,1*	19
Chihuahua	28,6	*106,5*	26	Cuzco	*13,4*	*72,0*	20
Chimax	15,5	*90,4*	25	Czernowitz	48,3	25,9	60
Chinchoxo	*5,2*	12,1	3				
Chipewyan	58,7	*111,3*	30	Dacca	23,7	90,4	32
Chos Malal	*37,5*	*69,8*	21	Dakar	14,7	*17,4*	9
Christchurch	*43,5*	172,8	66	Dalnij (Dairen)	39,0	121,6	41
Christmas-I.	*10,4*	105,7	34	Daly Waters	*16,1*	133,4	43
St. Christopher	17,3	*62,8*	24	Danzig	54,4	18,8	55
Chubut	*43,3*	*65,1*	21	Dar es Salam	*6,8*	39,3	5
Chubut, W.	*43*	*71*	23	Darjiling	27,0	88,3	38
Chur	46,9	9,5	53	Datschitz	49,1	15,4	54
Ft. Churchill	58,9	*94,2*	30	Davos	46,8	9,8	53
Cincinnati	39,1	*84,5*	28	Dawson, Klond.	64,1	*139,3*	30
Clanwilliam	*32,2*	18,9	14	Debundja	4,1	9,0	3
Clare	*33,8*	138,6	47	Delagoabai	*25,9*	32,6	5
Clermont	45,8	3,1	56	Delgada, Punta	37,7	*25,7*	64
Cleveland	41,5	*81,4*	30	Delhi	28,7	77,3	38
Cobija	*11,0*	*68,8*	19	Deniliquin	*35,5*	145,0	47
Cochabamba	*17,3*	*65,8*	22	Denver	39,7	*105,0*	26
Cochin	10,0	76,3	32	Derby	*17,3*	123,7	43
Coimbra	40,2	*8,4*	50	Derna	32,7	22,7	8
Colesberg	*30,5*	25,2	14	Diarbekir	37,9	40,4	37
Colima	19,2	*103,7*	25	Dieppe	49,9	1,1	56
Colombo	6,9	79,9	32	Disa	24,2	72,3	35

Ort	Br.	Lg.	Tab.
Djask	25,8	57,8	35
Djidda	21,5	39,2	35
Djole	*0,1*	10,9	3
Dodabetta Pik	11,4	76,7	32
Dodge City	37,7	*100,0*	28
Dominica	15,5	*61,3*	24
Doréhafen	*1,2*	134,1	43
Dorpat	58,4	26,7	60
Duala	4,0	9,7	3
Dubbo	*32,3*	148,6	47
Dublin	53,3	*6,2*	57
Due	50,8	142,1	40
Duluth	46,8	*92,1*	30
Dunedin	*45,9*	170,5	66
Dungeness Point	*52,4*	*68,4*	21
Dudinka	69,4	86,1	42
Dutch Harbor	53,9	*166,5*	29
Durban	*29,8*	30,9	15
East London	*33,0*	27,9	15
Eastport	44,9	*67,0*	30
Eden	*37,0*	150,0	47
Edinburgh	56,0	*3,2*	57
Edmonton	53,6	*113,5*	26
Eger	50,1	12,4	54
El Ducim	14,0	32,3	10
El Golea	30,5	3,1	8
El Krey	33,8	35,7	37
El Obeid	13,2	30,2	10
El Paso	31,8	*106,5*	26
Entebbe	0,0	32,5	7
Eriwan	40,2	44,5	37
Esperance	*33,8*	121,8	46
Eucla	*31,7*	128,9	44
Eureka	40,7	*124,2*	29
Evanjelistas	*52,4*	*75,1*	23
Eyre	*32,2*	126,3	44
Fakfak	*3,0*	132,3	43
Falklands-I.	*51,7*	*57,7*	64
Falmouth	50,2	*5,1*	57
Falun	60,7	15,6	59
Fanning-I.	*3,9*	*159,4*	66
Färöer	62,0	*6,7*	64
Fernando-Noronha	*4,0*	*32,5*	64
Fernando Póo	3,8	8,6	3
Finschhafen	*6,6*	147,8	43
Florenz	43,8	11,2	51

Ort	Br.	Lg.	Tab.
Foggia	41,4	15,5	51
Formosa	*26,2*	*58,1*	22
Ft. Archambault	9,2	18,5	4
Ft. Crampel	6,9	19,5	4
Ft. Johnston	*14,5*	35,3	6
Fort Lamy	12,1	15,0	9
Fort Tuli	*21,9*	29,2	13
Framheim	*78,6*	*169,6*	63
Frankfurt a. M.	50,1	8,7	54
Fredericton	45,9	*66,1*	30
Freiburg i. B.	48,0	7,8	54
Fresno	36,7	*119,8*	26
Friedrichshafen	47,6	9,5	54
Fünfkirchen (Pecs)	46,1	18,2	52
Futschou	26,1	119,6	39
Fwambo	*8,9*	31,7	6
Gabes	33,9	10,1	8
Gabunmündung	0,4	9,6	3
Galera, Punta	*40,0*	*73,7*	23
Gallegos	*51,6*	*69,3*	21
Galveston	29,3	*94,8*	28
Gamboa	9,2	*79,8*	25
Gastein	47,1	13,1	35
Gauss-Station	*66,0*	89,6	63
Gaza	31,5	34,4	37
Gedong Djohor	3,5	98,7	33
Genf	46,2	6,2	53
Genua	44,4	8,6	51
Geraldton	*28,8*	114,6	46
Geryville	33,8	1,2	8
Georgetown	6,8	*58,1*	18
Ghardaia	32,6	4,0	8
Gibeon	*25,1*	17,8	12
Gibraltar	36,1	*5,4*	50
Gilbert-I.	2,8	173,2	66
Gjesvär	71,1	25,4	59
Glasgow	55,9	*4,3*	57
Gobabis	*22,4*	19,0	12
Gochas	*24,8*	18,9	12
Godthaab	64,2	*51,8*	62
Goldküste	5,3	*0,7*	1
Gondar	12,6	37,5	7
Good Hope	66,3	*128,4*	30
Gorée	14,7	*17,4*	9
Gospič	44,6	15,4	52
Göteborg	57,7	12,0	58
Göttingen	51,5	9,9	55

Ort	Br.	Lg.	Tab.	Ort	Br.	Lg.	Tab.
Goulburn	*34,7*	149,7	47	Hobart	*42,9*	147,3	47
Goya	*29,1*	*59,3*	22	Hochobir	46,5	14,5	53
Graaff Reinet	*32,3*	24,5	14	Hoffental	55,4	*60,2*	62
Grahamstown	*33,3*	26,5	15	Hokitika	*42,7*	171,0	66
Granada	37,2	*3,6*	50	Hongkong	22,3	114,2	39
Grand Bassam	5,4	*3,7*	1	Honolulu	21,3	*157,9*	66
Grandhaven	43,1	*86,2*	30	Hué	16,5	107,6	33
Graz	47,1	15,5	53	Huesca	42,1	*0,4*	50
Grenoble	45,2	5,7	53	Huilla	*15,2*	13,5	4
Greytown	11,0	*83,7*	25	Humahuaca	*23,2*	*65,3*	21
Grimsey	66,6	*18,1*	62	Hungerford	*29,0*	144,5	45
Groningen	53,2	6,6	56	Husseinabad	30,9	61,4	35
Grünberg	51,9	15,5	55	Hyderabad	25,4	68,5	35
Guadeloupe	16,2	*61,5*	24				
Guam	13,6	144,7	66	Ifren	32,0	12,5	8
Guarda	40,4	*7,2*	50	Iguapé	*24,7*	*47,5*	22
Guatemala	14,7	*90,4*	25	Indianapolis	39,8	*86,2*	28
Guernsey	49,5	*2,5*	57	Indore	18,6	78,1	38
				Innsbruck	47,3	11,4	53
Habana	23,1	*82,5*	24	In Salah	27,3	2,8	8
Haifa	32,6	35,0	37	Iquique	*20,2*	*70,2*	20
Haiphong	21,0	106,1	33	Iquitos	*3,7*	*73,1*	19
Hakodate	41,3	140,7	40	Irgis	48,6	61,3	36
Halifax	44,6	*63,6*	30	Irkutsk	52,3	104,4	42
Halls Creek	*18,2*	127,8	44	Isla Mocha	*38,3*	*74,0*	23
Hamburg	53,6	10,0	55	Ispahan	32,6	51,6	35
Hamelin Pool	*26,4*	114,2	44	Itacurubi	*24,4*	*57,0*	22
Hankau	30,5	114,3	39	Ivigtut	61,2	*48,2*	62
Haparanda	65,8	24,1	59				
Harrar	9,7	42,5	7	Jabalpur	23,1	80,0	38
Hasuur	*26,6*	19,8	12	Jacksonville	30,3	*81,6*	27
Hatteras	35,2	*75,7*	27	Jafa	32,1	34,8	37
Hatzfeldhafen	*4,6*	145,2	43	Jakandonga	*20,7*	16,3	12
Hawaii	19,5	*155,5*	66	Jakobabad	28,3	68,5	35
Hay	*34,5*	144,9	45	Jakobshavn	69,2	*50,9*	62
Hebriden, Neue	*19,5*	170	66	Jakutsk	62,0	129,7	41
Hebron	58,2	*62,4*	62	Jalapa	19,5	*96,9*	25
Heidelberg	49,4	8,7	54	Jalta	44,5	34,2	52
Helena	46,6	*112,0*	26	Jaluit	5,9	169,7	66
Helgoland	54,2	7,8	55	Jamaica	18,0	*76,8*	24
Helsingfors	60,2	24,9	60	Jamestown	*15,9*	*5,7*	64
Herbertshöhe	*4,3*	152,4	43	Janina	39,8	20,9	52
Hermannstadt	45,8	24,1	60	Jaunde	3,8	11,6	3
Herning	56,1	9,0	58	Jekaterinburg	56,8	60,6	61
Hernösand	62,6	17,9	59	Jelisawetgrad	48,5	32,3	48
Herschel-I.	69,4	*139,2*	62	Jelisawetpol	40,7	46,3	37
Hiroshima	34,4	132,4	40	Jena	50,9	11,6	55
Hoachanas	*23,9*	18,1	12	Jenisseijsk	58,4	92,1	42

Ort	Br.	Lg.	Tab.	Ort	Br.	Lg.	Tab.
Jerusalem	31,8	35,2	37	Kem	64,9	34,6	60
Jesselton	6,0	116,1	33	Kenhart	*29,3*	21,1	13
Johannesburg	*26,2*	28,1	15	Keokuk	40,4	*91,4*	30
Joinville	*26,3*	*49,7*	22	Keren	15,8	38,5	7
Jonessund	76,6	*87,1*	62	Kerguelen	*49,4*	69,9	63
Jönköping	57,8	14,2	58	Kerki	37,8	65,2	36
Juan Fernandez	*33,6*	*78,8*	23	Kertsch	45,4	36,5	48
Juby, Kap	27,9	*13,0*	8	Key West	24,7	*81,8*	27
Juiz de Fora	*21,8*	*43,3*	19	Kharput	38,6	39,3	37
Juneau	58,3	*134,4*	29	Khartum	15,6	32,6	10
Jünnan	25,1	102,7	39	Kijew	50,4	30,5	60
Jupiter	26,9	*80,1*	27	Kikuyu	*1,2*	36,7	6
Jüväskylä	62,2	25,7	60	Killarney	52,0	*9,5*	57
				Kilossa	*6,8*	37,0	6
Kabul	34,5	69,3	35	Kilung	25,1	121,8	40
Kagoshima	31,6	130,6	40	Kimberley	*28,7*	24,8	13
Kairo	30,1	31,3	10	Kioto	35,0	135,8	40
Kairuan	35,7	10,1	8	Kischinew	47,0	28,9	60
Kajana	64,2	27,8	60	Kismayu	*0,4*	42,6	10
Kalomo	*17,0*	26,7	15	Kissidugu	9,2	*10,1*	2
Kanagawa	43,8	142,4	40	Kiukiang	29,7	116,1	39
Kamloops	50,7	*120,5*	26	Kjachta	50,3	106,6	36
Kamyschin	50,1	45,4	48	Klagenfurt	46,6	14,3	53
Kanazawa	36,6	136,7	40	Klausenburg	46,7	23,6	60
Kanea	35,5	34,5	52	Kleve	51,8	6,1	55
Kap Adare	*71,3*	170,1	63	Kodiak-I.	57,8	*153,3*	29
Kap Borda	*35,7*	136,6	47	Kola	68,9	33,0	60
Kap Northumberland	*38,1*	140,7	47	Königsberg	54,7	20,5	55
				Konstantinopel	41,0	28,5	52
Kapstadt	*33,9*	18,5	16	Kopenhagen	55,7	12,6	58
Kap York	*10,6*	142,2	43	Korfu	39,6	19,6	52
Karachi	24,8	67,1	35	Korsakow	46,6	142,8	40
Karesuando	68,4	22,5	59	Kosseir	26,1	34,2	10
Karlshamm	56,2	14,9	58	Krakau	50,1	19,9	60
Karlstad	59,4	13,5	59	Krasnojarsk	56,0	92,8	42
Karmakuly	72,4	52,7	62	Krasnowodsk	40,0	53,0	36
Kars	40,6	43,1	37	Kremsmünster	48,1	14,1	53
Kasalinsk	45,8	62,1	36	Kristiania	59,9	10,7	59
Kasan	55,8	49,1	61	Kroonstadt	*27,7*	27,3	15
Kasanlyk	42,6	23,1	52	Kuibis	*26,7*	16,9	12
Kaschgar	39,4	76,1	36	Kuka	13,0	13,4	9
Kassala	15,5	36,4	10	Kupang	*10,2*	123,6	34
Katanga	*11,7*	27,5	4	Kursk	51,7	36,1	61
Kavala	40,9	24,5	52	Kury	12,1	*2,8*	2
Kayes	14,4	*11,6*	2	Kwai	*4,7*	38,3	6
Keetmanshoop	*26,6*	18,3	12	Kyrene	32,7	21,9	8
Keeling-I.	*12,1*	96,9	65	Kyrenia	35,3	33,3	37
Kelat	28,9	66,5	35	Kythera	36,1	23,0	52

Ort	Br.	Lg.	Tab.	Ort	Br.	Lg.	Tab.
Labé	11,3	*12,3*	2	Luluaburg	*5,9*	22,8	4
La Calle	36,9	8,4	16	Lydenburg	*25,1*	30,4	15
La Carlota	10,4	123,0	33	Lynchburg	37,4	*79,1*	27
Ladó	5,0	31,7	7	Lyon	45,7	4,8	56
Laghuat	33,8	2,9	8				
Lagos Afr.	6,4	*3,4*	1	Mackay	*21,2*	149,1	47
Lagos Port.	37,1	*8,6*	50	MacMurdo-Sund	*77,9*	166,7	63
La Guayra	10,6	*67,1*	18	Macpherson	67,5	*134,5*	30
Laguna	28,5	*16,3*	17	Madeira	32,5	*16,9*	64
Lahat	*3,8*	103,6	34	Madras	13,1	80,2	32
Lahore	31,6	74,3	35	Madrid	40,4	*3,7*	49
Laibach	46,1	14,5	53	Madura	9,9	78,2	32
La Paz	*16,5*	*68,2*	22	Mafeking	*25,8*	25,6	15
La Quiaca	*22,2*	*65,6*	21	Magdala	11,4	39,4	7
Lärdal	61,1	7,5	58	Magdeburg	52,1	11,6	55
La Rioja	*29,3*	*67,2*	21	Mahabaleshwar	18,0	73,7	32
Larnaka	34,9	33,6	37	Mahon	39,9	4,3	50
Las Animas	38,1	*103,2*	26	Mailand	45,5	9,2	51
Las Palmas	28,1	*15,7*	17	Malacca	2,2	102,2	33
Lauderdale	*16,0*	35,6	6	Malaga	36,7	*3,9*	50
Laurie-I. (Süd-Orkneys)	*60,7*	*44,8*	63	Malden-I.	*4,0*	*155,0*	66
				Malindi	*3,1*	40,1	5
Lecce	40,4	18,2	51	Malmesbury	*33,5*	18,4	16
Leh	34,2	77,7	35	Malta	35,9	14,5	51
Leipzig	51,3	12,4	55	Mamba	*3,3*	37,4	6
Lemberg	49,8	24,0	60	Manaos	*3,1*	*60,0*	19
Leon	21,1	*101,4*	25	Mancha	39,0	*2,9*	49
Lesina	43,2	16,4	52	Mandal	58,0	7,4	58
Levuka	*17,7*	178,8	66	Mangalore	12,9	74,9	32
Lima	*12,1*	*77,0*	20	Mangarewa	*23,1*	*135,0*	66
Limay	*39,0*	*68,0*	21	Manila	14,6	121,0	33
Lindi	*10,0*	39,7	5	Manokwari	*0,9*	134,3	43
Lissabon	38,7	*9,1*	50	Manow	*9,3*	33,9	6
Little Rock	34,8	*92,3*	28	Maracaibo	10,6	*71,6*	18
Livorno	43,6	10,3	51	Margelan	40,5	71,7	36
Llandudno	53,4	*4,1*	57	Marggrabowa	54,0	22,5	55
Loanda	*8,8*	13,2	11	Marrakesch	31,6	*8,0*	8
London	51,5	0,0	57	Marseille	43,3	5,4	56
Londonderry	55,0	*7,4*	57	Martinique	14,7	*61,1*	24
Longwood	*16,0*	*5,7*	64	Maskat	23,6	58,6	35
Lord Howe-I.	*31,5*	159,1	66	Massaua	15,6	39,4	10
Los Angeles	34,0	*118,2*	29	Masulipatam	16,1	81,2	32
Lowestoft	52,5	1,8	57	Maui	20,8	*156,5*	66
St. Lawrence-I.	63,4	*171,7*	62	Mauritius	*20,1*	57,6	65
Lüderitzbucht	*26,6*	15,2	11	Mazatlan	23,2	*106,4*	25
Lugan	48,6	39,3	48	Medellin	6,2	*75,8*	18
Lugano	46,0	8,9	53	Melbourne	*37,8*	145,0	47
Luktschun	42,7	89,7	36	Memel	55,7	21,1	55

Ort	Br.	Lg.	Tab.	Ort	Br.	Lg.	Tab.
Menado	1,5	124,8	33b	Murcia	38,0	*0,6*	49
Mendoza	*32,9*	*68,8*	21	Mysore	12,3	76,2	32
Merauke	*8,5*	140,4	43	Myssowaja	51,7	105,9	42
Mercedes	*33,2*	*57,8*	22				
Mérida, Mex.	20,9	*89,6*	25				
Merida, Venez.	8,6	*71,1*	18	Nagasaki	32,7	129,9	40
Mersifun	40,9	35,5	37	Nagpur	21,1	79,2	32
Meschhed	36,2	59,6	36	Naha	26,2	127,7	40
Mesen	65,8	44,3	61	Nantes	47,2	*1,6*	56
Mexico	19,4	*99,1*	25	Nantucket	41,3	*70,1*	27
Mezere	38,6	39,4	37	Naos, Panama	8,9	*79,5*	25
Miles City	46,4	*105,8*	26	Napier	*39,5*	176,9	66
Milwaukee	43,0	*87,9*	30	Narrabri	*30,3*	149,8	47
Minahassa	1,3	124,8	33	Narynsk	41,4	76,0	36
Misahöhe	6,9	0,7	2	Nashville	36,1	*86,8*	28
Mischicha	51,5	105,9	42	Nassau, Bah.	25,1	*77,4*	24
Mistigipfel	*16,3*	*71,4*	20	Nazareth	32,7	35,3	37
Mitau	56,6	23,7	60	Nauru	*0,5*	166,9	66
Mobaye	5,3	21,4	4	Ndálla Tando	*9,2*	15,4	4
Mogador	31,5	*9,8*	8	N'Djole	*0,1*	10,9	3
Mohoro	*8,4*	39,3	5	Neapel	40,9	14,2	51
Mollendo	*17,1*	*73,0*	20	Nels Poort	*32,2*	23,1	14
Molopolole	*24,6*	25,7	13	Nemuro	43,3	145,6	40
Mombasa	*3,9*	39,7	5	Nertschinsk Hw.	51,3	119,6	41
Monach	57,5	*7,7*	57	Neu Freiburg	*22,3*	*42,5*	19
Monastir	41,0	21,4	52	Neujahrs-Eild.	*54,6*	*64,2*	23
Mongalla	5,2	31,8	7	Neuquen, W	*38*	*70*	23
Mongonui	*35,0*	173,5	66	Neuwied	50,4	7,5	55
Monte Café	0,3	6,6	3	Newara Eliya	6,8	80,8	32
Montevideo	*34,9*	*56,2*	22	New Orleans	30,0	*90,1*	28
Montpellier	43,6	3,9	56	New York	40,7	*74,0*	27
Montreal	45,5	*73,6*	30	Niamey	13,5	2,2	9
Montreux	46,4	6,9	53	Niger-Münd.	4,3	*6,3*	1
Mt. Ventoux	44,2	5,3	53	Niigata	37,9	139,0	40
Moose Fact.	51,2	*80,7*	30	Nikolajewsk	53,1	140,1	41
Mopeia	*18,0*	35,7	5	Nikosia	35,2	33,3	37
Moschi	*3,3*	37,4	6	Niutschwang	41,0	122,5	41
Moskau	55,8	37,7	61	Nizza	43,7	7,3	53
Mosselbai	*34,2*	22,2	16	Nkata	*11,6*	34,3	6
Mostar	43,3	17,7	52	Nome	64,5	*165,4*	62
Mosul	36,4	43,2	35	Norfolk	36,9	*76,3*	27
Mount Abu	24,6	72,8	35	Norfolk-I.	*29,1*	168,0	66
Mozambique	*15,0*	40,7	5	North Platte	41,1	*100,7*	30
Muanza	*2,5*	32,8	6	Norway House	54,0	*97,9*	30
Mukden	42,0	123,7	41	Nossi-Bé	*13,4*	48,2	65
Multan	30,2	71,5	35	Noumea	*22,3*	166,6	66
München	48,2	11,6	54	Noworossijsk	44,7	37,8	37
Münster	52,0	7,6	55	Nukuss	42,4	59,6	36

Ort	Br.	Lg.	Tab.
Nullagine	*21,9*	120,1	44
Nürnberg	49,4	11,1	54
Oamaru	*45,1*	171,0	66
Oaxaca	17,0	*96,6*	25
Obdorsk	66,5	66,6	42
Ocean-Eiland	*0,5*	169,5	66
Ochotsk	59,3	143,3	41
Odessa	46,5	30,7	48
Okaukuejo	*19,1*	15,9	12
Oklahoma	35,4	*97,5*	28
Olekminsk	60,4	120,4	41
Olifant Münd.	*31,7*	18,2	11
Ollaguë	*21,2*	*68,3*	20
Olukonda	*18,0*	16,2	12
Omaha	41,3	*95,9*	30
Omaruru	*21,4*	16,0	12
Omsk	*55,0*	73,3	36
Onslow	*21,7*	114,2	44
Oran	35,7	*0,6*	17
Orenburg	51,8	55,1	48
Orkney	58,9	*2,7*	57
Orotava	28,4	*16,6*	17
Oruro	*18,1*	*67,2*	22
Oster-Ins.	*27,1*	*109,3*	66
Otavi	*19,6*	17,4	12
Oviedo	43,5	*5,9*	50
Padua	45,4	11,9	51
Palau-I.	7,3	134,6	66
Palermo	38,1	13,3	51
Palestine	31,7	*95,7*	28
Palma	39,6	2,6	50
Pamirskij Post	38,2	74,0	36
Papho	34,7	32,4	37
Papiti	*17,5*	*149,6*	66
Para	*1,4*	*48,5*	19
Paramaribo	5,8	*55,8*	18
Paraná	*31,7*	*60,3*	22
Paris	48,8	2,5	56
Passau	48,6	13,5	54
Pasuruan	*7,6*	112,9	34
Patagones	*40,8*	*63,0*	21
Patna	25,6	85,2	38
Patras	38,2	21,7	52
Pau	43,3	*0,4*	56
St. Pauls-I.	57,2	*170,2*	62
Peak Hill	*25,6*	118,8	44
Peking	39,9	116,5	39
Pelagosa	42,5	16,3	52
Pella	*29,0*	19,2	12
Pelotas	*31,8*	*52,3*	22
Pemba-Ins.	*5,2*	39,8	5
Penang	5,4	100,3	33
Perim-I.	12,4	43,4	10
Pernambuco	*8,1*	*34,8*	19
Perpignan	42,7	2,9	56
Perth	*31,9*	115,9	46
Peshawar	34,0	71,6	35
Petersburg	59,9	30,3	60
Petropawlowsk	53,0	158,8	41
Philadelphia	39,9	*75,1*	27
Philippolis	*30,2*	25,3	13
Philippopel	42,2	24,4	52
Phoenix	33,6	*112,0*	26
Pic du Midi	43,0	0,1	56
Pietermaritzburg	*29,5*	30,8	15
Pikes Peak	38,8	*105,0*	26
Pilciao	*27,6*	*66,5*	21
Pilgrims Rest	*24,9*	30,7	15
Pittsburg	40,5	*80,0*	27
Piura (Payta)	*5,1*	*81,0*	20
Plevna	43,4	22,2	52
Point Barrow	71,4	*156,3*	62
Pola	44,9	13,9	52
Ponape	7,0	158,3	66
Poona	18,5	73,9	32
Port Arthur, Ont.	48,5	*86,2*	30
Pt. Augusta	*32,5*	137,7	45
Port au Prince	18,6	*72,3*	24
Port Blair	11,7	92,7	33
Pt. Darwin	*12,5*	130,8	43
Port Elisabeth	*34,0*	25,6	15
Portland, Or.	45,5	*122,7*	29
Pt. Macquarie	*31,4*	152,9	47
Pt. Nolloth	*29,2*	16,8	11
Porto	41,1	*8,6*	50
Porto Alegre	*30,0*	*51,2*	22
Pt. Moresby	*9,5*	147,2	43
Porto Novo	6,5	*2,7*	1
Portorico	18,5	*66,1*	24
Port Said	31,3	32,3	10
Port Simpson	54,6	*130,4*	29
Powells Creek	*18,1*	133,1	45
Prag	50,1	14,4	54
Praia	14,9	*23,5*	9
Pretoria	*25,8*	28,2	15

Ort	Br.	Lg.	Tab.
Prieska	*29,6*	22,8	13
Prinz Albert	53,2	*106,0*	26
Prshewalsk	42,5	78,4	36
Puebla	19,0	*98,2*	25
Puerto Montt	*41,5*	*73,0*	23
Punta Arenas	*53,2*	*70,9*	23
Puy de Dome	45,8	3,0	56
Qara Valu	*17,0*	179,9	66
Qu'Apelle	50,5	*103,8*	26
Queenstown	*31,9*	26,9	15
Quebec	46,8	*71,2*	30
Quetta	30,2	67,0	35
Quezaltenango	14,9	*91,5*	25
Quito	*0,2*	*78,5*	19
Quixeramobim	*5,3*	*39,2*	19
Rangun	16,8	96,2	33
Ranikhet	29,6	79,4	38
Rarotonga	*21,2*	*159,8*	66
Ratibor	50,1	18,2	55
Ravenswood	*20,3*	146,8	43
Rawalpindi	33,6	73,1	38
Red Bluff	40,2	*122,2*	29
Regensburg	49,0	12,1	54
Rehoboth	*23,3*	17,1	12
Réunion	*20,8*	55,2	65
Riga	56,9	24,1	60
Rigikulm	47,1	8,6	53
Rio Claro	*22,4*	*47,6*	22
Rio Cuarto	*33,1*	*64,3*	22
Rio Grande da Sul	*32,0*	*52,0*	22
Rio Janeiro	*22,9*	*43,3*	19
Riva	45,9	10,8	51
Rodriguez	*19,8*	63,2	65
Rom	41,9	12,5	51
Röros	62,6	11,4	59
Rosario	*32,9*	*60,6*	22
Rostock	54,1	12,1	55
Rottnest Isl.	*32,0*	115,6	46
Sacramento	38,6	*121,5*	29
Safi	32,3	*9,2*	17
Saigon	10,8	106,7	33
St. Johns NF	47,6	*52,7*	30
Ste. Croix	*1,6*	10,6	3
St. Louis	38,6	*90,2*	28
St. Louis Sen.	16,0	*16,5*	9
St. Malo	48,6	*2,0*	56
St.MartindeHinx	43,6	*1,3*	56
St. Michael	63,5	*162,1*	62
St. Paul	44,9	*93,1*	30
Saipan	15,2	145,7	66
Salaga	8,6	*0,3*	2
Salamanca	41,0	*5,7*	49
Salisbury	*17,8*	31,1	15
Saloniki	40,6	23,1	52
Salta	*24,8*	*65,4*	22
Saltillo	25,4	*101,0*	26
Salt Lake City	40,8	*111,9*	26
Salzburg	47,8	13,0	53
Samanabai	19,2	*69,6*	24
Samara	53,2	50,1	48
Samarkand	39,6	66,9	36
Samoa	*13,8*	171,7	66
Samsun	41,3	36,3	37
San Antonio	29,4	*98,5*	28
Sandakan	5,8	118,1	33
San Diego	32,7	*117,2*	26
San Fernando	36,5	*6,2*	50
San Francisco	37,8	*122,4*	29
San Jorge	*32,7*	*56,1*	22
San José, C. R.	9,9	*84,1*	25
San Juan	*31,5*	*68,5*	21
San Luis	*33,3*	*66,3*	21
San Luis Potosi	22,1	*101,0*	26
San Salvador	13,7	*89,1*	25
San Salvador	*6,3*	14,9	4
Sansane-Mangu	10,4	0,5	2
Sansibar	*6,2*	39,3	5
Santa Cruz, Ant.	17,7	*64,7*	24
Santa Cruz, Pat.	*50,0*	*68,5*	21
Santa Cruz, Ten.	28,5	*16,3*	17
Santa Fé	35,7	*106,0*	26
Santiago	42,9	*8,6*	50
Santiago	*33,5*	*70,7*	20
Santiago del Estero	*27,8*	*64,3*	21
Säntis	47,2	9,4	53
Santorin	36,4	25,4	52
Santos	*23,9*	*46,3*	19
San Vincent	16,9	*25,1*	9
Sao Paulo	*23,6*	*46,6*	19
Sao Thomé	0,3	6,7	3
Sapporo	43,1	141,4	40
Sarajewo	43,9	18,4	52

Ort	Br.	Lg.	Tab.
Savannah	32,1	*81,1*	27
Schemnitz	48,5	18,9	60
Schmücke	50,7	10,8	55
Schneekoppe	50,7	15,7	55
Schott Djerid	33,9	8,0	8
Seathwaite	54,5	*3,2*	57
Seattle	47,6	*122,3*	29
16. de Octubre	*43,1*	*71,3*	21
Semenow. Bergw.	64,0	132,0	55
Semipalatinsk	50,4	80,2	36
Serra Estrella	40,4	*7,6*	50
Sevilla	37,4	*6,0*	50
Sewastopol	44,6	33,5	48
Seychellen	*4,7*	55,4	65
Shetlands	59,9	*1,3*	57
Shirati	*1,1*	34,0	6
Sialkot	32,5	74,6	38
Sibsagar	27,0	94,7	38
Sierra Leone	8,5	*13,1*	1
Simla	31,1	77,2	38
Simonstown	*34,2*	18,4	16
Simpson, Ft.	62,2	*121,3*	30
Sinaia	45,3	25,6	60
Singapore	1,2	103,5	33
Singkel	2,8	97,7	33
Sion	46,2	7,4	53
Sioux City	42,5	*96,4*	30
Sitka	57,0	*135,3*	29
Skagen	57,7	10,6	58
Skomvär	67,4	11,9	58
Skudenes	59,1	5,3	58
Skutari	42,1	19,5	52
Slatoust	55,2	59,7	61
Smyrna	38,4	27,0	37
Sofia	42,7	23,3	52
Sonnblick	47,1	12,9	53
Sousse	35,8	10,7	8
Southland	46,3	168,3	66
Sparta	37,1	22,4	52
Spartel-Kap	35,8	*5,9*	17
Spokane	47,7	*117,4*	29
Springbok	*29,7*	17,9	12
Srednekolymsk	67,2	157,2	41
Srinagar	34,1	74,9	38
Ssiwantse	41,0	115,3	36
Ssuchúm	43,0	41,0	37
Staten-Eild.	*54,7*	*64,3*	23
Stawropol	45,1	42,0	48
Stenkjär	64,0	11,5	59
Stephansort	*5,5*	145,7	43
Stockholm	59,4	18,6	59
Strangway Springs	*29,2*	136,6	45
Straßburg	48,6	7,7	54
Stuttgart	48,8	9,2	54
Stykkisholm	65,1	*22,8*	62
Suakin	19,1	37,3	10
Sucre	*19,1*	*65,4*	22
Südgeorgien	*54,2*	*36,6*	63
Süd Orkney (Laurie-I.)	*60,7*	*44,8*	63
Sulina	45,1	29,7	48
Surat	21,2	72,8	32
Sutherland	*32,4*	20,7	14
Swakopmund	*22,7*	14,5	11
Swinemünde	53,9	14,2	55
Sydney	*33,8*	151,2	47
Sylt	54,9	8,3	55
Syra	37,5	24,9	52
Szegedin	46,2	20,1	52
Tabora	*5,0*	32,9	6
Tacubaya	19,4	*99,2*	25
Tahiti	*17,5*	*149,6*	66
Taihoku	25,0	121,5	40
Tamatave	*18,2*	49,5	65
Tambow	52,7	41,5	61
Tananarivo	*18,9*	47,5	65
Tandil	*37,3*	*59,1*	22
Tanga	*5,1*	39,1	5
Tanger	35,8	*5,8*	17
Tara	56,9	74,3	42
Taschkent	41,3	69,3	36
Tati	*21,5*	27,8	15
Tatoosh-I.	48,4	*124,8*	29
Tatuhy	*23,4*	*47,7*	22
Tavoy	14,0	98,2	33
Teheran	35,7	51,4	35
Temirchanschurá	42,8	47,1	37
Tiberias	32,8	35,6	37
Tiflis	41,7	44,8	37
Timbo	10,7	*11,6*	2
Timbuktu	16,7	*2,8*	9
Tlemcen	34,9	*1,3*	17
Toba	2,5	99	33

Ort	Br.	Lg.	Tab.
Tobolsk	58,2	68,2	42
Togoküste	6,2	1,5	1
Tokio	35,7	139,7	40
Tomsk	56,5	85,0	42
Tongatabu	*21,1*	*175,2*	66
Toronto	43,6	*79,4*	30
Tosamaganga	*7,9*	35,5	6
Tosari	*7,9*	112,9	34
Toulouse	43,6	1,4	56
Tovar	10,4	*67,3*	18
Trapezunt	41,0	39,8	37
Trenque Lauquen	*36,0*	*62,3*	22
Trier	49,7	6,6	54
Triest	45,6	13,8	52
Trikkala	39,6	21,8	52
Trinidad	10,6	*61,5*	24
Trinkomali	8,5	81,2	32
Tripoli	32,9	13,2	8
Tromsö	69,7	19,0	59
Trujillo	*8,1*	*79,1*	20
Tsaidam	36,2	97,4	35
Tschemulpo	37,5	126,6	40
Tschöngtu	30,7	106,2	39
Tschungking	29,6	106,9	39
Tsingtau	36,1	120,3	39
Tucuman	*26,8*	*65,2*	22
Tuli. Fort	*21,9*	29,4	13
Tunis	36,8	10,2	8
Turin	45,1	7,7	51
Turkestan	43,3	68,3	36
Turkeve	47,1	20,7	60
Turuchansk	65,9	87,6	42
Tuxpan	21,0	*97,3*	25
Uberaba	*19,8*	*47,9*	19
Ulm	48,4	10,0	54
Umtata	*31,6*	28,8	15
Ungvar	48,6	22,3	60
Upernivik	72,8	*55,9*	62
Uralsk	51,2	51,4	48
Urfa	37,2	38,8	35
Urga	47,9	106,8	36
Urumtsi	44,0	87,2	36
Ushuaia	*54,9*	*68,2*	23
Uspallata	*32,5*	*69,0*	21
Ustsysolsk	61,7	50,9	61
Utakamand	11,4	76,8	32
Utrecht	52,1	5,2	56
Uyelang	9,7	161,1	66
Užice	43,9	19,8	52
Valdivia	*39,8*	*73,3*	23
Valencia	39,5	*0,4*	50
Valladolid	41,6	*4,7*	49
Valona	40,9	19,5	52
Valparaiso	*33,2*	*71,6*	23
Vardö	70,4	31,1	59
Varna	43,2	25,6	52
Venedig	45,4	12,3	51
Ventnor	50,6	*1,2*	57
Veracruz	19,2	*96,1*	25
Vicksburg	32,4	*90,8*	28
Viedma	*40,8*	*63,0*	21
Villa Carlotta	45,9	9,2	51
Villingen	48,0	8,3	54
Vincocaya	*15,7*	*71,3*	20
Visby	57,6	18,3	58
Vivi	*5,7*	13,8	4
Vryburg	*26,9*	24,7	13
Wadelai	2,8	31,5	7
Wadi Halfa	21,4	31,3	10
Wagadugu	12,3	*1,5*	2
Wakefield	53.7	*1,5*	57
Walfischbai	*22,9*	14,4	11
Warmbad	*28,4*	18,7	12
Warschau	52,2	21,0	60
Warwick	*28,2*	152,3	47
Wasa	63,1	21,5	60
Washington	38,9	*77,0*	27
Weißwasser	50,5	14,8	54
Wellington	*41,3*	174,8	66
Werchneudinsk	51,8	107,6	36
Werchojansk	67,6	133,9	41
Wernyj	43,3	76,9	36
Westmannö	63,4	*20,3*	62
Wien	48,2	16,4	53
Wilcania	*31,5*	143,4	45
Wilmington	34,2	*77,9*	27
Wilna	54,7	25,3	60
Windhuk	*22,6*	17,1	12
Winnemucca	40,9	*117,8*	26
Winnipeg	49,9	*97,1*	30
Wjatka	58,6	49,7	61
Wladiwostok	43,1	131,6	41
Wologda	59,2	39,9	61

Ort	Br.	Lg.	Tab.	Ort	Br.	Lg.	Tab.
Wönsan	39,1	127,4	41	Zacatecas	23,0	*102,3*	26
Worcester	*33,7*	19,4	14	Zaječar	43,9	22,3	52
Woronesh	51,7	39,2	61	Zante	37,8	20,9	52
Wranja	42,5	21,9	52	Zaragoza	41,6	*0,9*	49
Würzburg	49,8	9,9	54	Zeila	11,4	43,3	10
Wyndham	*15,4*	128,1	43	Zesfontein	*19,1*	13,7	12
				Zikawei	31,2	121,4	39
Yalgoo	*28,6*	116,7	44	Zinder	13,8	8,9	2
Yap	9,5	138,1	66	Zomba	*15,4*	35,3	6
York, Austr.	31,9	116,8	44	Zugspitze	47,4	11,0	53
York Fact.	57,0	*92,5*	30	Zürich	47,4	8,6	53
Yuma	32,7	*114,6*	26				

Alphabetisches Sachregister

A.

B.

C.

D.

E.

F.

Nachtrag

Im Winter 1930/31 hat zum ersten Male eine Überwinterung auf der Mitte eines Inlandeises stattgefunden. Das Mitglied der unter Alfred Wegeners Leitung von der Notgemeinschaft der Deutschen Wissenschaft ausgesandten Deutschen Inlandeis-expedition nach Grönland Dr. J. Georgi fand auf der Station Eismitte halbwegs zwischen Umanak und Scoresbysund in 3000 m Seehöhe das Mittel des kältesten Monats, Februar, = – 47,3°, das des wärmsten, August, = – 17,7°, die Extreme = – 64,5° und – 5,5°, die interdiurne Temperatur-Veränderlichkeit außerordentlich groß, = 6,2°; die Temperaturmaxima fielen mit Windmaxima zusammen. Windrichtung vorwaltend zwischen Süd und Ost, Windgeschwindigkeit unerwartet hoch, die Monatsmittel zwischen $3^1/_2$ und 6 *mps*, das Maximum im Januar 18 *mps*. Schneefall in allen Monaten, im August an 20 Tagen. Nach den Jahresschichten des Firns konnte Dr. E. Sorge den Jahresniederschlag im Mittel der letzten 21 Jahre zu 314 mm bestimmen.

FSC
www.fsc.org
MIX
Papier | Fördert gute Waldnutzung
FSC® C083411

Kolibri 360 GmbH
Ferdinand-Jühlke-Straße 7
99095 Erfurt, Deutschland
produktsicherheit@kolibri360.de